Soll d[illegible] Mini[illegible]

[illegible] die Normalen in der Begrenzung [illegible]

Es ist also auch nicht möglich, [illegible] Begrenzung auf der Kugel [illegible] auf der Ebene η abzubilden. [illegible] gelangt aber zur Lösung der [illegible] durch die Annahme, [illegible] alle für die Grenzkreise [illegible] Kreise seien. Legt man die X Axe senkrecht gegen die Ebenen dieser Kreise so erhält man als Gleichung [der] Schnittcurven

$$x^2 + y^2 + z^2 + 2\alpha y + 2\beta z + \gamma = 0$$

und α, β, γ sind Functionen [von] x. [illegible] α, β, γ sich so als Functionen von x bestimmen [illegible], der Bedingung der Minimalfläche genügt werde.

Setzt man $\frac{1}{n} = \sqrt{\left(\frac{\partial F}{\partial x}\right)^2 + \left(\frac{\partial F}{\partial y}\right)^2 + \dots}$ so hat man

$$\cos r = n \frac{\partial F}{\partial x}$$

$$\sin r \cos \varphi = n \frac{\partial F}{\partial y}$$

$$\sin r \sin \varphi = n \frac{\partial F}{\partial z}$$

in die Minimalbedingung

$$\frac{\partial (\sin r \cos \varphi)}{\partial y} + \frac{\partial (\sin r \sin \varphi)}{\partial z} = 0$$

einzusetzen. Diese geht dadurch in [illegible]

BERNHARD RIEMANN'S GESAMMELTE MATHEMATISCHE
WERKE UND WISSENSCHAFTLICHER NACHLASS

黎曼全集（第一卷）

附季理真、丘成桐长篇序言

○ [德] Bernhard Riemann　著
○ 李培廉　译

高等教育出版社·北京　International Press

图书在版编目（CIP）数据

黎曼全集．第1卷／（德）黎曼著；李培廉译．--北京：高等教育出版社，2016. 4 (2022.11重印)
ISBN 978-7-04-044261-8

Ⅰ．①黎… Ⅱ．①黎… ②李… Ⅲ．①数学－文集 Ⅳ．①O1-53

中国版本图书馆CIP数据核字（2015）第275311号

策划编辑 李 鹏　　责任编辑 李 鹏　　封面设计 姜 磊　　版式设计 范晓红
责任校对 刁丽丽　　责任印制 赵义民

出版发行	高等教育出版社	咨询电话	400-810-0598
社　　址	北京市西城区德外大街4号	网　　址	http://www.hep.edu.cn
邮政编码	100120		http://www.hep.com.cn
印　　刷	北京中科印刷有限公司	网上订购	http://www.landraco.com
开　　本	787mm×1092mm 1/16		http://www.landraco.com.cn
印　　张	32.75		
字　　数	590千字	版　　次	2016年4月第1版
插　　页	10	印　　次	2022年11月第3次印刷
购书热线	010-58581118	定　　价	138.00元

本书如有缺页、倒页、脱页等质量问题，请到所购图书销售部门联系调换

物 料 号 44261-00

黎曼
Georg Friedrich Bernhard Riemann
(1826—1866)

学生时代的 Bernhard Riemann

Bernhard Riemann 在 Göttingen 的故居 (1854—1857)

Bernhard Riemann 的墓碑

Über die Fläche vom kleinsten Inhalt bei gegebener Begrenzung（论在给定边界下面积最小的曲面）/
Bernhard Riemann, Richard Dedekind, Heinrich Weber, Karl Hattendorff
(SUB Göttingen, Cod. Ms. B. Riemann 15 Cim., Fol. 1r and 23v)

藏于德国下萨克森州州立暨哥廷根大学图书馆 (Niedersächsische Staats- und Universitätsbibliothek Göttingen) 的 Riemann 手稿，经该图书馆授权允许使用．感谢季理真教授对资料的搜集工作．在这包手稿的外封上，Hattendorff 声明：“本卷包含 Riemann 用铅笔做的注释．按照我已经去世的老师生前完全明确地说出的意愿，这些在他去世后不要再保留．因此无论在我生前或死后，没有我的授权不得发表．这一授权我没有转让给第三者．”

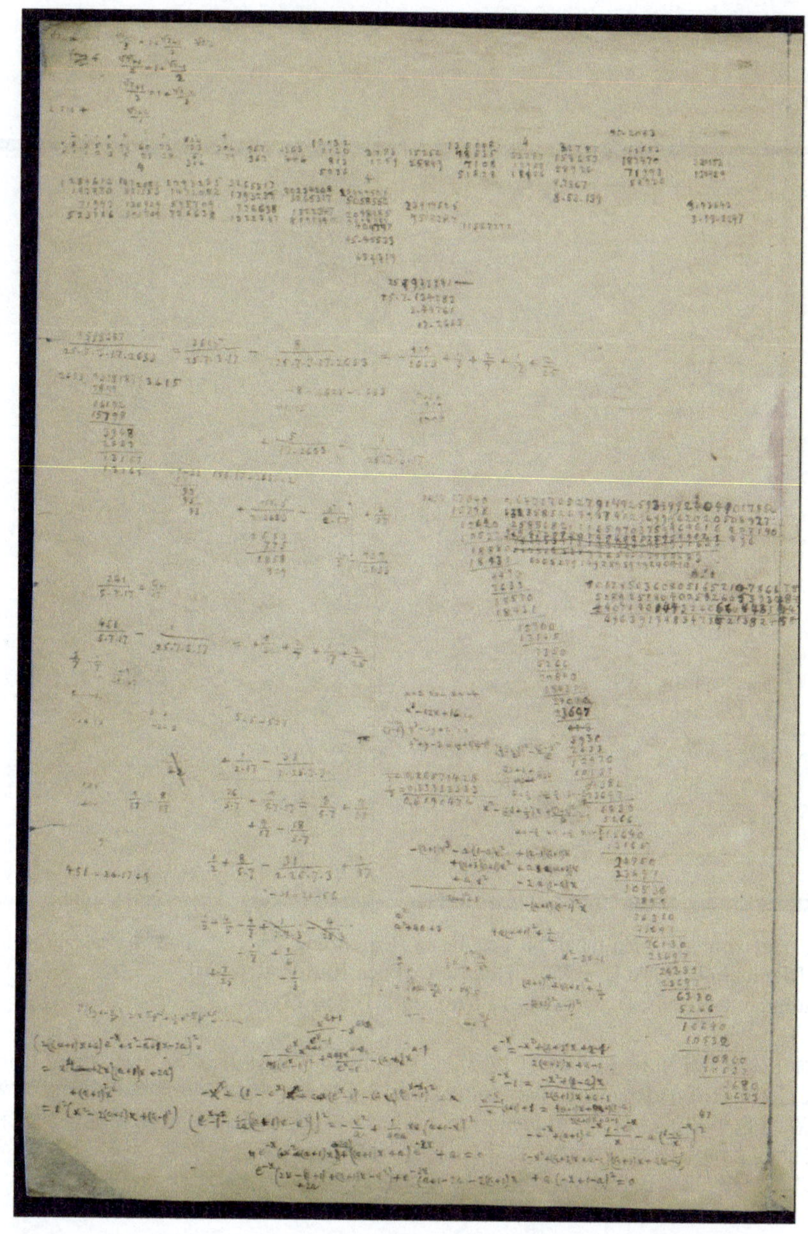

Über die Anzahl der Primzahlen unter einer gegebenen Grösse; Monatsberichte der Berliner, Akademie, November 1859 (论小于给定数值的素数个数) / Bernhard Riemann
(SUB Göttingen, Cod. Ms. B. Riemann 3 Cim., Fol. 3r, 63r and 37v) (第 VI–VIII 页)

藏于德国下萨克森州州立暨哥廷根大学图书馆 (Niedersächsische Staats- und Universitätsbibliothek Göttingen) 的 Riemann 手稿，经该图书馆授权允许使用．感谢季理真教授对资料的搜集工作．

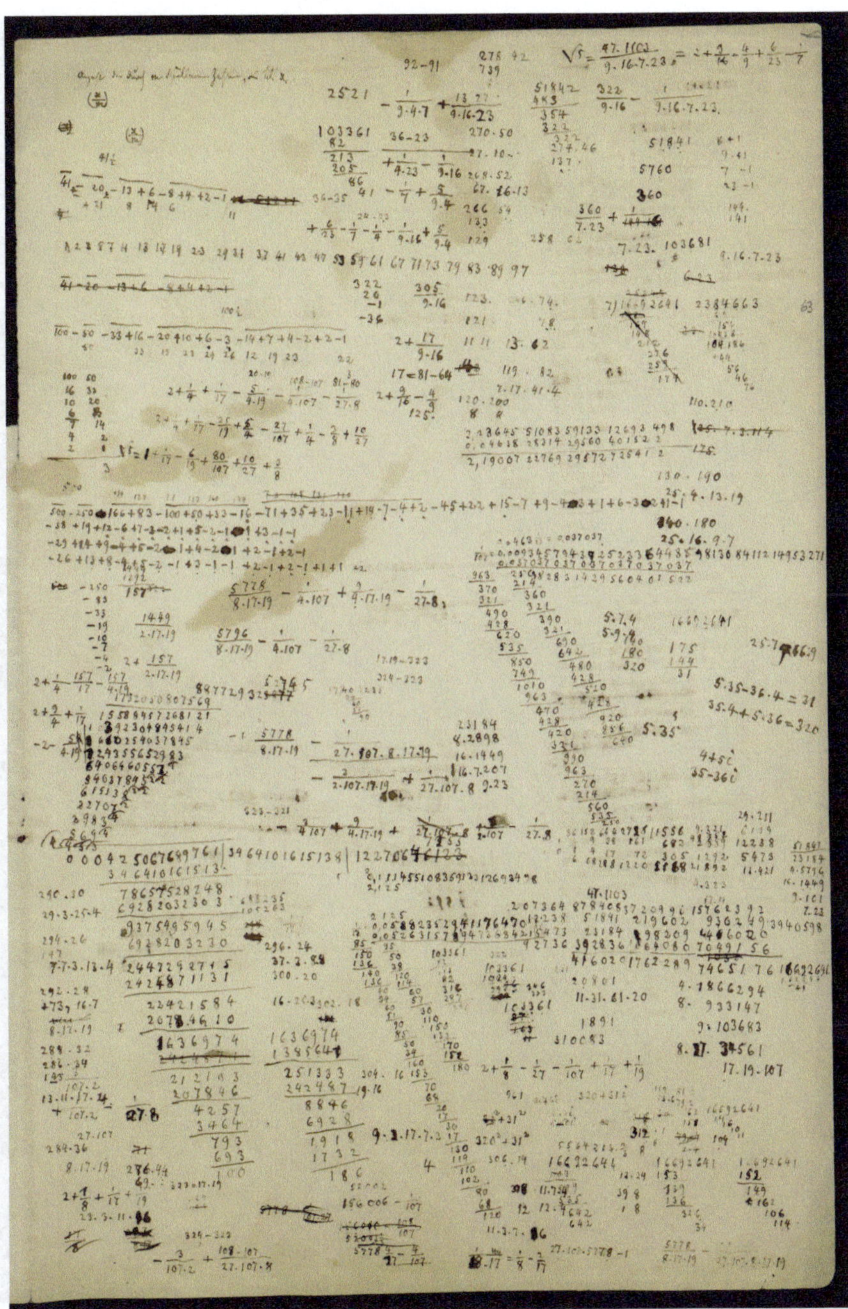

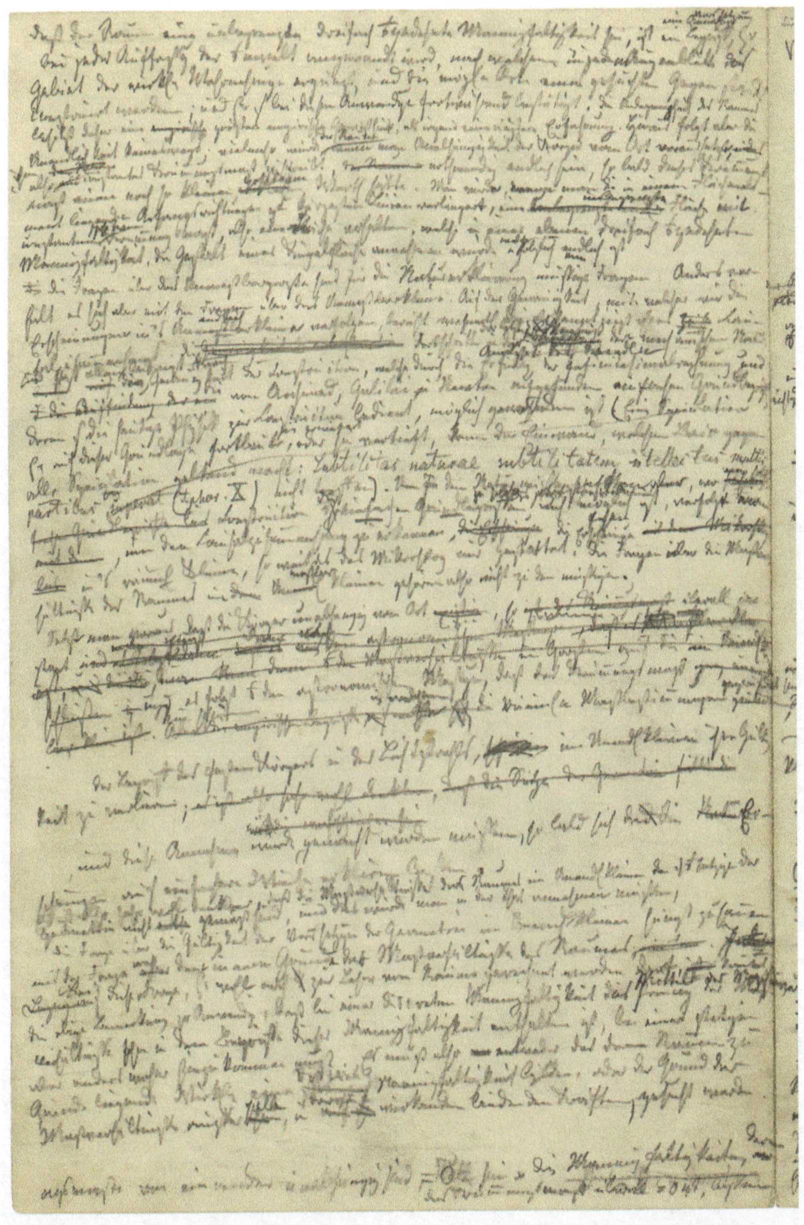

Über die Hypothesen, welche der Geometrie zu Grunde liegen: Habilitationschrift von 1854 (论奠定几何学基础的假设) / Bernhard Riemann
(SUB Göttingen, Cod. Ms. B. Riemann 16 Cim., Fol. 22v, 23r, 31r and 42r) (第 IX–X 页)

藏于德国下萨克森州州立暨哥廷根大学图书馆 (Niedersächsische Staats- und Universitätsbibliothek Göttingen) 的 Riemann 手稿，经该图书馆授权允许使用．感谢季理真教授对资料的搜集工作．

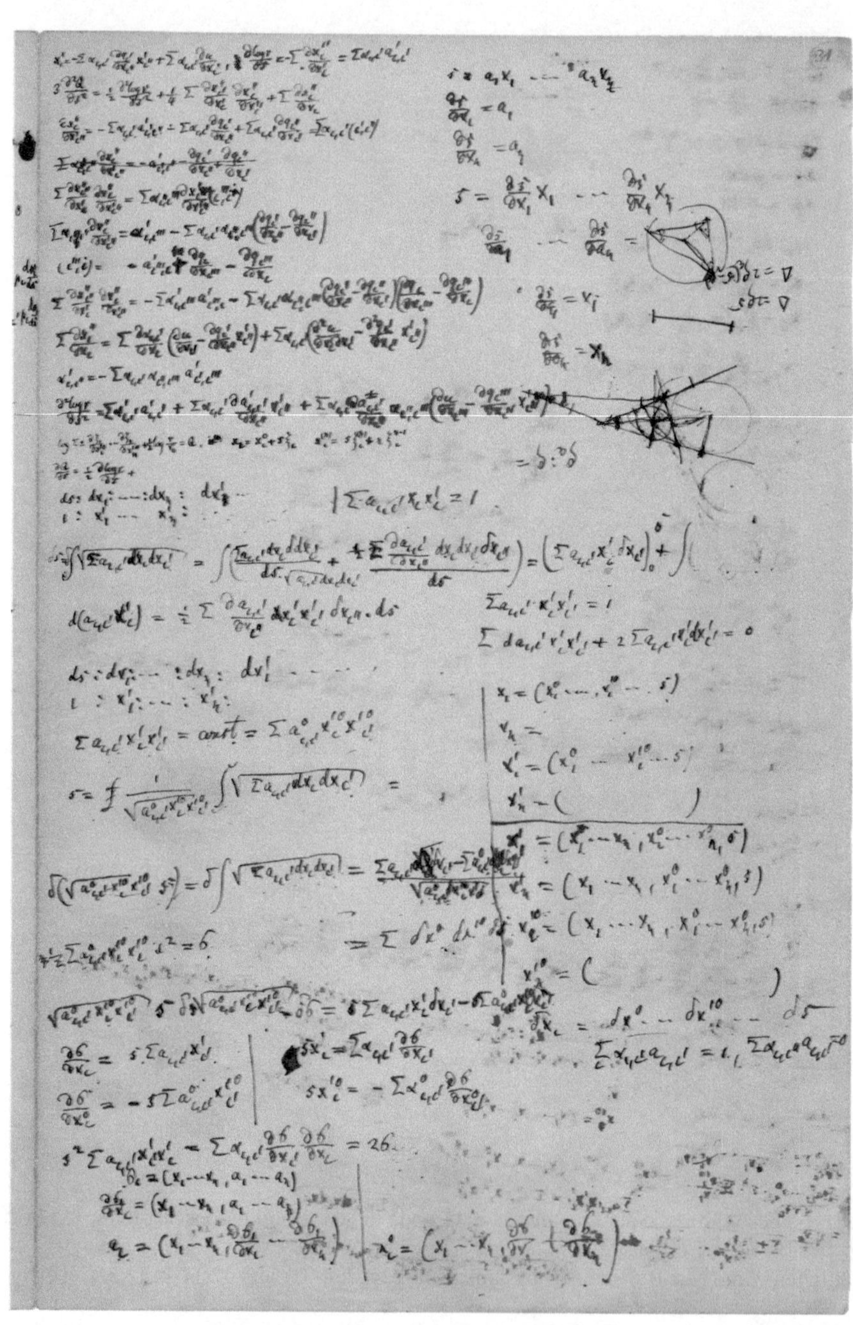

X

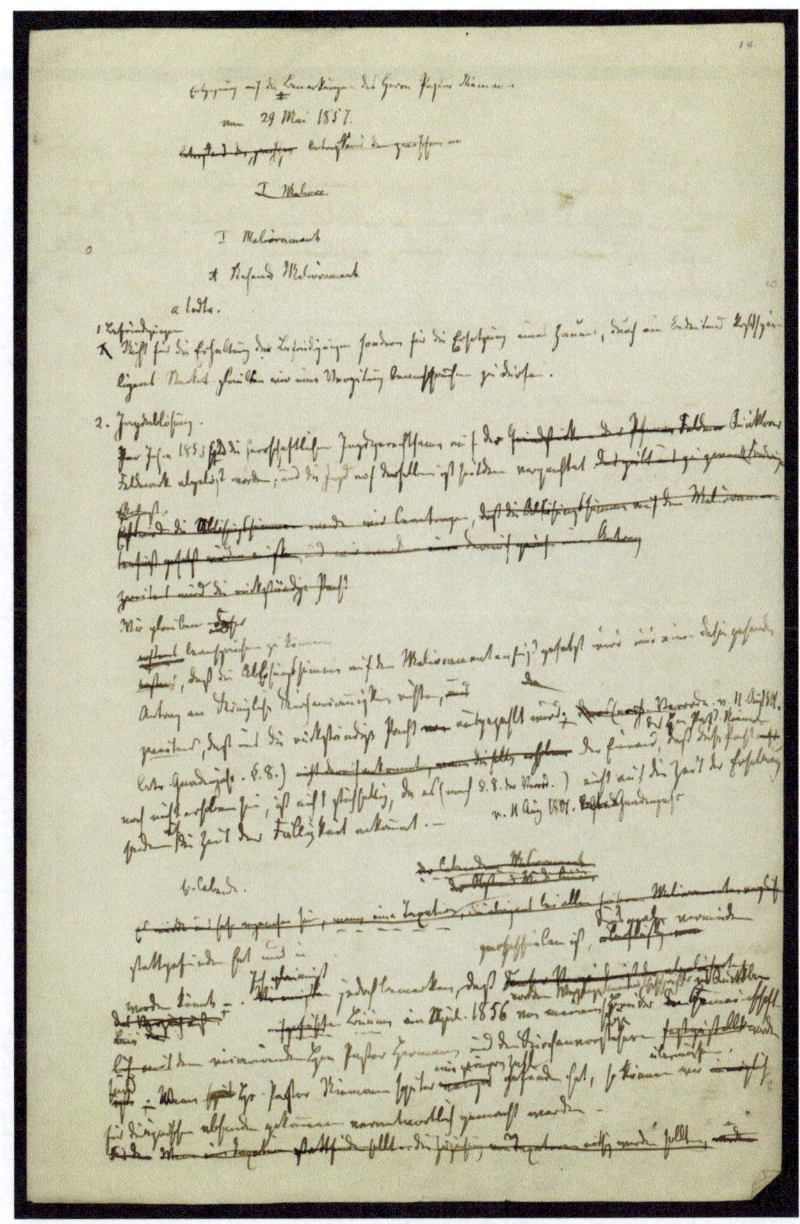

Theorie der Abel'schen Functionen (Abel 函数理论)/Bernhard Riemann, Richard Dedekind [Schreiber], Heinrich Weber [Schreiber], Karl Weierstraß [Schreiber]
(SUB Göttingen, Cod. Ms. B. Riemann 19 Cim., Fol. 14) (第 XI-XII 页)

藏于德国下萨克森州州立暨哥廷根大学图书馆 (Niedersächsische Staats- und Universitätsbibliothek Göttingen) 的 Riemann 手稿，经该图书馆授权允许使用．感谢季理真教授对资料的搜集工作．

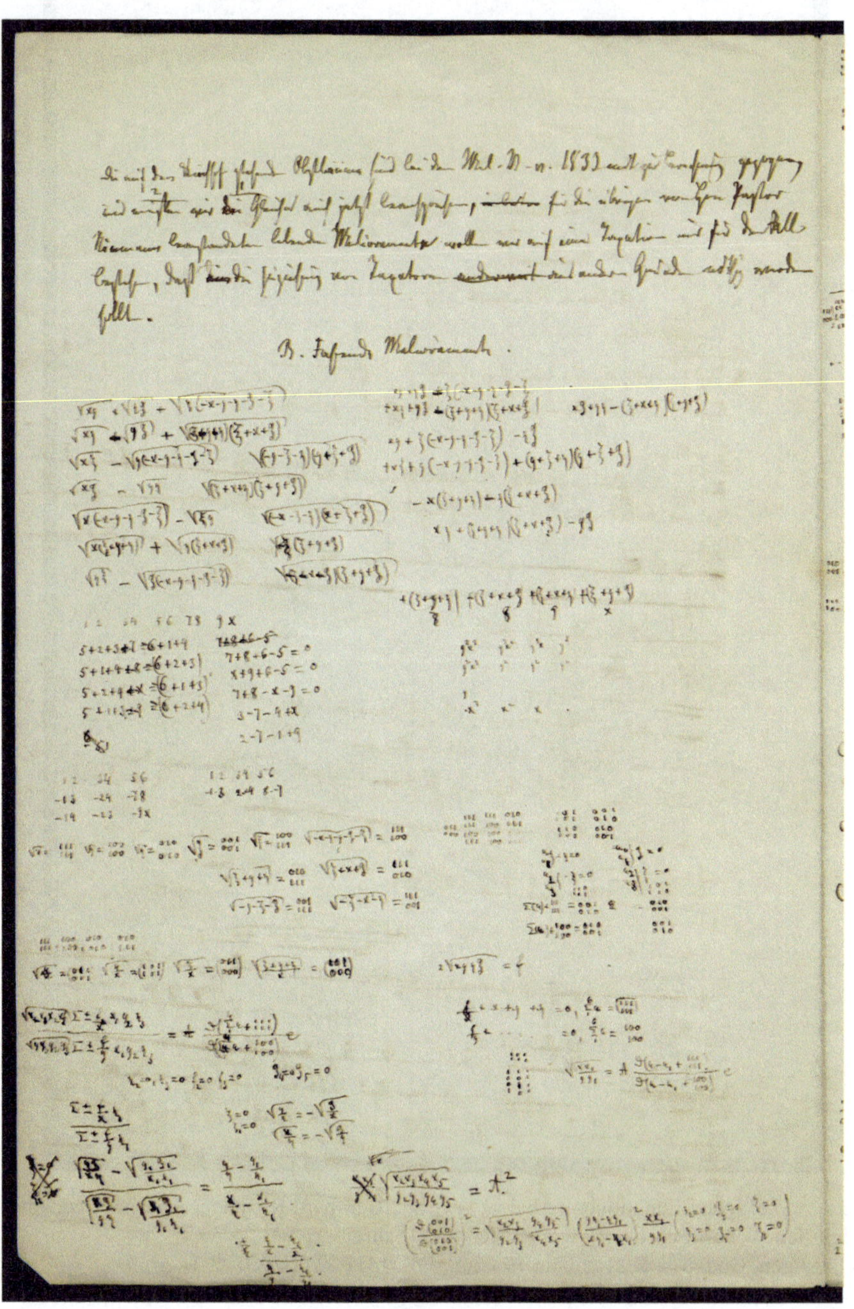

BERNHARD RIEMANN'S

GESAMMELTE

MATHEMATISCHE WERKE

UND

WISSENSCHAFTLICHER NACHLASS.

HERAUSGEGEBEN

UNTER MITWIRKUNG VON R. DEDEKIND

VON

H. WEBER.

LEIPZIG,
DRUCK UND VERLAG VON B. G. TEUBNER.
1876.

1876 年德文版第一版扉页

BERNHARD RIEMANN'S

GESAMMELTE

MATHEMATISCHE WERKE

UND

WISSENSCHAFTLICHER NACHLASS.

HERAUSGEGEBEN

UNTER MITWIRKUNG VON RICHARD DEDEKIND

VON

HEINRICH WEBER.

ZWEITE AUFLAGE

BEARBEITET VON

HEINRICH WEBER.

MIT EINEM BILDNISS RIEMANN'S.

LEIPZIG,
DRUCK UND VERLAG VON B. G. TEUBNER.
1892.

1892 年德文版第二版扉页

ŒUVRES MATHÉMATIQUES

DE

RIEMANN

TRADUITES

PAR L. LAUGEL

AVEC UNE

PRÉFACE

DE M. HERMITE

ET UN

DISCOURS

DE M. FÉLIX KLEIN

PARIS

GAUTHIER-VILLARS ET FILS, IMPRIMEURS-LIBRAIRES

DU BUREAU DES LONGITUDES, DE L'ÉCOLE POLYTECHNIQUE

Quai des Grands-Augustins, 55

1898

1898 年法文版扉页

БЕРНГАРД

РИМАН

СОЧИНЕНИЯ

*

ПЕРЕВОД С НЕМЕЦКОГО
ПОД РЕДАКЦИЕЙ, С ПРЕДИСЛОВИЕМ,
ОБЗОРНОЙ СТАТЬЁЙ И ПРИМЕЧАНИЯМИ
проф. В. Л. ГОНЧАРОВА

ОГИЗ
ГОСУДАРСТВЕННОЕ ИЗДАТЕЛЬСТВО
ТЕХНИКО-ТЕОРЕТИЧЕСКОЙ ЛИТЕРАТУРЫ
МОСКВА 1948 ЛЕНИНГРАД

1948 年俄文版扉页

The Collected Works of

BERNHARD RIEMANN

Edited by Heinrich Weber

WITH THE ASSISTANCE OF RICHARD DEDEKIND

With a Supplement

Edited by M. Noether and W. Wirtinger

A New Introduction

By Professor Hans Lewy

DOVER PUBLICATIONS, INC.

New York

1953 年 Dover 重印版扉页

BERNHARD RIEMANN

GESAMMELTE MATHEMATISCHE WERKE, WISSENSCHAFTLICHER NACHLASS UND NACHTRÄGE

COLLECTED PAPERS

Nach der Ausgabe von
Heinrich Weber und Richard Dedekind
neu herausgegeben von Raghavan Narasimhan

SPRINGER-VERLAG
BERLIN HEIDELBERG NEW YORK
LONDON PARIS TOKYO

BSB B. G. TEUBNER VERLAGSGESELLSCHAFT. LEIPZIG

1990 年 Springer 版扉页

B. Riemann

Über die Hypothesen, welche der Geometrie zu Grunde liegen

Neu herausgegeben und erläutert von

H. Weyl

Dritte Auflage

Berlin
Verlag von Julius Springer
1923

1923 年《论奠定几何学基础的假设》德文版单行本扉页

BERNHARD RIEMANN'S

GESAMMELTE

MATHEMATISCHE WERKE.

NACHTRÄGE

HERAUSGEGEBEN VON

M. NOETHER UND W. WIRTINGER.

MIT 9 FIGUREN IM TEXT.

LEIPZIG,
DRUCK UND VERLAG VON B. G. TEUBNER.
1902.

1902年“补遗篇”德文版扉页

目录

第二部分 在 Riemann 去世后已经发表了的论文

附　录

第二卷目录

第四部分　哲学内容断篇

第五部分　补　遗　篇

第六部分 Riemann 家书选辑

附 录

大道至简 *
—— 讲述一个我们应知而未知的黎曼

季理真, 丘成桐, 译者: 徐浩, 楼筱静

* 大道至简源自老子的道家思想. 道, 即理论. 大道至简的含义就是最高深的理论其实是最朴素的道理. 繁华落尽, 唯有至简方能久远. 就如读书, 初读从简到繁, 再读从繁到简, 直至了然于胸. 虽然黎曼的贡献遍及几乎所有数学领域, 但在他短暂的一生中未来得及系统地发展他的所有理论. 他的文章中看似简单的概念和哲学, 背后却是深刻的思考和厚重的计算. 这也解释了为何他的思想能够历经百年而弥新, 跨越学科影响不减. 大道至简是黎曼的写照, 无论是他的数学, 还是他的一生. —— 译者注

1 导 引

黎曼是有史以来最伟大的数学家之一. 他英年早逝 (1826—1866), 一生中只发表了 9 篇论文. 但是自他的博士论文 "单复变量函数一般理论基础" 起, 他的工作对许多数学分支产生了巨大的影响.

大多数数学家, 特别是读过《黎曼全集》的学者们, 会同意一个看法. 那就是在伟大的数学家中, 黎曼的洞察力、原创性和深度都独树一帜. 他的名字命名了数学中的许多重要概念和定理. 比如, 学过微积分的学生都知道黎曼积分, 几何学家和物理学家大都熟悉黎曼几何. 对大众而言, 最著名的莫过于关于黎曼 zeta 函数零点的黎曼猜想. 黎曼还有许多并不为人熟知的故事. 我们出版这本包含黎曼的文章及相关评述的全集的目的是, 全景式地展现他的工作和对数学发展的影响. 特别地, 正如文章标题所述, 我们希望回答: 什么是我们应知而未知的黎曼. 也许本文的另一个标题可以是: 不朽的数学家黎曼的那些被忘却的故事.

当然, 我们出版《黎曼全集》的中文版一个更重要的原因是, 黎曼工作中所蕴含的丰富思想即使历经一个多世纪的挖掘, 仍未枯竭, 给人以新的启迪和挑战. 事实上, 人类历史上涌现出许多伟大的数学家. 但是很少有人的工作能够像黎曼那样在 150 多年后, 仍然为后来者提供灵感源泉, 并被不断地加以研究. 在 1990 年出版的《黎曼全集》的前言中, Narasimhan 写道:

黎曼的数学具有惊人的永恒魅力. 他的工作在许多领域中, 被人们从各种角度加以分析、加强和推广, 但是他的大部分成果经受住了岁月的洗礼和新观点的审视. 这不是说, 人们没有发现新的观点, 而只是说黎曼原创的方式方法从未被完全替代.

一个自然的问题是: 与许多历史上早已湮灭或被淡忘的数学工作相比, 为何有的数学可以代代流传. 许多学者撰文探讨过什么是好的数学应该具有的品质. 这些文章对于正在规划自己未来的青年数学人是很有价值的参考. 选择正确的研究方向和好问题的品位非常重要. 看待众多学者有关好的数学的演讲或文章, 很重要也很有意义的一点是, 将他们的准则付诸于那些数学中公认的杰出成果来加以检验. 也许很少有人做过这方面的实践. 不过大多数人会同意黎曼也许是最佳的选择之一. 放眼整个数学史, 黎曼也许是最值得系统研究的数学家.

我们首先总结几位著名数学家对于什么是好的数学和好的研究的观点和看法, 接下来讨论黎曼和他的工作, 以此为例检验这些观点. 我们希望了解黎曼如何成为黎曼, 希望读者能够从黎曼的生平, 特别是他的论文中收获启示. 正如 Abel 的名言: “向大师们而不是他们的学生学习.”

值得注意的是, 黎曼的文章往往很简练, 要理解每处细节和体会其深刻思想并不容易. 所以, 后人的解释和评论会有助于更好理解黎曼的工作. 我们收录了各个版本的《黎曼全集》的序言和关于黎曼工作的多方评论. 由此可以比较不同时期人们对于黎曼工作的认识.

2 数学是什么

在我们理解和回答前文中提到关于黎曼的问题前, 可能需要先理解什么是好的或伟大的数学. 就像定义 “美” 一样, 很难具体去定义伟大的数学, 但是只要一见到它人们就能认出它来. 另一方面来说, 每一个数学家都有自己的观点和标准, 有些勇于将他们的想法明确地写下来. 在这一节里, 我们将引用一些著名数学家关于什么是好的数学的论述.

可能会让读者惊讶的是 “什么是数学?” 这个更基础的问题也不是那么容易回答. 标准的回答, 举例来说,《牛津词典》对数学的定义是: 关于数、量、空间的抽象科学或抽象定义 (纯数学), 或者其在其他学科的应用 (应用数学). 这个定义没错, 但是它并没有完全表达数学的精神.

实际上, 如 Atiyah [At1, p. 25] 所写的那样:

数学的第一特性就是很难去描述或定义它的主体或内容 ……

一个可能的答案是, 数学是一种用来解决 “问题” 的想法和知识技术的集合. 这个回答可能不够理想, 因为它引出了另一个问题, “什么样的问题?” 尽管如此, 数学的本质是数学问题的雏形可能出现在任何领域里: 不是内容, 而是形式很重要. 在任何情况下, 无论这是否是一个令人信服的答案, 不可否认的是, 解决问题的方法一直在数学史上扮演着基本的角色 ……

一个问题本身可能就具有根本的重要性, 是学科领域进一步发展必须克服的障碍. 一个 “好” 问题的真正标准是人们在解决它的过程中能够产生具有广泛用途的强有力的新技术.

Shafarevich 在《代数基本概念》[Sha] 一书的前言中写道:

对于 “数学研究的是什么?” 这个问题的回答, “结构” 或是 “特定关系的集合” 很难让人满意. 在无数的可以想象的结构或特定关系的集合中, 数学家只对其中很小部分的离散子集感兴趣, 问题的关键是理解散布在无穷大块中的这一小部分的特殊价值.

Borel 在《数学: 艺术与科学》[Bo] 一文中写道:

首先, 对于一个数学家来说, 很自然地更愿意做纯粹的数学报告, 而非空谈数学哲理 ……

各位在场的数学家造成的困难, 是让我意识到, 甚至是痛苦地意识到, 实际上我讨论的所有课题都已经被提到过, 所有的论证都已经被提出并讨论. 数学只是一门艺术, 或者一门科学, 科学的皇后, 仅仅是科学的仆人, 或者是艺术与科学的结合 ……

数学家往往致力于寻找一般性的解. 他们喜欢用一般的公式来解决很多特殊问题. 这可以被称为经济的想法或懒惰 ……

通常人们关于数学的概念可以总结如下: 一方面, 它是一门科学, 因为它的主要目标是服务于自然科学和技术. 这实际上是数学的起源, 也是数学问题永不枯竭的源泉. 另一方面, 它又是一门艺术, 因为它主要是思想创造的产物, 它的进步是人类智慧的胜利, 来自人类思想的深入发展, 审美原则是最终的评价标准. 但这种在纯思想世界中的智力活动也需受制于其在自然科学中的应用.

不过这种观点实在太狭隘了, 尤其是最终的这句限制太大, 许多数学家坚持数学研究应毫无拘束 ……

数学在很大程度上, 是一项集体的事业. 简化和统一保持了无止境的发展和扩张之间的平衡; 它们一次又一次地展现出精彩绝伦的统一, 即使庞大的数学难以为个体所驾驭 ……

在本文标题中 "科学" 这个词有着更广泛的含义: 它不仅指自然科学, 在更大的范围内, 数学的概念是一门实验和理论的科学. 我想要大胆地说, 作为一门思想的自然科学, 作为一门关于智慧的自然科学, 它的研究对象和模式都是思想的产物 ……

如果不想将在自然科学中的应用作为一个评价标准, 那也不能够仅仅回到知识的优雅上. 实践性的准则依然存在, 即数学本身的实用性. 考虑到数学的这个现实性, 公开问题, 结构, 在不同领域中的需要和联系, 已经表现出了卓有成效的、具有价值的方向, 让数学家来自己定位, 并将相关的价值附加到问题及理论上. 通常测试一个新理论是否有价值的方法就是看它是否能够解决经典的问题 ……

数学家的天赋之一就是能够自然地被好的问题所吸引. 也就是那些后来显示出重要性的问题, 即使当时不受重视. 数学家被这些问题吸引, 部分是由于理性和科学的观察, 部分由于纯粹的好奇心, 本能, 直觉, 或纯粹的审美方面的考虑. 我要讲的最后的主题, 正是数学的审美感受 ……

我相信我们的审美观并不总是很纯粹和深奥, 也会包含一些世俗的尺度, 比如 (在数学中的) 意义, 结果, 实用性等. 我们对于定理、理论和证明的判断总是受此影响, 虽然经常简单地等同于审美.

我用 Galois 理论为例来做一解释. 这个理论通常被认为是数学上最漂亮的一页. 为何? 首先, 它解决了一个非常古老, 也是当时关于多项式方程最重要的问题. 第二, 这一广博的理论早已超越了根号求解方程的初始问题. 第三, 它只基于很少的几条优雅而简洁的原理, 其全新的框架和概念体现了伟大的原创性. 第四, 这些新的观点和概念, 特别是群的概念, 为整个数学发展开辟了新的道路, 产生了深远的影响 ……

数学是一门复杂的创造, 许多重要特征与艺术、实验和理论科学相似. 所以它同时具有这三种属性, 也与任何之一不同.

在这篇文章中, Borel 用 Galois 的结果来检验他对于数学美的标准. 在我们的文章中, 我们希望通过黎曼的工作来检验什么是好的和伟大的数学. 读者们将会看到并且同意黎曼的工作符合上述的标准.

Atiyah 曾说 [At1, p. 29]:

对于数学工作者而言, 数学既是艺术也是科学, 美与真理受到同等尊重 ……

大多数数学家, 特别是那些 "纯粹" 数学家, 所从事的研究工作都远离应用. 但是他们很清楚什么是漂亮的证明. 这代表了优雅的风格、经济的论证、清晰的思想、完备的细节和平衡的形态, 综合起来让人确信无疑. 自然地, 很少有人能完全达到这些高度, 但是他们代表了努力的目标, 有着强烈的影响. 数学家经常被某个, 而非另一个领域所吸引, 这是因为他们发现这个领域更漂亮, 用到更优雅的方法. 相反地, 他们也努力避开那些冗长丑陋的论证.

数学家头脑中的这些审美标准的主观重要性很难被高估. 它们提供了数学家前进的内在动力, 和如何看待其他人的工作.

Atiyah 在文章 [At2, pp. 233–234] 中写道:

数学的精髓在很大程度上是一门将非常零散的事物拼接起来的艺术. 毕竟数学是科学领域的终极抽象, 能够应用于解释诸多现象. 也许我可以引用 Poincaré 的一段话, 它与我提到的这些事实有关. 他说: "数学值得研究之处在于, 通过它们与其他事实的联系, 可以导致数学定理的认知, 如同实验结果导致物理定律. 它们向我们揭示其中意想不到的密切联系, 特别是那些人们熟知的却以为毫无关联的事实." 这些来自于实验科学和数学内部的事实需要结合起来. 我们需要从事联系不同的数学分支的学者, 同时也需要那些专注于某个领域, 并且深入研究的学者 ……

我接下来比较冷门与主流数学 …… 真正的先驱是那些特立独行、相信自己不需要追随前人的工作的人. 他们全新启航, 秉持完全创新的观点. 数学中真正全新的发现和新创的领域大都来自于这些先驱的工作 ……

最后, 我希望比较一下 "强有力" 和 "优雅" 的数学证明. 强有力的证明不一定优雅, 它可以是完全的蛮力, 推土机般的技巧, 套用整页的公式. 虽然看起来丑陋, 但是确实奏效. 而优雅的证明, 看似毫不费力, 挥洒笔墨, 一个精彩的结果出人意料地跃然纸上 …… 如果你希望数学继续前行, 那么优雅是一个重要的标准. 如果想让别人理解证明的主旨, 那么就必须做到简单而优雅. 这些品质在数学上很容易理解. 事实上, Poincaré 认为简洁是数学理论的向导, 是我们选择研究方向的标准.

除了讨论数学的本质, 上述引用也讨论了好的和漂亮的数学的重要特征.

在一次采访中 [Mi, p. 11], 面对提问 "你是否认为数学中存在主流课题? 是否这些课题比其他的更重要?", Atiyah 回答道:

是的, 我认为这是对的. 我强烈反对那种认为数学只是一些分散课题的组合, 人们可以通过写下公理 1, 2, 3 来发明一个新的数学分支并独自研究. 数学更多的是一个有机的发展体. 它与过去和其他学科有着长久的联系. 从某种意义上来说, 核心的数学总是不变的. 也就是那些来自于现实物理世界和数学自身与数和解方程相关的问题. 这总是数学的主要部分. 任何能够有助于解决这些问题的进展都是数学的重要部分. 反之, 与这些核心数学问题无甚关联或无益于理解数学精髓的方向, 通常不重要. 一个新的分支发展起来, 最后对其他分支产生影响, 但是如果它太偏离主流, 那么从数学角度而言, 不会太重要. 确实有的原创思想开启了新领域, 但是仍然与其他重要的数学分支有联系和交叉. 数学分支的重要性很大程度上取决于它是否与许多其他分支有关联. 这可看作 "重要性" 的自洽的定义.

对于提问 "有没有可能一个问题很长一段时间没有任何影响, 但是许多年后突然受到重视?", Atiyah 回答道:

我想确实有的人会有很超前的数学想法. 比如有人提了一个巧妙的建议, 但是很长一段时间人们都没有注意到它的重要性. 确实这经常发生. 我并不太关注这些. 我更多思考的是当今人们趋向于自己用非常抽象的方式发展一个数学领域. 他们只是埋头苦干. 如果要问他们原因, 有什么重要性或者联系, 你会发现他们也无从回答.

现代数学的各个分支都有一些例子, 比如抽象代数, 泛函分析, 一般拓扑学的某些部分. 特别是那些公理化方法泛滥的部分. 引入公理的目的是将问题暂时分离出来, 并发展求解的技巧. 有人认为公理化可以用来定义一个自洽的数学领域. 我认为这是错误的. 公理越狭隘, 会显得越孤立. 当人们抽象化数学的概念, 这是为了将你希望专注的部分和你认为无关的部分区别开来. 这样更加方便于集中精力. 但是, 你也去除了许多你不感兴趣的部分, 久而久之, 就脱离了原本的根基. 如果你发展公理化体系, 那么在某个阶段, 你应该回到它的本源, 促进融合与交流. 这才是健康的. 你会发现 von Neumann 和 Hermann Weyl 在 30 年前也表达过类似的观点. 他们担心如果数学的发展道路偏离了它的本源, 就会失去生机. 我认为这基本正确.

在一篇题为 "关于数学的证明与进展" 的文章中 [Th, p. 162], Thurston 写道:

数学家一般认为他们明白数学的含义, 但是却很难给出一个直接的定义. 这是个有趣的问题. 在我看来, "关于形式化格局的理论" 也许最为贴切, 但是要讨论它的话, 可以写一长篇文章.

追求真理, 这是数学最显著的特征. 但是数学并不仅仅关心某个命题是否正确. Borel [Bo, p. 11] 写道:

当然并不是所有的概念和定理都同等重要. 如 G. Orwell 的《动物农场》那样, 其中一些肯定会更重要. 是否有内在的标准可以客观地给出排序? 你会意识到同样的问题也存在于绘画、音乐和艺术. 所以这是审美问题. 事实上, 一个通常的回答是, 数学很大程度上是一门艺术, 它的发展受到美学标准的推动、引导和审视.

3 什么是好的和伟大的数学

我们对数学的本质作了一些描述. 接下来, 我们将考虑如何描述和判断好的和伟大的数学和数学家.

一个简单和最直接的判断数学和数学家的方式是接受时间的检验. 这也是最可靠和最终极的检验, 如同阳光下的一切.

如 Grothendieck 在他写给瑞典皇家科学院的拒绝 Crafoord 奖的信中所说: "我确信时间是检验新思想和新观点所带来的成果的唯一途径. 成就应该由它的影响力, 而不是荣誉来衡量."

Atiyah [At1, p. 36] 也曾写道:

当然任何领域中的研究的价值最终都应该由后人来评判 ……

我一直主张另一个观点, 即评价应该基于对于整个数学的影响. 这不容易, 因为需要估算影响到底有多大, 但这至少是一种可行的方案. 而且, 这一原则也能够加强数学的统一, 避免各自为政. 我相信, 在现实中, 人们更看重的是与好几个数学领域都有关的工作.

许多时候, 人们无法等待太久, 所以时间的检验不太可行. 需要寻找其他的方法. 评价好的或伟大的数学和数学家总是很困难的, 但数学家们又时刻需要这些评价. 他们在评价他人的同时, 也接受他人的评价. 最明显的是各种颁奖的场合.

除了 Atiyah 上面提到的方法, 我们看看其他数学家的点子. Hardy [Har, p. 13] 有一句名言:

如同画家和诗人, 数学家也是“模式”创造者. 如果数学家创造的“模式”更加久远, 那是因为它们是思想的发明.

那么自然地就会考虑如何评价思想的价值. 在一次演讲“作为一门适当语言的数学” [ERS] 中, Gelfand 讲道:

许多人认为数学是枯燥和形式的科学. 但是, 真正好的数学工作其实总是充满漂亮、简洁、精确和疯狂的思想. 这是奇怪的组合. 我知道这种组合在古典音乐和诗歌中非常重要. 但是它也常见于数学中. 所以也不难理解许多数学家都喜欢严肃的音乐.

在文章“数学的健康” [Mac2] 中, Mac Lane 写道:

目前, 我们大多数人只在讨论班和会议上和我们的同领域的学者交谈 ……

同时, 出版很少. 从范畴理论到双曲理论这些领域, 许多重要数学家并非通过发表文章来积累声望. 当然, 证明一个定理比写下详细的证明更有趣, 但是 (也许除了 Weierstrass) 从未有过如此普遍的倾向, 仅仅通过口头交流结果. 这种通过草略的文章和研究公告交流有时候是不够的 (比如, 在几何拓扑中). 有时候发表的不是一个证明, 而是暗示和宣布优先权. 如今的天才们不拘泥于细节, 但是如果我们鼓励这种通过伪出版物获取声望的方式, 将会导致更多的来自非天才模仿者的声明 ……

一个问题最重要的是它的相关性. 或许困难在于专业化效应. 当一个领域失去了目标和展望, 很难转换领域, 也许只能简单地继续在一个非自然的问题上无目的前行 ……

在每一个这些数学中说明的例子, 专家们看到了一个困扰着我的目的. 但我仍然认为太多这种不带说明的阐述, 这正是持续专业化的代价 ……

过去至少有一些数学家了解整个学科的概貌, 能够对未来走向提出展望. 他们不局限于自己工作的领域. 今天很少有人能有这种大局观. 这也许是因为我们总是奖励某个领域的专家, 而非那些了解全局的人 ……

希望可以有更多来自不同领域的专家交流他们的想法, 更多人能够转换研究领域. 希望有更多关于数学形态和方向的讨论, 更强调目的而非技巧. 希望有更多关注新的数学概念的起源和发展, 因为它们可能来自数学、理论物理等其他学科. 希望有更多努力整理和理解数学最近的主要进展 ……

他与我正在讨论如何做数学. 我采用标准的方法, 即指定一个感兴趣的课题, 建立所需的公理, 然后定义名词. Atiyah 很赞赏理论物理学家的风格. 对他们而言, 每当有新的想法, 并不是立刻去定义它, 因为这会造成有害的局限性. 他们会到处谈论这个想法, 发展各种联系, 最后达到更加普适和丰富的概念. Atiyah 指出 Dirac 的 δ 函数是一个很好的例子, 最后它被看作一种分布. 其他例子包括量子场论中的重整化和 Feynman 路径积分. 不过, 我坚持认为作为数学家, 我们应该清楚我们所谈论的, 无论是同伦群还是伴随函子.

他总结道: "数学的进步应该由所理解的新思想来衡量, 而不是出版物的数量."

在一篇呼应 Mac Lane 的文章 "数学的判断" [Br] 中, Browder 写道:

数学是科学的一部分, 秉承科学研究的方法. 但是我们的学科决定了我们所用的技巧, 与其他科学区别开来. 如果科学是为了发现 "自然定律", 那么数学也完全是为了探索思想和概念的 "自然" 王国.

只有通过深刻理解我们所研究的专业领域, 才能发现一般的理论和我们所探寻的关联. 我们需要深入与细致的挖掘, 也要时刻准备当灵感出现的那一刻.

Mac Lane 提到的专业化与 Browder 给出的特例完全不同. 在文章 "多元数学: 数学是单一科学还是艺术的集合?" [Ar, p. 403] 中, Arnold 写道:

数学最惊人和振奋人心的特征是它的各个不同的领域之间往往存在着神秘的联系.

过去一个世纪的经验表明, 数学的发展并非由于技术上的进步 (占据了数学家们大部分的精力), 而是由于通过这些努力发现了不同领域间意想不到的联系. 关于数学各个领域当前进展的珍贵的综述报告, 类似于阵地战. 前线的阵形和每日的变化, 对于战士们很重要. 但是思想的发散模式造成了有害的一面 (由于数学的专业化和其更细致的划分所导致), 特别当人们希望了解数学过去发展的曲折历史, 这变得越发明显.

他继续说道 [Ar, p. 408, p. 415]:

错误是数学重要和具有启发性的一部分, 也许和证明同等重要. (数学中的证明就如同诗人的书写.) 数学工作由证明构成, 正如诗歌由文字写就 ……

Hilbert 试图预测数学未来的发展, 并提出自己的问题来影响之. 20 世纪数学的发展却走了不同的道路 …… Poincaré 和 Weyl 对 20 世纪科学的影响更加深远.

Atiyah [At1, p. 28] 写道:

毫无疑问, 创新在数学发展中至关重要, 这是最高的原则 ……

创新有许多形式. 最普遍的是发明解决问题的新技巧. 创新的程度当然也有不同, 可以是如同大多数数学家几乎每天都取得的小步的进展, 也可以是巨大的全新方法的飞跃. 后者往往由于引入了全新的概念, 导致完全不同的观点 ……

巨大创新通常出现在解决一个非常困难问题的过程中. 还有另一种同样关键的创新, 也就是提出新的重要的问题. 如前所述, 一个问题的重要性在它被解决之前一般很难估量, 所以选择合适的研究问题需要卓越的洞察力 ……

我们可以说, 数学的进展是通过不断应用标准的方法, 并时而由于新概念和新问题的突然出现引发飞跃.

Atiyah [At1, p. 29] 写道:

在如同数学这样组织精细和结构复杂的学科中, 有许多的路标和明灯来指引观光者. 但是行之久矣, 笔直的道路令人生厌, 数学家们期待意料不到的转折. 如果有人说一个结果出乎意料, 可视作是高度的赞扬.

Atiyah [At1, p. 31] 写道:

一定程度的专业化是不可避免的, 也许也是我们期望的. 但是行之过度会带来灾难. 数学的使命是把思想从一个领域通过抽象化传递到另一个领域. 进一步, 数学研究的终极意义在于它的整体统一性 ……

能够保持数学整体性和统一性的主要平衡力, 是发展复杂和抽象的概念. 这可以促进产生总体融合, 使得许多特殊结果成为某个大统一原理的特殊情形. 这在许多领域都取得了成功. 19 世纪数学的很大一部分, 在没有造成巨大损失的情况下, 已经被 20 世纪数学的抽象和提升的观点所吸收. 这解释了当今一些关键领域的统治地位, 比如群论 (研究对称性)、拓扑 (研究连续性) 和概率 (研究随机事件).

Atiyah [At1, p. 32] 写道:

新概念可以帮助统一过去的工作并为未来发展扫清障碍. 所以它们是数学发展必不可少的组成部分. 从长远来看, 它们与解决难题或者发展新的技巧同等重要. 现实中, 真正有用概念的出现需要很长的积累, 往往与具体的工作相结合. 它们只在很少的情况下会横空出世.

在书 [Go2] 中有一节 "给年轻数学家的建议", Connes 在其中一篇文章中写道:

真正有趣的事情是, 好几代数学家发展起来的非常不同的领域之间出现了意想不到的联系.

Gowers 在他的文章 "数学的两种文化" [Go] 中写道:

C. P. Snow 认为人文与自然科学之间缺少交流是非常有害的. 他特别批评了那些人文学者缺少科学素养 ……

我认为类似的社会现象也可以在纯数学中见到. 这并不是完全健康的. 我希望讨论的 "两种文化" 所有数学家应该都不会陌生. 粗略地说, 我是指两类不同的数学家, 一类将解决问题视为中心的目标, 另一类更关注建立和理解理论 ……

并不是所有问题都同样有趣, 检验哪些是更有趣的问题的方法之一是看它们是否有助于我们对于数学整体的理解. 同样地, 如果有人付出多年努力钻研一个很困难的数学领域, 但是却并未增进对数学整体的理解, 那么也不会引起太多关注.

所以我所说的数学家可以分为理论型和解题型, 我是指他们的侧重点, 而并非说他们完全只从事这一类数学工作. 显然这两类数学家都是我们需要的 (如同 Atiyah 在 [At2] 的文末所说的那样). 同样显然的是, 不同领域的数学家需要不同类型的才能.

Atiyah [At2, p. 232] 写道:

我希望提到的第一点是解决问题与创立理论的关系. 当然两者可以有许多话题, 如果一个理论不能够解决问题, 它有何用? 如果提出许多问题却无法系统地建立关联, 又有何益? 即使它们单个来看都很有意思 ······

我们需要将过去的研究经验凝聚成一种容易理解的形式, 这也即理论的初衷. 也许我还可以引用 Poincaré 的名言: "科学由事实构成, 如同房屋建自于石料. 但是事实的堆砌并不是科学, 就如同一堆石头并不是房子."

在书 [Go2] 中有一节 "给年轻数学家的建议", Atiyah 在其中一篇文章中写道:

数学家有时候可以分类为 "解题者" 和 "理论家". 确实在一些极端情形这种区分非常明显, 比如 Erdös 和 Grothendieck. 但是大多数数学家介于两者之间, 因为他们的工作既有解决问题, 也同时发展理论. 事实上, 如果一个理论不能够解决具体和有趣的问题, 那就不值得探究. 相反地, 对于真正深刻的问题, 在求解它的过程中应该能够激发理论的发展 (比如 Fermat 大定理).

在本文提及的数学家中, 也许 Halmos 的观点是最著名的. 在文章 "作为创新艺术的数学" [Hal] 中, 他写道:

数学是抽象的思想、纯粹的逻辑和创新的艺术. 所有这些都是错误的, 但是又有些道理, 毕竟它们比 "数学就是数" 或者 "数学是几何形状" 之类的观点好多了. 对纯粹数学家而言, 数学是一些稀疏假设的集合通过漂亮证明的逻辑衔接. 简洁又不失复杂, 至高的逻辑分析, 这些是数学的特点.

数学家青睐最优的情形, 如同工业实验者打碎灯泡, 扯破衬衣, 将车在坑地里颠簸. 他希望知道一种推导应用有多广, 如果推导不成立会发生什么. 当减弱一项假设会有什么效果? 在什么条件下可以加强某个结论? 这些无穷无尽的问题导致了更广泛的理解、更强大的技巧和未来问题更大的弹性 ······

对于数学成果质量的评判, 所基于的原则远高于正确性, 但是又很难描述. 数学上好的工作往往与许多领域相联系, 它必须是全新的 (想象一下如果一部 "新" 电影只是更换了名字和服装, 却保留了相同的情节). 它具有不可言喻但不可阻挡的深刻性. 比如 Johann Sabastian 是深刻的而 Carl Philip Emmanuel 不是. 数学工作崇尚美妙, 复杂, 简洁, 优雅, 追求满足感和相称性, 看起来都很主观, 但都被广为认可.

Halmos 在他的自传《我要做数学家》[Hal2] 中写道:

数学不是如通常认为的那样仅仅是关于推导的科学. 当我们试图证明一个

定理, 我们不是简单地罗列假设, 然后开始论证. 我们需要不断在错误中尝试和猜测. 我们试图找出事实, 这一点类似于实验室的技术员, 但是在精度和信息方面有所不同. 也许哲学家对数学家的看法, 就如同我们对技术员的看法 ……

要成为数学家, 我们需要有天赋、洞察力、专注度、品位、运气、动力和想象力. 对于教学, 我们还需要理解学生可能遇到的困难, 与听众产生共鸣, 无私分享, 再加上演讲的才能, 明快的风格和展示的技巧. 最后如果你做一些文书和行政工作, 那么你还需要责任感, 道德心, 细致而有序. 领导才能和个人魅力是锦上添花 ……

要成为数学家, 你必须热爱数学, 胜过家庭、宗教、金钱、享福、安逸和荣耀. 我不是说完全放弃家庭、宗教和其他, 也不是说如果你热爱数学, 就不会有疑惑, 不会遇到挫折, 不会放弃而宁可打理花园. 疑惑与挫折是生活的一部分. 伟大的数学家也会遇到疑惑与挫折, 但是他们不会停下数学工作, 因为离开数学, 反而他们会更加想念.

在文章 “鸟与青蛙” [Dy, p. 212] 中, Dyson 写道:

一些数学家是鸟, 而另一些是青蛙. 鸟在蓝天翱翔, 概览数学的全貌直至天际. 他们创造统一思考的概念, 把不同领域的问题统一起来. 青蛙生活在泥地中, 只看到周围的花草. 他们专注于特定课题的细节, 解决一个又一个的问题. 我曾经是青蛙, 但是我的很多朋友是鸟. 这是我今晚演讲的主题. 数学同时需要鸟和青蛙. 数学既是伟大的艺术也是重要的科学, 因为它融合了概念的广泛与结构的深度. 认为鸟看得远而比青蛙高贵, 或者认为青蛙比鸟看得更深刻, 都是不明智的观点. 数学同时需要广泛与深度, 所以我们需要鸟和青蛙的携手探索 ……

20 世纪数学的发展有两个决定性的事件, 一个属于 Baconian 传统, 另一个属于 Cartesian 传统. 第一个大事件是 Hilbert 在 1900 年巴黎国际数学家大会上的主旨报告中, 提出了 23 个著名难题为未来数学指明了方向. Hilbert 是鸟, 俯瞰整个数学界, 但是他向青蛙提出并希望他们解决这些问题. 第二个大事件是法国 20 世纪 30 年代的 Bourbaki 学派. 他们出版了一系列教科书, 希望为所有数学建立统一的框架. Hilbert 的问题引发了数学的丰硕发展. 无论是已经解决还是悬而未决的问题, 都激发了新思想和新领域的诞生. Bourbaki 的工程也产生了巨大的影响, 改变了接下来 50 年数学的风格. 前所未有地强调了逻辑的连贯性, 把重点由具体的例子转移到抽象的概括. 在 Bourbaki 的构想中, 数学是 Bourbaki 教科书中的抽象结构. 不包含在教科书中的内容不是数学. 具体的例子, 因为它们没有出现在教科书学中, 所以不算数学. 这是 Cartesian 风格的极端表达. 它限制了数学的视野, 抛弃了 Baconian 旅行者采集的美丽花朵 ……

数学中最深刻的概念能够将一个领域与另一个领域联系起来. 在 17 世纪, Descartes 通过他的坐标系将代数与几何相联系. 牛顿通过他的微积分将几何与动力学相联系. 在 19 世纪, Boole 通过符号逻辑将逻辑学和代数联系起来. 黎曼通过他引入的黎曼曲面将几何与分析联系起来. 坐标、微积分、符号逻辑和黎曼曲面都是比喻, 从熟悉延伸到不熟悉的语境 ……

Baconian 传统认为 Hilbert 在 1900 年巴黎国际数学家大会提出的 23 个问题为 20 世纪数学拟定了方向. Manin 不同意这种看法, 他认为 Hilbert 的问题偏离了数学的主题. 他认为数学的重要进展来自于纲领, 而非问题. 人们常常通过翻新旧的想法来解决问题. 研究纲领是新思想的温床. 他认为 Bourbaki 纲领将数学重写为更抽象的语言, 从而导致了 20 世纪许多新思想的诞生. 他将统一数论与几何的 Langlands 纲领视作 21 世纪新思想的源泉. 解决难题可以让你获奖, 但是开启了新纲领的人物才是真正的先驱.

在文章 "数学家心理之刻画" [De, p. 19] 中, Dehn 写道:

思想的起源经常很难厘清, 特别是那些年代久远的想法的发现过程很难还原. 但是它的最终形式往往属于某个特定的人. 所以在我看来, 当我们评价一项贡献, 不要太追求优先权. 在某项工作中最初出现的想法往往并不重要 ……

另一方面, 最美的花环应该属于那个将思想从黑暗中提炼出来、并加以完善的人. 即使由于环境的局限, 他无法继续推进他的影响.

这里我们应该注意, 有一种自然的倾向使得我们夸大对于历史的评价. 对历史学家而言, 最开心的莫过于品味历史发展的意图、联系、决裂和变迁, 置身于创造者的灵感闪现和成果丰收的时刻 ……

当然数学家的创造力并不仅限于他们的学科. 我们看到 Cardano 的例子, 还有黎曼的前瞻性贡献等带来的变革 ……

最后我们考虑拓扑学, 这是数学中研究物体形状的学科. 它兴起于 19 世纪, 主要是哥廷根数学家黎曼的工作; 黎曼建立了许多函数论问题的拓扑本质. 到 19 世纪末, Henri Poincaré 强力推进了拓扑学的发展. 现在拓扑文章随处可见, 但是说到基本性的问题, 严格说并未超越 Poincaré 或黎曼, 特别是考虑到对于二变量代数函数理论的推动. 这并非由于问题很难 (比如数论), 而是因为人们的思维局限无法同时驾驭不同的领域 ……

我要说的是, 与普遍的看法相反, 数学家并非是在空想和具有怪癖. 这与数学毫不沾边. 数学家处于许多研究领域的交界, 特别是人文与自然科学, 在美国这似乎是两个毫无交集的学科. 数学研究方法属于一般科学方法, 又具有独特性. 由于排中原理的重要性, 这与法学方法相关. 数学研究的目标比自然科学家更理性, 比人文学者更感性. 后者是因为数学的发展史与哲学史密切相关. 与自然科学的联系远不止在所有科学的应用. 数学家知道自然科学为他们提供了最重要的灵感. 比如成为微积分支柱的 L'Hospital 的无穷小方法, 来自于 Galileo 弹射体运动的惯性和重力分解的研究. Fourier 命名的周期级数与 19 世纪分析学的重

要发展息息相关 ……

有时候数学家有着诗人或征服者的热情, 他的论证有如一个负责的政治家, 慈爱的父亲. 他的容忍与顺从堪比圣贤. 他是变革与保守并重, 怀疑却又忠实地乐观. 这些品质有时候会出现在一个人身上, 虽然它们也自相矛盾. 如同 C. F. Mayer 让 Ulrich von Hutten 所说的: "我不是一本人造的书刊, 而是一个具有全部矛盾的人."

在文章 "数学家" [Neu] 中, John von Neumann 写道:

在我看来, 数学至关重要的特征是, 他与自然科学的特殊关系. 或者更一般地, 与任何不是泛泛而谈的科学的关系.

大多数人, 无论是否是数学家, 都会同意数学不是经验的科学. 至少在几个关键的方面它与经验科学的技巧不同. 数学的发展与自然科学的发展密切相关. 它的主要分支之一的几何学, 发源于自然的经验科学. 现代数学最棒的灵感来源于自然科学. 数学方法盛行于自然科学的理论研究. 评判现代经验科学是否成功的一个越来越重要的原则是它是否适用数学方法, 或者物理中的近数学方法.

Fields 奖是数学界最具声望的著名奖项. 所以引用 Fields 自己的看法, 会很有意思. 1903 年, 在文章 "德国大学与德国大学的数学" (参见 [Rie]) 中, 40 岁的 Fields 除了描述了对德国数学体系的推崇, 也把数学家分为五类:

在第一类中, 包括了那些拥有永恒创造力的绝世天才, 能够不断攻克基本的难题, 变革现有领域, 开创新方向 ……

在第二类中, 可以看到那些人选择了一个感兴趣的课题, 一生精心钻研, 拓展分支, 开创观点, 发展理论. 我们还可以看到那些开创了一个新的未知领域的数学家, 他们的发现在数学史上具有划时代的意义.

在一个理论的发展过程中, 有许多基本的困难需要克服. 当研究方法得以建立, 其中仍然需要巨大的工作. 那些从事这些工作的数学家可以归为第三类. 他们的工作也许不具开创性, 但是他们留下了极具才智的工作 ……

在第四类中, 是那些编辑整理前面三类数学家工作的学者, 以及那些解决了并未引起太多关注的孤立问题的学者 ……

在第五类中, 是那些不属于前四类, 但是也为数学发展做出重要贡献的数学家, 比如教科书作者等.

4　黎曼的生平、教育与学术生涯

虽然黎曼是数学史上举足轻重的数学家, 但是还没有关于他的传记的书籍出版. 关于黎曼的最好的短篇传记是他的朋友 Dedekind 所写, 收录在《黎曼全集》的第一版中. 除此之外, 还有 [Lau] [Mon] [Kle] 等书中关于黎曼生平的介绍,

以及文章 [Fre]. 它们大都受到 Dedekind 文章的影响.

我们将简要介绍黎曼的生平和教育经历, 以期了解它们如何影响了他的数学生涯.

黎曼 1826 年 9 月 17 日出生在德国北部汉诺威的一座名叫布列斯伦茨 (Breselenz) 的小镇. 他的父亲是乡村的路德会牧师, 母亲是法官的女儿. 他的母亲 Charlotte Ebell 在黎曼 20 岁时就去世了. 黎曼小时候家境贫寒, 是 6 个孩子中的次子. 虽然家境贫寒, 孩子们仍在关爱中幸福成长. 幼时的黎曼很害羞, 怯于在公开场合说话. 他的一生中多次受精神崩溃的折磨. 他在孤独和思考中找到了慰藉, 展现了极大的勇气和广阔的视野.

黎曼的父亲承担起了孩子们入门教育的重任, 在家中教育黎曼直到 10 岁. 5 岁时, 黎曼对历史着迷, 但很快他就展现出了非凡的计算才能, 开始痴迷于发现并解决难题. 不过他并不擅长写作和表达. 从 10 岁到 13 岁半, 黎曼跟随一位职业教师学习算术与几何. 很快老师就发现, 黎曼已经超过了他, 常常能够给出更好的解答.

黎曼在学校里所有课程都很出色, 数学尤为突出. 高中的校长早已观察到黎曼的数学才能, 慷慨地把自己的私人藏书借给黎曼. 他借给黎曼 Legendre 的《数论》. 黎曼很快就读完了这本 900 页的巨著. 这也许为黎曼后来在素数方面的伟大工作埋下了种子. 他还通过学习 Euler 的著作, 熟练掌握了微积分和各种计算技巧. 高中时, 黎曼在钻研数学的同时也研读了《圣经》. 他是虔诚的基督教徒, 并把自己的数学生涯看作尊奉上帝的一种方式.

1846 年春, 19 岁的黎曼被哥廷根大学录取. 在父亲的鼓励下, 黎曼选择了神学专业. 他希望自己能够尽快找到工作帮助家庭. 同时他也旁听了 Stern 的方程数值解, Goldschmidt 的地磁学, Gauss 的最小二乘法等课程. 很快他发现数学有着无可阻挡的魅力. 于是他询问父亲, 希望能够转学数学. 黎曼很顾家, 凡是重要的决定都会征求父亲的建议. 黎曼的父母很重视孩子们的教育. 最后父亲支持了黎曼的决定.

哥廷根大学无疑是数学的圣地. 在那里任教的 Gauss 是当时公认的最伟大的数学家之一. 黎曼确实听过 Gauss 讲授的基础课, 但没有证据表明那时候 Gauss 与黎曼有深入的交往, Gauss 也并未发现黎曼的天赋. 另一方面, 黎曼的老师 Stern 已经意识到黎曼的数学才能. 他曾说: "黎曼已经像金丝雀那样歌唱."

由于黎曼早已自学过许多数学课程, 他觉得在哥廷根无法学到更多的数学. 于是在 1847 年春, 他转到柏林大学. 当时在柏林大学任教的数学家包括 Jacobi, Lejeune, Dirichlet, Steiner, 他们讲授前沿的数学成果及其进展, 吸引了德国各地的学生. 黎曼也遇到了 Eisenstein, 他被 Gauss 认为是最具才华的数学家之一. 黎曼与 Eisenstein 讨论复数应该如何引入函数论中. 他们的观点不尽相同.

Eisenstein 看重形式的算法, 而黎曼着眼于用偏微分方程来理解全纯函数. 黎曼 1851 年的博士论文正是源于这一观点.

黎曼被 Dirichlet 的研究风格和思考方式所吸引. Klein 曾说:

黎曼被 Dirichlet 所吸引, 这是由于他们内心共同的思考方式所引发的共鸣. Dirichlet 偏爱从直观上把问题搞清楚, 以此给出基本问题的简明逻辑分析, 尽量避免冗长的计算. 他的风格影响了黎曼今后的研究生涯.

1849 年, 黎曼回到哥廷根. Weber 刚从莱比锡大学回到哥廷根物理系任教. Listing 也在 1849 年受聘担任哥廷根物理教授.

黎曼 1851 年在 Gauss 的指导下提交了他的博士论文. 在此之前, 他参加了 Wilhelm Weber 的实验物理课程, 以及 Weber, Ulrich, Stern 与 Listing 组织的数学物理讨论班. 黎曼花了大量时间参与讨论班上的物理实验. 黎曼与拓扑学的开创者之一 Listing 有很多交流. 这些都对黎曼后来的工作产生了深远的影响.

由于这些兴趣耽误了黎曼不少时间, 直到 1851 年 11 月, 时年 26 岁的黎曼提交了他的博士论文, 这被认为是复分析学科的重大突破, 是数学的永恒财富. Gauss 对黎曼的论文作了如下评价 (参看 [Bel, pp. 495–496]):

黎曼所提交的博士论文提供了令人信服的证据, 表明作者在他的论文中对所论述的课题进行透彻和深入的研究, 显示出一个具有创造性的、活跃的、真正数学才能的头脑以及富有成果的原创性. 文章表述清楚而简洁, 有的地方很漂亮. 大多数读者将会喜欢这个更清楚的安排. 这项实质而极富价值的工作不仅达到博士论文所要求的各项标准, 而且远远超出了它们.

获得博士学位后, 黎曼以为他能够很快完成讲师资格论文. 但最终花了两年半才写完. 1853 年 12 月初, 黎曼提交了他的讲师资格论文. 同年 12 月 28 日, 黎曼写信给他的弟弟讲到关于他的就职报告.

我的工作现在已经有了眉目. 12 月初我提交了讲师资格论文. 现在我要为就职报告准备三个题目. 教授委员会将会从中选择其一. 我已经准备了头两个题目, 希望他们能选择其中一个. 但是 Gauss 挑选了第三个, 于是我又要开始忙碌了, 我需要再认真研究下这个题目.

Gauss 选择的这个题目是关于几何学的基本假设. 一个原因是 Gauss 也思考过这个困难的问题, 想了解黎曼是如何看待这个问题的. 黎曼的头两个题目与电磁学有关, 这是黎曼当时正沉浸于研究的问题.

黎曼用几个星期时间准备关于几何学基本假设的报告. 为了让非数学家的委员会成员理解他的报告, 黎曼忽略了所有计算细节. 不知道在场有多少人能够理解黎曼在 1854 年 6 月 10 日的报告内容. 但是这远远超过了 Gauss 的期望. Gauss 告诉 Weber, 他为黎曼演讲中蕴含的深刻思想激动不已.

从黎曼给他弟弟的信里可以看到, 黎曼精心准备了他的报告. 我们可以看到黎曼手稿中的多处修改和补充. (参见文前插页的图片, Cod. Ms. B. Riemann 16 Cim.)

在这次成功的就职报告后, 黎曼又在 1854 年 9 月的一次国际会议上作了有关非导体电荷分布的精彩演讲. 他在给父亲的信中写道:

之前的就职报告, 给了我更多的勇气. 我发现, 一方面思考了很长时间并厘清了一切头绪, 而另一方面只是在演讲前仓促准备, 两者有很大的区别.

接着黎曼成功地在哥廷根大学开设了他的第一门课程, 吸引了众多的学生. 接下来黎曼遭受了一系列的打击. 1855 年, 他的父亲去世. 接下来的三年间, 他的多个兄弟姐妹相继去世. 黎曼承担起了照顾家庭的重任.

虽然黎曼的才能在他 1851 年发表博士论文后就被广泛关注, 但是直到 1857 年他才成为副教授. 1859 年 Dirichlet 去世, 33 岁的黎曼成为正教授, 继任了曾是 Gauss 和 Dirichlet 的职位. 就在几天后, 黎曼被选为柏林科学院的通讯院士. 举荐他的是三位柏林数学家 Kummer, Borchardt 和 Weierstrass. 他们在推荐信中写道:

在他最近关于 Abel 函数理论的工作问世前, 黎曼几乎不为数学家所知. 这使得我们也许可以不必详细审阅他之前的工作. 我们觉得我们有责任向柏林科学院推荐这位我们的同行, 并非因为他是极富潜力的年轻数学家, 而是因为他早已是一位完全成熟而独立的学者, 并取得了重要的成就.

1862 年 6 月, 黎曼与 Elise Koch 结婚. 他的太太是他妹妹的好友. 他们有一个女儿. 1862 年秋, 黎曼染上风寒, 结果导致肺结核. 他只得去气候温和的意大利休养. 1862—1863 年的冬天黎曼住在西西里, 然后他到意大利各地访问, 与 Betti 等意大利数学家交流. Betti 曾在 1858 年访问过哥廷根从而结识黎曼. 1863 年 6 月黎曼回到哥廷根, 但是他的健康迅速恶化, 他不得不返回意大利. 1864 年 8 月到 1865 年 10 月间, 黎曼住在意大利北部. 他于 1865—1866 年间的冬季回到哥廷根, 接着 1866 年 6 月 16 日重返 Maggiore 湖畔的 Selasca. 同年 7 月 20 日, 黎曼在意大利 Selasca 去世, 并葬于 Selasca 的 Biganzolo 公墓.

Dedekind 如此描述黎曼生命的最后时刻:

他的体力急速衰落, 他自知已到生命的终点. 但即使在人生的最后一天, 他依然在无花果树下安静地工作. 在美丽的景色之中满是喜悦地看着他最后未完成的工作. 他去世的时候很安详, 没有任何的挣扎和恐惧. 他的太太递给他面包和酒. 他祝福深爱的亲人, 告诉太太: 亲亲我们的孩子. 她念着主祷文, 而黎曼不能说话. 当她念到 "宽恕我们的罪过" 时, 黎曼抬起了眼, 她感到他的手逐渐冰凉. 几次喘息后, 他的纯净而高尚的心停止了跳动.

在黎曼位于意大利 Biganzolo 的墓碑上, 写道:

这里安葬着格奥尔格 · 弗雷德里希 · 波恩哈德 · 黎曼先生

哥廷根大学教授
1826 年 9 月 17 日生于 Breselenz
1866 年 7 月 20 日逝于 Selasca
凡爱上帝者必诸事顺遂.

5　黎曼数学生涯中的重要人物

虽然黎曼总是被描述成害羞而内向, 他与其他学者的交流对他的成长和学术成就至关重要, 即使他是位极富原创性的数学家. 我们简要地描述几位影响了黎曼的学者.

1. Dirichlet

在黎曼的所有老师中, Dirichlet 对黎曼的鼓舞最大. 黎曼在柏林听他的数论与分析课. Dirichlet 对于数学物理的兴趣也影响了黎曼. 黎曼把复分析中的一个重要结果命名为 Dirichlet 原理. Dirichlet 与黎曼友情深厚. 黎曼 1852 年写给父亲的信中提到:

有一天早上, Dirichlet 花了两个小时和我在一起. 他给了我一些笔记, 与我的讲师资格论文有关. 这些笔记的内容如此丰富, 大大减轻了我的工作. 不然的话, 我可能要花许多时间在图书馆中寻找这些资料. 他也和我一起讨论我的博士论文. 他对我一直非常友好, 这是我无法想象的. 因为我们的地位差距如此之大. 我相信他以后也会对我有印象.

2. Gauss

Gauss 对黎曼的影响, 并不是通过他所教授的课程. Klein [Kle, p. 233] 写道:

对我们来说很惊讶和神秘的是关于黎曼与 Gauss 在数学思想上的亲密友谊. 黎曼没有机会参加太多的 Gauss 的课程, 毕竟 Gauss 已经 70 岁高龄, 很少教课. 这个年轻害羞的学生与 Gauss 并无太多来往. Gauss 不爱教课, 对大多数学生并无兴趣, 也不易接近. 不过, 我们仍然认为黎曼是 Gauss 的弟子. 事实上, 他是 Gauss 唯一真正的弟子, 能够领悟 Gauss 的思想 ……

Gauss 选择第三个题目作为黎曼就职报告的一个目的, 是希望黎曼能够在几何上有更深入的研究和思考. 这也是 Gauss 工作的延伸. 黎曼在素数方面的工作也受到 Gauss 影响. 他们的观点有许多的相似之处, 比如对于全纯函数与共形映射和调和函数的联系, 以及他们在超几何函数方面的工作. 对他们而言, 数学总是与物理相联系.

3. Eisenstein

他只比黎曼年长 3 岁, 但是当还是学生的黎曼在柏林遇到他时, Eisenstein 已经是知名数学家. 黎曼曾与他讨论过数学. Eisenstein 对单复变函数论有自己独到的观点, 并坚持发展自己的理论. 这给了黎曼信心. 这对于黎曼这样害羞的学生而言尤为重要.

4. Weber

黎曼对数学和物理都有重要贡献. 这两门学科的相互影响给了黎曼许多启发. 作为一个试验和理论物理学家, Weber 对黎曼有诸多帮助. Klein [Kle, p. 235] 曾说: "黎曼视 Weber 为导师和父辈的朋友. Weber 赏识黎曼的才华, 处处关照这个害羞的学生."

5. Dedekind

他是黎曼的朋友和同事, 也是很少几位可以与黎曼畅谈数学的同行之一. 他非常欣赏黎曼的工作. 当黎曼在课上讲授他的名作 —— Abel 函数理论时, 听众只有 Dedekind 和两位学生. 他关于黎曼的传记被认为是黎曼生平的最忠实的记述. 他是《黎曼全集》最早的编纂者之一.

6. Jacobi

当黎曼在柏林就学时, Jacobi 是给予黎曼最多启发的老师. 黎曼给出的 Jacobi 反演问题的解答使得黎曼一夜之间跻身第一流数学家的行列.

7. Stern

他是黎曼读大学时的最早遇到的数学老师, 他讲授的许多课程激励黎曼立志成为一名数学家. 他很早就发现了黎曼的才华.

8. Listing

他是拓扑学的奠基人之一. 1847 年出版了著作《拓扑学入门》(*Vorstudien zur Topologie*). 他启发了黎曼后来在单复变函数论中引入原创和强有力的拓扑方法. Klein [Kle, p. 234] 写道:

哥廷根的几何学的气氛对于满是才华和求知欲的黎曼产生了重要影响. 一个人所处的环境对于他的影响, 比知识所赋予他的更为重要.

9. Friedrich Herbart

他是一位哲学家和教育家, 而非数学家. 黎曼的哲学观受到他的重要影响. Herbart 生于 1776 年, 他的一生大部分时间都在哥廷根度过, 1841 年去世. 5 年后, 黎曼来到哥廷根. 他是 19 世纪现实主义哲学的先驱, 当代科学教育学的奠基人. 相比于其他数学家, 黎曼更推崇哲学, 他写过很多哲学的散文. 这也反映在他关于几何学基础的著名文章中. 黎曼曾说 [Kle, p. 233]: "我的主要工作与自然界定律的新概念有关. 我的创新主要源于研究 Newton, Euler 以及另一方面 —— Herbart 的工作."

6 黎曼工作的一些特征

黎曼的工作富有概念创新的特征. 比如在他的博士论文中, 他通过所满足的微分方程而非幂级数来刻画单复变全纯函数. 另一个例子是黎曼通过单值群来研究超几何函数. Klein [Kle2] 写道:

黎曼一生中在这个课题上只在 1856 年发表过一篇他的初步研究, 只考虑超几何的情形. 他令人惊讶地证明, 所有已知的超几何函数的性质可以从函数在奇异点附近的计算得到.

几何 (拓扑或整体) 的思维是黎曼的独到之处. 黎曼把全纯函数看作共形映射, 这导致了黎曼映照定理的发现. 黎曼工作的另一个特征是他的直觉推理. 也许有时缺少严格论证, 但是黎曼工作中的绝妙思想让问题更加清晰. 他的工作中很少见到冗长的计算. 比如黎曼巧妙地应用 Dirichlet 原理发现黎曼映照定理和 Riemann-Roch 定理.

数学与物理的结合在黎曼工作中处处可见. Klein [Kle2] 认为这给了黎曼极大启发:

他总是反复努力尝试给出自然界物理定律的一般的数学描述 …… 这些物理观点是黎曼数学工作的灵感源泉.

黎曼比大多数数学家有更广的视野和哲学观. 比如他的关于几何学基础的文章包含了很大的篇幅讨论哲学. 对他而言, 重要的不仅仅是几何本身, 与自然界、时空的联系也很重要. Freudenthal [Fre] 认为:

黎曼是数学史上最深刻和最富想象力的数学家之一. 他对哲学情有独钟, 可称得上是一位哲学家. 如果他活得更长一些, 哲学家也会认可他的地位.

7 黎曼的计算能力

从黎曼发表的文章来看, 我们会觉得黎曼是概念创新的数学家. 他的思考依赖于几何直觉, 不需要通过复杂的计算, 深刻的想法就会自然出现. 在叙述他的结果时, 他也尽量避免复杂的公式, 而是详加解释.

但是为了得到一些结果, 他其实也做过非常详细和复杂的计算. 证据之一就是哥廷根大学历史图书馆保存的他书写过的抄稿纸. 黎曼小时候就着迷于数学计算. 也许他和 Gauss 都是擅长复杂计算的高手. (参见文前的插页的图片.)

这些计算对黎曼的直觉和洞察力有重要帮助. 他可以从这些计算对问题获得更好的理解. 很遗憾, 好像还没有人仔细研究过黎曼抄稿纸中的这些计算细节.

8 黎曼发表的文章和涵盖的课题

黎曼一生中发表的文章很少, 正式的只有 9 篇. 我们当然还可以算上他的博士论文和一篇向学术会议提交的论文. 如下是这 11 篇文章的清单:

1. *Grundlagen für eine allgemeine Theorie der Functionen einer veränderlichen complexen Grösse* (Inauguraldissertation, Göttingen, 1851).

   Foundations for a general theory of functions of a complex variable (Inaugural dissertation, Göttingen, 1851).

2. *Ueber die Gesetze der Vertheilung von Spannungselectricität in ponderabeln Körpern, wenn diese nicht als vollkommene Leiter oder Nichtleiter, sondern als dem Enthalten von Spannungselectricität mit endlicher Kraft widerstrebend betrachtet werden* (Amtlicher Bericht über die 31. Versammlung deutscher Naturforscher und Aerzte zu Göttingen im September 1854).

   About the laws of distribution of electric electricity in ponderable bodies, if these are not considered perfect conductors or insulators, rather than may be viewed as resisting the holding of electric charge with finite power (Official Report on the 31st meeting of German natural scientists and physicians to Göttingen in September 1854).

3. *Zur Theorie der Nobili'schen Farbenringe* (Annalen der Physik und Chemie, 95 (1855), 130–139).

   On the theory of Nobili's color rings (Annals of Physics and Chemistry, 95 (1855), 130–139).

4. *Beiträge zur Theorie der durch die Gauss'sche Reihe $F(\alpha, \beta, \gamma, x)$ darstellbaren Functionen* (Abhandlungen der Königlichen Gesellschaft der Wissenschaften zu Göttingen, 7 (1857), 3–32).

   Contributions to the theory of represented by the Gaussian series $F(\alpha, \beta, \gamma, x)$ functions (Memoirs of the Royal Society of Sciences in Göttingen, 7 (1857), 3–32).

5. *Selbstanzeige: Beiträge zur Theorie der durch die Gauss'sche Reihe $F(\alpha, \beta, \gamma, x)$ darstellbaren Functionen* (Göttinger Nachrichten, 1857, 6–8).

   Voluntary disclosure: contributions to the theory of represented by the Gaussian series $F(\alpha, \beta, \gamma, x)$ functions (Göttingen News, 1857, 6–8).

6. *Theorie der Abel'schen Functionen* (Journal für die reine und angewandte Mathematik, 54 (1857), 101–155).

Theory of Abelian functions (Crelle's Journal, 54 (1857), 101–155).

7. *Ueber die Anzahl der Primzahlen unter einer gegebenen Grösse* (Monatsberichte der Berliner Akademie, November 1859, 671–680).

   The number of primes below a given size (Monthly reports of the Berlin Academy, November 1859, 671–680).

8. *Ueber die Fortpflanzung ebener Luftwellen von endlicher Schwingungsweite* (Abhandlungen der Königlichen Gesellschaft der Wissenschaften zu Göttingen, 8 (1860), 43–65).

   Concerning propagation of plane air waves of finite amplitude (Memoirs of the Royal Society of Sciences in Göttingen, 8 (1860), 43–65).

9. *Selbstanzeige: Ueber die Fortpflanzung ebener Luftwellen von endlicher Schwingungsweite* (Göttinger Nachrichten, 1859, 192–197).

   Voluntary disclosure: concerning propagation of plane air waves of finite amplitude (Göttingen News, 1859, 192–197).

10. *Ein Beitrag zu den Untersuchungen über die Bewegung eines flüssigen gleichartigen Ellipsoides* (Abhandlungen der Königlichen Gesellschaft der Wissenschaften zu Göttingen, 9 (1860), 3–36).

    A contribution to the studies of the motion of a homogeneous liquid ellipsoid (Memoirs of the Royal Society of Sciences in Göttingen, 9 (1860), 3–36).

11. *Ueber das Verschwinden der Theta-Functionen* (Journal für die reine und angewandte Mathematik, 65 (1866), 161–172).

    About the vanishing of theta functions (Crelle's Journal, 65 (1866), 161–172).

    如下是 7 篇黎曼去世后发表的文章, 来自于他的手稿和通信.

12. *Ueber die Darstellbarkeit einer Function durch eine trigonometrische Reihe* (Habilitationsschrift, 1854, Abhandlungen der Königlichen Gesellschaft der Wissenschaften zu Göttingen, 13 (1868)).

    Concerning the representability of a function by a trigonometric series (Habilitationsschrift, 1854, Memoirs of the Royal Society of Sciences in Göttingen, 13 (1868)).

13. *Ueber die Hypothesen, welche der Geometrie zu Grunde liegen* (Habilitationsschrift, 1854, Abhandlungen der Königlichen Gesellschaft der Wissenschaften zu Göttingen, 13 (1868)).

    On the Hypotheses which lie at the bases of Geometry (Habilitationsschrift, 1854, Memoirs of the Royal Society of Sciences in Göttingen, 13 (1868)).

14. *Ein Beitrag zur Elektrodynamik* (1858, Annalen der Physik und Chemie, 131

(1867), 237–243).

A contribution to electrodynamics (1858, Annals of Physics and Chemistry, 131 (1867), 237–243).

15. *Beweis des Satzes, dass eine einwerthige mehr als 2nfach periodische Function von n Veränderlichen unmöglich ist* (26 October 1859, Journal für die reine und angewandte Mathematik, 71 (1870), 197–200).

    A Proof of the proposition that a single-valued periodic function of n variables cannot be more than 2n-fold periodic (26 October 1859, Crelle's Journal, 71 (1870), 197–200).

16. *Estratto di una lettera scritta in lingua Italiana il di 21 Gennaio 1864 al Sig. Professore Enrico Betti* (Annali di Matematica, 7 (Ser. 1, 1865), 281–283).

    Extract from a letter written in Italian on the day January 21, 1864 to Mr. Professor Enrico Betti (Annals of Mathematics, 7 (Ser. 1, 1865), 281–283).

17. *Ueber die Fläche vom kleinsten Inhalt bei gegebener Begrenzung* (Abhandlungen der Königlichen Gesellschaft der Wissenschaften zu Göttingen, 13 (1868)).

    On the surface of least area with a given boundary (Memoirs of the Royal Society of Sciences in Göttingen, 13 (1868)).

18. *Mechanik des Ohres* (Aus Henle und Pfeuffer's Zeitschrift für rationelle Medicin, dritte Reihe. Bd. 29).

    Mechanics of the ear (From Henle and Pfeuffer's magazine for rational medicine, third vol. Vol. 29).

《黎曼全集》的各个版本都包含了更多的其他学者编辑整理的有关黎曼工作的文章或注记.

在黎曼发表的 11 篇文章中, 其中 6 篇 (1, 4, 5, 6, 7, 11) 有关数学, 另 5 篇 (2, 3, 8, 9, 10) 有关物理.

在黎曼去世后发表的文章中, 数学文章有 5 篇 (12, 13, 15, 16, 17), 只有一篇 (14) 是物理文章, 而另一篇 (18) 属于医学.

另一方面, 黎曼对许多学科都有贡献. 他所研究的每个领域都改变了其面貌和人们的观点. 如下是他做出过重要贡献的课题:

1. 分析: 积分理论与三角级数.
2. 单复变函数论.
3. 黎曼映照定理, 黎曼面单值化及其推广.
4. 黎曼面与复流形.
5. 黎曼面模空间与相关代数簇.
6. 代数曲线与代数簇的双有理几何.

7. Riemann-Roch 定理与指标理论.
8. 曲面拓扑学与 Riemann-Hurwitz 公式.
9. 超几何函数及其推广.
10. 黎曼 zeta 函数与解析数论.
11. 黎曼几何与广义相对论.
12. 变分法, 特别是 Dirichlet 原理.
13. 偏微分方程: 激波.
14. 微分方程: Riemann-Hilbert 问题.
15. 单值群与 Riemann-Hilbert 对应.
16. 物理: 电动力学.
17. 物理: 均匀液体椭球的运动.
18. 哲学.

[Lau] 这本书包含了一些关于黎曼所创立的数学的发展, 但并未提及最新的进展. 由于黎曼的深刻工作, 他的名字命名了许多数学名词:

1. 黎曼球面.
2. 黎曼面.
3. 黎曼模空间.
4. Cauchy-Riemann 方程.
5. 切向 Cauchy-Riemann 方程.
6. 切向 Cauchy-Riemann 复形.
7. 黎曼映照.
8. 可测黎曼映照定理.
9. 黎曼可去奇点定理或黎曼延拓定理.
10. 黎曼 theta 函数.
11. 黎曼消灭定理.
12. Riemann-Siegel theta 函数.
13. 黎曼双线性关系.
14. 黎曼形式.
15. 黎曼矩阵.
16. 关于 theta 除子的黎曼奇点定理.
17. Riemann-Hilbert 对应.
18. 黎曼 zeta 函数.
19. 黎曼 ξ 函数, 这是黎曼 zeta 函数的一种变形, 满足一个特别简单的函数方程.
20. 黎曼假设.

21. 广义黎曼假设.
22. 大黎曼假设.
23. 黎曼用于计算素数的显式公式.
24. Riemann-Siegel 公式, 这是计算黎曼 zeta 函数近似误差的渐近公式.
25. 有关黎曼 zeta 函数零点分布的 Riemann-von Mangoldt 公式.
26. 研究黎曼假设的谱理论方法的黎曼算子.
27. 定义在有限域上的曲线的黎曼假设.
28. 黎曼积分.
29. 黎曼可积性.
30. 黎曼和.
31. 广义黎曼积分.
32. Riemann-Stieltjes 积分.
33. 黎曼多重积分.
34. Riemann-Lebesgue 引理.
35. Riemann-Liouville 积分.
36. 黎曼级数定理.
37. Riemann-Hurwitz 公式.
38. Riemann-Roch 定理.
39. 算术 Riemann-Roch 定理.
40. 光滑流形的 Riemann-Roch 定理.
41. Grothendieck-Hirzebruch-Riemann-Roch 定理.
42. Hirzebruch-Riemann-Roch 定理.
43. Zariski-Riemann 空间.
44. 黎曼几何.
45. 黎曼流形.
46. 黎曼曲率张量, 也称黎曼张量.
47. Riemann-Cartan 几何.
48. 黎曼度量.
49. 黎曼距离.
50. 流形上向量丛的黎曼丛度量.
51. 黎曼联络.
52. 黎曼体积形式.
53. 黎曼几何基本定理.
54. 黎曼和乐群.
55. 黎曼子流形.

56. 黎曼淹没.

57. 次黎曼流形.

58. 伪黎曼流形.

59. 黎曼对称空间.

60. 伪黎曼对称空间.

61. 度量集合中的黎曼圆周.

62. Riemann-Penrose 不等式.

63. Riemann-Hilbert 问题.

64. 黎曼初值问题.

65. 黎曼微分方程, 这是超几何微分方程的推广.

66. 关于紧致黎曼面分歧覆盖的黎曼存在性定理.

67. 黎曼极小曲面.

68. 守恒方程组的黎曼不变量.

69. 自由黎曼气体, 也称 primon 气体.

70. 黎曼解算子, 用于求解黎曼问题的一种数值方法.

71. 守恒方程初值解的黎曼问题.

72. Riemann-Silberstein 向量, 这是在电磁学中结合电场与磁场的一种复向量.

9 黎曼工作概述一: 他最好的工作

黎曼对许多不同的学科做出了重要贡献. 在大多数数学家看来, 他最著名的工作是如下四个领域:

1. 黎曼几何.
2. 数论.
3. 复分析.
4. 实分析.

也许让人出乎意料的是, 在黎曼一生中, 让他成名并且最著名的工作是他关于高亏格黎曼面 (或代数函数) Jacobi 反问题的解答. 虽然黎曼的这个结果仍然重要, 但是大多数当今的数学家都不会认为这是黎曼最出色的工作. Klein [Kle2] 写道:

毫无疑问, Jabobi 最伟大的成果之一是建立了这些积分的一种反演问题, 如同椭圆积分的简单反演那样给出了一个单值函数. 这个反演问题的解由 Weierstrass 和黎曼同时用不同方法给出. 黎曼在 1857 年发表的关于 Abel 函数理论的论文是他的天才的最伟大的成就. 事实上, 得到这个结果不需要复杂的计算, 而是通过结合各种几何方法直接得到 ……

论文的第二部分有关 theta 级数, 也许更加出色. 这里的重要结果是, Jacobi 问题的解答所需要的 theta 级数并不是一般的 theta 级数. 这就导致一个新的问题, 如何理解一般 theta 级数在我们理论中的地位.

黎曼关于 Jacobi 反演问题的解答发表在他的文章 "Abel 函数理论" (*Theory of Abelian functions*) 中. 这也是他的博士论文的延续. 他进一步发展了黎曼面理论及其拓扑性质. 他把多值函数看作特殊黎曼面上的单值函数, 用这些结果解决了一般的反演问题. 椭圆积分的情形之前由 Abel 和 Jacobi 解决.

黎曼博士论文的标题是 "单复变量函数一般理论基础". 这个标题很合适, 这篇文章对于复分析学家是极为重要的文献. 他系统地应用 Cauchy-Riemann 方程, 解释了复变函数与实变函数的区别. 他引入了黎曼面, 作为全纯函数的自然的定义域, 指出了全纯函数看作共形映射的几何意义, 拓扑与分析的关联, 并提出黎曼映照定理, 给出了证明框架. 如果我们细想一下, 他的论文中所引入的新概念、新方向和新观点, 真的令人吃惊. 很难想象现代数学如果没有这些会怎样.

在黎曼发表博士论文 6 年后, 他发表了关于 Abel 函数的论文, 立即成为公认的经典杰作. 这篇文章包含了黎曼多年的工作成果, 他在 1855—1856 年开设的课程中介绍了其中部分结果. 当时的听众只有 Dedekind 等三人. 这篇文章包含了许多开创性的想法和结果, 比如 Riemann-Roch 定理的单边不等式, Jacobi 簇和 theta 函数的基本结果, Riemann-Hurwitz 公式, 关于 Abel 积分的 Jacobi 反演问题的解 (如本节开头所述), 代数曲线的双有理几何和黎曼面 (或代数曲线) 模数的概念.

除了 Jacobi 反演问题, 这篇论文所证明的结果和提出的问题大部分直至今天仍然是数学研究的主流. 比如, 黎曼模空间是代数几何中最重要的空间. 值得一提的是, Weierstrass 发展复分析的主要动机之一是为了解决 Jacobi 反演问题. Klein [Kle, p. 263] 写道:

Weierstrass 现在有了一个值得奋斗终身的目标: 通过严格系统地发展幂级数理论 (也包括多变量), 来理解 Jacobi 提出的任意秩的超椭圆积分的反演问题, 甚至是最一般的 Abel 积分.

于是诞生了今日所称的 Weierstrass 解析函数理论, 它其实只是 Weierstrass 工作的副产品.

Klein [Kle, p. 264] 继续写道:

当 Weierstrass 在 1857 年向柏林科学院提交他关于一般 Abel 函数的首篇论文时, 黎曼研究相同问题的论文发表在 Crelle 杂志的第 54 卷上. 黎曼的论文包含了许多未知和全新的观点. Weierstrass 撤回了他的论文, 并且后来再也没有发表. Weierstrass 一定深为震惊.

1859—1860 年的冬天, Weierstrass 出现了过度劳累的迹象. 1861 年, 他完全精神崩溃 ……

Dirichlet 原理是黎曼博士论文和他的 Abel 函数理论中的关键工具. 这也是黎曼工作中最著名的错误. 他所用到的 Dirichlet 原理并不严格成立. 我们知道, 如果一个泛函 (或函数) 有下界, 那么极小值也许无法取到. Weierstrass 给出了一个例子, 说明极小化函数不能由 Dirichlet 原理保证得到, 这使得人们怀疑黎曼的证明方法, 即使他的结果是正确的. 比如, Weierstrass 坚信黎曼的定理, 他让他的学生 Hermann Schwarz 去找一个关于黎曼存在性定理的不依赖 Dirichlet 原理的新证明. 他在 1867—1870 年获得了成功. 最后, 1901 年 Hilbert 修正了黎曼的方法. 他通过直接变分法给出了 Dirichlet 原理的正确形式. Hilbert 的工作补上了黎曼的漏洞, 也对变分理论做出了重要贡献. 在人们试图严格证明黎曼定理的过程中, 对其他数学分支也产生了有益的推动, 比如, 代数几何中的许多重要想法是 Clebsch, Gordan, Brill 和 Max Noether 等人在重证黎曼定理的尝试中获得的.

在黎曼的讲师资格论文中, 他研究了将函数表示成三角级数的问题. 为此他引入了黎曼积分, 并给出了一个函数积分存在的条件, 现在被称为黎曼可积性条件. 后来黎曼提出了一个问题:

我之前的论文证明如果一个函数满足某种性质, 那么它就可以表示成 Fourier 级数. 那么一个相反的问题是, 如果一个函数可以表示成三角级数, 那么它应该具有怎样的性质?

黎曼的问题启发了 Cantor 创立关于三角级数表示的唯一性理论, 这也导致了 Cantor 集合论的诞生.

虽然黎曼只写过很少几篇几何学的论文, 他的几何思考在所有工作中都可以见到. 在黎曼为取得讲师资格而做的就职报告 "论奠定几何学基础的假设" 中, 共有两部分. 第一部分, 他提出了如何定义 n 维空间的问题, 并引出了今天所称的黎曼空间. 这部分的主要结果是定义曲率张量. 黎曼报告的第二部分探讨如何理解几何与现实世界的联系. 比如, 他问了现实空间的维数是多少, 以及哪种几何能够描述空间.

如我们所知, 关于两个变量的函数的结果, 往往不难推广到更多个变量的函数. 从某种角度看, 黎曼关于几何学基础的论文并不那么具有原创性, 因为 Gauss 已经研究了曲面的内蕴几何. 另一方面, 除了高维的技术性困难, 比如定义黎曼曲率, 黎曼改变了人们对空间与几何的观点. 流形不一定能够嵌入到某个指定的标准外围空间. 黎曼所强调的几何与现实的关系令人耳目一新. (当黎曼研究这一课题时, 非欧几何刚诞生不久. 黎曼改变了人们对这一新兴几何的认识.) 所有这些对数学和物理都是巨大推动, 特别是 Einstein 的广义相对论. 黎曼报告中的哲学思考根植于黎曼的所有工作中. Klein [Kle, p. 233] 写道:

在第三段的开头部分, 黎曼提到这是他的主要工作. 所以相比他在复变函数论上的经典工作, 他自己更为看重他的自然与哲学观.

当今最著名的数学公开难题, 非黎曼猜想莫属. 其与黎曼 zeta 函数的非平凡零点分布有关. 这来自于黎曼唯一的一篇数论文章. 这篇关于 zeta 函数的文章看似孤立, 其实这符合他的数学世界. 作为柏林科学院的新当选院士, 黎曼需要报告一下他最近的研究工作. 于是黎曼写了这篇关于不大于某个数的素数个数的文章. 这是黎曼的又一篇杰作. 无论现在还是今后, 都是数论的不朽篇章. 虽然 Euler 早就考虑过 zeta 函数

$$\zeta(s)=\sum_{n\geqslant 1}\frac{1}{n^s}=\prod_p(1-p^{-s})^{-1},$$

黎曼考虑的是不同的问题. 他把 zeta 函数看作一个复函数而非仅仅实函数, 并从复分析角度理解之.

10 黎曼工作概述二: 一些不为人熟知或未知的工作

在上一节中我们列举了黎曼四个主要的工作领域, 这当然远远不能涵盖黎曼的所有工作. 除了他在数学上的一些不为人熟知的工作, 黎曼在物理和哲学上的工作很少有数学家完全了解.

当然对于黎曼的工作有一个全景式的了解是很重要的. 但是这超出了任何个人的能力, 虽然一些数学家曾尝试过但未能实现, 比如《黎曼全集》俄语版的编辑 B. Goncharov 和黎曼传记 [Lau] 的作者 Laugwitz. 本节作为上一节的补充, 我们讨论黎曼几项并不为人熟知的深刻工作. 当然受作者学识所限, 我们作了若干选择.

1. 在他 1857 年关于 Abel 函数的论文中, 黎曼开创了代数曲线双有理几何的研究. 黎曼考虑并解决了代数几何中的许多基本问题, 比如仿射簇与交换代数的联系. 参考 [Die].

2. 在论几何学基础的文章中, 他问道: 我们的空间究竟是离散的还是连续的. 这也许契合现代的量子几何.

3. 流形的概念在 Weyl 关于黎曼面的经典著作中首先严格定义. Weyl 受到 Klein 的启发, 后者将黎曼面看作抽象空间, 而非复平面或复球面的覆盖. Klein 似乎相信黎曼早已有了流形的抽象概念. 如前所述, 这也是 Gauss 和黎曼在几何学工作中的一个重要区别.

4. 他的关于可压缩二维介质中有限震荡水波的传播的工作引发了激波理论和双曲偏微分方程理论的诞生.

5. 在黎曼引入并计算了给定亏格的黎曼面的模数以后, 黎曼面 (或代数曲线) 的模空间成为研究的热点.

6. 理解黎曼模空间的一种途径是应用周期映射 (也称 Jacobi 映射) 把这个模空间映射到主极化 Abel 簇的模空间. 关于刻画 Jacobi 簇的著名问题通常被称为 Schottky 问题. 其实黎曼在 theta 函数和 Jacobi 反演问题的过程中, 也提出过这个问题, 并研究了特殊情形.

7. 黎曼关于极小曲面的工作仍然被人们应用在最新的工作中: $\mathbb{R}^3$ 中的每个嵌入极小平面区域必是黎曼极小曲面、悬链曲面、螺旋曲面或者平面.

8. 黎曼对电动力学做出了深刻的贡献. 我们引用 [Lau, pp. 269–270] 中的一段摘要:

…… 在 20 世纪初期的 1905 年, Einstein 和 Planck 的奠基论文还未问世. 一些杰出的物理学家就把黎曼视为自己的同行. 这可以从《数学百科全书》第 5 卷 (物理) 的第二部分的文章中清楚地看到. 第一期出版于 1904 年 6 月 16 日. R. Reiff 和 A. Sommerfeld 的文章 "远距作用的观点 —— 初等定律" (第 3–62 页) 中有关于 Gauss 和黎曼的文字 (第 45 页): "Weber 是超距作用的权威, 但是径向相反趋势是由他的老师 Gauss 和学生黎曼提出的 ……"

1858 年 2 月 10 日, 黎曼提交给哥廷根科学学会一篇关于电动力学的论文, 使得他成为比 Maxwell 更早的电磁学先驱. 最近的电子理论, 从某种程度上, 可以追溯到黎曼的 (迟滞) 初等位势.

事实上, 黎曼最早发现如下方程

$$\frac{1}{c^2}\frac{\partial^2 U}{\partial t^2} = \Delta U + 4\pi\rho,$$

其中 U 和 ρ 分别是位势和电荷密度. 这个方程后来也从 Maxwell 理论导出. 如果 c 等于光速, 黎曼的方程与经验吻合 ……

这本书还引用了黎曼自己的话 [Lau, p. 270]:

我发现电流的电动力作用可以加以解释. 前提是如果我们假设电元素的相互作用不是瞬间发生, 而是恒速传播 (忽略观察的误差约等于光速). 在这个假设下, 电力微分方程和光与热辐射的传播方程一致.

黎曼在 1858 年作了关于电动力学的演讲, 但他的文章直到他去世后的 1867 年才发表. 同时, Maxwell 在 1865 年发表他的论文 "电磁场的动力理论". 我们也许可以问, Maxwell 是否知道黎曼的结果. 答案很可能是肯定的. 因为黎曼在物理学界的声望和他工作的哥廷根是物理的中心. Maxwell 也引用了两位哥廷根学者的工作: Weber 和 Neumann. 他们都很接近黎曼.

11 从《黎曼全集》的前言和他人的评述看黎曼工作的影响

毫无疑问黎曼的工作对数学产生了深远而广泛的影响. 如何正确理解他的工作、发展以及影响是一个有趣的问题. 俄语版《黎曼全集》的编辑在前言中写道: 这需要一个由杰出数学家组成的团队来完成.

既然《黎曼全集》已经有了多个版本, 许多学者也撰写过黎曼工作的综述. 我们希望可以从这些不同时期的文字中, 从历史角度分析比较这些学者的观点. 希望我们的努力可以带来一个副产品: 了解数学是如何发展的.

在黎曼之后的数学家中, Klein 可以看作是黎曼最好的继承者, 至少在函数论领域. Klein 至少两次详细探讨过黎曼的工作 [Kle] [Kle2].

专著 [Kle] 与数学发展有关. 其中第六章讨论黎曼和 Weierstrass 在函数论方面的工作. 他努力地刻画黎曼函数论和黎曼对于函数理论思想的发展. 另一方面, 他也给了一些有趣和不寻常的评论. 比如, Klein 写道:

黎曼对于他认为的典型理论之外的函数论没有太多重要的工作. 他不提及这些非黎曼的函数论及其应用. 比如黎曼 zeta 函数, 因为这不能真正体现黎曼的个性, 整个步骤都属于 Cauchy 的函数论.

后来, 他又评论道:

一般来说, 黎曼排斥片面性. 他总是发现任何数学都是有用的. 他寻求各种方法, 来推进和澄清他的问题.

这也许说明 Klein 区别看待黎曼创立的数学和黎曼的数学. 他的文章 [Kle2] 从历史的观点强调了黎曼的工作对于数学发展的重要性.

在这两处文献中, Klein 都强调了直觉和物理经验 (例如表面流体和几何工具, 黎曼面等) 对于黎曼工作的重要性. 黎曼的工作也使人们意识到这些方法的重要性. 比如 Klein [Kle2, p. 169] 写道:

黎曼的在这方面的成果, 首先是使得位势理论在整个数学中变得重要. 其次, 在一系列的几何构造中 ……

接着 Klein [Kle2, p. 170] 给了一些例子:

我希望再谈一点, 黎曼从物理直觉研究数学问题所发明的新工具, 对于数学物理也有重要价值. 所以, 比如我们现在应用黎曼的方法研究二维区域中液体的稳态流. 一系列难题于是迎刃而解. 最著名的此类问题之一是 Helmholtz 解决了自由液体射流的形状问题.

也许黎曼方法的一个容易被忽视的物理应用, 其中黎曼用最优美的方式处理问题, 这就是极小曲面理论 ……

毫无疑问, 函数论中这些方法的主要价值是他们在纯数学中的应用 ……

代数函数的研究与代数曲线的研究相辅相成, 后者的性质被几何学家所研究, 无论是分析几何学家 (认为最重要的是解析公式), 还是综合几何学家 (代表人物有 Steiner 和 von Staudt, 用点列与射线束作为主要工具). 黎曼所引入的新的观点是单值变换 (或一一对应). 这一观点使得我们可以把不可数的代数曲线归为大类. 通过研究单独曲线形状的特殊性, 得出那些属于同一类曲线的一般性质.

这一观点对于黎曼面模空间的概念非常重要. Klein 为了证明紧致黎曼面的单值化定理而详细研究了模空间. 正是由于在这个问题上与 Poincaré 的竞争, 导致了 Klein 精神崩溃. 有些令人惊讶的是, Klein 在这篇文章中没有提到黎曼模空间.

在函数论之后, Klein [Kle2, p. 175] 讨论了黎曼在微分方程上的工作:

黎曼对于复变函数论的研究, 是基于位势的偏微分方程. 他只是想把这作为一个例子, 说明所有其他的物理问题可以类似地通过偏微分方程来处理. 在每个情形, 应该了解哪些非连续性与微分方程相容, 以及方程的解在何种程度上可以从非连续性和附加条件所确定. 黎曼的这一纲领在许多方向上都取得了重要进展, 特别是近年来由法国几何学家发扬光大, 系统地重构力学和数学物理中的积分方法.

黎曼自己只用这一方法详细研究过一个问题, 就是空气中有限振幅的平面波的传播 (1860 年) ……

黎曼的这篇文章从许多方面看都很杰出. 能够把这个问题归结为一个线性微分方程就是一个不小的成就. 另一个我希望引起大家关注的是对于问题的图形处理, 整篇报告都可见这一观点. 这种处理方式物理学家并不陌生, 但是其价值总是被习惯于抽象方法的数学家所低估. 所以我很高兴地指出, 黎曼常常应用这一方法, 并得到最有趣的结果.

关于黎曼的几何学基础的文章, Klein [Kle2, p. 177] 写道:

我不准备讨论其所得到的特殊几何结果和这一理论的后续发展. 我只想在此指出, 黎曼的基本思想又得到体现: 从无穷小行为解释事物的性质. 他也开创了微积分的新篇章, 即创立了任意变元的二次微分表达式理论, 特别地, 这种表达式在任意变换下的不变量理论.

Klein 在最后讨论了黎曼关于三角级数的文章. 其原因是 [Kle2, p. 178]:

因为这代表了黎曼想象力的一个最后的本质特征. 在所有之前的备注中, 我可以求助于物理学或者几何学当前的想法. 但是黎曼锐利的头脑不会满足于应用这些几何或物理的直觉. 他希望透彻理解这一直觉, 探讨从中得到数学结果的必要性. 这个问题类似于“无穷小微分的基本原理”. 在黎曼的其他工作中, 他从未表达过有关这一问题的确定的观点. 而这篇三角级数的文章则与众不同.

《黎曼全集》的第一版出版于 1876 年, 正是黎曼去世 10 周年. Weber 撰写的前言没有太多评论黎曼的工作, 但提到了几个有趣而重要的事情. 比如, 黎曼关于极小曲面的文章由黎曼的学生 K. Hattendorff 作了修改, 有几处较大的改动. 这来自于 Weber 的要求. (参见文前插页的图片.)

Dedekind 撰写的黎曼传记也来自于 Weber 的请求. 出版《黎曼全集》的一个重要原因是, 发掘黎曼未发表手稿中的宝藏. 这在今天看来依然正确. 哥廷根大学历史图书馆依然保存着上百页黎曼写过的稿纸, 其中满是复杂的计算和注记. Siegel 在 1932 年发现的 Riemann-Siegel 公式告诉人们在黎曼的这些草稿中还有未发掘的宝藏.

《黎曼全集》的第二版出版于 16 年后的 1892 年. Weber 评论了黎曼的工作在 Abel 函数和线性微分方程发展中的重要性. 也许他是指 Poincaré 等人的工作. 他也提到高维流形和非欧几何.

第二版在 1898 年被翻译成法文出版, 其中包含了 Hermite 撰写的前言. Hermite 高度评价了黎曼关于 Jacobi 反演问题的解答. 他也简短地讨论了代数函数分类, 黎曼面, 黎曼 zeta 函数亚纯延拓的重要性. 其他黎曼的主要文章也被提及, 包括关于激波的文章. Hermite 还解释了没有详细评述的原因. 因为要解释黎曼工作的漂亮和伟大, 它们的重要性、影响和进一步发展, 需要太多的时间来完成.

《黎曼全集》的俄语版出版于 1949 年. 其显著的独特之处是其中收录了编辑 B. Goncharov 撰写的关于黎曼成就的详细综述, 以及点评和注释. 这是一篇非常系统和综合的关于黎曼工作的介绍, 其中包含了黎曼研究工作的发源和动机, 以及随后直到 19 世纪 30 年代的发展. 所以这是一份珍贵的历史资料, 让我们了解那时人们对黎曼的评价. 比如, 关于黎曼面模空间或代数方程的只有寥寥数行文字, 没有提到这方面的重要问题. 关于黎曼 zeta 函数的讨论也没有解释黎曼猜想的重要性或者提及先前和当时的重要进展. (值得一提的是, 1930 年 Titchmarsh 出版了他的关于黎曼 zeta 函数的名著.)

《黎曼全集》的第二版在 1953 年由 Dover 公司重印出版, 加上了 Hans Lewy 撰写的新前言, 简要概述了黎曼的主要工作, 其中提到 Dirichlet 对于黎曼的影响:

黎曼的许多工作受到 Dirichlet 工作特别是他的科学观的深刻影响 ……

黎曼的关于把函数表示成三角级数的工作正是追随并变革了 Dirichlet 做出重要贡献的领域. 为此 Dirichlet 与黎曼有着很好的私交.

Lewy 还简单提到了其他黎曼的主要文章, 并总结这些文章 "都是至今仍对数学发展有着深刻影响的工作". 他并未提及黎曼面模空间, 其真正的发展是在 1953 年以后.

《黎曼全集》的一个更加全面的版本由 Springer 出版社在 1990 年出版. 其

中包含了 Narasimhan 的系统介绍黎曼主要工作的长序言. 我们引用其中几段:

1. 看起来黎曼不仅预言了 Hardy 和 Littlewood 关于 ζ 函数的最重要的发现之一, 即近似函数方程, 而且在 60 年前就得到了更好的结果.

2. 黎曼为了研究函数的三角级数表示而引入的方法比其所得到的结果更有影响.

3. 黎曼坚持认为解析表达式只代表了函数的一小部分. 它的真正本质需要考虑奇点的性质和位置, 以及这个带奇点的函数所必须依赖的任意常数.

如今我们对黎曼模空间有很好的理解. 这个序言也讨论了黎曼模空间和 Teichmüller 空间.

《黎曼全集》第二版中的大多数文章被翻译成英文由 Kendrick 出版社在 2004 年出版. 编辑 Roger Baker (他也是《黎曼全集》的三位翻译者之一) 撰写了前言和一篇关于英文版中文章的简短摘要. 这个前言很简短, 包含了关于黎曼与 Gauss, Weierstrass 和 Dedekind 工作的定量比较. 其中的一些宝贵建议值得一读.

Freudenthal [Fre] 的黎曼传记很系统. 正如他指出的那样:

黎曼的风格受到哲学的影响, 包含了生涩难懂的德语语法. 不会德语的读者会很困扰. 关于黎曼工作的完整的介绍几乎没有. 只有一些肤浅的或者狂热的鼓吹文章.

这也许是因为他受到 Klein 的黎曼传记影响.

Freudenthal 强调了黎曼对于刻画全纯函数的 Cauchy-Riemann 方程的欣赏. 他给了如下有趣的断言:

1. 黎曼很可能知道抽象黎曼面是具有复结构的代数簇.

2. 在黎曼的文章中零星可见一些关于高维同调的清晰想法. 其严格定义后来由 Betti 和 Poincaré 给出.

3. 自从黎曼应用 Dirichlet 原理解决 Laplace 算子的边值问题以后, 人们就经常称之为 Dirichlet 问题. 这完全没有道理.

4. 所有黎曼的精髓, 除了有关 Dirichlet 原理的方法, 几乎都被淡忘. Theta 函数虽是热门, 但其研究并未遵循黎曼的精神. 黎曼的结果产生了巨大的影响, 但他的思考方式却鲜有追随者. 甚至解析函数的 Cauchy-Riemann 定义也被放弃, Weierstrass 的幂级数定义成为主流.

5. Klein 是最早尝试复兴黎曼的复变函数几何方法的数学家. 不久, 由于 Poincaré 和 Klein 的工作, 函数论的发展出现转机, 突破了黎曼的观点, 甚至否定黎曼最深刻的工作. 他们的工作导致自守函数理论的出现. Freudenthal 写道:

这个看似简单而显然的想法使得 Jacobi 反演问题和黎曼的解答成为过眼烟云. 虽然黎曼的创新观点无处不在, 但还是过于盲从传统. 不过, 单值化和自守函数可以看作是 20 世纪黎曼函数论大获成功的萌芽. 略有讽刺的是, 虽然本质上这遵循了黎曼的精神, 但还是更替甚至对立于黎曼的思想.

6. 如果要说黎曼有哪篇文章带给他与 Abel 函数论的文章同等的声望, 那就是他关于黎曼 zeta 函数的工作.

7. 黎曼对数学物理或者微分方程最重要的贡献是他发表于 1860 年的关于激波的文章.

8. 在他的关于几何学基础的文章中, 数学讨论多于哲学, 不过还是对许多人的空间哲学观产生了巨大影响. 这篇文章的主要内容是用度量张量的高阶导数定义曲率. Gauss 在研究曲面时引入了曲率的概念, 并且指出曲率可以用曲面内蕴定义, 而非依赖于外围空间. 不过在 Gauss 的文章中这个绝妙思想被一大堆公式所淹没.

9. 广义相对论推动了微分几何加速发展, 虽然也许更多的是量变而非质变. Freudenthal 在文章结尾引用了如下 Carl Neumann 的话, 他还评论说: "也许其中隐藏了更多我们无法捉摸的智慧."

关于几何在无限小的假定得以成立是因为度量的内在原因. 在这个问题中, 我们应该看到对离散流形而言, 度量的原理包含在流形的概念中, 而对连续流形则并非如此. 所以, 或者空间存在的实体是一个离散流形, 或者度量应该从外在发掘, 比如作用于其上的力.

12 从杰出数学家们的原则来看历史上最伟大的数学家

在 §2 和 §3 中, 我们引用了许多杰出数学家对于什么是好的数学的观点. 这一节, 我们用这些观点来看待黎曼的工作.

数学家 Fields 把数学家分为五类, 并且给出了切实的原则. 我们从他的原则开始. 黎曼确实满足 Fields 关于第一类数学家的所有条件: "在第一类中, 包括了那些拥有永恒创造力的绝世天才, 能够不断攻克基本的难题, 变革现有领域, 开创新方向 ······" 于是, Fields [Rie, p. 40] 写道:

上一代德国, 拥有两位第一类数学家, 黎曼和 Weierstrass. 一位第一类数学家对于年轻数学家的影响超过所有其他类别数学家的总和.

如果读者从本文开头不间断地读到这里, 那么也许你早已忘记 §2 和 §3 的内容. 我们建议你可以再读一遍 §2 和 §3, 同时与黎曼的工作相比较. 毫无疑问, 黎曼的工作在所有这些标准之上. 为了方便读者, 我会重述部分如上讨论的 "什么是好的数学", 同时增添对黎曼工作的注解.

Borel 认为数学 "是一门科学, 因为它的主要目标是服务于自然科学和技术. 这实际上是数学的起源, 也是数学问题永不枯竭的源泉. 另一方面, 它又是一门艺术, 因为它主要是思想创造的产物, 它的进步是人类智慧的胜利, 来自人类思想的深入发展, 审美原则是最终的评价标准."

这两方面是关联的, Borel 继续写道: "但这种在纯思想世界中的智力活动也需受制于其在自然科学中的应用."

von Neumann 写道: "数学至关重要的特征是, 他与自然科学的特殊关系. 或者更一般地, 与任何不是泛泛而谈的科学的关系."

黎曼同时是数学家、物理学家和哲学家. 不仅他研究的问题, 而且他的解法启发自物理和自然科学中的应用. 最著名的例子是他应用 Dirichlet 原理. 他研究的数学既优雅又有着持久的影响. (值得一提的是, 只有简单的事物才能被他人理解并铭记.)

问题是数学的中心. Atiyah 曾说: "一个 '好' 问题的真正标准是人们在解决它的过程中能够产生具有广泛用途的强有力的新技术."

黎曼在关于 Abel 函数的经典文章中给出 Jacobi 反演问题的解答, 这是黎曼的成名之作. 但是这篇文章中引入的新概念和新方法超越了这个问题, 并影响至今.

Borel 曾说: "数学家的天赋之一就是能够自然地被好的问题所吸引. 也就是那些后来显示出重要性的问题, 即使当时不受重视."

黎曼开创性地提出了黎曼映照定理, 后来被推广成为黎曼面的单值化定理, 这是数学中最伟大的定理之一.

Atiyah 写道: "数学的精髓在很大程度上是一门将非常零散的事物拼接起来的艺术."

用这句话来形容黎曼所有的工作和他独立的每篇文章再合适不过了.

Atiyah 也说过: "真正的先驱是那些特立独行、相信自己不需要追随前人的工作的人. 他们全新启航, 秉持完全创新的观点. 数学中真正全新的发现和新创的领域大都来自于这些先驱的工作."

黎曼的大多数文章带有他的独特观点, 改变了前人的看法. 他开创了新领域、新方向和新问题, 吸引人们投身其中.

Atiyah 曾说: "如果你希望数学继续前行, 那么优雅是一个重要的标准. 如果想让别人理解证明的主旨, 那么就必须做到简单而优雅."

黎曼往往以简洁和优雅的方式提出他的问题和结果. 比如他关于超几何函数的工作. 正如 Borel 所说: "数学很大程度上是一门艺术, 它的发展受到美学标准的推动、引导和审视."

Atiyah 认为核心的数学 "也就是那些来自于现实物理世界和数学自身与数和解方程相关的问题".

如同 Gauss, 黎曼既是数学家也是物理学家, 他对数论和几何学作出了深刻的贡献. Klein 认为物理学应用给了黎曼无穷的灵感.

下面我们用伟大数学家的原则来讨论黎曼. 如 Grothendieck 和 Atiyah 所说, 时间是最好的检验. 相信大多数人都会同意这个看法. 黎曼无疑已经通过了这个终极的检验. 即使他去世已经 150 年, 他的工作仍然充满现代感, 不失新鲜, 许多被反复研究至今.

Atiyah 也说: "另一个观点, 即评价应该基于对于整个数学的影响."

我们只需要参看 §8 中列举的以黎曼名字命名的数学名词. 很难找到一个数学领域没有受到黎曼工作的影响. 黎曼改变了我们对数学的认识和整个数学的进程.

Atiyah 继续道: "而且, 这一原则也能够加强数学的统一, 避免各自为政."

黎曼工作的主题和观点既包括黎曼面、Dirichlet 原理这些几何对象, 也有物理学的考虑.

Thurston 认为, 在他看来 "形式化格局" 是最贴切的数学定义. Hardy 也比较数学和诗人画家等其他模式制造者, 得出结论: "如果数学家创造的 '模式' 更加久远, 那是因为它们是思想的发明."

黎曼希望理解整个世界的运行模式. 我们可以引用黎曼的原话 [Kle, p. 233]:

> 我的主要工作与自然界定律的新概念有关, 它们由其他基本概念所表达. 我们可以通过热、光、磁与电相互作用的实验数据来研究它们之间的联系.

Gelfand 说过: "真正好的数学工作其实总是充满漂亮、简洁、精确和疯狂的思想."

从他的许多文章中, 我们都可以看出黎曼工作的漂亮和简洁. 也许他提出了一个疯狂的想法, 即我们的现实空间是离散的. 这还有待量子几何的检验.

Mac Lane 说: "我们大多数人只在讨论班和会议上和我们的同领域的学者交谈."

在黎曼 1854 年关于几何学基础的试讲中, 他把深刻的思想用简单的语言加以描述, 使得非数学家亦能理解一二. 许多人认为他的这篇文章无论从内容还是文笔都堪称杰作.

Mac Lane 还说: "过去至少有一些数学家了解整个学科的概貌, 能够对未来走向提出展望. 他们不局限于自己工作的领域."

黎曼显然是其中的代表.

Mac Lane 总结道: "数学的进步应该由所理解的新思想来衡量, 而不是出版物的数量."

这也契合黎曼. Gauss 的名言是 "不多但是成熟".

Arnold 曾说: "数学最惊人和振奋人心的特征是它的各个不同的领域之间往往存在着神秘的联系. 过去一个世纪的经验表明, 数学的发展并非由于技术上的进步, 而是由于通过这些努力发现了不同领域间意想不到的联系."

Connes 也说: "真正有趣的事情是, 非常不同的领域之间出现了意想不到的联系."

这也正是黎曼工作的写照.

Arnold 继续说: "错误是数学重要和具有启发性的一部分."

黎曼关于 Dirichlet 原理的并非完全严格的应用被 Weierstrass 指出是他的一个主要的错误. 这也影响了黎曼函数论的广为接受. 但是 Hilbert 修正了其中的错误, 并促进了变分法的发展.

Atiyah 说过: "这些巨大的飞跃往往由于引入了全新的概念, 导致完全不同的观点."

这又是黎曼的写照. 他引入了 Cauchy-Riemann 方程、黎曼面和模空间等全新的概念.

Atiyah 说: "数学的使命是把思想从一个领域通过抽象化传递到另一个领域. 进一步, 数学研究的终极意义在于它的整体统一性. 这解释了当今一些关键领域的统治地位, 比如群论 (研究对称性)、拓扑 (研究连续性) 和概率 (研究随机事件)."

这也诠释了黎曼工作的另一个标志. 黎曼是拓扑学的创始人 (Betti 数, 覆盖空间), 他将函数视为映射或变换, 率先考虑一族而非单个黎曼面的模空间. 他关于黎曼映照定理的工作启发了 Poincaré 和 Klein 后来通过黎曼面单值化的关于离散群的工作. 最近关于黎曼 zeta 函数零点的研究要用到很多概率论和对称性. 黎曼关于超几何函数的工作首次引入了单值群的概念, 后来被 Fuchs 系统研究, 也激发了 Poincaré 的工作和 Fuchs 群的概念.

Atiyah 继续道: "新概念可以帮助统一过去的工作并为未来发展扫清障碍. 所以它们是数学发展必不可少的组成部分. 从长远来看, 它们与解决难题或者发展新的技巧同等重要."

Gowers 曾说: "数学家可以分为理论型和解题型." Atiyah 也说过类似的话:

数学家有时候可以分类为 "解题者" 和 "理论家". 确实在一些极端情形这种区分非常明显, 比如 Erdös 和 Grothendieck. 但是大多数学家介于两者之间.

黎曼既是 "解题者" 又是 "理论家". 但是他并非仅此而已. 通常他不解决他人的问题, 或是将他人的工作总结为理论. 他自己开辟新的方向和课题, 改变人们的思考方式. 这吸引了众多追随者忙于研究他的理论.

Halmos 写道: "对于数学成果质量的评判, 所基于的原则远高于正确性, 但是又很难描述. 数学工作崇尚美妙, 复杂, 简洁, 优雅, 追求满足感和相称性, 看起来都很主观, 但都被广为认可. 要成为数学家, 我们需要有天赋、洞察力、专注度、品位、运气、动力和想象力."

黎曼完全经得起这些检验. 与其他伟大的数学家 (比如他的朋友 Eisenstein) 相比, 他在数学上起步稍晚. 他刚进大学时并未选择数学专业.

Dyson 认为 "一些数学家是鸟, 而另一些是青蛙."

黎曼兼而有之. 通过详细和复杂的计算, 他拥有宏大的视野. 他也能处理具体的例子和特殊的情形.

Dyson 引用黎曼举例: "数学中最深刻的概念能够将一个领域与另一个领域联系起来. 在 17 世纪, Descartes 通过他的坐标系将代数与几何相联系. 牛顿通过他的微积分将几何与动力学相联系. 在 19 世纪, Boole 通过符号逻辑将逻辑学和代数联系起来. 黎曼通过他引入的黎曼曲面将几何与分析联系起来."

Dehn 也以黎曼为例: "另一方面, 最美的花环应该属于那个将思想从黑暗中提炼出来、并加以完善的人. 即使由于环境的局限, 他无法继续推进他的影响. 当然数学家的创造力并不仅限于他们的学科. 我们看到 Cardano 的例子. 还有黎曼的前瞻性贡献等带来的变革. 现在拓扑文章随处可见, 但是说到基本性的问题, 严格说并未超越 Poincaré 或黎曼."

Dyson 写道: "解决难题可以让你获奖, 但是开启了新纲领的人物才是真正的先驱."

黎曼从未获得任何奖项. 他提交给法国科学院的关于热分布的参赛文章并未获奖. 他的生活充满苦难, 只享受了很少几年平静的生活. 解决 Jacobi 反演问题使他一举成名. 这个问题的解现在看来并不重要, 但是他引入的新观点对于数学产生深远的影响. 毫无疑问黎曼是一位先驱. 所以黎曼是 Dyson 论断的合适注记.

上面提到的黎曼的工作与许多人关于数学评价标准的比较表明, 黎曼超越了许多人的期望. 他创造新课题, 新问题, 新文化, 改变了人们的思维方式和观点. 他对数学的贡献和影响是全局性的. 所以无论用何标准来看, 黎曼都是一位伟大的数学家.

接下来一个自然的问题是, 什么是黎曼工作的真正特殊之处? 也许 Klein [Kle2, p. 166] 的话是好的总结:

黎曼的工作对于过去和今天的影响完全由于他的原创性和对于数学的洞察力.

关于如何看待数学的进展, Atiyah [At1, p. 37] 写道:

回顾我罗列的这些标准, 我觉得也许我还没有足够强调质量的首要性. 最好的例子是黎曼, 他的论文集浅浅一卷, 但是他也许是有史以来最具影响力的数学家. 他的许多文章开辟了崭新的领域, 即使在他去世后 100 年仍然充满活力. 最著名的是他奠定了高维微分几何的基础, 为 Einstein 广义相对论提供了必要的框架.

在结束本节之前, 我们需要回答标题中的论断, 为何黎曼是伟大的数学家? 一方面, 很难说谁是历史上最伟大的数学家. 另一方面, Klein [Kle, p. 231] 饶有兴致地比较了黎曼和他同时代的数学家:

黎曼拥有卓越的直觉. 他全面的天赋令他超越了所有同时代的数学家. 他的兴趣所至, 新辟课题, 不被传统左右, 不受制于系统化.

Weierstrass 是一位逻辑大师. 他进展缓慢而系统, 步步为营. 他所涉及的领域, 都力争完美.

我们可以如此形容他们的外在表现. 在安静的准备后, 黎曼如同测光表一样出现, 很快便熄灭了 …… Weierstrass 则可以缓慢地操作和生效 ……

而且黎曼的兴趣比 Abel 更广, 后者只对纯数学感兴趣, 而黎曼的兴趣包含数学物理, 对自然界充满心理触觉的哲学解释 ……

英文版《黎曼全集》的编辑 Roger Baker 在前言中比较了黎曼和其他伟大数学家:

黎曼 …… 是当代最伟大的数学家之一. …… 他比同时代的数学家更具影响, 为了寻找支持这一论断的数据, 我翻阅了 J.-P. Pier 编辑的《数学的发展 1900—1950》. 黎曼在索引中提到的次数等于 Gauss, Weierstrass 和 Dedekind 这些数学家的总和.

13 阅读《黎曼全集》的收获

阅读古老的数学书籍和文章并不容易, 要理解黎曼的精炼写就的文章更是如此. 一个自然的问题是, 我们可以从黎曼的文集中得到怎样的收获?

考虑到当前数学的过度专业化, 黎曼可看作是全才数学家的例子. 他超越了数学, 应用数学, 自然科学甚至哲学的界限. 他说明这种统一是有益和必要的, 同样重要的是要时时回到数学的本源. 读者可以通过阅读黎曼自己的文章, 而不是后人的解释性文章, 直接看到和感受到黎曼数学的精髓.

是的, 黎曼的文章很浓缩, 通常即使专家也很难读懂. 另一方面, 他的文章的某些部分很直接和透彻. 他能够很快有效地直达问题的本质. 比如他的第一篇文章, 也是他的博士论文的头几页.

黎曼工作的宝藏某种意义上可与《圣经》相比. (黎曼是很虔诚的, 他可能会拒绝这种比较.) 圣经中有许多的注释. 为了理解《圣经》的精神, 除了参加布道, 阅读《圣经》原文 (而非翻译) 也是必不可少的, 没有其他的捷径可走.

类似地, 黎曼工作中也有各种注释. 比如有一些已经包含在本卷中, 今后一定还会有更多解释黎曼工作的文章面世. (参阅 [Lau] [Mon] 中的参考文献.) 但是阅读黎曼的原作仍然是必需的.

除了学习黎曼的工作, 我们也可以学习如何思考数学, 如何在更大的科学背景下看待数学. 读者能够近距离感受到什么是真正好的数学, 黎曼的工作无疑是一个标杆.

Klein [Kle2, pp. 179–180] 在 1895 年所说的这段话仍然很有启发性:

数学从未停顿, 如同自然科学, 数学依然充满活力. 一个一般的定律是, 虽然许多人对科学的发展做出过贡献, 但是真正创新的突破却可以追溯到很少几位杰出的精英. 这些精英的工作绝不局限于他们短暂的一生. 随着他们的思想被后人更好理解, 他们的影响也会与日俱增. 黎曼就是一个突出的例子. 由于这个原因, 请不要把我的评论看作是对过去的回顾 (这是我们带着敬意的回忆), 而应该看作当今数学的动景.

也许阅读《黎曼全集》的最好的原因是, 手握这样一位伟大而独一无二的数学家的文集必会感到愉悦. 你可以呼吸和感受到他的精神.

黎曼的工作至今充满活力, 并将继续激励后来者. 希望你能够从阅读这本不朽的黎曼的文集中受益!

参 考 文 献

[Ar] V. Arnold, Polymathematics: is mathematics a single science or a set of arts? Mathematics: Frontiers and Perspectives, 403–416, Amer. Math. Soc., Providence, RI, 2000.

[At1] M. Atiyah, Identifying progress in mathematics, ESF Conference in Colmar, C.U.P. (1985), 24–41.

[At2] M. Atiyah, How research is carried out, Bull. I.M.A. 10 (1974), 232–234.

[Ba] C. Bartocci, M. F. Atiyah, Mathematics' deep reasons, Mathematical Lives, 197–208, Springer, Berlin, 2011.

[Bel] E. T. Bell, Men of Mathematics, Touchstone, 1986.

[Bo] A. Borel, Mathematics: art and science, Math. Intelligencer 5 (1983), no. 4, 9–17.

[Br] W. Browder, Mathematical judgment. With a reply by Saunders Mac Lane, Math. Intelligencer 7 (1985), no. 1, 51–52.

[De] M. Dehn, The mentality of the mathematician. A characterization, Math. Intelligencer 5 (1983), no. 2, 18–26.

[Die] J. Dieudonne, Algebraic geometry, Advances in Math. 3 (1969) 233–321.

[Dy] F. Dyson, Birds and frogs, Notices Amer. Math. Soc. 56 (2009), no. 2, 212–223.

[ERS] P. Etingof, V. Retakh, I. M. Singer, The unity of mathematics. In honor of the ninetieth birthday of I. M. Gelfand. Papers from the conference held in Cambridge, MA, August 31–September 4, 2003, Progress in Mathematics 244, Birkhäuser Boston, 2006.

[Fre] H. Freudenthal, Riemann, Georg Friedrich Bernhard, Dictionary of Scientific Biography, vol. 11, 447–456, New York, 1975.

[Go] W. Gowers, The two cultures of mathematics, Mathematics: Frontiers and Perspectives, 65–78, Amer. Math. Soc., Providence, RI, 2000.

[Go2] W. Gowers, J. Barrow-Green, I. Leader, The Princeton Companion to Mathematics, Princeton University Press, Princeton, NJ, 2008.

[Hal] P. Halmos, Mathematics as a creative art, Readings for Calculus, Mathematical Assn. of America, 1993.

[Hal2] P. Halmos, I want to be a mathematician. An automathography in three parts. MAA Spectrum, Mathematical Association of America, Washington, DC, 1985.

[Har] G. Hardy, A Mathematician's Apology, Cambridge University Press, Cambridge, England; Macmillan Company, New York, 1940.

[Jos] J. Jost, Bernhard Riemann, Über die Hypothesen, welche der Geometrie zu Grunde liegen, with a historical and mathematical commentary by Jürgen Jost, in: Klassische Texte der Wissenschaft, edited by O. Breidbach and J. Jost, Springer Spektrum, 2013. English translation in preparation, to appear in Classic Texts in the Sciences, edited by O. Breidbach and J. Jost, Birkhäuser.

[JuM] C. Jungnickel, R. McCormmach, Intellectual Mastery of Nature. Theoretical Physics from Ohm to Einstein. Vol. 1. The Torch of Mathematics, 1800–1870, University of Chicago Press, Chicago, IL, 1986. Intellectual Mastery of Nature. Theoretical Physics from Ohm to Einstein. Vol. 2. The Now Mighty Theoretical Physics, 1870–1925, University of Chicago Press, Chicago, IL, 1986.

[Kle] F. Klein, Development of Mathematics in the 19th Century. With a preface and appendices by Robert Hermann. Translated from the German by M. Ackerman. Lie Groups: History, Frontiers and Applications, IX, Mathematics Sci. Press, Brookline, Mass., 1979, 175–180.

[Kle2] F. Klein, Riemann and his significance for the development of modern mathematics, Bull. Amer. Math. Soc. 1 (1895), no. 7, 165–180.

[Lau] D. Laugwitz, Bernhard Riemann 1826–1866. Turning Points in the Conception of Mathematics, Birkhäuser Boston, Inc., Boston, MA, 2008.

[Mac] S. Mac Lane, Criteria for excellence in mathematics, Bull. Soc. Math. Belg. Sér. A 38 (1986), 301–302.

[Mac2] S. Mac Lane, The health of mathematics, Math. Intelligencer 5 (1983), no. 4, 53–55.

[Mi] R. Minio, An interview with Michael Atiyah, Math. Intelligencer 6 (1984), no. 1, 9–19.

[Mon] M. Monastyrsky, Riemann, Topology, and Physics. With a foreword by Freeman J. Dyson, Birkhäuser Boston, Inc., Boston, MA, 2008.

[Neu] J. von Neumann, The mathematician. Edited for the Committee on Social Thought by Robert B. Heywood, The Works of the Mind, 180–196, The University of Chicago Press, Chicago, Ill., 1947.

[Rie] E. Riehm, F. Hoffman, Turbulent times in mathematics, The life of J. C. Fields and the History of the Fields Medal, American Mathematical Society, Providence, RI; Fields Institute for Research in Mathematical Sciences, Toronto, ON, 2011.

[Sha] I. Shafarevich, Basic Notions of Algebra. Translated from the Russian by M. Reid. Reprint of the 1990 translation [Algebra. I, Encyclopaedia Math. Sci., 11, Springer, Berlin, 1990], Springer-Verlag, Berlin, 1997.

[Tao] T. Tao, What is good mathematics? Bull. Amer. Math. Soc. (N.S.) 44 (2007), no. 4, 623–634.

[Th] W. Thurston, On proof and progress in mathematics, Bull. Amer. Math. Soc. (N.S.) 30 (1994), no. 2, 161–177.

致　谢

准备和出版这部丰富内容的、规模宏大的《黎曼全集》是一项复杂且具有挑战性的工程; 如果没有诸多朋友的帮助, 这项工作很难这样适时地完成. 在这里我要对下面这些朋友付出的努力和慷慨的帮助表示诚挚的谢意:

1. 李培廉教授承担了这项艰苦的翻译工作, 翻译了《黎曼全集》诸卷中绝大多数的文章. 尽管年事已高, 李教授仍持之以恒地认真完成了这项对于中国后世学生大有裨益的不朽的工程. 此外, 李璐女士和徐浩博士、楼筱静女士也承担了一些文章的翻译工作.

2. 高等教育出版社的王丽萍女士和李鹏先生为这项工程作出了不懈的努力,

特别是李鹏先生为收集相关资料和《黎曼全集》各卷的编辑工作做出了很大的贡献.

3. Springer 出版社的资深顾问 Joachium Heinze 博士为取得翻译 Springer 出版社拥有版权的相关文章的授权, 特别是在他的监督下出版的《黎曼全集》1990 年 Springer 版中文章的授权, 给予了热忱的帮助. Springer 出版社的 Catriona Byrne 博士和 Elena Griniari 博士以及波士顿国际出版社的邓宇善先生的大力帮助使得翻译出版 Springer 出版社的相关文章成为可能. Göttingen 的 Axel Wittmann 博士则热情地给予了翻译 The Gauss Society 杂志的关于黎曼的历史文章的许可. 数学史专家 Erwin Neuenschwander 授权我们翻译出版由他在 20 世纪 80 年代初所编辑的黎曼的家信.

4. 德国 Niedersachsen 州州立暨 Göttingen 大学图书馆的 Baerbel Mund 女士为提供和授权使用黎曼的珍贵手稿照片给予了帮助, 数学图书馆馆员 Philipp Kastendieck 先生和 Göttingen 大学的 Oliver Baues 教授为提供黎曼的手稿和笔记给予了帮助. 如果没有他们的热情帮助, 我们将无法获得这些关于黎曼的珍贵的照片、手稿和信件的使用权.

5. 在《黎曼全集》的编辑过程中, 诸多教授被邀请参与各篇文章的校订工作, 他们不计报酬、不同程度地进行了校订或提出了宝贵的修改意见, 他们是 (排名不分先后): 王跃飞教授, 冯承天教授, 扶磊教授, 周坚教授, 崔贵珍教授, 贾朝华教授, 邓邦明教授, 黄飞敏教授, 桂贵龙教授, 王耀东教授, 王斯雷教授, 沈一兵教授, 张广远教授, 许洪伟教授, 朱熹平教授, 李海中教授, 关志达博士.

Riemann 及其对现代数学发展的影响[①]

(维恩自然科学家大会 (1894 年) 上的正式报告, 刊于德意志数学家联合会年鉴, 第 4 卷 (1894/1895))

F. Klein

尊敬的来宾!

在广大的公众面前来谈论数学, 或者同样只谈论数学内部之间的相互关系, 肯定是一件极其困难的事情. 这种困难是源于我们所从事的概念, 以及我们所研究的它们内在的联系, 它们是数学家们持续不断的脑力劳动的产品, 以至于远离了日常的生活.

尽管如此, 我仍然毫不犹豫地接受了贵协会理事会最近向我发出的尊贵的邀请, 在今天这个大会上做第一个报告.

我对这样的一个例子记忆犹新, 他原先预期可成为演说家, 而现在成了一名完美的学者. 这无疑是 Hermann v. Helmholtz 的伟大功绩, 他从自己的科学生涯的开始就努力将他接触过的所有科学领域内的工作向专业范围内的其他同事们进行能被普遍理解的讲演; 由此他对我们每一个人在各自的领域内都有所推动. 如果从一开始就打算就纯粹数学做与此相同的事, 看来似乎做不到, 那么为此转向探讨我的专业的内在关系则总是无可拒绝的, 而这应该是我所能做得到的. 今天我在这里不是作为我个人来讲话的, 而是以数学家联合会全体会员的名义在这里发言, 这个联合会是几年前继自然科学家与医师协会成立之后建立的, 尽管

①在 1894 年 9 月 26 日星期三于维恩召开的自然科学家大会的开幕式上所作的报告.

形式上不是, 但在实际上是相当于该协会的第一分部. 我们深深感到, 在我们不断前进的现代科学发展中, 时间愈久相互孤立的危险就愈大. 自从现代分析产生以来, 数学与理论自然科学这两个领域之间的紧密关系, 似乎是得到的一种恩赐, 也正面临撕裂的危险. 这里存在着日益增长的巨大危险. 我们这些数学家联合会的会员们力图抗拒这一趋势. 就是在这个意义上, 我们来参加这个自然科学家大会. 我们希望在与您们的个人交流中, 弄清楚您们学科的科学思想是怎样发展的, 以及相应地希望数学家们可以从何处着手介入. 反过来我们希望您们能对我们的观点和追求有所理解并有一定的兴趣. 就是在这个意义上, 我站在您们面前试图向您们勾画出其意义是那样重大的一位研究者的形象, 没有任何其他人对现代数学的发展有过像他这样决定性的影响, 他就是 Bernhard Riemann. 与此同时, 我希望您们之中至少有一些人多少能知道在力学与理论物理中常用的思路. 至少大家一定都会感觉到, 这里正是与自然科学的连接点所在.

Riemann 的个人生涯也许会引起您们的同情, 但不一定会使您们特别感兴趣. Riemann 属于那种性格内向的学者, 这样的学者会使自己深刻的思想在内心逐渐完全成熟. 当他 1851 年在 Göttingen 以一篇各方面都极为优秀的论文获得博士学位时, 他还只是一个 25 岁的青年; 必须要等三年的时间, 他才在那里取得了在大学任教的资格. 就是在这一时段前后, 他的所有重要的工作一个接一个地产生出来, 下面我就要来谈谈这些工作. Riemann 是在 1859 年 Dirichlet 去世后继任他在 Göttingen 大学留下的职位的, 但是在 1863 年他就得了不治之症, 1866 年年仅 40 岁的他成了这个疾病的牺牲品. 他的全集最早在 1876 年由 Heinrich Weber 和 Dedekind 编辑出版 (现在已经有了第二版) , 但并不特别完整全面; 其篇幅大约为一本八开本 550 页的书, 大约只包括了 Riemann 生前已发表著作的一半[①]. Riemann 所产生的绵延不绝的巨大影响力唯一的根源就是他的数学研究所具有的独一无二的个性和显而易见的洞察力.

如果今天不谈对后者的阐述, 那么我认为要想首先让您们能够及时弄清楚 Riemann 数学的独特性, 就要指出作为他的所有建树出发点的一个统一的基本思想. 我可以先提一下, 这就是 Riemann 本人多次深入地从事过物理学的研究. 他在以 Gauss 和 Wilhelm Weber 联合名义的大传统下成长, 另一方面又受到 Herbart 哲学的影响, 他总是一再努力试图把作为所有自然现象基础的定律用数学的形式进行统一的表述. 这种研究看来从来都不会达到一个确定的结论, 在 Riemann 的遗著中, 呈现在我们面前的也全都是一些断简残篇. 这些篇章研究了各方面的新鲜事物, 其中只有这一点大家意见是一致的, 在今天光的 Maxwell 电磁理论的统治下, 至少是青年一代物理学家们认可的普遍基本观点就是假设,

[①][1902 年 Noether 和 Wirtinger 出版了一本篇幅为八开本 200 页左右的 Riemann 遗著, 由 Riemann 的讲课笔记组成, 包含了许多有趣的东西.]

我们的空间被一种连续的分不开来的液体所充塞, 它们同时是光的、电磁的和万有引力的现象的载体. 我不打算在这一统一性上停留太久, 因为这些在今天只可能具有历史意义. 我想强调的是, *Riemann 在纯数学上所取得进展的源泉即在于此*. 在物理学中对超距作用的放逐, 就是通过充塞于空间中以太的内力来对现象作解释, 这在数学上就是通过函数在无穷小处的行为, 因而特别也就是由它们所满足的微分方程来了解这些函数. 此外, 在物理领域内个别具体的现象还依赖于实验条件的一般安排, 所以 Riemann 通过对函数加上*特殊的边界条件*, 来把他的函数个别具体化. 那些可以通过计算来掌握函数的公式并非是研究的出发点, 而是引进的最终结果. 如果允许我冒险作一种极端的对比, 那么我就要说, Riemann *在数学领域内的作为就好比 Faraday 在物理领域内所做的一样*. —— 这一提法首先是相对于二者的思路而言; 但是我还认为, 如果可以从这两门科学各自的环境条件来衡量比较的话, 那么这也是相对于它们的*重要性*而言的.

借助于在此所给出的理解, 让我与您们一道浏览 Riemann 数学研究的各个领域, 我自然要从那个看来与他的名字联系最紧密的学科来开始, 即使他自己也可能只是把它看成是他此后非常深远而又具广泛意图的一个例证: —— 就是从*复变量函数理论开始*.

这个理论的基本出发点是众所周知的. 在研究一个变量 z 的函数时, 我们将这个变量换成由两部分组成的变量 $x+iy$, 在作计算时对 i^2 全都用 -1 代入. 其结果就是, 我们平常所考察的单变量函数的性质也就变得十分容易理解, 好像没有这个假设一样. 用 Riemann 自己在他 1851 年的学位论文 (在其中他勾勒出了他处理这个理论的特有方式的总纲) 中所使用的话来讲: *在过渡到复数值之后, 一种潜藏得特别深的和谐和规律性就会显现出来*.

这个理论的奠基人是伟大的法国数学家 Cauchy①; 但是只是在德国, 它们才获得了现代的印记, 它们就是由此, 这样说吧, 移到了数学观念的中心. 这是我们要不断重复提到的两位学者努力的结果, 一位是 Riemann, 另一位就是 Weierstrass.

这两位学者所指向的目标是一致的, 但是各自的方法之差异说多大就有多大; 这些方法从外表看起来几乎是互相冲突的, 可是从一个更高点的观点来看, 它们无疑是起着相互补充的作用的.

Weierstrass 是通过一个共同的公式, 即无限幂级数, 来解析地定义一个复变量的函数; 他还更进一步尽可能不用几何的辅助工具, 并且在证明过程中努力追

①在正文的叙述中, 我没有提及 Gauss, 他在这里和在别的领域内一样, 曾赶在别人前面预言了许多发现, 但没有在任何地方发表. 特别值得注意的是, 人们发现在 Gauss 那里已经有了不少函数理论的结果, 它们全都位于后来 Riemann 方法的方向上, 好像有一种指导思想以一种不为人知的方式从老一辈科学家传递给了青年人.

求从头到尾的严密精确.

Riemann 则相反 —— 与一般的开端相对应, 这一点我刚刚提到过 —— 是从 $x+iy$ 的函数所满足的某个微分方程开始. 这里是直接采用了物理形式. 我们令 $f(x+iy)=u+iv$. 于是由于这两个组成部分, 即 u 及 v 所满足上述的微分方程, 可以把这两个组成部分看成是两个变量 x 与 y 的空间中的势, 看来我们可以把 Riemann 所作出的推进进行这样简短的表述, 他证明了这每一部分都满足势函数理论的基本定理. 这样看来他的出发点就是在数学物理之中. 您们看, 就是在数学内部也给个性留下了如此广阔的活动空间.

此外我还要请您们注意的是, 势论是电学以及物理学的其他篇章所不可或缺的, 在今天也已是大家都知道而且是经常要用到的工具, 在那时还是很年轻的. 虽然 Green 在 1828 年就已经写出了奠基性的论文, 但是这篇论文长期以来并未被人们注意到. 然后接着是 Gauss 在 1839 年的工作. 这里所给出的基本定理的发展和广为传播, 至少现在来说是 Dirichlet 讲授的功绩, 而 Riemann 与此有直接的关系.

作为 Riemann 在这方面特殊的贡献, 显然首先就是令势论在整个数学中取得了基本意义这一趋势, 以及进一步给出了一系列几何的构作, 或者用我喜欢的话来说, 就是几何上的发现, 这一点我想给您们再多讲几句.

Riemann 的第一步就是, 自始至终把方程 $u+iv=f(x+iy)$ 理解为从平面 xy 到平面 uv 上的一个映射. 这个映射被证明是保形的, 就是说角度不变, 并且可以直接用这个性质来表征. 于是我们就有了一个定义 $x+iy$ 的函数的新的辅助方法. Riemann 以此观点建立了一个辉煌的定理, 按照这个定理, 对 xy 平面上的任意一个单连通区域和 uv 平面上的任意一个给定的单连通区域, 必定有一个函数 f 将前者映射为后者; 这个函数除了还有三个常数可以任定外, 是完全确定的.

他由此出发在其上建立了 (我们今天所谓的) Riemann 曲面的概念, 这是指这样一种曲面, 它是一种展布在平面上的多叶曲面, 它的各叶在所谓的 "分支点" (Windungspunkt) 上连接在一起. 这无疑是最困难的一步, 但也是最富有成果的一步. 我们至今仍然时时会看到, 对于新手来说, 想要理解 Riemann 曲面的本质是如何困难, 而如果我们一旦理解了这个基本概念, 就会一举掌握整个理论. Riemann 曲面为我们理解 $x+iy$ 的多值函数的行为提供了一个有力的工具. 因为在它们上面也存在像在单叶曲面上存在的一样的势函数, 它们的规律性可以用同样的工具来研究; 共形映射的方法在这里同样起作用, 这种作用一点也不小. 在用割线将曲面进行分割时, 把在不会将曲面隔开的条件下所能做出的割线数称为这个曲面的连通数. 这在几何上也是提出了一个全新的问题, 尽管它是非常初等, 但在 Riemann 之前也是没有任何人碰过的.

也许我讲的这些已经深入到太具体的内容中去了. 尽管这样我还是更想补充说, Riemann 从物理的直觉出发达到了服务纯粹数学的目的, 反过来又为数学物理取得了极大的意义. 例如, 只要是在谈二维区域内流体的稳定流动, 现在普遍都会用到 Riemann 定理. 由此, 有一系列有趣的问题, 从前看来是无法求解的, 现在都可以解决了. 在这方面非常有名的一件事是 Helmholtz 对自由射流形状的确定所做的工作. 另一件物理应用技巧的例子也许是被人们注意得较少的, 在这里 Riemann 的思考方式显得更加引人注目. 我的意思是指极小曲面理论. Riemann 本人在这方面的研究到 1867 年在他去世后才发表, 他与 Weierstrass 在此同一课题的研究几乎是同时平行进行的. 从此以后, 这里提出的问题被 Schwarz 等人大大地向前推进了. 要处理的问题是, 确定一个以固定框架为边界的最小曲面的形状 —— 也可以说是求一个具有给定边界的流体薄膜的平衡形状. 令人惊讶的是, 在 Riemann 定理的基础上, 在分析中一些已知的函数就已经能够解决最简单情况下的问题了.

今天我一开始就提到的这些应用无疑只是事情的一个方面. 谈到函数理论方法的主要意义, 无疑是在纯粹数学方面. 考虑到对象的重要性, 我必须力图作较为细致的陈述, 可是仍不需要假设有特别的知识.

请允许我从最一般的问题开始, 比如在纯粹数学领域内的进展情况. 纯粹数学的进一步成长在外行人看来可能有点像是完全随意的, 因为再也用不着专注于那些本来已经给定了的确定的对象. 可是还有一个调节者, 这在所有其他学科中是众所周知的 —— 这就是历史的连续性: 纯粹数学在我们对传统的数学用新的方法重新思考中成长, 从自身中呈现出新的内容, 其程度依据我们对以前的问题有更好的理解而定.

在这个理念的指引下, 我们应当首先来看一看, 在 Riemann 开始其科学生涯时所面对的函数理论的内容. 人们已经发现, 在一个变量的解析函数, 也即所谓的 $x+iy$ 的函数中, 有三类函数特别值得注意. 其中首先就是代数函数, 这就是通过有限次的初等运算, 即加、减、乘、除等运算所定义的函数 —— 与之相反的是超越函数, 要确定它们就要用一系列无限多的上述运算. 在超越函数中自然首先就是对数函数和三角函数, 因而也就是正弦函数和余弦函数, 等等. 但是 Riemann 对函数的研究已经超过了这些, 一方面是扩展到作为椭圆积分之逆而得出的椭圆函数, 接着就是其他一些函数; 一些与超几何级数有关的函数、球函数、Bessel 函数和伽马函数, 等等.

Riemann 的功绩可以如此简略地表述, 他发现了这三类函数的全新的结果和新的概念, 它们直至今日仍然是推动进步的持久源泉. 我们还可以对此作更仔细一些的介绍.

代数函数的研究本质上与代数曲线的研究是一致的, 研究这种曲线性质的是几何学家, 如果他们把公式放在首位, 他们可以算是 "分析学家"; 而如果他们运用射线束来讨论曲线的生成, 或者也可以算是 Steiner 和 v. Staudt 意义下的 "综合几何学家". Riemann 在这里所引进的根本的新观点, 就是普遍的唯一变换的观点. 从这个观点出发, 大量各种形态的代数曲线似乎就可以归纳为几个大类, 于是在忽略个别曲线形式的特点作法下, 所有同一类型的曲线的共同性质就突出出来了. 几何学家毫不犹豫地从他们的观点出发导出了相应的这些结果, 并作进一步的研究 —— 首先是 Clebsch, 他还同时开始了对高维代数形体 (algebraische Gebilde) 作相应的研究而他还因此做到了, 力图让曲线几何也能吸收 Riemann 方法的内在灵魂. 做到这一点的第一步就是在二重展布的 Riemann 曲面上做此曲线的对应像, 而这以多种方式做到了. 接下去一步就是, 必须学会在这样定义的形体上做函数论的运算.

椭圆积分的理论在代数函数积分的一般研究中得到了进一步的发展, 21 岁的挪威人 Abel 在 19 世纪发表了在这方面的最早一批研究工作. Jacobi 以其高超的预见艺术为这种积分提出了一个逆问题, 正如在椭圆积分的情况下直接从逆向得出一个唯一确定的函数, 这一事件总是被人们看成是他的伟大功绩. 切实地完成求解这个逆问题, 是 Weierstrass 和 Riemann 同时用几种不同方法求得了解决的中心课题. Riemann 在其 1857 年的鸿篇巨著 "Abel 函数理论" 中发表了他的理论, 人们常常把这一论著看成是他所有天才杰作中的最光辉的篇章. 因为这个结果并非得自非常费力的方法, 而是通过直接的观察得出的, Riemann 在这里就是靠着适当的概念的结合 (Ideenverbindung) 得到了他的几何辅助工具, 关于这一点就很值得一谈. 我曾经利用先前的一个机会① 指出过, 我们可以将他关于这个积分及其由此得出的结论, 即关于代数函数的结果, 以一目了然的方式得到. 这就是通过考察在位于空间内的任一封闭曲面上的稳恒的流体运动, 比如说电的流动来实现. 这时只需要用到 Riemann 论文中的前半部分. 它的后半部分是涉及 θ 级数的, 更加值得注意. 他在那里给出了令人瞩目的结果, 即我们可以用来解决 Jacobi 逆问题的 θ 级数, 还不足以一般到解决一个新提出来的问题, 也就是确定一般的 θ 函数的地位问题. 根据 Hermite 的一篇短文, Riemann 已经得到了, 后来由 Weierstrass 发表最近又由 Picard 和 Poincaré 处理过的定理, 即 θ 级数足以建立最一般的多变量的周期函数.

不过, 我不想对这个个别的问题作太深入的讨论. 要想给出联系到 Riemann 的 Abel 函数理论发展的一个前后相互关联的论述很不容易, 这是因为 Weierstrass 对这一论题的深入研究只能从他的讲课笔记中得悉, 我只能限于评述以 Clebsch 和 Gordan 在 1866 年出版的重要著作为主的、有关用解析几何为辅助工

①[参见: F. Klein, Über Riemann's Theorie der algebraischen Funktionen und ihrer Integrale (论代数函数及其积分的 Riemann 理论), Leipzig, Teubner, 1882.]

具导出 Riemann 在代数曲线上所得到的结果. 当时 Riemann 方法对他的学生来说还是一种秘密技巧, 其他数学家则认为几乎是不可信的. 对此我只能重复我刚才在谈论曲线时所讲过的话, 就是那不断前进的发展看来会必然导致 Riemann 方法也终将成为数学家们的共同财富. 在这方面参照一下最新出版的法语教科书是有意思的.①

被我们称为第三类的函数类包含了那些与超几何级数相关联的相互依赖关系. 在更广的意义上讲, 它们就是那种由带代数系数的线性微分方程所确定的函数. Riemann 在他生前只发表了第一篇导论性的文章 (1856 年), 该文只研究了超几何的情形, 它出人意料地指出了我们先前知道的那些超几何函数令人瞩目的性质, 用不着计算就可以从函数围绕奇点的行为导出这些性质. 现在我们从他的遗著中已经知道, 他曾经考虑过用这种方式来阐述相应的 n 阶线性微分方程的一般理论, 并且将线性置换群 (这是方程的解围绕奇点一周后要承受的) 置于优先地位, 由此来表述出分类的最高级别的特征.

这一开端在一定程度上相当于 Riemann 对 Abel 积分的处理, 尚未以 Riemann 的研究方式进行全面彻底的研究. 对这种微分方程的大量研究在 18 世纪曾以另一种形式发表, 基本上只是整理成个别的理论部分, 在这方面特别要提到 Fuchs 的研究. 此外仅限于在二阶线性微分方程的情况下, 这个理论有一个简单的几何解释, 这需要来考察由独立变量区域上的微分方程的两个解之商所产生的共形映射. 在超几何函数的最简单的情况下, 我们在此时得到的是一个从半平面到一圆弧三角形的映射, 并由此得到一个引人注目的到球面三角的过渡. 一般来说存在这样的情形, 允许有单值的反函数, 从而给那种值得注意的单变量函数一个机会, 它等于一种通过无限多个线性变换回到自身的周期函数, 相应地我把它称为自守 (*automorphe*) 函数. 所有这些进展是今天的函数理论研究者孜孜以求的, 它们多多少少都已经出现在 Riemann 遗留下来的著作②中了, 特别是在上面谈到的有关极小曲面的工作中. 此外, 我还要指出 Schwarz 论超几何级数的论文和 Poincaré 在自守函数方面的突破性的研究. 也可以把有关椭圆模函数的研究以及正多面体函数的研究划归到这里.

如果不提及还有一篇孤立的论文, 我在这里谈论 Riemann 在函数理论方面工作的讲话就不能结束, 他在这篇论文中对定积分的理论做出了有趣的贡献, 但是同时因 Riemann 将它应用到一个数论问题而广为人知. 它所讨论的是一个在自然数数列中素数的分布规律问题. Riemann 为这个规律给出了一个近似表达式, 它所给出的结果与经验计数结果的接近程度比迄今从此计数归纳导出的公

①参阅 Picard, Traité d'Analyse (分析学), Bd. 2, Paris, 1893; Appell et Goursat, Théorie des fonctions algébriques et de leurs intégrales, Paris, 1895.

②[参阅 F. Klein 的著作中关于自守函数的前期史的叙述.]

式的结果都要好得多. 有两点不得不在这里提一下. 第一点, 我想提请您们注意, 高等数学的各部分之间的相互联系是如此惊人, 例如, 在一个看来原本是属于数论部分的问题, 会意外地推动最精妙的函数理论问题的发展. 但是第二点, 我必须强调, Riemann 论文中的证明, 正如他自己就顺便提到过, 是不够完整的, 而且尽管在最近以来有许多人作出努力, 但也还不能做到毫无漏洞. Riemann 肯定是经常利用直观进行研究工作. 正像我不想错过在事后来指出这点一样, 他在函数理论的基础上的工作也是这样的. Riemann 为纪念他的老师 Dirichlet, 把此称作 *Dirichlet 原理*. 这里要讨论的问题是要确定一个能使某个二重积分为极小的连续函数, 而所谓的 Dirichlet 原理在这里却认为, 从所提出的问题本身就可以肯定这个函数存在①. Weierstrass 证明了, 这里有一个错误的结论; 有可能我们所要求的极小只是一个极限, 在所述的区域内, 人们找不到一个连续函数能够达到这个极限. 这样一来 Riemann 的推演有一大部分就经不起推敲了. 但是尽管如此, 许多 Riemann 以这个原理为基础所得到的进一步的结果, 正如 Carl Neumann 和 Schwarz 后来用严格的方法所详细证明的, 都是正确的. 于是人们就不得不产生这样的观念, 就是这个定理本身是 Riemann 从数学物理的直观中得来的, 在此再一次证明可以有效地作为一个启发性的原理, 从而它与上述推论方式之间的关系只能看成是为了使数学思路能自圆其说而已. 正如他在其学位论文中用了很长的篇幅来论述所表明的那样, 他在这里一定是感到了某种困难, 但是考虑到他看见他周围的人, 还有 Gauss 本人, 都毫无顾忌地在类似的情况下使用这种推论方式, 他就不加深究了, 认为是必不可少的②.

关于复变量函数的理论已谈得不少了. 它们是 Riemann 进行关联研究的唯

---

①因此我在这里对这个 "原理" 的理解与非常流行的用法有所不同, 不是指由它导出的结论, 而是指推论的方式. 顺便我想提请大家注意 W. Thomson 所写的一篇论文, 它刊载于 Liouville 的杂志, 第 XII 卷, 1847 年 [= W. Thomson 爵士所著之电学与磁学论文集, 第 XIII 篇, 第 139 页及之后], 它很少被德国数学家注意到. 这个有问题的原理在那里以极大的普遍性所表述.

②[我还记得, Weierstrass 有一次对我讲, Riemann 利用 "Dirichlet 原理" 获得他的存在性定理并没有认为会留下什么有决定性价值的东西. 所以他对他 (Weierstrass) 关于 "Dirichlet 原理" 的批评没有留下什么特别的印象. 不管怎么说, 这就提出了一个以另一种方法来证明存在定理的问题. 于是 Weierstrass 把这个问题交给了他的特别的学生 Schwarz, 并向他指出必须将几何直观的思想与证明收敛的解析能力结合起来. 这样 Schwarz 在这方面进行的特别的工作什么也没打断, 可是在历史上的相互关系, 经过对在出版物中所包含的歪曲的简单传述, 就给突出来了. 此外 Schwarz 在其证明时看来也受到物理直观的引导. Neumann 的证明还可以参阅我在下面第 CIII 篇论文的 §6 和 §7 的第 1 小节, —— 我很高兴地指出, 最近 Bolza 在其论文 "Gauss 与变分学" 中已经讲到过, 可以在 Gauss 全集第 X_2 卷, 第 III 部分 §2 中将 Riemann 所谓的 "Dirichlet 原理" 追溯到 Gauss 对势论的研究 (1839/40). Riemann 是在 Dirichlet 的讲义中学到这种推论方式的, 然后像年轻的研究者所惯常做的那样, 用他们的老师来命名. —— 这还要等到 Hilbert (从 1901 年开始) 出来证明, 尽管 Weierstrass 所述是对的, 然而在势论以及与之相关的问题之中, 从变分问题来作出极小存在的结论仍然是可以的. K.]

一的一个领域, 所有其他的研究都是个别研究. 但是如果我们把这些其他方面的研究放到一边, 那么我们对于作为数学家的 Riemann 所获得的形象就是很不完整的. 因为除了他在其中取得了极为令人瞩目的结果之外, 这些其他的研究才能会将他的特点以及他想完成的工作计划的概貌突显出来. 而且这些研究的每一个都对科学的进一步发展起了决定性的推动作用, 下面我马上就要来作更仔细论述.

我首先要讲的是, 我刚刚在前面所说的意思是指, Riemann 所给出对复变函数理论的处理开步于势函数的偏微分方程, 按照他的观点, 这只是对其他那些导致偏微分方程 —— 或者更一般的, 微分方程 —— 的数学物理问题作类似处理的一个*例子*而已; 每一次都要查问, 与该微分方程相容的间断性是怎样的, 它们的解在多大程度上由它们所出现的间断性以及所附加的条件所决定. 实施这个纲要是来自各方面的需要, 而且近年来法国的几何学家们取得了一些特殊情况下的结果, 其结局一点也不亚于*建立一个力学和数学物理的积分方法的新的基础*. Riemann 本人在这方面只对一个单独的问题进行了深入的探讨. 这发生于他在 1860 年的 "论有限振幅平面空气波的传播" 一文中. 我们必须将数学物理中线性偏微分方程区分为两类: 椭圆型和双曲型, 与之相关的最简单的例子分别为势函数的微分方程和弦的振动微分方程; 作为旁系的抛物型是它们之间的过渡类型, 热传导的微分方程属于这一类. 新近 Picard 的研究证明, 我们可以把势函数理论的积分方法基本上不加改变地应用于椭圆微分方程. 但是对另一个类型的微分方程怎么样? 在这方面 Riemann 给出了第一个贡献. Riemann 指出, 要如何用今天称为 Green 函数的工具来对势论中的边值问题及其解作十分重要的变更, 以使展开对双曲型微分方程能够适用. 但是 Riemann 的论文还从另一方面特别值得重视. 将标题所提出的问题归结为线性微分方程就已经是一件了不起的事, 而且通过论文还同时提出了一种研究方法, 这对物理学家来说几乎根本没有什么好奇怪的: *求解问题的图解法*. 我可是要在这里提请大家特别注意, 这里所说的这种方法对于习惯于抽象思考的数学家来说, 仍然是被大大低估了. 令人欣喜的是, 现在有了一个像 Riemann 这样的权威数学家在适当的地方采用了它, 并且知道由此会得出令人瞩目的结果来.

现在剩下来的就是还要谈一下两篇伟大的文稿, 这是 Riemann 在 1854 年 28 岁的时候于就职之际所提出的: 讲演文稿 "论奠定几何学基础的假设", 以及论文 "论函数的三角级数表示". 值得指出的是, 科学界至今普遍对此二者的评价是如何地不同: 几何假设长期以来就得到了它所应有的重视, 正如您们中许多人知道的, 这主要是由于 von Helmholtz 的介入; 但是对三角级数的研究至今还只是在数学家的一个小圈子内为人所知. 这并不妨碍它所包含的结果, 或者按我喜欢的说法, 由它所推动的, 或者说与之相关的思考, 从认识论的观点来看具有高度价值.

至于谈到 "论奠定几何学基础的假设" 一文, 我不想就其哲学意义方面仔细地论述, 关于这方面我也没有什么新的东西要讲. 在这种讨论中, 对数学家来说要谈的不是这些公理的来源, 而是它们之间的逻辑相互关系. 最有名的问题肯定就是对平行公理地位的考问. 众所周知, Gauss, Lobatschefskij 和 Bolyai (这里只提到几个最突出的人的名字) 等人的研究已经表明, 平行公理肯定不是其他公理的推论, 而且通过略去平行公理, 我们就可以建立一个更一般的、前后内容相一致的几何学, 它把通常的几何作为一个特例包含在内. Riemann 通过这些观点作出了一个新的、特别的转变, 把解析几何的观念形态置于首位: 空间在他看来就像是三重延伸的数簇 (Zahlenmannigfaltigkeit) 的一个特例, 在这个数簇中, 弧元的平方用坐标微分的二次形式来表示. 我不打算对他由此所得到的特殊的几何结果作进一步讲述, 更不想对其后续进展作深入的讨论, 这些进展是这个理论在这一段时期里从另一个侧面发现的. 对当下来说最重要的是, Riemann 在这里也真正留下了他的一个基本思想: *从事物在无限小范围内的行为去了解事物的性质*. 他由此奠定了微分学一个新的篇章的基础: *任意多个变量的二次微分形式的研究*, 以及相应地还有对这些微分形式在变量的任意变换下所具有的不变量的研究. 作为我这次讲演特别考察的一个补充, 我想在这里再次提到这件事情的抽象的一面. 在寻求数学关系的时候, 我们是否给予我们所运算的符号以确切的意义, 这件事肯定不是无关紧要的, 所谓给予确切的意义就是指, 以具体的观点给出向前推进的那种相互结合的思想. 证明这一点的证据太多了, 几乎所有我们至今在 Riemann 数学的内部亲缘关系以及数学物理之间的内部亲缘关系所讲过一切都是. 那些超越这种特殊规定之上的数学研究的最后结果则与此无关; 这是一种普遍的逻辑模式, 与特定的内容无关, 可以依照不同方式的选择而定. 从这个观点来看, Riemann 后来 (1861 年) 在一篇向巴黎科学院提交的应征论文中, 将他在微分表达式上的研究应用于一个热传导问题, 因而这是一个肯定与几何学的假设没有任何关系的课题, 也就没有什么好奇怪的了. 在这个意义上对一般力学的等价与分类的现代研究也是属于这种情况. 实际上我们可以按照 Lagrange 和 Jacobi 将力学的微分方程以这种方式来表述, 即它们与一个唯一的坐标微分的二次形式有关.

现在我来谈 "论函数的三角级数表示" 这篇论文, 我事先就把它安排在最后, 因为它突出了 Riemann 观念的最后一个特点. 我到现在为止叙述的内容概括地来讲, 都是与物理上或者说还有几何上常用的观念相关的. 可是 Riemann 深刻的思想并不仅仅满足于应用这些几何 – 物理的直观; 而是转向对这些进行批判, 并且叩问由此所得出的数学关系的必要性. 简单地说, 他要研究*无限小计算的原则*. Riemann 在以往的工作中涉及这个方向的问题时总只是一带而过, 或者放到不显眼的地位. 在这篇论三角级数的论文中就不一样. 在那里可以说只处理一个单独的问题: 这就是, 在每一点上都不连续的函数是否可能存在, 以及具有如此普遍特性的函数在有些情况下是否还能够对它进行积分这样一些问题. 但是他对这些问题的处理以如此令人信服的方式, 以致使得其他人对分析基础的研究取得了巨大的推动力. 有传说这样讲, Riemann 在随后的几年里, 对他的学生们指出那样一点, 它被看成是现代判断力的一个令人瞩目的成就: 即存在无处可微的连续函数. 这种 “违背理智的” 函数 (长期以来人们都这样说) 的细节自然最早是由 Weierstrass 才搞清楚的, 这很可能就是最有助于把*实变量的实函数理论* (正如我们今天习惯于这样来称呼这整个领域) 带入到它们今天这种严格性的一种动力. 我是这样来理解 Riemann 对三角级数的推进的, 即在涉及基础的部分, 他愿意以 Weierstrass 式的表述方式, 在当下这个问题中把空间直观排除出去, 而只用算式来运算. 不过我不能想象, Riemann 会就此在内心中像那些现在正是现代方向的过分热心的代言人那样, 把空间直观看成是与数学对立的、必定会导致错误结论的某种东西. 因此他必定在这里存在的困难中坚守着某种可能的平衡.

我们在这里就涉及了一个问题, 它对当代数学的发展可能具有决定意义: 目前我们的学子的成长, 在一开始就要学到很多尽可能覆盖着现代分析的所有内容的复杂的关系. 这当然是好事, 但这也会带来一个令人忧虑的后果, 就是使得年轻的数学家在形成自己的定律时顾虑重重, 以致缺乏新鲜感, 而没有这种新鲜感就是在科学中也不可能取得任何成果. 另一方面, 多数实际科学工作者都相信可以用不着做上述困难的研究. 他们因此从这种严格科学中脱离出来, 为自我应用发展了一种特殊的数学, 好像一条根苗从嫁接植物边上长出来一样. 我们将尽一切努力来克服目前这里存在的危险分裂. 如果与此相应允许的话, 我想就我自己在这件事上的立场澄清两点.

首先我相信, 从数学方面所指责的空间直观的缺乏只是暂时的, 人们可以锻炼其直观能力, 从而借助于它们去理解分析家的抽象思维的任何*意图*.

而且我还相信, 这样得到的直观能力的提高, 在将数学应用于外部世界时在主要方面基本保持不变, 只要我们决定自始至终把它作为一种*内插* (*Interpolation*) 来用, 这种内插描述了其精度能满足实际需要, 但仍为有限的情况.

我的讲演要求您们这么长时间的耐心, 在作了这两点说明之后, 我该结束它了. 您们可能已经认识到了, 在数学内部也不是一潭死水, 而是像在自然科学内部一样, 被类似的运动所占据. 而且这也是普遍的规律, 就是说, 对科学的发展作出贡献的人有许多, 但是真正给出新的推动的只能归之于少数几个突出的学者. 他们的影响力绝不只限于他们短暂的生命存续期; 它在后续仍起作用, 就是说逐渐达到其最高点. 无疑这对 Riemann 来说就是这样. 我希望, 您们不要把我今天的演讲当成是对一个过去时代的描绘, 对它奉献我们的崇敬之情, 而是对当代数学充满着勃勃生气的时期的复述.

《Riemann 全集》第一版通告

(Göttingen 学者通报, 1876 年度, S. 961—965)

R. Dedekind

在我冒昧接受要我在此刊物上通告 Riemann 全集出版的要求之时, 我就不打算详细地谈它的内容; 因为有关这方面的一个介绍已经由我在 Königsberg 的尊敬的朋友, 全集的实际编者, Heinrich Weber 非常全面地写出来了, 这是我力所不能及的, 这篇介绍不久将发表在他处 (Repertorium von L. Königsberger und G. Zeuner). 下面这几行的目的只不过打算谈一下出版全集的提出和确定的过程, 这也许是 G. G. A. (Göttingen 学者协会) 的读者会有点儿感兴趣的东西.

在 Riemann 去世后不久, 我荣幸受到 Riemann 教授夫人的委托, 全面检视 Riemann 留下的科学遗产并选择适当的部分出版. 我发现有三篇论文, 即, "论函数的三角级数表示"、"论奠定几何学基础的假设" 以及 "对电动力学的一个贡献", 已经有了写得很漂亮的手稿, 我要赶紧将它们发表. 其余部分, 除了少数外, 完全处于散乱的状态, 这是由于 Riemann 的一再的旅行所造成的, 当务之急是把这些 Riemann 从学习时代起就开始收集了的大量一页一页的手稿加以整理, 检查其内容, 辨认页与页之间的相关性. 只有对这些手稿有眼力, 才能对这些前期性准备工作的性质有清楚的概念. 它们大部分是 Riemann 已经发表了的论文、多次重复的手稿以及他讲课用的备课讲稿; 此外, 一些是从曾经特别激起过 Riemann 兴趣的各种著作及抄本中所作的摘录, 还有就是信的底稿; 有许多草稿只有公式, 没有附上任何文字说明, 而所有这些有时会偶尔写在同一张对开的纸上, 一部分是从上往下写, 另一部分又相反地从下往上写. 在这种情况下, 我整理这些文稿的努力只能带来很少的成果, 而且尽管我在不时地、孜孜不倦地、无休止地整理 Riemann 的著作, 我还是不能隐瞒, 我对许多文稿内容的辨认无法做到所必需的完整准确到细节的程度, 因为我自己的研究完全是在数学的另一个领域内. 因此我首先满足于编排我能理解的誊清了的文本, 然后再将与论几何假设有关的巴黎应征论文附加注释予以发表. 这项工作由于我多年前就计划了的出版 Dirichlet 的数论著作的第二版所必需的准备工作而耽误了下来. 不久后当我再次投入这项工作时, 在 Göttingen 却产生了一个新想法, 将 Riemann 的全部论著收集起来出版; Riemann 的后继者 Clebsch 很可能是受到 Wilhelm Weber 的鼓动, 在 1872 年的春季充其全部热情接受了这个思想, 并且当他在降灵节造访我时, 我十分高兴地赞同将 Riemann 的遗著也一起编入出版的计划. Clebsch 在我的请求下承担起这个计划的主导的责任, 并将全部手稿送到 Göttingen, 以便对它们作再一次的审阅和检查, 由于上述原因这是我迫切需要的; 而我却因为随后有一份占去了我的全部精力和心思的兼职任务, 有三年之久, 对此出版计划我自己只能分出很少的精力. 这一计划曾许诺很快付诸实施, 而压力不久就发生了, 由于 Clebsch 在 1872 年 11 月突然极其令人悲痛地离开人世, 使得这个计划陷入完全停顿. 之后有一段时间, 我几乎毫无办法把这个计划继续下去, 我力图能说服一位出色的数学家又是 Clebsch 的朋友的人, 请他来接替这个位置; 遗憾的是他有一千一万个理由拒绝接受我的请求. 由于我自己的事务繁忙而没有精力把这个出版的事情承担起来, 因此这件事就这样搁置下来了. 在 Riemann 教授夫人的同意下, 我最后在 1874 年 11 月决定请在 Zürich 的 H. Weber 教授先生单独接手这项浩大的工程, 他通过自己的工作被公认为 Riemann 创作的资深专家, 而在我以为我的请求被接受的希望渺茫的时候, 他尽管有着沉重的疑虑仍然表示愿意无条件地将自己的全部精力献给这一计划, 我当时感到多么高兴啊! 从这一刻起, 这一事业就有了最令人喜悦和最迅速的发展. 他还连同对已经出版了的论文进行了仔细的审校, 并对全部遗著做了再一次的检查; 这一艰苦的工作除了取得了许多其他的、在这里数不胜数的成果之外, 最可喜的结果是, 在遗著中有许多组成部分, 它们的意义是我原先没有发觉的, 或者说我还没有充分认识到的, 这些部分有价值编入全集出版, 或是可以作为这样来使用. 所以说这本全集能够这样快和这样完美地送到数学公众面前, 完全是 Weber 教授先生的功劳. 我自己的协助工作, 除了一些小事之外, 还只不过是部分参与了印刷前的校对而已.

Braunschweig.

Riemann 生平

R. Dedekind

Riemann 这位伟大的数学家的著作现在就要首次全部收集在一起出版了. 下面对他的生平的描述并非想要宣称他的科学成就的意义和这些成就与数学在从前和当前的状态之间的关系, 确切地说只是针对这样一些读者, 他们只是想对这位伟大的数学家的成长历程、他的个性和外部命运有所了解.

Georg Friedrich Bernhard Riemann 在 1826 年 9 月 17 日生于 Breselenz, 这是 Hannover 王国中靠易北河附近的 Dannenberg 里的一个小村庄. 他的父亲 Friedrich Bernhard Riemann 生于 Mecklenburg 市易北河畔的 Boitzenburg, 曾以一个少尉的身份参加过在 Wallmoden 领导下的解放战争, 是那个地方的布道师, 并与来自 Hannover 的枢密官 Ebell 的女儿 Charlotte 结为夫妻; 后来他举家迁往离那里大约三小时路程的 Quickborn 教堂区. Bernhard 是他六个孩子中的老二. 他对学习的欲望很早就被父亲唤醒, 在他离开父亲入高级中学前, 一直几乎是由他父亲单独教授. 当他还是一个五岁的孩子时, 就对历史和古代的事件颇感兴趣, 还特别关心命运凄惨的波兰, 这必定是由于他的父亲经常给他讲一些有关波兰的新闻. 但是很快这些兴趣就由于他突出的计算才能崭露头角而退居后台了; 再没有什么比把难题解出来, 然后把它们作为作业交给他的兄弟姐妹们能使他得到更大的乐趣了. 再往后从 Bernhard 十岁开始, 他的父亲请求教师 Schulz 帮助教育自己的孩子; 这位教师开出了很好的计算和几何的课程; 可是很快就发现, 他自己要在解决他所给出的问题上做得比他的这个学生更快而又更好就已非常吃力了.

到了十三岁半的年龄, Bernhard 得到了父亲的认可, 让他离开父母的家, 离开这个充满着凝重、虔敬的意识和温暖生活的家. 父母把对他们孩子的教育看成是自己的主要任务; 内心深处的爱将 Riemann 与他的家庭紧紧联系在一起, 并且保持在他的一生之中; 他在给远方的亲人的信中表达出, 那里的一切, 不论是父母的房屋, 还是在那些哪怕是极小的充满活泼趣味事情, 都真正地分享着他的一切欢乐与忧伤.

1840 年的复活节, Riemann 来到 Hannover, 这里住着他的祖母, 他在那里住了两年 —— 直到他的祖母过世 —— 在 Lyceums 地方学校读 Tertia①. 一开始他要克服许多困难, 这按照他当时所受到过的教育来看是可以预料得到的, 可是不久他就在某些单独的课程上取得了进步并受到赞扬, 而且他一直是一个勤奋和听话的学生. 也就是在这个时期, Riemann 给他亲爱的父母和兄弟姐妹写了很多信, 在信中他常常带着快乐的幽默, 报告学校里那些不平常的事情. 但是更主要的是当假期临近时对父母家的思念, 所以他迫切地请求能够把他带回在 Quickborn 的父母家中, 而且早早地就在盘算, 用什么样的交通工具能够以最少的费用完成这个行程; 每当他父母和兄弟姐妹的生日之时, 他都会去买一件小小的礼物, 衷心地期望着能使他们真正地感到惊喜. 他在内心仍然生活在家庭的氛围中. 但是有时从中也隐约让人感到好像有一种沉重的抑郁要向外人倾诉, 还有他的羞涩, 这自然是他早年闭塞的生活所造成, 也因此有时会给老师造成误解、为他带来苦恼, 这些感受后来都从未完全离开过他, 并常常把他推到孤独的思维世界之中, 他在其中展开了他巨大的创造力和毫不受成见约束的思想.

在祖母去世之后, Riemann 被父亲带到 Lüneburg 的 Johanneum, 这看来正符合他本人的愿望, 在毕业离开那里进大学前, 他在 Secunda②读了两年, 在 Prima③读了两年, 就在他滞留在那里的初期, Hamburg 发生了大火, 给他留下了深刻的印象, 他曾向父母作了详细的报导. 他常利用休假期间在很靠近故乡的地方, 而且有可能在 Quickborn 自己的家庭中度过, 这些都会给他后续的学习时期带来愉悦. 当然来来去去的旅行大部分都是靠步行, 与疲劳相伴, 这是他的身体所不能胜任的; 这从在这个时期他母亲的关怀备至的信中 (这封信遗憾地很快就遗失了) 可以看出他母亲对他健康的忧心, 她一再地嘱咐他要避免过度的体力疲劳. 后来他跟高级中学老师 Seffer 住到了一起, 从他的信中可得知, Seffer 对他有着浓厚的兴趣, 并使他获得了父亲般的友谊和爱护. 他也获得了在其他方面优异的成绩, 但是在数学上总是最耀眼的, 在毕业时得到了第一名. 他在这一门科学

①Tertia, 是德国九年制中学的四、五年级. —— 中译者注

②现在写作 Sekunda, 是德国九年制中学的六、七年级. —— 中译者注

③Prima 是德国九年制中学的八、九年级. —— 中译者注

上巨大的天赋也被杰出的校长 Schmalfuss 认识到了; Schmalfuss 借给他数学著作让他私下阅读, Riemann 往往经过不多几天之后就把书还回, 并且在随后的闲谈中表明, 他已经把它们都读完, 而且完全掌握了, 这常会使 Schmalfuss 感到意外而惊喜. 这些课外阅读连同课外作业所推动的学习, 无疑使他远远超出高中的学习课程而进入到高等数学的领域; 就我们所知, 他在高等分析方面的知识是从学习 Euler 的著作获得的; Legendre 的 Théorie des Nombres (数论) 就是他在这个时期内就读的.

1846 年的复活节, Riemann 在他十九岁半的时候进了 Göttingen 大学. 他从心底顺从具备神职的父亲, 自然怀有献身神学的愿望, 而 Riemann 也就真在这一年的 4 月 25 日注册成为神学和语文学的大学生; 这个与他在数学上的明显爱好和突出才能不一致的决定, 首先是由于 Riemann 考虑到家庭经济的拮据并希望能早一点找到职业, 以便能够减轻他父亲的负担. 但是他除了听语文学和神学的课程之外, 仍旧去听数学的课程, 甚至在一个夏季学期去听了 Stern 讲求方程的数值解以及 Goldschmidt 讲地磁的课, 然后在 1846—1847 年的冬季学期去听了 Gauss 讲最小二乘法的课以及 Stern 的定积分的课. 在这种对数学持续不断地学习中, 他很快就认识到, 他对数学的爱好实在是太强烈了, 并由此得到了父亲的许可, 同意他把全部精力都用到自己心爱的数学学习上.

尽管这时 Gauss 已取得了半个多世纪以来仍在世的无人能与之比肩的最伟大的数学家的名声, 可是他仍然活跃的教学活动这时只限于一个小小的领域, 大多是属于应用数学; 而对 Riemann 来说, 从他已经取得进展的知识的观点来看, 要想获得这门学科重要的、充实的知识和得到新思想的培育, 那时已不能指望 Göttingen 了. 于是他在 1847 年的复活节进了柏林大学, 在那里 Jacobi, Lejeune Dirichlet 以及 Stern 等人在所开出的讲座中让他们的发现大放光芒, 把无数青年学子聚集在他们周围. 他在那里待了两年, 直至 1849 年的复活节, 除了听过 Dirichlet 的数论、定积分理论和偏微分方程的理论之外, 还听了 Jacobi 的分析力学和高等代数. 遗憾的是我们只得到很少的这段时间的信; 其中有一封 (写于 1847 年 11 月 29 日的) 写到一件让他十分高兴的事, 就是, Jacobi 一反他起初的意图决定讲一遍力学. 他还谈到一次与 Eisenstein 的亲切的交流, 他在第一年就听过后者开的椭圆函数理论的课. Riemann 后来讲起过, 他们还就在函数理论中引进复变量的问题进行过相互切磋, 但是他们在有关基本原理上的意见完全相左; Eisenstein 仍然坚持形式的计算, 而他自己则在偏微分方程方面已经认识到了有关复变量函数的根本的定义. 很可能那些在他今后的经历中起决定性影响的思想, 首先在 1847 年的秋季学期基本上就已经成型了.

在柏林这两年的逗留期, Riemann 生活的其他情况很难从他的信中看出来. 1848 年政治上的大事件也给 Riemann 留下了深刻的印象; 他是三月革命的目击者, 作为由大学生组成的军团的一个成员, 他参加了王宫的保卫值勤, 从 3 月 24 日的上午 9 点到第二天的中午 1 点.

1849 年的复活节, 在见到 Frankfurt 的 Kaiser 特派代表团的抵达之后, Riemann 回到了 Göttingen. 在接下来的三个学期里, 他还参加了几门自然科学和哲学课程的听课, 此外他还以极大的兴趣参加了由 Wilhelm Weber 主持的极富创造性的实验物理课程, 后来他还与后者有密切的联系, 直至他去世时后者都是他的忠实的朋友和顾问. 在这个时期, 必定是在从事哲学研究 (这里主要是指研究 Herbart) 的同时, 孕育了他的自然哲学思想的萌芽; 仅就其对自然的统一理解的追求来说, 至少从他的 "论在高级中学中的自然科学课程的范围、安排和方法" 这一论文的一个地方可以看得出来. 这一论文是他作为教育学研究班的成员在 1850 年 11 月撰写的, 他在其中这样写道: "这样, 例如可以组成一个全面的、自身封闭的数学理论, 它能够从在个别点上有效的基本规律扩展到我们给定空间中的整个过程, 无须去区分它所处理的过程是引力的, 还是电的, 还是磁的, 抑或是有关热平衡的." 在 1850 年的秋天, 他还参加了稍微早一点组建的数学物理研究班, 这个班是由 Weber, Ulrich, Stern 和 Listing 等教授领导的, 还要专门参加一些物理实验的讨论, 尽管这个时候由于他当时的主要任务是撰写博士学位论文, 常常把时间都占用了. 部分是由于这个原因, 但是也部分是由于他对于确定要交付印刷的论文的撰写几乎是做到了小心翼翼的谨慎, 而且在后来发表其著作时又严重拖延, 让他一再补写, 使得他的论文 "单复变量函数一般理论基础" 拖到了下一年的 1851 年 11 月才送到哲学系. 他的这篇论文得到了 Gauss 的高度认可和赞赏, 在 Riemann 拜访他时曾提到, 几年来准备的一篇论文也是讨论这个对象的, 但是并不仅限于此. 他的毕业考试安排在 12 月 3 日星期三, 公开答辩和博士学位授予仪式在 12 月 16 日星期二. 他在给父亲的信中写道: "通过我已经完成的博士论文, 我相信这意味着我的前途将得到改善; 而且我也希望, 随着时间的流逝我会学会写得更快, 尤其是如果多做交往, 我还会有得到作学术报告的机会; 因此我现在是勇气大增." 同时他还因为没有努力争取由于 Goldschmidt 的去世而在天文台留下的观察员的位置而导致增加父亲的经济负担, 向父亲表示歉意①; 并且报告说, 一旦他的任职资格的论文完成, 作为无薪讲师的任职资格已经没有什么障碍了. 看来他早就打算选三角级数理论作为这一论文的主题, 然而到他的任职资格考核的时间还有两年半.

1852 年秋季假期, Lejeune Dirichlet (Riemann 在柏林时对他就已经很熟悉

①据来自 W. Weber 的消息称, 依据 Gauss 本人的意见, 不愿意 Riemann 取得这个位置; 他并不怀疑 Riemann 有担任这个职务的理论和实际的能力, 但是那时他对 Riemann 在科学上的价值有非常高的评价, 以致担心他困在这个位置上会消耗过多的时间, 而且由于职务工作的忙乱会干扰他本人领域内的工作.

了) 到 Göttingen 来逗留了一段较长时间, 这时 Riemann 正好从 Quickborn 回到这里, 有幸能够每天与他见面. 就在他第一次访问 Krone 时, 这里是 Dirichlet 的住地, 以及在接下来一天在由 Sartorius von Waltershausen 举办的中午聚会上, 当时还有来自柏林的 Dove 教授和 Listing 教授出席, 他向这个他认为是当时活着的数学家中仅次于 Gauss 的最伟大的数学家请求对他的工作的忠告, "第二天, ——Riemann 在给他父亲的信中写道 ——Dirichlet 和我在一起差不多有两个小时, 给了我对我的就职资格论文有用的笔记, 它是这样的全面, 从而大大减轻了我的工作; 要不然的话我就得到图书馆中去花很长的时间去查很多东西. 他还把我的学位论文和我在一起从头到尾看了一遍, 总之是对我特别友好, 而他与我之间存在这么大的距离, 这是我想都不敢想的事. 我希望他以后不会忘记我." 几天之后, Wilhelm Weber 也从 Wiesbaden 的自然研究者大会再次来到 Göttingen; 有了一次更大的聚会, 组织了一次很有意义的、到三小时距离以外的 Hohen Hagen 地方的远足. 接下来一天, Dirichlet 和 Riemann 一起再次来到 Weber 的家. 这种个人之间的交往对 Riemann 来说最为适宜, 他自己就在给父亲的信中这样写道: "您看, 我在这里还没有完全做到深居简出, 但是这样一来, 我在一早就会更加勤奋地工作, 并且发现我甚至能做到好像整天都坐在书后一样."

在那些日子里, 他还写到有关就职资格以及开始讲课的事, 好像这些就是眼前的事一样, 而且何况他还经常得到这样有力的鼓励, 使他当然地很快就迈入他与外界交往的生活轨道. 显然在 1853 年的开始, 一份几乎是独一无二的研究自然哲学的工作落到了他的身上; 他的新思想取得了固定的形态, 在每次被打断之后, 他总是会再回到这上面来. 终于, 他的任职资格论文也完成了, 他在 1853 年 12 月 28 日给他的弟弟 Wilhelm 的信中这样写道: "我是如此地沉浸在我的工作之中; 在 12 月初我就提交了我的任职资格论文①, 并且我还要为此提出准备在任职资格试讲上讲的三个题目, 然后由系里来从其中选一个. 头两个我已经完成了, 希望他们能从其中选一个; 但是 Gauss 要选第三个②, 因为这还有待于我把它做出来, 所以我还得紧张一阵子. 我的另一个有关电荷、电流、光以及引力之间关系的研究也已经在完成任职资格论文后再次启动, 并且已经做到我不用再费心就可以以现在的形式发表的程度. 但是就此而言, 我同时始终相信, Gauss 多年来也一直在研究这个问题, 并且在要求对外保密的条件下把这个事情告诉了 Weber 等友人, —— 我所以详详细细把这件事告诉您, 是因为您不会把这解释为我的自高自大 —— 我希望现在还不算太晚, 将来总会承认, 这件事是我完全独立发现的."

在这个时期前后, Riemann 成了 W. Weber 的数学物理讨论班的助教. 作为

①论函数的三角级数表示.

②论奠定几何学基础的假设.

助教, 他要指导新入班学员做练习, 有时还要讲点课. 关于他的工作后续的进展, 他在 1854 年 7 月 26 日从 Quickborn 发出的给他弟弟的信中写道: "我记得在圣诞节前后, 我从 Göttingen 给您发出过一封信, 告诉您我的就职资格论文已经在 12 月初完成了, 并且已经交给系主任了, 同时很快我也就开始努力从事有关物理基本定律之间的相互关联的研究, 而且深入到这样的程度, 以致可以作为试讲的题目, 而且不会因此通不过. 接着我很快就病倒了, 部分原因很可能是由于太多的苦苦思绪, 部分是由于在恶劣的天气下过多的室内久坐; 这就导致我的旧病持续发作, 使得我的工作没有进展. 只是过了几个星期之后, 等到天气好了起来, 我又能进行更多的交往, 我的身体才好了起来. 我现在已经为夏天租了一处带花园的住所, 这样以后感谢上帝我就不会为我的健康抱怨了. 在大约复活节过了十四天后, 在我完成了另一项我无法推脱的工作之后, 现在我就要全力以赴地抓任职资格试讲的工作了, 争取在圣灵降临节前后完成. 可是我只有花很多力气才能做到同时兼顾我的课堂讨论班, 而且不能再做到 Quickborn 来旅游这种无谓的事情了. Gauss 的健康状况最近一个时期来非常糟糕, 以致人们担心他会在今年去世, 他自己也感觉身体太弱, 难以随我一起检查我的工作. 现在他希望我至少能等到 8 月份他身体好一些的时候再进行, 因为下个学期我还可以在读. 我现在不得不顺从这无法避免的安排. 他在我的一再请求下, "为了不要让事情受到迁延", 在圣灵降临节后的星期五的中午突然决定, 将课堂讨论安排在第二天的 10 点半, 所以在星期六我还幸运地有一个小时的时间做准备. —— 因为有一个情况, 我现在马上还要告诉您另一件事. 在复活节休假期间, Kohlrausch—— 一个教育局长的儿子、Schmalfuss 的表亲和连襟 —— 现在是 Marburg 地方的教授, 要来 Weber 这儿访问十四天, 为的是要和 Weber 共同做一个电方面的实验研究. 这是因为 Weber 做了这个研究的一部分工作, 而 Kohlrausch 做了另一部分的前期研究, 并且设计和制作了实验用的设备. 我也参加了他们的实验部分的工作, 并利用这个机会结识了 Kohlrausch. Kohlrausch 在不久前对一个至今尚未被人们研究过的现象 (莱顿瓶中的剩余电荷) 做了精密的测量, 并且将结果发表了, 而我则通过我在电、光及磁之间关系的一般研究对此作出了解释. 我把这件事告诉 Kohlrausch, 这就促使他让我把这个现象的理论写出来寄给他. 于是 Kohlrausch 现在非常友好地答复我, 建议把我的这一文章寄给柏林《物理与化学年鉴》的总编 Poggendorff 去发表, 并且邀请我在这个秋季假期前去访问他, 以便对此事作进一步的研究. 这件事对我很重要, 因为这是我的工作第一次可以应用到一个以前未知的现象, 而且我希望这一著作的发表能因此导致我的更大的工作得到好的结局. 在 Quickborn 这里, 我要把大部分时间用于这一著作的发表, 因为可能要把校样送去, 还有一部分时间我必须要为下学期授课的讲义做准备."

对这封信的第一部分还要注意到, Riemann 在为他的论几何假设的任职资格试讲准备讲稿时, 还花了很大的力气来使系里的全体成员, 包括那些不懂数学的成员在内都尽可能理解, 从而加重了准备工作; 但是因此也使论文的表述实际上成了一件惊人的大师之作, 它在其中没有报告如何在解析研究的条件下把研究过程说明得如此准确, 以致按照其规定就可以完全构造出来. Gauss 一反通常的习惯, 从所提出的三个题目中不是选第一个, 而选了第三个, 因为他心存好奇, 想听一听对这样一个困难的题目, 一个如此年轻的人会怎样处理; 现在他坐下来听讲, 这个演讲超出了他的全部预期, 带着巨大的惊喜, 走出系办公室后在回去的路上, Gauss 以最高的认可和他少有的激动向 Wilhelm Weber 谈到 Riemann 所讲的思想之深刻.

在 Quickborn 逗留了一段较长的时间之后, Riemann 在 9 月份回到了 Göttingen, 为的是参加自然研究者大会; 在 Weber 和 Stern 的邀请下, 他决定在数学 – 物理 – 天文分会上做有关电在非导体中的传播的报告. 关于这方面他在给他父亲的信中这样写道: “我的报告安排到星期四, 由于我们这个分会没有预告有别的报告, 所以我在前一天晚上多准备了一些, 以便将通常会议时间稍稍多填满一些. 开始的时候我只简单地给出我准备要报告的定律, 但是后来我又再把它应用到多种现象上去, 并且证明与经验是一致的. 当然我的报告在最后一部分还不太流利, 但是我仍然相信, 通过增加这一部分还是在总体上获得了深刻的印象; 我一共讲了大约 5/4 小时. —— 在大会上做一次公开的演讲, 这件事又再次提高了我上课的勇气; 这还同时使我看见, 是在以前早就在思想上想得很清楚了, 还是刚刚想出来的这两种情况之间的巨大差别. 我希望在半年内以更大的耐心来思考我的讲义, 我就不会像上次在逗留 Quickborn 期间和您在一起时对这件事感到乏味了.” 他与 Kohlrausch 又再次在 Göttingen 相遇; 但是经过几次通信之后, Riemann 决定放弃发表他的论莱顿瓶中的剩余电荷的文章, 我猜想是因为要他同意对这篇文章作某种修改而他并不愿意的缘故. 代替的是他在 Poggendorff 的年鉴上发表了论 Nobili 色环的文章, 关于这件事他在给姐姐 Ida 的信中这样写道: “这个题目之所以重要, 是因为由此可以安排非常精密的测量, 从而可以非常准确地验证电流流动的规律.”

就是在这封写于 1854 年 10 月 9 日的信中, 他以极大的喜悦写到他的第一堂课实现的情况, 申报来听讲的人数超过了他的预期, 有 8 个人. 课程的内容是偏微分方程的理论及其在物理问题上的应用; 主要的内容是他以 Dirichlet 在柏林所开的相同名称的课程为样板. 对于他的讲授, 他在 1854 年 11 月 18 日给他父亲的信中这样写道: “我在这里的生活现在逐渐走上正轨. 我现在已经能够正常地掌握我的讲课了, 初来乍到时的那种拘束也放下了, 我现在也已经习惯了更多地是做一个听众, 而不是自以为是, 并且学会了察言观色, 知道什么时候可以往前讲, 什么时候还必须把事情解释清楚.” 可是毋庸置疑的是, 在他专业学术教学工作的第一年口头讲授, 曾给他造成了很大的困难. 他那杰出的思考力和那超前预感的想象力常常会使得他讲起来跨步很大, 这特别是在口头讲述科学题目的时候表现出来, 以致人们不容易跟得上; 而当人们要求他把得到他的结论的若干中间步骤作更仔细的说明时, 他就会感到诧异, 从而费力地来适应别人思路比较慢的需要, 这样很快就会把他们的疑惑解除. 所以他在讲课时特别注意听讲者脸上的表情, 这是他在上面写到过的, 当他相信对一个在他看来几乎是自明的地方还在期待他给以特别的证明时, 他常常会感觉受到干扰, 但是经过较长时间的磨炼, 这些就都消失了, 而且他的很大一部分学生不仅为其深刻而著名的著作所吸引, 而且为他所精心准备的讲课所吸引. 他成功地引导他的听众克服了为深入理解他所创造的新的原理而遭遇到的巨大困难.

1855 年 2 月 23 日 Gauss 去世, 因此 Lejeune Dirichlet 很快被召唤到 Göttingen. 本来利用这个时机, 从各方面所做的努力来讲, Riemann 应有可能任命为编外教授①的, 但是结果没有实现, 只从政府得到了每年 200 塔勒②的薪俸; 这份俸禄如此之少, 只能把 Riemann 的负担减轻到使他在现在和紧接下来只能以忧郁的眼光展望未来. 接下来开始了一连串的悲痛之年, 令人痛心的打击接踵而来. 在 1855 年他失去了自己的父亲和一个妹妹 Clara; 放弃在内心深爱着的在 Quickborn 的老家, 他的三个姐妹迁往在 Bremen 的弟弟 Wilhelm 处, 他在那里任邮局的文书, 从此承担起赡养这个家庭的责任.

这时 Riemann 又重新把精力转到早在 1851 和 1852 年就开始了的对 Abel 函数的研究, 并且第一次把它作为从 1855 年的米伽勒节到 1856 年的米伽勒节讲课的方向, 参加听课的三个人是 Schering, Bjerknes 和他的同事 Dedekind. 1856 年的夏天, 他被认定为 Göttingen 科学协会数学分会的候补会员. 作为候补会员, 他在 11 月 2 日呈上他论 Gauss 级数的论文, 并在同一天给他的弟弟写道: “我也希望我的工作能为我带来结果. 我的论文, 正如我现在告诉您的, 已经做好了付印的准备, 很可能被协会编印入它们的文集, 这当然是一个很大的荣誉, 因为近五十年来该文集只包括过 Gauss 的论文. 协会的数学分会由 Weber, Ulrich 和 Dirichlet 组成, 至少会根据 Weber 提出的意见, 很可能把我的论文拿去付印. —— 对我的讲义, 也就是对其中所作的探索, (能有这么多学生) 我是非常满意的, 特别是考虑到新来的学生人数很少这一点. 还没有一个数学家做到这一点, 这也是为什么 Dedekind 和 Westphal 没有在他们的讲课中这样做到原因. 在我四天的讲课中, 听我的课的人数, 第一天是三个, 然后是四个, 最后两次都是五个; 其中可能还有一个是旁听生. 令我非常高兴的是, 这次我的听讲者中还有几个是

①ausserordentlichen Professor (缩写 a.o.Prof.), 当时德国大学的编制中, 一个系里只配备一名教授, 同时承担系的行政领导任务, 而 a.o.Prof. 则是指没有领导权的教授. —— 中译者注

②Taler (旧时作 Thaler) 为 18 世纪时在德国通用的银币. —— 中译者注

来自第一学期的大学生, 而不只是像往常那样一些来自第六学期及以后的学生, 因为我把这看成是一个信号, 表明我的讲课已经变得比较容易懂了. 尽管如此我还不能由此就认为我的讲课就站稳脚跟了; 因为现在还没有人来我这儿申报, 因而也还有可能遭到我的听众们的遗弃. 我的自由时间从现在起全都要用于论 Abel 函数的研究, 这一点我也已经给您讲过. 在我重新来到 Göttingen 这里不久之前, 数学杂志的主编, 来自柏林的 Borchardt, 也正好在这里, 通过 Dirichlet 和 Dedekind 向我提出, 尽可能快地将我在 Abel 函数上的文章写好送给他, 不管写得有多么粗糙. Weierstrass 正在做加紧发表的工作, 可是现在已经发表了的那一册, 据 Scherk 告诉我, 还只是他的理论的最初前期工作."

实际上 Riemann 这时正全力以赴地从事这件事, 从而能够在 1857 年 5 月 18 日向柏林寄出了三篇较短的论文, 并在 7 月 2 日寄出了第四篇比较长的文稿. 就是由于过度的疲劳, 他的健康大大受损, 到了夏季学期的末尾就感觉处于精神疲乏的状态, 心情高度地压抑. 为了振作精神和增进健康, 他决定到 Harzburg 去住几个星期, 在那里有他的朋友 Ritter (当时是 Hannover 高等工程学院的教师, 现在是 Aachen 大学的教授) 陪伴过几天, 后来他的同事 Dedekind 又来了, 陪他经常去散步, 有时候也在 Harz 做较远距离的远足. 通过这些散步, 他的情绪提高了, 对别人的信任和对自己的信心也增强了; 他善意的玩笑和在科学论题上毫无保留的谈论使得他成为一个最可爱和最活泼的聊天伴侣. 在这段时间里, 他又再度将自己的思想转到了自然哲学上. 有一天晚上在他经劳累的徒步旅行返回时, 注意到 Newton 在 Brewster 的生活, 他对 Newton 给 Bentley 的信大加赞赏, 在这封信中, Newton 本人就认为直接的超距作用是不可能的.

回到 Göttingen 后不久, 在 1857 年 11 月 9 日, Riemann 被任命为哲学系的编外教授, 他的年薪也从 200 塔勒提高到了 300 塔勒. 当时几乎在同时, 由于深爱的弟弟 Wilhelm 的去世, 他的内心受到最沉重的打击; 他现在要完全承担起照顾三个还活着的姐妹的重担, Riemann 极力主张把她们在冬天期间迁到 Göttingen 来; 这件事也在 1858 年 3 月初实现了. 但是就在这之后, 他的最小的妹妹 Marie, 又被死亡夺走了. 在经历过这么多的不幸打击之后, 有助于改善他那深度低沉的情绪的, 主要就是和姐妹们一起的共同生活, 以及从现在开始的 (虽然也是迟到的) 对他的工作在一个更大的范围内得到承认也起了一部分作用. 他低落的自信心逐渐得到了提高, 从而给了他勇气去寻求新的工作. 此前他已经着手后来他多次提到的论文 "对电动力学的一个贡献" 的工作, 对此他在给妹妹的信中这样写道: "我在电与光之间的关系上的发现已经递交给此处的王室学会了. 在经过我多次对它作过说明之后, 我必须说, Gauss 对这个关系曾提出过一个与我所提出的不同的理论, 并告诉了他的最接近的熟人. 但是我完全相信, 我的理论是正确的, 并且在几年内大家会承认的确是这样." 在大家承认了他的提法不久, 他又再次回到这个问题上来, 并且并未将其发表, 可能是他自己对在其中的推导不甚满意.

1858 年的秋季假期中, 他结识了意大利数学家 Brioschi, Betti 和 Casorati, 他们在那时正好做一次穿越德国的旅行, 要在 Göttingen 逗留几天. 他们之间的联系后来又在意大利重新接上了.

这个时候 Dirichlet 病倒了, 在受到长期病痛的折磨后死于 1859 年 5 月 5 日. 他一开始就对 Riemann 有着强烈的个人兴趣, 而且利用一切机会为改善 Riemann 的外部环境而努力. 在这个时候, Riemann 的科学声誉也得到了普遍的承认, 使当局在 Dirichlet 去世之后并未去召唤一个外地的数学家. 1859 年的复活节, 天文台为 Riemann 腾出一处住所, 他在 7 月 30 日被任命为正教授, 并在 12 月被一致通过选为科学协会的正式会员. 此前他已被柏林科学院任命为物理 – 数学学部的通讯院士, 因此得以在 Dedekind 的陪同下在 9 月份访问了柏林, 在那里他受到了当地的学者 Kummer, Borchardt, Kronecker, Weierstrass 等人的衷心欢迎和赞扬. 这一任命的结果是, 他随后在 1866 年 3 月被选为外地院士①. 而上述这些访问带来的就是, 在这年的 10 月 Riemann 向柏林科学院递交了他的有关论素数出现的频繁度的论文, 以及一份在他去世后才公开发表的、为讨论多重周期函数致 Weierstsass 的信.

一个月之后, 他向 Göttingen 科学协会递交了他的论有限振幅平面空气波的传播的论文.

在 1860 年复活节休假期间, 他踏上了去巴黎的旅途, 他从 3 月 26 日起在那里逗留了一个月. 遗憾的是天气非常寒冷, 阴雨连绵, 在最后一个星期内有好几天更是交替下着雪和冰雹, 从而使得对奇观异景的参观常常根本无法进行. 然而他对来自巴黎的学者 Serret, Bertrand, Hermite, Puiseux 和 Briot 等人的接待倒是非常满意, 其中有一天是与 Bouquet 一起非常愉快地在 Chatenay 的农村度过的.

在这同一年, 他完成了论液体椭球运动的论文, 然后转向巴黎科学院提出的关于热传导理论的有奖征文, 对此他在先前研究几何基础时就已经获得了解决这个问题的基础. 在 1861 年 7 月, 他把用拉丁文写就的解答附上格言 “Et his principiis via sternitur ad majora” 寄了过去; 然而这篇论文没有获奖, 因为他在时间上来不及把必要计算全部都写出来一并送去.

Riemann 在最后几年能够享有的美好幸福的生活, 在他于 1862 年 6 月 3 日

①关于 Riemann 所获得的荣誉称号, 可以在这里提一下, 计有, 1859 年 11 月 28 日被认命为 Bayer (巴伐利亚) 科学院通讯院士, 1863 年 11 月 28 日被认命为正式院士, 还有, 巴黎科学院在 1866 年 3 月 19 日任命他为通讯院士, 同样, 1866 年 7 月 14 日, 在他去世前不久, 被英国伦敦皇家学会选为外籍院士.

与他妹妹的女朋友, 来自 Mecklenburg-Schwerin 地区 Körchow 的 Elise Koch 小姐结为伉俪时达到了顶峰; 是她的谦逊, 是两人对未来的几年生活负担的共同承诺, 是她那无尽的爱, 美化了他们的生活. 在这年的 7 月, 他得了胸膜炎, 看起来好像很快就恢复了健康, 但是留下了产生肺病的病根, 导致早早结束了他的生命. 当时医生建议他到 Heilung 的南部去多住一些时候, 通过 Wilhelm Weber 和 Sartorius von Waltershausen 的代为紧急请求, Riemann 不仅从政府得到了必要的休假, 还得到了足够去意大利修养的资助. 他在 1862 年 11 月成行, 经 Sartorius von Waltershausen 的建议到最温暖的地方, 他得到了在 Messina 的 Consuls Jäger 一家最友好的接待, 在冬季住进了在 Gazzi 郊外的别墅. 他的健康状况得以很快改善, 而且能够实现去 Taormina, Catania 和 Syracus 的远足. 在 1863 年 3 月 19 日踏上返程的路上, 他访问了 Palermo, Neapel, Rom, Livorno, Pisa, Florenz, Bologna 和 Mailand. 他在这些城市逗留了一段较长的时间, 那里的艺术宝藏和古代文物唤醒了他的巨大兴趣, 同时又使他结识了意大利的著名学者, 尤其是与在 Pisa 的 Enrico Betti 教授结下了真诚的友谊, 这是他 1858 年在 Göttingen 时就已经知道了的人物. 总而言之, 在意大利的多年逗留, 接下来的安排也是如此地舒适, 构成了他生命中的一个真正的亮点. 在那里 Riemann 不仅能看到令人心旷神怡的大地的美景, 从大自然和艺术感到无限的幸福, 而且他在那里的人们之中感到像一个自由的人, 用不着像在 Göttingen 时那样一举一动都觉得要瞻前顾后; 所有这一切再加上美好气候对他的健康的有利的影响, 使得他的心情常常非常高兴和开朗, 让他在那里过上了多个快乐的日子.

带着最好的愿望, 他离开了住过的可爱的意大利, 然而在他越过 Splügen①时, 没有预先考虑到有一段长的路程要步行穿过雪地, 因此招致受寒而感冒, 以致在 6 月 17 日抵达 Göttingen 后, 他的健康状况不断恶化, 这使得他很快就决定必须第二次去意大利, 并于 1863 年 8 月 23 日启程. 他首先漫游了 Meran, Venedig 和 Florenz, 然后到了 Pisa. 在那里他的女儿于 1863 年 12 月 22 日出生了, 他按照他姐姐的名字给她取名为 Ida. 不幸的是, 这年的冬天太过寒冷, 使得 Arno 结冰了. 1864 年 5 月, 他在 Pisa 前面购进了一栋别墅; 在这里, 8 月底他失去了妹妹 Helene; 他自己也得了黄疸病, 这也导致他的胸痛加剧. 一份去 Pisa 接替 Mosotti 教授的聘书早就在 1863 年就通过 Betti 转交到他手中了, 但最终并未成行. 部分是由于在 Göttingen 的朋友们的劝告, 但拒绝的主要理由是担心他的健康状况而未能完全履行与他的地位相匹配的义务, 促使他有返回 Göttingen 并承担起他的教席任务的迫切愿望. 然而考虑到他的医生和朋友的真诚想法, 他才决定在下一个冬天再次去意大利, 到时他将去 Pisa 与那里的学者 Betti, Felici, Novi, Villari, Tassinari, Beltrami 等人举行愉快的、不受拘束的科学交流聚会; 那

①这是从意大利进入瑞士的一个山口的地名. —— 中译者注

个时候他也正好在写论 θ 函数的零点的论文. 1865 年的 5 月和 6 月, 由于健康状况不佳, Riemann 来到 Livorno 生活, 7 月和 8 月来到 Maggiore 湖度日, 9 月再来到 Genua 附近的 Pegli 度日, 在这里由于胃部发热导致他的健康状况显著恶化.

在这些情况下, Riemann 就再也不能坚持他那想返回 Göttingen 的热切愿望了. 他在 10 月 3 日抵达, 就在那里度过了冬天, 健康状况还过得去, 允许他每天最多只能工作几个小时. 他完成了论 θ 函数零点的论文, 并委托他先前的学生 Hattendorff 撰写论极小曲面的论文; 他也经常说起他的一个希望, 希望能在他走到生命的尽头之前与 Dedekind 谈一谈自己尚未完成的工作, 但是由于总是感到身体太虚弱和疲劳, 不能为此再回到 Göttingen. 在生命的最后一个月他还在忙于撰写论耳的机制的论文, 可惜没有完成, 只得作为断篇, 在他去世后由 Henle 和 Schering 编辑出版.

完成这篇论文以及一些其他的论文一直留在他的心中, 他希望能通过在 Maggiore 湖的几个月的逗留, 除了对那使得他对它如此热爱的土地的向往之外, 还能够聚集起为完成这些工作所必需的力量. 所以他决定在 1866 年 6 月 15 日, 战争发生的第一天, 第三次前往意大利; 原来的路线在 Cassel 已经给打断了, 因为铁路已经被破坏, 但是幸运地是他还能坐马车到 Giessen, 再从那里走就没有更多的阻碍了. 在 6 月 28 日他进入了 Maggiore 湖, 在那里他住进了靠近 Intra 的 Selasca 处 Pisoni 别墅. 他的精力很快地下降, 他心里非常清楚, 他的终点正在向他逼近; 在死亡来到的前一天, 他坐在无花果树下休息, 看着美丽的景色, 心中充满了愉悦, 可是仍然在为他最后的论文工作, 遗憾的是最终未能完成. 他的生命终止得平和, 没有挣扎, 没有对死亡的恐惧; 看起来他好像带着兴趣追随着灵魂从身体脱离; 他的夫人必定给他拿来了面包和酒, 他为她给这个家带来的爱向她表示敬意, 跟她讲: 吻吻我们的孩子. 她祈求天父与他同在, 这时他再也说不出话了; 随着 "请原谅我们的罪过" 的话, 他抬起他那虔诚的双眼向上; 她感到他的手在她的手中慢慢凉下去了, 在呼吸了几口气之后, 他那纯洁、高贵的心脏停止了跳动. 虔诚的意识, 这是在父亲家就种下了的, 伴随了他的一生, 他诚心为他的上帝服务, 虽然是以另一种形式; 带着最大的虔诚, 他避免了别的事物对他的信仰干扰; 他每日在上帝面前的反省, 用他自己的话来说, 是他的宗教主课.

他安息在 Biganzolo 的教堂墓地, 它和 Selasca 属于同一教堂区. 他的墓碑上刻着:

在这里休息在上帝怀抱中

Göttingen 大学教授 **GEORG FRIEDRICH BERNHARD RIEMANN**

1826 年 9 月 17 日生于 Breselenz, 1866 年 7 月 20 日卒于 Selasca

凡爱上帝者必诸事顺遂.[1]

[1] 墓碑是由他的意大利朋友和同事敬献的, 在墓地迁移后被拿掉了.

第二版前言

H. Weber

自从《Riemann 全集》第一版问世以来已经过去 16 个年头了. 数学科学在这一段时间中所取得的进展, 到处都可以明显地看到 Riemann 影响的印记; 这里我们只要提到 Abel 函数理论和线性微分方程理论的建立, 还有多重延伸流形①以及非欧几何学说的建立就足够了; 总的来看, 这些也正是我们所关心的, 现在正受到数学界的普遍重视. 不仅是 Riemann 那些已经完成了的工作, 就是存在于遗著中的那些编入了全集的简短的提示和断章残篇, 也推动了进一步的研究.

全集出版的形式和方式得到了一些数学家的赞许. 对于在文献中这里或那里提出的质疑和异议, 多数都是关于编者的注释, 在新的一版中尽可能给予了考虑, 而且通过一些相当详尽的叙述得到了解决.

手书的遗著这么多年来, 特别是在准备新版的过程中, 得到了多次的审视. 收获虽不很大, 但仍然还是得到了许多宝贵的补充, 这些都放在了注释中. 新补充了一篇论椭圆体中热的运动的断章, 此外还有第 XXX (现在为 XXXI) 篇有关 Abel 函数理论中的函数 φ 之间的二次关系的一个附录. 对于残篇 XXV (现在为 XXVI) 的附录, 为了明显地指出其普遍意义, 我们给它加了一个标题.

我们对注释进行了彻底的加工和扩充, 希望可以由此提高它的实用价值. 由 Dedekind 对有关椭圆模函数的极限的那篇断章所作的阐释也进行了彻底的重新

---

①即现在通常所谓的 "高维流形". ——中译者注

编辑, 由此还进一步简化了得到 Riemann 公式的过程.

我们对第 XXII 篇 "…… 数学评述 (Commentatio mathematica etc.)" 一文的注释作了全面的改写, 因为在第一版中所作的阐述看来还不足以为读者的理解提供足够的解释. 相反, 编者没有对在巴黎科学院悬赏征求解答的问题上的应用作进一步论述; 也不知道是否对这个问题已有了进一步的研究, 所以这个问题至今仍被认为是一个没有解决的问题. 也许我的这些话会激励那些在烦琐的计算面前不会退缩的年轻学者来重新研究这个问题, 不仅依靠自身, 也利用 Riemann 为解决它而创造的深刻而又独特的方法, 那是具有很高的科学价值的.

Marburg, 1892 年 7 月

H. Weber

第一版前言

H. Weber

现在出版的这部著作使一个早就制订了的计划最终得以实现. 就 Riemann 的伟大创造对近代数学发展所具有的意义而言, Riemann 的绝大多数论文都是数学家们不可或缺的有力工具, 因此在这些文章无法或者很难在书市中觅得之际, 出版他的文集就在极大程度上契合了广大学者所怀抱的希望. 而且这里还有一个对科学来说的紧迫任务, 即出版蕴藏在他的手写遗稿中的研究和思想再也不能拖延了.

因此早在 1872 年的春季, 在 Riemann 的许多朋友的推动下, 编辑这样一部文集的计划就被提了出来. Clebsch 以其全力担负起了领导这件大事的任务, 并与 Dedekind 一起合作, 后者按照 Riemann 的遗愿, 在他去世后保管着他的所有的手书文稿以及许多已经发表了的文章.

由于 Clebsch 意外的、令人极其惋惜的辞世, 使得这个计划中断下来, 并且长期被搁置. 当 1874 年 11 月 Dedekind 以 Riemann 教授夫人的名义向我提议, 由我来接手这一出版的领导责任时, 我不是没有沉重的疑虑. 因为尽管我对由此所带来的工作规模有多大还不十分清楚, 但是我对由此所带来的责任之重大还是很清楚的. 只是考虑到, 如果我拒绝承担, 那么即使不说是会事关这件事情的成败, 也会使它再次长期拖延下去, 这就使我的疑虑消去了一半. 因此, 不管对我的负担如何, 我最后还是决定承担起让这个计划得到圆满完成的任务. 对此 Dedekind 答应在工作中给我大力的支持, 这是一个得到了忠实执行的承诺.

那些 Riemann 自行发表过的, 或者在他去世后发表了的文章都已重新加以编辑, 有些地方用在遗著中发现的内容加以补充, 还改正了一些细小的不精确之处, 其余则一律未加以任何变动. 只有那篇论述极小曲面的论文在我的请求下由 K. Hattendorff 进行了加工, 在几处做了比较大的改动.

在他的遗著中, 有些草稿差不多已经达到了可以出版的要求, 有的则非常凌乱, 这就给连贯起来叙述造成了很大的困难. 而那些只有大量公式而没有文本的大量文稿的出版价值就不大. 特别要提出的首先是关于莱顿瓶上的剩余电荷的工作, Riemann 为了准备出版, 已经根据他在 Göttingen 自然科学大会上所作的报告进行了加工, 其次是那篇为解答巴黎科学院悬赏的关于等温线的问题而用拉丁文写成的论文, 在该文中 Riemann 奠定了研究高维流形一般性质的基础, 并且做了一个令人瞩目的应用, 因此具有很高的价值. 该文的阐述极其简略, 而且获得最终结果的过程只大概地提了一下. Riemann 本来准备写的第二份关于这个论题的详尽论述, 由于健康不佳而未能完成. 至于我所承担的将 Riemann 最后整理的文稿付诸出版的任务, 要感谢巴黎科学院永久秘书 Dumas 先生的好意, 他根据 Wöhler 先生以 Göttingen 科学协会的名义向他提出的申请, 以令人感动的热忱让我使用到原始资料.

在 Riemann 关于带代数系数的线性偏微分方程的研究工作中, 其第一部分已由 Riemann 亲手写成差不多到了可以付印的形式, 这大概是给准备出版用的, 这是在论 Abel 函数理论的那篇论文中预告的, 但是并没有实现. 其第二部分实际上已包含了对超几何级数的推广, 只有初步的提纲, 但是已经能够将其整个思路重建起来.

此外还要提到用意大利文写成的、有关两几何级数之商用连分数来表达的可能性的初步研究, 是由 Göttingen 的 H. A. Schwarz 进行整理的, 他还向我提出过许多其他的建议, 我要在此向他表示深深的谢意.

尽管按照原定的计划, 没有将 Riemann 的讲义列入本文集, 我还是选了两篇较短的、自给自足的研究工作纳入, 它们分别是论 p 重无限 θ 级数的收敛性和论 $p=3$ 的情况下的 Abel 函数, G. Roch 的一份讲稿可以作为它的加工整理的基础. 选择它们的原因, 一方面是由于它们是十分引人入胜的课题, 另一方面是由于暂时还看不到会出版这个讲义的前景.

在此我还要提到由一些自然哲学方面的断章残篇所构成的附录, 它们至少能够给出其思想内容的大致梗概, 为此 Riemann 投入了他的大部分的思考精力, 并且在他的一生中陪伴着他多年. 这些断章残篇尽管不完整, 有许多遗漏, 仍有可能在一个更大的范围内引起大家的注意, 即使它还不能算是包含了一个真正深刻的世界观的初步和最一般的基础.

最后是一篇会受到 Riemann 的爱好者和崇拜者欢迎的附录, 它是 Dedekind

在我的请求下利用 Riemann 的信件和他的家庭提供的一些其他的信息, 并在他个人回忆的基础上写成的.

至于谈到材料的顺序安排, 前两部分是严格按照文章发表的时间顺序排列的, 在包含遗著的第三部分不可能始终一贯地按照这个顺序来安排, 部分是因为它们产生的时间在此不能完全确定, 部分是因为要把那些完成得更好的论文放在断章残篇之前.

Königsberg, 1876 年 3 月

H. Weber

第一部分

由 Riemann 本人发表了的论文

I 单复变量函数一般理论基础

(博士学位论文, Göttingen, 1851; 未加变动的第二版, Göttingen, 1867)

1

设想 z 为一变量, 它能逐次取得所有可能的实数值, 如果对它的每一个值有某个量 w 的一个唯一的值与之对应, 我们就说 w 是 z 的函数, 而且如果, 当 z 在两个固定值之间连续变动时, w 也同样地作连续的变动, 我们就称此函数是在这个区间内的连续函数.(1) [1] ①

这个定义显然根本没有在这个函数的个别值之间设定什么规律, 就是说, 如果要规定这个函数在某一区间上的值, 那么将它延拓到上述原来那个区域之外完全可以是任意的.

量 w 对量 z 的依赖关系可以用一个数学规律来给出, 从而对每一个 z 的值可以经一定的量的运算求出其相应的 w 来. 能够将对应于 z 在某一区间内全部值的 w 用同一个相互关联的规律来确定, 以前认为只有某一定类型的函数才可能 (按照 Euler 的说法, 叫作连续函数 (functiones continuae)); 新近的研究表明, 对一给定区域上的任意连续函数都可以用一个解析表达式来描述[2]. 因此量 w 对量 z 的依赖关系, 不论是任意给出的, 还是通过一个确定的量的运算来规定的, 都一样. 由于上述定理, 这两个概念是一致的.

---

①在本书的各篇文章中, 以上角 (1), (2), (3), ··· 表示德文原书的注释, 其内容在每篇文章末尾; 以上角 [1], [2], [3], ··· 表示俄译本的注释, 其内容在附录中. —— 编者注

但是如果量 z 的变动范围不限于取实值, 而可以取像 $x+yi$ (其中 $i=\sqrt{-1}$) 这种形式的复数时, 情况就不一样.

设 $x+yi$ 和 $x+yi+dx+dyi$ 为量 z 所取的两个相差无限小的值, 它们对应 w 的两个值分别为 $u+vi$ 和 $u+vi+du+dvi$. 这样一来, 如果量 w 对 z 的依赖关系假定是任意的, 比值 $\dfrac{du+dvi}{dx+dyi}$ 一般来说会随 dx 和 dy 而变, 就是说, 如果令 $dx+dyi=\varepsilon e^{\varphi i}$, 则

$$\begin{aligned}\frac{du+dvi}{dx+dyi}&=\frac{1}{2}\left(\frac{\partial u}{\partial x}+\frac{\partial v}{\partial y}\right)+\frac{1}{2}\left(\frac{\partial v}{\partial x}-\frac{\partial u}{\partial y}\right)i\\&\quad+\frac{1}{2}\left[\frac{\partial u}{\partial x}-\frac{\partial v}{\partial y}+\left(\frac{\partial v}{\partial x}+\frac{\partial u}{\partial y}\right)i\right]\cdot\frac{dx-dyi}{dx+dyi}\\&=\frac{1}{2}\left(\frac{\partial u}{\partial x}+\frac{\partial v}{\partial y}\right)+\frac{1}{2}\left(\frac{\partial v}{\partial x}-\frac{\partial u}{\partial y}\right)i\\&\quad+\frac{1}{2}\left[\frac{\partial u}{\partial x}-\frac{\partial v}{\partial y}+\left(\frac{\partial v}{\partial x}+\frac{\partial u}{\partial y}\right)i\right]e^{-2\varphi i}.\end{aligned}$$

但是在 w 作为 z 的函数也能用简单的量的运算的结合来确定的那种方式下, 微商 $\dfrac{dw}{dz}$ 总是会与微分 dz 的具体值无关①. 因而显然不是每一个复变量 w 对复变量 z 的任何依赖关系都可以用这种方式来表达.

上面提到的这个所有由量的运算所确定的任何函数都具有的特征, 我们将以它作为下面研究的基础, 在下面对这种函数的研究将不依赖于这种表达式, 就是说, 我们不去证明[3] 这种特征对用量的运算表达的相互依赖性的概念的充分性和合理性, 直接从下面的定义出发:

一个复变量 w 随另一个复变量 z 的变化而变化, 如果具有这样的性质, 即微商 $\dfrac{dw}{dz}$ 的值与微分 dz 的值无关, 我们就说 w 是 z 的函数[4].

2

不论是 w 还是 z, 都被认为是变量, 它们都可以取任一复数值. 这样一种展布在一个二维连通区域上的变动范围 (Veränderlichkeit) 的概念, 通过与空间的直观相联系, 理解起来就会容易得多.

设想量 z 的每一值 $x+yi$ 用平面 A 上其直角坐标为 x,y 的点 O 来表示, 量 w 的每一值 $u+vi$ 用平面 B 上其直角坐标为 u,v 的点 Q 来表示. 于是量 w 对

①这一断言在那种可以通过微分法则从用 z 来表示 w 的表达式求出 $\dfrac{dw}{dz}$ 对 z 的表达式来的所有情况下, 都是正确的; 它的严格的一般有效性至今尚有待确立.

量 z 的每一个依赖关系就可表示为点 Q 的位置对点 O 的位置的依赖关系. 对 z 的每一个值都有一个随 z 连续改变的 w 的一个确定的值与之对应, 换言之, 如果 u 和 v 是 x, y 的连续函数, 则平面 A 上的每一点与平面 B 上的一点相对应, 其上的每一条曲线, 一般来说, 与平面 B 上的一条曲线相对应, 其上的每一块连通的面块与平面 B 上的一块连通的面块相对应. 因而人们可以把这样一个量 w 对量 z 的依赖关系设想为平面 A 到平面 B 上的一个映射 (Abbildung).

3

现在我们来研究, 在 w 为复变量 z 的函数, 即, 在 $\dfrac{dw}{dz}$ 与 dz 无关时, 这个映射会有什么性质.

我们用 o 来表示平面 A 上点 O 附近的一个不定点, 用 q 表示它在平面 B 上的像, 再用 $x + yi + dx + dyi$ 和 $u + vi + du + dvi$ 表示量 z 和 w 在这两点的值. 于是可以把 dx, dy 和 du, dv 看成是点 o 及 q 相对于以点 O 及 Q 为原点时的直角坐标, 而且如果令 $dx + dyi = \varepsilon e^{\varphi i}$ 以及 $du + dvi = \eta e^{\psi i}$, 则量 $\varepsilon, \varphi, \eta, \psi$ 就是这两个点以点 O 及 Q 为原点时的极坐标. 现在设 o' 及 o'' 为点 o 在无限靠近 O 的两个确定点, 并且把与它们相关的其余符号的意义用相应的指标表示出来, 那么假设

$$\frac{du' + dv'i}{dx' + dy'i} = \frac{du'' + dv''i}{dx'' + dy''i}$$

以及随之而来的

$$\frac{du' + dv'i}{du'' + dv''i} = \frac{\eta'}{\eta''} e^{(\psi' - \psi'')i} = \frac{dx' + dy'i}{dx'' + dy''i} = \frac{\varepsilon'}{\varepsilon''} e^{(\varphi' - \varphi'')i},$$

由此得出 $\dfrac{\eta'}{\eta''} = \dfrac{\varepsilon'}{\varepsilon''}$ 以及 $\psi' - \psi'' = \varphi' - \varphi''$, 也就是说, 在三角形 $o'Oo''$ 与三角形 $q'Qq''$ 中角 $o'Oo''$ 与角 $q'Qq''$ 相等, 而且它们的对角边相互成比例.

因此在两个互相对应的无限小的三角形之间就会有相似性, 从而一般来说, 在平面 A 上的一个无穷小的部分与其在平面 B 的像之间存在着相似性. 这个定理的一个例外情形只有在那种特殊情况下才会出现, 那时量 z 和 w 相互对应的改变所成的比例不为有限, 而这种比例为有限的假设在推导中是默认了的①[5].

①关于这个情况可参阅 C. F. Gauss 的论文: "'将所给曲面的一部分这样来映射, 使得在极小部分映像与原像相似' 这个问题的一般解" (这是对 Copenhagen 王室科学协会 1822 年提出的悬赏问题的应征论文, 载 "天文学文集, Schumacher 主编, 第三册, Altona, 1825"). (Gauss 全集, 第 Ⅳ 卷, 第 189 页.)[6]

4

如果我们将微商 $\frac{du + dvi}{dx + dyi}$ 写成以下的形式:

$$\frac{\left(\frac{\partial u}{\partial x} + \frac{\partial v}{\partial x}i\right) dx + \left(\frac{\partial v}{\partial y} - \frac{\partial u}{\partial y}i\right) dyi}{dx + dyi},$$

则我们就会得到, 在且只有在

$$\frac{\partial u}{\partial x} = \frac{\partial v}{\partial y} \quad 以及 \quad \frac{\partial v}{\partial x} = -\frac{\partial u}{\partial y}$$

时, 微商才会对 dx 和 dy 的任意两个值具有相同的值. 因此这两个条件就是对于为使 $w = u + vi$ 能作为 $z = x + yi$ 的函数来说的充分和必要的条件. 由此条件得出这两个函数每个单独都要满足下述方程:

$$\frac{\partial^2 u}{\partial x^2} + \frac{\partial^2 u}{\partial y^2} = 0, \quad \frac{\partial^2 v}{\partial x^2} + \frac{\partial^2 v}{\partial y^2} = 0,$$

它为我们分别研究这种函数中的单个项的性质奠定了基础. 我们将先行对整函数做深入的研究来证明这些性质的最重要的部分, 但是在这之前我们还要对几点属于一般领域的内容加以说明和规定, 以便为该研究铺平道路.

5

对下面的研究我们将把量 x, y 的变动范围限制到一个有限的区域内, 即我们不再把 O 点的位置看成就在平面 A 本身上面, 而是看成位于铺在其上的一个面 T 上. 我们不妨选择这样一种谈论相互叠在一起的面的表述方式, 为的是给我们打开这样一扇可能性的大门, 使得我们的点 O 的位置可以多次伸到平面同一部分上面, 而且还假设在这种情况下, 相互叠在一起的曲面部分 (Flächentheile) 不至于沿一条线连在一起, 这样将曲面折叠 (Umfaltung) 起来或撕开 (Spaltung) 成相互叠在一起的部分的情况就不至于发生[7].

在平面的任何部分上相互叠在一起的曲面部分, 在其位置的边界及其定向 (即其内侧和外侧) 给出后, 其数目就完全确定了; 可是它们的走向 (Verlauf) 还是可以各不相同的.

实际上如果我们在平面上通过被曲面覆盖的部分任意作一条曲线 l, 那么沿着它只有在越过边界时相互覆盖曲面部分的数目才会改变, 确切地说, 就是从外穿入内时改变一个 $+1$, 在相反的情况下, 就改变一个 -1, 因此处处都是确定的. 沿这条线的边岸每一块接壤的曲面部分以完全确定的方式向外延拓,直至与边界线相交, 因为无论如何只有在个别的点上才会有不确定性 (Unbestimmtheit), 因而也就是或者在这条线上的一点, 或者是在离这个位置有限远的一个点上才会有这种不确定性; 因此, 如果我们把研究限于曲线 l 位于面内的那部分并在其两侧只限于一充分小的面带 (Flächenstreifen), 我们就能谈确定的 (*bestimmten*) 接壤的曲面部分, 它们在两侧的数目相等, 而且, 在我们赋予曲线以确定的方向之时, 我们将其左侧的曲面部分记为 $a_1, a_2, \cdots, a_n$, 其右侧的记为 $a'_1, a'_2, \cdots, a'_n$, 于是 a 的每一面部分就将延拓成 a' 的一个面部分; 而且这一点一般来讲甚至对曲线 l 的全程来讲都是这样, 可是对 l 的特殊位置可在它的一点上发生变化. 我们假定在这样一个点 σ 的上面 (即沿 l 的前面的那些部分) 的曲面部分 $a_1, a_2, \cdots, a_n$, 按顺序与曲面部分 $a'_1, a'_2, \cdots, a'_n$ 相连接, 但是在它的下面与后者连接的则是 $a_{\alpha_1}, a_{\alpha_2}, \cdots, a_{\alpha_n}$, 其中 $\alpha_1, \alpha_2, \cdots, \alpha_n$ 只是在顺序上不同于 $1, 2, \cdots, n$, 所以在 σ 的上面一个从 a_1 变成 a'_1 的点, 当它在 σ 的下面回到左侧时, 它就会到达曲面部分 a_{α_1}, 而当它从左到右(2)[8] 绕点 σ 转一圈时, 那么这时曲面部分所在的指标, 其顺序就将会按下述数字排列:

$$1, \alpha_1, a_{\alpha_1}, \cdots, \mu, \alpha_\mu, \cdots.$$

在这个序列中, 只要 1 这项没有重复出现, 所有各项必定是各不相同的, 因为对任一中间项 α_μ, μ 以及在它前面直至 1 的所有各项必定是按紧接着的顺序一个领先一个; 但是经一定数目的项数后, 这个数目显然必定会小于 n, 设它等于 m, 这时项 1 又重新出现, 那么余下的各项必定又会按原来的顺序排列. 于是那个围绕着 σ 转动的点在每转过 m 圈之后又重新回到原来的曲面部分上, 而且只限于在这 m 块相互叠在一起的曲面部分上, 这些曲面部分在点 σ 上连接成一个单独的点. 我们称这个点为面 T 的 $m-1$ 阶分支点 (Windungspunkt). 通过将同样的方法应用到其余 $n-m$ 个曲面部分, 如果它们不是走散开的, 它们就会分解为由 $m_1, m_2, \cdots$ 个曲面部分组成的系统, 在这种情况下在 σ 点上还有 m_1-1 阶的, m_2-1 阶的, …… 分支点存在.

如果 T 的边界的位置及其定向以及它的分支点的位置都已给定, 那么 T 或者是已完全确定, 或者是仍还限于为有限个不同的位形之一; 后者, 在目前看来这些确定的面块与相互叠置的不同面部分相关[9].

一个变量, 如果它对面 T 上的任一点 O, 一般来说, 也就是无一例外地只排除个别的线与点①, 所取的确定值随该点的位置连续改变, 显然就可以看成是

①这个限制甚至不是函数的概念对本身所要求的, 而是为了能将无穷小计算应用于其上所要求的: 一个在一块面上的所有点上都不连续的函数, 例如像这样的函数, 它在可公度的 x 和可公度的 y 上取值为 1, 但在其余的 x, y 上则取值为 2, 我们对它既不能微分, 又不能积分, 因而根本就不能对它 (直接) 作无穷计算. 我们在此对面 T 有意作的这个限制将在稍后 (15 节) 来说明它的必要性.

x, y 的函数, 而且今后随时随地只要是谈 x, y 的函数, 就是按这个方式来规定这个概念.

可是在转向考察这种函数之前, 我们还要插入几句有关面的连通性的话. 就此我们将只限于讨论这样的面, 它们尚未沿一条线被撕开.

6

两个面部分, 如果在面内有一条线能将一面部分内的点与另一面部分内的点连起来, 我们就认为它们是连通的, 或者说属于同一块面, 否则就认为它们是分离的.

一块面的连通性的研究是以用横割线将面割开的方法为基础的, 这里说的横割线是指一条从一个边界点单重 (即其上没有一个点是多重点) 地经过内部抵达一个边界点的线. 后面这个点也可以位于作为边界外加上去的部分, 那么也可以就是横割线上的原来那个点.

一片连通的面, 如果任意横割线都能将它分成几块, 我们就说它是单连通的, 否则就说成是多连通的.

引理 I 一个单连通面 A 由任一横割线 ab 分割成两个单连通的块.

设在这两块中有一块不能由横割线 cd 分成小块, 则我们显然有, 分别根据其两个端点都不在, 或者只有端点 c 在, 或者两个端点都在 ab 上的不同情况, 通过沿整个 ab 线, 或沿 cb 部分, 或沿 cd 部分与它连接起来, 就会得到一个连通的面, 它可通过一条横割线从 A 得出来, 这就与假设矛盾.

引理 II 如果一个面 T 通过 n_1 条横割线① q_1 分割成 m_1 块单连通的面块系统 T_1, 又通过 n_2 条横割线 q_2 分割成 m_2 块面块系统 T_2, 则 $n_2 - m_2$ 不可能大于 $n_1 - m_1$.

q_2 的每一条线, 如果它不完全落在线系 q_1 中, 就同时会形成面 T_1 的一条或多条横割线 q_2', 作为横割线 q_2' 的端点可以认为是:

1) 横割线 q_2 的 $2n_2$ 个端点, 但如果它们的端点与线系 q_1 的一部分重合时, 则除外.

2) 横割线 q_2 中的每一个与线 q_1 的中间点相交的中间点, 但如果它已经是处于 q_1 的另一条线中, 即如果它与 q_1 的一条横割线的端点重合时, 则除外.

现在我们来用 μ 表示这两个系统的横割线在其全程中相遇或分岔的次数 (其中单个的共同点这时要计入两次), 用 ν_1 表示 q_1 的端部与 q_2 的中部相叠合

①所谓通过多条横割线的分割总是要按逐次的方式来理解, 即将由横割线产生的这样的一个面再通过一个新的横割线作进一步的分割.

的次数, 用 ν_2 表示 q_2 的端部与 q_1 的中部相叠合的次数, 最后用 ν_3 表示 q_1 的端部与 q_2 的端部相叠合的次数, 那么提供的横割线 q_2' 的端点个数为第 1 种情况: $2n_2-\nu_2-\nu_3$, 第 2 种情况: $\mu-\nu_1$; 但是这两种情况合起来就包括了全部的端点, 而且每个只含一次. 因而这种横割线的总数就是

$$\frac{2n_2-\nu_2-\nu_3+\mu-\nu_1}{2}=n_2+s.$$

用完全相同的推论可以得出由横割线 q_1 生成的面系 T_2 的横割线 q_1' 的总数为

$$\frac{2n_1-\nu_1-\nu_3+\mu-\nu_2}{2},$$

因而等于 n_1+s. 于是面系 T_1 显然通过 n_2+s 条横截线 q_2' 就会变成和面系 T_2 由 n_1+s 条横割线 q_1' 所分割成的面系一样. 但是 T_1 由 m_1 块单连通块构成, 因而根据引理 I 通过 n_2+s 条横割线分割成 m_1+n_2+s 块面块; 所以, 如果 $m_2<m_1+n_2-n_1$, 那么 T_2 的面块数目经 n_1+s 条分割线分割后就会使块数多过 n_1+s, 而这是无意义的[10].

由此引理可知, 如果将不定的横割线数用 n 来表示, 块的数目用 m 来表示, 则对将一个面分割成单连通块的所有分割来说, $n-m$ 是一个常数; 因为如果我们任取两个确定的分割, 一个通过 n_1 条横割线分割成 m_1 块, 一个通过 n_2 条横割线分割成 m_2 块, 那么在第一次分割成的块为单连通块时, 就会有 $n_2-m_2\leqslant n_1-m_1$, 而在后者为单连通块时就有 $n_1-m_1\leqslant n_2-m_2$, 因而当二者均如此时, 就会有 $n_2-m_2=n_1-m_1$.

完全有理由将这个数命名为一个面的 "连通数 (Ordnung des Zusammenhangs)"; 它将能

通过任一横割线会减小 1—— 这是根据定义,

通过一条从内部的任一内点简单地连到边界的线, 或一条经过先前的交点的线都不会发生改变, 以及

通过一条完全处于内部、两端点也在内部的割线会增加 1,

因为前者是通过一条横割线, 而后者是通过两条横割线变成的一条横割线.

最后对一个由多块面构成的面来说, 在将这些块的连通数相加时, 它的连通数将保持不变.

然而我们在以下将主要限于由一块组成的面, 并且用单连通、双连通等这样质朴无华的称呼来表示它们的连通性, 其中所谓 n 重连通的面就是指这样一种面, 能用 $n-1$ 条横割线把它分割成单连通的面.

有关面的连通性与其边界之间的关系易知有:

1) 单连通面的边界必定是由一条单一的封闭曲线组成.

如果边界由分隔开的段组成, 那么就会有一条横割线 q, 它把一个段 a 的点与另一个段 b 的点连接起来, 只会与连通的面部分相交, 因为在面的内部会有一条线从横割线 q 的一侧通到它的对面一侧; 这样一来横割线 q 就不会把面割成小块, 而这与假设矛盾.

2) 用任意一条横割线只能使边界段的数目要么减少 1, 要么增加 1.

一条横割线 q 或者把一个边界段 a 的一个点与另一个边界段 b 的点连起来 —— 在这种情况下全部这种线按顺序 a, q, b, q 合起来形成边界线的一条单一的封闭段;

或者它把一段边界上的两个点连起来 —— 在这种情况下通过它的两个端点它分成两段, 其中每一段与横割线合起来形成一条封闭的边界段;

或者最后它终止于它前面的一个点, 并且能够看成是由一条封闭的曲线 o 与另一条线 l 组合而成, 这条线 l 把 o 的一个点与一边界段 a 上的一个点连起来 —— 在这种情况下 o 形成边界段的一部分, a, l, o, l 形成它的另一部分, 二者都是自行封闭的.

从而就会有, 或者 —— 在第一种情况下 —— 以一条边界段代替两条, 或者 —— 在后两种情况下 —— 用两条边界段来代替一条, 我们的定理就由此推得.

由此可知, 构成一个 n 重连通面块的边界的线段数要么等于 n, 要么比 n 小一个偶数.

由此我们还可以得出下述推论:

如果一个 n 重连通面块的边界的线段数等于 n, 则通过任一在其内部自行封闭的简单横割线割成分离的两块.

因为这样做不会改变其连通数, 边界段的数目就要增加一个 2, 因而这个面, 如果它还是连通的话, 就将是一块 n 重连通面而却有着 $n+2$ 条边界线段, 这是不可能的.

7[11]

设 X 与 Y 为两个对铺在 A 上的面 T 的全部点 (x, y) 的连续函数, 如果将边界上任一点向内的法线对 x 轴的倾角记为 ξ, 对 y 轴的倾角记为 η, 则展布在这个面上的所有面元 dT 的积分[12]

$$\int\left(\frac{\partial X}{\partial x}+\frac{\partial Y}{\partial y}\right)dT=-\int(X\cos\xi+Y\cos\eta)\,ds$$

可以换成沿边界线的所有线元 ds 的积分.

为了转换积分 $\int\frac{\partial X}{\partial x}dT$, 我们把平面 A 被面 T 所覆盖的部分用平行于 x 轴

的一组平行线分割成带元, 而且是这样来分割, 使得面 T 的每一分支点在一条这样的分割线上. 在这个假设下位于 T 上的每一部分都是由一个或数个分开排列的梯形块所组成. 这种面带从 y 轴切出一微元 dy, 于是某一个面带对 $\int \frac{\partial X}{\partial x} dT$ 的贡献值显然就会等于 $dy \int \frac{\partial X}{\partial x} dx$, 这里这个积分是沿属于面 T 上的那条直线, 该直线与经过 dy 的一条法线相重合. 现在设这些直线的下端点 (即那些对应的 x 最小的点) 为 $O_{\prime}, O_{\prime\prime}, O_{\prime\prime\prime}, \cdots$, 其上端点为 $O', O'', O''', \cdots$. 将函数 X 在这些点的值分别记为 $X_{\prime}, X_{\prime\prime}, \cdots, X', X'', \cdots$, 将面带从边界线上所切割出的相应线元记为 $ds_{\prime}, ds_{\prime\prime}, \cdots, ds', ds'', \cdots$, 将 ξ 在这些线元处的值记为 $\xi_{\prime}, \xi_{\prime\prime}, \cdots, \xi', \xi'', \cdots$, 那么就有

$$\int \frac{\partial X}{\partial x} dx = -X_{\prime} - X_{\prime\prime} - X_{\prime\prime\prime} - \cdots + X' + X'' + X''' + \cdots.$$

倾角 ξ 显然在下端点处为锐角, 在上端点处为钝角, 于是有

$$\begin{aligned} dy &= \cos\xi_{\prime} ds_{\prime} = \cos\xi_{\prime\prime} ds_{\prime\prime} \cdots \\ &= -\cos\xi' ds' = -\cos\xi'' ds'' \cdots. \end{aligned}$$

通过代入这些值就得到

$$dy \int \frac{\partial X}{\partial x} dx = -\sum X \cos\xi ds,$$

其中求和是对所有的边界线元来作的, 这些边界线元在 y 轴上的投影就是 dy.

对所有在考察中会出现的 dy 积分, 显然会穷尽面 T 的所有面元和边界线的所有线元, 于是我们就得到, 在此范围内, 有

$$\int \frac{\partial X}{\partial x} dT = -\int X \cos\xi ds.$$

通过完全类似的推导, 我们有

$$\int \frac{\partial Y}{\partial y} dT = -\int Y \cos\eta ds,$$

从而得到

$$\int \left(\frac{\partial X}{\partial x} + \frac{\partial Y}{\partial y} \right) dT = -\int (X\cos\xi + Y\cos\eta)\, ds, \quad \text{w.z.b.w.}^{①}$$

①w.z.b.w. = 这正是要证明的.—— 中译者注

8

我们用 s 表示在边界线上从一固定点沿某一稍后来确定的方向来计算的、至一未定点 O_0 的长度, 并用 p 表示在此点所作的法线上一未定点 O 离该点的距离, 以指向内为正, 那么显然可以将在点 O 处的 x 和 y 的值看成是 s 和 p 的函数, 于是在边界线的点上就有下述偏微商的关系:

$$\frac{\partial x}{\partial p}=\cos\xi,\quad \frac{\partial y}{\partial p}=\cos\eta,\quad \frac{\partial x}{\partial s}=\pm\cos\eta,\quad \frac{\partial y}{\partial s}=\mp\cos\xi,$$

其中上面的符号适用于当沿量 s 增长的方向和 p 的增长的方向所夹的角与 x 轴和 y 轴所夹的角一样, 如果相反, 就适用下面的符号. 我们将在边界上的所有部分将这个方向取成使得有

$$\frac{\partial x}{\partial s}=\frac{\partial y}{\partial p}\quad \text{从而有}\quad \frac{\partial y}{\partial s}=-\frac{\partial x}{\partial p},$$

这一般来说对我们的结果不会有大的妨碍.

显然我们可以把这种规定扩展到 T 的内部的线上; 只不过在此为了规定 dp 和 ds 的符号, 在保持它们的相对关系和在那里所规定的一致下, 还要补充一点, 即要说明, 要规定的符号究竟是 dp 的, 还是 ds 的; 确切地说, 对一条能缩成一点的线要说明, 在由它所分割开的面块中它是哪一块的边界, 由此就可把 dp 的符号确定下来, 而在不能缩成一点的线的情况下则要说明其起点, 即 s 在那里取最小值的端点.

将在上一节所得到的 $\cos\xi$ 和 $\cos\eta$ 的值代入就得到了所要证明的方程, 和在那里所取的范围一样:

$$\int\left(\frac{\partial X}{\partial x}+\frac{\partial Y}{\partial y}\right)dT=-\int\left(X\frac{\partial x}{\partial p}+Y\frac{\partial y}{\partial p}\right)ds=\int\left(X\frac{\partial y}{\partial s}-Y\frac{\partial x}{\partial s}\right)ds.$$

9

通过将上节末的定理应用到在面的所有部分均有

$$\frac{\partial X}{\partial x}+\frac{\partial Y}{\partial y}=0$$

的情形, 我们将得到下述定理:

I. 设 X 和 Y 是两个在 T 的任意点上为有限、连续并满足方程

$$\frac{\partial X}{\partial x}+\frac{\partial Y}{\partial y}=0$$

的函数, 那么通过扩展到 T 的整个边界上后有

$$\int \left(X\frac{\partial x}{\partial p} + Y\frac{\partial y}{\partial p} \right) ds = 0.$$

考虑将展布在 A 上的面 T_1 以任意方式分成两块 T_2 和 T_3, 则下述对 T_2 的边界的积分

$$\int \left(X\frac{\partial x}{\partial p} + Y\frac{\partial y}{\partial p} \right) ds$$

就可看出是对 T_1 边界的积分与对 T_3 边界的积分之差. 因为这时 T_3 延伸到 T_1 边界的部分二者的积分在此互相抵消, 而它所有其余的边界线元正好对应于 T_2 边界的线元.

借助于这个变换由 I 得出:

Ⅱ. 下述对展布在 A 上的曲面的全部边界的积分

$$\int \left(X\frac{\partial x}{\partial p} + Y\frac{\partial y}{\partial p} \right) ds$$

的值, 在曲面扩大或缩小一个任意量下保持不变, 只是在这样做时要求不会有在定理 I 的假设得不到满足的曲面块出入其中.

如果函数 X 和 Y 的确在曲面 T 的任一部分上都满足上述微分方程, 但在个别的线或点上被不连续所困扰, 那么对每一条这样的线和每一个这样的点我们可以用一块任意的无限小的曲面部分作为外壳把它们围起来, 于是通过应用定理 Ⅱ 我们就得到:

Ⅲ. 对 T 的全部边界求积的积分

$$\int \left(X\frac{\partial x}{\partial p} + Y\frac{\partial y}{\partial p} \right) ds$$

等于积分

$$\int \left(X\frac{\partial x}{\partial p} + Y\frac{\partial y}{\partial p} \right) ds$$

对所有包围不连续之处的边界求积之和, 而且对每一个这种不连续的地方, 不管用多么狭窄的边界去包围它, 积分保持为同一个值.

对纯粹的不连续点, 如果随着点 O 到这点的距离 ρ 同时有 ρX 和 ρY 为无穷小, 则这个值必定为零; 因为这时如果我们引进一个以这个点为原点、以任何方向为极轴的极坐标 ρ, φ, 并且选一个围绕着该点、半径为 ρ 的圆作为围线, 则沿这条围线的积分可表示为

$$\int_0^{2\pi} \left(X\frac{\partial x}{\partial p} + Y\frac{\partial y}{\partial p} \right) \rho d\varphi,$$

并且不可能具有一个异于零的值 κ, 因为, 不管 κ 多么小, 总可以将 ρ 取得这样小, 使得在不计正负时 $\left(X\frac{\partial x}{\partial p}+Y\frac{\partial y}{\partial p}\right)\rho$ 对 φ 的任何值都小于 $\frac{\kappa}{2\pi}$, 从而有

$$\int_0^{2\pi}\left(X\frac{\partial x}{\partial p}+Y\frac{\partial y}{\partial p}\right)\rho d\varphi<\kappa.$$

Ⅳ. 既然对展布在 A 上的一单连通面的任一面部分沿其整个边界所作的积分

$$\int\left(X\frac{\partial x}{\partial p}+Y\frac{\partial y}{\partial p}\right)ds$$

或

$$\int\left(Y\frac{\partial x}{\partial s}-X\frac{\partial y}{\partial s}\right)ds=0,$$

那么就可得知, 对任意两个固定点 O_0 和 O, 沿位于其中从 O_0 到 O 的所有路线的积分均具有相同的值.

将点 O_0 和 O 连接起来的任意两条曲线 s_1 和 s_2 合起来就形成一条封闭曲线 s_3. 这条曲线或者是本身就具有未与任何多重点相交的性质, 或者我们可以将它分解成多个全都是简单的闭曲线, 办法就是从它的任一点出发沿该曲线前行, 每次遇到了前面的一个点时就将这中间经过的部分分离出去, 并把这接下来的部分看成是前面部分的直接的接续. 每一条这样的曲线都会将曲面分成一个单连通的区域和一个双连通的区域; 因此它就必定构成其中一块的全部边界, 因而沿它的积分

$$\int\left(Y\frac{\partial x}{\partial s}-X\frac{\partial y}{\partial s}\right)ds$$

根据假设等于 0. 由此可知, 如果在积分过程中处处都是沿着量 s 增大的方向前行的话这个结果对沿整个曲线 s_3 的积分也成立; 因此对沿曲线 s_1 和 s_2 的积分, 如果还保持积分路径的方向不变的话, 即一个从 O_0 到 O, 另一个从 O 到 O_0, 二者会互相抵消, 从而, 如果把后一积分的方向改过来, 二者就会相等.

现在设有一任意的面 T, 在其中, 一般来说, 有

$$\frac{\partial X}{\partial x}+\frac{\partial Y}{\partial y}=0,$$

那么, 我们首先, 如果必要的话, 将不连续点剔除出去, 使得在余下的曲面块中对任意的曲面部分有

$$\int\left(Y\frac{\partial x}{\partial s}-X\frac{\partial y}{\partial s}\right)ds=0,$$

并用横割线把它分割成单连通的曲面 T^*. 于是对在此 T^* 曲面内从一点 O_0 连到另一点 O 的曲线, 我们这个积分都具有相同的值; 为了简短起见这个值可以记为

$$\int_{O_0}^{O}\left(Y\frac{\partial x}{\partial s}-X\frac{\partial y}{\partial s}\right)ds.$$

这样一来在将 O_0 设想为固定, 将 O 设想为可变动时, 它就将对任一 O 的位置有一个与连线无关的确定的值, 从而也就可以看成是 x, y 的一个函数. 这个函数在 O 沿任一线元位移 ds 时的改变可以表示为

$$\left(Y\frac{\partial x}{\partial s}-X\frac{\partial y}{\partial s}\right)ds,$$

它在 T^* 中处处连续, 并且沿 T 的一条横割线两边相等.

V. 因此在将 O_0 设想为固定时, 积分

$$Z=\int_{O_0}^{O}\left(Y\frac{\partial x}{\partial s}-X\frac{\partial y}{\partial s}\right)ds$$

构成 x, y 的一个函数, 它在 T^* 中处处连续, 但在 T 中在沿一条横割线从一个分支点到另一个分支点之间越过时会改变一个常量, 而且其偏微分有

$$\frac{\partial Z}{\partial x}=Y,\quad \frac{\partial Z}{\partial y}=-X.$$

在越过横割线时积分的改变与一些相互无关的量有关, 其个数等于横割线数; 因为如果人们在横割线系中顺向后的方向走 —— 较后的在先, 那么这一改变, 在其值一开始对每一横割线就给定了的情况下, 处处都是确定的; 但是后者是相互无关的. (3)[13]

10

如果到目前为止我们一直用 X 来表示的函数代表

$$u\frac{\partial u'}{\partial x}-u'\frac{\partial u}{\partial x},$$

用 Y 来表示的函数代表

$$u\frac{\partial u'}{\partial y}-u'\frac{\partial u}{\partial y},$$

则有

$$\frac{\partial X}{\partial x}+\frac{\partial Y}{\partial y}=u\left(\frac{\partial^2 u'}{\partial x^2}+\frac{\partial^2 u'}{\partial y^2}\right)-u'\left(\frac{\partial^2 u}{\partial x^2}+\frac{\partial^2 u}{\partial y^2}\right),$$

因此如果函数 u 和 u' 还满足方程

$$\frac{\partial^2 u}{\partial x^2}+\frac{\partial^2 u}{\partial y^2}=0, \quad \frac{\partial^2 u'}{\partial x^2}+\frac{\partial^2 u'}{\partial y^2}=0,$$

则有

$$\frac{\partial X}{\partial x}+\frac{\partial Y}{\partial y}=0,$$

并由此可以将上节诸定理应用于

$$\int\left(X\frac{\partial x}{\partial p}+Y\frac{\partial y}{\partial p}\right)ds,$$

它等于

$$\int\left(u\frac{\partial u'}{\partial p}-u'\frac{\partial u}{\partial p}\right)ds.$$

现在我们假设函数 u, 包括它的一阶微商在内, 即使万一有不连续性无论如何也不会沿一条曲线发生, 并且还假设随着这种不连续点到 O 点的距离 ρ 同时有 $\rho\frac{\partial u}{\partial x}$ 和 $\rho\frac{\partial u}{\partial y}$ 为无限小, 从而 u 的不连续性根据上一节 Ⅲ 中的注释完全可以不计.

于是在这种情况下我们就可以在每一条经过不连续点的直线上取 ρ 的一个值 R, 使得在这个值之下,

$$\rho\frac{\partial u}{\partial \rho}=\rho\frac{\partial u}{\partial x}\frac{\partial x}{\partial \rho}+\rho\frac{\partial u}{\partial y}\frac{\partial y}{\partial \rho}$$

总是保持为有限, 再用 U 表示 u 在 $\rho=R$ 处的值, M 表示函数 $\rho\frac{\partial u}{\partial \rho}$ 在该区间内不计其符号时的最大值, 那么在这些意义下始终有 $u-U<M(\log\rho-\log R)$, 从而有 $\rho(u-U)$ 以及 ρu 都会随 ρ 同时成为无限小; 但是根据假设这一点对 $\rho\frac{\partial u}{\partial x}$ 以及 $\rho\frac{\partial u}{\partial y}$, 并且在 u' 没有不连续性时, 对

$$\rho\left(u\frac{\partial u'}{\partial x}-u'\frac{\partial u}{\partial x}\right) \quad 以及 \quad \rho\left(u\frac{\partial u'}{\partial y}-u'\frac{\partial u}{\partial y}\right)$$

也都成立; 因此上一节所提到的情形在这里也会出现.

我们进一步假设由点 O 的位置所形成的面 T 处处单重地展布在 A 上, 并设想其中一个任意点 O_0, 在其上 u, x, y 取值为 u_0, x_0, y_0. 量

$$\frac{1}{2}\log((x-x_0)^2+(y-y_0)^2)=\log r$$

作为 x, y 的函数于是就有

$$\frac{\partial^2 \log r}{\partial x^2}+\frac{\partial^2 \log r}{\partial y^2}=0$$

的性质, 而且只有在 $x=x_0, y=y_0$ 不连续, 因而就此情况, 面 T 上只有一个不连续点.

因此, 如果令 $\log r$ 作为 u' 代入, 根据 9 节 Ⅲ, 相对于 T 的整个边界的积分

$$\int\left(u\frac{\partial \log r}{\partial p}-\log r\frac{\partial u}{\partial p}\right)ds$$

等于它对围绕 O_0 的任一围道的积分, 而且, 因此我们如果选此围道为一圆周, 其 r 为一常数值, 用 φ 表示其上一点沿任意方向到 O 的弧长除以半径, 它就会等于

$$-\int_0^{2\pi} u\frac{\partial \log r}{\partial r}rd\varphi-\log r\int\frac{\partial u}{\partial p}ds,$$

或者由于(4)

$$\int\frac{\partial u}{\partial p}ds=0,^{[14]}$$

它等于

$$-\int_0^{2\pi} ud\varphi,$$

当 u 在 O_0 点连续时, 对一无限小的 r 就过渡为 $-u_0 2\pi$.

于是在我们对 u 和 T 所作的假设下, 对在面内任一 u 在该处为连续的点 O_0, 我们有

$$u_0=\frac{1}{2\pi}\int\left(\log r\frac{\partial u}{\partial p}-u\frac{\partial \log r}{\partial p}\right)ds,$$

其中积分是对整个边界的; 当积分是围绕 O_0 的圆周时, 则

$$u_0=\frac{1}{2}\int_0^{2\pi} ud\varphi.$$

由其中第一个表达式可以导出下述:

引理 如果一函数 u 在一处处都是单重覆盖在平面 A 的曲面 T 内, 一般来讲, 满足微分方程

$$\frac{\partial^2 u}{\partial x^2}+\frac{\partial^2 u}{\partial y^2}=0,$$

而且还假设有

1) 不满足这个微分方程的点不会构成曲面部分,

2) 在其上 $u, \frac{\partial u}{\partial x}, \frac{\partial u}{\partial y}$ 不连续的点不会连续地充满一条曲线,

3) 在每一个不连续点处, 量 $\rho\frac{\partial u}{\partial x}, \rho\frac{\partial u}{\partial y}$ 随该点离开点 O 的距离 ρ 一起成为无限小, 以及

4) 排除可以通过改变 u 在孤立点的值来得到连续性的不连续点,
那么它和它的全部微商在这个面内部的所有点上均为有限和连续[15].

实际上, 如果我们把点 O_0 考虑为可移动的, 则在表达式

$$\int \left(\log r\frac{\partial u}{\partial p} - u\frac{\partial \log r}{\partial p}\right) ds$$

中只有 $\log r, \frac{\partial \log r}{\partial x}, \frac{\partial \log r}{\partial y}$ 值会改变. 但是这些量, 包括它们的所有微商, 只要 O_0 还保持在 T 的内部, 对边界每一弧元均为 x_0, y_0 的有限的、连续的函数, 因为微商是用这些量的分式有理函数来表示的, 在分母中只含有 r 的幂次. 因此这个结论对我们的积分的值, 从而对函数 u_0 也都成立. 因为这些量在前面的假设下只能在那些它们在该处不连续的个别点上可能取与之不同的值, 而这种可能性通过引理的假设 4) 可以消除.

11

在对 u 与 T 作与上节末相同的假设之下, 我们会有下述定理:

I. 如果沿某一曲线有 $u = 0$ 和 $\frac{\partial u}{\partial p} = 0$, 则 u 处处为 0.

我们首先来证明, 一条其上有 $u = 0$ 和 $\frac{\partial u}{\partial p} = 0$ 的曲线 λ, 不可能构成一块其上 u 为正值的曲面部分 a 的边界.

假设出现了这种情况, 那么我们就从 a 中割出一块, 它的边界一部分为 λ, 另一部分为圆周曲线, 且不含这个圆的中心点 O_0, 这种构作总归是可能的. 于是, 如果将 O 相对于 O_0 的极坐标用 r, φ 来表示, 我们就有下述沿这块的全部边界积分的结果:

$$\int \log r\frac{\partial u}{\partial p}ds - \int u\frac{\partial \log r}{\partial p}ds = 0,$$

因而根据假定也就是对整个属于它的圆弧部分有

$$\int ud\varphi + \log r\int \frac{\partial u}{\partial p}ds = 0,$$

或者因为

$$\int \frac{\partial u}{\partial p}ds = 0,$$

就有

$$\int u d\varphi = 0,$$

而这是与我们假设 u 在 a 的内部为正相矛盾的.

用类似的方式可以证明, 对在其中 u 为负的曲面块 b, 在它的边界上方程 $u=0$ 和 $\dfrac{\partial u}{\partial p}=0$ 不可能成立.

如果现在在曲面 T 上的一条曲线上有 $u=0$ 和 $\dfrac{\partial u}{\partial p}=0$, 而另一方面在它的某一部分上 u 又异于零, 那么对这样一个曲面部分显然就有, 或是由这条曲线本身, 或是由一块其上 $u=0$ 的曲面部分作它的边界, 因而归根结底是由一条满足 $u=0$ 和 $\dfrac{\partial u}{\partial p}=0$ 的曲线来作边界[16], 而这必定会导致与前面的假设相矛盾.

Ⅱ. 如果沿一条曲线给定了 u 和 $\dfrac{\partial u}{\partial p}$ 的值, 则 u 由此就在 T 的所有部分被确定下来了.

设 u_1 和 u_2 为两个确定的函数, 它们满足加在函数 u 上的那些条件, 那么差 u_1-u_2 也会满足这些条件, 这由将它们代入这些条件就立即可以得出. 如果 u_1 和 u_2, 包括它们对 p 的一阶微商沿一曲线相等, 但在其他的曲面部分上则否, 那么就将会有, 在这条曲线上 $u_1-u_2=0$ 和 $\dfrac{\partial(u_1-u_2)}{\partial p}=0$, 但不能处处 $=0$, 这与定理 I 相违背.

Ⅲ. 在 T 内部的点上, 如果 u 不是处处为常数, 则 u 等于常数的那些点必定形成这样的曲线, 它把大于这个 u 值的曲面块与小于这个 u 值的曲面块分割开来.

这个定理由以下几点组成:

u 不可能在 T 的内部的一点上取极小或极大;

u 不可能只在曲面的一部分上为常数;

在其上 $u=a$ 的曲线, 在以它作为边界的两侧的曲面部分中, $u-a$ 不可能有相同的符号;

容易看出, 与这些定理相反的结论必定会导致上节所证明了的方程

$$u_0 = \frac{1}{2\pi}\int_0^{2\pi} u d\varphi$$

或

$$\int_0^{2\pi} (u-u_0)\, d\varphi = 0$$

遭受到破坏, 从而是不可能的.

12

现在我们回过头来考察一个复变量 $w=u+vi$, 它一般来说 (即不排除有个别例外的线和点), 对面 T 上的每一点具有一个确定的、随其位置按照方程

$$\frac{\partial u}{\partial x}=\frac{\partial v}{\partial y},\quad \frac{\partial u}{\partial y}=-\frac{\partial v}{\partial x}$$

连续改变的值, 并且按照先前的约定这样来表示 w 的这个性质, 即我们把 w 称为 $z=x+yi$ 的函数. 为了简化下面的叙述我们事先假定, z 的函数没有那些可以通过改变孤立点上的值而可去的不连续点的情形.

我们暂时认定曲面 T 是单连通的, 并且是单重覆盖在平面 A 上的.

引理 如果一个 z 的函数 w 的不连续点之集不包含一条曲线, 并且进一步对面上每一个任意的点 O', 设在这一点上 $z=z'$, 随着无限靠近点 O, $w(z-z')$ 将会无限小, 则它和它的所有微商必定在该曲面内的所有点上有限和连续.

对量 w 的变化所作的假设, 如果令 $z-z'=\rho e^{\varphi i}$, 对在曲面 T 的任一部分上的 u 和 v, 可以分解为

1) $\dfrac{\partial u}{\partial x}-\dfrac{\partial v}{\partial y}=0$,

和

2) $\dfrac{\partial u}{\partial y}+\dfrac{\partial v}{\partial x}=0$;

3) 函数 u 和 v 不会在一条曲线上不连续;

4) 对每一点 O', ρu 和 ρv 将随同该点到点 O 的距离 ρ 一同变为无限小;

5) 函数 u 和 v 的通过改变个别点处的值可以移去的不连续性均已排除.

由于假设 2), 3), 4), 对面 T 上的任一部分, 沿其整个边界的积分

$$\int\left(u\frac{\partial x}{\partial s}-v\frac{\partial y}{\partial s}\right)ds$$

根据 9 节, Ⅲ 等于 0, 因而沿任一条从 O_0 到 O 的曲线的积分

$$\int_{O_0}^{O}\left(u\frac{\partial x}{\partial s}-v\frac{\partial y}{\partial s}\right)ds$$

(根据 9 节, Ⅳ) 都会取相同的值, 并由此, 在把 O_0 设想为固定时, 形成一个 x,y 的、在每一点上必定为连续的函数 U, 而且对它的微商有(还是根据 5)) $\dfrac{\partial U}{\partial x}=u$

以及 $\dfrac{\partial U}{\partial y} = -v$. 但是用它们置换 u 和 v 后, 假设 1), 3), 4) 就过渡为 10 节末的引理的条件. 从而函数 U 包括它的全部微商在 T 的所有点上都是有限和连续的, 并且因此这一点对复函数 $w = \dfrac{\partial U}{\partial x} - \dfrac{\partial U}{\partial y}i$ 及其对 z 的微商也成立[17].

13

现在我们来研究, 在保持 12 节中所作的那些假设之下, 再假定, 对面内的某一定点 O', $(z-z')w = \rho e^{\varphi i} w$ 在点 O 无限靠近时不变为无限小. 因此在这种情况下 w 在点 O 无限靠近 O' 时将变为无穷大, 这时我们假设, 如果量 w 不是保持与 $\dfrac{1}{\rho}$ 为同阶, 就是说二者的商逼近一有限的极限, 至少这两个量的阶也是相互成有限的比例, 从而使得有一个 ρ 的幂次, 它与 w 的积在 ρ 为无限小时, 或者为无限小, 或者保持为有限值. 如果 μ 是这样的一个指数, n 是接近它而大于它的整数, 那么量 $(z-z')^n w = \rho^n e^{n\varphi i} w$ 将随 ρ 一起为无限小, 从而 $(z-z')^{n-1}w$ 作为 z 的函数 (因为 $\dfrac{d(z-z')^{n-1}w}{dz}$ 与 dz 无关), 在曲面上的这一部分满足 12 节的那些假设, 从而在点 O' 有限和连续. 如果我们用 a_{n-1} 表示它在点 O' 的值, 那么 $(z-z')^{n-1}w - a_{n-1}$ 就是一个函数, 它在这点连续且等于 0, 从而会随 ρ 一起为无限小, 由此根据 12 节得出, $(z-z')^{n-2}w - \dfrac{a_{n-1}}{z-z'}$ 是点 O' 处的一个连续函数. 通过连续使用这个方法, 显然可知, w 在减去一个如下形式的表达式

$$\frac{a_1}{z-z'} + \frac{a_2}{(z-z')^2} + \cdots + \frac{a_{n-1}}{(z-z')^{n-1}}$$

后就变成一个在点 O' 处保持有限和连续的函数.

因此如果在满足 12 节的假设条件下出现的变化是这样, 函数 w 在 O 向曲面 T 内部的一点 O' 无限逼近时变为无限大, 则这个无限大的阶数 (一个与距离成反比地增大的量看成是一个一阶的无限大), 当它有限时必定为整数; 而且如果这个数等于 m, 则函数 w 通过附加上一个含 $2m$ 个任意常数的函数后就可以变成在这一点 O' 连续的函数.

注 一个函数, 如果确定它的可能方式包括了一个一维的连续区域, 我们就把它看成是一个含有一个任意常数的函数.

14

在 12 节和 13 节对曲面 T 所作的限制不是本质的. 显然对任一面内的任意

一点, 我们都可以用一曲面块把它包围起来, 它在那里具有所假设的性质, 唯一的例外就是该点为该曲面的分支点时的情形.

为了研究这种情形, 我们设想曲面 T 或它的一个曲面块, 含有一个 $n-1$ 阶的分支点 O', 设其上 $z=z'=x'+y'i$, 借助于函数 $\zeta=(z-z')^{\frac{1}{n}}$ 把它映射到另一个平面 Λ 上, 即我们设想用这个平面上的一个点 Θ, 它的直角坐标为 (ξ,η), 来代表函数 $\zeta=\xi+\eta i$ 在点 O 的值, 并把点 Θ 看成是点 O 的像. 用这个办法我们就得到了在 Λ 上铺开的一个连通曲面作为曲面 T 上这一部分的像, 它在点 O' 的像点 Θ' 上不再会有分支点, 下面我们马上来证明这一点.

为了明确概念起见我们设想围绕着平面 A 上的点 O, 以半径 R 作一个圆, 并且平行于 x 轴作一条直径, 在其上 $z-z'$ 将取实值. 于是由这个圆割出去包围分支点的曲面块后的曲面 T, 如果 R 选得充分小, 就会在这条直径的两侧被分隔成 n 块散开成半圆形的曲面块. 在直径的一侧, 如果 $y-y'$ 为正, 这一侧的曲面块我们就记为 $a_1,a_2,\cdots,a_n$, 而在对着的另一侧上的曲面块就记为 $a'_1,a'_2,\cdots,a'_n$, 并且设想, 在 $z-z'$ 取负值时, 将 $a_1,a_2,\cdots,a_n$ 顺序地与 $a'_1,a'_2,\cdots,a'_n$ 连接起来, 反之当 $z-z'$ 取正值时, 则顺序地与 $a'_n,a'_1,\cdots,a'_{n-1}$ 连接起来, 这样一来这么假设就显然可使得一个 (按所要求的方向) 绕点 O' 转圈的点将依次经过面 $a_1,a'_1,a_2,a'_2,\cdots,a_n,a'_n$, 在经过 a'_n 后又回到 a_1 上来. 现在我们在这两个平面上都引入极坐标, 也就是令 $z-z'=\rho e^{\varphi i},\zeta=\sigma e^{\psi i}$, 并且为了讨论 a_1 面块的映射, 我们选 $(z-z')^{\frac{1}{n}}=\rho^{\frac{1}{n}}e^{\frac{\varphi}{n}i}$ 的那样一些值, 使得后一表达式满足设定 $0\leqslant\varphi\leqslant\pi$, 于是对 a_1 的所有点就有 $\sigma\leqslant R^{\frac{1}{n}},0\leqslant\psi\leqslant\dfrac{\pi}{n}$; 这样一来它在平面 Λ 的像就完全落在一个其极角从 $\psi=0$ 到 $\psi=\dfrac{\pi}{n}$、圆心为 Θ'、半径为 $R^{\frac{1}{n}}$ 的圆形扇区内, 而且对 a_1 上的每一个点都有这个扇区的一个唯一的、且随之连续移动的点与之对应, 反之亦然, 由此得出, 面 a_1 的映像是单重展布在这个扇区上的连通面. 用完全类似的方式可知面 a'_1 是从 $\psi=\dfrac{\pi}{n}$ 到 $\psi=\dfrac{2\pi}{n}$ 的扇区的映像, a_2 是从 $\psi=\dfrac{2\pi}{n}$ 到 $\psi=\dfrac{3\pi}{n}$ 的扇区的映像, 最后, 如果我们对这个面上的每一点选其 φ 依次位于 π 与 2π, 2π 与 3π, $\cdots\cdots$, $(2n-1)\pi$ 与 $2n\pi$ 之间, 而这总有一种方式且只有一种方式是可能的, 这时对 a'_n 则是从 $\psi=\dfrac{2n-1}{n}\pi$ 到 $\psi=2\pi$ 的扇区的映像. 而这些扇区又按这个顺序相互连接, 就像 a 和 a' 的各个面一样, 更确切地说, 在这里相接触的点在那里对应的也是相接触的点; 因此它们就可以将那些面 T 中包含点 O' 的面块的映像拼接成一块连通的映像, 而且这个映像显然是在平面 Λ 单重展布的.

一个变量, 如果它对每一点 O 都有一确定的值, 那么它对 Θ 每一点也是这样, 反之亦然, 因为每一个 O 只对应一个 Θ, 每一个 Θ 也只对应一个 O; 如果进

一步它还是 z 的函数, 那么它也是 ζ 的函数, 这是因为, 如果 $\dfrac{dw}{dz}$ 与 dz 无关, 就会有 $\dfrac{dw}{d\zeta}$ 与 $d\zeta$ 无关, 而且反之亦然. 由此得知, 对所有 w 对 z 的函数, 如果把它们都看成 $(z-z')^{\frac{1}{n}}$ 的函数, 那么 12 节和 13 节中的定理也可以应用到分支点 O' 上. 这就给我们带来了下面的定理:

如果一个 z 的函数 w 在从 O 向一个 $n-1$ 阶的分支点 O' 逼近的过程中变为无限大, 那么这个无限大量阶次必定等于距离的一个幂次, 其指数为 $\dfrac{1}{n}$ 的倍数, 而且如果这个指数等于 $-\dfrac{m}{n}$, 那么就能通过附上一个如下形式的表达式

$$\frac{a_1}{(z-z')^{\frac{1}{n}}}+\frac{a_2}{(z-z')^{\frac{2}{n}}}+\cdots+\frac{a_m}{(z-z')^{\frac{m}{n}}},$$

其中 $a_1, a_2, \cdots, a_m$ 为任意的复数, 变成在点 O' 处的连续函数.

这个定理包含了下述结论作为它的一个推论, 这就是, 如果在点 O 无限逼近点 O' 时 $(z-z')^{\frac{1}{n}}w$ 变为无限小, 则函数 w 在点 O' 处连续.

15

现在设想有一个 z 的函数, 它对展布在 A 上的任一曲面 T 上的每一点 O 都有一确定的值, 并且不是处处为常数, 用几何的语言来表述就是这样, 它在点 O 的值 $w=u+vi$ 可以用平面 B 上的一个其直角坐标为 (u,v) 的点 Q 来表示, 于是有以下结论:

I. 全部点 Q 可以说构成一个曲面 S, 对它的每一个点有一个在 T 中随之连续变动的点 O 与之对应.

为了证明这一点, 显然只需要证明, 点 Q 的位置总是会随点 O 的位置变动 (甚至, 一般来讲, 随着作连续的变动). 这一点包含在下述定理之中:

一个 z 的函数 $w=u+vi$, 如果它不是处处为常数, 就不可能沿一条曲线为常数.

证 设 w 沿某一条曲线取常数值 $a+bi$, 则对此曲线有 $u-a$ 以及 $\dfrac{\partial(u-a)}{\partial p}$, 它等于 $-\dfrac{\partial v}{\partial s}$, 还有

$$\frac{\partial^2(u-a)}{\partial x^2}+\frac{\partial^2(u-a)}{\partial y^2}$$

处处等于 0; 因此根据 11 节, I, 必定处处有 $u-a=0$, 又由于

$$\frac{\partial u}{\partial x}=\frac{\partial v}{\partial y}, \quad \frac{\partial u}{\partial y}=-\frac{\partial v}{\partial x},$$

从而处处也有 $v-b=0$, 这与假设矛盾.

Ⅱ. 由于在 I 中所作的假设, S 的曲面部分之间不可能是连通的, 如果它们在 T 中对应部分不是连通的话; 反过来, 在 T 中连通且 w 为连续之处, 曲面 S 就有相应的连通性.

这些假设相当于说, 与 S 的边界相对应的, 一部分是 T 的边界, 另一部分是不连续之处; 但是在曲面部分的内部, 除去个别的点外, 处处是单叶 (schlicht) 地覆盖在 B 上的, 也就是说, 绝不会有撕开成相互叠在一起的曲面部分, 也绝不会发生折叠.

因为 T 处处具有相应的连通性, 头一个结论只有在 T 出现了撕开时才会发生 —— 这违反了假设; 后一个结论我们马上就来证明.

我们首先来证明, 在 $\frac{dw}{dz}$ 为有限之处的点 Q' 不可能位于曲面 S 的折叠之上.

实际上, 如果我们用曲面 T 中形状任意、大小不定的曲面块来包围与点 Q' 对应的点 O', 那么 (根据 3 节) 我们就一定能够将它的尺寸取得这样小, 使得 S 的对应曲面部分与之相差很少, 从而是这样小, 使得它的边界在平面 B 上割出包围着 Q' 的一个曲面块. 但是如果 Q' 位于曲面 S 的折叠之上, 这就是不可能的.

作为 z 的函数, 现在 $\frac{dw}{dz}$ 根据 I 只能在个别点上等于 0, 而且由于 w 在 T 中所考察的点上连续, 只会在这个曲面的分支点上变为无限大; 由于这些, 这正是所要证明的.

Ⅲ. 于是曲面 S 就是这样的一个曲面, 对于它在 5 节对 T 所作的那些假设也能适用; 在这个曲面内对每一点 Q 未定量 z 有一个确定的值, 它随 Q 的位置这样连续地改变, 使得 $\frac{dz}{dw}$ 与位置改变的方向无关. 这样一来它就在用 S 所描绘的量域中构造了一个在前面规定的意义下的、复变量 w 随 z 而变的连续函数.

由此还进一步得出:

设 O' 与 Q' 为曲面 T 和 S 上两个相互对应的点, 在该处有 $z=z', w=w'$, 如果它们中没有一个分支点, 则在 O 向 O' 无限靠近时, $\frac{w-w'}{z-z'}$ 会逼近一个有限值, 而且映像就是在那里的一个在最小部分上的相似映像; 但是如果 Q' 是一个 $n-1$ 阶的分支点, O' 是一个 $m-1$ 阶的分支点, 则在 O 向 O' 无限靠近时, $\frac{(w-w')^{\frac{1}{n}}}{(z-z')^{\frac{1}{m}}}$ 会逼近一个有限的极限, 而且在相互接触的曲面部分出现的映像类型很容易由 14 节给出.

16[(5)]

引理 设 α 和 β 为两个 x, y 的函数, 它们对任意地展布在 A 上的曲面 T 的所有部分的下述积分

$$\int \left[\left(\frac{\partial \alpha}{\partial x} - \frac{\partial \beta}{\partial y} \right)^2 + \left(\frac{\partial \alpha}{\partial y} + \frac{\partial \beta}{\partial x} \right)^2 \right] dT$$

有有限值, 那么在改变 α 之下这个积分就得出了一个连续的, 或者只是在个别孤立点上为不连续的函数, 它在边界上等于 0, 对于这样的函数这个积分总有一个极小值, 如果我们排除那些通过改变孤立点处的函数值而可去的不连续点, 则只有一个这样的函数积分取极小值.

我们用 λ 表示一未定的连续、或还可能只在个别点上为不连续的函数, 它在边界上等于 0, 并且对它展布在整个面上的下述积分

$$L = \int \left(\left(\frac{\partial \lambda}{\partial x} \right)^2 + \left(\frac{\partial \lambda}{\partial y} \right)^2 \right) dT$$

具有有限值, 再用 ω 表示不定函数 $\alpha + \lambda$, 最后用 Ω 表示在整个面上的积分

$$\int \left[\left(\frac{\partial \omega}{\partial x} - \frac{\partial \beta}{\partial y} \right)^2 + \left(\frac{\partial \omega}{\partial y} + \frac{\partial \beta}{\partial x} \right)^2 \right] dT.$$

函数 λ 的全体构成一个连通闭域[18], 就是说, 每一个这样的函数连续地过渡到另一个这样的函数, 但是不可能无限逼近一个沿一条曲线不连续的函数, 除非 L 为无限 (17 节); 这样对任一 λ, 令 $\omega = \alpha + \lambda$, Ω 取有限值, 这个值将随 λ 的形状连续改变, 并随 L 同时变为无限, 但决不会降到零之下; 从而 Ω 至少对函数 ω 的某个形状会取极小.

为了证明我们的定理的第二部分, 设 u 为 ω 的一个函数, 它使 Ω 取极小值, h 为在整个面上的某个常量, 它使得 $u + h\lambda$ 满足前面对函数 ω 所加的条件. 对 $\omega = u + h\lambda$, Ω 将取值为

$$\begin{aligned}
&\int \left[\left(\frac{\partial u}{\partial x} - \frac{\partial \beta}{\partial y} \right)^2 + \left(\frac{\partial u}{\partial y} + \frac{\partial \beta}{\partial x} \right)^2 \right] dT \\
&+2h \int \left[\left(\frac{\partial u}{\partial x} - \frac{\partial \beta}{\partial y} \right) \frac{\partial \lambda}{\partial x} + \left(\frac{\partial u}{\partial y} + \frac{\partial \beta}{\partial x} \right) \frac{\partial \lambda}{\partial y} \right] dT \\
&+h^2 \int \left[\left(\frac{\partial \lambda}{\partial x} \right)^2 + \left(\frac{\partial \lambda}{\partial y} \right)^2 \right] dT \\
&= M + 2Nh + Lh^2,
\end{aligned}$$

于是只要 h 取得充分小, (根据极小的概念) 对任意的 λ 它都必定会大于 M. 但是这就要求对任意 λ 有 $N=0$; 因为否则的话, 在 h 与 N 的符号相反, 而且在不计符号时假设有小于 $\dfrac{2N}{L}$, 则下式

$$2Nh+Lh^2=Lh^2\left(1+\frac{2N}{Lh}\right)$$

就会取负值. 令 $\omega=u+\lambda$, 在这种形式下它显然可以取到 ω 的所包含的所有值, 因此 Ω 对它的值将等于 $M+L$, 由于 L 实质上为正, 从而没有一个函数 ω 的形状能使 Ω 对它所取的值小于对 $\omega=u$ 所取的值.

如果我们现在对 ω 的另一个函数 u' 求得了另一个在 Ω 上的极小值 M', 那么上面的结论对它也适用, 于是有 $M'\leqslant M$ 以及 $M\leqslant M'$, 从而 $M=M'$. 但是如果把 u' 写成 $u+\lambda'$ 的形式, 则我们就得到 M' 的表达式为 $M+L'$, 其中 L' 表示 L 在 $\lambda=\lambda'$ 时所取的值, 而方程 $M=M'$ 就给出 $L'=0$. 这只有在所有的面部分上有

$$\frac{\partial\lambda'}{\partial x}=0,\quad \frac{\partial\lambda'}{\partial y}=0$$

时才有可能, 因此, 只要 λ' 还连续, 这个函数就必定是一个常数, 并且由于它在边界上等于 0, 而且不会沿一条曲线发生不连续, 从而最多只能在个别点上有异于零的值. 因此, 两个 ω 的函数, 如果它们都赋予 Ω 一极小, 只能在个别点上相互有差异, 如果不计 u 的那些通过改变孤立点处函数值而可去的不连续点, 这个函数就完全确定了.

17

现在我们事后来补充证明, 在 λ 能无限逼近一个沿一条曲线不连续的函数 γ 的情况下, L 的有限性将不再保持, 就是说, 如果函数 λ 满足这样的条件, 它在一个包围间断曲线的面部分 T' 之外与 γ 一致, 那么我们总可以将 T' 取得如此之小, 以致 L 必定会大于一个任意给定的量 C.

关于不连续曲线我们在通常的意义下取其 s 和 p, 对不定的 s 我们用 κ 表示曲率, 当凸向正 p 一侧时视为正, p 在 T' 的边界正侧的值用 p_1 表示, 在负侧的值用 p_2 表示, γ 相应的值分别用 γ_1 和 γ_2 表示. 现在我们来考察这条曲线上任一连续弯曲的一段, 则 T' 中包含在其两端点的法线之间的部分, 如果尚未扩展到曲率中心, 对 L 的贡献为

$$\int ds\int_{p_2}^{p_1}dp\,(1-\kappa p)\left[\left(\frac{\partial\lambda}{\partial p}\right)^2+\left(\frac{\partial\lambda}{\partial s}\right)^2\frac{1}{(1-\kappa p)^2}\right];$$

这个表达式的最小值为

$$\int_{p_2}^{p_1} \left(\frac{\partial \lambda}{\partial p}\right)^2 (1-\kappa p)dp,$$

但是在 λ 的两个固定的边界值为 γ_1 和 γ_2 时, 根据众所周知的规则求得

$$= \frac{(\gamma_1-\gamma_2)^2\kappa}{\log(1-\kappa p_2)-\log(1-\kappa p_1)},$$

从而, 即使设 λ 在 T' 的内部, 该值也必定会

$$> \int \frac{(\gamma_1-\gamma_2)^2\kappa ds}{\log(1-\kappa p_2)-\log(1-\kappa p_1)}.$$

如果 $(\gamma_1-\gamma_2)^2$ 对 $\pi_1 > p_1 > 0$ 和 $\pi_2 < p_2 < 0$ 所取得的最大值随 $\pi_1-\pi_2$ 一道变为无限小, 则函数 γ 在 $p=0$ 处为连续; 于是对 s 的任一值总可以取这样的一个有限量 m, 使得不管 $\pi_1-\pi_2$ 取得如何小, 总是会包含在通过 $\pi_1 > p_1 \geqslant 0$ 和 $\pi_2 < p_2 \leqslant 0$ (其中等式是相互排斥的) 所表达的 p_1 和 p_2 的边界值之内, 对于它有 $(\gamma_1-\gamma_2)^2 > m$. 我们再在先前的限制下设 T' 取任何形状, 这时我们给 p_1 和 p_2 以确定的值 P_1 和 P_2, 并用 a 来表示在不连续曲线上沿所考察的部分的下述积分的值

$$\int \frac{m\kappa ds}{\log(1-\kappa P_2)-\log(1-\kappa P_1)},$$

这样显然我们能使

$$\int \frac{(\gamma_1-\gamma_2)^2\kappa ds}{\log(1-\kappa p_2)-\log(1-\kappa p_1)} > C,$$

办法就是, 对于 s 的任一值我们这样来取 p_1 和 p_2 的值, 使得下述不等式

$$p_1 < \frac{1-(1-\kappa P_1)^{\frac{a}{C}}}{\kappa}, \quad p_2 > \frac{1-(1-\kappa P_2)^{\frac{a}{C}}}{\kappa}, \quad \text{以及}\ (\gamma_1-\gamma_2)^2 > m$$

能够成立. 但是这会带来这样的结果, 就是, 即使将 λ 取在 T' 之内, 那从对 T' 的所考察的曲面块所得出的 L 部分就会因此使得 L 本身大于 C, 这正是所要证明的.(6)[19]

18

根据 16 节我们已经对在那里设定的函数 u 以及一个任意的函数 λ 证明了下述在整个曲面 T 上的积分

$$N = \int \left[\left(\frac{\partial u}{\partial x}-\frac{\partial \beta}{\partial y}\right)\frac{\partial \lambda}{\partial x}+\left(\frac{\partial u}{\partial y}+\frac{\partial \beta}{\partial x}\right)\frac{\partial \lambda}{\partial y}\right]dT = 0.$$

现在我们要从这个方程导出进一步的结论.

如果我们从曲面 T 上割出包围 u,β,λ 的不连续之处的曲面块 T', 那么在从余下的曲面块 T'' 得出的 N 的部分, 借助于 7 节, 8 节, 当将其中的 X 代之以 $\left(\frac{\partial u}{\partial x}-\frac{\partial \beta}{\partial y}\right)\lambda$, Y 代之以 $\left(\frac{\partial u}{\partial y}+\frac{\partial \beta}{\partial x}\right)\lambda$ 后, 就求得为

$$-\int\lambda\left(\frac{\partial^2 u}{\partial x^2}+\frac{\partial^2 u}{\partial y^2}\right)dT-\int\left(\frac{\partial u}{\partial p}+\frac{\partial \beta}{\partial s}\right)\lambda ds.$$

由于加在函数 λ 上的边界条件, 在与 T 有公共边界块的 T'' 部分上的积分

$$\int\left(\frac{\partial u}{\partial p}+\frac{\partial \beta}{\partial s}\right)\lambda ds$$

等于 0, 于是 N 就可以看成是由两部分组合成的, 一部分为对 T'' 的积分

$$-\int\lambda\left(\frac{\partial^2 u}{\partial x^2}+\frac{\partial^2 u}{\partial y^2}\right)dT,$$

另一部分为对 T' 积分

$$\int\left[\left(\frac{\partial u}{\partial x}-\frac{\partial \beta}{\partial y}\right)\frac{\partial \lambda}{\partial x}+\left(\frac{\partial u}{\partial y}+\frac{\partial \beta}{\partial x}\right)\frac{\partial \lambda}{\partial y}\right]dT+\int\left(\frac{\partial u}{\partial p}+\frac{\partial \beta}{\partial s}\right)\lambda ds.$$

现在显然可知, 如果在曲面 T 的某一部分上 $\frac{\partial^2 u}{\partial x^2}+\frac{\partial^2 u}{\partial y^2}$ 异于零, 那么 N 同样地也可以得到异于零的值, 只要我们现在选 λ, 它现在还可以自由选取, 在 T' 内等于 0, 而在 T'' 则这样来选取, 使得 $\lambda\left(\frac{\partial^2 u}{\partial x^2}+\frac{\partial^2 u}{\partial y^2}\right)$ 处处有相同的符号. 但是如果 $\frac{\partial^2 u}{\partial x^2}+\frac{\partial^2 u}{\partial y^2}$ 在 T 恒等于 0, 那么对任意 λ, 由 T'' 对 N 的贡献部分也会等于零, 于是条件 $N=0$ 就会得出, 在不连续处所贡献的部分会等于 0.

这样一来, 对于函数 $\frac{\partial u}{\partial x}-\frac{\partial \beta}{\partial y}, \frac{\partial u}{\partial y}+\frac{\partial \beta}{\partial x}$, 如果我们令前者为 X, 后者为 Y, 一般来说, 我们不仅有方程

$$\frac{\partial X}{\partial x}+\frac{\partial Y}{\partial y}=0,$$

而且沿 T 的任一部分的全部边界的下述积分也会有

$$\int\left(X\frac{\partial x}{\partial p}+Y\frac{\partial y}{\partial p}\right)ds=0,$$

只要这个表达式通常还有一个确定的值的话.

这样, 如果曲面 T 是多连通的话 (根据 9 节, V), 用横割线把它剖分为单连通的 T^*, 则积分

$$-\int_{O_0}^{O}\left(\frac{\partial u}{\partial p}+\frac{\partial \beta}{\partial s}\right)ds$$

对在 T^* 内任意一条从 O_0 到 O 的曲线都有相同的值, 因而, 在将 O_0 看成是固定时, 它就构成一个 x, y 的函数, 它在 T^* 内处处连续, 并且沿割线的两侧有相同的变化. 把这个函数 ν 加到 β 上去, 给我们提供了一个函数 $v=\beta+\nu$, 它的微商有 $\dfrac{\partial v}{\partial x}=-\dfrac{\partial u}{\partial y}$ 以及 $\dfrac{\partial v}{\partial y}=\dfrac{\partial u}{\partial x}$.

于是我们有下述

引理 *如果一连通曲面 T 由横割线剖分成单连通的 T^*, 在其上给定了一个 x, y 的复函数 $\alpha+\beta i$, 它在整个曲面上的积分*

$$\int\left[\left(\frac{\partial \alpha}{\partial x}-\frac{\partial \beta}{\partial y}\right)^2+\left(\frac{\partial \alpha}{\partial y}+\frac{\partial \beta}{\partial x}\right)^2\right]dT$$

为有限值, 则它总能, 也只能以一种方式, 通过附加一个 x, y 的函数 $\mu+\nu i$, 变成 z 的函数, 这个函数 $\mu+\nu i$ 满足下述条件:

1) μ 在边界上等于 0, 或者只在其上的个别点上异于零, ν 在一点上任意给定.

2) μ 在 T 中以及 ν 在 T^* 中的变化只在个别点上不连续, 而且只是在此情形下, 使得在整个面上的积分

$$\int\left[\left(\frac{\partial \mu}{\partial x}\right)^2+\left(\frac{\partial \mu}{\partial y}\right)^2\right]dT \quad \text{以及} \quad \int\left[\left(\frac{\partial \nu}{\partial x}\right)^2+\left(\frac{\partial \nu}{\partial y}\right)^2\right]dT$$

取有限值, 而且后者沿割线两侧相等.

以上条件足以确定 $\mu+\nu i$, 这一点可由下面得出, 因为 ν 可由 μ 确定到只差一个附加的常数, 而 μ 总是同时会使积分 Ω 取极小, 因为如果令 $u=\alpha+\mu$, 显然对任一 λ 会有 $N=0$; 根据 16 节这是一个只有一个函数才能具有的性质.

19

作为上一节末所述引理的基础的原理, 开辟了研究 (与其具体表达式无关的) 单个复变量的确定的函数之路.

为了定位这个领域需要大致估计一下为确定在给定变量域内的这样一个函数所需的条件.

首先我们只限于一个确定的情形, 如果展布在 A 上的一个曲面, 变量域就是用它来描述的, 是单连通的, 这样 z 的函数 $w=u+vi$ 就可以按照下面的条件来确定:

1) u 在边界的所有点上的值给定, 它们在位置的无限小的改变下改变一个相同阶次的无限小量, 但在其他情况下可以随意改变. ①

2) v 在任一点的值可以随意给定.

3) 函数在所有点上应有限和连续.

通过这些条件它就完全确定下来了.

实际上这一点可以从上一节的引理导出, 如果我们这样来确定 $\alpha+\beta i$, 而这总是可能的, 让 α 在边界上等于给定的值, 而在整个面上对任一位置的无限小的变动, $\alpha+\beta i$ 的改变为同阶无限小.

因此, 一般来讲, u 在边界上作为 s 的完全任意的函数给定, 并且 v 由此随之处处确定; 但是反过来也可以在边界上每一点任意给定 v, 于是 u 的值由此随之确定. 因此 w 在边界点上的值的选择的活动空间在每一边界点上就包括了一个一维流形, 而完全确定它就需要在每一边界点上有一个方程, 这一点还不是很重要的, 使得每一个这样的方程只涉及在边界点上的一项的值. 也可以这样来完成这一确定, 就是对每一边界点给定一个随其位置连续改变其形式的, 含这两项②的方程, 或者对边界的多个部分同时做到, 对其中一个部分的每一点令 $n-1$ 个确定点, 而对其余部分每一个则令一个确定的点与之对应, 并且对每 n 个这样的点共同给以 n 个随其位置连续改变的方程. 但是这些条件, 它们的总体构成一个连续流形, 并且由任意函数之间的方程来表达, 为了能够而且足够确定一个在量的变化区域内处处的连续函数, 一般来说, 还需要再补充一个用一些单独的方程 —— 对任意常数的方程 —— 来表达的限制, 就是这样到现在为止我们估计的精确性还没有谈到[21].

对那种量 z 的变化域由一多连通面来表示的情形, 以上的研究不必作实质的改变, 这就是应用 18 节的引理可以得到直至越过横割线所产生的变化, 就像刚才处理的函数一样, 如果边界条件所含的可供支配的常数个数等于横割线的数目, 这种变化就可令它等于 0.

在内部有一条线上失去了连续性的情况, 如果把这条线看成是曲面的割线, 也就属于前面那种情况.

最后如果允许在一单个的点上违反连续性, 因而根据 12 节就可能有点函数在其上趋向无限大, 那么在对此点保持平常在我们的最初情况所作的假设之下,

①对这些值的变化本身只限制它不要沿边界部分发生不连续; 只有在避免在此引起不必要的麻烦时才会作进一步的限制[20].

②这里原文为 Gleider, 疑应为 Glieder. ——中译者注

我们就能够任意给定一个 z 的函数, 只要我们要确定的函数在减去它之后就会是连续的; 但是由此它就完全确定了. 然后我们令量 $\alpha+\beta i$ 在一个围绕该不连续点所画的任意小的圆上等于这个给定的函数, 但在其余地方则等于先前所规定的, 则沿这个圆的积分

$$\int\left[\left(\frac{\partial\alpha}{\partial x}-\frac{\partial\beta}{\partial y}\right)^2+\left(\frac{\partial\alpha}{\partial y}+\frac{\partial\beta}{\partial x}\right)^2\right]dT$$

会等于 0, 沿其余部分的积分等于一个有限量, 因此我们可以将上一节的引理应用上去, 由此得到一个具有我们所期望的性质的函数. 于是我们借助 13 节中的几个引理就可推知, 在一般情况下, 如果函数在一个单独的不连续点处变为无限大的阶次为 n, 则可供支配的常数的个数为 $2n$.

几何地来表述就是 (按照 15 节), 一个在一给定的二维量域内变化的复变量 z 的函数 w, 从一个覆盖一给定 A 的曲面 T (在其一个最小部分挖去个别孤立的点) 得出类似的覆盖 B 的像 S. 这些条件是作为确定函数的充分而又必要的条件来求得的, 涉及的是它们在边界上的值, 或是在不连续点处的值; 因此它们全都好像是 (15 节) S 的边界位置的条件, 也就是说, 它们为每一个边界点给出了一个条件方程. 既然每一个这样的方程只涉及一个边界点, 那么它们要用一族曲线来表示, 由它们来为每一个边界点生成一个几何位置. 如果两个相互连续错开的边界点共同接受两个条件方程, 那么就会在这两个边界部分之间出现一个关系, 使得, 其中一个实际上被规定之后, 另一个也就随之定下来了. 类似的方式也会为另一种形式的条件方程给出其几何解释, 我们将不在此进一步谈下去了.

20

在数学中引进复数量的原因及其最直接的目的就是在用简单①量的代数运算所表达的变量间相互关联规律的理论之中. 特别是, 如果我们把这些规律应用于一个扩大了的范围内, 即对它们所涉及的变量给以复数值, 那么一种以往是隐藏着的和谐与规律性就会显现出来. 发生这种现象的情况直至现在还只包括一个小小的领域 —— 它几乎全都可以归结到两个变量之间的那样一种相互关联规律, 其中要么一个变量是另一个的代数②函数, 要么是这样一种函数, 它的微商是个代数函数 —— 但是在这里所作的几乎每一步不仅给那些未用复变量所得的

①我们在这里把加和减、乘和除、微分和积分都看成是初等运算, 并且如果一个相互关联的规律能用更少的初等运算来确定, 就说是更加简单一些. 实际上到目前为止在分析中所用到的函数都可以用有限个这样的运算来定义.

②即这时在二者之间会有一个代数方程.

结果一个更简单、更完整的形式, 而且还为新的发现开辟了道路, 这方面对代数函数、圆函数或者指数函数、椭圆及 Abel 函数的研究的历史就是明证.

下面将简短地提示一下, 通过我们对这种函数的研究得到了一些什么样的结果.

至今为止对这种函数的研究方法都是以一个表达式来定义作为基础, 这个表达式对它的自变量的每一个值得出这个函数的一个值; 通过我们的研究证明, 由于单个复变量函数的一般特性, 在这种定义中作为定义域的"定义面块 (Bestimmungsstücke)"中有一部分面块上的规定是其余部分定义面块的推论, 而且定义面块的范围可缩小到为确定所必需. 这大大地简化了处理. 例如为了证明同一函数的两个表达式的相等, 以往我们就要将一个表达式转变成另一个表达式, 这也就是要证明, 对自变量的每一个值二者均一致; 现在只要证明它们在一个远小得多的范围内一致就足够了.

在这里所提供的基础上建立起来的这种函数的理论, 可以以一种与用量的运算的确定方式无关的方式来确定函数的性状 (Gestaltung) (即它对自变量的每一个值所取的值), 这样对单个复变量函数的一般概念来说, 为了确定函数只需补上必要的特征就可以了, 然后就可以过渡到这个函数能够具有的各种不同的表达式. 通过相似的量的运算所表示的一类函数, 它们的共同特征于是就用加在它们身上的边界条件和间断条件来描述. 例如, 如果量 z 的变动区域是展布在整个无限平面 A 上的一个单连通或多连通域, 而且函数在其中只允许在个别点上不连续, 确切地讲是阶次为有限的无限大 (即对一个无限大的 z, 就是这个量本身, 但对每一个有限的值 z' 则为 $\dfrac{1}{z-z'}$, 这时就把它说成是一阶无限大量), 那么这个函数必定是代数函数, 反之每一个代数函数也必定满足这个条件.

这个理论, 如我们已经指出的, 容易由阐明量的运算所决定的相互依赖关系来确定, 我们不打算现在来详细阐述它, 因为我们暂时还不研究函数的表达式.

出于同样的理由我们也不打算在这里去涉及我们的定理可应用于阐述这个相互关系规律的一般理论的基础价值, 为此需要证明, 这里作为单复变量函数的基本概念与可以用量的运算来表达的相互依赖关系①完全一致.(7)

21

我们还要用一个详尽的例子来说明应用我们的一般定理的好处.

在上一节所指出的它的应用, 尽管是在研究一开始就提出来的, 还只是一个

①我们把这种关系理解为任何一个可以有限次或无限次地用四个最简单的计算操作, 加和减, 乘和除, 表达出来的关系. 量的运算表达式 (与数的运算不同) 是指这样一种计算操作, 这时不用考虑量的可公度性[22].

特例. 因为这种相互依赖关系是由有限个在那里被看成是基本运算的量的运算所决定, 所以函数只能含有限个参数, 而这对于足以确定函数的一组相互无关的边界条件和间断条件就有这样的后果, 就是在这种情况下想要用沿一条曲线在其每一点上随意地给定值来给出这种条件根本不可能. 因此对我们的目的来说比较适合的是, 不去从那里所取的例子中去选, 而宁愿选这样的例子, 其中复变量的函数依赖于一个任意的函数.

为了直观地说明和易于理解起见, 我们给它以在 19 节末所采用过的几何包装. 于是这就好像是研究这样一种可能性, 即提供已给面的一个连通的、在最小部分与之相似的映像, 这个形状为已给, 因而用上面的形式来表达就是, 对映像的每一个边界点, 确切地说对所有这种点, 画出一条正规曲线 (Ortscurve), 而且除此之外 (5 节) 边界的定向及其分支点也已给定. 我们限于在下面的情况下来求解这个问题, 这时一个曲面的每一个点只对应另一个曲面的一个点, 并且这个曲面是单连通的, 在这种情况下它的解包含在下面的引理中.

两个给定的单连通平面总可以这样来互相关联, 使得对其中一个面的每一点总可以与另一个面上随之一同连续地移动的一个点相对应, 而且它们的对应在极小部分相似; 确切地讲就是, 有一个内点和一个边界点的相对应的点可以任意给定; 但随之对所有的点这个关系就确定下来了[23].

如果两个面曲 T 和 R 都与第三个曲面 S 这样相互关联, 使得在对应的最小部分相似, 那么由此得出在曲面 T 和 R 之间的一个对应, 它显然也有这个性质. 使两个任意的曲面这样来相互关联, 其对应的极小部分之间有相似性, 这个问题现在就归结为, 将任一曲面通过一个确定的保持极小部分相似的方式作映射. 这样一来, 如果我们在平面 B 上围绕着 $w = 0$ 的点以半径 1 画一个圆 K, 则为了阐明我们的引理就只需要证明: 一块覆盖在 A 上的任意的单连通曲面 T 总可以单连通地并且在极小部分相似地映射到这个圆 K 上, 而且, 使得圆心对应于一个任意给定的点 O_0, 圆周上的一个任意给定点对应于曲面 T 的边界上的一个任意给定的点 O', 以这样方式的映射只能有一种.

对 z 的一些特殊值, 我们这样来约定, 用 Q 表示点 O_0, 用适当的下标来表示 O', 并且在 T 中围绕 O_0 以它为中心画一个任意的圆 Θ, 它不会伸到 T 的边界上, 也不会包含分支点. 如果引入极坐标, 即令 $z - z_0 = re^{\varphi i}$, 那么这时就会有函数 $\log(z - z_0) = \log r + \varphi i$. 因此它的实部的值在整个圆上连续变化, 只有点 O_0 除外, 它在那里变为无限大. 但是它的虚部, 如果我们在 φ 可能取的值中取最小的正值, 沿着 $z - z_0$ 取实值的半径, 在其一侧选其值为 0, 在其另一侧选其值为 2π, 但是接着在所有的其余点就连续改变. 显然这条半径可设为从中心引向圆周的任意一条直线 l, 从而函数 $\log(z - z_0)$ 在点 O 从这条线的负侧 (根据 8 节即指该处 p 为负值) 越过此线到它的正侧时会承受一个 $2\pi i$ 的减小, 但在其余情况下就会随它在整个圆的位置连续变化. 如果现在我们令 x, y 的函数 $\alpha+\beta i$ 在圆 Θ 内等于 $\log(z-z_0)$, 但是在它的外面, 在我们将 l 任意延伸直到边界的过程中, 我们这样来规定, 使得它

1) 在 Θ 的周边上令它等于 $\log(z-z_0)$, 在 T 的边界上为纯虚数,

2) 在从直线 l 的负侧越过它到正侧的过程中, 改变一个 $-2\pi i$, 但在平常的情况下则对每一无限小的位置变动会对应有相同数量级的无限小量的改变, 而这总是可能的, 于是我们得到下述积分式

$$\int\left[\left(\frac{\partial\alpha}{\partial x}-\frac{\partial\beta}{\partial y}\right)^2+\left(\frac{\partial\alpha}{\partial y}+\frac{\partial\beta}{\partial x}\right)^2\right]dT$$

在 Θ 上的积分值为零, 而在其余部分上的积分为一个有限值. 于是就可通过加上一个只差一个纯虚数的、常数为不定的 x, y 的连续函数, 它在边界上为纯虚数, 把 $\alpha+\beta i$ 变成一个 z 的函数 $t=m+ni$. 这个函数的实部 m 在边界上等于 0, 在点 O_0 等于 $-\infty$, 而在 T 的整个其余部分则连续变化. 因此对于 m 在从 0 到 $-\infty$ 的每一个值 a, T 被 $m=a$ 的直线分割成两部分, 其中一部分 $m<a$, O_0 包含在其中, 另一部分 $m>a$, 它的边界则一部分由 T 的边界, 一部分由直线 $m=a$, 共同组成. 面 T 的连通次数经此分割, 或者不会改变, 或者会降低, 因为这个面的次数等于 –1, 因此它或者会分割为连通次数为 0 和 –1 的两块, 或者分割成比 2 多的块数. 但后者是不可能的, 因为那样的话在这些块中至少有一块, m 在其中处处有限和连续, 而且在所有的边界上必定为常数, 因而或者必定会在一个面部分上为常数, 或者会在某个部分 —— 在某个点或沿某一条线 —— 上取到极大或极小值, 与 11 节, Ⅲ 相抵触. 因而 m 为常数的那些点就形成一条闭合曲线, 它围成包含着点 O_0 的面块, 而且 m 向内下降到必要的值, 由此得出, 只要 n 是连续的, 在顺着正向转 (这时按 8 节 s 增大) 时它总是增大, 而且它只有在从直线的负侧越过直线到其正侧时才会有一个 -2π 的突变①, 在 0 到 2π 之间的每一个值一旦忽略 2π 的一个倍数就会相等. 如果现在我们令 $e^t=w$, 则 e^m 和 n 就是点 Q 相对于以圆 K 的中心为原点的极坐标. 于是点 Q 的全体就构成处处为单重地展布在 K 上的面 S; 其点 Q_0 与圆的中心重合; 但是点 Q' 可以利用在 n 中尚待规定的常数移到圆周任意给定的点上, 这正是所要证明的.

在点 O_0 为一个 $n-1$ 阶分支点的情形时, 只要将 $\log(z-z_0)$ 换成 $\frac{1}{n}\log(z-z_0)$, 就可以用完全相同的推导方法达到目的, 它的进一步的叙述很容易用 14 节所述来完成.

①因为直线 l 是从位于面块内的一个点连到外面的一个点, 所以当它多次与边界相交时, 从内走向外就会比从外走向内多一次, 由此当顺正向转动时 n 的突变之和总是会等于 -2π.

22

我们不打算在这里来全面阐述在本文中所研究对象的一般情形, 其中一个曲面中的一个点对应于另一个曲面中的多个点, 而且不假设有单连通性, 这尤其是因为从几何观点来理解, 我们的整个研究已经达到了一个一般的形态. 局限于除去个别点外为单叶面的平面之上的限制并不是本质的; 相反它许可对这样的问题, 即将一个任意给定的曲面以保持极小部分相似的方式映射到另一个任意给定的曲面上去, 作完全相同的处理. 我们在此只限于提出两篇 Gauss 的论文, 一篇是在第 3 节中引用过的, 另一篇是他的*曲面一般理论*中的第 13 节[24].

内 容 提 要①

1. 一个复变量 $w=u+vi$, 如果它随另一个变量 $z=x+yi$ 这样变化, 使得 $\frac{dw}{dz}$ 与 dz 无关, 我们就说 w 是 z 的函数. 这个定义的根据是, 如果量 w 对 z 的依赖关系是用解析表达式给出的话, 这种情况就总会出现.

2. 复变量 z 和 w 的值用两个平面 A 和 B 上的点 O 和 Q 来描述, 它们的相互依赖关系看成是一个平面到另一个平面上的映射.

3. 如果这样一个依赖关系 (1 节) 有 $\frac{dw}{dz}$ 与 dz 无关, 那么原平面与其像之间在极小部分相似.

4. $\frac{dw}{dz}$ 与 dz 无关的条件是, 有下述恒等式成立: $\frac{\partial u}{\partial x}=\frac{\partial v}{\partial y}, \frac{\partial u}{\partial y}=-\frac{\partial v}{\partial x}$. 由它们就推得 $\frac{\partial^2 u}{\partial x^2}+\frac{\partial^2 u}{\partial y^2}=0, \frac{\partial^2 v}{\partial x^2}+\frac{\partial^2 v}{\partial y^2}=0$.

5. 对于 A 作为点 O 的位置, 我们将用展布在 A 上的一块有限的曲面 T 来代替. 这个曲面的分支点.

6. 论曲面的连通性.

7. 如果 X 和 Y 是在 T 上 x 和 y 的连续函数, 则在整个 T 上的积分 $\int\left(\frac{\partial X}{\partial x}+\frac{\partial Y}{\partial y}\right)dT$ 等于沿它的整个边界的积分 $-\int(X\cos\xi+Y\cos\eta)ds$.

8. 引进点 O 关于任一曲线的坐标 s 和 p. ds 与 dp 的正负号的相对关系要使得有 $\frac{\partial x}{\partial s}=\frac{\partial y}{\partial p}$.

9. 当在这个平面上有

$$\frac{\partial X}{\partial x}+\frac{\partial Y}{\partial y}=0$$

①这份内容提要几乎完全源于 Riemann 本人.

时, 7 节中定理的应用.

10. 在单重地覆盖 A 的面 T 中的函数 u, 一般来说, 满足方程 $\dfrac{\partial^2 u}{\partial x^2}+\dfrac{\partial^2 u}{\partial y^2}=0$, 其所有微商处处有限和连续的条件.

11. 这种函数的性质.

12. 在单重地覆盖 A 的单连通曲面 T 中 z 的一个函数 w, 连同其所有的微商处处有限和连续的条件.

13. 这样一个函数在一个内点上的不连续性.

14. 将 12 节和 13 节的定理推广到一任意平面的内点上.

15. 从覆盖于平面 A 上的曲面 T 到覆盖于平面 B 上的曲面 S 的映射, 用它来几何地描述 z 的一个函数 w 的值, 其一般性质.

16. 在整个面上的积分 $\displaystyle\int\left[\left(\frac{\partial\alpha}{\partial x}-\frac{\partial\beta}{\partial y}\right)^2+\left(\frac{\partial\alpha}{\partial y}+\frac{\partial\beta}{\partial x}\right)^2\right]dT$, 通过改变 α 我们就得到一个连续函数或者在个别点上为不连续的函数, 它在边界上等于 0, 总会在一个点上取到一极小值, 而且通过改变个别点处的值除去可移去间断点后, 就只有一个这样的点.

17. 用极限的方法建立上一节提出的定理的基础.

18. 如果在一通过横割线能分割成单连通曲面 T^* 的、任意的连通平面 T 上, 给定了一个 x,y 的函数 $\alpha+\beta i$, 对于它在整个面上的积分

$$\int\left[\left(\frac{\partial\alpha}{\partial x}-\frac{\partial\beta}{\partial y}\right)^2+\left(\frac{\partial\alpha}{\partial y}+\frac{\partial\beta}{\partial x}\right)^2\right]dT$$

为有限, 那么总有一种方式, 也只有一种方式通过加上一个 x,y 的函数 $\mu+\nu i$, 变成一个 z 的函数, 这个函数 $\mu+\nu i$ 由以下条件来确定: 1) μ 在边界上等于 0, ν 在一点给定. 2) μ 在 T 内以及 ν 在 T^* 内的改变只是在个别点上不连续, 而且只是这样地不连续, 使得在整个面上的积分 $\displaystyle\int\left[\left(\frac{\partial\mu}{\partial x}\right)^2+\left(\frac{\partial\mu}{\partial y}\right)^2\right]dT$ 与 $\displaystyle\int\left[\left(\frac{\partial\nu}{\partial x}\right)^2+\left(\frac{\partial\nu}{\partial y}\right)^2\right]dT$ 保持为有限, 而且后者在割线的两侧相等.

19. 确定在一给定区域内变化的复变量的函数的充分和必要条件的回顾.

20. 以前通过量的运算来确定函数的方式包含了多余的部分. 通过在这里所作的研究把确定一个函数的确定要素归结到最必要的程度.

21. 两个给定的单连通曲面总可以做到这样来使之相互关联, 使得其中一个的任意一个点能与另一个中的随之共同连续移动的点相对应, 并且对应的极小部分之间相似; 而且对其中的一个面的内点和一个边界点的对应点可以任意给定. 这样所有点的对应关系就完全确定下来了.

22. 结束语.

注　　释

(1) 在 Riemann 的手稿上在此还有下述补充说明:

"所谓量 w 随端值位于 $z = a$ 和 $z = b$ 的 z 连续变化, 我们的意思是: 在此区间内对应于 z 的任一无限小的改变, w 的改变也是无限小; 或者更确切地讲: 对一任意给定的量 ε, 总可以取得一个量 α, 使得对 z 位于任意一个小于 α 的区间内的两个值, 对应的两个 w 之差不会大于 ε. 这样一来, 函数的连续性必定会导致其处处为有限, 即使这一点并没有特别提出来."

(2) 似乎这里有一个疏忽, "从左到右" 这句话在这里的意思和通常的理解相反, 这里绕行的方向是由位于中心用眼睛跟踪该绕行点的观察者来判断的.

(3) 我们可以用下述例子来解释这个有点儿晦涩的表述:

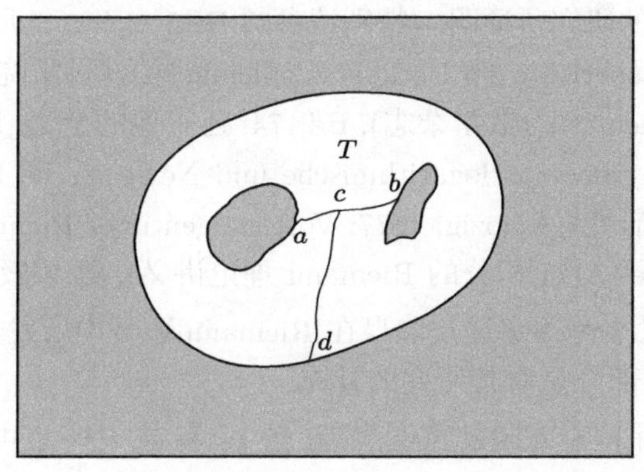

在上边的图中, T 为一个三重连通的曲面. (a, b) 为第一条割线 q_1, (c, d) 为第二条割线 q_2. 在此我们要区分函数

$$Z = \int_{O_0}^{O} \left(Y \frac{\partial x}{\partial s} - X \frac{\partial y}{\partial s} \right) ds$$

三个不同的常数差值. 它们是: 在线段 (a, c) 上: A, 在线段 (c, b) 上: B, 在线段 (c, d) 上: C. 这样, 首先越过线段 (c, d), 则此时 C 可以取任意值. 随后越过线段 (b, c), 此时 B 可以取另一个任意值. 但是此后在线段 (a, c) 上, 函数 Z 的常数差值 A 就是完确定的, 即有 $A = B + C$ (如果选定适当的符号). 类似地我们可以做出一般的结论, 即在一穿越一割线系统过程中, 函数在最后一步穿越过程中常数差值是完全确定的.

(4) 如果在积分

$$\int\left(u\frac{\partial u'}{\partial p}-u'\frac{\partial u}{\partial p}\right)ds$$

中令 $u'=1$, 则在 u 满足 10 节所给的条件下, 展布在曲面块的边缘上的积分就会为零, 于是就得到公式

$$\int\frac{\partial u}{\partial p}ds=0.$$

(5) 在 16 节中的证明方法 (依据的是 Dirichlet 的讲义) Riemann 后来 (见本文集论文 Ⅵ 的 3 节及 4 节的第一部分) 把它称为 Dirichlet 原理. Gauss 也应用过类似的结论 (关于与距离平方成反比的引力和斥力的普遍定理, 全集第Ⅴ卷). 不久以后这个结论的可靠性就受到了质疑, 特别是涉及该积分 Ω 的积分是否存在的证据, 而这也是不无道理的. 通过这个结论证明的定理, 它们给 Riemann 在函数论方面的研究带来了特有的简洁和普遍性的品质, 其本身的正确性已被在别的基础上的进一步的研究所证明. (特别请参阅 H. A. Schwarz 所作的具有决定性意义的工作, Monatsberichte der Berliner Akademie (柏林科学院月报), 1870 年 10 月, Journal f. Mathematik (数学杂志), Bd. 74, 还有他的全集, 以及 C. Neumann 的 Untersuchungen über das logarithmische und Newton'sche Potential (对对数势和 Newton 势的研究), Leipzig, 1877; Vorlesungen über Riemann's Theorie der Abel'schen Integrale (Abel 积分的 Riemann 理论讲义), 第 2 版, Leipzig, 1884.)

(6) 下述注释几乎是逐字逐句取自在 Riemann 遗著中所发现的手稿, 它部分是对 17 节的解释, 部分是对其研究的补充.

如果只有 T' 保持着有限的宽度, 则在量 p_1 和 p_2 中① 也可以有一个取成处处等于 0, 这样一来我们的证明就可以应用到那种情形, 其中不连续性沿着边界的一部分, 或者通过 γ 沿在内部的一条曲线上的改变来做到这一点. 因此在此不要将 m 直接定为 $(\gamma_1-\gamma_2)^2$ 在 p_1 与 p_2 的给定区间内最小值, 以便使这个证明还可以应用于 γ 有无限多个极大和极小的情形, 因而也就是可以应用于, 例如, 量 $\sin\dfrac{1}{p}$ 的间断线的附近.

类似地可以证明, 当 λ 无限接近这样一个函数 γ, 它在一个点 O' 的附近不连续到这样的程度, 以致在一个围绕着 O'、以 ρ 为半径的圆周上, 在 ρ 为无限小时, $\rho\dfrac{\partial\gamma}{\partial x},\rho\dfrac{\partial\gamma}{\partial y}$ 会逼近一个有限值, 甚至为无限, 这时 L 会增长到超过所有的限度.

① 这里的 p_1 和 p_2 中的 p, 原文为大写. —— 中译者注

在这种情形下可以让 ρ 取到这样一个值 R, 使得在这个圆上积分

$$\rho^2\int_0^{2\pi}\left[\left(\frac{\partial\gamma}{\partial x}\right)^2+\left(\frac{\partial\gamma}{\partial y}\right)^2\right]d\varphi$$

不为 0. 用 a 表示这个量在此区间内的极小值, 则此值会在含于半径为 $\rho=R$ 和 $\rho=r\ (r<R)$ 的圆环中的一个区域内等于 L:

$$L=\int_r^R d\rho\int_0^{2\pi}\left[\left(\frac{\partial\gamma}{\partial x}\right)^2+\left(\frac{\partial\gamma}{\partial y}\right)^2\right]d\varphi>\int_r^R\frac{a}{\rho}d\rho>a(\log R-\log r),$$

因此, 如果令 $r=\mathrm{Re}^{-\frac{C}{a}}$, 它就会大于 C. 因此如果选择 T' 的边界为一圆, 其 $\rho<\mathrm{Re}^{-\frac{C}{a}}$, 那么, 由于也可将 λ 取在这个圆内, L 中由其余的 T 所产生的部分, 从而也就是 L 自身, 会大于 C.

(但是这一研究首先是涉及这样的一个点, 该点既非分支点, 又非边界点, 不过只会在曲面的边界上的尖点, 即曲面的边界在该处会往回转的地方发生明显的改变. 要确定 λ 不能达到的不连续性的级次, 在此可也得依靠这个原理, 因而我们只提一下这个情形.)

由此也得出, 如果在 λ 与 γ 其上各不相同的曲面部分为无限小, 在不连续曲线 T' 本身, 或在 T 的其余部分上的一个不连续点, 在对 L 有一个无限大的贡献的情形下, 如果其不连续性达到了所设的级次, 我们的结论也能成立. 在这个范围内能成立对我们来说已足够了, 而且实际上对于较弱的不连续性它就不成立, 例如, 当 γ 对离不连续点 O 的距离 ρ 的关系为 $=\left(\log\dfrac{1}{\rho}\right)^{\mu}$, 且 $\mu<\dfrac{1}{2}$ 时就是这样. 为此我们给 16 节的定理的前一部分以下的限制: 设 $\omega=\alpha+\lambda$, 积分 Ω 对 λ 的某个函数取极小, 或者当 Ω 本身逼近其一极小极限时, λ 还只是在个别的点上为不连续, 在这种点上如果 $\dfrac{\partial\lambda}{\partial x},\dfrac{\partial\lambda}{\partial y}$ 为无限, 则它们的阶次不会达到 1.

如果在曲面的某处有一个刺, 因而在单独的边界点上也是这样, 在那里必定有 $\lambda=0$, 会是函数 ω 的一个不连续点, 这种不连续点可通过改变在一点处的值而移去.

(7) 后来的研究表明, 解析表达式的效力, 比 Riemann 说出这个话后似乎达到了更大的范围. 关于这方面的值得注意的例子首先是由 Seidel 给出的 (Crelles Journal, 第 73 卷, 第 279 页), 其中建立了以 z 为自变量的函数的解析表达式, 它能在一个圆域内等于一任意给定的函数, 恒等于 0 的除外, 或者, 除了在一个圆周上处处等于 0 外, 可以在圆周上等于 1. 对于定积分, 我们甚至还可以更进一步, 例如, 将 x 或 y, 或 $\sqrt{x^2+y^2}$ 表示成 $z=x+iy$ 的函数.

Weierstrass 已经证明了 (zur Funktionentheorie (关于函数论), Monatsberichte der Berliner Akademie (柏林科学院月报), 1880 年 8 月, 又见, Sammlung von

Abhandlungen aus dem Funktionenlehre (函数论论文选集), Berlin, 1886), 可以用一个由 z 的有理函数为项组成的无穷级数来表示一个定义在 z 的任意个数不同的区域上的任意给定的函数.

(感谢王跃飞教授对本篇文章的译文提出的修改建议.)

II 论电荷在一个可测物体上的分布规律, 该物体既非完全导体也非绝缘体, 而可看成是一个有有限电力抗拒电荷集聚的物体

(1854 年 9 月在 Göttingen 召开的第 31 届德国科学研究者和医生大会上的正式报告)

利用 Kohlrausch 教授在这一分组的前一届会议中提及的那些精巧的仪器, 人们对莱顿瓶中的剩余电荷的形成以及对在其他储电装置中的静电荷的形成已经作了研究. 观察到的现象基本如下: 取一个莱顿瓶, 如果给它长时间充电, 让它放电, 接着让它绝缘地放置一段时间, 于是在其中会出现可观的电荷. 这就导致了下列假定: 在第一次放电中, 不同的电荷中只有一部分重新结合了起来; 不过一部分还是留在了瓶中. 人们把这第一部分电荷称为可任意处置的电荷, 而第二部分电荷称为残留电荷. Kohlrausch 教授对可任意处置的电荷的减少以及对残留电荷的再现作了测量, 其测量的精确性使我能对一条被认为在其他场合下成立的规律作出检验. 于是这条规律就在关于静电理论的先前理论中填补了一个空白.

众所周知, 静电的数学研究是关于静电在全部绝缘的完全导体上的分布的. 人们把可测物体或看成是一个完全导体, 或看成是一个绝缘体. 因此, 按照这一理论, 充上去的全部电荷, 在平衡状态下, 只能聚集在导体或绝缘体的边界表面上. 然而, 无可否认地, 这一情况只不过是一个想象. 在大自然中, 既无电荷不能

进入的物体, 也无全部电荷只能聚集在其数学表面上的物体. 说得确切一点, 我们应该假定, 一个可测物体只有有限的强度来对抗电荷的吸收或电荷的聚集. 我们应该作出下面的假设 (其逻辑上的结果看来是与现实一致的): 可测物体并不抗拒成为带电状态, 或者说并不抗拒获取电荷, 而是抗拒处于带电状态, 或者说抗拒聚集电荷. 关于这一抗拒性的规律, 视双元观念或单元观念可分别阐述如下. 按双元观念, 电荷是指正电荷超过负电荷的那一部分, 此时在可测物体的每一点处, 这一情况是由电荷密度的强度产生的, 而这一强度以正比于超额电荷的密度, 且与超额电荷有相同符号的方式, 力图去减少电荷; 而对于一个负超额而言, 则是力图去增加. 按单元观点来看, 此时物体所带的电荷是指物体带了超过对它的自然状态应有的那部分额外电荷. 此时我们就必须假定在可测物体的每一点处, 这是由电荷密度的强度产生的, 而这一强度以正比于超额电荷密度的方式, 力图去减少电荷; 而在负电荷超额的情况下, 则力图去增加. 除了致使电荷流动的这些动因之外, 如果没有值得关注的热的、磁的或其他的感应效应或影响出现, 而且如果这些可测物体又彼此静靠着, 那么要按 Coulomb 定律来计算出相应的电动力. 在同样的这些情况下, 我们能假定由此得出的电流是和由电动力与该电流密度之间的正比例性所引起的电流无关的.

为了将流动的那些法则用公式来表示, 设 x, y, z 为直角坐标, 且设在 t 时刻位于点 (x, y, z) 处的电荷密度为 ρ. 采用 Gauss 对电势的定义 (即某一特定点处的电势等于对每一点的电荷量除以此点到特定点的距离这一量的积分), 设 u 是全部电荷给出的电势的 4π 分之一. 于是用 Coulomb 定律就得出了电动力, 它在三个坐标轴上的分量分别正比于

$$-\frac{\partial u}{\partial x}, \quad -\frac{\partial u}{\partial y}, \quad -\frac{\partial u}{\partial z},$$

而源于可测物体的反作用的电动力, 则正比于

$$-\frac{\partial \rho}{\partial x}, \quad -\frac{\partial \rho}{\partial y}, \quad -\frac{\partial \rho}{\partial z}.$$

因此可令电动力的分量等于

$$-\frac{\partial u}{\partial x} - \beta^2 \frac{\partial \rho}{\partial x}, \quad -\frac{\partial u}{\partial y} - \beta^2 \frac{\partial \rho}{\partial y}, \quad -\frac{\partial u}{\partial z} - \beta^2 \frac{\partial \rho}{\partial z},$$

其中 β^2 仅与可测物体的性质有关. 这些分量等同于正比于电流强度分量的那些时, 例如说 $\alpha\xi, \alpha\eta, \alpha\zeta$. 这里我们用 ξ, η, ζ 表示电流强度的分量, 而 α 是一个与可测物质性质有关的常数.

我们还要把这一点与下面两个方程结合起来. 先是连续性方程 (phoronomische Gleichung)

$$\frac{\partial \rho}{\partial t} + \frac{\partial \xi}{\partial x} + \frac{\partial \eta}{\partial y} + \frac{\partial \zeta}{\partial z} = 0,$$

以两种方式考虑在时间元 dt 内流入体积元 $dxdydz$ 中的电荷量，我们得到了这个方程. 再有由电势的概念得出的方程

$$\frac{\partial^2 u}{\partial x^2}+\frac{\partial^2 u}{\partial y^2}+\frac{\partial^2 u}{\partial z^2}=-\rho,$$

结合上述几个方程，便能得出

$$\alpha\frac{\partial\rho}{\partial t}+\rho-\beta^2\left(\frac{\partial^2\rho}{\partial x^2}+\frac{\partial^2\rho}{\partial y^2}+\frac{\partial^2\rho}{\partial z^2}\right)=0.$$

在推导中，我们用到了先用 α 乘以连续方程，再用 ξ,η,ζ 各值代入的这一步骤.

这就得出了关于 u 的一个偏微分方程，它对 t 是一阶的，而对空间坐标是四阶的，为了从某一特定时刻起，完全确定该可测物体中各点的 u，除了上述方程之外，我们还需要有关该可测物体的每一个点，在初始时刻的一个条件，以及关于其表面上的每一点，在随后的时刻时的两个条件.

下面我们将对这个定律在某些特定情况下得出的结论与我们的经验相比较.

对于 (出现在一个绝缘导体系中的) 平衡态而言，有

$$\frac{\partial u}{\partial x}+\beta^2\frac{\partial\rho}{\partial x}=0,\quad \frac{\partial u}{\partial y}+\beta^2\frac{\partial\rho}{\partial y}=0,\quad \frac{\partial u}{\partial z}+\beta^2\frac{\partial\rho}{\partial z}=0,$$

或

$$u+\beta^2\rho=\text{Const}.$$

或，由于有

$$-\rho=\frac{\partial^2 u}{\partial x^2}+\frac{\partial^2 u}{\partial y^2}+\frac{\partial^2 u}{\partial z^2},$$

有

$$u-\beta^2\left(\frac{\partial^2 u}{\partial x^2}+\frac{\partial^2 u}{\partial y^2}+\frac{\partial^2 u}{\partial z^2}\right)=\text{Const}.$$

对于电流平衡或稳定的态分布 (在闭合回路中有稳恒电流时)，我们有

$$\frac{\partial\rho}{\partial t}=0$$

或

$$\rho-\beta^2\left(\frac{\partial^2\rho}{\partial x^2}+\frac{\partial^2\rho}{\partial y^2}+\frac{\partial^2\rho}{\partial z^2}\right)=0.$$

现在如果长度 β 与可测物体的尺度相比很小时，那么首先有 u —— Const.，其次是 ρ 会随着深入表面内而急剧地减小，而且在内部会非常小，而且这些量事实上会随着深入表面的距离 p，近似地按 $e^{-\frac{p}{\beta}}$ 变化. 对于金属导体而言，就必属这种情况. 如果我们令 $\beta=0$，那么就得到了对完全导体成立的那个熟知的公式.

当把这个规律应用到莱顿瓶中的残留电荷的形成上去时, 因为没有关于这个装置尺寸的信息, 所以我必须假定它的尺寸与电容器平板间的距离相比可以看成是无限大. 我不愿在此作出有关的计算使得在场的尊敬的听众们感到厌烦, 因而也只能满足于陈述计算的结果了.

Kohlrausch 教授作出的测量表明: 可任意处置的电荷, 当看作时间的函数时, 可以用一条抛物线接近地加以表示. 事实上, 与电荷曲线最为接近的那条抛物线的参数会慢慢地变小, 以致当我们用 L_0 表示初始时刻时的电荷, 而用 L_t 表示时刻 t 时的电荷时, 那么量 $\dfrac{L_0 - L_t}{\sqrt{t}}$ 会随着 t 的增加而逐渐减小.

如果假定玻璃的 α 和 β^2 都非常大, 正如我们对此曾预料的那样, 而且可以看成是无限大, 然而两者的比值为有限, 那么我们的计算也得出了同样的结果. 我还未对计算结果与实验数据做过严密的比较, 这是因为我没有关于装置尺寸的信息, 而且从总体上来说, 我也缺乏可供使用的方法, 用来确定对计算作出必要的校正, 以纠正因假设所引起的偏离. 尤其是玻璃的电气常数还有待求得. 不过, 我认为我在这里推导出的有关电荷分布的定律已由 Kohlrausch 教授的一系列测量完全证实了.

下面我将简要地谈论一下这个规律在另一个不同的物理背景下的应用.

电流在金属导体中的传播是熟知的, 传播的结果也是熟知的, 即由起源于一个常值的, 或缓慢变化着的电动力产生了稳恒态的电流. 这个过程, 由于其持续时间极其短暂, 加上热的与磁的影响, 只有其结果才能在实验研究中测量到. 我们能得到的实验结果也只是: 测量出电流在电报传输线上的传播速度, 以及有关电流平衡的一些 Ohm 定律. 对这些 Ohm 定律进行更为细致的分析就引导我们得出了在这里作出的这些假定. 事实上, 我就是由此得出它们的.

Ohm 是在下述两个条件下来确定电流平衡时电流的分布的:

1) 为了切实得出电流密度正比于电动力, 我们必须在外电动力以外引入其他的一些力, 它们是一个位置的函数, 即电压 (Spannung), 的各导数.

2) 在电流平衡的情况下, 在可测物体的每一点处, 流入的电量与流出的电量一样多.

Ohm 认为电压 —— 位置的那个函数, 它的各导数是各内电动力, 是与静电荷有关的, 且正比于其密度. 这个假定, 事实上就解释了上述两个条件. 不管怎样, Weber① 教授和 Kirchhoff② 教授几乎同时已经注意到, 当电荷以均匀的密度充满可测物体时, 电荷必定处于平衡状态. 这确实是在电荷分布在表面以后, 我们对平衡状态的经验. 当处于平衡时, 电压在整个导体上必定是一个常值函数, 因

① Abhandlungen d. k. sächs. Ges. d. W. (萨克森皇家科学协会文集), 1852 年, I, 第 293 页.
② Poggendorff's Annalen, 第 79 卷, 第 506 页.

而更确切地说, 它与电荷的电势成正比. 这些内电动力与由 Coulomb 定律得出的那些力是一致的.

关于电压的这些看法也为大多数研究者所采用. 然而, 对于电流平衡的第二个条件, 即可测物体的每一部分都有一个常值的电荷, 其起因还尚未研究过.

按照电荷的双元观念, 正电量以及负电量都必须保持恒值. 看来用 Coulomb 定律中的异性电荷相吸, 我们就可以解释一种电荷为何不会形成明显地多于另一种电荷的情况 (反正只要我们对正比性不作更精确地讨论). 我们还必须假定一个原因来说明中性电荷在该物体的每一个部分中要保持不变, 以及以此方式假定可测物体对它的作用. 在 Weber 教授的建议下, 我试图用计算来导出这个假定. 我尝试了好多年, 却没有得出任何令人满意的结果.

按照电荷的单元观念, 我们只需要一个机制, 这个机制力图使可测物体中所含的电荷量保持常值. 此时我们立即就能导出上述假设, 即每一个可测物体力图拥有某一确定密度的电荷, 而抗拒或被充得多了, 或被充得少了. 这一抗拒的定则能被假定具有在玻璃的情况下已为实验所证实的那一形式.

上述这些考量导致我们先赞同 Franklin 关于电现象的独创性观点. 为了为更深刻地理解这些现象 (或通过这些现象, 或通过其他的一些现象) 奠定一个基础, 而且作为对进一步发展与修正的基础, 我们必须按实验的要求和提示来选取这些现象.

我有幸在你们这组杰出的科学家前阐述这一课题. 我希望你们会感到值得对此作进一步的详细研究.

(感谢冯承天教授对本篇文章的译文进行的全面、细致的修订.)

III 关于 Nobili 色环的理论

(选自 Poggendorff 物理与化学年鉴第 95 卷, 1855 年 3 月 28 日)

Nobili 色环是用来对由分解作用而具有导电性的物体中的电流规律进行实验研究的一个宝贵的工具. 产生这些色环的方法如下: 将一块铂板、镀金银板或铜镍锌合金板浸没在浓缩的氢氧化钾之中, 倒入氧化铅溶液, 再让电流从一很强的蓄电池流出, 通过融合在一根玻璃管中的细铂丝的顶端进入液体层, 再从上述金属板流出. 此时的阴离子, 按 Beetz 的说法是过氧化铅, 就沉积在金属板上而形成一精美的透明层, 其厚度随离电流的流入点的距离而变化, 以致在去除液体后板上就会显示出 Newton 色环. 在不同的距离处形成的涂层的相对厚度可以由色环来决定. 利用 Faraday 定律 (据此, 沉积的量处处处与流经的电量成正比), 我们导出了离开液体的电流的分布.

E. Becquerel 率先试图用计算去确定电流分布, 且把所得的结果与实验进行了比较. 他假定了液层的长度与宽度与其厚度相比可以认为是无限大, 电流在其上表面的一个点进入, 且按 Ohm 定律在该表面上流散开来. 他认为在这些假定下电流曲线可以视为直线而只有很小的误差. 由此假定他得出了一个定律: 沉积层的厚度是与离开电流流入点的距离成反比的, 他还用实验证实了这一定律.

但在另一方面, Du-Bois-Reymond 先生在柏林物理学会所作的一次报告中指出, 由直电流线的假定会得出在终点处所沉积的物质的厚度是与距离的立方成反比的, 这就引发了 Beetz 先生做了一系列的验证实验, 其结果刊登在 Poggendorff 年鉴的第 71 卷, 第 71 页上, 这就得到了更多人的相信.

在此期间作出的精确计算表明关于电流流动的直线假定是不允许的, 而且会导致一些不正确的结果. 至少在电流线到流出点有很长的一些距离 (因为它们位于两条非常接近于平行的线段之间, 而最多有一个拐点) 的情况下, 在它们路径中的中间那部分, 它们确实几乎是不弯曲的. 然而, 我们决不能由此得出用从电流进入点到达流出点的一些直线来代替真实的流线不会造成重大误差的结论. 下面我将首先从精确的计算推出由 E. Becquerel 先生和 Du-Bois-Reymond 先生作出的一些假定而得出的一些结果, 而最后再回到 Beetz 先生的一些实验上来.

我假定电流的流入点是在液层之中, 这一液层由两块水平平面所界定, 而且该流入点被限定在一点上. 我们用 r 来表示液层中的一点离流入点的水平距离, 用 z 表示该点离下边界面的高度. 我们用 u 表示该点的电压对于这一边界面的上表面处的电压的提升[1](1). 再者, 设 S 为电流强度, w 为液体的电阻率, 在电流流入处 $z=\alpha$, 在上表面处 $z=\beta$. 现在我们来确定 u, 它必定是 r 和 z 的函数. 根据 Faraday 定律, 在点 $(r,0)$ 处的电流强度必定与我们要寻求的、在那里沉积的层的厚度成正比, 于是就与 $\dfrac{1}{w}\dfrac{\partial u}{\partial z}$ 在此点的值相等.

如果一开始就假定与液层的厚度相比较, 液层伸展开来的尺度可以看成是无限大, 那么确定 u 的条件就如下:

(1) 对于 $-\infty<r<\infty,\ 0<z<\beta$,

$$\frac{\partial^2 u}{\partial r^2}+\frac{1}{r}\frac{\partial u}{\partial r}+\frac{\partial^2 u}{\partial z^2}=0;$$

(2) 对于 $-\infty<r<\infty, z=0, u=0$;

(3) 对于 $-\infty<r<\infty, z=\beta, \dfrac{\partial u}{\partial z}=0$;

(4) 对于 $r=\pm\infty,\ 0<z<\beta, u$ 有限;

(5) 对于 $r=0,\ z=\alpha$, 根据电流流入点是位于内部, 还是位于上表面上, 则分别有

$$\left.\begin{aligned} u&=\frac{wS}{4\pi}\frac{1}{\sqrt{r^2+(z-\alpha)^2}}\\ \text{或}\ u&=\frac{wS}{2\pi}\frac{1}{\sqrt{r^2+(z-\alpha)^2}}\end{aligned}\right\}+$$

一个 r 和 z 的连续函数.

下述函数就满足这些条件:

$$u=\frac{Sw}{4\pi}\sum_{-\infty}^{\infty}(-1)^m\left(\frac{1}{\sqrt{r^2+(z+2m\beta-\alpha)^2}}-\frac{1}{\sqrt{r^2+(z+2m\beta+\alpha)^2}}\right),$$

或者, 如果为了简化而取 $S=\dfrac{4\pi}{w}$, 则有

$$u=\sum_{-\infty}^{\infty}(-1)^m\left(\frac{1}{\sqrt{r^2+(z+2m\beta-\alpha)^2}}-\frac{1}{\sqrt{r^2+(z+2m\beta+\alpha)^2}}\right).$$

如果令 $u = a_1 \sin \frac{\pi z}{2\beta} + a_2 \sin 2\frac{\pi z}{2\beta} + a_3 \sin 3\frac{\pi z}{2\beta} + \cdots$, 那么对于偶数的 n, 系数 $a_n = 0$, 而对于奇数的 n, 有

$$\begin{aligned}\beta a_n &= \int_0^{2\beta} \sin n\frac{\pi t}{2\beta} \sum_{-\infty}^{\infty} (-1)^m \left(\frac{dt}{\sqrt{r^2 + (t + 2m\beta - \alpha)^2}} - \frac{dt}{\sqrt{r^2 + (t + 2m\beta + \alpha)^2}} \right) \\ &= \int_{-\infty}^{\infty} \left(\sin n\frac{\pi}{2\beta}(t+\alpha) - \sin n\frac{\pi}{2\beta}(t-\alpha) \right) \frac{dt}{\sqrt{r^2+t^2}} \\ &= 2\sin n\frac{\pi\alpha}{2\beta} \int_{-\infty}^{\infty} \cos n\frac{\pi t}{2\beta} \frac{dt}{\sqrt{r^2+t^2}} = 2\sin n\frac{\pi\alpha}{2\beta} \int_{-\infty}^{\infty} \frac{e^{n\frac{\pi}{2\beta}ti}dt}{\sqrt{r^2+t^2}}.\end{aligned}$$

在最后的一个积分中, 我们可以把 $\int_{-\infty}^{\infty}$ 当成 $2\int_{ri}^{\infty i}$. 如果我们对变量 tri 用 t 来代替, 这就得到

$$a_n = \frac{4\sin n\frac{\pi}{2\beta}\alpha}{\beta} \int_1^{\infty} \frac{e^{-n\frac{\pi}{2\beta}rt}dt}{\sqrt{t^2-1}}, \text{(2)}$$

这样就有

$$u = \sum \sin n\frac{\pi}{2\beta}z \frac{4\sin n\frac{\pi}{2\beta}\alpha}{\beta} \int_1^{\infty} \frac{e^{-n\frac{\pi}{2\beta}rt}dt}{\sqrt{t^2-1}},$$

其中对 n 的求和遍及所有正奇数.

我们假定在 $r = c$ 处是液体的边界, 而当然, 例如说, 用一个非导体来阻断. 于是在 $r = c$ 处, 必有 $\frac{\partial u}{\partial r} = 0$, 因此, 除了上面所求得的函数 u (我们现在将它记为 u'), 我们在其上还要添加一个满足下列 (1)–(4) 条件的函数 u'':

(1) 对于 $-c < r < c,\ 0 < z < \beta$ 内有 $\frac{\partial^2 u''}{\partial r^2} + \frac{1}{r}\frac{\partial u''}{\partial r} + \frac{\partial^2 u''}{\partial z^2} = 0$;

(2) 对于 $-c < r < c, z = 0$ 内有 $u'' = 0$;

(3) 对于 $-c < r < c, z = \beta$ 内有 $\frac{\partial u''}{\partial z} = 0$;

(4) 对 $r = \pm c,\ 0 < z < \beta$ 内有 $\frac{\partial u''}{\partial r} = -\frac{\partial u'}{\partial r}$;

而且还要求 u'' 是处处连续的.

由条件 (1) 到 (3), 我们还能推出 u'' 定能表示为下列形式:

$$b_1 \sin \frac{\pi}{2\beta}z + b_3 \sin 3\frac{\pi}{2\beta}z + b_5 \sin 5\frac{\pi}{2\beta}z + \cdots$$

而且由 (1) 更确切地能得出 b_n 满足下列条件:

$$\frac{d^2 b_n}{dr^2} + \frac{1}{r}\frac{db_n}{dr} - \frac{n^2\pi^2}{4\beta^2}b_n = 0.\text{[2]}$$

正如已知的, 这个方程有一个解 $\int_1^\infty \frac{e^{-n\frac{\pi}{2\beta}rt}dt}{\sqrt{t^2-1}}$. 将上述积分的积分限换成 -1 到 1, 就得到另一个特解. 于是上述方程的通解就是

$$b_n = c_n \int_1^\infty \frac{e^{-n\frac{\pi}{2\beta}rt}dt}{\sqrt{t^2-1}} + \gamma_n \int_{-1}^1 \frac{e^{-n\frac{\pi}{2\beta}rt}dt}{\sqrt{1-t^2}},$$

其中 c_n 和 γ_n 是常数. 如果我们

$$将 \int_1^\infty \frac{e^{-2qt}dt}{\sqrt{t^2-1}} 表示为 f(q), \quad \int_{-1}^1 \frac{e^{-2qt}dt}{\sqrt{1-t^2}} 表示为 \varphi(q),$$

则 b_n 就可表示为

$$b_n = c_n f\left(n\frac{\pi}{4\beta}r\right) + \gamma_n \varphi\left(n\frac{\pi}{4\beta}r\right).$$

按 q 的升幂展开就有

$$f(q) = \sum_0^\infty \frac{q^{2m}}{m!m!}(\Psi(m) - \log q),$$

$$\varphi(q) = \pi \sum_0^\infty \frac{q^{2m}}{m!m!};^{(3)[3]}$$

因此 $f(q)$ 在 $q=0$ 处是无限大, 而为了保持 u'' 在 $r=0$ 处仍为连续, 就必须有 $c_n = 0$. 于是由条件 (4) 就得出

$$\gamma_n = -\frac{4\sin n\frac{\pi}{2\beta}\alpha}{\beta} \frac{f'\left(n\frac{\pi}{4\beta}c\right)}{\varphi\left(n\frac{\pi}{4\beta}c\right)},$$

由此得到

$$u = \sum_n \sin n\frac{\pi}{2\beta}z \frac{4\sin n\frac{\pi}{2\beta}\alpha}{\beta}\left[f\left(n\frac{\pi}{4\beta}r\right) - \varphi\left(n\frac{\pi}{4\beta}r\right)\right]\frac{f'\left(n\frac{\pi}{4\beta}c\right)}{\varphi'\left(n\frac{\pi}{4\beta}c\right)},$$

这里对 n 的求和是对所有正奇数来进行的.

为了在 q 值很大时计算 $f(q)$ 和 $\varphi(q)$, 我们可以采用下列半收敛级数 [4]:

$$f(q) = e^{-2q}\sqrt{\frac{\pi}{4q}} \sum_{m<4q+1} (-1)^m \frac{(1\cdot 3\cdot\cdots\cdot(2m-1))^2}{m!(16q)^m},$$

$$\varphi(q) = e^{2q}\sqrt{\frac{\pi}{4q}} \sum_{m<4q+1} \frac{(1\cdot 3\cdot\cdots\cdot(2m-1))^2}{m!(16q)^m},^{(4)}$$

这样给出的值仅是 e^{-4q} 的数量级的一小部分. 如果这还不够精确, 那么或许最适当的就是应用 q 的升幂级数展开.

因此, 对于充分大的 $\frac{r}{\beta}i$ 值, 在略去数量级为 $e^{-3\frac{\pi}{2\beta}r}$ 的一些量以后, 我们得到

$$u=\sin\frac{\pi z}{2\beta}\frac{4\sin\frac{\pi\alpha}{2\beta}}{\beta}\sqrt{\frac{\beta}{r}}\left[e^{-\frac{\pi r}{2\beta}}\sum\frac{(1\cdot 3\cdot\cdots\cdot(2m-1))^2}{m!}\left(-\frac{\beta}{4\pi r}\right)^m\right.$$
$$-\sum\frac{(1\cdot 3\cdot\cdots\cdot(2m-1))^2}{m!}\left(\frac{\beta}{4\pi r}\right)^m\frac{\pi}{e^2\beta}^{(r-2c)}$$
$$\left.\cdot\frac{\sum\frac{(1\cdot 3\cdot\cdots\cdot(2m-1))^2(2m+1)}{m!(2m-1)}\left(-\frac{\beta}{4\pi c}\right)^m}{\sum\frac{(1\cdot 3\cdot\cdots\cdot(2m-1))^2(2m+1)}{m!(2m-1)}\left(\frac{\beta}{4\pi c}\right)^m}\right]$$

以及液层的厚度正比于 $\left(\frac{\partial u}{\partial z}\right)_0$, 或正比于

$$\frac{e^{-\frac{\pi r}{2\beta}}}{\sqrt{r}}\sum\frac{(1\cdot 3\cdot\cdots\cdot(2m-1))^2}{m!}\left(-\frac{\beta}{4\pi r}\right)^m$$
$$-\frac{e^{\frac{\pi}{2\beta}(r-2c)}}{\sqrt{r}}\sum\frac{(1\cdot 3\cdot\cdots\cdot(2m-1))^2}{m!}\left(\frac{\beta}{4\pi r}\right)^m$$
$$\cdot\frac{\sum\frac{(1\cdot 3\cdot\cdots\cdot(2m-1))^2(2m+1)}{m!(2m-1)}\left(-\frac{\beta}{4\pi c}\right)^m}{\sum\frac{(1\cdot 3\cdot\cdots\cdot(2m-1))^2(2m+1)}{m!(2m-1)}\left(\frac{\beta}{4\pi c}\right)^m}.$$

如果电流流入点不是一个点, 而假定为一个任意的回转曲面时, 这一结果一般也成立. 于是当 r 的值在 c 与一直到使条件 (1) 和 (3) 保持成立的那些数值之间时, u 能以下列形式的级数来表达:

$$u=\sum K_n\sin n\frac{\pi z}{2\beta}\left[f\left(n\frac{\pi r}{4\beta}\right)-\varphi\left(n\frac{\pi r}{4\beta}\right)\frac{f'\left(n\frac{\pi c}{4\beta}\right)}{\varphi'\left(n\frac{\pi c}{4\beta}\right)}\right],$$

其中 K_1 是不会等于零的. 如果我们虚拟地假定 K_1 取零这个值的话, 那么也仅在这一情况下, 才会得出一个例外.

E. Becquerel 先生作出的、而由 Du-Bois-Reymond 在本质上持有的一个特定假定是: 阴极是上表面上的一个点, 这样就有 $\alpha=\beta$. 在这种情况下, 根据作出的计算, 在 $\frac{r}{\alpha}$ 的值很大时, 沉积层的厚度既不与离阴极的距离成反比 (这

是 Becquerel 先生发现的), 也不与离阴极的距离的立方成反比 (这是 Du-Bois-Reymond 先生发现的). 说得更确切些, 这一厚度会随 $\frac{r}{\alpha}$ 的增大, 按指数为 $\frac{r}{\alpha}$ 的幂减小, 以致 $\frac{\alpha\log\left(\frac{\partial u}{\partial z}\right)_0}{r}$ 将以任意的精度逼近一个固定的极限 $-\frac{\pi}{2}$. 另一方面, Du-Bois-Reymond 的定律不仅在 $\frac{r}{\alpha}$ 的值很大时近似地成立, 而且在 $\beta=\infty$ 时严格成立, 这是因为此时

$$u=\sum_{-\infty}^{\infty}(-1)^m\left(\frac{1}{\sqrt{r^2+(z+2m\beta-\alpha)^2}}-\frac{1}{\sqrt{r^2+(z+2m\beta+\alpha)^2}}\right)$$

简化为

$$\frac{1}{\sqrt{r^2+(z-\alpha)^2}}-\frac{1}{\sqrt{r^2+(z+\alpha)^2}},$$

从而 $\left(\frac{\partial u}{\partial z}\right)_0$ 简化为

$$\frac{2\alpha}{\sqrt{r^2+\alpha^2}^3}.$$

不过, 得出这个结果的假定, 也即电流线可以看成直线, 却绝对没有得到过证实. 电流线的方程为

$$\int\left(r\frac{\partial u}{\partial z}dr-r\frac{\partial u}{\partial z}dz\right)=v=\text{const.},$$

实际上, 我们这样积分, 使它在 $r=0$ 时等于零, 那么这个常数在乘以 $\frac{2\pi}{w}$ 后就等于在一个回转曲面 ($v=\text{const.}$) 内流动的那部分电流. 因此, 在我们的情况下, 电流线就是由方程

$$v=2-\frac{z+\alpha}{\sqrt{r^2+(z+\alpha)^2}}\pm\frac{z-\alpha}{\sqrt{r^2+(z-\alpha)^2}}=\text{const.}$$

得出的那些曲线. 对于这一常数有很大值的情况而言, 这些曲线就与直线有很大的偏离. 事实上, Du-Bois-Reymond 先生作出了阴极是位于上表面的这一假定, 但是他后来的一些结论在本质上却与此假定无关. 这就使我们有了下列推测: 得出与立方律偏离不太大的那些结果的、Beetz 先生的实验并未考虑到 Du-Bois-Reymond 先生对阴极是在液体上表面上的这一要求. 更确切地说, Beetz 先生为了更大的方便使用了更多的液体, 以至于在 $\left(\frac{\partial u}{\partial z}\right)_0$ 的级数展开

$$\sum_0^{\infty}(-1)^m\left(\frac{2m\beta+\alpha}{\sqrt{r^2+(2m\beta+\alpha)^2}^3}-\frac{2m\beta-\alpha}{\sqrt{r^2+(2m\beta-\alpha)^2}^3}\right)$$

之中, 与第一项相比, 后面的项或者说实际上是它们的和是可以忽略不计的. 在这种情况下, Beetz 先生的精美实验确实可以看成是证明了: 电流几乎是可由假定的规律必然得出来的. 不过, 要是这个猜测是错误的话, 那么从 Beetz 先生的实验, 我们就会得出这样的结论: 当计算电流时, 我们还必须考虑其他的一些条件, 而确定电流会需要进行新的实验研究.①[5]

注 释

(1) 在这里假定了在限定界面的平板中, 电压 (电势) 为常数, 因而可以等效地说成电流处处垂直于界面而流动. 因为在实验中所用的界面平板是金属, 其导电率与液体的导电率相比要大得多得多, 所以这个假定是成立的. 与此相比, 只有当这块金属板很薄时, 才需要质疑 (参见编者发表在 Göttinger Gesellschaft der Wissenschaften (Göttingen 科学协会通报), 1889 年, 第 6 期上的一份通报 "Ueber stationäre Strömung der Electricität (论平板中电的稳恒流动)").

(2) 变换

$$\int_{-\infty}^{+\infty} \frac{e^{n\frac{\pi}{2\beta}ti}dt}{\sqrt{r^2+t^2}} = 2\int_{ri}^{\infty i} \frac{e^{n\frac{\pi}{2\beta}ti}dt}{\sqrt{r^2+t^2}} = 2\int_{1}^{\infty} \frac{e^{-\frac{n\pi rt}{2\beta}}dt}{\sqrt{t^2-1}}$$

是基于下述定理的, 即在对一个复变量的函数积分时可以改变其积分路径, 只要在改变的过程中不要越过奇点.

(3) 函数 $f(q)$ 和 $\varphi(q)$ 的级数展开可以用下述初等方法导出.

下述两个函数

$$f(q) = \int_1^\infty \frac{e^{-2qt}dt}{\sqrt{t^2-1}}, \quad \varphi(q) = \int_{-1}^{+1} \frac{e^{-2qt}dt}{\sqrt{1-t^2}}$$

是微分方程

$$\frac{d^2y}{dq^2} + \frac{1}{q}\frac{dy}{dq} - 4y = 0$$

①Beetz 在后来的一篇论文中 (Poggendorff's Annalen, 第 95 卷, 第 22 页) 又从新回到了这一课题上. 从中首先得出的是, 在 Beetz 的实验中, 电流流入点总是位于上表面上, 因此 Riemann 的猜测不正确. 还有就是还要转向去研究会影响电流分布规律的一些其他情况也没有必要了. 因为, 正如从上述论文所包含的总结中可以看出, Riemann 的理论结论已与 Du-Bois-Reymond 的实验结果恰好完全一致.

在 80 年代初期 (这里是指 19 世纪的 80 年代 —— 中译者注) 在这一方面有大量的研究. Guébhard 就各种各样变化的情况进行了研究. Guébhard 对他的实验所作的理论诠释与 Riemann 的理论并不一致. 看来在 Guébhard 所研究的过程中, 除了电导之外, 还要考虑其他的影响因素, 特别是考虑到了极化产生的电动力 (Compt. Rendu. 90, 93, 94. Journal de Physique (2) I. 和 II. 以及在杂志 L'Electricien (电学杂志) 之中).

的两个特解.

用一个按 q 的升幂展开的级数来解这个微分方程, 并通过 $\varphi(0)=\pi$ 来确定一个常数, 就得到

$$\varphi(q)=\pi\sum_{m=0}^{\infty}\frac{q^{2m}}{\Pi(m)\Pi(m)},$$

其中我们使用了 Gauss 符号 $\Pi(m)$, 它在 m 为正整数时表示 $1\cdot2\cdot3\cdot\cdots\cdot m$, 或 $m!$.

现在第二个特解可以通过令

$$y=u-\frac{1}{\pi}\varphi(q)\log q$$

来得到, 这里 u 是由微分方程到的、下述形式的幂级数:

$$\sum\frac{a_m q^{2m}}{\Pi(m)\Pi(m)}.$$

对于 a_m 我们有下述递推公式

$$a_m-a_{m-1}=\frac{1}{m},$$

从而在我们令第一个待定系数 $a_0=\Psi(0)$ 后就得到

$$a_m=\Psi(0)+1+\frac{1}{2}+\cdots+\frac{1}{m}=\Psi(m),$$

其中 $\Psi(m)$ 为 Gauss 引进的函数 $\dfrac{d\log\Pi(m)}{dm}$ (Gauss, Disq. circa ser inf. Werke Bd. Ⅲ, Seite 153 (关于无穷级数的讨论, 全集, 卷 Ⅲ, 第 153 页)).

因此我们令

$$F(q)=\sum_{m=0}^{\infty}\frac{q^{2m}}{\Pi(m)\Pi(m)}(\Psi(m)-\log q),$$

如果我们令 A 和 B 为尚待确定的常数, 那么必有

$$F(q)=Af(q)+B\varphi(q),$$

这两个常数的值由 $q=0$ 得出. 即有

$$\lim_{q=0}(F(q)+\log q)=\Psi(0),$$

通过分部积分:

$$\begin{aligned}f(q)&=\int_q^{\infty}\frac{e^{-2t}dt}{\sqrt{t^2-q^2}}=\int_q^{\infty}e^{-2t}d\log(\sqrt{t^2-q^2}+t)\\&=-e^{2q}\log q+2\int_q^{\infty}e^{-2t}\log(\sqrt{t^2-q^2}+t)dt,\end{aligned}$$

从而有

$$\lim_{q=0}(f(q)+\log q)=2\int_0^{\infty}e^{-2t}\log 2tdt=\int_0^{\infty}e^{-t}\log tdt=\Psi(0).$$

于是我们得到 $A=1$, $B=0$, 这与我们在正文中所得到的结果 $f(q)=F(q)$ 是一致的.

(4) 对于这两个按 q 的降幂展开的 (半收敛) 级数的式子, 我们在下列积分表达式

$$\begin{aligned}f(q)&=\int_1^{\infty}\frac{e^{-2qt}dt}{\sqrt{t^2-1}}=e^{-2q}\int_0^{\infty}\frac{e^{-2qt}dt}{\sqrt{t(t+2)}}\\&=\frac{e^{-2q}}{\sqrt{2q}}\int_0^{\infty}\frac{e^{-t}dt}{\sqrt{t}\sqrt{\dfrac{t}{2q}+2}}\end{aligned}$$

中, 用带余项的 Taylor 定理将 $\left(\dfrac{t}{2q}+2\right)^{-\frac{1}{2}}$ 按 t 的升幂展开, 在精确的限度之内, 就得出了第一个. 但是第二个式子就出现困难了. 这已经由 H. Hankel 在一篇论圆柱函数的文章 (Bd. I der Mathem. Annalen (数学年鉴第 I 卷)) 中强调指出了. 为了理解这里能找到的下列注释, 读者还应该参考编者的一篇论文 (Zur Theorie der Bessel'schen Funktionen, Mathem. Annalen Bd. XXXVII, S. 404 (关于 Bessel 函数的理论, 数学年鉴, 第 37 卷, 第 404 页)).

我们使用现今已常见的一个符号来定义复变量 x 的两个函数

$$\begin{aligned}J(x)&=\sum_{m=0}^{\infty}\frac{(-1)^m\left(\dfrac{x}{2}\right)^{2m}}{\Pi(m)\Pi(m)},\\Y(x)&=2\sum_{m=0}^{\infty}\frac{(-1)^m\left(\dfrac{x}{2}\right)^{-2m}\left(\log\dfrac{x}{2}-\Psi(m)\right)}{\Pi(m)\Pi(m)},\end{aligned}$$

在此, 为此单值地确定 $Y(x)$, 规定 $\log\dfrac{x}{2}$ 对于 x 的正的实数值取实值, 以及假定一条经过实数轴的负数部分的直线对 x 平面进行剖开, 由于通过假定 q 只取正的实数值, 这样就有

$$\begin{aligned}\varphi(q)&=\pi J(2iq),\\f(q)&=-\frac{1}{2}Y(2iq)+\frac{\pi i}{2}J(2iq),\end{aligned}$$

在上面提到的论文中还定义了两个函数

$$S_1(x) = \frac{1}{\sqrt{\pi}} \int_0^\infty \frac{e^{-s} ds}{\sqrt{s\left(1 - \dfrac{s}{2ix}\right)}},$$

$$S_2(x) = \frac{1}{\sqrt{\pi}} \int_0^\infty \frac{e^{-s} ds}{\sqrt{s\left(1 + \dfrac{s}{2ix}\right)}},$$

通过它们可将 $J(x), Y(x)$ 表示出来, 从而 $\varphi(q), f(q)$ 也可以用它们表示为

$$\sqrt{\frac{4q}{\pi}} e^{2q} f(q) = S_1(2iq),$$

$$\sqrt{\frac{4q}{\pi}} e^{-2q} \varphi(q) = S_2(2iq) - ie^{-4q} S_1(2iq).$$

现在再由上面提到的论文的第 10 节推知, 如果将 $S_1(2iq), S_2(2iq)$ 用下列有限级数代替

$$\sum_{m=0}^{n-1} (-1)^m \frac{(1 \cdot 3 \cdot \ \cdots \ \cdot (2m-1))^2}{\Pi(m)(16q)^m},$$

$$\sum_{m=0}^{n-1} \frac{(1 \cdot 3 \cdot \ \cdots \ \cdot (2m-1))^2}{\Pi(m)(16q)^m},$$

则对于一个正的实值 q, 只要 $n < 4q$, 而且不太小, 那么误差大约为

$$\sqrt{2n} e^{-n},$$

或者, 当任意数字 n 尽可能地趋近 $4q$ 时, 即有

$$\sqrt{8q} e^{-4q}.$$

所以, 我们也可以通过同样的表达式来表示

$$\sqrt{\frac{4q}{\pi}} e^{2q} f(q), \quad \sqrt{\frac{4q}{\pi}} e^{-2q} \varphi(q)$$

而达到相同的精确度, 这就与正文中的公式一致了.

这就自然地表明我们不能在狭窄的意义上使用半收敛级数的概念, 据此最初 n 项的和就会接近某一确定的值, 以致差值比最后添加上去的项总是要小. 一个仅含正项的发散级数不言而喻可以在前面提到的意义上逼近任意一个正值, 以至于其和之值通过添加另外的一些项就能越过要去描述的值, 那就是说, 在紧接

着这一项之前或之后截断项, 会得到比这一项有更小的误差, 而随后重新又持续地增长. 这样一来, 我们就只能得出以下的结论: 要选取最合适的项数, 并计算出最后余项的近似大小. 在我们正讨论的情况下, 我们只要将项数 n 尽可能地选得接近 $4q$ 就可以达到这个目的.

(感谢冯承天教授对本篇文章的译文进行的全面、细致的修订.)

IV 对可以用 Gauss 级数 $F(\alpha,\beta,\gamma,x)$ 来表达的函数理论的一个新贡献

(选自 Göttingen 王室科学协会文集第 7 卷, 1857)

1

Gauss 级数 $F(\alpha,\beta,\gamma,x)$, 当要看成第 4 个变量 x 的函数时, 只能在 x 的模不超过 1 时, 才能这样. 为了在其自变量 x 变化不受限制的整个范围内研究这种函数, 至今所做的研究工作提供了两种方法. 这就是, 人们可以或者从其所满足的微分方程出发, 或者从它们的积分表达式出发. 这两种方法各有其独特的优点; 可是直至目前, 在 Kummer 发表在 Crelle 数学杂志的第 15 卷上内容极其丰富的论文以及还有在 Gauss 尚未发表的研究中①, 只遇到第一种方法, 这很可能就是因为在积分限为两个复数时的定积分还没有得到充分的确立, 或者还可能是由于认为它还没有获得广大的读者群.

在下面的论文中我将用一种新的方法来处理这种超越函数, 这种方法主要适用于满足一个带代数系数的线性微分方程的函数. 按照这种方法以前部分要用相当费力的计算才能得到的结果, 现在几乎可以由定义直接得出来, 而且这也在本文的这一部分讲到了[1], 主要是考虑到为在物理和天文学的研究中经常使用到的这个函数可能的描述, 给出一个方便的概览. 有必要对这种自变量变动范围不受限制的函数的研究作一些一般性的说明.

作为对自变量 $x=y+zi$ 的方便理解, 我们把它们的值看成是一个无限大平面上的点, 它们的直角坐标为 (y,z), 并设想函数 w 给定在这个平面的一部分之

---

①Gauss 全集, 第 Ⅲ 卷, 1886 年, 第 207 页.

上, 所以它可以从这部分出发, 按照一个易证的定理, 它可以唯一地连续开拓到区域之外, 并且以满足方程 $\frac{\partial w}{\partial z} = i\frac{\partial w}{\partial y}$ 的方式作连续性的开拓. 这一开拓理所当然地不能沿着一条纯直线进行, 因为在其上无法建立偏微分方程, 而只能在一条有限宽度的面带上进行. 我们在这里要研究的函数是 "多值函数", 或者说对于 x 的同一个值, 依照开拓路径的不同而可以取各种不同的值, 在 x 平面上会有一个这样的点, 围绕着它走一圈会开拓到另一个函数上去, 例如, 在 $\sqrt{(x-a)}, \log(x-a)$, 以及在 μ 为非整数时的 $(x-a)^\mu$ 这些函数中的点 a. 如果我们从这种点出发画一条任意的曲线, 则在 a 的附近可以这样来选函数的值, 使得它在这条曲线之外处处连续改变; 但是它在这条曲线的两侧还可以取不同的值, 以致这个函数在越过这条曲线的开拓给出的是与这两侧已经存在的函数不同的函数.

为了简化表达式, 我们把函数在 x 平面同一部分上的不同的开拓称为这个函数的 "分支", 而将 x 的一个 (函数) 值, 围绕它函数的一个分支开拓成另一个分支, 称为 "分支值 (Verzweigungswerth)"; 对函数在那里不会发生分支的值, 就说函数在那里是 "单值的 (monodrom, 或 einändrig)"[2].

1

我将用

$$P\begin{Bmatrix} a & b & c & \\ \alpha & \beta & \gamma & x \\ \alpha' & \beta' & \gamma' & \end{Bmatrix}$$

表示满足下述条件的 x 的函数:

1) 它对 x 的所有值, 除了 a, b, c 以外, 都是单值和有限的.

2) 在它的任意三个分支 P', P'', P''' 之间有一个带常系数的线性齐次方程存在:

$$c'P' + c''P'' + c'''P''' = 0.$$

3) 函数可以写成以下的形式:

$$c_\alpha P^{(\alpha)} + c_{\alpha'}P^{(\alpha')}, \quad c_\beta P^{(\beta)} + c_{\beta'}P^{(\beta')}, \quad c_\gamma P^{(\gamma)} + c_{\gamma'}P^{(\gamma')},$$

其中 $c_\alpha, c_{\alpha'}, \cdots, c_{\gamma'}$ 为常数, 使得

$$P^{(\alpha)}(x-a)^{-\alpha}, \quad P^{(\alpha')}(x-a)^{-\alpha'}$$

对 $x=a$ 仍为单值, 而且既不为零, 又不为无限, 同时, $P^{(\beta)}(x-b)^{-\beta}, P^{(\beta')}(x-b)^{-\beta'}$ 对 $x=b$, 以及 $P^{(\gamma)}(x-c)^{-\gamma}, P^{(\gamma')}(x-c)^{-\gamma'}$ 对 $x=c$ 也一样. 对于

$\alpha,\alpha',\cdots,\gamma'$ 这六个量, 我们假设差值 $\alpha-\alpha',\beta-\beta',\gamma-\gamma'$ 没有一个是整数[3], 它们全部的总和等于 1, 即 $\alpha+\alpha'+\beta+\beta'+\gamma+\gamma'=1$.

满足这些条件的函数有多少暂时还无法确定, 这将在研究的过程中给出 (第 4 节). 为了更方便起见, 我们把 x 称为变量, 把 a,b,c 称为第一、第二和第三分支值, 把 $\alpha,\alpha';\beta,\beta';\gamma,\gamma'$ 称为 P 函数的指数对.

2

首先是几个直接从定义得出的结果.

在函数

$$P\begin{Bmatrix} a & b & c & \\ \alpha & \beta & \gamma & x \\ \alpha' & \beta' & \gamma' & \end{Bmatrix}$$

中可以将前面三竖行 (列) 相互任意置换, 同样地, α 也可以用 α', β 可以用 β', 以及 γ 可以用 γ' 来代替, 此外, 在 x 用 x' 的一个一次有理表达式替换, 在 $x=a,b,c$ 时这个表达式取值 a',b',c', 此时, 我们还会有

$$P\begin{Bmatrix} a & b & c & \\ \alpha & \beta & \gamma & x \\ \alpha' & \beta' & \gamma' & \end{Bmatrix}=P\begin{Bmatrix} a' & b' & c' & \\ \alpha & \beta & \gamma & x' \\ \alpha' & \beta' & \gamma' & \end{Bmatrix}.$$

对于

$$P\begin{Bmatrix} 0 & \infty & 1 & \\ \alpha & \beta & \gamma & x \\ \alpha' & \beta' & \gamma' & \end{Bmatrix},$$

由于上述, 任何具有相同 $\alpha,\alpha',\cdots,\gamma'$ 的 P 函数均可归结到它, 为了简单起见我们今后就记之为

$$P\begin{pmatrix} \alpha & \beta & \gamma & \\ \alpha' & \beta' & \gamma' & x \end{pmatrix}.$$

因而在这样的一个函数中可以将 $\alpha,\alpha';\ \beta,\beta';\ \gamma,\gamma'$ 这几对中的量对调, 也可以在这几对量之间任意对调, 只要我们将这样得到的 P 函数的自变量 x, 用它的一个一次有理表达式代入, 它对这个函数的第一、第二及第三指数对相应的 x 值分别取值 $0,\infty,1$. 用这种方式我们就得到了用变量 $x,1-x,\dfrac{1}{x},1-\dfrac{1}{x},\dfrac{x}{x-1},\dfrac{1}{1-x}$ 的相同指数但顺序不同的 P 函数来表示函数

$$P\begin{pmatrix} \alpha & \beta & \gamma & \\ \alpha' & \beta' & \gamma' & x \end{pmatrix}.$$

由定义还进一步得到

$$P\begin{Bmatrix} a & b & c & \\ \alpha & \beta & \gamma & x \\ \alpha' & \beta' & \gamma' & \end{Bmatrix}\left(\frac{x-a}{x-b}\right)^{\delta} = P\begin{Bmatrix} a & b & c & \\ \alpha+\delta & \beta-\delta & \gamma & x \\ \alpha'+\delta & \beta'-\delta & \gamma' & \end{Bmatrix};$$

因而也就有

$$x^{\delta}(1-x)^{\varepsilon}P\begin{pmatrix} \alpha & \beta & \gamma & \\ & & & x \\ \alpha' & \beta' & \gamma' & \end{pmatrix} = P\begin{pmatrix} \alpha+\delta & \beta-\delta-\varepsilon & \gamma+\varepsilon & \\ & & & x \\ \alpha'+\delta & \beta'-\delta-\varepsilon & \gamma'+\varepsilon & \end{pmatrix}.$$

通过这一变换可以让两个不同对的指数取得任意给定的值, 而且作为指数的值, 由于在它们之间存在着条件 $\alpha+\alpha'+\beta+\beta'+\gamma+\gamma'=1$, 它们的三个差值 $\alpha-\alpha',\beta-\beta',\gamma-\gamma'$ 应和原先是一样的. 由于这个原因, 为了概括起来简单起见以后就用

$$P(\alpha-\alpha',\beta-\beta',\gamma-\gamma',x)$$

来表示所有形如 $x^{\delta}(1-x)^{\varepsilon}P\begin{pmatrix} \alpha & \beta & \gamma & \\ & & & x \\ \alpha' & \beta' & \gamma' & \end{pmatrix}$ 的任意函数.

3

现在首要的事是必须对函数的性态做更深入的研究. 为此我们设想通过函数所有的分支点画一条闭曲线 l, 它把全部复数值分成两个区域. 于是在其中每一个域内函数的每一分支为连续, 而与其他分支分开变化; 但沿共同的边界线一个区域中的分支与另一个区域中的分支之间的关系在不同的边界区内各不相同. 为了描述它们方便起见, 我把由系数组 $S=\begin{pmatrix} p & q \\ r & s \end{pmatrix}$ 与变量 t,u 构成的线性表达式 $pt+qu,rt+su$ 用 $(S)(t,u)$ 来表示. 此外仿照 Gauss 提出的把 $+i$ 叫作 "正横向单位", 我们把作为给定方向的一侧向叫作 "正侧向", 就如 $+i$ 与 1 的关系一样 (也就是和在通常的复变量的图示中那样放在左面). 与此相应地我们说 x "围绕着分支点 a 做了一个正向转动", 如果它沿着一个只包含这个支点而不含别的支点的区域的边界走了一整圈, 而运动的方向则是相对于从里到外的正方向. 现在曲线 l 沿以下顺序依次通过点 $x=c,x=b,x=a$, 而在其正侧的区域内有函数 P 的两个相互之间不成比例关系的分支 P',P''. 那么任何其他一个分支 P''', 由于有一个 $c'''\neq 0$ 使得方程 $c'P'+c''P''+c'''P'''=0$ 存在, 可以用带常系数的 P' 和 P'' 的线性表出. 现在我们假设 P',P'' 通过量 x 绕点 a 的一个正转动变换为 $(A)(P',P'')$, 通过绕点 b 变换为 $(B)(P,P'')$, 通过绕点 c 变换为 $(C)(P',P'')$, 那

么函数的周期性就可以由系数 $(A),(B),(C)$ 完全确定. 但是在这些系数之间还有关系存在. 这就是如果 x 沿这条线 l 的负岸跑一遍, 则函数 P',P'' 应该再次取原先的值, 因为这条走过的路径构成一变量区域的整个边界的负侧, 而此函数在这个区域内处处是单值的. 但这也正好像是, 值 x 沿正侧从数值 c,b,a 中的一个移动到下一个, 但随后每次都绕它们的每一个完成一个正向的转动, 在此过程中 (P',P'') 依次转变为 $(C)(P',P''),(C)(B)(P',P'')$, 最后变成 $(C)(B)(A)(P',P'')$. 从而有

$$(C)(B)(A)=\begin{pmatrix}1&0\\0&1\end{pmatrix}, \tag{1}$$

此方程就给出 A,B,C 的 12 个系数之间的四个条件方程.

在讨论这些方程时, 为了确切起见, 我只限于函数 $P\begin{pmatrix}\alpha&\beta&\gamma&\\ \alpha'&\beta'&\gamma'&x\end{pmatrix}$, 也就是仅限于 $a=0,b=\infty,c=1$ 这种情形, 这对结果的普遍性并没有什么妨害, 而且要作通过 $1,\infty,0$ 的曲线 l, 我们选取从 $-\infty$ 到 $+\infty$ 的实数值, 以便能依次通过 c,b,a. 在位于这条线正侧的区域内, 即其所含复数值的虚部为正的区域内, 上面刻画的 P 函数的组成部分, 即量 $P^\alpha,P^{\alpha'},P^\beta,P^{\beta'},P^\gamma,P^{\gamma'}$ 是 x 的单值函数, 而且在函数 P 给定后, 除了只差常数因子未定外, 就完全确定了, 而这些常数因子则与量 $c_\alpha,c_{\alpha'},\cdots,c_{\gamma'}$ 的选择有关. 函数 $P^\alpha,P^{\alpha'}$ 通过量 x 绕 0 正向转过一圈变为 $P^\alpha e^{\alpha 2\pi i},P^{\alpha'}e^{\alpha' 2\pi i}$, 而且同样地函数 $P^\beta,P^{\beta'}$ 通过这个量绕 ∞ 正向转过一圈变为 $P^\beta e^{\beta 2\pi i},P^{\beta'}e^{\beta' 2\pi i}$, 函数 $P^\gamma,P^{\gamma'}$ 绕 1 正向转过一圈变为 $P^\gamma e^{\gamma 2\pi i},P^{\gamma'}e^{\gamma' 2\pi i}$. 若我们将 P 通过绕 0 正向转过一圈得到的值用 P' 表示, 如果

$$P=c_\alpha P^\alpha+c_{\alpha'}P^{\alpha'},$$

那么就有

$$P'=c_\alpha e^{\alpha 2\pi i}P^\alpha+c_{\alpha'}e^{\alpha' 2\pi i}P^{\alpha'}.$$

因为根据假设 $\alpha-\alpha'$ 不为整数, 上述表达式的行列式不为零, 从而 $P^\alpha,P^{\alpha'}$ 反过来也就可以通过常系数用 P,P' 线性表出, 于是又可以由 $P^\beta,P^{\beta'};P^\gamma,P^{\gamma'}$ 用常系数线性表出. 如果我们设

$$P^\alpha=\alpha_\beta P^\beta+\alpha_{\beta'}P^{\beta'}=\alpha_\gamma P^\gamma+\alpha_{\gamma'}P^{\gamma'},$$
$$P^{\alpha'}=\alpha'_\beta P^\beta+\alpha'_{\beta'}P^{\beta'}=\alpha'_\gamma P^\gamma+\alpha'_{\gamma'}P^{\gamma'},$$

并且为简化起见令 $\begin{Bmatrix}\alpha_\beta&\alpha_{\beta'}\\ \alpha'_\beta&\alpha'_{\beta'}\end{Bmatrix}=(b),\begin{Bmatrix}\alpha_\gamma&\alpha_{\gamma'}\\ \alpha'_\gamma&\alpha'_{\gamma'}\end{Bmatrix}=(c)$, 并将 (b) 和 (c) 的逆

置换分别记为 $(b)^{-1}$ 和 $(c)^{-1}$, 则函数 $(P^{\alpha}, P^{\alpha'})$ 所受到的置换就分别为

$$(A) = \begin{Bmatrix} e^{\alpha 2\pi i} & 0 \\ 0 & e^{\alpha' 2\pi i} \end{Bmatrix}, \quad (B) = (b)\begin{Bmatrix} e^{\beta 2\pi i} & 0 \\ 0 & e^{\beta' 2\pi i} \end{Bmatrix}(b)^{-1},$$

$$(C) = (c)\begin{Bmatrix} e^{\gamma 2\pi i} & 0 \\ 0 & e^{\gamma' 2\pi i} \end{Bmatrix}(c)^{-1}.$$

由于复合置换的行列式是各个因子置换的行列式之积, 所以由方程 $(C)(B)(A) = \begin{pmatrix} 1 & 0 \\ 0 & 1 \end{pmatrix}$ 首先就得出

$$\begin{aligned} 1 &= \mathrm{Det}\,(A)\mathrm{Det}\,(B)\mathrm{Det}\,(C) \\ &= e^{(\alpha+\alpha'+\beta+\beta'+\gamma+\gamma')2\pi i}\mathrm{Det}\,(b)\mathrm{Det}\,(b)^{-1}\mathrm{Det}\,(c)\mathrm{Det}\,(c)^{-1}, \end{aligned}$$

或者, 由于 $\mathrm{Det}\,(b)\mathrm{Det}\,(b)^{-1} = 1, \mathrm{Det}\,(c)\mathrm{Det}\,(c)^{-1} = 1$, 我们有

$$\alpha + \alpha' + \beta + \beta' + \gamma + \gamma' = \text{一个整数}, \tag{2}$$

而这与我们前面假设指数之和为 1 是一致的.

包含在 $(C)(B)(A) = \begin{pmatrix} 1 & 0 \\ 0 & 1 \end{pmatrix}$ 中的其余三个关系式给出 (b) 和 (c) 应满足的三个条件, 但它们更容易用下面的方法得出.

如果点 x 先绕 0, 然后再绕 ∞ 反向转一圈, 这条路线就相当于绕 1 正向转了一圈. 这样一来 P^{α} 由此变成的值就是

$$\alpha_{\gamma} e^{\gamma 2\pi i} P^{\gamma} + \alpha_{\gamma'} e^{\gamma' 2\pi i} P^{\gamma'} = (\alpha_{\beta} e^{-\beta 2\pi i} P^{\beta} + \alpha_{\beta'} e^{-\beta' 2\pi i} P^{\beta'}) e^{-\alpha 2\pi i}.$$

将此方程乘以一个任意常数 $e^{-\sigma\pi i}$, 而将 $e^{\sigma\pi i}$ 乘以方程

$$\alpha_{\gamma} P^{\gamma} + \alpha_{\gamma'} P^{\gamma'} = \alpha_{\beta} P^{\beta} + \alpha^{\beta'} P^{\beta'},$$

并将二者相减, 则在弃去公共因子后就得到

$$\begin{aligned} &\alpha_{\gamma} \sin(\sigma - \gamma)\pi e^{\gamma\pi i} P^{\gamma} + \alpha_{\gamma'} \sin(\sigma - \gamma')\pi e^{\gamma'\pi i} P^{\gamma'} \\ &= \alpha_{\beta} \sin(\sigma + \alpha + \beta)\pi e^{-(\alpha+\beta)\pi i} P^{\beta} + \alpha_{\beta'} \sin(\sigma + \alpha + \beta')\pi e^{-(\alpha+\beta')\pi i} P^{\beta'}. \end{aligned}$$

由完全相同的理由, 我们可以将上式中的 α 换成 α' 后得到

$$\begin{aligned} &\alpha'_{\gamma} \sin(\sigma - \gamma)\pi e^{\gamma\pi i} P^{\gamma} + \alpha'_{\gamma'} \sin(\sigma - \gamma')\pi e^{\gamma'\pi i} P^{\gamma'} \\ &= \alpha'_{\beta} \sin(\sigma + \alpha' + \beta)\pi e^{-(\alpha'+\beta)\pi i} P^{\beta} + \alpha'_{\beta'} \sin(\sigma + \alpha' + \beta')\pi e^{-(\alpha'+\beta')\pi i} P^{\beta'}, \end{aligned}$$

其中 σ 为任意量. 如果通过适当地选取 σ 从上两式中消除一个函数, 比如说, $P^{\gamma'}$, 则这样导致的方程只能相差一个公共因子, 因 $\dfrac{P^{\beta}}{P^{\beta'}}$ 不是常数. 于是这样消除 $P^{\gamma'}$ 就得到

$$\frac{\alpha_\gamma}{\alpha'_\gamma}=\frac{\alpha_\beta\sin(\alpha+\beta+\gamma')\pi e^{-\alpha\pi i}}{\alpha'_\beta\sin(\alpha'+\beta+\gamma')\pi e^{-\alpha'\pi i}}=\frac{\alpha_{\beta'}\sin(\alpha+\beta'+\gamma')\pi e^{-\alpha\pi i}}{\alpha'_{\beta'}\sin(\alpha'+\beta'+\gamma')\pi e^{-\alpha'\pi i}},\tag{3$_1$}$$

类似地消除 P^{γ} 就得到

$$\frac{\alpha_{\gamma'}}{\alpha'_{\gamma'}}=\frac{\alpha_\beta\sin(\alpha+\beta+\gamma)\pi e^{-\alpha\pi i}}{\alpha'_\beta\sin(\alpha'+\beta+\gamma)\pi e^{-\alpha'\pi i}}=\frac{\alpha_{\beta'}\sin(\alpha+\beta'+\gamma)\pi e^{-\alpha\pi i}}{\alpha'_{\beta'}\sin(\alpha'+\beta'+\gamma)\pi e^{-\alpha'\pi i}},\tag{3$_2$}$$

这也就是我们要寻求的四个关系式. 由它们就可以得出四个分数 $\dfrac{\alpha_\beta}{\alpha'_\beta},\dfrac{\alpha_{\beta'}}{\alpha'_{\beta'}},\dfrac{\alpha_\gamma}{\alpha'_\gamma},\dfrac{\alpha_{\gamma'}}{\alpha'_{\gamma'}}$ 的比值. 由第三和第四条件得出的比值 $\dfrac{\alpha_\beta}{\alpha'_\beta}:\dfrac{\alpha_{\beta'}}{\alpha'_{\beta'}}$ 相等这一点, 很容易借助恒等式 $\sin s\pi=\sin(1-s)\pi$ 由 $\alpha+\alpha'+\beta+\beta'+\gamma+\gamma'=1$ 得出.

这样一来, 诸量 $\dfrac{\alpha_\beta}{\alpha'_\beta},\dfrac{\alpha_{\beta'}}{\alpha'_{\beta'}},\dfrac{\alpha_\gamma}{\alpha'_\gamma},\dfrac{\alpha_{\gamma'}}{\alpha'_{\gamma'}}$ 就可以由其中一个来将其余的确定, 而 $\alpha'_{\beta'},\alpha'_\gamma,\alpha'_{\gamma'}$ 这三个量则由 $\alpha_\beta,\alpha'_\beta,\alpha_{\beta'},\alpha_\gamma,\alpha_{\gamma'}$ 这五个量来确定. 但是如果函数 P 为已给, 这五个量还会依赖于在函数 $P^\alpha,P^{\alpha'},P^\beta,P^{\beta'},P^\gamma,P^{\gamma'}$ 中的任意常数, 或者更进一步说, 依赖于其比值, 可以通过给它们每一个规定一个适当的有限值来得到.(1)①

4

上面刚刚所作的提示为我们证明下述定理铺平了道路, 这个定理是说, 在具有相同指数的两个 P 函数中, 那些相对应的组成部分相互间只能有一个常数之差.

实际上, 如果 P_1 是和 P 有一样的指数, 那么我们就可以把它们的 $\alpha_\beta,\alpha_{\beta'}$, $\alpha_\gamma,\alpha_{\gamma'}$ 和 α'_β 取得一样, 这样 $\alpha'_{\beta'},\alpha'_\gamma,\alpha'_{\gamma'}$ 也就必然一致了. 这样一来我们就同时会有

$$(P^\alpha,P^{\alpha'})=(b)(P^\beta,P^{\beta'})=(c)(P^\gamma,P^{\gamma'})$$

和

$$(P_1^\alpha,P_1^{\alpha'})=(b)(P_1^\beta,P_1^{\beta'})=(c)(P_1^\gamma,P_1^{\gamma'}),$$

从而又有

$$(P^\alpha P_1^{\alpha'}-P^{\alpha'}P_1^\alpha)=\operatorname{Det}(b)(P^\beta P_1^{\beta'}-P^{\beta'}P_1^\beta)=\operatorname{Det}(c)(P^\gamma P_1^{\gamma'}-P^{\gamma'}P_1^\gamma).$$

①本篇文章的注释 (1), (2), (3), ⋯ 的内容在下一篇文章中. —— 编者注

这三个表达式的第一个乘以 $x^{-\alpha-\alpha'}$ 后, 在 $x=0$ 处为有限和单值; 同样其中第二个乘以 $x^{\beta+\beta'}=x^{-\alpha-\alpha'-\gamma-\gamma'+1}$ 后在 $x=\infty$ 处, 和第三个乘以 $(1-x)^{-\gamma-\gamma'}$ 后在 $x=1$ 处, 为单值和有限, 而且所有这三个表达式对所有异于 $0,\infty,1$ 的 x 值同样如此; 从而下述

$$(P^{\alpha}P_1^{\alpha'}-P^{\alpha'}P_1^{\alpha})x^{-\alpha-\alpha'}(1-x)^{-\gamma-\gamma'}$$

是一个处处连续和单值的函数, 也就是说, 是一个常数. 此外, 它在 $x=\infty$ 处等于 0, 因而也就必定处处为 0.

由此得到

$$\begin{aligned}
&\frac{P_1^{\alpha'}}{P^{\alpha'}}=\frac{P_1^{\alpha}}{P^{\alpha}},\\
&\frac{P_1^{\beta}}{P^{\beta}}=\frac{P_1^{\beta'}}{P^{\beta'}}=\frac{\alpha_\beta P_1^{\beta}+\alpha_{\beta'}P_1^{\beta'}}{\alpha_\beta P^{\beta}+\alpha_{\beta'}P^{\beta'}}=\frac{P_1^{\alpha}}{P^{\alpha}},\\
&\frac{P_1^{\gamma}}{P^{\gamma}}=\frac{P_1^{\gamma'}}{P^{\gamma'}}=\frac{\alpha_\gamma P_1^{\gamma}+\alpha_{\gamma'}P_1^{\gamma'}}{\alpha_\gamma P^{\gamma}+\alpha_{\gamma'}P^{\gamma'}}=\frac{P_1^{\alpha}}{P^{\alpha}}.
\end{aligned}$$

于是函数 $\dfrac{P_1^{\alpha}}{P^{\alpha}}$ 就处处为单值, 而且还必定处处为有限, 如果再能证明 P^{α} 和 $P^{\alpha'}$ 不会在 x 异于 $0,1,\infty$ 的地方同时为零, 则它就必定为常数, 而这正是我们所要证明的.

为此我们注意到有

$$\begin{aligned}
P^{\alpha}\frac{dP^{\alpha'}}{dx}-P^{\alpha'}\frac{dP^{\alpha}}{dx}&=\operatorname{Det}(b)\left(P^{\beta}\frac{dP^{\beta'}}{dx}-P^{\beta'}\frac{dP^{\beta}}{dx}\right)\\
&=\operatorname{Det}(c)\left(P^{\gamma}\frac{dP^{\gamma'}}{dx}-P^{\gamma'}\frac{dP^{\gamma}}{dx}\right),
\end{aligned}$$

从而所研究的函数在点 $x=0,\infty,1$ 处的数量级分别为 $\alpha+\alpha'-1,\beta+\beta'+1=2-\alpha-\alpha'-\gamma-\gamma',\gamma+\gamma'-1$ 的无穷小量, 但在其他各处则都是单值、有限的, 于是

$$\left(P^{\alpha}\frac{dP^{\alpha'}}{dx}-P^{\alpha'}\frac{dP^{\alpha}}{dx}\right)x^{-\alpha-\alpha'+1}(1-x)^{-\gamma-\gamma'+1}$$

处处有限和单值, 从而只有一个常数值. 这个函数的这个常数值必定异于零, 否则就会有 $\log P^{\alpha}-\log P^{\alpha'}=\text{const.}$, 从而有 $\alpha=\alpha'$, 这与我们的假设相矛盾; 显然如果对于异于 $0,1,\infty$ 的那些 x 值有 P^{α} 和 $P^{\alpha'}$ 同时为零, 则它就必定为零, 因为作为导函数的 $\dfrac{dP^{\alpha}}{dx},\dfrac{dP^{\alpha'}}{dx}$ 仍然为单值和连续, 不可能变成无穷大.

由此得知, 对于异于 $0,1,\infty$ 的那些 x 值, P^{α} 和 $P^{\alpha'}$ 不可能同时为零, 而且还有下述单值的函数

$$\frac{P_1^{\alpha}}{P^{\alpha}}=\frac{P_1^{\alpha'}}{P^{\alpha'}}=\frac{P_1^{\beta}}{P^{\beta}}=\frac{P_1^{\beta'}}{P^{\beta'}}=\frac{P_1^{\gamma}}{P^{\gamma}}=\frac{P_1^{\gamma'}}{P^{\gamma'}}$$

就处处为有限, 从而为一常数, 这正是我们所要证明的.

由上面所证明之定理得出, 如果一个 P 函数的两个分支的商不是一个常数, 那么任何其他具有相同指数的 P 函数都可以用它们的带常系数的线性表达式表出, 而且通过在第 1 节所要求的条件将所要确定的函数用含两个常数的线性表达式完全确定下来. 这些常数都可以很容易地从函数在自变量取特殊的值时发现, 最方便的是取变量的值为某一分支点的值.

至于是否总是存在一个满足这一条件的函数这个问题, 自然在此还没有做出判断, 但稍后我们会通过实际地用定积分及超几何级数表示函数来解决这个问题, 因此并不需要做特别的研究.[4]

5

除了第 2 节关于指数的可能变换外, 由定义还可以容易地给出下述两个变换:

$$P\begin{Bmatrix}0 & \infty & 1 & \\ 0 & \beta & \gamma & x\\ \frac{1}{2} & \beta' & \gamma' & \end{Bmatrix}=P\begin{Bmatrix}-1 & \infty & 1 & \\ \gamma & 2\beta & \gamma & \sqrt{x}\\ \gamma' & 2\beta' & \gamma' & \end{Bmatrix},\tag{A}$$

其中按照前面所讲的应有 $\beta+\beta'+\gamma+\gamma'=\frac{1}{2}$, 以及

$$P\begin{Bmatrix}0 & \infty & 1 & \\ 0 & 0 & \gamma & x\\ \frac{1}{3} & \frac{1}{3} & \gamma' & \end{Bmatrix}=P\begin{Bmatrix}1 & \rho & \rho^2 & \\ \gamma & \gamma & \gamma & \sqrt[3]{x}\\ \gamma' & \gamma' & \gamma' & \end{Bmatrix},\tag{B}$$

其中 $\gamma+\gamma'=\frac{1}{3}$, ρ 表示 1 的虚三次方根. 为了能够更方便地总览全体那些通过这种变换可以相互转化的函数, 最好的办法是引进指数的差来代替这些指数, 并且和在上面提出过的那样, 用 $P(\alpha-\alpha',\beta-\beta',\gamma-\gamma',x)$ 来表示所有那些包含在形式 $x^{\delta}(1-x)^{\varepsilon}P\begin{pmatrix}\alpha & \beta & \gamma & \\ \alpha' & \beta' & \gamma' & x\end{pmatrix}$ 中的函数, 我们可以把这里的 $\alpha-\alpha',\beta-\beta',\gamma-\gamma'$ 分别称为第一、第二和第三指数差.

于是由第 2 节中的公式, 在函数

$$P(\lambda, \mu, \nu, x)$$

中, λ, μ, ν 这几个量可以随便换成它们的负值, 在这些量之间也可以随意互相对换. 在此自变量可以取下述六个量之一: $x, 1-x, \frac{1}{x}, 1-\frac{1}{x}, \frac{1}{1-x}, \frac{x}{x-1}$, 而由此所得到的 48 个 P 函数, 其中每 8 个在同一自变量下只是以改变 λ, μ, ν 这几个量的符号而相互得出.

在本节所给出的两个变换 (A) 和 (B) 中, 第一个应用于或者有一个指数差等于 $\frac{1}{2}$, 或者有两个指数差相等的情况, 而第二个则应用于或者有两个指数差等于 $\frac{1}{3}$, 或者三个指数差都相等的情况. 因此通过逐次应用这些变换可以做到在下述函数之间相互转换:

I. $$P\left(\mu, \nu, \frac{1}{2}, x_2\right), \quad P(\mu, 2\nu, \mu, x_1) \quad 和 \quad P(\nu, 2\mu, \nu, x_3),$$

其中 $\sqrt{1-x_2} = 1-2x_1, \sqrt{1-\frac{1}{x_2}} = 1-2x_3$, 由此得出

$$x_2 = 4x_1(1-x_1) = \frac{1}{4x_3(1-x_3)}.$$

II. $$P(\nu, \nu, \nu, x_3), \quad P\left(\nu, \frac{\nu}{2}, \frac{1}{2}, x_2\right), \quad P\left(\frac{\nu}{2}, 2\nu, \frac{\nu}{2}, x_1\right),$$

$$P\left(\frac{1}{3}, \nu, \frac{1}{3}, x_4\right), \quad P\left(\frac{1}{3}, \frac{\nu}{2}, \frac{1}{2}, x_5\right), \quad P\left(\frac{\nu}{2}, \frac{2}{3}, \frac{\nu}{2}, x_6\right),$$

这里有 $1-\frac{1}{x_4} = \left(\frac{x_3+\rho}{x_3+\rho^2}\right)^3$, 从而也就有

$$\frac{1}{x_4} = \frac{3(\rho-\rho^2)x_3(1-x_3)}{(\rho^2+x_3)^3},$$

以及

$$x_4(1-x_4) = \frac{(\rho+x_3)^3(\rho^2+x_3)^3}{27x_3^2(1-x_3)^2} = \frac{(1-x_3(1-x_3))^3}{27x_3^2(1-x_3)^2};$$

此外根据 I 又有

$$4x_4(1-x_4) = x_5 = \frac{1}{4x_6(1-x_6)}, \quad 4x_3(1-x_3) = x_2 = \frac{1}{4x_1(1-x_1)}.$$

Ⅲ.
$$P\left(\nu,\nu,\frac{1}{2},x_2\right),\quad P\left(\nu,2\nu,\nu,x_1\right),$$
$$P\left(\frac{1}{4},\nu,\frac{1}{2},x_3\right),\quad P\left(\frac{1}{4},2\nu,\frac{1}{4},x_4\right),$$

这里有
$$x_3=\frac{1}{4}\left(2-x_2-\frac{1}{x_2}\right)=4x_4(1-x_4),\quad x_2=4x_1(1-x_1).$$

所有这些函数还可以用一般的变换来进行变换, 从而使得其指数差可以任意交换, 并且也可以给以任意的符号. 除了在 Ⅱ 和 Ⅲ 中的那些函数之外, 在有一个指数差是任意时, 则还只有一个函数 $P\left(\nu,\frac{1}{2},\frac{1}{2}\right)=P(\nu,1,\nu)$ 容许重复应用变换 (A) 和 (B) 得到, 且由于

$$P\begin{pmatrix}0 & 0 & 0 & \\ \nu & -\nu & 1 & x\end{pmatrix}=\text{const}.x^{\nu}+\text{const}'.,$$

同时得到完全是初等的公式.

实际上变换 (B) 只能用于 $P(\nu,\nu,\nu)$ 或 $P\left(\frac{1}{3},\nu,\frac{1}{3}\right)$, 就是说只能用于超越函数 Ⅱ; 但是变换 (A) 只有当在四个量 $\mu,\nu,2\mu,2\nu$ 中有一个等于 $\frac{1}{2}$, 或者三个等式 $\mu=\nu,\mu=2\nu,\nu=2\mu$ 有一个成立时, 才可以多次重复用于 I. 但是这些假设中 $\mu=2\nu$ 或 $\nu=2\mu$ 就归结为超越函数 Ⅱ, 假设有 $\mu=\nu$ 以及 2μ 或 $2\nu=\frac{1}{2}$, 就归结为超越函数 Ⅲ, 最后, 假设有 μ 或 $\nu=\frac{1}{2}$, 就归结为函数 $P\left(\nu,\frac{1}{2},\frac{1}{2}\right)$.

人们通过对超越函数 I —Ⅲ 进行这些变换后所得到的各种不同的表达式的数目, 如果考虑到上述 P 函数的自变量允许作为确定它们的方程的所有根, 并且每一个根都是属于一个 6 个值的系统, 它是可以借助这些根的一般变换来引入, 这样就可以得到这个数目.

但是在情形 I 中属于同一个给定 x_2 的 x_1 和 x_3 这两个值导致同一个 6 个值的系统, 所以函数 I 中的每一个函数都可以用 $6\cdot 3=18$ 个各种不同自变量的 P 函数来表示.

在情形 Ⅱ 中, 从一个给定的 x_5 的值导出 x_6 和 x_4 的两个值, x_3 的 6 个值, 以及在 x_1 的 6 个值中每两个属于同一个 6 数值系, 而 x_2 的 3 个值则导致 3 个不同的 6 数值系. 因此 x_1 和 x_2 每个都给出 3 个 6 数值系, 而 x_3,x_4,x_5,x_6 的每一个则给出一个 6 数值系, 因此总共给出 $6\cdot 10=60$ 个值, 用它们的 P 函数就可以表示情形 Ⅱ 中的每一个函数.

最后在情形 Ⅲ 中, x_3, x_2 的两个值, x_4 的两个值以及在 x_1 的 4 个值中的每两个都各给出一个 6 数值系, 从而情形 Ⅲ 中的每一个函数就可以用 $6 \cdot 5 = 30$ 种不同变量的 P 函数来表示.

现在通过一般变换不用改变变量就可以让在每一个 P 函数中的指数差 (Exponenten-differenzen) 取得任意的符号, 同时还由于这些指数差没有一个会等于 0, 因此同一个函数可以用 8 种不同的方式表示成相同变量的 P 函数. 这样一来不同表达式的总数在情形 I 中为 $8 \cdot 6 \cdot 3 = 144$, 在情形 Ⅱ 中为 $8 \cdot 6 \cdot 10 = 480$, 在情形 Ⅲ 中为 $8 \cdot 6 \cdot 5 = 240$.[5]

6

如果我们将一个 P 函数中全部指数改变一个整数, 则在第 3 节的方程 (3) 中的下述各量

$$\frac{\sin(\alpha+\beta+\gamma')\pi e^{-\alpha\pi i}}{\sin(\alpha'+\beta+\gamma')\pi e^{-\alpha'\pi i}},\quad \frac{\sin(\alpha+\beta'+\gamma')\pi e^{-\alpha\pi i}}{\sin(\alpha'+\beta'+\gamma')\pi e^{-\alpha'\pi i}},$$
$$\frac{\sin(\alpha+\beta+\gamma)\pi e^{-\alpha\pi i}}{\sin(\alpha'+\beta+\gamma)\pi e^{-\alpha'\pi i}},\quad \frac{\sin(\alpha+\beta'+\gamma)\pi e^{-\alpha\pi i}}{\sin(\alpha'+\beta'+\gamma)\pi e^{-\alpha'\pi i}}$$

不会改变.

因此如果函数 $P\begin{pmatrix}\alpha & \beta & \gamma & \\ \alpha' & \beta' & \gamma' & x\end{pmatrix}, P_1\begin{pmatrix}\alpha_1 & \beta_1 & \gamma_1 & \\ \alpha_1' & \beta_1' & \gamma_1' & x\end{pmatrix}$ 的指数 α_1 和 α 等只相差一个整数, 那么我们就可以假定 $(\alpha_\beta)_1, (\alpha'_\beta)_1, (\alpha_{\beta'})_1, \cdots$ 这八个量等于 α_β, $\alpha'_\beta, \alpha_{\beta'}, \cdots$ 这 8 个量, 因为由其中任意 5 个量的相等可以得出其余 3 个量的相等来.

由此仿照在第 4 节中所使用的推导方法可以得到:

$$P^\alpha P_1^{\alpha_1'} - P^{\alpha'} P_1^{\alpha_1} = \operatorname{Det}(b)(P^\beta P_1^{\beta_1'} - P^{\beta'} P_1^{\beta_1}) = \operatorname{Det}(c)(P^\gamma P_1^{\gamma_1'} - P^{\gamma'} P_1^{\gamma_1});$$

而且如果下列各对量 $\alpha+\alpha_1'$ 与 $\alpha_1+\alpha'$, $\beta+\beta_1'$ 与 $\beta_1+\beta'$, $\gamma+\gamma_1'$ 与 $\gamma_1+\gamma'$ 一个比另一个只小一个正整数, 我们就分别用 $\overline{\alpha}, \overline{\beta}, \overline{\gamma}$ 来表示它们, 那么 x 的函数

$$(P^\alpha P_1^{\alpha_1'} - P^{\alpha'} P_1^{\alpha_1}) x^{-\overline{\alpha}} (1-x)^{-\overline{\gamma}}$$

在 $x=0, x=1$ 以及所有其他 x 为有限值之处均为单值和有限, 但在 $x=\infty$ 处为 $-\overline{\alpha}-\overline{\gamma}-\overline{\beta}$ 阶的无限大, 从而为一个 $-\overline{\alpha}-\overline{\beta}-\overline{\gamma}$ 次的多项式 F.

现在和先前一样用 λ, μ, ν 来表示 $\alpha-\alpha'$, $\beta-\beta'$, $\gamma-\gamma'$. 关于这些数首先显然有: 如果所有的指数改变一个整数, 它们的和就会改变一个偶数; 由于它们比全部指数的和 —— 它保持等于 1 不变 —— 还要大过下述值:

$$-2(\alpha'+\beta'+\gamma'),$$

而这个量的改变为偶数. 这样一来这些指数差只有在它们的和为偶数时才能改变一个任意的整数. 我们接着用 λ_1,μ_1,ν_1 来表示 $\alpha_1-\alpha_1',\beta_1-\beta_1',\gamma_1-\gamma_1'$, 用 $\Delta\lambda,\Delta\mu,\Delta\nu$ 来表示差 $\lambda-\lambda_1,\mu-\mu_1,\nu-\nu_1$ 的绝对值, 于是在 $\alpha+\alpha_1',\alpha'+\alpha_1$ 中那个比另一个小一个正数 $\Delta\lambda$ 的等于

$$\frac{\alpha+\alpha_1'+\alpha'+\alpha_1}{2}-\frac{\Delta\lambda}{2},$$

因而有

$$-\overline{\alpha}=\frac{\Delta\lambda}{2}-\frac{\alpha+\alpha_1'+\alpha'+\alpha_1}{2},$$

而且同样有

$$\begin{aligned}-\overline{\beta}&=\frac{\Delta\mu}{2}-\frac{\beta+\beta_1'+\beta'+\beta_1}{2},\\-\overline{\gamma}&=\frac{\Delta\nu}{2}-\frac{\gamma+\gamma_1'+\gamma'+\gamma_1}{2}.\end{aligned}$$

这样一来整函数 F 的次数, 它等于这几个量之和, 就为

$$\frac{\Delta\lambda+\Delta\mu+\Delta\nu}{2}-1.$$

7

假设 $P\begin{pmatrix}\alpha & \beta & \gamma & \\ \alpha' & \beta' & \gamma' & x\end{pmatrix}, P_1\begin{pmatrix}\alpha_1 & \beta_1 & \gamma_1 & \\ \alpha_1' & \beta_1' & \gamma_1' & x\end{pmatrix}, P_2\begin{pmatrix}\alpha_2 & \beta_2 & \gamma_2 & \\ \alpha_2' & \beta_2' & \gamma_2' & x\end{pmatrix}$ 这三个函数对应的指数相互之间差一个整数, 那么由上面的结果并借助于恒等式

$$\begin{aligned}&P^{\alpha}(P_1^{\alpha_1}P_2^{\alpha_2'}-P_1^{\alpha_1'}P_2^{\alpha_2})+P_1^{\alpha_1}(P_2^{\alpha_2}P^{\alpha'}-P_2^{\alpha_2'}P^{\alpha})\\&+P_2^{\alpha_2}(P^{\alpha}P_1^{\alpha_1'}-P^{\alpha'}P_1^{\alpha_1})=0\end{aligned}$$

就可以推出一个重要的结论, 就是说, 在它们相应的项之间存在齐次线性关系, 其系数是 x 的多项式, 从而也就有

"任意一族对应指数相差为整数的 P 函数中的任一个都可以用其他两个的以 x 的有理函数为系数的线性组合表达."

用这个定理的证明的方法可以得出一个特殊的结论, 就是说, 一个 P 函数的二阶导数也可以用该函数及其一阶导数、以有理函数为系数的线性表达式来表示, 因而这个函数就满足一个二阶线性齐次方程.

为了使这个推导尽可能简单, 我们仅限于 $\gamma=0$ 的情形, 一般的情形很容易

按照第 2 节的办法归结到这种情形, 同时令 $P = y, P^{\alpha} = y', P^{\alpha'} = y''$, 则函数

$$y'\frac{dy''}{d\log x} - y''\frac{dy'}{d\log x},$$
$$\frac{d^2y'}{d\log x^2}y'' - \frac{d^2y''}{d\log x^2}y',$$
$$\frac{dy'}{d\log x}\frac{d^2y''}{d\log x^2} - \frac{dy''}{d\log x}\frac{d^2y'}{d\log x^2}$$

在乘以 $x^{-\alpha-\alpha'}(1-x)^{-\gamma'+2}$ 后对所有有限的 x 值为单值有限, 但在 $x=\infty$ 处为一阶无限大, 此外这些乘积中的第一个在 $x=1$ 处为一阶无限小, 因此

$$y = \text{const.}'y' + \text{const.}''y''$$

满足一个下述形式的方程:

$$(1-x)\frac{d^2y}{d\log x^2} - (A+Bx)\frac{dy}{d\log x} + (A'-B'x)y = 0,$$

其中 A, B, A', B' 为待定常数.

按照待定系数法可将这个微分方程的解按升幂或降幂的级数

$$\sum a_n x^n$$

展开, 而且在第一种情况下的首项 (这种情况下即最低阶项) 的指数 μ 由下述方程来决定:

$$\mu\mu - A\mu + A' = 0,$$

在第二种情况下, 这时为最高阶项的指数, 则由方程

$$\mu\mu + B\mu + B' = 0$$

来决定. 前一个方程的根应为 α 和 α', 后一个方程的根应为 $-\beta$ 和 $-\beta'$, 从而有

$$A = \alpha+\alpha', \quad A' = \alpha\alpha',$$
$$B = \beta+\beta', \quad B' = \beta\beta',$$

并且函数 $P\begin{pmatrix} \alpha & \beta & 0 & \\ \alpha' & \beta' & \gamma' & x \end{pmatrix} = y$ 满足下述微分方程:

$$(1-x)\frac{d^2y}{d\log x^2} - (\alpha+\alpha'+(\beta+\beta')x)\frac{dy}{d\log x} + (\alpha\alpha' - \beta\beta' x)y = 0.$$

此外, 各个系数还可以通过递推公式

$$\frac{a_{n+1}}{a_n}=\frac{(n+\beta)(n+\beta')}{(n+1-\alpha)(n+1-\alpha')},$$

由其中一个将其余的推出, 由此得到

$$a_n=\frac{\text{Const.}}{\Pi(n-\alpha)\Pi(n-\alpha')\Pi(-n-\beta)\Pi(-n-\beta')}.$$

这样一来下述级数

$$y=\text{Const.}\sum\frac{x^n}{\Pi(n-\alpha)\Pi(n-\alpha')\Pi(-n-\beta)\Pi(-n-\beta')},$$

在指数从 α 或 α' 起逐次增大 1, 或者从 $-\beta$ 或 $-\beta'$ 起逐次减小 1 时, 构成这个微分方程的一个解, 更确切地说, 就是上面用 $P^{\alpha},P^{\alpha'},P^{\beta},P^{\beta'}$ 表示的特解.

按照 Gauss, 用 $F(a,b,c,x)$ 来表示这样一个级数, 它的第 $n+2$ 项与前一项之比为 $\dfrac{(n+a)(n+b)}{(n+1)(n+c)}x$, 而第一项等于 1, 这个结果在 $\alpha=0$ 的最简单情况下可以表示为

$$P^{\alpha}\begin{pmatrix}0 & \beta & 0 & \\ \alpha' & \beta' & \gamma' & x\end{pmatrix}=\text{Const.}F(\beta,\beta',1-\alpha',x)$$

或

$$F(a,b,c,x)=P^{\alpha}\begin{pmatrix}0 & a & 0 & \\ 1-c & b & c-a-b & x\end{pmatrix}.$$

同样地我们还可以很容易地把 P 函数表示成一个定积分, 办法就是在 Π 函数的级数中为一般项引进一个二类 Euler 积分, 然后交换求和与积分的顺序. 由此可以得知, 积分

$$x^{\alpha}(1-x)^{\gamma}\int s^{-\alpha'-\beta'-\gamma'}(1-s)^{-\alpha'-\beta-\gamma}(1-xs)^{-\alpha-\beta'-\gamma}ds,$$

积分是从 $0,1,\dfrac{1}{x},\infty$ 这四个数值之一沿一条任意的路径至其中另一数值进行的, 这个积分构成一个 $P\begin{pmatrix}\alpha & \beta & \gamma & \\ \alpha' & \beta' & \gamma' & x\end{pmatrix}$ 函数, 适当地选取积分路径和上下限就可以用来表示 $P^{\alpha},P^{\beta},\cdots,P^{\gamma'}$ 这六个函数中的任一个.(2) 但是也可以直接证明这个积分具有这种函数的特征性质. 这一点我们将在以后来做, 该时将利用 P 函数的定积分表示来确定在 $P^{\alpha},P^{\alpha'},\cdots$ 等函数中仍为任意的因子. 在此我只想指出, 为了使这个表达式能用于一般情况, 当积分号下的 P 函数在 $0,1,\dfrac{1}{x},\infty$ 这四个数值之一上为这样一个无限大, 以至于无法进行到该点的积分时, 就需要修改积分路径.(3)

8

根据在第 2 节以及上面所得到的方程

$$P^{\alpha}\begin{pmatrix} \alpha & \beta & \gamma & \\ \alpha' & \beta' & \gamma' & x \end{pmatrix} = x^{\alpha}(1-x)^{\gamma}P^{\alpha}\begin{pmatrix} 0 & \beta+\alpha+\gamma & 0 & \\ \alpha'-\alpha & \beta'+\alpha+\gamma & \gamma'-\gamma & x \end{pmatrix}$$
$$= \text{Const.}x^{\alpha}(1-x)^{\gamma}F(\beta+\alpha+\gamma, \beta'+\alpha+\gamma, \alpha-\alpha'+1, x)$$

可知, 由函数的 P 函数表达式能够得出这个函数的超几何级数的展开, 它按这个 P 函数中的变量作升幂排列. 根据第 5 节, 每一个函数用相同变量的 P 函数表示有 8 种不同的形式, 它们可以通过交换指数从一个得到另一个, 比如说, 得出变量为 x 的函数的 8 种表示. 但是这个办法对这些函数中每两个, 它们是通过对换第二对指数 β 和 β' 得出的, 给出相同的展开; 于是我们得到的是四个按 x 的升幂展开, 其中两个是由对换 γ 和 γ' 相互得到的, 所描述的为函数 P^{α}, 另外两个所描述的则为 $P^{\alpha'}$. 这四个展开, 在 $x<1$ 时收敛, 在它大于 1 时则发散, 而那四个按 x 的降幂展开的, 用以表示 P^{β} 和 $P^{\beta'}$ 的级数则刚好相反. 对于那种 x 的模等于 1 的情况, 由 Fourier 级数理论可知, 如果函数在 $x=1$ 处为高于一阶的无穷大, 则不再收敛, 但如果是低于 1 阶的无穷大或为有限时, 则仍然保持为收敛.(4) 因此在这种情况下, 如果 $\gamma-\gamma'$ 的实部不在 -1 与 $+1$ 的区间内时, 在 8 个按 x 的幂级数展开中只有一半收敛, 而如果是在这个区间内, 则全都收敛.

这样一来我们就有 24 种不同的超几何级数用来表示一个 P 函数, 分别按三个不同的变量的升幂或降幂展开; 对一个给定的 x 的值这些级数至少有一半, 即至少有 12 个收敛. 在第 5 节的情形 I 中这个数还要乘以 3, 在情形 II 中要乘以 10, 在情形 III 中要乘以 5. 在这些级数中最适宜于数值计算的是其第四个自变量的模最小的那种.

至于 P 函数的各种定积分表示, 它们是在上一节的末尾利用第 5 节的变换得到的, 这些表达式就都各不相同. 因此在一般的情况下会得到 48 个, 在情形 I 中得到 144 个, 在情形 II 中得到 480 个, 在情形 III 中得到 240 个定积分, 它们描述 P 函数的同一项, 所以它们之间的比例与 x 无关. 在这些中那些通过指数相互交换偶数次所得出的每 24 个, 也可以通过这样的一次变量置换来相互转换, 这种置换把在 $0, 1, \infty, \dfrac{1}{x}$ 中取任意 3 个值的积分变量 s 变成取 $0, 1, \infty$ 这三个值的新变量. 至于用积分计算来证明其余方程, 就我所研究过的而言, 需要用到多重积分的变量变换.

(感谢扶磊教授对本篇及第 V 篇文章的译文提出的修改建议.)

V 作者对上一篇论文的说明

(Göttingen Nachrichten , 1857, Nr. 1)

在 1856 年 11 月 6 日王室协会的候补会员 Riemann 博士向她提交了一份论文: “*对可以用 Gauss 级数 $F(\alpha,\beta,\gamma,x)$ 来表达的函数理论的一个新贡献*”.

这篇论文所讨论的是一类在求解许多数学物理问题时要用到的函数. 就像在一些比较简单的问题中经常按变量作正弦和余弦展开一样, 由它所构成的级数在一些困难的问题中起着相同的作用. 这些应用, 特别是在天文学中的应用, Euler 就已经从理论的兴趣出发对它做过多次研究, 这之后 Gauss 在其研究工作中也发起了对它的研究, 他把这些研究工作的论级数那一部分发表在于 1812 年向王室协会提交的论文中, 文中他把这个级数表示为 $F(\alpha,\beta,\gamma,x)$.

这个级数是这样一个级数, 它的第 $n+2$ 项与前一项之商为

$$\frac{(n+\alpha)(n+\beta)}{(n+1)(n+\gamma)}x,$$

而第一项等于 1. 这个级数目前通用的称呼, 超几何级数, 先前已经由 Johann Friedrich Pfaff 提出了, 用来命名那种一般的级数, 它的前一项与下一项之比是该项编号的有理函数; 而 Euler 则按照 Wallis 把超几何级数理解为以这个比值为编号的一次整函数.

Gauss 对这一级数所作研究未发表的部分, 后来在其遗著发现, 在此期间已经在 1835 年 Crelle 杂志第 15 卷中所包含的 Kummer 的论文里得到了完善. 它里面用到了一个类似的级数, 其中的 x 已换成了这个量的代数函数. Euler 已经发现了这种变换的一个特例, 并且在微积分教程 (Euler 的著作) 和许多论文中用到过 (其最简单的形式见 N. Acta Acad. Petr. T. XII. p. 58); 这些关系在后来为

Pfaff (Disquis. Anal. Helmstadii, 1797), Gudermann (Crelle J. Bd. 7. S. 306) 以及 Jacobi 等人用各种不同的方法证明了. Kummer 成功地将 Euler 的方法打造成为一种能够求出全部变换的技术; 但是要实际作出这种变换需要漫长的讨论, 以至于止步于将此法用于实际求出其三次变换, 而只满足于求一次和二次变换, 然后再用它们的组合来求其余的变换.

本文将一种方法用于这种超越函数, 其原理曾在作者的博士学位论文中陈述过 (第 20 节), 并几乎不做计算, 只是给出由此得出的全部结果. 用这个方法所得到的进一步的结果作者希望以后再向王室协会提交.

对论文 IV 的注释

(1) 在一份 Riemann 记注的手稿上有下述公式, 这是在适当地规定那 5 个系数后由 (3) 式推得的:

$$\alpha_\beta = \frac{\sin(\alpha+\beta'+\gamma')\pi}{\sin(\beta'-\beta)\pi}, \qquad \alpha_{\beta'} = -\frac{\sin(\alpha+\beta+\gamma)\pi}{\sin(\beta'-\beta)\pi},$$

$$\alpha'_\beta = \frac{\sin(\alpha'+\beta'+\gamma)\pi}{\sin(\beta'-\beta)\pi}, \qquad \alpha'_{\beta'} = -\frac{\sin(\alpha'+\beta+\gamma')\pi}{\sin(\beta'-\beta)\pi},$$

$$\alpha_\gamma = \frac{\sin(\alpha+\beta'+\gamma')\pi}{\sin(\gamma'-\gamma)\pi}e^{(\alpha'+\gamma)\pi i}, \quad \alpha_{\gamma'} = -\frac{\sin(\alpha+\beta+\gamma)\pi}{\sin(\gamma'-\gamma)\pi}e^{(\alpha'+\gamma')\pi i},$$

$$\alpha'_\gamma = \frac{\sin(\alpha'+\beta+\gamma')\pi}{\sin(\gamma'-\gamma)\pi}e^{(\alpha+\gamma)\pi i}, \quad \alpha'_{\gamma'} = -\frac{\sin(\alpha'+\beta'+\gamma)\pi}{\sin(\gamma'-\gamma)\pi}e^{(\alpha+\gamma')\pi i}.$$

(2) 如果规定下述缩写

$$S = s^{-\alpha'-\beta'-\gamma'}(1-s)^{-\alpha'-\beta-\gamma}(1-xs)^{-\alpha-\beta'-\gamma},$$

并忽略常数因子, 则得到

$$P^\alpha = x^\alpha(1-x)^\gamma\int_0^1 Sds, \quad P^\beta = x^\alpha(1-x)^\gamma\int_0^{\frac{1}{x}} Sds,$$

$$P^\gamma = x^\alpha(1-x)^\gamma\int_{-\infty}^0 Sds,$$

$$P^{\alpha'} = x^\alpha(1-x)^\gamma\int_{\frac{1}{x}}^\infty Sds, \quad P^{\beta'} = x^\alpha(1-x)^\gamma\int_1^\infty Sds,$$

$$P^{\gamma'} = x^\alpha(1-x)^\gamma\int_1^{\frac{1}{x}} Sds.$$

在上述积分中多值函数的取值可以任意设定. 在具体规定后, 则可由下诸式

来确定常数因子:

$$(P^{\alpha}x^{-\alpha})_0=\frac{\Pi(-\alpha'-\beta'-\gamma')\Pi(-\alpha'-\beta-\gamma)}{\Pi(\alpha-\alpha')},$$

$$(P^{\alpha'}x^{-\alpha'})_0=-\frac{\Pi(-\alpha-\beta-\gamma')\Pi(-\alpha-\beta'-\gamma)}{\Pi(\alpha'-\alpha)}e^{\pi i(\gamma-\gamma')},$$

$$(P^{\beta}x^{\beta})_\infty=\frac{\Pi(-\alpha'-\beta'-\gamma')\Pi(-\alpha-\beta'-\gamma)}{\Pi(\beta-\beta')}e^{\pi i\gamma},$$

$$(P^{\beta'}x^{\beta'})_\infty=\frac{\Pi(-\alpha-\beta-\gamma')\Pi(-\alpha'-\beta-\gamma)}{\Pi(\beta'-\beta)}e^{-\pi i\gamma'},$$

$$(P^{\gamma}(1-x)^{-\gamma})_1=\frac{\Pi(-\alpha'-\beta'-\gamma')\Pi(-\alpha-\beta-\gamma')}{\Pi(\gamma-\gamma')}e^{-\pi i(\alpha'+\beta'+\gamma')},$$

$$(P^{\gamma'}(1-x)^{-\gamma'})_1=\frac{\Pi(-\alpha-\beta'-\gamma)\Pi(-\alpha'-\beta-\gamma)}{\Pi(\gamma'-\gamma)}e^{\pi i(\alpha'+\beta+\gamma)}.$$

这些公式也散见于 Riemann 文章的各处.

我们也可以用下述方法来得到 $\alpha_\beta,\cdots$ 这些常数. 设函数 S 在下面的四边形 $0,\infty,1,\frac{1}{x}$ 中, 那么各个分支 $P^{\alpha},P^{\alpha'},P^{\beta},P^{\beta'},P^{\gamma},P^{\gamma'}$ 通过图中所示箭头的积分来定义. 我们可以由图读出有以下关系:

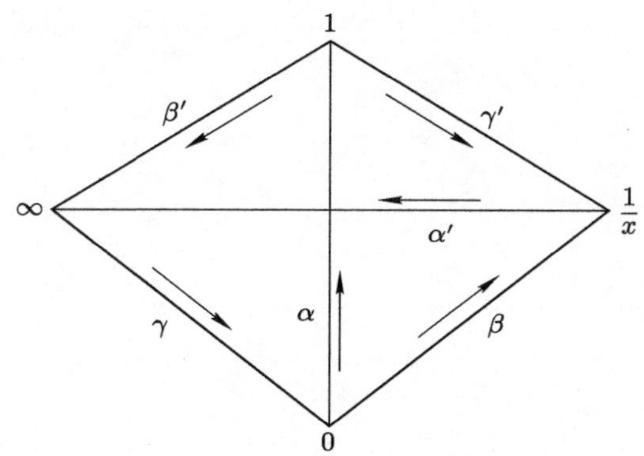

$$P^{\alpha}=P^{\beta}-P^{\gamma'}=-P^{\beta'}-P^{\gamma},$$
$$P^{\alpha'}=-P^{\beta}-P^{\gamma}=P^{\beta'}-P^{\gamma'},$$

它与公式 (3) 联合在一起就可以确定系数 $\alpha_\beta,\alpha_{\beta'},\alpha'_\beta,\alpha'_{\beta'},\alpha_\gamma,\alpha_{\gamma'},\alpha'_\gamma,\alpha'_{\gamma'}$.

(3) 按照 Pochhammer (Math. Annalen, Bd. 35), 通过一围绕着两个分支点转两圈的围道, 如下图所示, 我们可以得到一条可用于所有情况下的积分路径. 如果积分路径积至 a 和 b, 则此积分路径可以用在 a 与 b 之间的往返的四条曲线合成. 将沿这样一条曲线的积分记为 P, 那么围绕它两次的积分将为

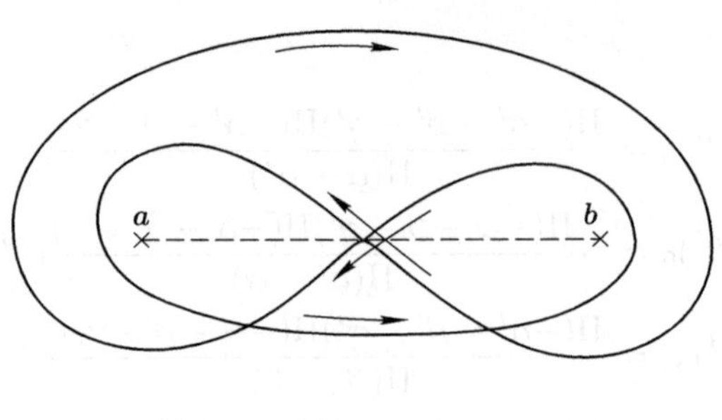

$$(1-e^{2\alpha\pi i})(1-e^{-2\beta\pi i})P.$$

F. Klein 通过引入齐次变量已经给 P 函数的这一描述一个更优美的版本 (Math. Annalen, Bd. 38).

(4) 在 Dirichlet 于其论球函数的论文 (Crelle's Journal Bd. 4, Dove's Repertorium Bd. I, Crelle's Journal Bd. 17, Dirichlet's Werke, S. 117, 133, 305) 附录中将他对 Fourier 级数的收敛性的证明完善之后, 那些只在一个点上具有低于一阶无穷大的一个实变量的周期函数就都可以展成 Fourier 级数. 将这个定理应用到可以展成超几何级数的 P 函数在单位圆上所取的那些值上, 我们就会得到一个级数, 它和我们在几何级数中令 x 的模 (绝对值) 等于 1 时所得到的级数是一样的.

VI Abel 函数理论

(Borchardt 纯粹与应用数学杂志, Bd. 54, 1857)

---

1 在研究变量变动范围不受限制的函数时所做的一般假设和工具

考虑到本文旨在为本刊的数学读者提供有关各种超越函数, 特别是 Abel 函数方面我自己的研究成果, 为了避免重复起见, 在文章开始时对我对这个课题的处理用到的一般原则做一个初步的介绍.

对独立的自变量我们总是假设有现在已经熟知的 Gauss 的几何表示: 按照这个方法每一个复变量 $z = x + yi$ 将用无限平面上的一点, 其坐标为 (x, y), 来表示. 我以后就将把复数和表示它的点用同一个字母来表示. 把每一个遵照方程

$$i\frac{\partial w}{\partial x} = \frac{\partial w}{\partial y}$$

变量 w 看成是 $x + yi$ 的函数, 用不着假设有一个用 x, y 的公式来表达 w. 根据一个众所周知的定理, 由此方程可推知, 只要变量在 a 的一个邻域内处处有一个随 z 连续改变的确定的值, 就可以用 $z - a$ 的整数幂展开, 即用形如 $\sum_{n=0}^{\infty} a_n(z-a)^n$ 的级数来表示①. 而且这个表达式在 z 离开 a 的距离, 或 $z - a$ 的模, 没有遇到间断点之前一直有效[1]. 但是根据待定系数法的思想可知, 如果给出 w 在一条从 a 发出的任意短的有限线段上的值, 则各系数 a_n 就可以完全确定.

①这在现今被称为 "Taylor 展开" 或 "Taylor 级数", 虽然这是 Leibniz 的想法, 不是 Taylor 的. —— 校订者注

将上述两点想法结合起来, 我们就可很容易地相信下述定理的正确性:

在 (x,y) 平面的某一部分上给定的 $x+yi$ 的函数只能以一种唯一确定的方式从给定的部分向外延拓.

现在设想我们要研究的函数不是通过含 z 的表达式或方程来给出的, 而是通过给定它在 z 平面上一任意限定的部分上的值, 然后再从这里 (按照偏微分方程

$$i\frac{\partial w}{\partial x}=\frac{\partial w}{\partial y})$$

连续地延拓出去. 假设函数不只是在单纯的曲线上给定, 因为这时不能应用微分方程, 而是在有一定宽度的带状曲面上给定, 那么根据上述定理, 这一延拓就是完全确定的. 在延拓的过程中不同延拓路径可能发生走到同一点的情况, 这时根据所延拓函数性质的不同, 函数既可能取相同的值, 也可能取不同的值. 在第一种情况下, 它就形成一个对任意的 z 值都有确定值、不会在一条曲线上某处间断的函数, 我把它叫作*单值函数*. 在后一种情况下, 将把它叫作*多值函数*, 这时要掌握它的特性首先就要把我们的注意力集中到一些特定的点, 函数绕着它们延拓就会得出另外的值. 例如, 对函数 $\log(z-a)$, a 就是这样一个点. 设想从这点 a 出发作一条任意的直线, 那么在 a 的一个邻域内我们就可以这样来选择函数的值, 使得它在这条直线之外处处连续; 但是在这条直线的两侧则会取不同的值, 在负的一侧①所取的值比在正的一侧所取的值要大 $2\pi i$. 函数从此直线的一侧, 例如负的一侧, 延拓越过至此直线的另一侧, 则显然会给出与原有函数不同的另一个函数, 而且更确切地说, 在当前的情形下, 处处要大一个 $2\pi i$.

为了更方便地标记这种关系, 我们将把某个函数从 z 平面的同一个部分各种不同的延拓称为该函数的*分支* (*Zweige*), 而围绕某一点的延拓会把函数的一个分支变成另一个分支时, 就把该点称为*分支点* (*Verzweigungsstelle*); 在不会产生分支时就把函数称为*单变的* (*einändrig*), 或*单值的* (*monodrom*).

多个自变量 $z,s,t,\cdots$ 的一个分支在变量的一组确定值 $z=a,s=b,t=c,\cdots$ 的邻域内是*单值的*, 就是说对直至所有离开这组给定变量值的距离为有限 (或者说对所有变量 $z-a,s-b,t-c,\cdots$ 的模为有限) 的变量组合, 都对应有这个函数分支的一个确定值, 且此值随变量连续改变. 函数的分支点, 即围绕着它转一圈函数的一个分支将延拓为另一分支的点, 在多变量函数的情况下将由所有这些自变量的值应满足的一个方程来确定.

根据上面所提到的定理, 函数的单值性等价于它能按自变量的正或负的整数幂展开, 而在分支点处则不能作这种展开. 但是用一种具有与其表达式有联系的特征的确定形式来表示那些与其表示方式无关的性质, 似乎并无用处.

①依照 Gauss 提议的对 $+i$ 侧向正单位的命定, 我这样来规定一方向与其侧向正单位的关系, 就如同 $+i$ 与 1 的关系一样.

对许多研究, 特别是对代数函数和 Abel 函数的研究来说, 用下述方式来几何地描述多值函数的分支比较好. 设想在 (x,y) 平面上铺上另一片与之完全吻合的曲面 (或者在其上的一块无限薄的体), 但它只伸展到函数有定义之处. 随着这个函数的延拓它也就同时跟着向外扩展. 在平面上有该函数的两个或多个延拓存在的部分上, 这片曲面就是双重或多重的; 它在那里由两片或多片组成, 每一片上对应着函数的一个分支. 围绕着分支点转一圈这张曲面的一片就会延伸到另一片, 因而在这个点的邻域内可以把这张曲面看成为一张螺旋面, 以通过此点与 (x,y) 平面垂直的直线为其轴, 螺距为无限小. 如果 z 绕其分支值转过若干圈, 函数又会再次取得原先的值 (比如, 以 $(z-a)^{\frac{m}{n}}$ 为例, 如果 m 与 n 互为素数, 则此时是 z 绕 a 点转过 n 圈), 于是人们当然会认为, 在此过程中最上面那片曲面跳过其他各层粘到最下面那片上.

多值函数对这样来描述它的分支性质的曲面上的每一个点只有一个确定的值, 从而可以看成是这种曲面上完全确定的点的函数.

2 用于二项全微分式①积分理论的位置分析中的若干定理

在研究由积分全微分所得到的函数时, 有几个属于位置分析学②中的定理几乎是不可或缺的. 在 Leibniz 这种设想下, 虽然与之稍有不同, 我们在数量的研究中限定一部分, 在其中我们不认为那些量不依赖它们的位置而独立存在而且可以相互可测量, 但是我们仅仅研究位置和区域之间的相互关系, 而将所有的度量关系完全抽象化.[2] 由于我有打算在另一个场合用度量关系完全抽象化的方式处理这个课题, 此处我将仅限于用几何形式表述二项的全微分的积分的几个必要的定理.

设给定一单重或多重地覆盖 (x,y) 平面的曲面 T,③ X, Y 为此曲面上的连续函数, 使得 $Xdx+Ydy$ 在其中处处为全微分, 从而有

$$\frac{\partial X}{\partial y}-\frac{\partial Y}{\partial x}=0.$$

那么众所周知, 围绕这块曲面的某一部分正向或负向转一圈的积分

$$\int(Xdx+Ydy)$$

①二项全微分式指 $X(x,y)dx+Y(x,y)dy$. —— 中译者注

②位置分析学 (analysis situs) 即我们现在所谓的 “拓扑学 (Topologie)”. 最早使用这一名称的是 J. B. Listing, 他在 1847 年出版了一本小册子:《Vorstudien zur Topologie (拓扑学引论)》. 但 Riemann 写此文时这一名称还没有得到通用. —— 中译者注

③参见本文上一节.

—— 就是说, 沿整个边界, 相对于外法向量, 总取正向或反向 (见本文前面第 1 节的脚注)—— 结果将等于零. 这是因为这个积分与曲面这一部分上的面积分

$$\int\left(\frac{\partial Y}{\partial x}-\frac{\partial X}{\partial y}\right)dT$$

在第一种情况下相等, 在第二种情况下差一负号. 因而在两个固定点之间沿两条不同路径的积分

$$\int(X\,dx+Y\,dy)$$

在两条路径合成这块曲面的一个部分的整个边界时, 就有相同的值. 因此如果在 T 的内部每一条封闭曲线都构成 T 的某一部分的整个边界时, 则从一固定起点到另一相同终点的不同路径的这个积分就会有相同的值, 因而它就是一个在 T 内与路径无关, 只与终点位置有关的连续函数. 这就导致单连通曲面和多连通曲面的不同,① 在前一类中每一条闭曲线所包围的整个都是曲面的一部分 —— 例如一个圆域, 在后一类中就不是如此 —— 例如由两个同心圆所包围的一个环形区域. 一块多连通曲面可以通过作割线变成单连通曲面 (见本节末尾例释中的图示). 由于这种操作对研究代数函数的积分极为重要, 我们在此简要地展示那里处理的命题; 它们对位于空间中的任意曲面都适用 [3].

如果在曲面 F 内有两组曲线 a 和 b 合起来构成这个曲面的一部分的完整边界, 那么任何其他与 a 合起来能构成 F 的一部分的完整边界的曲线组, 也会与 b 合起来构成曲面的一部分的边界. 这部分是由前面那两部分沿 a 组合而成 (即由这两部分相加或相减而成, 要看这组曲线 [相对于 b] 是在 a 的同一侧还是在另一侧而定). 因此这两组曲线就构成曲面一部分的完整边界而言起的作用是一样的, 就满足这个要求来说可以相互替换.(1)[4]

如果在曲面 F 内可以作 n 条封闭曲线 $a_1,a_2,\cdots,a_n$, 无论是它们单独自己, 或是与其他的合起来, 都不足以构成曲面 F 的完整边界, 但是再加上一条闭曲线就能构成曲面 F 的完整边界, 我们就把这个曲面称为 $n+1$ 重连通的.

曲面的这个性质与曲线组 $a_1,a_2,\cdots,a_n$ 的选择无关, 因为任意选其他 n 条闭曲线 $b_1,b_2,\cdots,b_n$ 也都不足以构成曲面 F 的完整边界, 同样地再与另外一条闭曲线合起来就能构成曲面 F 的完整边界.

实际上, 将 b_1 与 a 合在一起能将 F 的一个部分完全包围起来, 因此可以用 b_1 来置换曲线组 a 中的一条曲线, 再与 a 中剩余的曲线合在一起来代替 a. 这样一来 a 中这剩余的 $n-1$ 条曲线加上 b_1 又能与任何其他一条闭曲线, 当然也就能与 b_2, 合起来能将 F 的一个部分完全包围起来, 因此这 $n-1$ 条 a 曲线之一

①此处所称单连通和多连通与现在代数拓扑中的意义不同, 见本节末尾的例子. —— 中译者注

就可以用 b_1, b_2 和剩下的 $n-2$ 条 a 曲线来代替. 如果和假设的那样, 这些 b 曲线不足以完全包围住 F 的一个部分, 这个过程就可以一直继续下去, 直到全部 a 曲线都被 b 曲线所替代.

一 $n+1$ 重连通曲面 F 可以通过横截线 (*Querschnitt*) —— 即从一边界点经过内部到另一边界点的所作的切割线 —— 变成一 n 重连通曲面 F'. 在这样做的时候要注意由切割所形成的边界部分在进一步切割时已经是当成边界线了, 所以一横截线不能在一个点上多次相交, 而可终止于它们先前之中一条的点上 [5].

由于曲线组 $a_1, a_2, \cdots, a_n$ 不足以完全包围住曲面 F 的一个部分的全部, 所以如果设想用这些曲线来切割曲面 F, 那么不论是位于曲线 a_n 的左侧还是右侧的曲面部分必定还含有不同于曲线组 a 的、属于 F 的边界中的边界线段. 于是我们就可以在这两个曲面每一部分中从 a_n 中的一个点出发各作到 F 的边界上的一点之间的一条不与 a 中任何一条曲线相交的曲线. 于是这两条曲线 q' 和 q'' 合在一起就构成了我们所期望的曲面 F 的一条横截线.

实际上就由用曲线 q 切割而生成的曲面 F' 来说, 位于 F' 内的封闭曲线组 $a_1, a_2, \cdots, a_{n-1}$ 既然不足以构成 F 中一部分的边界, 自然也就不足以成为 F' 的某一部分的边界. 但是在 F' 中任何其他一条闭曲线 l 和它们合在一起就能构成 F' 的一个部分的完整边界. 这是因为曲线 l 和由 $a_1, a_2, \cdots, a_n$ 组成的复合体合在一起构成 F 的一个部分 f 的完整的边界. 现在还需要证明的就是, a_n 不可以出现在前一个边界中; 因为如果这时 q' 或 q'', 这要看 f 是在 a_n 的左侧还是在右侧而定, 从 f 的内部向着 F 的一个边界点走去, 这也就是向着位于 f 之外的一点走去, 因而也就必定与 f 的边界相交, 而这是与我们假设无论是 l 还是曲线组 a, q 与 a_n 的交点除外, 始终位于 F' 的内部相矛盾的.

这样一来这个由 F 通过横截线 q 而形成的 F', 正如所期望的, 就是一个 n 重连通的曲面.

现在我们要来证明, 任何一条不会把 F 变成相互分离两块的横截线 p, 都会把它变成一 n 重连通的曲面 F'. 如果在横截线 p 的两侧以 p 为边界的曲面块仍然是连通的, 则可以从一侧作一条曲线 b, 穿过 F' 的内部到另一侧再回到起点. 这条曲线 b 就形成了一条在 F 内的闭曲线, 由于横截线从它出发向两边都会走到边界上的一点, 它不可能成为它将 F 所划分成的两块曲面中任何一块的全部边界. 这样一来我们只要重复在上面推论时所作的那样, 将 a 中的一条曲线换成 b, 其余 $n-1$ 条 a 曲线都换成位于 F' 中的曲线, 在必要时换成 b, 就可以证明 F' 是 n 重连通的了.

每一 $n+1$ 重连通曲面都可以通过任何一条不会把它分割成块的横截线变成 n 重连通曲面.

经过作横截线所形成的曲面又可以通过作新的横截线进一步分解, 借助于 n 次重复这种操作, 一个 $n+1$ 重连通曲面, 通过依次所作 n 条不会分割曲面的横截线之后就变成单连通的了.

为了把这一想法运用到没有边界的曲面, 即封闭曲面, 必须通过在任意点处造一个洞而使之变成一个有边界的曲面, 于是最起始的分割就是借助于从这个点开始再回到这个点的横截线, 因而也就是借助于一条闭曲线, 来作成. 例如一个环面是三重连通的, 就可以通过一条闭曲线和一条横截线转变成单连通的.

现在来把刚才讲过的将多重连通曲面切割成单连通曲面的方法应用到在本节一开始就谈到的全微分 $Xdx+Ydy$ 的积分上来. 设在 (x,y) 平面上覆盖有一 n 重连通曲面 T, X, Y 是其上处处连续的点函数, 满足下述微分方程:

$$\frac{\partial X}{\partial y}-\frac{\partial Y}{\partial x}=0,$$

那么我们就用 n 条横截线把它分割成一单连通曲面 T'. 于是 $Xdx+Ydy$ 从一固定起点经过在 T' 内的一条曲线的积分就得出一个仅与终点位置有关的数值, 我们可以把它看成是这些点的坐标的函数. 如果将量 x, y 作为这些点的坐标代入, 下述积分

$$z=\int(Xdx+Ydy)$$

成为 x, y 的函数, 它对 T' 的每一个点都是完全确定的, 并且在 T' 内处处连续, 但是在越过横截线时, 一般来说, 沿着从分割线的网络的一个节点到另一个节点的线段会相差一个有限的常数值. 越过诸横截线的这些变化值依赖于一些独立的数值, 其个数等于横截线的个数; 因为如果我们从横截线系统往回返 —— 后经过的先返 —— 那么只要其值在各横截线的起始处已给定, 这个改变就处处确定了; 但是最后这些值是相互独立的.

为了能直观地理解上面所讲的 n 重连通曲面是什么意思, 我们在下面依次画出了单连通、二重连通和三重连通曲面这几个例子的图形.

单连通曲面

任意一条横截线都会把它分离成两部分, 而且其中任意一条闭曲线都是其中一部分曲面的全部边界.

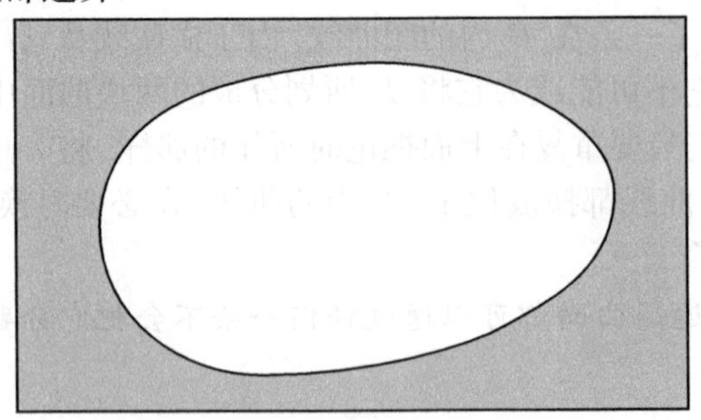

二重连通曲面

这个曲面可被其中任意一条不会将它分割成两部分的横截线变成单连通曲面. 其中每一条闭曲线配合上曲线 a 就是其中一部分曲面的全部边界.

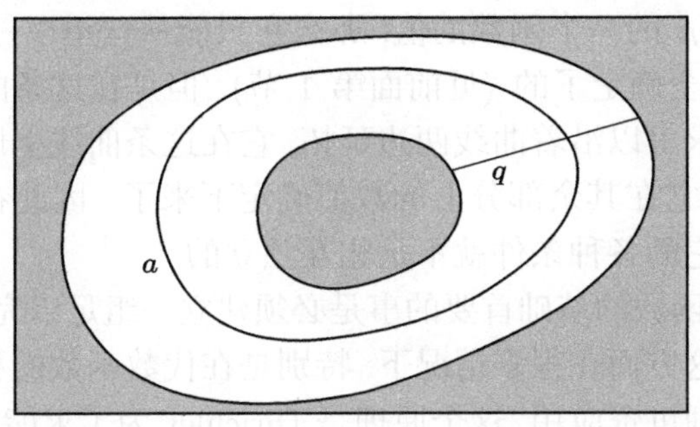

三重连通曲面

在这种曲面中任何一条闭曲线配合上曲线 a_1 和 a_2 就可以成为曲面一部分的全部边界. 任意一条不会把它分割成两部分的横截线能将它变成二叶重连通曲面, 两条这样的横截线 q_1 和 q_2 就能将它变成单连通曲面.

在平面的 $\alpha\beta\gamma\delta$ 这四个部分被曲面二次覆盖. 曲面包含 a_1 这一叶看成是在另一叶的下面, 所以用虚线来表示.

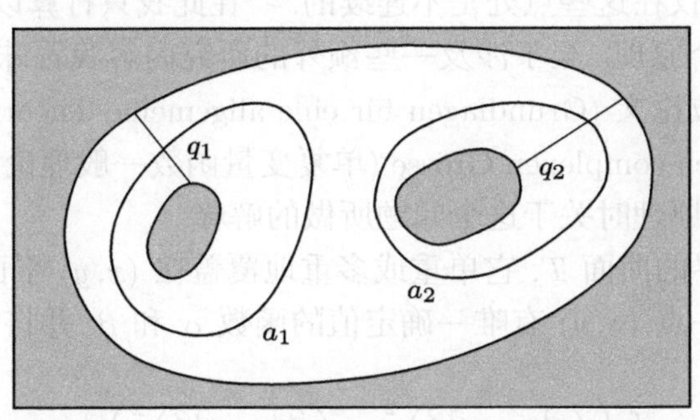

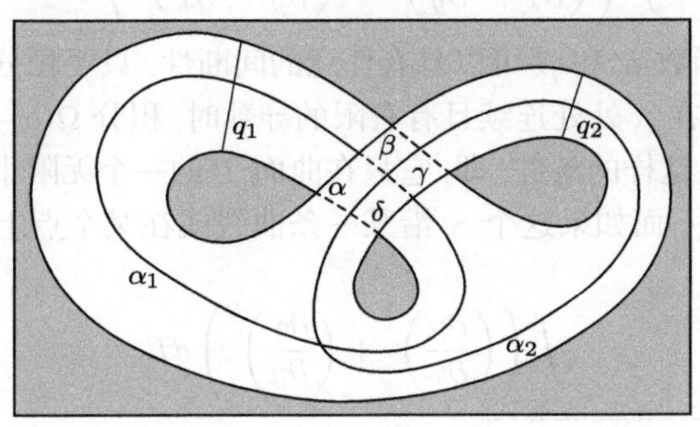

3 通过边界条件和间断条件确定复变量函数

设平面内的直角坐标为 (x, y), 如果在其上的一条有限的曲线 (不需要是直线) 上给定了 $x+yi$ 的一个函数的值, 那么它只能从这里以一种方式向外延拓, 因而它就是由此完全确定了的 (见前面第 1 节). 但是在这条曲线上的值也不能随意设定, 因为要求可以沿着曲线两边延拓, 它在这条曲线上即使是很小的有限部分上的走势就把它在其余部分上的数值确定下来了. 因此在用这种方式确定函数时, 用以确定它的各种条件就不是相互独立的.

作为研究超越函数的基础首要的事是必须建立一组足以完全确定它们的、相互独立的条件. 在这方面在很多情况下, 特别是在代数函数的积分及其反函数的情况下, 有一个原理可资应用, 这个原理是 Dirichlet 为了求能够满足 Laplace 偏微分方程的三个变量的函数时 —— 很可能是受到 Gauss 思想的启发 —— 在他多年讲授与距离平方成反比的力的讲义中所用到过的 [6]. 可是把这个原理应用于超越函数的理论时正好有一个情况, 那时这个原理在其最简单的叙述下不能用, 从而在他那种情况下却被认为意义不大而被忽略不计. 当函数在待确定的区域内某处具有事先所规定的不连续性时就是这种情况; 这句话要这样来理解, 就是说它在每一个这样的地方需要遵守成为不连续的条件, 尽管它在这些点处是不连续函数, 它也仅在这些点处是不连续的.① 在此我只打算以适应于本文应用的形式来讲述这个原理, 至于涉及一些额外的研究内容我冒昧地建议读者去参阅在我的博士学位论文 (Grundlagen für eine allgemeine Theorie der Funktionen einer veränderlichen complexen Grösse (单复变量函数一般理论基础), Göttingen, 1851) 中介绍这个原理时关于这个问题所做的解释.

设有任意边界的曲面 T, 它单重或多重地覆盖在 (x, y) 平面上, 再设在其上给出了两个对每一点 (x, y) 有唯一确定值的函数 α 和 β, 并将在曲面 T 上的积分

$$\int\left(\left(\frac{\partial\alpha}{\partial x}-\frac{\partial\beta}{\partial y}\right)^2+\left(\frac{\partial\alpha}{\partial y}+\frac{\partial\beta}{\partial x}\right)^2\right)dT$$

记为 $\Omega(\alpha)$, 其中函数 α 和 β 可以具有任意的间断性, 只要积分不会因此而变为无限大就行. 于是在 λ 处处连续且有有限的导数时, 积分 $\Omega(\alpha-\lambda)$ 也有限. 如果这个连续函数满足这样的条件, 即, 它只在曲面 T 的一个无限小的部分上有别于一个不连续函数 γ, 而如果这个 γ 沿某一条曲线或在某个点上不连续到这样的程度, 以致积分

$$\int\left(\left(\frac{\partial\gamma}{\partial x}\right)^2+\left(\frac{\partial\gamma}{\partial y}\right)^2\right)dT$$

①用现在的话说, 即第一类间断点. —— 中译者注

为无限大, 那么积分 $\Omega(\alpha-\lambda)$ 也就会是无限大 (见我的博士学位论文, 第 17 节); 可是如果 γ 只在个别点上不连续, 而且在 T 上的积分

$$\int\left(\left(\frac{\partial\gamma}{\partial x}\right)^2+\left(\frac{\partial\gamma}{\partial y}\right)^2\right)dT$$

为有限, 例如, 像 γ 在一个点的邻域内随着点的距离 r 的改变等于 $(-\log r)^{\varepsilon}$, 而且 $0<\varepsilon<\frac{1}{2}$ 那样, 那么积分 $\Omega(\alpha-\lambda)$ 仍会保持为有限. 为简短起见, 我们把 λ 那种不会损害 $\Omega(\alpha-\lambda)$ 的有限性的不连续性称为第一类不连续性, 那种不是这样的就称为第二类不连续性. 现在设想在 $\Omega(\alpha-\mu)$ 中的 μ 用在边界上等于零的连续函数或第一类不连续函数代入, 那么这个积分总是为有限, 但是根据其性质不可能取负值, 因此必定对某 $\alpha-\mu=u$ 取到最小值, 从而积分 Ω 对任何一个与 u 只相差无限小的函数 $\alpha-\mu$ 都会大于 $\Omega(u)$.

因此如果用 σ 表示定义在曲面 T 上在边界上处处等于零的连续函数或第一类不连续函数, h 为与 x,y 均无关的一个量, 那么不论 h 正负如何, 只要充分小, $\Omega(u+h\sigma)$ 这个积分必定会大于 $\Omega(u)$, 因而将它按 h 的幂展开, h 前的系数必为零. 这样的话就有

$$\Omega(u+h\sigma)=\Omega(u)+h^2\int\left(\left(\frac{\partial\sigma}{\partial x}\right)^2+\left(\frac{\partial\sigma}{\partial y}\right)^2\right)dT,$$

从而 $\Omega(u)$①为极小. 这个极小只在一个唯一的 u 处得到; 因为如果在某个 $u+\sigma$ 处也能得到, 那么 $\Omega(u+\sigma)$ 就不可能大于 $\Omega(u)$, 因为否则的话就会对某个 $h<1$ 有

$$\Omega(u+h\sigma)<\Omega(u+\sigma);$$

因而 $\Omega(u+\sigma)$ 不可能在 $u+\sigma$ 的邻域内小于上述值. 但是如果有 $\Omega(u+\sigma)=\Omega(u)$, 则 σ 必定是一个常数, 而由于它在边界上为 0, 所以就必定处处为 0. 于是积分 Ω 只对一个唯一的函数 u 会取到极小值, 并且只有在此时其一阶变分, 或者说在 $\Omega(u+h\sigma)$ 中含 h 的一次项, 才会等于 0, 即

$$2h\int dT\left(\left(\frac{\partial u}{\partial x}-\frac{\partial\beta}{\partial y}\right)\frac{\partial\sigma}{\partial x}+\left(\frac{\partial u}{\partial y}+\frac{\partial\beta}{\partial x}\right)\frac{\partial\sigma}{\partial y}\right)=0.$$

由此命题可推知, 下述在曲面 T 的全部边界上的积分

$$\int\left(\left(\frac{\partial\beta}{\partial x}+\frac{\partial u}{\partial y}\right)dx+\left(\frac{\partial\beta}{\partial y}-\frac{\partial u}{\partial x}\right)dy\right)$$

①这里原文用的是 Ω. —— 中译者注

等于 0. 如果这块曲面是多重连通的, 那么 (按照上节所述) 我们可以将它分解为单连通的曲面 T', 则在此曲面 T' 内部从固定起点至点 (x, y) 的积分

$$\nu = \int \left(\left(\frac{\partial \beta}{\partial x} + \frac{\partial u}{\partial y} \right) dx + \left(\frac{\partial \beta}{\partial y} - \frac{\partial u}{\partial x} \right) dy \right) + \text{const.}$$

就定义了一个在 T' 内 x, y 的处处连续的函数, 或是第一类不连续函数, 它在穿过割线时改变的有限量沿着横截线网络的从一个节点到另一个节点的割线取常值. 于是 $v = \beta - \nu$ 就满足方程

$$\frac{\partial v}{\partial x} = -\frac{\partial u}{\partial y}, \quad \frac{\partial v}{\partial y} = \frac{\partial u}{\partial x},$$

并且从而 $u + vi$ 成为方程

$$\frac{\partial (u + vi)}{\partial y} - i \frac{\partial (u + vi)}{\partial x} = 0$$

的一个解, 就是说, 是 $x + yi$ 的一个函数.

于是得到了在上面提到过的那篇论文中所叙述的定理:

如果在一用横截线分解成单连通曲面 T' 的多连通曲面 T 上, 给定一 x, y 的复函数 $\alpha + \beta i$, 它在整个曲面上的积分

$$\int \left(\left(\frac{\partial \alpha}{\partial x} - \frac{\partial \beta}{\partial y} \right)^2 + \left(\frac{\partial \alpha}{\partial y} + \frac{\partial \beta}{\partial x} \right)^2 \right) dT$$

具有有限的数值, 那么必定有一种, 且只有一种方式, 即通过减去 x, y 的一个函数 $\mu + \nu i$ 把它变成 $x + yi$ 的一个函数, 这个 $\mu + \nu i$ 要满足以下条件:

1) μ 在边界上等于 0, 或者只在孤立点上不等于 0, ν 在任意一点上任意给定.

2) μ 在 T 内以及 ν 在 T' 内可能在个别点上不连续, 且在整个曲面上的积分

$$\int \left(\left(\frac{\partial \mu}{\partial x} \right)^2 + \left(\frac{\partial \mu}{\partial y} \right)^2 \right) dT$$

及积分

$$\int \left(\left(\frac{\partial \nu}{\partial x} \right)^2 + \left(\frac{\partial \nu}{\partial y} \right)^2 \right) dT$$

*为有限, 而且后者沿横截线为常量*①.

如果函数 $\alpha + \beta i$ 在某些点处的导数变成无限, 它在这些点处作为 $x + yi$ 的函数不连续, 而且假设其不连续性不是可以通过改变个别点上的值就可以移去的,

①这里俄译本将最后一句改写为 "而且函数 ν 在越过横截线时的跃变为常量." 在 Jason Ross 的英译版中这一句译为 "而且 ν 沿着任一割线两边的值相同." —— 中译者注

那么 $\Omega(\alpha)$ 仍为有限, 并且 $\mu+\nu i$ 在 T' 内处处连续. 这是因为, 由于一个 $x+yi$ 的函数只有某些种类的不连续性, 例如第一类不连续性 (见我的博士学位论文第 12 节), 只要它没有第二类不连续性, 两个这样的函数的差就必定是连续的.

于是根据上面所证明的定理, 一个 $x+yi$ 的函数就可以这样来确定, 设定它在 T 的内部具有给定的不连续性, 对其虚部在横截线上的不连续性不管, 再令其实部在全部边界上取任意给定的值; 只有对那些它的导数变成无限大的地方, 设它在那里具有的间断和一个在该处给定的 $x+yi$ 的不连续函数一样. 易见, 在边界上所给的条件可以换成许多别的条件而所做出的结论不会有太大的影响.

4 Abel 函数的理论

在本文以下部分我将研究 Abel 函数, 采用的方法是以在我的博士学位论文[①]中所确立的原理为基础, 它们以稍作改变后的形式在上面三节中做了描述. 为了便于阅读, 我先做一个简短的概括.

第一部分包含对一组具有相同分支的代数函数及其积分的理论, 但不包含以 ϑ 级数为基础的研究. 在 §1—§5 中讲的是通过分支及其间断值来确定函数的内容, 在 §6—§10 中讲的是通过两个变量的一个代数方程所确定的有理表达式, 而在 §11—§13 中则讲的是用有理置换来做这种表达式的变换. 在这一研究中所给出的可以通过有理置换相互转变的代数方程的类的概念对别的研究也很重要, 而且将这种方程变成较低次的同类方程 (§13) 的变换对其他情形也是有用的. 在这一部分的最后 §14—§16 作为第二部分的准备知识将为后面将 Abel 加法定理应用于一组有相同分支的代数函数的处处有限的积分, 以便为求积微分方程组做好准备.

在第二部分将在一组分支相同、$2p+1$ 重连通的代数函数的积分始终为有限的情形下将 p 个变量的 Jacobi 反函数用 p 重 ϑ 级数来表示, 即使用表示成以下形式的级数:

$$\vartheta(v_1, v_2, \cdots, v_p) = \left(\sum_{-\infty}^{\infty}\right)^p e^{\left(\sum\limits_1^p\right)^2 a_{\mu,\mu'} m_\mu m_{\mu'} + 2\sum\limits_1^p v_\mu m_\mu},$$

其中指数中的求和是对 μ 和 μ', 外部的求和是对 $m_1, m_2, \cdots, m_p$. 可以注意到, 对于这个问题的一般解而言, 一类特别的 ϑ 函数够用了; 这类函数当 $p>3$ 时变得特别, 在其中的 $\dfrac{p(p+1)}{2}$ 个系数 a 之间存在 $\dfrac{(p-2)(p-3)}{1\cdot 2}$ 个关系, 所以只有 $3p-3$ 个可以取任意值. 本文这一部分同时构成这类 ϑ 函数的一个理论; 我们在

[①] Grundlagen für eine allgemeine Theorie der Funktionen einer veränderlichen complexen Grösse (单复变量函数一般理论基础), Göttingen 1851.

这里没有讲一般的 ϑ 函数, 不过它们仍可以用类似这里的方法来处理.

在这里所解决的 Jacobi 反演问题在超越椭圆函数的情形下已经由 Weierstrass 以坚韧的意志用多种方法取得极为漂亮的结果而享有盛誉地给解决了, 在 Journ. für Mathem. 第 47 卷 (第 289 页) 上发表了这个工作的一个综述. 但是直至目前关于这一工作得到了真正详细叙述的只有一部分, 就是在上述论文的 §1 和 §2 以及在 §3 的前半部分曾简短地描述过的椭圆函数的初步的内容, 发表在 Journ. für Mathem. 第 52 卷, 第 285 页; 至于后面的部分与我在这里所叙述的内容, 不仅在结果上, 而且还在所采用的方法上有多大的重合, 这只有等它的详细的内容给出后才能做出判断 [7].

本文, 除了 §26 与 §27 外, 是从我于 1855 年 St-Michael 日① 到 1856 年同一天在 Göttingen 开的讲座中所用讲义的部分内容精编而成, §26 与 §27 所讲的对象在那时只能简短地提及. 至于某些结果的发现, 例如 §1—5, §9 和 §12 以及那些准备定理, 虽然是我后来在我的课程中用本文中所表达的方式做的详细解释, 但是我是在 1851 年秋季和 1852 年初由于对多连通曲面的共形表示的研究引导得到的; 不过我后来由于别的任务而离开了这一研究. 只是到了 1855 年的复活节前后我才又重新拾起这个课题, 在那年的复活节和 St-Michael 日假期一直进展到 §21 以远; 其余部分直至 1856 年的 St-Michael 日才完成. 在后续工作中在许多地方添加了补充的结果.

第 一 部 分

1

如果 s 为一 n 次不可约方程的根, 这个方程的系数为 z 的 m 阶多项式函数, 那么对应 z 的每一个值就有 s 的 n 个值, 它们随 z 在 z 不是无限大的地方处处连续地变化. 因此如果我们在一块沿 z 平面展布开的没有边界的曲面 T 上来表示这个函数的分支 (按照本篇前面第 1 节), 那么这个曲面在平面的每一部分上面都是 n 层的, 从而 s 在这个曲面上就是点的单值函数. 一个没有边界的曲面既可以认为是边界在无穷远处的曲面, 也可以认为是一块封闭曲面, 当把曲面 T 看成是后者时, 在曲面 T 的 n 叶中每一叶上就有一个点对应于值 ∞, 只要 $z=\infty$ 不是一个分支点的话 [8].

每一个 s 和 z 的有理函数显然同样也是曲面 T 上的点的单值函数, 因而具有和函数 s 一样的分支, 下面我们还将给出, 其逆定理也成立.

①9 月 29 日. —— 校订者注

通过对这种函数积分所得到的函数, 它们在曲面 T 的同一部分上的不同的延拓相互间只差一个常数, 因为它们在此曲面上同一点处的导数总是会取得相同的数值.

我们的研究对象首先就是由这种有相同分支的代数函数及这种函数的积分组成的系统; 但是我们不是通过这种函数的表达式来确定它们, 而是借助于 Dirichlet 原理 (见本篇前面第 3 节) 通过它们的间断值来确定它们.

2

为了以下讲述简单起见, 一个函数, 如果其值在曲面某点的某小块的边界上函数值有限且非零, 但其对数正向, 绕该点一周后增加值为 $2\pi i$, 就说它*在曲面 T 的该点为一阶无限小量*. 于是对该点将曲面绕它卷起 μ 次, 如果该点 z 为有限值 a, 则表达式 $(z-a)^{\frac{1}{\mu}}$, 即 $(dz)^{\frac{1}{\mu}}$, 是一阶无限小量, 但是在 $z=\infty$ 时, 无限小量则为 $\left(\frac{1}{z}\right)^{\frac{1}{\mu}}$. 至于那种函数在曲面 T 上一点为 ν 阶无限小或无限大的情况就可以这样来看, 好像这个函数是在那有 ν 个重合在一起 (或者是靠得很近) 的点上具有一阶的无限小或无限大一样, 正像我们将在下面遇到的情况那样.

因此我们打算来研究的那种函数其间断的类型可以这样来表征. 设 r 表示一任意函数, 它在曲面 T 的某一点为一阶无限小量, 如果我们要研究的某个函数在该点为无限大, 那么它总可以通过减去一个如下形式的表达式

$$A\log r+Br^{-1}+Cr^{-2}+\cdots$$

变成在该处连续, 这可以由一个众所周知的关于函数的幂级数展开的定理 —— 根据 Cauchy 的方法或通过 Fourier 级数所证明的 —— 来得出.

3

现在设想一个无边界的连通曲面 T 完全覆盖 z 平面 n 次, 按照上述可以把它看成是一封闭曲面, 而且它已被分割成了一单连通曲面 T'. 因为单连通曲面的边界由一条封闭曲线组成, 但是一闭曲面经奇数条横截线切割得到偶数条封闭边界线, 而经偶数条横截线切割后则得到奇数条边界线, 所以要把一闭曲面切割成单连通就需要用偶数条横截线. 设此横截线线数为 $2p$[9]. 为了以下叙述简单起见, 我们这样来作切割, 即每作下一条横截线是从前一条横截线一边的一点作一条到该横截线另一边的一点: 在这种情况下如果某个量沿 T' 的整个边界连续改变, 而且在整个截线系统中从截线的一边到另一边取发生的改变相等, 那么截线上同一点两侧值之差沿整个截线为常量 [10].

现在令 $z=x+yi$, 并按下述方式选定 T 中的一个 x,y 的函数 $\alpha+\beta i$:

在点 $\varepsilon_1,\varepsilon_2,\cdots$ 的邻域内令函数 $\alpha+\beta i$ 等于一个在这些点上变为无限大的、给定的 $x+yi$ 的函数; 更确切地说, 如果用 r_ν 表示这样一个 z 的函数, 它在 ε_ν 的邻域内变成一阶无穷小, 我们这个函数就等于如下的有限表达式:

$$A_\nu \log r_\nu + B_\nu r_\nu^{-1} + C_\nu r_\nu^{-2} + \cdots = \varphi_\nu(r_\nu),$$

其中 $A_\nu, B_\nu, C_\nu, \cdots$ 为任意常数. 然后我们再在曲面 T' 的内部从所有那些量 A 在其上异于零的 ε 点出发向任一点作互不相交的曲线, 从 ε_ν 发出的就记为 l_ν. 最后我们再假设函数在整个曲面 T 除去曲线 l 及横截线以外的其余部分处处连续, 而在曲线 l_ν 的正 (左) 侧比在另一侧大一个 $-2\pi i A_\nu$, 在第 ν 条横截线的正侧比另一侧大一个给定的常数 $h^{(\nu)}$, 并且在曲面 T 上的积分

$$\int\left(\left(\frac{\partial\alpha}{\partial x}-\frac{\partial\beta}{\partial y}\right)^2\right)+\left(\frac{\partial\alpha}{\partial y}+\frac{\partial\beta}{\partial x}\right)^2\right)dT$$

为有限. 很容易看出, 如果所有量 A 之和等于零, 这种假设总是可能的, 但是也只有在这个条件下才有可能, 因为只有在这时函数绕全部曲线 l 转过一圈后才会再取到原始值.

常数 $h^{(1)}, h^{(2)}, \cdots, h^{(2p)}$ 是这种函数在其横截线的正侧比在其另一侧所大过的值, 我们将称之为这种函数的周期模数 (*Periodicitätsmoduln*).

根据 Dirichlet 原理, 函数 $\alpha+\beta i$ 可以通过减去一个类似地在 T' 内处处连续、周期模为纯虚数的 x,y 的函数, 变成一个 $x+yi$ 的函数 ω, 它可以完全确定到只差一个可加常数. 而且这个函数 ω 在 T' 内部与 $\alpha+\beta i$ 有完全一致的不连续性, 其周期模的实部也与它的完全一样. 于是对于函数 ω 来说, 函数 φ_ν 以及它们的周期模的实部就都可以任意给定. 通过这些条件它①就可以完全确定到只差一个可加常数, 从而它的周期模的虚部也就随之完全确定了.

我们将会看到, 这个函数 ω 包括了全部在 §1 中所讲到的函数作为它的特例.

4

处处有限的函数 ω (第一类积分)

现在我们来研究这种函数的最简单的情形, 而且首先研究那种始终保持为有限, 因而在 T' 内部处处为连续的情形. 设 $w_1, w_2, \cdots, w_p$ 是这样一些函数, 那么

$$w=\alpha_1 w_1+\alpha_2 w_2+\cdots+\alpha_p w_p+\text{const.},$$

①指 ω. —— 中译者注

其中 $\alpha_1, \alpha_2, \cdots, \alpha_p$ 为任意常数, 也是一个这样的函数. 设函数 $w_1, w_2, \cdots, w_p$ 对第 ν 条横截线的周期模分别为 $k_1^{(\nu)}, k_2^{(\nu)}, \cdots, k_p^{(\nu)}$. 于是 ω 对这条横截线的周期模为 $\alpha_1 k_1^{(\nu)} + \alpha_2 k_2^{(\nu)} + \cdots + \alpha_p k_p^{(\nu)} = k^{(\nu)}$; 如果我们把量 α 纳入 $\gamma + \delta i$ 的形式, 那么 $2p$ 个量 $k^{(1)}, k^{(2)}, \cdots, k^{(2p)}$ 的实部就都是 $\gamma_1, \gamma_2, \cdots, \gamma_p, \delta_1, \delta_2, \cdots, \delta_p$ 这些个量的线性函数. 如果在 $w_1, w_2, \cdots, w_p$ 之间不存在带常系数的线性方程, 那么这些线性表达式的行列式不会等于零; 因为否则的话就可以这样来选定 α 这些量之间的关系, 使得 w 的实部的周期模全部为 0, 从而根据 Dirichlet 原理 w 的实部, 因而也就有 w 本身, 必定为一常数. 这样一来 γ 和 δ 这 $2p$ 个量就可以这样来确定, 使得周期模的实部取得给定的值; 并且由此可知, 在 $w_1, w_2, \cdots, w_p$ 之间不存在带常系数的线性方程时, 每一个总是保持为有限的函数 ω 就都可以用 w 来表示. 但是这些函数总是可以这样来选择, 使得它们可以满足这个条件; 因为只要有 $\mu < p$, 那么在函数

$$\alpha_1 w_1 + \alpha_2 w_2 + \cdots + \alpha_\mu w_\mu + \text{const.}$$

的实部的周期模之间就会有线性条件方程存在; 因此, 如果选择函数 $w_{\mu+1}$ 实部的周期模不满足这些条件方程, 而按照上述这总是可能的, 那么它就不在这样的形式中.

在曲面 T 的某一点上变为一阶无限大的函数 ω (第二类积分)

设 ω 在曲面 T 上只在一个点 ε 变为无限大, 并设在此点 φ 的所有系数除 B 外全都等于 0. 于是这样的一个函数就可以由 B 和它的周期模的实部确定到只差一个可加常数. 如果将这样的一个函数记为 $t^0(\varepsilon)$, 那么在表达式

$$t(\varepsilon) = \beta t^0(\varepsilon) + \alpha_1 w_1 + \alpha_2 w_2 + \cdots + \alpha_p w_p + \text{const.}$$

中的系数 $\beta, \alpha_1, \alpha_2, \cdots, \alpha_p$ 可以这样来选择, 使得对变量 B 和它的周期模的实部都能取预先给定的任何值. 因而这个表达式就描述了任意这样的一个函数.

在曲面 T 的两个点上变为对数无限大的函数 ω (第三类积分)

我们来研究第三种情形, 这时函数 ω 只有对数无限大, 由于量 A 之和必定等于 0, 所以在曲面 T 上至少一定会有两个点 ε_1 和 ε_2, 而且 $A_2 = —A_1$. 如果 $\widetilde{\omega}^0(\varepsilon_1, \varepsilon_2)$ 是一个这样的函数, 而且后面这两个量等于 1, 那么按照类似于上面的推理, 所有其余的这样的函数都可以写成以下形式:

$$\widetilde{\omega}(\varepsilon_1, \varepsilon_2) = \widetilde{\omega}^0(\varepsilon_1 \varepsilon_2) + \alpha_1 w_1 + \alpha_2 w_2 + \cdots + \alpha_p w_p + \text{const.}$$

在下面的叙述中为了简单起见, 我们假设 ε 不是分支点因而也不是无穷远点. 于是我们可以令 $r_\nu = z - z_\nu$, 其中 z_ν 为 z 在 ε_ν 处所取的值. 如果我们这时将 $\widetilde{\omega}(\varepsilon_1, \varepsilon_2)$ 对 z_1 这样来求导, 使得在求导时周期模的实部 (或是还有周期模的值 p) 以及 $\widetilde{\omega}(\varepsilon_1, \varepsilon_2)$ 在曲面 T 上任一点上的值保持不变, 那么我们就会得到一个函数 $t(\varepsilon_1)$, 它在 ε_1 点上的不连续性犹如 $\dfrac{1}{z - z_1}$. 反之, 如果 $t(\varepsilon_1)$ 是一个这样的函数, 那么它在 T 中从 ε_2 沿一条任意的曲线到 ε_3 的积分 $\displaystyle\int_{z_2}^{z_3} t(\varepsilon_1) dz_1$ 就会等于一个 $\widetilde{\omega}(\varepsilon_2, \varepsilon_3)$. 用类似的方法通过将函数 $t(\varepsilon_1)$ 对 z_1 逐次求 n 次微分, 就会得到一个函数 ω, 它在点 ε_1 处的不连续性犹如 $n!(z - z_1)^{-n-1}$, 而在其余部分保持为有限.

对于一些被排除在外的 ε 点的位置, 这几个定理就要作小小的修正.

显然, 我们可以这样来确定一个由函数 $\widetilde{\omega}$ 对其间断点的导数所得到的函数 ω 的带常系数的线性表达式, 使得它在 T' 的内部具有和 ω 一样的形式任意给定的不连续性, 并且使得它的周期模的实部取任意给定的值. 因而就可以用这样的表达式来描述任意给定的函数 ω.

5

根据上述, 在曲面 T 的 m 个点 $\varepsilon_1, \varepsilon_2, \cdots, \varepsilon_m$ 上变为一阶无限大的函数 ω 的一般表达式可以写成

$$s = \beta_1 t_1 + \beta_2 t_2 + \cdots + \beta_m t_m + \alpha_1 w_1 + \alpha_2 w_2 + \cdots + \alpha_p w_p + \text{const.},$$

其中 t_ν 为任意函数 $t(\varepsilon_\nu)$, 而量 α 和 β 为常数. 如果在这 m 个点 ε 中有 ρ 个点与曲面 T 上的点 η 重合, 那么属于这 ρ 个点的函数 t 沿间断点就要换成函数 $t(\eta)$ 和它的 $\rho - 1$ 阶导数 (§2).

函数 s 的 $2p$ 个周期模是 α 和 β 这 $p + m$ 个量的线性齐次函数. 如果 $m \geqslant p + 1$, 令全部周期模均为零, 于是 α 和 β 中 $m - p + 1$ 个任意常数, 其余的可以表示为这些常数的线性齐次函数, 可以看成是 $m - p$ 个函数的线性组合, 它们每一个只在 $p + 1$ 个点上为一阶无限大.

如果 $m = p + 1$, 那么 α 和 β 这 $2p + 1$ 个量的关系由 $p + 1$ 个 ε 点的位置就完全确定了. 不过在这些点的个别特殊的位置上可能会有几个 β 等于 0. 假设这种量的数目为 $m - \mu$, 那么这个函数只会在 μ 个点上变成一阶无限大. 于是这 μ 个点必定会具有这样的位置, 使得在 β 和 α 余下的 $p + \mu$ 个量之间的 $2p$ 个条件方程中有 $p + 1 - \mu$ 个是其余方程的必然结果, 于是在它们之中只有 $2\mu - p - 1$ 个可以任意选择. 此外这个函数还包含两个任意常数.

假设现在这样来确定 s, 使得 μ 尽可能小. 如果 s 为 μ 次一阶无限大, 那么每一个 s 的一次有理函数也是这样; 因此在解决这个问题时 μ 个点中有一个可以任意选定. 接下来其余的点的位置就应该这样来确定, 使得量 α 和 β 之间的条件方程有 $p+1-\mu$ 个是其余方程的必然结果; 因而, 如果曲面 T 上的分支点并不满足一些额外的条件方程, 就必定有 $p+1-\mu \leqslant \mu-1$ 或 $\mu \geqslant \frac{1}{2}p+1$.

一个在曲面 T 上只在 m 个点上会变为无限大的函数 s, 它所含任意常数的个数在所有情况下都等于 $2m-p+1$.

一个这样的函数是一个 n 次方程的根, 这个方程的系数是 z 的 m 次多项式函数.

设 $s_1, s_2, \cdots, s_n$ 为函数 s 对应于同一 z 值的 n 个值; σ 表示一任意量, 则 $(\sigma-s_1)(\sigma-s_2)\cdots(\sigma-s_n)$ 是 z 的一个单值函数, 它在 z 平面上只有在与点 ε 重合的点处变为无限大, 而且其无限大的阶次等于与之重合的 ε 点的个数. 事实上, 对那些与某个 ε 点重合而又不是分支点的 z 来说, 在这个乘积中只有一个因子是一阶的无限大, 但是对于有的 [为分支点的] ε 点, 如果曲面 T 会绕它转过 μ 次, 就有 μ 个因子为 $\frac{1}{\mu}$ 阶无穷大. 现在我们把与那些 ε 点重合 [11] 而又不是无限大的 z 的值记为 $\zeta_1, \zeta_2, \cdots, \zeta_\nu$, 将 $(z-\zeta_1)(z-\zeta_2)\cdots(z-\zeta_\nu)$ 记为 a_0, 那么 $a_0(\sigma-s_1)(\sigma-s_2)\cdots(\sigma-s_n)$ 就是 z 的一个单值函数, 它在所有 z 值为有限的地方为有限, 而在 $z=\infty$ 处变为 m 阶无限大, 因而是 z 的一个 m 次多项式函数. 它也同时是 σ 的一个 n 次多项式函数, 在 $\sigma=s$ 时变为零. 我们将把它记为 F, 而正如我们今后要做的那样, 把一个 *σ 的 n 次、z 的 m 次多项式函数*记为 $F(\overset{n}{\sigma}, \overset{m}{z})$, 那么 s 就将是方程 $F(\overset{n}{s}, \overset{m}{z})=0$ 的根.

函数 F 是一个不可约函数 —— 即不能表示为 σ 和 z 的整函数的积的函数 —— 的幂函数. 这是由于 $F(\sigma, z)$ 的每一个整有理因子对根 $s_1, s_2, \cdots, s_n$ 中的某些个必定为零, 因此在 $\sigma=s$ 是一个 z 的函数, 它在 T 的一个部分内为零, 而由于这个曲面是连通的, 所以必定在整个曲面内均为零. 但是 $F(\sigma, z)$ 的两个不可约因子, 如果其中一个不是另一个与一个常数的乘积, 只能对有限对 σ 和 z 的数值同时为零. 这样一来 F 就是某个不可约函数的幂函数.

如果这个幂函数的指数 $\nu>1$, 那么函数 s 的分支就不能在曲面 T 上来描述, 而要用一个在 z 平面上处处覆盖了 $\frac{n}{\nu}$ 次的曲面 τ 来描述, 而在这个 τ 曲面上 T 曲面处处覆盖了 ν 次. 这样一来, 我们虽然能够把函数 s 的分支看成是像曲面 T 那样的分支, 但是我们却不能反过来把曲面 T 的分支看成像是函数 s 那样的分支.

像 s 这样的只在 T 的某些点上不连续的函数也可表示为 $\frac{d\omega}{dz}$. 这是因为函

数 ω 在横截线两侧的差值沿这些曲线为常数, 于是这个函数在横截线的两侧和曲线 l 上取同样的值; 它只能在 ω 为无限大的地方, 或是在前面的分支点上变为无限大, 在其余的地方就处处连续, 因为一个单值且保持为有限的函数的导函数也是单值和有限的.

因此全部像 ω 这样的函数要么就是具有像 T 一样的分支的 z 的代数函数, 要么就是这种函数的积分. 这个函数系统在曲面 T 给定后就确定下来了, 而且只与其分支点的位置有关.

6

现在假设方程 $F(\overset{n}{s}, \overset{m}{z}) = 0$ 为已给, 我们要来确定函数 s, 或者描述它的曲面 T 的分支情况. 如果这个函数对 z 的某个值 β 联系着 μ 个分支, 从而这些分支中的任一个在 z 绕 β 转过 μ 圈后又延拓到自身, 那么这个函数的 μ 个分支就可以用已给 $z-\beta$ 的指数为有理数的升幂级数来表示, 其有理指数的最小公分母为 μ, 反之亦然 [12].

曲面 T 上那种点, 如果只联系着两个分支, 这样在绕这点转过一圈后, 第一个分支延拓成第二个分支, 而第二个分支又延拓成第一个, 就称其为简单分支点 (*einfacher Verzweigungspunkt*).

曲面上的一个点, 如果曲面绕它转过 $\mu+1$ 次, 那么就可以看成是 μ 个重合在一起 (或者说是无限靠近) 的简单分支点.

为了证明这一点, 假设在 z 平面围绕这个点的一小块上有函数 s 的 $\mu+1$ 个单值分支 $s_1, s_2, \cdots, s_{\mu+1}$, 在其边界上沿着正的绕行方向依次排列着简单分支点 $a_1, a_2, \cdots, a_\mu$. 通过一个绕 a_1 的正向转一圈, s_1 与 s_2 就会互换, 同样绕 a_2 就会有 s_1 与 $s_3, \cdots\cdots$, 绕 a_μ 就会有 s_1 与 $s_{\mu+1}$ 等的互换. 这样一来围绕包含所有这些点 (而且其中不含任何其他分支点) 的区域沿正向转一圈,

$$s_1, s_2, \cdots, s_\mu, s_{\mu+1}$$

就会变为

$$s_2, s_3, \cdots, s_{\mu+1}, s_1,$$

那么当这些点重合在一起时就成为一个 μ 重分支点.

函数 ω 的性质主要取决于曲面 T 的连通重数. 为了判定这一连通数, 我们首先要来确定函数 s 的简单分支点的个数.

在分支点处相互联系着的函数的分支取相同的值, 因而方程

$$F(s) = a_0 s^n + a_1 s^{n-1} + \cdots + a_n = 0$$

的两个或多个根重合. 这种情况只有当

$$F'(s) = a_0 n s^{n-1} + a_1(n-1)s^{n-2} + \cdots + a_{n-1}$$

或者 z 的一个单值函数, $F'(s_1)F'(s_2)\cdots F'(s_n)$, 等于零时才有可能. 这个函数对于 z 的有限值只有在 $s=\infty$, 因而 $a_0=0$ 时才会等于无限大, 并且为了保持为有限, 必须乘以 a_0^{n-2}. 这样一来它就变成一个单值的、在 z 为有限值时为有限的函数, 它在 $z=\infty$ 处成为 $2m(n-1)$ 阶的无限大, 因而也就是一个 $2m(n-1)$ 次的整函数 [13]. 所以能使 $F(s)$ 和 $F'(s)$ 同时为零的 z 值就是下述 $2m(n-1)$ 次方程的根:

$$\begin{aligned} Q(z) &= a_0^{n-2}\prod_i F'(s_i) = 0 \text{ 或者因为 } F'(s_i) = a_0\prod_{i'}(s_i - s_{i'}) \quad (i \gtrless i'), \\ &= a_0^{2(n-1)}\prod_{i,i'}(s_i - s_{i'}) = 0 \quad (i \gtrless i'), \end{aligned}$$

这个方程是可以通过从 $F'(s)=0$ 和 $F(s)=0$ 中消去 s 来得到的.

如果在 $s=\alpha, z=\beta$ 时有 $F(s,z)=0$, 则有

$$\begin{aligned} F(s,z) &= \frac{\partial F}{\partial s}(s-\alpha) + \frac{\partial F}{\partial z}(z-\beta) \\ &\quad + \frac{1}{2}\left\{\frac{\partial^2 F}{\partial s^2}(s-\alpha)^2 + 2\frac{\partial^2 F}{\partial s\partial z}(s-\alpha)(z-\beta) + \frac{\partial^2 F}{\partial z^2}(z-\beta)^2\right\} \\ &\quad + \cdots, \\ F'(s) &= \frac{\partial F}{\partial s} + \frac{\partial^2 F}{\partial s^2}(s-\alpha) + \frac{\partial^2 F}{\partial s\partial z}(z-\beta) + \cdots. \end{aligned}$$

因此如果这时 ($s=\alpha, z=\beta$ 时) 有 $\frac{\partial F}{\partial s}=0$, 而且 $\frac{\partial F}{\partial z}$ 也等于零, 可是 $\frac{\partial^2 F}{\partial s^2}$ 不等于零, 那么 $s-\alpha$ 就会是和 $(z-\beta)^{\frac{1}{2}}$ 一样的无限小, 这样就会出现一个简单分支点. 同时在乘积 $\prod_i F'(s_i)$ 中有两个因子是像 $(z-\beta)^{\frac{1}{2}}$ 一样的无限小, 于是 $Q(z)$ 就有一个 $(z-\beta)$ 的因子. 如果 $F=0$ 和 $\frac{\partial F}{\partial s}=0$ 同时成立时 $\frac{\partial F}{\partial z}$ 和 $\frac{\partial^2 F}{\partial s^2}$ 不能为零, 那么对 $Q(z)$ 的每一个线性因子对应有一个简单分支点, 因而这种点的数目等于 $2m(n-1)$.

分支点的位置取决于函数 a 中 z 的各幂项的系数并随其作连续的变化.

如果这些系数取这样的值, 使得属于同一分支对的两个简单分支点重合, 那么这两个分支点就会互相抵消, 这时 $F(s)[=0]$ 的两个根会相等, 于是就不会出现分支. 如果在它们的附近将 s_1 延拓成 s_2, 又将 s_2 延拓成 s_1, 那么通过绕 z 平面中包含这两个点的部分转过一圈, s_1 就会变成 s_1, s_2 就会变成 s_2, 而且如果这

两个点重合的话, 这两个分支就成为单值的. 可是在这种情况下导函数也是单值和有限的, 这样一来就有 $\frac{\partial F}{\partial z} = -\frac{ds}{dz}\frac{\partial F}{\partial s} = 0$.

如果在 $s = \alpha, z = \beta$ 处有 $F = \frac{\partial F}{\partial s} = \frac{\partial F}{\partial z} = 0$, 那么从 $F(s, z)$ 的展开式中接下去的三项就会得到 $\frac{s-\alpha}{s-\beta} = \frac{ds}{dz}(s = \alpha, z = \beta)$ 的两个值. 如果这两个值有限而又不相等, 那么它们所属的函数 s 的两个分支就不会在该处相关联, 也不会互为分支. 这样一来 $\frac{\partial F}{\partial s}$ 对这两个分支就会像 $z - \beta$ 一样地无限小, 由此 $Q(z)$ 也就会取得因子 $(z - \beta)^2$; 因此这两个简单分支点就不得不重合.[14]

如果在 $z = \beta$ 时方程 $F(s) = 0$ 有好几个根等于 α, 为了在这种情况下判定对 $s = \alpha$, $z = \beta$ 有几个简单分支点重合, 又有多少个互相抵消, 我们必须将这些根 (按照 Lagrange 的方法①) 按 $z - \beta$ 的升幂来展开, 一直展开到所有这些展式都各不相同时为止, 这样就把那些仍然有效地存在的分支都给了出来. 然后我们还要研究, 对每一个根 $F'(s)$ 的无限小阶次, 以便确定属于它们的 $Q(z)$ 的线性因子的个数, 也就是说对 $s = \alpha, z = \beta$ 有几个简单分支点重合.

用 ρ 表示平面 T 绕分支点 (s, z) 转过的次数, 那么 $F'(s)$ 在点 z 处作为一阶无限小的次数 [意即其无限小的阶次] 就和在那里相互重合的简单分支点的数一样, 而 $dz^{1-\frac{1}{\rho}}$ 的次数和它在那里实际有的分支点的数一样, 于是 $F'(s)dz^{\frac{1}{\rho}-1}$ 的次数就和从其中抵消掉的分支点数一样.

如果实际出现的分支点数为 w, $2r$ 为抵消的分支点数, 则应有

$$\mathrm{w} + 2r = 2(n-1)m.$$

如果级数分支点只成对地重合抵消, 那么对于 r 对值 $(s = \gamma_\rho, z = \delta_\rho)$ 有

$$F = \frac{\partial F}{\partial s} = \frac{\partial F}{\partial z} = 0 \quad \text{以及} \quad \frac{\partial^2 F}{\partial s^2}\frac{\partial^2 F}{\partial z^2} - \left(\frac{\partial^2 F}{\partial s \partial z}\right)^2 \ \text{不为零},$$

而对于 s 和 z 的其他 w 对的值, 则有 $F = 0, \frac{\partial F}{\partial s} = 0$, 但 $\frac{\partial F}{\partial z}$ 不等于零, $\frac{\partial^2 F}{\partial s^2}$ 也不等于零.

我们主要都限于处理这种情况, 因为其他情况很容易作为这种情况的极限来得到, 而且我们可以这么做是因为这种函数的这个理论是建立在与其表达形式无关, 也不会有例外情形的基础之上的.

①Lagrange, Nouvelle méthode pour résoudre les équations littérales par le moyen des séries. Mém. de l'Académie de Berlin XXIV 1780, Oeuvres de Lagrange Tome III p. 5. W.

7

对覆盖在 z 平面一个有限部分上的单连通曲面, 在它的简单分支点的个数与绕着边界线转动的数目之间存在这样一个关系, 即后者比前者大一个; 由此关系就可以得出对一多连通曲面来说的这两个数与将此曲面切割成单连通曲面所需的截线数之间的关系. 我们可以在此来导出对曲面 T 的这个关系, 这是一个完全与度量特性无关, 而只属于位置解析这个领域内的关系.[15]

根据 Dirichlet 原理我们可以这样来确定单连通曲面 T' 中 z 的函数 $\log\zeta$, 使得函数 ζ 在这个曲面随便哪个点上成为一阶无限小, 并且 $\log\zeta$ 沿从该点引向边界的任意一条曲线的正侧比沿负侧要大一个 $-2\pi i$, 而在其他地方为连续, 并且沿 T' 的边界取纯虚数值. 于是函数 ζ 能取到模 <1 的所有值各一次; 因此它所取得的全部值就可以用覆盖 ζ 平面上一个圆盘一次的曲面来表示. T' 上的每一个点都对应有这个圆上的一点, 反之亦然. 这样对曲面 T' 上任一 $z=z', \zeta=\zeta'$ 的点, 函数 $\zeta-\zeta'$ 将会是一阶无限小, 从而在该处, 如果曲面 T' 绕该点转过 $\mu+1$ 次, 那么在 z' 为有限时, 表达式

$$(\mu+1)\frac{z-z'}{(\zeta-\zeta')^{\mu+1}}=\frac{dz}{d\zeta(\zeta-\zeta')^{\mu}}$$

也保持为有限, 而在 z' 为无限时, 下述表达式

$$(\mu+1)\frac{z^{-1}}{(\zeta-\zeta')^{\mu+1}}=-\frac{dz}{zzd\zeta(\zeta-\zeta')^{\mu}}$$

保持为有限. 沿着整个圆盘的边界正向一圈的积分 $\int d\log\frac{dz}{d\zeta}$ 等于它绕 $\frac{dz}{d\zeta}$ 变成无限大或等于零的那些点一周的积分之和, 即等于 $2\pi i(\mathrm{w}-2n)$. 令 s 表示从曲面 T' 的边界上同一个固定点至边界上的一个变动点的一段长度, σ 表示圆周上对应段的长度, 则有

$$\log\frac{dz}{d\zeta}=\log\frac{dz}{ds}+\log\frac{ds}{d\sigma}-\log\frac{d\zeta}{d\sigma},$$

并且沿整个边界的积分就有

$$\int d\log\frac{dz}{ds}=(2p-1)2\pi i,\quad \int d\log\frac{ds}{d\sigma}=0,\quad -\int d\log\frac{d\zeta}{d\sigma}=-2\pi i,$$

因而得

$$\int d\log\frac{dz}{d\zeta}=(2p-2)2\pi i.$$

由此我们就得到 $\mathrm{w} - 2n = 2(p-1)$. 可是由于

$$\mathrm{w} = 2((n-1)m - r),$$

所以有

$$p = (n-1)(m-1) - r.^{(2)}$$

8

一个 z 的函数 s', 其分支像 T 一样, 在 T 上任意给定的 m' 个点上成为一阶无限大而在其余地方保持为连续, 它的一般表达式, 根据上述含有 $m'-p+1$ 个任意常数, 而且是这些常数的线性函数 (§5). 因而如果我们来, 正如我们现在就要来证明的这是可能的, 构造这样的 s 和 z 的有理表达式, 它在 m' 对任意给定的、满足方程 $F=0$ 的 s 和 z 成为一阶无限大并且是 $m'-p+1$ 个任意常数的线性函数, 那么我们就可以用这种表达式来描述任意的函数 s'.

为了使这两个多项式函数 $\chi(s,z)$ 与 $\psi(s,z)$ 的商能够在 $s=\infty$ 和 $z=\infty$ 处取任意给定的有限值, 这两个多项式函数必须有相同的次数; 因此用来描述函数 s' 的表达式的形式就可以假设为 $\dfrac{\psi(\overset{\nu}{s},\overset{\mu}{z})}{\chi(\overset{\nu}{s},\overset{\mu}{z})}$, 而且还可以假设有 $\nu > n-1, \mu > m-1$. 如果函数 s 的两个相互没有联系的分支相等, 因而也就会在曲面 T 的两个不同的点上有 $z=\gamma$ 和 $s=\delta$, 那么一般来说在这两个点上 s' 也会取不同值; 如果 $\psi - s'\chi$ 处处等于 0, 那么对 s' 的两个不同的值必定有 $\psi(\gamma,\delta) - s'\chi(\gamma,\delta) = 0$, 于是有 $\chi(\gamma,\delta)=0$ 和 $\psi(\gamma,\delta)=0$. 因而函数 χ 和 ψ 就会对 $s=\gamma_\rho$, $z=\delta_\rho$ 的 r 对值等于零 (见 §6).①

如果在 z 点, 下述对有限 z 取值有限的单值函数 K 为零, 则函数 χ 在这点取值为零:

$$K(z) = a_0^\nu \chi(s_1)\chi(s_2)\cdots\chi(s_n) = 0;$$

这个函数对无限大的 z 将成为 $m\nu + n\mu$ 阶的无限大, 所以是一个 $m\nu + n\mu$ 次的整函数. 因为在连乘积 $\prod\limits_i \chi(s_i)$ 的两个因子内代入数值对 (γ,δ) 后会成为一阶无限小, 所以 $K(z)$ 就将成为二阶无限小, 所以函数 χ 除了在上述两个点之外, 还会对 s 与 z 的

$$i = m\nu + n\mu - 2r$$

①和在前面讲过的那样, 我们在此只限于讨论那种情形: 函数 s 的分支点只成对出现, 在重合时会互相抵消. 一般来说在 T 中的一个点, 按照在 §6 中的观点互相抵消的分支点会重合在一起, 如果 T 绕这个点转过 ρ 次, 那么 ψ 和 χ 就应有和 $F'(s)dz^{\frac{1}{\rho}-1}$ 一样的一阶无限小, 这样才能使得上述函数按 $(\Delta z)^{\frac{1}{\rho}}$ 整数幂展开的第一项可以取事先给定的任意值.

对值, 即 T 上的 i 个点成为一阶无限小.

如果 $\nu > n-1, \mu > m-1$, 那么当我们用

$$\chi(\overset{\nu}{s},\overset{\mu}{z})+\rho(\overset{\nu-n}{s},\overset{\mu-m}{z})F(\overset{n}{s},\overset{m}{z}),$$

其中 ρ 为任意, 来代替 $\chi(\overset{\nu}{s},\overset{\mu}{z})$ 时, 函数 χ 的值不会改变; 因而这个表达式中的

$$(\nu-n+1)(\mu-m+1)$$

个系数可以任意选择. 如果再将其余

$$(\mu+1)(\nu+1)-(\nu-n+1)(\mu-m+1)$$

个系数当中的 r 个系数这样来定为其他系数的线性函数, 使得 χ 对 r 对 (γ,δ) 的值为零, 那么函数 χ 就还含有

$$\begin{aligned}\varepsilon &= (\mu+1)(\nu+1)-(\nu-n+1)(\mu-m+1)-r\\ &= n\mu+m\nu-(n-1)(m-1)-r+1\end{aligned}$$

个任意常数. 这样一来就得到

$$i-\varepsilon=(n-1)(m-1)-r-1=p-1.$$

如果这样来选 μ 和 ν, 使得有 $s>m'$, 那么我们可以这样来确定 χ, 使得它在 m' 组数值对处成为一阶无限小, 而且在 $m'>p$ 时这样来调整 ψ, 使得函数比 $\dfrac{\psi}{\chi}$ 对所有其他值均为有限. 事实上, ψ 还是 ε 个任意常数的线性函数, 所以在 $\varepsilon-i+m'>1$ 时, 还可以这样来确定其中 $i-m'$ 个作为其余常数的线性函数, 使得 ψ 对 $i-m'$ 对 s 和 z 的值变为零, 而且 χ 对这些值仍然成为一阶无限小. 这样一来, 函数 ψ 就含有 $\varepsilon-i+m'=m'-p+1$ 个任意常数, 从而 $\dfrac{\psi}{\chi}$ 可以描述任意函数 s'.

9

因为 $\dfrac{d\omega}{dz}$ 为 z 的代数函数, 具有和函数 s 一样的分支 (§5), 所以依照刚才所证明的定理它可以用 s 和 z 有理地表出, 而函数 ω 本身则可表示为 s 和 z 的有理函数的积分.

如果 w 是一个处处有限的像 ω 一样的函数, 那么因为 dw 和 $(dz)^{\frac{1}{2}}$ 对曲面

的每一个简单分支点成为一阶无限小, $\frac{dw}{dz}$ 就会在曲面 T 的这些地方成为一阶无限大, 但在其他地方则处处连续, 而在 $z=\infty$ 处则成为二阶无限小量. 相反, 这个函数的积分却保持在整个曲面上处处为有限.

为了把 $\frac{dw}{dz}$ 这个函数表示为 s 和 z 的两个多项式函数的商, 我们必须 (根据 §8) 将分母取为这样的函数, 它在分支点及那 r 对 (γ,δ) 数值处为零. 满足这个条件最简单的选择就是用一个只在这些地方为零的函数. 下面就是一个这样的函数:

$$\frac{\partial F}{\partial s}=a_0ns^{n-1}+a_1(n-1)s^{n-2}+\cdots+a_{n-1}.$$

这个函数对于无限大的 s 为 $n-2$ 阶的无限大 (因为这里 a_0 为一阶无限小量), 而对于无限大的 z 则为 m 阶的无限大. 为使 $\frac{dw}{dz}$ 在除了分支点以外的地方为有限, 在 z 为无限大的地方为二阶无限小, 因此分子必须是一个整函数 $\varphi(\overset{n-2}{s},\overset{m-2}{z})$, 它在那 r 对 (γ,δ) 数值 (见 §6) 处为零. 这样一来就有

$$w=\int\frac{\varphi(\overset{n-2}{s},\overset{m-2}{z})dz}{\dfrac{\partial F}{\partial s}}=-\int\frac{\varphi(\overset{n-2}{s},\overset{m-2}{z})ds}{\dfrac{\partial F}{\partial z}},$$

其中在 $s=\gamma_\rho,z=\delta_\rho,\rho=1,2,\cdots,r$ 处 $\varphi=0$.

函数 φ 含有 $(n-1)(m-1)$ 个常系数, 而且如果其中有 r 个是作为其余系数的线性函数这样来确定的, 使得对那 r 对 $s=\gamma,z=\delta$ 有 $\varphi=0$, 那么还有 $(n-1)(m-1)-r$ 个系数是任意的, 我们将这个数字称为 p, 这样 φ 就有形式

$$\alpha_1\varphi_1+\alpha_2\varphi_2+\cdots+\alpha_p\varphi_p,$$

其中 $\varphi_1,\varphi_2,\cdots,\varphi_p$ 为 φ 这种类型函数的特殊函数, 其中任何一个都不是其余的线性组合, $\alpha_1,\alpha_2,\cdots,\alpha_p$ 为任意常数. 于是我们就用另一种方法得到了 w 像上面那样的一般表达式

$$\alpha_1w_1+\alpha_2w_2+\alpha_pw_p+\text{const.}$$

那种不是处处保持为有限的函数 ω, 因而也包括第二类积分和第三类积分, 也可以根据相同的原理用 s 和 z 有理地表出, 不过我们不打算在这里就此多作停留, 因为还没有必要对上一节的一般法则作进一步的阐释, 而且 ϑ 函数的理论将给我们回到考虑这些积分的确定形式的第一个场合.

10

函数 φ 除了在那 r 对 (γ,δ) 数值处为一阶无限小之外, 还在 s 和 z 的 $m(n-2)+n(m-2)-2r$ 对, 即 $2(p-1)$ 对满足方程 $F=0$ 的数值处也如此. 如果现在有任意两个这样的函数 φ

$$\varphi^{(1)}=\alpha_1^{(1)}\varphi_1+\alpha_2^{(1)}\varphi_2+\cdots+\alpha_p^{(1)}\varphi_p$$

和

$$\varphi^{(2)}=\alpha_1^{(2)}\varphi_1+\alpha_2^{(2)}\varphi_2+\cdots+\alpha_p^{(2)}\varphi_p,$$

那么我们就可以这样来选表达式 $\dfrac{\varphi^{(2)}}{\varphi^{(1)}}$ 中的分母, 使得它在满足方程 $F=0$ 的 $p-1$ 对 s 和 z 的数值处等于零, 然后再选其分子使之在使得 $\varphi^{(1)}$ 为零的那些点对中的 $p-2$ 对处也为零. 这样得到的表达式还会是两个任意常数的线性函数, 因此它还是这样一个函数的一般表达式, 它在曲面 T 上只在 p 个点上成为一阶无限大. 一个只在少于 p 个点上成为无限大的函数是这种函数的特例; 所以在曲面 T 上成为一阶无限大的点少于 $p+1$ 的所有函数都可以表示成 $\dfrac{\varphi^{(2)}}{\varphi^{(1)}}$ 的形式, 或者表示成 $\dfrac{dw^{(2)}}{dw^{(1)}}$ 的形式, 其中 $w^{(1)}$ 和 $w^{(2)}$ 为两个 s 和 z 的有理函数的处处有限的积分.

11

一个变量 z 的函数 z_1, 它的分支和 T 一样, 而且在此曲面上的 n_1 个点上成为一阶无限大, 根据上述 (§5), 是方程

$$G(\overset{n}{z_1},\overset{n_1}{z})=0$$

的根, 因此在曲面 T 的 n_1 个点上取到任意给定的值. 这样一来如果我们设想将 T 上的每一点用 z_1 在这点的一个值映射到个平面上的几何表示的点, 那么这种点的总体就构成在 z_1 平面上 n_1 重地覆盖开来的曲面 T_1, 而且 —— 众所周知它在无限小的部分上保持着与 T 的相似 —— 也把 T 映射到 T_1 上. 这样其中一个曲面上的每一点就对应着其中另一个曲面上的一个点. 于是, 如果我们把 z_1 当作独立变量引进来, 函数 ω, 或者说其分支与曲面 T 一样的函数的积分, 就会转变为一个在曲面 T_1 上处处有一个确定值的函数 [即单值函数], 而且具有像函数 ω 在 T_1 的对应点上所具有的一样的不连续性, 从而这些函数就是具有和 T_1 一样的分支的 z_1 的函数的积分.

如果我们又有另一个 z 的函数 s_1, 具有和 T 一样的分支, 在 T, 因而也就是在 T_1, 的 m_1 个点上成为一阶无限大, 那么 (§5) 在 s_1 与 z_1 之间就会有一个如下形式的方程存在:

$$F_1(\overset{n_1}{s_1}, \overset{m_1}{z_1}) = 0,$$

其中 F_1 为 s_1 与 z_1 的不可约多项式函数的一个幂函数, 如果这个幂是一次的, 那么所有分支和 T_1 一样的 z_1 的函数, 因而也就是 s 和 z 的所有有理函数, 都可以用 s_1 与 z_1 的有理表达式来表示 (§8).

因此借助于有理置换就可以将方程 $F(\overset{n}{s}, \overset{m}{z}) = 0$ 转换成 $F(\overset{n_1}{s_1}, \overset{m_1}{z_1}) = 0$, 也可以将后者转换成前者.

量 (s, z) 和 (s_1, z_1) 所展布的区域, 它们的连通度的重数相等, 因为其中一个曲面上的每一个点只与另一个中的一个点对应. 因此如果用 r_1 来表示那种情形出现的次数, 其时 s_1 和 z_1 会在两个不同的点上取相同的值, 并且使得 F_1, $\dfrac{\partial F_1}{\partial s_1}$ 和 $\dfrac{\partial F_1}{\partial z_1}$ 同时为零, 但

$$\frac{\partial^2 F_1}{\partial s_1^2}\frac{\partial^2 F_1}{\partial z_1^2} - \left(\frac{\partial^2 F_1}{\partial s_1 \partial z_1}\right)^2$$

不等于零, 那么就必定会有

$$(n_1 - 1)(m_1 - 1) - r_1 = p = (n - 1)(m - 1) - r.$$

12

现在我们把所有那些能够通过变量的有理置换相互转换的两个变量的不可约的代数方程看成是属于一个类, 于是, 如果可以将 s 与 z 换成这样的 s_1 与 z_1 的有理函数, 使得 $F(s, z) = 0$ 转变成 $F_1(s_1, z_1) = 0$, 那么 $F(s, z) = 0$ 与 $F_1(s_1, z_1) = 0$ 就属于同一等价类; 同样地, s_1 与 z_1 为 s 与 z 的有理函数.

s 与 z 的有理函数, 当把它看成其中的一个变量 ζ 的函数时, 就构成一个代数函数的系统, 其中所有的函数都有相同的分支. 显然以这种方式每一个方程就会导致一个由具有相同分支的代数函数组成的类, 通过将其中的一个函数作为独立变量引入可以相互转换, 而且更进一步还有, 同一类的所有方程都导致同一类的代数函数系, 反过来这种函数系的每一类也会导致同一类的方程 (§11).

如果 (s, z) 的区域 [曲面] 是 $2p+1$ 重连通的, 而且函数 ζ 在这个区域的 μ 个点上成为一阶无限大, 那么那个以 ζ 为变量的、具有相同分支的函数系, 它是通过其余的 s 与 z 的有理函数形成的, 其分支点的个数为 $2(\mu + p - 1)$, 并且函数 ζ 中的任意常数的个数则为 $2\mu - p + 1$ (§5). 这些常数可以这样来确定, 使得

有 $2\mu - p + 1$ 个分支点取事先给定的值, 条件是这些分支点是上述常数的相互独立的函数, 而且进一步讲还只能以有限种方式做到这一点, 因为这些条件方程是代数的. 于是在每一类具有相同的 $2p+1$ 重连通分支的函数系中就会有有限个 μ 值函数系, 它们有 $2\mu - p + 1$ 个分支点取给定的值. 另一方面如果在那处处 μ 重覆盖着 ζ 平面的、$2p+1$ 重连通曲面上任意给定 $2(\mu + p - 1)$ 个分支点, 那么就一定会有 (§3—§5) 一个 ζ 的代数函数系, 其分支和这个曲面一样. 因此在那有相同分支的 μ 值函数系中这余下的 $3p-3$ 个分支点就可以取任意值; 于是一类有相同分支、连通度为 $2p+1$ 的函数系以及相应的代数方程的类就依赖于 $3p-3$ 个连续变量, 我们将把它称为这个类的模数.

这样来确定连通度为 $2p+1$ 的 [有相同分支的] 代数函数类的模数, 只有在假定它们是一些与函数 ζ 中的任意常数无关的函数, 有 $2\mu - p + 1$ 个分支点时才有效. 这个假设只有在 $p > 1$ 时才能实现, 只有在这时模数才会等于 $3p-3$, 而在 $p = 1$ 时, 它会等于 1. 直接研究模数的大小由于不知道那些任意常数是以何种方式包含于 ζ 之中而变得困难. 由于这个缘故, 为了确定模数的数值, 我们在同等分支、连通度为 $2p+1$ 的函数系中作为独立变量引进来的不是这些函数之一, 而是一个这种函数的处处有限的积分.

函数 w 在 z 位于曲面 T' 上时所取的值可以几何地表示成一块单重或多重地覆盖着 w 平面的一个有限部分的曲面, 并且作为曲面 T' 的映像, 在其极小的部分上 [即指在局部上] 与之相似, 我们将把它记为 S. 因为 w 在其第 ν 条横截线的正侧比在其负侧要大一个常数 $k^{(\nu)}$, 所以 S 的边界平行的曲线对, 它映射成 T' 的同一部分的边界的截线系, 组成在平行曲线上对应于第 ν 条横截线所映射成的 S 的边界部分的点, 其位置差异用复数 $k^{(\nu)}$ 来表示. 曲面 S 的简单分支点的数目等于 $2p-2$, 这是因为 dw 会在曲面 T 的 $2p-2$ 个点上成为二阶无限大. 于是 s 和 z 的有理函数就成为 w 的这样的函数, 对 S 上它们为有限的那些点, 它们会有一个连续变化的值, 而在作为边界部分的平行曲线的对应点上取相同的值. 因此它们构成一个有相同分支的、有 $2p$ 重周期的 w 的函数系. 现在可以来 (以与在 §3—§5 中用到过的类似方法) 证明, 如果假设曲面 S 的 $2p-2$ 个分支点以及那标记作为边界的平行线上不同位置的 $2p$ 个复常数为任意给定, 那么就一定存在一个像此曲面一样地分支的函数系, 它们在边界平行线的对应点上取相同的值, 因而是 $2p$ 重周期函数, 而且如果把它们看成其中之一的函数, 就形成一个具有相同分支的 $2p+1$ 重连通的代数函数系, 从而带来一个 $2p+1$ 重连通的代数函数类. 的确是这样, 因为根据 Dirichlet 原理可以证明, 通过下述两个条件: 一个是, 假设在 S 的内部任意给定了像 ω 在曲面 T' 所取的那种形式的不连续性, 再就是, 在边界平行线的相应点上所取的值只相差其实部为给定的常数, 就可将曲面 S 上的一个 w 的函数确定到只差一个常数未定. 这样一来我们

就可以像在 §5 中那样做出结论, 认为存在这样的函数, 它只在 S 的孤立点上不连续, 而在边界平行线的对应点上取相同的值. 如果有这样的一个 z 的函数在 S 的 n 个点上成为一阶无限大, 而在其余点上则是连续的, 那么它就可以在这 n 个点上取到任何的复数值; 因为, 如果 a 为一任意常数, 那么因为通过边界平行曲线部分的积分互相抵消, 沿 S 边界的积分 $\int d\log(z-a)=0$, 从而 $z-a$ 在 S 成为一阶无限大的次数与成为一阶无限小的次数相等. 这样一来 z 所取的值就可以用一在 z 平面上处处覆盖了 n 次的曲面来表示, 因而所有其他与之有相同的分支和周期性的 w 的函数也就形成一个与此曲面有相同分支的 $2p+1$ 重连通的代数函数系, 这就是所要证明的.

对于一个任意给定的有 $2p+1$ 重连通的代数函数类来说, 我们引入

$$w=\alpha_1w_1+\alpha_2w_2+\cdots+\alpha_pw_p+c$$

作为独立变量, 我们可以确定 α, 使得在 $2p$ 个周期模中有 p 个取给定的值, 又可以在 $p>1$ 时这样来确定其中的 c, 使得以 w 为变量的周期函数的 $2p-2$ 个分支点中有一个取得给定值. 由此 w 就完全确定了, 而且这个 w 函数的分支形式和周期性所依赖的其余 $3p-3$ 个量也随之确定了; 而且因为每一组这种 $3p-3$ 个量都对应一类 $2p+1$ 重连通的代数函数, 所以这样的一个类就依赖 $3p-3$ 个独立变量.

如果 $p=1$, 那么就不会有分支点出现, 而且在下式

$$w=\alpha_1w_1+c$$

中的 α_1 这个量就可以这样来确定, 使得有一个周期模取给定的值, 从而可以就此来确定另一个周期模. 因而这一类的模的数目等于 1.

13

根据上面给出的 (在 §11 中所阐述的) 变换的原理, 为了将一个任意给定的方程 $F(s,z)=0$ 通过有理置换变换成一个次数尽可能低的同一类的方程

$$F_1(\overset{n_1}{s_1},\overset{m_1}{z_1})=0,$$

我们必须首先把 z_1 换成 s 与 z 的这样的有理表达式 $r(s,z)$, 使得 n_1 为尽可能小的值, 然后再把 s_1 换成另一个有理表达式 $r'(s,z)$, 使得 m_1 尽可能小, 并且同时使得那些与原先的 z_1 值对应的 s_1 的值不会分解为各自相等的数组, 这样 $F_1(\overset{n_1}{s_1},\overset{m_1}{z_1})$ 就不会成为一个不可分解的多项式的高次幂函数.

如果量 (s,z) 的区域是 $2p+1$ 重连通的, 那么 n_1 所能取得的最小值, 一般来说, $\geqslant \frac{p}{2}+1$ (§5), 而在其中 s_1 与 z_1 对变量的变动区域中的两个不同点取相同的值的那种情况的数目为

$$(n_1-1)(m_1-1)-p.$$

这样一来在联系两个变量之间一类代数方程之中, 如果这个类的模数未受到别的特殊的条件约束的话, 其最低次的方程形式如下:

对 $p=1,\quad F(\overset{2}{s},\overset{2}{z})=0,\quad r=0,$

$p=2,\quad F(\overset{2}{s},\overset{3}{z})=0,\quad r=0,$

$p>2$ $\quad p=2\mu-3,\quad F(\overset{\mu}{s},\overset{\mu}{z})=0,\quad r=(\mu-2)^2,$

$p=2\mu-2,\quad F(\overset{\mu}{s},\overset{\mu}{z})=0,\quad r=(\mu-1)(\mu-3).$

必须从多项式函数 F 中 s 和 z 的各个不同幂前的系数中这样来定出 r 个系数作为其余系数的齐次线性函数, 使得 $\frac{\partial F}{\partial s}$ 和 $\frac{\partial F}{\partial z}$ 对满足方程 $F=0$ 的 r 对 s 和 z 的值同时为零. 于是 s 和 z 的有理函数, 当只看作是其中一个变量的函数时, 就描述了所有 $2p+1$ 重连通的代数函数系.

14

现在我来依照 Jacobi (Journ. f. Math. Bd. 9 Nr. 32 §8①) 的方法利用 Abel 加法定理来求积一微分方程组; 在这方面我将只限于本文以后要用的内容.

如果在以 s 和 z 为变量的有理函数的积分 w 中, 引入一个以 s 和 z 为变量的有理函数 ζ 作为独立变量, 它对 s 和 z 的 m 对值为一阶无限大, 那么 $\frac{dw}{dz}$ 就会是 ζ 的一个 m 值的函数. 如果我们将这同一个 ζ 的 w 的 m 个值记为 $w^{(1)},w^{(2)},\cdots,w^{(m)}$, 那么

$$\frac{dw^{(1)}}{d\zeta}+\frac{dw^{(2)}}{d\zeta}+\cdots+\frac{dw^{(m)}}{d\zeta}$$

就是 ζ 的一个单值函数, 它的积分保持处处为有限, 因而 $\int d(w^{(1)}+w^{(2)}+\cdots+w^{(m)})$ 也是处处单值和有限, 从而为一常数. 用类似的方法还可以得到 [更一般的结果]: 如果用 ω 表示以 s 和 z 为变量的有理函数的一个任意积分, 用

①Jacobi 全集 Bd. Ⅱ 第 15 页.

$\omega^{(1)}, \omega^{(2)}, \cdots, \omega^{(m)}$ 表示对应于同一 ζ 的值, 那么由函数 ω 的不连续性的情况就可以将 $\int d(\omega^{(1)}+\omega^{(2)}+\cdots+\omega^{(m)})$ 确定到只差一个可加常数, 更具体地讲, 它等于一个以 ζ 为变量的有理函数和一个这种函数的对数的线性组合之和.

利用这个定理, 下面我们将要证明, 可以求出下述由 p 个方程组成的微分方程组的一般解或完全积分:

$$\frac{\varphi_\pi(s_1,z_1)dz_1}{\dfrac{\partial F(s_1,z_1)}{\partial s_1}}+\frac{\varphi_\pi(s_2,z_2)dz_2}{\dfrac{\partial F(s_2,z_2)}{\partial s_2}}+\cdots+\frac{\varphi_\pi(s_{p+1},z_{p+1})dz_{p+1}}{\dfrac{\partial F(s_{p+1},z_{p+1})}{\partial s_{p+1}}}=0,$$

式中 π 取 $1,2,\cdots,p$, 这是满足方程 $F(s,z)=0$ 的 $p+1$ 对 $(s_1,z_1),(s_2,z_2),\cdots,(s_{p+1},z_{p+1})$ 值之间所应满足的一个微分方程组.

借助于这些微分方程任意 p 个量对 (s_μ,z_μ) 是剩余的一个量对的函数, 如果给定后者的一个值, 则给定了那些其余各对的值. 因此如果我们能够定出这 $p+1$ 对量作为单个量 ζ 的这样的一些函数, 使得它们在这个量取值为零时取任意给定的初值 $(s_1^0,z_1^0),(s_2^0,z_2^0),\cdots,(s_{p+1}^0,z_{p+1}^0)$, 并且同时还满足微分方程, 那么我们就由此求得了这组微分方程的一般解. 可是我们总可以做到使量 $\dfrac{1}{\zeta}$ 成为 (s,z) 的这样一个单值并从而为有理的函数, 使得它只对 $p+1$ 个数对 (s_μ^0,z_μ^0) 的全部或其中若干对为无限大, 而且这些还只是一阶无限大, 的确是这样, 因为我们总可以这样来确定在表达式

$$\sum_{\mu=1}^{p+1}\beta_\mu t(s_\mu^0,z_\mu^0)+\sum_{\mu=1}^{p}\alpha_\mu w_\mu+\text{const.}$$

中的 α 与 β 那些量的比值, 使得所有的周期模数全为零. 于是在这种情况下如果没有一个 $\beta=0$, 那么那些 s 与 z 作为变量 ζ 的 $p+1$ 值且有相同分支的函数, 它的 $p+1$ 个分支 $(s_1,z_1),(s_2,z_2),\cdots,(s_{p+1},z_{p+1})$ 就满足要求解的微分方程, 并且在 $\zeta=0$ 时取初值 $(s_1^0,z_1^0),(s_2^0,z_2^0),\cdots,(s_{p+1}^0,z_{p+1}^0)$. 但是如果 β 中有几个, 例如最后 $p+1-m$ 个等于 0, 那么那些 s 与 z 作为变量 ζ 的 m 值的函数的 m 个分支 $(s_1,z_1),(s_2,z_2),\cdots,(s_m,z_m)$ 就满足要求解的微分方程, 它们在 $\zeta=0$ 时取初值 $(s_1^0,z_1^0),(s_2^0,z_2^0),\cdots,(s_m^0,z_m^0)$, 再加上一些常数, 即量 $s_{m+1},z_{m+1};\cdots;s_{p+1},z_{p+1}$ 取的初值 $s_{m+1}^0,\cdots,z_{p+1}^0$. 在后一种情况下, 在量 $\dfrac{dz_\mu}{\dfrac{\partial F(s_\mu,z_\mu)}{\partial s_\mu}}$ 之间的 p 个方程

$$\sum_{\mu=1}^{m}\frac{\varphi_\pi(s_\mu,z_\mu)dz_\mu}{\dfrac{\partial F(s_\mu,z_\mu)}{\partial s_\mu}}=0,$$

其中 $\pi = 1, 2, \cdots, p$, 有 $p+1-m$ 个是其余的推论; 由此得出, 在这种情况下, 函数 $(s_1, z_1), (s_2, z_2), \cdots, (s_m, z_m)$, 因而还有它们的初始值 $(s_1^0, z_1^0), (s_2^0, z_2^0), \cdots, (s_m^0, z_m^0)$ 就要满足 $p+1-m$ 个条件方程, 这样一来这些量只有 $2m-p-1$ 个能够任意给定, 这和我们在前面 §5 中所得到的一致.

15

设下述沿 T' 内曲线的积分

$$\int \frac{\varphi_\pi(s,z)dz}{\dfrac{\partial F(s,z)}{\partial s}} + \text{const.}$$

等于 w_π, 而且 w_π 在第 ν 条横截线上的周期模数等于 $k_\pi^{(\nu)}$, 那么变量对 (s, z) 的函数 $w_1, w_2, \cdots, w_p$ 在点 (s, z) 从第 ν 条横截线的负侧移动到其正侧的过程中分别改变 $k_1^{(\nu)}, k_2^{(\nu)}, \cdots, k_p^{(\nu)}$. 一组量 $(b_1, b_2, \cdots, b_p)$ 和另一组量 $(a_1, a_2, \cdots, a_p)$, 如果其中之一所有各量同时改变相配的模数就可以得到另一个, 那么为了简短起见, 我们就把它们称为按 $2p$ 相配模数组同余 (*congruent nach* $2p$ *Systemen zusammengehöriger Moduln*). 就这样, 如果在第 ν 组量的第 π 个量的模数为 $k_\pi^{(\nu)}$, 那么同余

$$(b_1, b_2, \cdots, b_p) \equiv (a_1, a_2, \cdots, a_p)$$

就是指有

$$b_\pi = a_\pi + \sum_{\nu=1}^{2p} m_\nu k_\pi^{(\nu)},$$

其中 $\pi = 1, 2, \cdots, p$, 而 $m_1, m_2, \cdots, m_{2p}$ 为整数.

由于任意的 p 个量的数组 $a_1, a_2, \cdots, a_p$ 总是可以写成, 也只能以一种方式写成 $a_\pi = \sum\limits_{\nu=1}^{2p} \xi_\nu k_\pi^{(\nu)}$ 这样的形式, 使得 $2p$ 个量 ξ 为实数, 而且通过将 ξ 改变整数的数值就能得出全部与之同余的数组, 而且也只能得出这样的数组, 所以如果我们在这个表达式中让 ξ 的每一个量从某一任意给定的值连续地改变到比原来的值大 1 的值, 并取得中间所有的值, 但两端点的值只取其一, 那么我们就能取得所有与之同余的数值一次, 而且仅一次.

一旦这一点确立了, 我们就可通过积分上述微分方程或下述 p 个方程

$$\sum_{\mu=1}^{p+1} dw_\pi^{(\mu)} = 0,$$

其中 $\pi = 1, 2, \cdots, p$, 推得

$$\left(\sum w_1^{(\mu)}, \sum w_2^{(\mu)}, \cdots, \sum w_p^{(\mu)}\right) \equiv (c_1, c_2, \cdots, c_p),$$

其中 $c_1, c_2, \cdots, c_p$ 为与初始值 (s^0, z^0) 有关的常量.

16

将 ζ 记为两个以 s 和 z 为变量的多项式之商 $\dfrac{\chi}{\psi}$, 那么量对 $(s_1, z_1), (s_2, z_2), \cdots, (s_m, z_m)$ 就是方程 $F = 0$ 和 $\dfrac{\chi}{\psi} = \zeta$ 的公共解. 由于多项式

$$\chi - \zeta\psi = f(s, z)$$

对所有使 χ 和 ψ 同时为零的数对 (s, z), 不论 ζ 如何, 均为零, 所以也可以把量对 $(s_1, z_1), (s_2, z_2), \cdots, (s_m, z_m)$ 定义为方程 $F = 0$ 和另一个方程 $f(s, z) = 0$ 的共同解, 这后一个方程的系数这样改变, 使得其余的共同解保持为常量. 如果 $m < p + 1$, 那么就可将 ζ 写成 $\dfrac{\varphi^{(1)}}{\varphi^{(2)}}$ 的形式 (§10), 而将 f 写成

$$\varphi^{(1)} - \zeta\varphi^{(2)} = \varphi^{(3)}.$$

这样一来, 满足下述 p 个方程

$$\sum_{\mu=1}^{p} dw_\pi^{(\mu)} = 0, \quad \pi = 1, 2, \cdots, p$$

的最普遍的函数对 $(s_1, z_1), (s_2, z_2), \cdots, (s_p, z_p)$ 就可以作为方程 $F = 0$ 和 $\varphi = 0$ 的共同解来得到, 而且它们是这样变化, 使得其余的共同解保持为常量. 由此可以推出后面所必需的一个定理, 以下的问题可一般求解: 从 $(s_1, z_1), (s_2, z_2), \cdots, (s_{2p-2}, z_{2p-2})$ 这 $2p-2$ 个量对中定出 $p-1$ 个作为其余的 $p-1$ 个的这样的函数, 使得它们满足以下 p 个方程:

$$\sum_{\mu=1}^{2p-2} dw_\pi^{(\mu)} = 0, \quad \pi = 1, 2, \cdots, p,$$

可取方程 $F = 0$ 及 $\varphi = 0$ 的、有别于 $s = \gamma_\rho, z = \delta_\rho$ 的 r 个根 (§6) 的共同解作为这 $2p-2$ 个量对, 或者取那些 dw 在该处成为二阶无限小的 $2p-2$ 个数值对, 从而这个问题的解还是唯一的. 我们将把这种量对说成是*通过方程* $\varphi = 0$ *连接在一起的*. 由于有方程 $\sum\limits_{\mu=1}^{2p-2} dw_\pi^{(\mu)} = 0$, 在这些量对上形成的和

$$\left(\sum_{\mu=1}^{2p-2} w_1^{(\mu)}, \sum_{\mu=1}^{2p-2} w_2^{(\mu)}, \cdots, \sum_{\mu=1}^{2p-2} w_p^{(\mu)}\right)$$

与常数量组 $(c_1, c_2, \cdots, c_p)$ 同余, 其中 c_π 仅仅依赖于函数 w_π 中可加常数, 即仅仅依赖于表达它们的积分的初始值.

第 二 部 分

17

对于进一步研究 $2p+1$ 重连通的代数函数的积分来说, 考察 p 重无穷 ϑ 级数大有用场, 在这种级数中的通项的对数是该项编号的二次多项式. 多项式中编号为 $m_1, m_2, \cdots, m_p$ 的项, 其平方 m_μ^2 的系数等于 $a_{\mu,\mu}$, 其二重乘积 $m_\mu m_{\mu'}$ 的系数等于 $a_{\mu,\mu'} = a_{\mu',\mu}$, 二倍 m_μ 的系数等于 v_μ, 常数项等于 0. 将这个级数对所有那些正整数的 m, 或负整数的 m 求和的结果看成是 p 个变量 v 的函数, 并记为 $\vartheta(v_1, v_2, \cdots, v_p)$, 于是有

$$\vartheta(v_1, v_2, \cdots, v_p) = \left(\sum_{-\infty}^{\infty}\right)^p e^{\left(\sum\limits_1^p\right)^2 a_{\mu,\mu'} m_\mu m_{\mu'} + 2\sum\limits_1^p v_\mu m_\mu}, \tag{1}$$

其中指数函数上的求和是对下标 μ 和 μ' 来进行的, 而外面那个求和则是对编号 $m_1, m_2, \cdots, m_p$ 来进行的. 为使这个级数收敛, 和式 $\left(\sum\limits_1^p\right)^2 a_{\mu,\mu'} m_\mu m_{\mu'}$ 的实部必须基本上为负, 换言之, 在变成量 m 的相互实线性无关的函数时, 由 p 个负平方组成 [16].

函数 ϑ 具有这样的性质, 即, 存在这样的一组 p 个变量 v 的同时改变, 在这组改变下 $\log\vartheta$ 只改变这些量 v 的一个线性函数, 事实上, 这样的相互独立的数组 (即其中没有一个是其余的线性组合) 有 $2p$ 个. 这样一来, 在把那些保持不变的量 v 从 ϑ 函数符号里面删去后, 对 $\mu = 1, 2, \cdots, p$ 就有

$$\vartheta = \vartheta(v_\mu + \pi i), \tag{2}$$

$$\vartheta = e^{2v_\mu + a_{\mu,\mu}} \vartheta(v_1 + a_{1,\mu}, v_2 + a_{2,\mu}, \cdots, v_p + a_{p,\mu}), \tag{3}$$

这是因为, 如果我们在 ϑ 级数中将各项的标号从 m_μ 改变成 $m_\mu + 1$, 那么级数的总和保持不变, 但其分项变成了上式右边的形式.

函数 ϑ 就是由这些关系式以及要求它处处有限这个性质所决定的, 只差一个常数因子未定. 因为由于后面这个性质以及关系式 (2), 它是 $e^{2v_1}, e^{2v_2}, \cdots, e^{2v_p}$

的一个单值、对有限的 v 为有限的函数, 从而可以展开为下述形式的 p 重无穷级数:

$$\left(\sum_{-\infty}^{\infty}\right)^{p} A_{m_1,m_2,\cdots,m_p} e^{2\sum\limits_{1}^{p} v_\mu m_\mu}, [17]$$

其中 A 为常系数. 但是由关系式 (3) 可以得到

$$A_{m_1,\cdots,m_\nu+1,\cdots,m_p} = A_{m_1,\cdots,m_\nu,\cdots,m_p} e^{2\sum\limits_{1}^{p} a_{\mu,\nu} m_\mu + a_{\nu,\nu}},$$

从而得

$$A_{m_1,\cdots,m_p} = \text{const.} e^{\left(\sum\limits_{1}^{p}\right)^2 a_{\mu,\mu'} m_\mu m_{\mu'}}$$

(这就是所要证明的).

因此我们可以将 ϑ 函数的这个性质用于对它进行定义. 在一组量 v 的同时改变下, $\log\vartheta$ 只改这些量的一个线性函数, 我们就把它们称为在这个函数中的独立变量的相关周期模数组 (*Systeme zusammengehöriger Periodicitätsmoduln der unabhängig veränderlichen Grössen*).

18

现在我们用对以变量 z 以及这个量的 $2p+1$ 重连通的代数函数 s 作为独立变量的有理函数的 p 个处处有限的积分 $u_1, u_2, \cdots, u_p$, 来代替 p 个量 $v_1, v_2, \cdots, v_p$, 而把与量 v 相关联的周期模数用与这些积分相关联的 (即与横截线相关的) 周期模数来代替, 这样 $\log\vartheta$ 就将变成一个变量 z 的函数, 它当 s 和 z 在 z 的任意连续改变下又重新回到原来的值时, 改变为量 u 的一个线性函数.

现在首先要来证明的是, 不论 $2p+1$ 重连通的函数 s 怎样, 这种替换都是可能的. 为此对曲面 T 的切割必须用 $2p$ 条能返回到自身的割线 $a_1, a_2, \cdots, a_p, b_1, b_2, \cdots, b_p$, 它们满足下述条件. 如果我们这样来选择 $u_1, u_2, \cdots, u_p$, 使得 u_μ 在割线 a_μ 处的周期模数等于 πi, 而在其他割线 a 处的值等于 0, 并且如果将 u_μ 在割线 b_ν 处的周期模数记为 $a_{\mu,\nu}$, 那么必须应有 $a_{\mu,\nu} = a_{\nu,\mu}$, 并且 $\sum\limits_{\mu,\mu'} a_{\mu,\mu'} m_\mu m_{\mu'}$ 的实部对实值 (整数) 的 p 个 m 为负.

19

现在我们不同于先前那种只用回到自身的割线分割曲面 T, 而是用下面的方式来进行. 首先在曲面上作一条回到自身而不会把曲面割成两块的割线 a_1, 然

后再从 a_1 的正侧作一条横截线 b_1 回到其起始点的负侧, 由此形成其中一块的边界. 第三条不会把曲面割开的横截线可以这样来作 (如果这时曲面还不是单连通的), 从这条横截线的任一点出发引到任一边界点, 因而也可以就是引到这条横截线上先前的一点. 按后面这种方案做了之后, 那么所得的割线就由一条回到自身的曲线 a_2 和连到先前的割线系 [指 a_1 与 b_1] 的一段曲线 c_1 组成. 接下来的 b_2 这样来作, 从 a_2 的正侧连接到起始点的负侧, 又再次形成一块区域的边界. 因此进一步的分割, 如果必要的话, 又是再次作两条从同一点出发再回归 [即封闭] 的割线 a_3 和 b_3, 和一条将它们连到曲线系 a_2, b_2 的曲线 c_2. 将这一步骤不断继续下去, 直至曲面成为单连通, 那么我们就会得到一张割线网, 它由 p 对出发和终止到同一点的两条曲线 a_1 和 b_1, a_2 和 $b_2, \cdots, a_p$ 和 b_p, 以及由这个系列中的一对与紧接下去的一对曲线结合而成的 $p-1$ 条曲线 $c_1, c_2, \cdots, c_{p-1}$ 所组成. 比如 c_ν 可以是从 b_ν 上的一点连到 $a_{\nu+1}$ 上的一点. 我们也可以把割线网看成是这样形成的, 即第 $2\nu-1$ 条截线是由 $c_{\nu-1}$ 以及从 $c_{\nu-1}$ 的终点返回到此点的曲线 a_ν 所组成, 而第 2ν 条则由那些从 a_ν 的正侧引到其负侧的 b_ν 构成. 如果这样的切割用的割线为偶数条, 则曲面的边界就是一条线, 而如果割线数为奇数, 则就由两条线组成.

在作了这样的切割之后, 变量 s 和 z 的有理函数的处处有限的积分 w 在任一曲线 c 的两侧所取的值是一样的. 因为先前形成的全部边界由一条线组成, 因而沿着它从曲线 c 的一侧到另一侧的积分 $\int dw$, 在求积的过程中会先后两次以相反的方向通过先前形成的割线. 所以这样一个函数在 T 中除了曲线 a 和 b 外, 处处连续. 我们今后将把经过如此切割后的曲面 T 记为 T''.

20

现在设 $w_1, w_2, \cdots, w_p$ 是 p 个这种类型的相互独立的函数, 函数 w_μ 在横截线 a_ν 处的周期模数为 $A_\mu^{(\nu)}$, 在横截线 b_ν 处的周期模数为 $B_\mu^{(\nu)}$. 那么积分 $\int w_\mu dw_{\mu'}$ 绕曲面 T'' 正向一周的结果等于 0, 这是因为积分号下的函数处处有限. 在此积分过程中曲线 a, b 的每一条都经过了两次, 一次沿正的方向, 一次沿负的方向, 而且当它为所在区域正侧的边界时, w_μ 的取值记为 w_μ^+, 在负侧的取值记为 w_μ^-. 因此这一积分就等于 $\int (w_\mu^+ - w_\mu^-) dw_{\mu'}$ 所有在曲线 a 和 b 上的积分之和. 曲线 b 从曲线 a 的正侧连到其负侧, 从而曲线 a 则从曲线 b 的负侧连到其正侧. 所以通过曲线 a_ν 的积分为

$$\int A_\mu^{(\nu)} dw_{\mu'} = A_\mu^{(\nu)} \int dw_{\mu'} = A_\mu^{(\nu)} B_{\mu'}^{(\nu)},$$

而通过曲线 b_ν 的积分则为

$$\int B_\mu^{(\nu)} dw_{\mu'} = -B_\mu^{(\nu)} A_{\mu'}^{(\nu)}.$$

所以绕曲面 T'' 正向转一圈的积分为

$$\sum_\nu (A_\mu^{(\nu)} B_{\mu'}^{(\nu)} - B_\mu^{(\nu)} A_{\mu'}^{(\nu)}),$$

从而这个和等于 0. 这个方程对 $w_1, w_2, \cdots, w_p$ 中的每两个成立, 因而在它们的周期模数之间提供了 $\dfrac{p(p-1)}{1\cdot 2}$ 个关系式.

如果我们取函数 u 作为函数 w, 或者这样来选取它们, 使得 $A_\mu^{(\nu)}$ 对异于 μ 的 ν 等于 0, 而 $A_\nu^{(\nu)} = \pi i$, 那么这些关系式就将变为 $B_{\mu'}^{(\mu)}\pi i - B_\mu^{(\mu')}\pi i = 0$, 或者变成 $a_{\mu,\mu'} = a_{\mu',\mu}$.

21

现在遗留下来还要证明的就是, 量 a 还必须具有上面求得的性质.

令 $w = \mu + \nu i$, 再设这个函数在割线 a_ν 处的周期模数等于 $A^{(\nu)} = \alpha_\nu + \gamma_\nu i$, 而在割线 b_ν 处等于 $B^{(\nu)} = \beta_\nu + \delta_\nu i$. 于是在这种情况下在整个曲面 T'' 上的积分

$$\int \left(\left(\frac{\partial \mu}{\partial x}\right)^2 + \left(\frac{\partial \mu}{\partial y}\right)^2\right) dT$$

或

$$\int \left(\frac{\partial \mu}{\partial x}\frac{\partial \nu}{\partial y} - \frac{\partial \mu}{\partial y}\frac{\partial \nu}{\partial x}\right) dT^{①}$$

等于 $\int \mu d\nu$ 沿 T'' 的边界正向转一圈的积分, 因而也就等于 $\int (\mu^+ - \mu^-) d\nu$ 沿所有曲线 a 和 b 的积分之和. 沿曲线 a_ν 的积分为 $\alpha_\nu \int d\nu = \alpha_\nu \delta_\nu$, 而沿曲线 b_ν 的积分为 $\beta_\nu \int d\nu = -\beta_\nu \gamma_\nu$, 从而有

$$\int \left(\left(\frac{\partial \mu}{\partial x}\right)^2 + \left(\frac{\partial \mu}{\partial y}\right)^2\right) dT = \sum_{\nu=1}^{p} (\alpha_\nu \delta_\nu - \beta_\nu \gamma_\nu).$$

因此整个和式总是为正.

① 这个积分表示的是 w 在 T'' 内所取的全部值在 w 平面上所占的曲面的面积.

如果我们将 w 换成 $m_1u_1+m_2u_2+\cdots+m_pu_p$, 由此就可得出量 a 所要证明的性质. 因为这时有 $A^\nu=m_\nu\pi i, B^{(\nu)}=\sum\limits_\mu a_{\mu,\nu}m_\mu$, 从而 α_ν 总是等于 0, 以及

$$\int\left(\left(\frac{\partial\mu}{\partial x}\right)^2+\left(\frac{\partial\mu}{\partial y}\right)^2\right)dT=-\sum\beta_\nu\gamma_\nu=-\pi\sum m_\nu\beta_\nu,$$

这也就等于 $-\pi\sum\limits_{\mu,\nu}a_{\mu,\nu}m_\mu m_\nu$ 的实部, 因此它对量 m 的所有实部均为正.

22

设将在 §17 (1) 式的 ϑ 级数中的 $a_{\mu,\mu'}$ 代之以函数 u_μ 在割线 $b_{\mu'}$ 处的周期模数, 并将 v_μ 代之以 $u_\mu-e_\mu$, 这里 $e_1,e_2,\cdots,e_p$ 表示任意常数, 那么我们就会得到一个在 T 上处处唯一确定的、以 z 为自变量的函数

$$\vartheta(u_1-e_1,u_2-e_2,\cdots,u_p-e_p),$$

除了在所有的曲线 b 上以外, 它有限且处处连续, 且在曲线 b_ν 的正侧比在其负侧大 $e^{-2(u_\nu-e_\nu)}$ 倍, 至于函数 u 在曲线 b 本身上的值则令它为在其两侧值的平均. 至于这个函数在 T' 上有几个点, 或者说对多少对 s 与 z 能成为一阶无限小, 就可以通过研究绕 T' 正向转一圈的边界积分 $\int d\log\vartheta$ 来确定; 因为这个积分等于这种点的个数乘以 $2\pi i$. 另一方面这个积分又等于 $\int(d\log\vartheta^+-d\log\vartheta^-)$ 经过所有 a,b 和 c 的割线的积分之和. 这个积分经过所有 a 和 c 的这些割线等于 0, 但是经过 b_ν 的这个积分等于 $-2\int du_\nu=2\pi i$, 因而对所有 b 的求和就等于 $p\cdot 2\pi i$. 所以函数 ϑ 就在曲面 T' 的 p 个点上变为一阶无限小, 这些个点我们将以 $\eta_1,\eta_2,\cdots,\eta_p$ 记之.

$\log\vartheta$ 在点 (s,z) 绕这种点之一正向转一周之后增长一个 $2\pi i$, 而绕割线对 a_ν 和 b_ν 正向转一周则增长一个 $-2\pi i$. 因此为了使所得到的 $\log\vartheta$ 处处单值, 我们从每一点 η 经内部向每一对割线的一点引一条割线, 比如, 从 η_ν 向 a_ν 和 b_ν 引割线 l_ν, 连到它们共同的起点和终点. 在经过这样切割后的曲面 T^* 上我们的函数就是处处连续①的. 于是它在曲线 l 的正侧比在负侧大 $-2\pi i$, 在曲线 a_ν 的正侧比在负侧大 $g_\nu\cdot 2\pi i$, 而在曲线 b_ν 的正侧比在负侧大 $-2(u_\nu-e_\nu)-h_\nu\cdot 2\pi i$, 其中 g_ν 和 h_ν 表示整数.

① “连续的”—— 这里原文如此, 但与本段开始呼应, 似应为 “单值的”, 俄译本在此即将其改为 “单值的”. —— 中译者注

点 η 的位置和数 g 与 h 的值依赖于量 e, 而这一依赖关系可以按以下方式来详细地确定. 绕 T^* 正向一周的积分 $\int \log\vartheta du_\mu$, 因为函数 $\log\vartheta$ 在 T^* 内保持连续, 所以等于 0. 但是这个积分也等于 $\int(\log\vartheta^+ - \log\vartheta^-)du_\mu$ 沿全部割线 l, a, b 和 c 的积分之和, 如果我们将 u_μ 在点 η_ν 处的值记为 $\alpha_\mu^{(\nu)}$, 它等于

$$2\pi i\left(\sum_\nu \alpha_\mu^{(\nu)} + h_\mu\pi i + \sum_\nu g_\nu a_{\nu,\mu} - e_\mu + k_\mu\right),$$

其中 k_μ 与量 e, g, h 以及点 η 的位置无关. 因而这个表达式也等于 0.

量 k_μ 与函数 u_μ 的选择有关, 通过要求它在割线 a_μ 处的周期模数等于 πi, 而在 a 的其他割线处的周期模数为 0 这个条件确定到只差一个常数未定. 如果我们选一个比原来大一个常数 c_μ 的函数作 u_μ, 同时也让 e_μ 增加一个 c_μ, 那么函数 ϑ 保持不变, 从而点 η 的位置及量 g, h 也都保持不变, 但 u_μ 在点 η_ν 处的值会变为 $\alpha_\mu^{(\nu)} + c_\mu$. 从而 k_μ 变为 $k_\mu - (p-1)c_\mu$, 如果取 $c_\mu = \dfrac{k_\mu}{p-1}$, 它将变为零.

这样一来我们就可以, 正如下面所作的, 这样来选定函数 u 中的常数, 或者说, 这样来选表示它的积分中的初值, 使得我们在 $\log\vartheta(v_1, \cdots, v_p)$ 中通过将 v_μ 代之以 $u_\mu - \sum \alpha_\mu^{(\nu)}$ 后会得到一个这样的函数, 它在点 η 处成为对数无限大, 而且通过在 T^* 内的连续延拓, 结果在曲线 l 的正侧比负侧大 $-2\pi i$, 在曲线 a 以及在曲线 b_ν 的正侧比在它们的负侧分别大 0 及 $-2\left(u_\nu - \sum_1^p \alpha_\nu^{(\mu)}\right)$. 稍后我们会给出比上述用 k_μ 的积分表达式更方便的、用来确定这些初始值的方法.

23

如果我们按照 (§15 中的) 函数 u 的 $2p$ 模数组令 $(u_1, u_2, \cdots, u_p) \equiv (\alpha_1^{(p)}, \alpha_2^{(p)}, \cdots, \alpha_p^{(p)})$, 因而有

$$(v_1, v_2, \cdots, v_p) \equiv \left(-\sum_1^{p-1}\alpha_1^{(\nu)}, -\sum_1^{p-1}\alpha_2^{(\nu)}, \cdots, -\sum_1^{p-1}\alpha_p^{(\nu)}\right),$$

那么就会有 $\vartheta = 0$. 反之, 如果在 $v_\mu = r_\mu$ 时有 $\vartheta = 0$, 那么 $(r_1, r_2, \cdots, r_p)$ 就会与形如

$$\left(-\sum_1^{p-1}\alpha_1^{(\nu)}, -\sum_1^{p-1}\alpha_2^{(\nu)}, \cdots, -\sum_1^{p-1}\alpha_p^{(\nu)}\right)$$

的量组同余 (congruent). 因为如果我们令 $v_\mu = u_\mu - \alpha_\mu^{(p)} + r_\mu$, 并取 η_p 为任意值, 那么函数 ϑ 除了在点 η_p 之外, 还会在另外 $p-1$ 个点上成为一阶无限小, 而且如果将它们记为 $\eta_1, \eta_2, \cdots, \eta_{p-1}$, 则有

$$\left(-\sum_1^{p-1} \alpha_1^{(\nu)}, -\sum_1^{p-1} \alpha_2^{(\nu)}, \cdots, -\sum_1^{p-1} \alpha_p^{(\nu)}\right) \equiv (r_1, r_2, \cdots, r_p).$$ ①[18]

如果改变所有量 v 的符号, 函数 ϑ 不会改变; 因为如果我们将 $\vartheta(v_1, v_2, \cdots, v_p)$ 的级数中所有指标 m 改成相反的符号, 由于 $-m_\nu$ 的值域与 m_ν 相同, 级数的值不会改变, 从而 $\vartheta(v_1, v_2, \cdots, v_p)$ 就转变为 $\vartheta(-v_1, -v_2, \cdots, -v_p)$.

现在我们任取 $p-1$ 个点 $\eta_1, \eta_2, \cdots, \eta_{p-1}$, 则有 $\vartheta\Big(-\sum_1^{p-1} \alpha_1^{(\nu)}, \cdots, -\sum_1^{p-1} \alpha_p^{(\nu)}\Big) = 0$, 因而由于上面刚刚提到的 ϑ 的偶函数性质, 也就有 $\vartheta\Big(\sum_1^{p-1} \alpha_1^{(\nu)}, \cdots, \sum_1^{p-1} \alpha_p^{(\nu)}\Big) = 0$. 这样一来我们就可以这样来选 $p-1$ 个点 $\eta_p, \eta_{p-1}, \cdots, \eta_{2p-2}$, 使得有

$$\left(\sum_1^{p-1} \alpha_1^{(\nu)}, \cdots, \sum_1^{p-1} \alpha_p^{(\nu)}\right) \equiv \left(-\sum_p^{2p-2} \alpha_1^{(\nu)}, \cdots, -\sum_p^{2p-2} \alpha_p^{(\nu)}\right),$$

因而又有

$$\left(\sum_1^{2p-2} \alpha_1^{(\nu)}, \cdots, \sum_1^{2p-2} \alpha_p^{(\nu)}\right) \equiv (0, \cdots, 0).$$

我们要求这后面 $p-1$ 个点这样依赖于前 $p-1$ 个点, 使得在它们作任意连续的位移时, 始终保持对 $\pi = 1, 2, \cdots, p$ 有 $\sum_1^{2p-2} d\alpha_\pi^{(\nu)} = 0$, 从而 (§16) 这些点 η 就构成这样的一组 $2p-2$ 个点, 对它来说有一个 dw 为二阶无限小, 或者说, 如果我们将变量对 (s, z) 在点 η_ν 处的值记为 (σ_ν, ζ_ν), 那么 $(\sigma_1, \zeta_1), \cdots, (\sigma_{2p-2}, \zeta_{2p-2})$ 这些数对就由方程 $\varphi = 0$ 相联系 (§16).

因此在这样选择积分的初值之下就有

$$\left(\sum_1^{2p-2} u_1^{(\nu)}, \cdots, \sum_1^{2p-2} u_p^{(\nu)}\right) \equiv (0, \cdots, 0),$$

这里求和是对方程 $F = 0$ 以及方程 $c_1\varphi_1 + c_2\varphi_2 + \cdots + c_p\varphi_p = 0$ (其中诸常量 c 为任意) 的、不同于变量对 $(\gamma_\rho, \delta_\rho)$ (§6) 的共同根来进行的.

---

① 此处可参阅论文第 11 篇. W.

如果 $\varepsilon_1, \varepsilon_2, \cdots, \varepsilon_m$ 为 m 个这样的点, 一个在这些点上 m 次成为一阶无限大的、以 s 和 z 为自变量的函数 ξ 在其上取相同的值, 并且 u_π, s, z 在点 ε_μ 上所取的值为 $u_\pi^{(\mu)}, s_\mu, z_\mu$, 那么 $\left(\sum\limits_1^m u_1^{(\mu)}, \sum\limits_1^m u_2^{(\mu)}, \cdots, \sum\limits_1^m u_p^{(u)}\right)$ 就会与一个常量组同余, 即与一个与量 ξ 无关的量组 $(b_1, b_2, \cdots, b_p)$ 同余, 于是对 ε 的一个点的任意位置来说, 其余点的位置就可以这样来确定, 即使得有下述式子成立:

$$\left(\sum_1^m u_1^{(\mu)}, \cdots, \sum_1^m u_p^{(\mu)}\right) \equiv (b_1, \cdots, b_p).$$

因此我们可以对点 (s, z) 以及 η 的 $p-m$ 个点的每一个任意的位置, 在 $m=p$ 时将数组 $(u_1 - b_1, \cdots, u_p - b_p)$, 在 $m<p$ 时, 将数组

$$\left(u_1 - \sum_1^{p-m} \alpha_1^{(\nu)} - b_1, \cdots, u_p - \sum_1^{p-m} \alpha_p^{(\nu)} - b_p\right)$$

转换成 $\left(-\sum\limits_1^{p-1} \alpha_1^{(\nu)}, \cdots, -\sum\limits_1^{p-1} \alpha_p^{(\nu)}\right)$, 办法就是令 ε 的一个点与 (s, z) 相重合, 从而有

$$\vartheta\left(u_1 - \sum_1^{p-m} \alpha_1^{(\nu)} - b_1, \cdots, u_p - \sum_1^{p-m} \alpha_p^{(\nu)} - b_p\right)$$

对变量对 (s, z) 的每一组值以及对 $p-m$ 对 (σ_ν, ζ_ν) 都等于 0.

24

作为 §22 研究的一个推论, 我们有, 如果函数 $\vartheta(u_1 - e_1, \cdots, u_p - e_p)$ 不恒等于零, 则一个任意给定的量组 $(e_1, \cdots, e_p)$ 必定有一个, 也仅有一个形如 $\left(\sum\limits_1^p \alpha_1^{(\nu)}, \cdots, \sum\limits_1^p \alpha_p^{(\nu)}\right)$ 的量组与之同余; 因为在这种情况下 p 个 η 点必定是使这个函数为零的那些点. 但是如果这个 $\vartheta(u_1^{(p)} - e_1, \cdots, u_p^{(p)} - e_p)$ 对 (s_p, z_p) 的每一个值均为零, 则可以令 (§23)

$$(u_1^{(p)} - e_1, \cdots, u_p^{(p)} - e_p) \equiv \left(-\sum_1^{p-1} u_1^{(\nu)}, \cdots, -\sum_1^{p-1} u_p^{(\nu)}\right),$$

并且因此可以对量对 (s_p, z_p) 的每一组值这样来规定 $(s_1, z_1), \cdots, (s_{p-1}, z_{p-1})$, 使得有

$$\left(\sum_1^p u_1^{(\nu)}, \cdots, \sum_1^p u_p^{(\nu)}\right) \equiv (e_1, \cdots, e_p),$$

而且由此在连续改变 (s_p,z_p) 下有 $\sum_1^p du_\pi^{(\nu)}=0,\pi=1,2,\cdots,p$. 可见这 p 个量对 (s_ν,z_ν) 是某个方程 $\varphi=0$ 的 p 个异于 $(\gamma_\rho,\delta_\rho)$ 的根, 这个方程是这样的, 在它的系数改变时其余 $p-2$ 个根保持不变. 如果我们将 u_π 在 s 和 z 的这 $p-2$ 个值对上的值记为 $u_\pi^{(p+1)},u_\pi^{(p+2)},\cdots,u_\pi^{(2p-2)}$, 那么就有

$$\left(\sum_1^{2p-2}u_1^{(\nu)},\cdots,\sum_1^{2p-2}u_p^{(\nu)}\right)\equiv(0,\cdots,0),$$

从而又有

$$(e_1,\cdots,e_p)\equiv\left(-\sum_{p+1}^{2p-2}u_1^{(\nu)},\cdots,-\sum_{p+1}^{2p-2}u_p^{(\nu)}\right).$$

反之, 如果这个关系成立, 则有

$$\vartheta(u_1^{(p)}-e_1,\cdots,u_p^{(p)}-e_p)=\vartheta\left(\sum_p^{2p-2}u_1^{(\nu)},\cdots,\sum_p^{2p-2}u_p^{(\nu)}\right)=0.$$

因此, 一组任意给定的量 $(e_1,\cdots,e_p)$, 如果它不与某个形如 $\left(\sum_1^p\alpha_1^{(\nu)},\cdots,\sum_1^p\alpha_p^{(\nu)}\right)$ 的数组叠合, 则仅能与一组形如 $\left(-\sum_1^{p-2}\alpha_1^{(\nu)},\cdots,-\sum_1^{p-2}\alpha_p^{(\nu)}\right)$ 的数组叠合, 反之, 则有无数个这样的数组与之叠合.

因为

$$\vartheta\left(u_1-\sum_1^p\alpha_1^{(\mu)},\cdots,u_p-\sum_1^p\alpha_p^{(\mu)}\right)=\vartheta\left(\sum_1^p\alpha_1^{(\mu)}-u_1,\cdots,\sum_1^p\alpha_p^{(\mu)}-u_p\right),$$

所以 ϑ 作为 p 个变量对 (σ_μ,ζ_μ) 中任一对函数与 (σ_μ,ζ_μ) 的依赖关系和它作为 (s,z) 的函数与 (s,z) 的依赖关系是完全一样的. 这种作为变量对 (σ_μ,ζ_μ) 的函数对数值对 (s,z) 会等于零, 同时也会在那其余 $p-1$ 个 (由方程 $\varphi=0$ 联系在一起的 $p-1$ 个点的) 数值对 (α,ζ) 上等于零. 因为如果我们把 u_π 在这些点上的值记为 $\beta_\pi^{(1)},\beta_\pi^{(2)},\cdots,\beta_\pi^{(p-1)}$, 我们就会有

$$\left(\sum_1^p\alpha_1^{(\mu)},\cdots,\sum_1^p\alpha_p^{(\mu)}\right)\equiv\left(\alpha_1^{(\mu)}-\sum_1^{p-1}\beta_1^{(\nu)},\cdots,\alpha_p^{(\mu)}-\sum_1^{p-1}\beta_p^{(\nu)}\right),$$

从而在 η_μ 与这些点之一重合, 或者与点 (s,z) 重合时就会有 $\vartheta=0$.

25

由到目前为止所建立的函数 ϑ 的性质就可以得到用一个以 $(s,z),(\sigma_1,\zeta_1),(\sigma_2,\zeta_2),\cdots,(\sigma_p,\zeta_p)$ 为变量的代数函数的积分来表达 $\log\vartheta$ 的式子.

把量 $\log\vartheta\left(u_1^{(2)}-\sum\limits_1^p\alpha_1^{(\mu)},\cdots\right)-\log\vartheta\left(u_1^{(1)}-\sum\limits_1^p\alpha_1^{(\mu)},\cdots\right)$ 看成 (σ_μ,ζ_μ) 的函数, 就是一个点 η_μ 的位置的函数, 它在点 ε_1 处的不连续性像 $-\log(\zeta_\mu-z_1)$, 在点 ε_2 处的不连续性像 $\log(\zeta_\mu-z_2)$, 而且在从 ε_1 连到 ε_2 的曲线的正侧比在负侧大 $2\pi i$, 在曲线 b_ν 的正侧比负侧大 $2(u_\nu^{(1)}-u_\nu^{(2)})$, 但是除了曲线 b 和从 ε_1 连到 ε_2 的曲线之外, 处处连续. 现在我们用 $\widetilde{\omega}^{(\mu)}(\varepsilon_1,\varepsilon_2)$ 来记某个 (σ_μ,ζ_μ) 的函数, 它除了在 b 这些曲线上同样地不连续以及在这些曲线的一侧比另一侧也同样大一个常数之外, 就没有什么别的不同, 所以它 (§3) 与这个函数只差一个与 (σ_μ,ζ_μ) 无关的量, 因此它与 $\sum\limits_1^p\widetilde{\omega}^{(\mu)}(\varepsilon_1,\varepsilon_2)$ 只差一个与所有的 (σ,ζ) 无关, 因而也只与 (s_1,z_1) 和 (s_2,z_2) 有关的量. 于是我们的函数 $\widetilde{\omega}^{(\mu)}(\varepsilon_1,\varepsilon_2)$ 表示了 §4 中的函数 $\widetilde{\omega}(\varepsilon_1,\varepsilon_2)$ 在 $(s,z)=(\sigma_\mu,\zeta_\mu)$ 时的值, 它在割线 a 处的周期模数等于 0. 如果我们令这个函数改变一个常数 c, 那么 $\sum\limits_1^p\widetilde{\omega}^{(\mu)}(\varepsilon_1,\varepsilon_2)$ 就会改变 pc; 于是我们就可以, 正如将在下面要做的, 这样来选定在函数 $\widetilde{\omega}(\varepsilon_1,\varepsilon_2)$ 中的可加常数, 或者这样来选定表示它的第三类积分的初值, 使得 $\log\vartheta^{(2)}-\log\vartheta^{(1)}=\sum\limits_1^p\widetilde{\omega}^{(\mu)}(\varepsilon_1,\varepsilon_2)$. 由于 ϑ 对每一对 (σ,ζ) 的依赖关系和对 (s,z) 是一样的, 所以如果量对 $(s,z),(\sigma_1,\zeta_1),(\sigma_2,\zeta_2),\cdots,(\sigma_p,\zeta_p)$ 中有某一对经过了有限的改变, 而其余的则保持不变, 那么 $\log\vartheta$ 的改变就可以用诸函数 $\widetilde{\omega}$ 的一个和式来表示. 因此显然我们就可以通过一个接一个地改变 (s,z), (σ_1,ζ_1), $(\sigma_2,\zeta_2),\cdots,(\sigma_p,\zeta_p)$ 做到将 $\log\vartheta$ 用诸函数 $\widetilde{\omega}$ 之和与

$$\log\vartheta(0,0,\cdots,0),$$

或者 $\log\vartheta$ 对变量的另一组值所取的值, 来表示. 要想将 $\log\vartheta(0,0,\cdots,0)$ 表示成以 (s,z) 为变量的有理函数组的 $3p-3$ 个模的函数 (§12), 就要作类似于 Jacobi 在其对椭圆函数的研究中为了确定 $\Theta(0)$ 时所做过的那种工作. 我们可以这样来做到这一点, 办法就是, 借助于下述方程:

$$4\frac{\partial\vartheta}{\partial a_{\mu,\mu}}=\frac{\partial^2\vartheta}{\partial v_\mu^2}\quad 和\quad 2\frac{\partial\vartheta}{\partial a_{\mu,\mu'}}=\frac{\partial^2\vartheta}{\partial v_\mu\partial v_{\mu'}},$$

其中 μ 与 μ' 不相同, 将 $\log\vartheta$ 对变量 a 的微商式

$$d\log\vartheta = \sum \frac{\partial \log\vartheta}{\partial a_{\mu,\mu'}} da_{\mu,\mu'}$$

用代数函数的积分表示出来. 为了完成这个计算看来还必须有一个关于满足带代数系数的线性微分方程的函数的深入的理论, 我打算尽快根据本文所采用的原理来提供这样的内容.

如果 (s_2, z_2) 与 (s_1, z_1) 相差无限小, 则函数 $\widetilde{\omega}(\varepsilon_1, \varepsilon_2)$ 将转化为 $dz_1 t(\varepsilon_1)$, 其中 $t(\varepsilon_1)$ 是 s 与 z 的有理函数的一个第二类积分, 对 ε_1 的不连续性和 $\dfrac{1}{z-z_1}$ 的不连续性一样, 而在割线 a 处的周期模数为 0; 而且由此得知, 这种积分在割线 b_ν 处的周期模数等于 $2\dfrac{du_\nu^{(1)}}{dz_1}$, 并且可以这样来规定积分常数, 使得 $t(\varepsilon_1)$ 在 p 个点 $(\sigma_1, \zeta_1), (\sigma_2, \zeta_2), \cdots, (\sigma_p, \zeta_p)$ 处的值之和等于 $\dfrac{\partial \log\vartheta^{(1)}}{\partial z_1}$. 于是有, $\dfrac{\partial \log\vartheta^{(1)}}{\partial \zeta_\mu}$ 等于 $t(\eta_\mu)$ 在 $p-1$ 个点上的值之和, 这些点通过方程 $\varphi = 0$ 和 $p-1$ 个与 (σ_μ, ζ_μ) 不同的点 (σ, ζ) 及数值对 (s, z) 相联系. 我们为

$$\frac{\partial \log\vartheta^{(1)}}{\partial z_1} dz_1 + \sum_1^p \frac{\partial \log\vartheta^{(1)}}{\partial \zeta_\mu} d\zeta_\mu = d\log\vartheta^{(1)}$$

求得了一个表达式, 这个式子在 s 只是 z 的双值函数时的特例已由 Weierstrass 给出过了 (Journ. für Mathem. Bd. 47, 第 300 页, 公式 (35)).

$\widetilde{\omega}(\varepsilon_1, \varepsilon_2)$ 与 $t(\varepsilon_1)$ 作为 (s_1, z_1) 与 (s_2, z_2) 的函数的性质可由方程

$$\widetilde{\omega}(\varepsilon_1, \varepsilon_2) = \frac{1}{p}(\log\vartheta(u_1^{(2)} - pu_1, \cdots) - \log\vartheta(u_1^{(1)} - pu_1, \cdots))$$

和

$$t(\varepsilon_1) = \frac{1}{p}\frac{\partial \log\vartheta(u_1^{(1)} - pu_1, \cdots)}{\partial z_1}$$

得出, 而它们又可以从上面给出的 $\log\vartheta^{(2)} - \log\vartheta^{(1)}$ 和 $\dfrac{\partial \log\vartheta^{(1)}}{\partial z_1}$ 的表达式推出.(3)

26

我们来研究将 z 的代数函数表示成两个由相同个数的函数 $\vartheta(u_1 - e_1, \cdots)$ 组成的乘积的商与量 e^u 的幂函数之乘积这个问题.

这样的一个式子在 [点] $(s,\ z)$ 越过 [曲面 T 上的] 割线时会得到一个常数因子, 而且如果它代数地依赖于 z, 并因此在对 z 作连续延拓时它 [对同一个 z 值]

只能取得有限个值, 这时这个常数因子只能是单位的 [某个幂次的] 根. 如果这些因子是单位的 μ 次根, 那么这一表达式的 μ 次幂就会是 s 和 z 的单值的, 从而也就是有理函数.

反之, 很容易证明, 任意一个 z 的代数函数 r, 在整个 T' 曲面内的延拓只能取得一个确定的值, 并且在越过割线时会得到一个常数因子, 可以用多种方式表示为两个 ϑ 函数的乘积的商和指数函数 e^u 的幂函数的乘积. 设我们把 u_μ 在 $r=\infty$ 时所取的值记为 β_μ, 在 $r=0$ 时所取得的值记为 γ_μ, 并且如果我们从每一 r 为一阶无限大的点出发在到某一 r 为一阶无限小的点作一条完全位于 T' 内的割线, 那么就可以认为 $\log r$ 在这些割线之外处处连续. 于是如果我们设 $\log r$ 在割线 b_ν 的正侧比在负侧大 $g_\nu \cdot 2\pi i$, 在割线 a_ν 的正侧比在负侧大 $-h_\nu \cdot 2\pi i$, 那么通过对所有边界积分 $\int \log r du_\mu$ 的研究我们就会得到

$$\sum \gamma_\mu - \sum \beta_\mu = g_\mu \pi i + \sum_\nu h_\nu a_{\mu,\nu},$$

其中 μ 等于 $1,2,\cdots,p, g_\nu$ 和 h_ν 为上面提到的有理数, 等式左侧的求和是对所有那些 r 为一阶无限小或一阶无限大的点来作的, 在那些 r 为高阶无限小或高阶无限大的地方, 就把它看成是由多个一阶的这种点所组成的 (§2). 如果这些点除了 p 个以外已经给定, 那么一般来说, 剩下的 p 个总是可以以唯一一种方式来给定, 即, 使得那 $2p$ 个因子 $e^{g_\nu 2\pi i}, e^{-h_\nu 2\pi i}$ 取给定值 (§15, §24).

在表达式

$$\frac{P}{Q} e^{-2\sum h_\nu u_\nu}$$

中 P 和 Q 两个由相同个数的函数 $\vartheta(u_1 - \sum \alpha_1^{(\pi)}, \cdots)$ 组成的积, 具有相同的 (s,z), 和不同的 (σ,ζ); 我们把这个表达式的分母的 ϑ 函数里的量对 (σ,ζ) 代入 r 在那里会等于无限大的数值对 s 和 z, 而把这个表达式的分子的 ϑ 函数里的量对 (σ,ζ) 代入 r 在那里会等于零的数值对 s 和 z, 同时令分子与分母中的其他量对 (σ,ζ) 相等, 那么这个表达式的对数就其在曲面 T' 中的不连续性而言与函数 $\log r$ 一致, 而且, 在越过割线 a 和 b 时也与 $\log r$ 一样, 只改变一个沿这些割线为常量的纯虚数; 因此根据 Dirichlet 原理, 它 [这个式子的对数] 与 $\log r$ 只差一个常数, 从而这个表达式本身与 r 只差一个常数因子. 不消说仅当没有一个 ϑ 函数会对任何 z 值恒等于零时上述替换才是允许的. 当将在同一个 ϑ 函数中的量对 (σ,ζ) 代之以 (s,z) 的单值函数为零的所有那些值对时, 这种情况就会发生 (§23).

27

由上所述可知, 这种由两个 ϑ 函数的积之商乘以 e^u 的幂, 不可能用来描述 (s,z) 的单值函数或有理函数. 但是所有那些 r 的函数, 它们在 s 与 z 的同一对值处取好几个值, 而且只在 p 个或更少的对上成为一阶无限大的, 则可以表示成这种形式, 并且囊括了所有能表示成这种形式的 z 的代数函数. 如果不计一个常数因子, 只要在

$$\frac{\vartheta\left(v_1-g_1\pi i-\sum_\nu h_\nu a_{1,\nu},\cdots\right)}{\vartheta(v_1,\cdots,v_p)}e^{-2\sum\limits_\nu v_\nu h_\nu}$$

中将 h_ν 和 g_ν 代之以有理真分数, 将 v_ν 代之以 $u_\nu-\sum\limits_1^p\alpha_\nu^{(\mu)}$, 我们就得到了一个, 也仅有一个这样的表示.

这个量 [表达式] 同时是每一个 ζ 量的代数函数, 而刚刚 (在前一节) 所确立的原理就足以将它们用变量 $z,\zeta_1,\cdots,\zeta_p$ 代数地表出.

实际上, [这个表达式] 作为 (s,z) 的函数, 通过连续延拓到整个曲面 T' 上后, 处处取一个确定的值, 只在 $(\sigma_1,\zeta_1),(\sigma_2,\zeta_2),\cdots,(\sigma_p,\zeta_p)$ 这些数值对上成为一阶无限大, 并在从割线 a_ν 的正侧越过到负侧时会得到一个因子 $e^{h_\nu 2\pi i}$, 从割线 b_ν 的正侧越过到负侧时会得到一个因子 $e^{-g_\nu 2\pi i}$; 任何其他能满足这些条件的 (s,z) 的函数与这个函数的区别只差一个与 (s,z) 无关的因子. [同样它] 作为 (σ_μ,ζ_μ) 的函数, 通过连续延拓到整个曲面 T' 上后, 处处取一个确定的值, 只在数值对 (s,z) 上, 以及还有在与余下的 $p-1$ 个 (σ,ζ) 点由方程 $\varphi=0$ 来联系着的 $p-1$ 个数值对 $(\sigma_1^{(\mu)},\zeta_1^{(\mu)}),\cdots,(\sigma_{p-1}^{(\mu)},\zeta_{p-1}^{(\mu)})$ 成为一阶无限大, 并在从割线 a_ν 的正侧越过到负侧时会得到一个因子 $e^{-h_\nu 2\pi i}$, 而从割线 b_ν 的正侧越过到负侧时会得到一个因子 $e^{g_\nu 2\pi i}$; 任何其他能满足这些条件的 (σ_μ,ζ_μ) 的函数与这个函数的区别只差一个与 (σ_μ,ζ_μ) 无关的因子. 因此如果我们这样来确定一个 $z,\zeta_1,\cdots,\zeta_p$ 的代数函数

$$f((s,z);(\sigma_1,\zeta_1),\cdots,(\sigma_p,\zeta_p))$$

使得每一个这些量的函数都具有相同的性质, 那么它们之间只有一个与全部 z, $\zeta_1,\cdots,\zeta_p$ 这些量都无关的常数因子的差别, 如果我们将这个因子记为 A, 那么它们就都可以表示为 Af. 为了确定这个因子, 我们把在 f 中 (σ,ζ) 里与 (σ_μ,ζ_μ) 不同的量对 (σ,ζ) 记为 $(\sigma_1^{(\mu)},\zeta_1^{(\mu)}),\cdots,(\sigma_{p-1}^{(\mu)},\zeta_{p-1}^{(\mu)})$, 于是它就会转化为以下形式:

$$g((\sigma_\mu,\zeta_\mu);(s,z),(\sigma_1^{(\mu)},\zeta_1^{(\mu)}),\cdots,(\sigma_{p-1}^{(\mu)},\zeta_{p-1}^{(\mu)}));$$

于是显然我们由此得到所描述函数的倒数值, 并由此得到一个表达式, 它必定等于 $\frac{1}{Af}$, 如果在 Ag 中将 (σ_μ, ζ_μ) 代入量对 (s, z), 再把量对 $(s, z), (\sigma_1^{(\mu)}, \zeta_1^{(\mu)}), \cdots, (\sigma_{p-1}^{(\mu)}, \zeta_{p-1}^{(\mu)})$ 以 (s, z) 的数值对代入, 会使得我们想表示的函数, 从而也有函数 f, 在该处等于 0. 由此可以得到 A^2, 进而得到 A, 而其符号则可由研究所得表达式的 ϑ 级数来得到. (4)[19]

注 释

(1) 此处所述的定理, 正如 Tonelli 所指出的, 还需要加一定的限制和更精确细致的表述 (Atti della R. accademia dei Lincei Ser. II vol. 2 1875. 摘要见 1875 年 Göttingen 科学协会通讯).

如果曲线系 a 和曲线系 b 合在一起, 就在如同它和第二个曲线系 c 合在一起一样, 完整地包围着曲面 F 的一个部分, 那么为了使得曲线系 b 与 c 合在一起同样包围着这个曲面的一部分, 一般来说要求曲线系 a 的一部分不能和 b 或 c 合在一起就包围着曲面的一个部分.

那被曲线系 b 和 c 所包围的曲面部分, 它, 即使在由 a, b 和 a, c 所包围的曲面部分为单连通之时, 也可能是由多个分离的部分所组成, 这一点是由 Tonelli 以下述方式来描绘的: 如果曲面部分 a, b 和 a, c 的公共部分恰好是由 a 所包围的部分, 那么将其挖去后就是这个 b, c 部分.

Tonelli 所选取用来说明并将这种关系直观地表达出来的例子是这样的: 一个由一个点作边界的五重连通的封闭双环面.

这一点所指出的情况对 Riemann 应用这个定理来作 $n+1$ 重连通性的定义没有影响, 因为前面用 a 来表示的曲线系总是由一条曲线组成, 即由 b 替换的 a 所组成.

(2) 令 $dz = ds e^{i\varphi}$, 则其中的 φ 为边界曲线的弧元与 x 轴的夹角, 因而积分

$$\frac{1}{2\pi i}\int d\log\frac{dz}{ds} = \frac{1}{2\pi}\int d\varphi$$

等于边界曲线的方向向量沿曲线的正方向转过的圈数. 如果在转过的过程中在每一条横截线上来回两次, 那么这部分转动互相抵消, 从而只剩下那些绕着横截线网的 $2p-1$ 个结点转过 2π 度的转动 (§3). 这样有了关系 $\mathrm{w} - 2n = 2(p-1)$, 这就是在 §7 开始时所说的那个定理.

一个不用 Dirichlet 原理的证明已经由 C. Neumann 给出, 但是看来在相当大的程度上被忽视了 (Vorlesungen über Riemann's Theorie der Abel'schen Integrale Chap. 7, §8, 第二版, Leipzig 1884).

(3) 这在 §25 中所提出的思路后来为 J. Thomae (Journal für Mathematik Bd. 66, 71, 75), Fuchs (同上刊物, Bd. 73), 以及 F. Klein (Mathematische Annalen Bd. 36) 等人做了进一步的发展.

(4) 关于代数函数 f 还有下述几点要讲一下. 如果 n 是量 h_ν 和 g_ν 的最小公分母, 那么 f 的 n 次幂这时既是 (s,z) 的单值函数, 又是全部量对 (σ,ζ) 的单值函数, 从而 f 是有理函数的 n 次方根. 这个有理函数作为 (s,z) 的函数必须这样来规定, 使得它对于 (σ,ζ) 的 p 个量对为 n 阶无限大, 而且使得那 np 个函数在该处为无限小的点中每 n 个重合在一起.

如果 l 为某一 (s,z) 的函数, 它在横截线上具有和 f 一样的因子, 并将这个函数对 (σ_μ,ζ_μ) 所取的值记为 λ_μ, 那么 $f\cdot l^{-1}\lambda_1\lambda_2\cdots\lambda_p$ 就会是 (s,z) 和全部量对 (σ,ζ) 的一个有理函数 ρ; 于是有:

$$f=\frac{\rho l}{\lambda_1\lambda_2\cdots\lambda_p}.$$

(这些注释取自在 Riemann 的遗稿中所发现的本文手稿.)

(感谢崔贵珍教授对本篇文章的译文提出的修改建议, 感谢周坚教授对本篇文章的译文进行的细致的修改.)

VII 论小于给定数值的素数个数

(柏林科学院月报, 1859 年 11 月)

为了表达对 [柏林] 科学院遴选我作为通讯院士这项荣誉的感谢, 我认为最好的方式是借此机会来报告素数分布方面的研究. Gauss 和 Dirichlet 都曾长时间对此课题感兴趣, 因此这个报告似乎是有价值的.[1]

我用 Euler 提出的一个关系式作为我的出发点, 也就是

$$\prod \frac{1}{1-\frac{1}{p^s}}=\sum \frac{1}{n^s},$$

其中 p 跑遍所有素数, 而 n 跑遍所有自然数. 这两个表达式在收敛时所表示的复变量 s 的函数, 我将记作 $\zeta(s)$.[2] 仅当 s 的实部大于 1 时, 两个表达式才收敛. 然而, 容易找到一个使得这个函数总是有效的表达式.

由等式[3]

$$\int_0^\infty e^{-nx}x^{s-1}dx=\frac{\Pi(s-1)}{n^s}$$

立即得出

$$\Pi(s-1)\zeta(s)=\int_0^\infty \frac{x^{s-1}dx}{e^x-1}.$$

如果我们现在考虑围道积分

$$\int \frac{(-x)^{s-1}dx}{e^x-1},$$

其中积分路线沿一条闭路径按正方向从 $+\infty$ 到 $+\infty$, 这条路径内部包含 0 点但不包含被积函数的其他不连续点, 则容易看出它等于

$$(e^{-\pi si}-e^{\pi si})\int_0^\infty \frac{x^{s-1}dx}{e^x-1},$$

假定在多值函数 $(-x)^{s-1}=e^{(s-1)\log(-x)}$ 中这样来取对数, 使得当 x 为负实数时, 对数为实数.

由此得出

$$2\sin\pi s\Pi(s-1)\zeta(s)=i\int_\infty^\infty \frac{(-x)^{s-1}dx}{e^x-1},$$

此时的积分按照上述意义来理解.

于是这个等式就给出了 $\zeta(s)$ 对于每个复数 s 的值, 并且表明它是一个单值函数, 除了 1 之外, 对于每个有限的 s, 其值都是有限的. 它也表明, 当 s 为偶的负整数时, $\zeta(s)$ 为 0.(1)[4]

如果 s 的实部为负的话, 则积分也可通过取别的路径来计算. 与按正方向围绕先前描述的区域的路径不同, 这次的路径是按负方向围绕上述区域的余集, 这是因为对于所有的有充分大模的 x, 积分是无穷小的. 在这个区域的内部, 仅当 x 等于 $\pm 2\pi i$ 的整数倍时, 被积函数才是不连续的, 所以积分就等于那些按负方向围绕这些点的积分之和. 围绕点 $n2\pi i$ 的积分值为 $(-n2\pi i)^{s-1}(-2\pi i)$, 因此,

$$2\sin\pi s\Pi(s-1)\zeta(s)=(2\pi)^s\sum n^{s-1}((-i)^{s-1}+i^{s-1}).$$

这也给出了 $\zeta(s)$ 和 $\zeta(1-s)$ 之间的一个关系, 这个关系可以用函数 Π 的已知性质表述如下:

$$\Pi\left(\frac{s}{2}-1\right)\pi^{-\frac{s}{2}}\zeta(s)$$

在 s 换成 $1-s$ 时保持不变.[5]

函数的这个性质促使我引入积分 $\Pi\left(\frac{s}{2}-1\right)$ 来代替 $\Pi(s-1)$, 作为级数 $\sum\frac{1}{n^s}$ 的一般项的乘数, 由此可以得到函数 $\zeta(s)$ 的一个很方便的表达式. 事实上, 我们有

$$\frac{1}{n^s}\Pi\left(\frac{s}{2}-1\right)\pi^{-\frac{s}{2}}=\int_0^\infty e^{-n^2\pi x}x^{\frac{s}{2}-1}dx.$$

因而, 如果我们令

$$\sum_1^\infty e^{-n^2\pi x}=\psi(x),$$

则有

$$\Pi\left(\frac{s}{2}-1\right)\pi^{-\frac{s}{2}}\zeta(s)=\int_0^\infty \psi(x)x^{\frac{s}{2}-1}dx.$$

因为

$$2\psi(x)+1=x^{-\frac{1}{2}}\left(2\psi\left(\frac{1}{x}\right)+1\right)$$

(见 Jacobi 全集第 1 卷第 235 页), 所以我们有

$$\begin{aligned}\Pi\left(\frac{s}{2}-1\right)\pi^{-\frac{s}{2}}\zeta(s)&=\int_1^\infty\psi(x)x^{\frac{s}{2}-1}dx+\int_0^1\psi\left(\frac{1}{x}\right)x^{\frac{s-3}{2}}dx\\&\quad+\frac{1}{2}\int_0^1(x^{\frac{s-3}{2}}-x^{\frac{s}{2}-1})dx\\&=\frac{1}{s(s-1)}+\int_1^\infty\psi(x)(x^{\frac{s}{2}-1}+x^{-\frac{1+s}{2}})dx.\end{aligned}$$

现在我记 $s=\frac{1}{2}+ti$ 以及

$$\Pi\left(\frac{s}{2}\right)(s-1)\pi^{-\frac{s}{2}}\zeta(s)=\xi(t),$$

从而有

$$\xi(t)=\frac{1}{2}-\left(t^2+\frac{1}{4}\right)\int_1^\infty\psi(x)x^{-\frac{3}{4}}\cos\left(\frac{1}{2}t\log x\right)dx$$

或者

$$\xi(t)=4\int_1^\infty\frac{d(x^{\frac{3}{2}}\psi'(x))}{dx}x^{-\frac{1}{4}}\cos\left(\frac{1}{2}t\log x\right)dx.$$

这个函数对于有限的 t 值是有限的, 而且可以按 t^2 的幂展开成非常迅速收敛的级数.[6] 因为对于任意实部超过 1 的 s 来讲, $\log\zeta(s)=-\sum\log(1-p^{-s})$ 仍然是有限的, 而且 $\xi(t)$ 的其他因子的对数亦然, 所以, 显然仅当 t 的虚部位于 $\frac{1}{2}i$ 和 $-\frac{1}{2}i$ 之间时, $\xi(t)$ 才可能为 0. 方程 $\xi(t)=0$ 的实部位于 0 和 T 之间的根, 其数目约为

$$\frac{T}{2\pi}\log\frac{T}{2\pi}-\frac{T}{2\pi}.$$

这是因为, 积分 $\int d\log\xi(t)$(忽略一个阶为 $\frac{1}{T}$ 的次要项) 的值为 $\left(T\log\frac{T}{2\pi}-T\right)i$, 这里的积分路径是一个正向的围道, 其内部包含了所有虚部在 $\frac{1}{2}i$ 和 $-\frac{1}{2}i$ 之间且实部在 0 和 T 之间的 t 值, 而这个积分又等于方程 $\xi(t)=0$ 在这个区域中的根的数目的 $2\pi i$ 倍.[7] 现在我们实际上在这个范围里找到了大约这个数目的实根, 而且很可能所有的根都是实的. 对此, 一个严格的证明肯定是期望的. 然而, 经过一些简短和无效的尝试之后, 我已经暂时把它放在一边, 因为它看起来对我接下来的研究目标并不是必需的.[8]

如果我们用 α 表示方程 $\xi(\alpha)=0$ 的任意根, 则可将 $\log\xi(t)$ 表示为

$$\sum\log\left(1-\frac{t^2}{\alpha^2}\right)+\log\xi(0).$$

因为根的密度随 t 的增长仅与 $\log\dfrac{t}{2\pi}$ 一样快, 所以这个表达式是收敛的, 而且当 t 趋向无穷时其阶为 $t\log t$. 表达式与 $\log\xi(t)$ 的差是这样的一个量, 它是 t^2 的函数, 对于所有有限的 t 仍然是有限和连续的, 且在除以 t^2 之后对于无穷大的 t 趋向于 0. 因此, 这个差是一个常数, 其值可以通过取 $t=0$ 来确定.[9]

借助于这些结果, 现在我们就可以来确定小于 x 的素数个数了.

当 x 不是一个素数时, 用 $F(x)$ 表示上述的素数个数. 而当 x 是素数时, 用 $F(x)$ 表示素数个数与 $\dfrac{1}{2}$ 之和. 因此, 每当 $F(x)$ 的数值在 x 处发生跳跃时, 总有

$$F(x)=\frac{F(x+0)+F(x-0)}{2}.$$

在级数

$$\log\zeta(s)=-\sum\log(1-p^{-s})=\sum p^{-s}+\frac{1}{2}\sum p^{-2s}+\frac{1}{3}\sum p^{-3s}+\cdots$$

中, 我们现在将 $p^{-s},p^{-2s},\cdots$ 分别代之以

$$s\int_p^\infty x^{-s-1}dx,\quad s\int_{p^2}^\infty x^{-s-1}dx,\quad \cdots,$$

从而我们得到

$$\frac{\log\zeta(s)}{s}=\int_1^\infty f(x)x^{-s-1}dx,$$

这里 $f(x)$ 表示

$$F(x)+\frac{1}{2}F(x^{\frac{1}{2}})+\frac{1}{3}F(x^{\frac{1}{3}})+\cdots.$$

这个等式对于 s 的每个复值 $a+bi$ 在 $a>1$ 时都是正确的. 然而, 如果等式

$$g(s)=\int_0^\infty h(x)x^{-s}d\log x$$

在这个区域里成立, 则用 Fourier 定理可以将函数 h 用函数 g 表示出来. 如果 $h(x)$ 是实的, 并且有

$$g(a+bi)=g_1(b)+ig_2(b),$$

则等式可以分解为下面的两个等式:

$$g_1(b)=\int_0^\infty h(x)x^{-a}\cos(b\log x)d\log x,$$

$$ig_2(b)=-i\int_0^\infty h(x)x^{-a}\sin(b\log x)d\log x.$$

如果我们现在将这两个等式乘以

$$(\cos(b\log y)+i\sin(b\log y))db,$$

并从 $-\infty$ 到 ∞ 积分, 则由 Fourier 定理, 每个等式的右端变为 $\pi h(y)y^{-a}$. 因此, 将两者相加并乘以 iy^a 之后, 我们得到

$$2\pi i h(y)=\int_{a-\infty i}^{a+\infty i} g(s)y^s ds,$$

这里的积分路线这样来选取, 使得 s 的实部保持为常数.(2)[10]

对于函数 $h(y)$ 有跳跃的每个 y 值, 积分表示跳跃点两边的值的平均. 上面定义的函数 $f(x)$ 具有同样的性质, 因此, 等式

$$f(y)=\frac{1}{2\pi i}\int_{a-\infty i}^{a+\infty i}\frac{\log\zeta(s)}{s}y^s ds$$

完全成立.

先前得到的 $\log\zeta$ 的表达式, 即

$$\frac{s}{2}\log\pi-\log(s-1)-\log\Pi\left(\frac{s}{2}\right)+\sum_{\alpha}\log\left(1+\frac{\left(s-\frac{1}{2}\right)^2}{\alpha^2}\right)+\log\xi(0),$$

现在可以代入到这个等式中. 然而, 当积分限为无穷时, 这个表达式中的单独项的积分不收敛. 因此, 最好是通过分部积分, 先将等式转换成

$$f(x)=-\frac{1}{2\pi i}\frac{1}{\log x}\int_{a-\infty i}^{a+\infty i}\frac{d\log\frac{\zeta(s)}{s}}{ds}x^s ds.$$

因为

$$-\log\Pi\left(\frac{s}{2}\right)=\lim_{m\to\infty}\left(\sum_{n=1}^{m}\log\left(1+\frac{s}{2n}\right)-\frac{s}{2}\log m\right),$$

所以

$$-\frac{d\frac{1}{s}\log\Pi\left(\frac{s}{2}\right)}{ds}=\sum_{1}^{\infty}\frac{d\frac{1}{s}\log\left(1+\frac{s}{2n}\right)}{ds},$$

于是, $f(x)$ 的表达式的所有项, 除去例外项

$$\frac{1}{2\pi i}\frac{1}{\log x}\int_{a-\infty i}^{a+\infty i}\frac{1}{s^2}\log\xi(0)x^s ds=\log\xi(0),$$

均形如

$$\pm\frac{1}{2\pi i}\frac{1}{\log x}\int_{a-\infty i}^{a+\infty i}\frac{d\left(\frac{1}{s}\log\left(1-\frac{s}{\beta}\right)\right)}{ds}x^s ds.$$

此时,

$$\frac{d\left(\frac{1}{s}\log\left(1-\frac{s}{\beta}\right)\right)}{ds}=\frac{1}{(\beta-s)\beta},$$

且当 s 的实部超过 β 的实部时, 有

$$-\frac{1}{2\pi i}\int_{a-\infty i}^{a+\infty i}\frac{x^s}{(\beta-s)\beta}ds=\frac{x^\beta}{\beta}=\int_\infty^x x^{\beta-1}dx,$$

或者

$$=\int_0^x x^{\beta-1}dx,$$

这要依 β 的实部是负还是正而定. 因此, 在第一种情况中,

$$\begin{aligned}&\frac{1}{2\pi i}\frac{1}{\log x}\int_{a-\infty i}^{a+\infty i}\frac{d\left(\frac{1}{s}\log\left(1-\frac{s}{\beta}\right)\right)}{ds}x^s ds\\&=-\frac{1}{2\pi i}\int_{a-\infty i}^{a+\infty i}\frac{1}{s}\log\left(1-\frac{s}{\beta}\right)x^s ds\\&=\int_\infty^x\frac{x^{\beta-1}}{\log x}dx+\text{常数},\end{aligned}$$

并且在第二种情况中,

$$=\int_0^x\frac{x^{\beta-1}}{\log x}dx+\text{常数}.$$

在第一种情况中, 令 β 的实部取负无穷大, 就可以确定积分常数. 在第二种情况中, 根据积分路径在实轴的上方还是下方, 从 0 到 x 的积分取两个不同的值, 两者相差 $2\pi i$. 在前一种情形里, 当 β 中的 i 的系数为正无穷大时, 积分为无穷小. 在后一种情形里, 当这个系数为负无穷大时, 积分为无穷小. 由此可知, 如何确定左端的表达式 $\log\left(1-\frac{s}{\beta}\right)$, 可以使得积分常数消失.

将这些值代入到 $f(x)$ 的表达式中, 我们得到[11]

$$\begin{aligned}f(x)=Li(x)&-\sum_\alpha\left(Li(x^{\frac{1}{2}+\alpha i})+Li(x^{\frac{1}{2}-\alpha i})\right)\\&+\int_x^\infty\frac{1}{x^2-1}\frac{dx}{x\log x}+\log\xi(0),^{(3)}\end{aligned}$$

其中和式 $\sum\limits_{\alpha}$ 过方程 $\xi(\alpha)=0$ 的所有正根 (更确切地是所有有正实部的复根), 这些根按模的增序排列. 对于函数 ξ 进行更细致的讨论就可以证明, 在这种排序之下, 级数

$$\sum_{\alpha}(Li(x^{\frac{1}{2}+\alpha i})+Li(x^{\frac{1}{2}-\alpha i}))\log x$$

收敛到一个极限, 这个极限与积分

$$\frac{1}{2\pi i}\int_{a-bi}^{a+bi}\frac{d\frac{1}{s}\sum\log\left(1+\frac{\left(s-\frac{1}{2}\right)^{2}}{\alpha^{2}}\right)}{ds}x^{s}ds$$

当 b 趋向无穷时所得到的极限是一样的. 然而, 如果改变这种排序的话, 级数可以收敛到任意的实数值.

函数 $F(x)$ 可以由 $f(x)$ 来得到, 这要通过反转关系式

$$f(x)=\sum\frac{1}{n}F(x^{\frac{1}{n}}),$$

产生出

$$F(x)=\sum(-1)^{\mu}\frac{1}{m}f(x^{\frac{1}{m}}),$$

其中 m 跑遍所有这样的自然数, 它们不能被除了 1 之外的任何平方数整除, 而 μ 表示 m 的素因子个数.

如果我们在和式 $\sum\limits_{\alpha}$ 中将求和限制为有限项, 那么 $f(x)$ 的表达式的导数 (忽略一个随 x 的增长而非常迅速递减的项) 就成为

$$\frac{1}{\log x}-2\sum_{\alpha}\frac{\cos(\alpha\log x)x^{-\frac{1}{2}}}{\log x},$$

这给出了一个渐近表达式, 它是关于不超过 x 的素数的密度, 加上素数平方的密度的一半, 再加上素数立方的密度的三分之一, 等等.

因而, 众所周知的近似公式 $F(x)=Li(x)$ 仅在一个阶为 $x^{\frac{1}{2}}$ 的数量范围内是正确的, 而且给出的值稍大了一些. 在 $F(x)$ 的表达式中, 排除掉那些随 x 的增长而保持有界的项之后, 非周期项为

$$Li(x)-\frac{1}{2}Li(x^{\frac{1}{2}})-\frac{1}{3}Li(x^{\frac{1}{3}})-\frac{1}{5}Li(x^{\frac{1}{5}})+\frac{1}{6}Li(x^{\frac{1}{6}})-\frac{1}{7}Li(x^{\frac{1}{7}})+\cdots.$$

实际上, Gauss 和 Goldschmidt 做过小于 x 的素数个数与 $Li(x)$ 之间的比较, 一直做到 $x=3\ 000\ 000$. 这个比较显示, 在头一个十万之后, 素数的个数就

已经小于 $Li(x)$, 而且两者之差在经过多次震荡之后, 随着 x 的增长而逐渐地增长. 素数个数的密度因周期项而增减的事实已经在计算中被观察到, 但还未注意到它是否遵从某种规律. 如果将来再做计算的话, 继续探究表达式中个别周期项对于素数密度的影响会是有趣的. 函数 $f(x)$ 可能有比 $F(x)$ 更规律的性态, 而在头一个一百之内, 它确实在平均意义下与 $Li(x)+\log\xi(0)$ 相当吻合.[12]

注 释

在 Riemann 的遗稿中发现了一封信的手稿, 信中对于本文发表的结果做了以下的说明.

“关于我尚未完全给出的证明, 我想附上一个说明, 即利用函数 ξ 的一个新的展开式, 我们可以得到仅在那里陈述的两个结果:

- 方程 $\xi(\alpha)=0$ 在 0 和 T 之间的实根个数约为 $\dfrac{T}{2\pi}\log\dfrac{T}{2\pi}-\dfrac{T}{2\pi}$;
- 当级数 $\sum\limits_{\alpha}\left(Li(x^{\frac{1}{2}+\alpha i})+Li(x^{\frac{1}{2}-\alpha i})\right)$ 的各项按照 α 的模的升序排列时, 它收敛于一个极限, 且这个极限与积分

$$\frac{1}{2\pi i\log x}\int_{a-bi}^{a+bi}\frac{d\frac{1}{s}\log\frac{\xi\left(\left(s-\frac{1}{2}\right)i\right)}{\xi(0)}}{ds}x^s\,ds$$

在 b 趋于无穷大时的极限相等.

但是, 对于这个展开式我还没有充分地简化, 以致不能公布出来.”

尽管有一些后续的研究 (Scheibner, Pilz, Stieltjes), 但是本文中的一些疑点仍然没有得到完全澄清.

(1) 利用函数 $\zeta(s)$ 的第二个形式

$$2\zeta(s)=\pi i\Pi(-s)\int_{\infty}^{\infty}\frac{(-x)^{s-1}dx}{e^x-1}$$

并考虑到 $\dfrac{1}{e^x-1}+\dfrac{1}{2}$ 在按 x 的升幂展开式中只含奇次幂项, 可以得到函数 $\zeta(s)$ 的这个性态.

(2) 这个结果的表达式不完全正确. 如果 $\log x$ 的积分限取为 0 与 ∞, 那么对这两个等式进行单独处理可以得到 $\pi y^{-a}\left(h(y)\pm h\left(\dfrac{1}{y}\right)\right)$, 而它们的和才是文中的公式.

(3) 函数 $Li(x)$ 对于大于 1 的实数值 x 是由积分 $\displaystyle\int_0^x\frac{dx}{\log x}\pm\pi i$ 来定义

的, 其中正负号取决于积分路径在上半平面还是在下半平面. 由此我们容易导出 Scheibner 给出的展开式 (Schloemilch's 杂志 Bd V)

$$Li(x) = \log\log x - \Gamma'(1) + \sum_{n=1}^{\infty} \frac{(\log x)^n}{n \cdot n!},$$

这个等式对于 x 的所有值都成立, 并且对于负实值有一个不连续点 (参见 Gauss 与 Bessel 的通信).

按照 Riemann 所给出的计算方法, 这个公式中的 $\log\xi(0)$ 应该为 $\log\frac{1}{2}$. 很可能这是一个书写或印刷上的错误, 即将 $\log\zeta(0)$ 误写为 $\log\xi(0)$, 因为 $\zeta(0) = \frac{1}{2}$.

(感谢贾朝华教授对本篇文章的译文进行的全面、细致的修订, 感谢邓邦明教授对注释部分的细致修订以及对全文提出的修改建议.)

Ⅷ 论有限振幅平面空气波的传播

(选自 Göttingen 王室科学协会文集第 8 卷, 1860)

尽管描述气体运动的微分方程早就建立了, 可是其积分只在其运动中的压力变化可以看成是气体的总压力的一个无限小的部分时的情况下才得到了研究, 而且直至最近还只满足于只考虑到这个部分的一次幂. 只是在不久前才由 Helmholtz 在计算中考虑到了二阶小的项, 并由此解释了复合音调的客观形成. 它所处理的情形是这样的, 开始时运动处处向着同一个方向, 而且与此方向垂直的任一平面上的速度和压力是一个常量, 求出了这种情况下的精确的微分方程的完全积分; 而且如果说为了解释迄今由实验所确立的现象, 当今的研究也足够了, 那么可以这样说, 最近 Helmholtz 在对声学问题的实验研究中也取得了巨大的进展, 这一精确计算的结果在不远的将来很可能为实验研究提供有力的支撑; 这就使得本文, 且不说它在涉及处理非线性偏微分方程方面的理论意义, 不是没有价值的吧.

如果由于 [不同地点] 压强的不同所引起的 [不同地点] 温度差异平衡得这样快, 以致可以认为气体中的温度 [分布] 是一个常量, 那么压强与密度的关系可以假设遵从 Boyle 定律. 但是有可能热交换可以完全忽略, 这时这一关系就要以当既无热的吸入又无热的放出时气体的压强和密度的变化规律 [即绝热方程] 为基础.

如果以 v 表示单位重量气体的体积 [比容积], 以 p 表示压强, 以 T 表示从 $-273°\mathrm{C}$ 算起的温度 [即 Kelvin (开氏) 温标 K], 那么按照 Boyle 与 Gay-Lussac 定律有

$$\log p + \log v = \log T + \text{const.}$$

我们现在把 T 看成 p 和 v 的函数, 把恒定压强下的比热记为 c, 把保持恒定容积时的比热记为 c', 这二者都是对单位重量的物质来说的, 如果 p 与 v 发生一个改变 dp 与 dv, 则 [气体] 吸收的热量为

$$c\frac{\partial T}{\partial v}dv + c'\frac{\partial T}{\partial p}dp,$$

或者, 由于 $\dfrac{\partial \log T}{\partial \log v} = \dfrac{\partial \log T}{\partial \log p} = 1$, 所吸收的热量为

$$T(cd\log v + c'd\log p).$$

因此如果没有热的吸收和放出, 就应有 $d\log p = -\dfrac{c}{c'}d\log v$, 而且如果我们追随 Poisson 假定这两个比热的比值 $\dfrac{c}{c'} = k$ 与温度和压强均无关, 那么就有

$$\log p = -k\log v + \text{const}.$$

根据 Regnault, Joule 和 W. Thomson 等人的新近的研究, 这些规律对氧气、氮气、氢气及其混合气体在所有可以达到的压强和温度下面多半非常接近能成立.

Regnault 确立了, 这些种类的气体非常近似地遵守 Boyle 与 Gay-Lussac 定律, 而且比热 c 与温度和压强均无关.

对于大气中的空气, Regnault 发现

在 $-30°\text{C}$ 至 $+10°\text{C}$ 之间, $c = 0.2377$,
在 $+10°\text{C}$ 至 $+100°\text{C}$ 之间, $c = 0.2379$,
在 $+100°\text{C}$ 至 $+215°\text{C}$ 之间, $c = 0.2376$.

而且在压强从 1 到 10 个大气压之间也没有发现有明显的差异.

Regnault 和 Joule 的研究显示, Clausius 所采用的 Mayer 假设对这种气体非常接近是正确的, 就是说在恒温下膨胀的气体所吸收的热量等于对外做的功所需要的热量. 如果气体的体积在膨胀 dv 的过程中温度保持不变, 那么有 $d\log p = -d\log v$, 所吸收的热量等于 $T(c-c')d\log v$, 所做的功等于 pdv. 因此, 如果用 A 表示热功当量, 那么这个假设就给出

$$AT(c-c')d\log v = pdv,$$

或即

$$c - c' = \frac{pv}{AT},$$

因此与压强和温度均无关.

由此可知 $k=\frac{c}{c'}$ 也与压强和温度无关, 而且如果取 $c=0.237733$, 根据 Joule 取 $A=424.55$ Kilogr. · met., 在温度为 0°C 时, 或 $T=\frac{100°\mathrm{C}}{0.3665}$ 时, 根据 Regnault 取 $pv=7990^{\mathrm{m}}.267$, 那么就有 $k=1.4101$. 在 0°C 的干燥空气中的声速为每秒

$$\sqrt{7990^{\mathrm{m}}.267\cdot 9^{\mathrm{m}}.8088k},$$

将上述 k 的值代入就给出 $332^{\mathrm{m}}.440$, 而由 Moll 和 van Beek 两人所做的一系列极为完美的实验, 单独算得的数值分别为 $332^{\mathrm{m}}.528$ 和 $331^{\mathrm{m}}.867$, 联合得到的结果为 $332^{\mathrm{m}}.271$, 而由 Martins 和 A. Bravais 所作的实验, 根据他们自己的计算所得为 $332^{\mathrm{m}}.37$.

1

在一开始的时候没有必要就压强对密度的依赖关系作确切的设定; 因此我们令在密度 ρ 时的压强为 $\varphi(\rho)$, 而且让函数 φ 保持暂时未定.

现在我们设想引进一个直角坐标系, 令 x 轴沿运动的方向, 用 ρ 记密度, p 记压强, 用 u 记在 t 时刻位于 x 处的速度, 再用 ω 表示位于 x 处的平面元.

竖立在面元 ω 上高度为 dx 的直柱体, 其体积为 ωdx, 其中所包含的质量为 $\rho\omega dx$. 在时间元 dt 内的改变, 即量 $\omega\frac{\partial p}{\partial t}dtdx$, 可以由流入的质量, 即 $-\omega\frac{\partial\rho u}{\partial x}dxdt$ 来确定. 它的加速度为 $\frac{\partial u}{\partial t}+u\frac{\partial u}{\partial x}$, 而作用于其上的力, 沿 x 轴的正向, 等于 $-\frac{\partial p}{\partial x}\omega dx=-\varphi'(\rho)\frac{\partial\rho}{\partial x}\omega dx$, 其中 $\varphi'(\rho)$ 表示 $\varphi(\rho)$ 的导数. 我们由此得到了 ρ 和 u 这二者的微分方程[1]

$$\frac{\partial\rho}{\partial t}=-\frac{\partial\rho u}{\partial x}\quad 和\quad \rho\left(\frac{\partial u}{\partial t}+u\frac{\partial u}{\partial x}\right)=-\varphi'(\rho)\frac{\partial\rho}{\partial x}$$

或

$$\frac{\partial u}{\partial t}+u\frac{\partial u}{\partial x}=-\varphi'(\rho)\frac{\partial\log\rho}{\partial x}\quad 和\quad \frac{\partial\log\rho}{\partial t}+u\frac{\log\rho}{\partial x}=-\frac{\partial u}{\partial x}.$$

如果我们将第二个方程乘以 $\pm\sqrt{\varphi'(\rho)}$, 加到第一个方程上去, 同时为了简写令

$$\int\sqrt{\varphi'(\rho)}d\log\rho=f(\rho),\tag{1}$$

$$f(\rho)+u=2r,\quad f(\rho)-u=2s,\tag{2}$$

于是就得到这两个方程的简单形式

$$\frac{\partial r}{\partial t}=-(u+\sqrt{\varphi'(\rho)})\frac{\partial r}{\partial x},\quad \frac{\partial s}{\partial t}=-(u-\sqrt{\varphi'(\rho)})\frac{\partial s}{\partial x},\tag{3}$$

其中 u 与 ρ 为由方程 (2) 所确定的 r 与 s 的函数. 由它们导出

$$dr = \frac{\partial r}{\partial x}(dx - (u + \sqrt{\varphi'(\rho)})dt), \tag{4}$$

$$ds = \frac{\partial s}{\partial x}(dx - (u - \sqrt{\varphi'(\rho)})dt). \tag{5}$$

在实际情况中经常遇到的是假设 $\varphi'(\rho)$ 为正, 这时如果 x 随 t 的改变是这样, 使得有 $dx = (u + \sqrt{\varphi'(\rho)})dt$, 那么这组方程就意味着 r 保持不变, 而如果 x 随 t 的改变是这样, 使得有 $dx = (u - \sqrt{\varphi'(\rho)})dt$, 那么它们就意味着 s 保持不变.

r 或 $f(\rho) + u$ 的一个固定的值将推动 x 以速度 $\sqrt{\varphi'(\rho)} + u$ 不断增大, 而 s 或 $f(\rho) - u$ 的一个固定值将推动 x 以速度 $\sqrt{\varphi'(\rho)} - u$ 不断减小.

于是这时一个确定的 r 将会逐步遇着先前存在的 s 的值, 而且其向前推进的速度在每一瞬时与它所遇到的 s 值有关.

2

是分析首先为我们提供了一个手段来解决这样的问题, 即, r 的一个值 r' 在何时与何地能与 s 的一个先前就存在的值 s' 相遇, 也就是说, 确定 x 与 t 作为 r 与 s 的函数. 事实上, 如果我们在上一节的 (3) 式中将 r 与 s 作为独立变量引入, 则这些方程就转化为 x 与 t 的线性微分方程, 因此可以用已知的方法来积分. 为了将这些微分方程化为线性, 最方便地是将上节的方程 (4) 和 (5) 纳入以下的形式:

$$\begin{aligned} dr = \frac{\partial r}{\partial x}\Bigg\{ d(x - (u + \sqrt{\varphi'(\rho)})t) + \Bigg[dr \left(\frac{d\log\sqrt{\varphi'(\rho)}}{d\log\rho} + 1 \right) \\ + ds \left(\frac{d\log\sqrt{\varphi'(\rho)}}{d\log\rho} - 1 \right) \Bigg] t \Bigg\}, \end{aligned} \tag{1}$$

$$\begin{aligned} ds = \frac{\partial s}{\partial x}\Bigg\{ d(x - (u - \sqrt{\varphi'(\rho)})t) - \Bigg[ds \left(\frac{d\log\sqrt{\varphi'(\rho)}}{d\log\rho} + 1 \right) \\ + dr \left(\frac{d\log\sqrt{\varphi'(\rho)}}{d\log\rho} - 1 \right) \Bigg] t \Bigg\}. \end{aligned} \tag{2}$$

于是如果将 s 与 r 看成独立变量, 我们就得到了 x 与 t 这二者的线性微分方程

$$\frac{\partial(x - (u + \sqrt{\varphi'(\rho)})t)}{\partial s} = -t\left(\frac{d\log\sqrt{\varphi'(\rho)}}{d\log\rho} - 1 \right),$$

$$\frac{\partial(x - (u - \sqrt{\varphi'(\rho)})t)}{\partial r} = t\left(\frac{d\log\sqrt{\varphi'(\rho)}}{d\log\rho} - 1 \right).$$

因此推知

$$(x-(u+\sqrt{\varphi'(\rho)})t)dr-(x-(u-\sqrt{\varphi'(\rho)})t)ds \tag{3}$$

是一个全微分, 它的积分, w, 满足下述方程:

$$\frac{\partial^2 w}{\partial r\partial s}=-t\left(\frac{d\log\sqrt{\varphi'(\rho)}}{d\log\rho}-1\right)=m\left(\frac{\partial w}{\partial r}+\frac{\partial w}{\partial s}\right),$$

其中 $m=\dfrac{1}{2\sqrt{\varphi'(\rho)}}\left(\dfrac{d\log\sqrt{\varphi'(\rho)}}{d\log\rho}-1\right)$, 因而也就是 $r+s$ 的一个函数. 如果我们令 $f(\rho)=r+s=\sigma$, 则有 $\sqrt{\varphi'(\rho)}=\dfrac{d\sigma}{d\log\rho}$, 从而 $m=-\dfrac{1}{2}\dfrac{d\log\frac{d\rho}{d\sigma}}{d\sigma}$.

在 Poisson 所假设的 $\varphi(\rho)=aa\rho^k$ 的条件下, 我们有

$$f(\rho)=\frac{2a\sqrt{k}}{k-1}\rho^{\frac{k-1}{2}}+\text{const.}$$

而且如果我们选其中的任意常数取数值为零时, 则有

$$\sqrt{\varphi'(\rho)}+u=\frac{k+1}{2}r+\frac{k-3}{2}s,\quad \sqrt{\varphi'(\rho)}-u=\frac{k-3}{2}r+\frac{k+1}{2}s,$$

$$m=\left(\frac{1}{2}-\frac{1}{k-1}\right)\frac{1}{\sigma}=\frac{k-3}{2(k-1)(r+s)}.$$

在假设 Boyle 定理 $\varphi(\rho)=aa\rho$ 成立的条件下, 我们就会得到

$$f(\rho)=a\log\rho,$$

$$\sqrt{\varphi'(\rho)}+u=r-s+a,\quad \sqrt{\varphi'(\rho)}-u=s-r+a,$$

$$m=-\frac{1}{2a},$$

如果从 $f(\rho)$ 中减去常量 $\dfrac{2a\sqrt{k}}{k-1}$, 也就是说从 r 和 s 中减去 $\dfrac{a\sqrt{k}}{k-1}$, 然后再令 $k=1$, 我们也可以从上面推出这个结果.

把 r 和 s 作为独立函数变量引入只有在它们作为 x 和 t 的函数时的函数行列式等于 $2\sqrt{\varphi'(\rho)}\dfrac{\partial r}{\partial x}\dfrac{\partial s}{\partial x}$, 不为零, 也就是说只有当 $\dfrac{\partial r}{\partial x}$ 和 $\dfrac{\partial s}{\partial x}$ 二者均不为零时, 才有可能.

如果 $\dfrac{\partial r}{\partial x}=0$, 则由 (1) 式有 $dr=0$, 由 (2) 式有 $x-(u-\sqrt{\varphi'(\rho)})t=s$ 的一个函数. 因此在这种情况下表达式 (3) 仍为全微分, 从而 w 只是一个变量 s 的函数.

同理, 如果 $\dfrac{\partial s}{\partial x}=0$, 那么 s 相对于 t 也是常数, $x-(u+\sqrt{\varphi'(\rho)})t$ 和 w 都只

是 r 的函数.

最后如果 $\dfrac{\partial r}{\partial x}$ 和 $\dfrac{\partial s}{\partial x}$ 二者都等于 0, 那么由微分方程就可推得 r, s 和 w 都是常数.

3

为了解决这个问题, 现在首先必须这样来确定 w 作为 r 和 s 的函数, 使得它满足下述微分方程

$$\frac{\partial^2 w}{\partial r \partial s} - m\left(\frac{\partial w}{\partial r} + \frac{\partial w}{\partial s}\right) = 0 \tag{1}$$

和初始条件, 而且确定到只差一个常数待定, 因为显然这样一个常数是可以随便加上去的.

r 的一个确定值在何时何地与 s 的一个确定值相交汇由下述方程来给出:

$$(x - (u + \sqrt{\varphi'(\rho)})t)dr - (x - (u - \sqrt{\varphi'(\rho)})t)ds = dw, \tag{2}$$

并且再通过加上方程

$$f(\rho) + u = 2r, \quad f(\rho) - u = 2s, \tag{3}$$

我们最后求得 u 和 ρ 作为 x 和 t 的函数.

实际上, 如果在某一有限线段上不会有 dr 或 ds 为零, 从而使 r 或 s 为常数的情况发生, 那么由 (2) 式就可推得方程

$$x - (u + \sqrt{\varphi'(\rho)})t = \frac{\partial w}{\partial r}, \tag{4}$$

$$x - (u - \sqrt{\varphi'(\rho)})t = -\frac{\partial w}{\partial s}, \tag{5}$$

再通过将它们与 (3) 式结合就可以得到将 u 和 ρ 用 x 和 t 表出的表达式.

但是如果 r 在一开始在一有限线段上具有同一个值 r', 那么这一线段就会逐步移动到 x 越来越大的区域. 在这种区域内, $r = r'$, 因此 $dr = 0$, 我们就不能从 (2) 式导出 $x - (u + \sqrt{\varphi'(\rho)})t$ 的值; 这样一来 r' 这个值在何时何地能与 s 的一个确定值相遇的问题就不可能有确定的答案. 这时方程 (4) 只能在这个区域的边界上成立, 而且只能给出在一确定的时刻在 x 的何种范围内会有 r 取常数值 r' 的情况出现, 或者说, 给出在 [x 的] 一确定的位置在何种时间范围内 r 取这个值. 在这些范围内可由方程 (3) 和 (5) 确定出 u 和 ρ 作为 x 和 t 的函数. 如果 s 在一有限大小的区域内取值 s', 而 r 是可变的, 或者如果 r 和 s 这二者均为常数时也可以, 我们均可以用相同的方法得到这两个函数. 在后一种情况下它们在由 (4) 和 (5) 所确定的范围内取由 (3) 所确定的常数值.

4

在我们着手积分上一节的方程 (1) 之前, 就作此积分时没有作的假设谈几句, 看来还是很有必要的. 其中有关函数 $\varphi(\rho)$, 只需其导数不会随 ρ 的增大而减小, 这在实际中肯定总是这样的; 同时我们还要在此指出, 这时还有

$$\frac{\varphi(\rho_1)-\varphi(\rho_2)}{\rho_1-\rho_2}=\int_0^1\varphi'(\alpha\rho_1+(1-\alpha)\rho_2)d\alpha,$$

条件是: 式中的 ρ_1 和 ρ_2 只有一个改变, 或者保持不变, 或者随这个量一同增加或一同减小, 同时由此还可推知, 这个表达式的值始终在 $\varphi'(\rho_1)$ 和 $\varphi'(\rho_2)$ 之间. 这个结果在下一节中会多次用到.

首先我们来考察这样的情况, 其中初始平衡被扰动的区域位于由不等式 $a<x<b$ 所限制的有限区域内, 从而在这个区域之外 u 和 ρ, 从而也就会有 r 和 s 都会是常数; 这些量在 $x<a$ 的区域内用附加下标 1 来标记, 在 $x>b$ 的区域内用附加下标 2 来标记. r 在其中发生变化的区域按照第 1 节逐步向前推进, 而且它的后部边界向前推进的速度为 $\sqrt{\varphi'(\rho)}+u_1$ 而在其中 s 发生改变的区域的前边界则以速度 $\sqrt{\varphi'(\rho)}-u_2$ 向后退. 而在经过一段时间等于

$$\frac{b-a}{\sqrt{\varphi'(\rho_1)}+\sqrt{\varphi'(\rho_2)}+u_1-u_2}$$

之后, 这两个区域相交, 在它们之间形成一个空间, 其中有 $s=s_2, r=r_1$, 从而气体粒子又再次处于平衡. 因此从开始振动的地方发出向着两个相反方向传播的波. 在向前传播的部分中 $s=s_2$; 因此与确定的密度 ρ 相联系着的速度总是为 $u=f(\rho)-2s_2$, 而且这两个值以恒定的速度

$$\sqrt{\varphi'(\rho)}+u=\sqrt{\varphi'(\rho)}+f(\rho)-2s_2$$

向前推进. 与此对比, 在向后传播的部分与密度 ρ 相联系着的速度为 $u=-f(\rho)+2r_1$, 而且这两个值以恒定的速度 $\sqrt{\varphi'(\rho)}+f(\rho)-2r_1$ 向后退. 密度越大传播速度也越大, 因为 $\sqrt{\varphi'(\rho)}$ 和 $f(\rho)$ 一样随 ρ 的增大而增大.

设想 ρ 是以 ρ 为纵轴、x 为横轴的坐标曲线, 那么这条曲线上的每一点将以一恒定的速度平行横轴运动, 而且 [这个点的] 纵坐标越大, 速度也越大. 根据这个规律我们容易地看出, 那些具有较大纵坐标的点最终会越过那些位于它们前面但纵坐标较小的点, 这样在同一个 x 值上就会有好几个 ρ 的值属于它. 可是在实际上这种情况不可能发生, 所以必定会进入一种状态, 在这种状态下, 这个定律不再成立. 实际上我们在推导微分方程时就是以假设 u 和 ρ 为 x 的连续函

数并且有限可导为基础的; 一旦在某一点密度曲线垂直于横轴, 这个假设就不再成立, 从这一瞬间起这条曲线就会出现间断, 以致一个很大的密度会紧跟着一个很小的密度出现; 这是我们将在下一节要讲述的情形.

压缩波 (Verdichtungswelle), 即密度沿传播方向递减的那部分波, 于是就会在传播过程中越来越窄, 最终过渡为冲击波 (Verdichtungsstösse); 但是稀疏波 (Verdünnungswelle) 的宽度则会与时间成正比地不断增大[2].

在至少假设有 Poisson (或 Boyle) 定律的情况下, 容易证明, 即使初始平衡受到扰动的区域并不限制在一个有限的区域, 也必定, 除了极为特许的情况之外, 在涌动的过程中形成冲击波. 在这一假设下数值 r 向前推进的速度为

$$\frac{k+1}{2}r+\frac{k-3}{2}s;$$

因此比较大的值平均会以比较大的速度运动, 一个较大的 r' 最后必定会超过一个在它前面较小的 r'', 只要与 r'' 相遇的 s 不会比同时与 r' 相遇的 s 平均小于

$$(r'-r'')\frac{1+k}{3-k}.$$

在这种情况下 s 对等于正无限大的 x 会等于负无限大, 从而能有对 $x=+\infty$ 时的速度 $u=+\infty$ (或者代之以令 Boyle 定律中的密度为无限小). 如果忽略特殊情况不计, 那么必定总会出现这样的情况, 在两个相差一有限量的 r 中, 那个较大的值总是紧随在较小的之后, 由于 $\frac{\partial r}{\partial x}$ 变成无限大, 由此导致微分方程失效, 向前推进的冲击波就必定产生. 完全类似地, 在 $\frac{\partial s}{\partial x}$ 变成无限大时, 也几乎总是会有向后退的冲击波形成.

为了确定 $\frac{\partial r}{\partial x}$ 或 $\frac{\partial s}{\partial x}$ 变成无限大以及突然的压缩开始发生的时间和地点, 我们可以在第二节中的方程 (1) 和 (2) 中引入函数 w, 由此得到

$$\frac{\partial r}{\partial x}\left(\frac{\partial^2 w}{\partial r^2}+\left(\frac{d\log\sqrt{\varphi'(\rho)}}{d\log\rho}+1\right)t\right)=1,$$

$$\frac{\partial s}{\partial x}\left(-\frac{\partial^2 w}{\partial s^2}-\left(\frac{d\log\sqrt{\varphi'(\rho)}}{d\log\rho}+1\right)t\right)=1.$$

5

因为突然的压缩几乎总是会出现, 所以即使在一开始时密度和速度处处都是连续变化的, 我们还是有必要来寻求冲击波传播的规律.

假设在时刻 t 时在 $x=\xi$ 处发生了 u 和 ρ 的跃变, 我们把这两个量以及其他与它有关的量在 $x=\xi-0$ 处的值附以下标 1 来表示, 在 $x=\xi+0$ 处的值附

以下标 2. 气体相对于间断点的运动速度为 $u_1 - \dfrac{d\xi}{dt}$ 和 $u_2 - \dfrac{d\xi}{dt}$, 不妨分别以 v_1 和 v_2 表示. 在时间 dt 内通过在 $x = \xi$ 的平面上一个面元 ω 的质量于是就等于 $v_1\rho_1\omega dt = v_2\rho_2\omega dt$; 加在它上面的力为 $(\varphi(\rho_1) - \varphi(\rho_2))\omega dt$, 而因此产生的速度增量为 $v_2 - v_1$, 因此我们得到

$$(\varphi(\rho_1) - \varphi(\rho_2))\omega dt = (v_2 - v_1)v_1\rho_1\omega dt \quad 和 \quad v_1\rho_1 = v_2\rho_2,$$

由此推得 $v_1 = \mp\sqrt{\dfrac{\rho_2}{\rho_1}\dfrac{\varphi(\rho_1) - \varphi(\rho_2)}{\rho_1 - \rho_2}}$, 从而有

$$\frac{d\xi}{dt} = u_1 \pm \sqrt{\frac{\rho_2}{\rho_1}\frac{\varphi(\rho_1) - \varphi(\rho_2)}{\rho_1 - \rho_2}} = u_2 \pm \sqrt{\frac{\rho_1}{\rho_2}\frac{\varphi(\rho_1) - \varphi(\rho_2)}{\rho_1 - \rho_2}}. \tag{1}$$

对一冲击波来说 $\rho_2 - \rho_1$ 必定与 v_1 和 v_2 有相同的符号, 更具体讲, 对向前推进波来说取负号, 对向后退行波来说取正号. 在第一种情况下, 在上式中选正负号中上面那个符号, 且 ρ_1 大于 ρ_2; 这样一来, 按照在上一节开始处对函数 $\varphi(\rho)$ 所作的设定, 有

$$u_1 + \sqrt{\varphi'(\rho_1)} > \frac{d\xi}{dt} > u_2 + \sqrt{\varphi'(\rho_2)}, \tag{2}$$

由此得知间断点移动得慢于紧随其后的 r 值, 而快于领先于它的 r 值; 因此在每一瞬时的 r_1 和 r_2 通过在间断点两侧成立的微分方程来决定. 因为 s 的值以速度 $\sqrt{\varphi'(\rho)} - u$ 向后退行, 该方程也对 s_2, 从而对 ρ_2 及 u_2 能成立, 但对 s_1 不成立. s_1 及 $\dfrac{d\xi}{dt}$ 的值可由 r_1, ρ_2 及 u_2 通过方程 (1) 来唯一地确定. 事实上只有ρ_1 的一个值能满足下述方程:

$$2(r_1 - r_2) = f(\rho_1) - f(\rho_2) + \sqrt{\frac{(\rho_1 - \rho_2)(\varphi(\rho_1) - \varphi(\rho_2))}{\rho_1\rho_2}}; \tag{3}$$

因为如果在 ρ_1 从 ρ_2 向无限大增长的过程中, 上式的右侧对每一个正值只取一次, 这是由于 $f(\rho_1)$ 以及上式右侧最后一项所分解出的两个因子

$$\sqrt{\frac{\rho_1}{\rho_2}} - \sqrt{\frac{\rho_2}{\rho_1}} \ 和 \ \sqrt{\frac{\varphi(\rho_1) - \varphi(\rho_2)}{\rho_1 - \rho_2}},$$

它们都是单调地增大, 而且最后那个因子还可能保持为常数. 但是如果 ρ_1 已定, 则显然从方程 (1) 我们可以得到 u_1 和 $\dfrac{d\xi}{dt}$ 完全确定的值.

对向后退行的冲击波也有完全类似的结果.

6

我们刚刚已经知道, 在一冲击波两侧的 u 和 ρ 之间总有方程

$$(u_1 - u_2)^2 = \frac{(\rho_1 - \rho_2)(\varphi(\rho_1) - \varphi(\rho_2))}{\rho_1 \rho_2}$$

成立[3]. 现在我们要问, 如果在某一给定地点在给定时刻有一个任意给定的间断点, 那么会出现什么. 可能从此处出现, 或是向两个相反方向运动的冲击波, 或是向前传播的, 或是向后传播的冲击波, 最后还可能不出现冲击波, 这要看 u_1, ρ_1, u_2, ρ_2 所取的值而定, 以保证运动遵循微分方程.

设我们将 u 和 ρ 在冲击波开始传播的第一瞬间之后或之间的值用在其右上角加撇来表示, 那么在 $\rho' > \rho_1$ 及 $> \rho_2$ 的第一种情况下, 我们有

$$\begin{aligned} u_1 - u' &= \sqrt{\frac{(\rho' - \rho_1)(\varphi(\rho') - \varphi(\rho_1))}{\rho' \rho_1}}, \\ u' - u_2 &= \sqrt{\frac{(\rho' - \rho_2)(\varphi(\rho') - \varphi(\rho_2))}{\rho' \rho_2}}; \end{aligned} \tag{1}$$

$$\begin{aligned} u_1 - u_2 = &\sqrt{\frac{(\rho' - \rho_1)(\varphi(\rho') - \varphi(\rho_1))}{\rho' \rho_1}} \\ &+ \sqrt{\frac{(\rho' - \rho_2)(\varphi(\rho') - \varphi(\rho_2))}{\rho' \rho_2}}. \end{aligned} \tag{2}$$

由于方程 (2) 右侧的两项随 ρ' 一同增长, 因此 $u_1 - u_2$ 为正, 而且有

$$(u_1 - u_2)^2 > \frac{(\rho_1 - \rho_2)(\varphi(\rho_1) - \varphi(\rho_2))}{\rho_1 \rho_2};$$

反过来, 如果这些条件得到满足, 则满足方程 (1) 的数值对 u' 和 ρ' 必定有一组, 且只有一组.

为使后一种情况能够出现, 并且因而其运动能按照微分方程来确定, 必要而且充分的是, 要求有 $r_1 \leqslant r_2$ 和 $s_1 \geqslant s_2$, 从而 $u_1 - u_2$ 为负, 以及 $(u_1 - u_2)^2 \geqslant (f(\rho_1) - f(\rho_2))^2$. 于是, 由于走在前面的值的运动速度大于落在后面的值的运动速度, r_1 与 r_2, s_1 与 s_2 在运动过程中就会互相分开, 从而导致间断点的消失.

如果不管是第一种条件还是第二种条件都未得到满足, 那么初始条件就满足出现冲击波, 是向前运行的冲击波, 还是向后退行的冲击波, 这要看 ρ_1 是比 ρ_2 大, 还是小而定.

实际上, 在 $\rho_1 > \rho_2$ 时, 我们有

$$2(r_1 - r_2) \quad 或 \quad f(\rho_1) - f(\rho_2) + u_1 - u_2$$

为正, 因为 $(u_1-u_2)^2<(f(\rho_1)-f(\rho_2))^2$, 同时, 又因为有

$$(u_1-u_2)^2\leqslant\frac{(\rho_1-\rho_2)(\varphi(\rho_1)-\varphi(\rho_2))}{\rho_1\rho_2};$$

所以还有

$$\leqslant f(\rho_1)-f(\rho_2)+\sqrt{\frac{(\rho_1-\rho_2)(\varphi(\rho_1)-\varphi(\rho_2))}{\rho_1\rho_2}};$$

由此我们可求得位于冲击波之后的密度 ρ' 满足上一节条件 (3) 的一个值, 而且它 $\leqslant\rho_1$. 由于 $s'=f(\rho')-r_1, s_1=f(\rho_1)-r_1$, 所以也有 $s'\leqslant s_1$, 从而冲击波后的运动遵循微分方程.

另一种 $\rho_1<\rho_2$ 的情况, 显然和这种情况差不太多.

7

为了用一个简单的例子来阐述至今所叙述的结果, 在这个例子中的运动可以用迄今所得到的方法来确定, 我们假设, 压强与密度之间的关系由 Boyle 定理确定, 密度和速度开始时在 $x=0$ 处发生突变, 但在其两侧则为常量. 那么根据上述要分四种情况来讨论.

I. 在 $u_1-u_2>0$ 时, 两边的气体因此将相对运动, 且有 $\left(\frac{u_1-u_2}{a}\right)^2>\frac{(\rho_1-\rho_2)^2}{\rho_1\rho_2}$, 这样就形成了两个向相反方向运动的冲击波. 如果用 α 来记 $\sqrt[4]{\frac{\rho_1}{\rho_2}}$, 用 θ 来记下述方程的正根:

$$\frac{u_1-u_2}{a\left(\alpha+\frac{1}{\alpha}\right)}=\theta-\frac{1}{\theta},$$

则根据第 6 节 (1) 式, 在冲击波之间的密度为 $\rho'=\theta\theta\sqrt{\rho_1\rho_2}$, 再根据第 5 节 (1) 式, 就得到向前运动的冲击波的速度为

$$\frac{d\xi}{dt}=u_2+a\alpha\theta=u'+\frac{a}{\alpha\theta},$$

而向后退行的冲击波的速度为

$$\frac{d\xi}{dt}=u_1-a\frac{\theta}{\alpha}=u'-a\frac{\alpha}{\theta};$$

因而在经历了一段时间 t 之后, 当有

$$\left(u_1-a\frac{\theta}{\alpha}\right)t<x<(u_2+a\alpha\theta)t$$

之时, 速度与密度之值 u' 与 ρ', 对较小的 x 值为 u_1 和 ρ_1, 而对较大的 x 值为 u_2 和 ρ_2.

Ⅱ. 在 $u_1 - u_2 < 0$ 时, 气体因此会作相互背离的运动, 并同时有

$$\left(\frac{u_1 - u_2}{a}\right)^2 \geqslant \left(\log \frac{\rho_1}{\rho_2}\right)^2,$$

于是有两个逐渐变宽的稀疏波从边界处沿相反的方向发出. 根据第 4 节在它们之间 $r = r_1, s = s_2, u = r_1 - s_2$. 在前行波中 $s = s_2$, 而且 $x - (u + a)t$ 是 r 的函数, 其值由 $x = 0, t = 0$ 时的初始条件来确定, 是等于 0; 而对退行波则有 $r = r_1$, 以及 $x - (u - a)t = 0$. 因此得到用以确定 u 和 ρ 的方程, 在

$$(r_1 - s_2 + a)t < x < (u_2 + a)t$$

时, 我得到的是方程 $u = -a + \dfrac{x}{t}$, 在 x 较小时有 $r = r_1$, 在 x 较大时有 $r = r_2$; 而在

$$(u_1 - a)t < x < (r_1 - s_2 - a)t$$

时, 我得到的是另一个方程 $u = a + \dfrac{x}{t}$, 在 x 较小时有 $s = s_1$, 在 x 较大时有 $s = s_2$.

Ⅲ. 如果头两种情况都没有发生, 且 $\rho_1 > \rho_2$, 那么就会出现一个向后退行的稀疏波和一个向前行进波. 对于后者我们由第 5 节 (3) 有 $\rho' = \theta\theta\rho_2$, 其中 θ 表示下述方程的根:

$$\frac{2(r_1 - r_2)}{a} = 2\log\theta + \theta - \frac{1}{\theta},$$

而且由第 5 节方程 (1) 有

$$\frac{d\xi}{dt} = u_2 + a\theta = u' + \frac{a}{\theta}.$$

于是在经历一段时间 t 之后, 也就是在 $x > (u_2 + a\theta)t$ 之时在冲击波的前面有 $u = u_2$, $\rho = \rho_2$, 但在冲击波之后则有 $r = r_1$ 而且除此之外, 在

$$(u_1 - a)t < x < (u' - a)t$$

时有 $u = a + \dfrac{x}{t}$, 在 x 较小时有 $u = u_1$, 在 x 较大时有 $u = u'$.

Ⅳ. 最后是, 如果头两种情况都没有发生, 且 $\rho_1 < \rho_2$, 那么所有的进程和 Ⅲ 中一样, 只是方向相反.

8[4]

为了求得我们问题的一般解, 依据第 3 节, 我们必须这样来确定函数 w, 使它能满足下述微分方程:

$$\frac{\partial^2 w}{\partial r \partial s} - m\left(\frac{\partial w}{\partial r} + \frac{\partial w}{\partial s}\right) = 0 \tag{1}$$

以及所给的初始条件.

如果我们将有间断出现的情况排除在外, 那么根据第 1 节, r 的一个确定值 r' 与 s 的一个确定值 s' 同时发生的地点和时间, 或者说 x 和 t 的值, 显然是完全确定的, 只要在 r 的 r' 和 s 的 s' 这两个值之间的直线上的 r 和 s 的初始值给定了, 并且第 1 节的微分方程 (3) 在一个区域 (S) 中处处成立, 这个区域在任意时刻 t 都包含了位于两个值之间的所有 x 的值, 对这两个值有 $r = r'$ 和 $s = s'$. 这样一来, 如果 w 在这个区域 (S) 处处满足微分方程 (1), 而且给定了 $\dfrac{\partial w}{\partial r}$ 与 $\dfrac{\partial w}{\partial s}$ 在 r 和 s 的初始值处的值, 那么 $r = r'$ 和 $s = s'$ 时的 w 的值也就完全确定了. 因为这些条件和上面的条件是等价的. 由第 3 节还可以推知, 如果 r 的某个值 r'' 位于一有限区间内, $\dfrac{\partial w}{\partial r}$ 在此值的两侧能取到各种值, 但处处随 s 作连续改变; 同样地 $\dfrac{\partial w}{\partial s}$ 随 r 连续改变, 但是函数 w 本身处处既随 r, 又随 s 作连续的改变.

在作过这些准备之后现在可以来着手解决我们的问题了, 即, 确定 w 在 r 和 s 的给定值 r' 和 s' 处所取的值.

为了直观起见, 设想 x 和 t 为平面上一个点的横坐标和纵坐标, 并在此曲面上作 r 和 s 在其上为常数的曲线. 我们可将头一条曲线记为 (r), 将后一条曲线记为 (s), 并将其上增长的方向认为是正方向. 于是量域 (S) 就在平面上由曲线 (r') 和 (s') 所包围的一块区域以及位于这二者之间的一段横轴来表示, 从而我们的问题就归结为, 由后一曲线 [指横轴] 上的给定值来确定 w 在前两条曲线的交点上的值. 我们还想进一步将问题推广, 即, 假设量域 (S) 不再是由上面那两条曲线, 而是由一条任意曲线 c 所围成的, 这条曲线与曲线 (r) 和 (s) 的相交不会超过一次, 而且对属于这条曲线上 $\dfrac{\partial w}{\partial r}$ 和 $\dfrac{\partial w}{\partial s}$ 的数值对 r 和 s 的值也都已给定. 正如我们即将从这个问题的求解看到的, 还只要求 $\dfrac{\partial w}{\partial r}$ 和 $\dfrac{\partial w}{\partial s}$ 的这些值满足随曲线中的位置连续改变的条件, 而其他方面就没有什么限制, 但是如果曲线 c 与曲线 (r) 或 (s) 有多于一次的相交, 则此二者就不是互相独立的.

为了确定能满足线性微分方程和边界条件的函数, 我们可采用与解线性方程组时所用的完全相同的方法, 将所有的方程乘以不定因子并相加, 然后这样来选定这些因子, 以使在和式中消去所有的未知量直至剩下一个未消去.

设想用曲线 (r) 和 (s) 将平面上的区域 (S) 分割成许多无穷小的平行四边形, 并且, 如果形成平面四边形的曲线元沿着正向, 就将此时 r 与 s 所发生的改变记为 δr 与 δs; 此外再用 v 表示 r 和 s 的一个任意函数, 它处处连续和有连续导数. 于是由方程 (1) 我们有

$$0=\int v\left(\frac{\partial^2 w}{\partial r\partial s}-m\left(\frac{\partial w}{\partial r}+\frac{\partial w}{\partial s}\right)\right)\partial r\partial s, \tag{2}$$

其中积分展布在整个量域 (S) 上. 现在需要将这个方程的右面按未知量排序, 在这里就是说, 通过分部积分变换成除了已知量外, 只含未知函数, 而不含它的导数. 在进行这个运算的过程中积分首先转换成展布在区域 (S) 上的积分

$$\int w\left(\frac{\partial^2 v}{\partial r\partial s}+\frac{\partial mv}{\partial r}+\frac{\partial mv}{\partial s}\right)\partial r\partial s,$$

由于 $\dfrac{\partial w}{\partial r}$ 随 $s, \dfrac{\partial w}{\partial s}$ 随 r, 以及 w 随此二者, 作连续改变, 这个积分可以变成只沿 (S) 的边界的积分. 如果 dr 和 ds 表示在沿边界移动时 r 和 s 在边界元上的改变, 而且其运动方向相对于指向内部的方向一如曲线 (r) 的正向相对于曲线 (s) 的正向, 那么这个沿边界的积分就等于

$$-\int\left(v\left(\frac{\partial w}{\partial s}-mw\right)ds+w\left(\frac{\partial v}{\partial r}+mv\right)dr\right).$$

沿 (S) 的整个边界的积分等于沿构成此边界的曲线 $(c), (s'), (r')$ 的积分之和, 因而, 如果将它们的交点记为 $(c,r'), (c,s'), (r',s')$, 此积分

$$=\int_{c,r'}^{c,s'}+\int_{c,s'}^{r',s'}+\int_{s',r'}^{c,r'}.$$

在这三个组成部分中的第一部分, 除了函数 v 外, 仅含已知量; 第二部分, 由于其中 $ds=0$, 仅含位置函数 w 本身, 不含其导数; 但是第三部分可以通过部分积分转化为

$$(vw)_{r',s'}-(vw)_{c,r'}+\int_{s',r'}^{c,r'} w\left(\frac{\partial v}{\partial s}+mv\right)ds,$$

以致在其中同样只有待求的函数 w 出现.

在经过这些变换之后, 显然由方程 (2) 我们就可以得到用已知值来表示的函

数 w 在点 (r', s') 处的值, 只要我们按下述方程确定出函数 v:

$$\begin{aligned} &1) \text{ 在 } S \text{ 中处处有：} && \frac{\partial^2 v}{\partial r \partial s} + \frac{\partial mv}{\partial r} + \frac{\partial mv}{\partial s} = 0, \\ &2) \text{ 对于 } r = r' \text{：} && \frac{\partial v}{\partial s} + mv = 0, \\ &3) \text{ 对于 } s = s' \text{：} && \frac{\partial v}{\partial r} + mv = 0, \\ &4) \text{ 对于 } r = r', s = s' \text{：} && v = 1. \end{aligned} \tag{3}$$

于是我们有

$$w_{r',s'} = (vw)_{c,r'} + \int_{c,r'}^{c,s'} \left(v \left(\frac{\partial w}{\partial s} - mw \right) ds + w \left(\frac{\partial v}{\partial r} + mv \right) dr \right). \tag{4}$$

9

通过上面所采用的方法, 我们把按照线性微分方程和线性边界条件来确定函数 w 的问题归结为解一个类似的、但简单得多的求另一个函数 v 的问题; 确定这个函数通常最方便地是通过用 Fourier 方法来处理这个问题的一个特例来达到. 我们对这个计算在此不得不只限于提示一下, 而对其结论要用另一个方法来证明. (1)[5]①

在上一节的方程 (1) 中我们为 r 和 s 引进独立变量 $\sigma = r + s$ 和 $u = r - s$, 并选择一条 σ 为常量的曲线作为曲线 c, 这样我们就可以按照 Fourier 法则来处理这个问题, 并且如果令 $r' + s' = \sigma', r' - s' = u'$, 那么通过将所得结果与上一节的方程 (4) 相比较, 我们就得到

$$v = \frac{2}{\pi} \int_0^\infty \cos \mu(u - u') \frac{d\rho}{d\sigma} (\psi_1(\sigma')\psi_2(\sigma) - \psi_2(\sigma')\psi_1(\sigma)) d\mu,$$

其中 $\psi_1(\sigma)$ 和 $\psi_2(\sigma)$ 为方程 $\psi'' - 2m\psi' + \mu\mu\psi = 0$ 这样的两个特解, 使得我们有

$$\psi_1\psi_2' - \psi_2\psi_1' = \frac{d\sigma}{d\rho}.$$

在假设 Poisson 定律成立下, 根据它有 $m = \left(\frac{1}{2} - \frac{1}{k-1} \right) \frac{1}{\sigma}$, 我们可以用定积分来表示 ψ_1 与 ψ_2, 从而得到 v 的一个三重积分的表达式, 再通过约化就得到

$$v = \left(\frac{r' + s'}{r + s} \right)^{\frac{1}{2} - \frac{1}{k-1}} F\left(\frac{3}{2} - \frac{1}{k-1}, \frac{1}{k-1} - \frac{1}{2}, 1, -\frac{(r - r')(s - s')}{(r + s)(r' + s')} \right).$$

①本篇文章的注释 (1) 的内容在下一篇文章中. —— 编者注

现在可以很容易来证明这个公式的正确性，这就是来证明它的确满足上节的条件式 (3).

设 $v = e^{-\int_{\sigma'}^{\sigma} m d\sigma} y$, 那么这一条件式 (3) 就转化为对 y 的下式

$$\frac{\partial^2 y}{\partial r \partial s} + \left(\frac{dm}{d\sigma} - mm\right) y = 0,$$

以及既在 $r = r'$, 又在 $s = s'$ 时, 有 $y = 1$. 但是在假设 Poisson 定律成立的条件下, 如果假设 y 是 $z = -\dfrac{(r-r')(s-s')}{(r+s)(r'+s')}$ 的一个函数, 那么它就满足这些条件. 因为如果这时我们用 λ 来记 $\dfrac{1}{2} - \dfrac{1}{k-1}$, 我们就有 $m = \dfrac{\lambda}{\sigma}$, 因而有 $\dfrac{dm}{d\sigma} - mm = -\dfrac{\lambda + \lambda^2}{\sigma^2}$, 以及

$$\frac{\partial^2 y}{\partial s \partial r} = \frac{1}{\sigma^2}\left(\frac{d^2 y}{d \log z^2}\left(1 - \frac{1}{z}\right) + \frac{dy}{d \log z}\right).$$

由此得知, $v = \left(\dfrac{\sigma'}{\sigma}\right)^{\lambda} y$, 而 y 是微分方程

$$(1-z)\frac{d^2 y}{d \log z^2} - z\frac{dy}{d \log z} + (\lambda + \lambda^2) z y = 0$$

的解, 或者按照在我论述 Gauss 级数时所引进的记号, 即函数

$$P\begin{pmatrix} 0 & -\lambda & 0 & \\ 0 & 1+\lambda & 0 & z \end{pmatrix},$$

而且甚至是那样一个特解, 对它有, 在 $z = 0$ 时等于 1.

根据在那篇论文中所确立的变换原理, y 不仅可以通过 $P(0, 2\lambda+1, 0)$, 而且还可以通过 $P\left(\dfrac{1}{2}, 0, \lambda + \dfrac{1}{2}\right), P\left(0, \lambda + \dfrac{1}{2}, \lambda + \dfrac{1}{2}\right)$ 来表达; 于是我们就得到了大量用超越几何级数和定积分来表示的 y 表达式, 对于这些我们只限于指出下式

$$\begin{aligned} y = F(1+\lambda, -\lambda, 1, z) &= (1-z)^{\lambda} F\left(-\lambda, -\lambda, 1, \frac{z}{z-1}\right) \\ &= (1-z)^{-1-\lambda} F\left(1+\lambda, 1+\lambda, 1, \frac{z}{z-1}\right), \end{aligned}$$

在各种情况下有它就足够了.

为了从这些对 Poisson 定律所求得的结果导出对 Boyle 定律能成立的结果, 我们必须按照第 2 节从 r, s, r', s' 减去 $\dfrac{a\sqrt{k}}{k-1}$, 然后令 $k = 1$, 由此我们得到 $m = -\dfrac{1}{2a}$ 以及

$$v = e^{\frac{1}{2a}(r - r' + s - s')} \sum_{0}^{\infty} \frac{(r-r')^n (s-s')^n}{n! n! (2a)^{2n}}.$$

10

如果我们将上一节得到的 v 的公式代入第 8 节的方程 (4), 那么我们就会得到用曲线 c 上的 w, $\frac{\partial w}{\partial r}$ 和 $\frac{\partial w}{\partial s}$ 来表示的 w 在 $r=r', s=s'$ 处的值; 但是在我们的问题中在此曲线上常常只是直接给出了 $\frac{\partial w}{\partial r}$ 和 $\frac{\partial w}{\partial s}$ 的值, 而 w 只能是通过对它们的积分才能求得, 所以最好把 $w_{r',s'}$ 的表达式变换成这样的形式, 就是在去积分号下只有 w 的导数出现.

被积表达式 $-mvds+\left(\frac{\partial v}{\partial r}+mv\right)dr$ 以及 $\left(\frac{\partial v}{\partial s}+mv\right)ds-mvdr$, 由于方程

$$\frac{\partial^2 v}{\partial v\partial s}+\frac{\partial mr}{\partial r}+\frac{\partial mv}{\partial s}=0$$

的存在, 都是全微分, 我们将它们表示成 P 和 Σ, 并且将 $Pdr+\Sigma ds$ 的积分, 其表达式由于 $\frac{\partial P}{\partial s}=-mv=\frac{\partial \Sigma}{\partial r}$, 同样是全微分, 表示为 ω.

如果我们这样来规定这些积分中的积分常数, 使得 ω, $\frac{\partial \omega}{\partial r}$ 和 $\frac{\partial \omega}{\partial s}$ 在 $r=r', s=s'$ 处等于零, 那么 ω 就会满足方程 $\frac{\partial \omega}{\partial r}+\frac{\partial \omega}{\partial s}+1=v$, $\frac{\partial^2 \omega}{\partial r\partial s}=-mv$, 并且既在 $r=r'$ 时, 又在 $s=s'$ 时, 有 $\omega=0$, 顺便提一下, 它由这一边界条件和微分方程

$$\frac{\partial^2 \omega}{\partial r\partial s}+m\left(\frac{\partial \omega}{\partial r}+\frac{\partial \omega}{\partial s}+1\right)=0$$

完全确定.

如果在 $w_{r',s'}$ 的表达式中引入 ω 来代替函数 v, 那么我们就能通过部分积分把它转化为

$$w_{r',s'}=w_{c,r'}+\int_{c,r'}^{c,s'}\left(\left(\frac{\partial \omega}{\partial s}+1\right)\frac{\partial w}{\partial s}ds-\frac{\partial \omega}{\partial r}\frac{\partial w}{\partial r}dr\right). \tag{1}$$

为了从初始状态来确定运动, 我们必须取 $t=0$ 时的曲线作曲线 c; 于是在此曲线上有 $\frac{\partial w}{\partial r}=x$, $\frac{\partial w}{\partial s}=-x$, 而且通过再一次的部分积分就得到

$$w_{r',s'}=w_{c,r'}+\int_{c,r'}^{c,s'}(\omega dx-xds),$$

因此按照第 3 节的 (4) 式和 (5) 式得

$$\begin{aligned}(x-(\sqrt{\varphi'(\rho)}+u)t)_{r',s'}&=x_{r'}+\int_{x_{r'}}^{x}\frac{\partial\omega}{\partial r'}dx,\\(x+(\sqrt{\varphi'(\rho)}-u)t)_{r',s'}&=x_{s'}-\int_{x_{r'}}^{x_{s'}}\frac{\partial\omega}{\partial s'}dx.\end{aligned}\tag{2}$$

但是这两个方程 (2) , 只有在 $\frac{\partial^2 w}{\partial r^2}+\left(\frac{d\log\sqrt{\varphi'(\rho)}}{d\log\rho}+1\right)t$ 和 $\frac{\partial^2 w}{\partial s^2}+\left(\frac{d\log\sqrt{\varphi'(\rho)}}{d\log\rho}+1\right)t$ 保持异于零时, 才表达着运动. 一旦这两个量中有一个等于零, 那么就会出现压缩冲击波, 从而方程 (1) 只能在只有一个量域内成立, 它完全处于这个压缩冲击波的同一侧的区域之内. 此处所建立的原理至少还不足以在普遍的情况下做到从初始状态来确定运动; 不过完全可以做到, 确定在时刻 t 时压缩冲击波的位置, 因而也就是 ξ 作为 t 的函数给定后, 借助于方程 (1) 以及按照第 5 节对压缩冲击波有效的方程来确定运动. 不过我们不打算进一步讨论下去了, 同时也放弃对气体受到一面墙的限制的情况的处理, 因为这个计算并不困难, 而且眼下也不可能将结果与实验相比较.

(感谢黄飞敏教授对本篇及第 IX 篇文章的译文提出的修改建议.)

IX 作者对上一篇论文的说明

(Göttingen 简报, 1859 年第 19 期)

此一研究并不打算去为实验研究提供多少有用的结果; 作者只想它能被看成是对非线性偏微分方程的一个贡献. 正如积分线性偏微分方程的最有成效的方法并非靠发展这个问题中的一般概念, 而是从处理特殊的物理问题得出的, 所以看来非线性偏微分方程理论也最好是通过对一个特殊的物理问题作深入的、考虑到所有附加条件的处理来得到, 而且实际上, 一个特殊问题的求解, 它构成本文的对象, 需要新的方法和观念, 它们也很可能在普遍的问题中发挥作用.

通过对这个问题的完全求解使得我们能将一度在英国数学家 Challis, Airy 和 Stokes 之间进行过热烈的议论的问题①更清晰地确定, 这在 Stokes 的文中基本上还没有得到清楚的解决②. 对于另一场争论也是这样, 这场争论是在 K. K. Ges. d. W. zu Wien (维也纳皇家科学协会) 内类似的事情遇到的问题上发生在 Petzval, Doppler 和 A. von Ettinghausen③之间的.

在本研究中除了要假设有普遍的运动定律之外, 还必须假设的只有一个经验定律, 这就是气体在没有热量的吸入或放出的情况下, 压强随密度变化的定律. 那已经由 Poisson 提出、但在当时还是建立在十分不可靠的基础之上的假设, 即密度为 ρ 时的压强以正比于 ρ^k 而随密度改变, 其中 k 表示定压比热与定容比热之比, 现在已经由 Regnault 对气体比热的研究以及热的动力学理论的一个原理 [指热力学第一定律, 即能量守恒原理] 奠定了基础, 考虑到 Poisson 定律的这

①Phil. Mag. Voll. 33, 34, 35.

②Phil. Mag. Vol. 33, p. 349.

③Sitzungsberichte der K. K. Ges. d. W. vom 15. Jan., 21. Mai und 1. Juni 1852.

个基础似乎还很少有人知道, 看来有必要在引言中对此先交代几句. 在此所出现的 k 值等于 1.4101, 而在 0°C 时干空气中的声速根据 Martins 与 Bravais① 的研究等于 $\frac{332^{\mathrm{m}}.37}{1''}$, 并且给出的 k 值为 1.4095.

尽管将我们的研究结果通过试验与观察和经验相比较还有很大的困难, 而且眼下几乎不可能做到, 但仍然值得在此在不太详细的程度上加以报导.

本文对空气或气体的运动仅限于这样的情况, 即, 在开始时并贯穿始终地, 运动处处沿一个方向, 而且在每一个与其运动方向垂直的平面上速度和密度是一个常数. 对于在那种开始扰动区域仅限于在有限段上的情况, 众所周知平常都是假设压强差只是整个压强的一个无限小的部分, 其结果就是, 从振荡的地方会发出沿两个相反方向传播的波, 在其中每一个的速度都是密度确定的函数, 根据假设, 如果以 $\varphi(\rho)$ 表示 ρ 处的压强, $\varphi'(\rho)$ 表示这个函数的导数, 则传播速度为恒定的 $\sqrt{\varphi'(\rho)}$. 这种情况在压强差为有限时也完全是类似的. 在平衡被扰动的地方同样在一段有限时间内会分解成为两个沿相反方向传播的波. 在这种波中沿传播方向测得的速度 $\int\sqrt{\varphi'(\rho)}d\log\rho$ 是密度的一个确定的函数, 其积分常数在这两个波中可能不一样; 因此每一个波在同一密度下总是与同一个速度相联系, 而且在较大的密度下总是与速度的较大的代数值相联系. 这二者以恒定的速度向前运动. 它们在气体中的传播速度为 $\sqrt{\varphi'(\rho)}$, 但是在空间中要比沿传播方向测得的气体中的速度要大. 在实际中遇到的假设是, $\varphi'(\rho)$ 不会随 ρ 的增大而减小, 因此较大的密度会以较大的速度向前推移, 由此推知, 稀疏波, 即在波中其密度沿传播方向增大的那部分, 其宽度会随时间成正比地增大, 最终会变成压缩冲击波. 那在这两个波分离前, 或者在其中一个平衡扰动区扩展到整个空间前能够成立的定律, 还有那压缩冲击波传播的定律, 由于需要很大的公式, 不可能在这里给出.

就声学方面来说, 本研究工作就为那种压强差不能看成是无限小的情况, 因而也就是为在传播过程中出现撞击声的那种情况提供了有用的结果. 但是想通过试验检验这个结果, 尽管新近由于 Helmholtz 等人对撞击声所做的分析有了很大的进展, 仍然非常困难; 这是由于在距离很近时, 撞击声中的变化就不易觉察, 而距离一大, 在众多的原因中又很难分辨出是谁改变了声音. 利用气象学的想法也不成, 因为这里所研究的气体的运动是这样一种运动, 它以声速传播, 可是在大气中的运动看来却以小得多的速度运行.

① Ann. de chim. et de phys. Ser. Ⅲ, T. XⅢ, p. 5.

注 释

(1) 为了读者阅读这篇简短的注记更方便, 我们写了以下的说明.

由第 8 节条件 (3) 式所定义的函数 v 已不再包含那只特别对函数 w 才成立的边界条件有关的内容. 但是我们可以在有关特别的假设下来确定 w, 从而使得反过来公式 (4) 也能在所有其他情形下用于确定 v. 由此可知, 对 w 所选的边界条件不一定适合于该力学问题; 我们可以任意选定 w 在曲线 c 上的两个微商.

由此我们可以选一条 σ 在其上为常量的曲线作 c, 并设在此曲线上 $w=0$, 但是 $\dfrac{dw}{d\sigma}$ 为 u 的一个任意函数.

这时第 8 节的微分方程 (1) 通过引进 u 和 v 变换成

$$\frac{\partial^2 w}{\partial \sigma^2}-\frac{\partial^2 w}{\partial u^2}-2m\frac{\partial w}{\partial \sigma}=0 \tag{1}$$

并且它的两个特解为

$$\psi\cos\mu u,\quad \psi\sin\mu u,$$

其中 μ 为任意参数, ψ 为由微分方程

$$\frac{d^2\psi}{d\sigma^2}-2m\frac{d\psi}{d\sigma}+\mu^2\psi=0 \tag{2}$$

所确定的作为 σ 的函数. 如果 ψ_1 与 ψ_2 为这个方程的两个特解, 那么根据已知定理

$$\psi_1\frac{d\psi_2}{d\sigma}-\psi_2\frac{d\psi_1}{d\sigma}=\text{Const.}e^{\int 2md\sigma}$$

以及由于 (按照第 2 节) $2m=-\dfrac{d\log\dfrac{d\rho}{d\sigma}}{d\sigma}$, 所以我们可以这样来确定这两个特解, 使得有

$$\psi_1\frac{d\psi_2}{d\sigma}-\psi_2\frac{d\psi_1}{d\sigma}=\frac{d\sigma}{d\rho}, \tag{3}$$

这和正文中所要求的一样.

如果我们用不带任何指标的 σ 表示 σ 在曲线 c 上的常数值, 用 σ' 表示 σ 的一个任意值, 那么我们就对 $\sigma'=\sigma$ 得到一个满足边界条件 $w=0$ 的 w 的表达式为

$$w_{\sigma',u}=\frac{1}{\pi}\int_0^\infty(A\cos\mu u+B\sin\mu u)(\psi_1(\sigma')\psi_2(\sigma)-\psi_2(\sigma')\psi_1(\sigma))d\mu, \tag{4}$$

其中 A 和 B 为 μ 的任意函数. 如果我们将它对 σ' 求导, 并令 $\sigma'=\sigma$, 我们就得到

$$\left(\frac{\partial w}{\partial \sigma'}\right)_{\sigma,u}=\frac{-1}{\pi}\int_0^\infty(A\cos\mu u+B\sin\mu u)\frac{d\sigma}{d\rho}d\mu.$$

现在根据 Fourier 定理, 对 u 的一个任意函数 $\psi(u)$ 有

$$\varphi(u') = \frac{1}{\pi}\int_0^\infty d\mu \int_{-\infty}^{+\infty} du\varphi(u)\cos\mu(u-u'),$$

因而得到

$$A\cos\mu u' + B\sin\mu u' = -\frac{d\rho}{d\sigma}\int_{-\infty}^{+\infty} du\frac{dw}{d\sigma}\cos\mu(u-u').$$

如果将此式代入 (4), 我们就得到

$$w_{\sigma',u'} = -\frac{1}{\pi}\int_{-\infty}^{+\infty} du\frac{\partial w}{\partial\sigma}\int_0^\infty d\mu\cos\mu(u-u')\frac{d\rho}{d\sigma}(\psi_1(\sigma')\psi_2(\sigma)-\psi_2(\sigma')\psi_1(\sigma)). \quad (5)$$

于是第 8 节的 (4) 式在当前的假设下就给出

$$w_{\sigma',u'} = -\frac{1}{2}\int_{u'-\sigma+\sigma'}^{u'+\sigma-\sigma'} \frac{\partial w}{\partial\sigma}vdu. \quad (6)$$

如果我们假设, 这是可以的, $\frac{dw}{d\sigma}$ 只在位于 $u'-\sigma+\sigma'$ 到 $u'+\sigma-\sigma'$ 之间的区间内的一线段上异于 0, 而在此线段之外等于 0, 那么 (5) 式与 (6) 式的比较就给出正文中的公式

$$v = \frac{2}{\pi}\int_0^\infty \cos\mu(u-u')\frac{d\rho}{d\sigma}(\psi_1(\sigma')\psi_2(\sigma)-\psi_2(\sigma')\psi_1(\sigma))d\mu.$$

在有 Poisson 定律的假设下, 微分方程 (2) 将变为

$$\frac{d^2\psi}{d\sigma^2} - \frac{2}{\sigma}\left(\frac{1}{2}-\frac{1}{k-1}\right)\frac{d\psi}{d\sigma} + \mu^2\psi = 0.$$

利用幂级数进行积分我们就得到下述形式的两个特积分

$$\sum_n \frac{\left(-\left(\frac{\sigma\mu^{-2}}{2}\right)\right)^n}{\Pi(n)\Pi\left(n+\frac{1}{k}-1\right)},$$

其中一个是指 n 从零开始一次增加一到无穷, 另一个则为从 $1-\frac{1}{k-1}$ 开始加到无穷.

利用公式

$$\frac{1}{2\pi i}\int e^x x^{\alpha-1}dx = \frac{1}{\Pi(-\alpha)}$$

对级数求和, 在略去因子 $\dfrac{1}{2\pi i}$ 后, 我们就得到了这两个特积分为

$$\left(\frac{\sigma\mu}{2}\right)^{\frac{1}{k-1}}\int e^{\frac{\sigma\mu}{2}\left(x-\frac{1}{x}\right)}x^{\frac{1}{k-1}-1}dx,$$

$$\left(\frac{\sigma\mu}{2}\right)^{1-\frac{3}{k-1}}\int e^{\frac{\sigma\mu}{2}\left(x-\frac{1}{x}\right)}x^{1-\frac{1}{k-1}}dx,$$

其中积分取在复平面上绕过零点从 $-\infty$ 到 $-\infty$ 的路径. 在 Riemann 的文中至少暗示了这两个公式.

X 对均匀液体椭球运动研究的一个贡献

(选自 Göttingen 王室科学协会文集第 19 卷, 1861)

在 Dedekind 编辑的 Dirichlet 的最后著作中[1], 作者研究了均匀流动椭球体运动, 其体元素由于万有引力作用而相互吸引着. Dirichlet 的研究方法令人惊奇并由此开拓了一条新的研究思路. 这部佳作对数学家们也有着不同寻常的吸引力, 不仅仅局限于这项研究跟天体形式问题有关. Dirichlet 仅仅考虑了最简单形式下的结果. 而由这项研究, 我们很容易给出与初始时间无关的流体运动的微分方程. 比如, 我们可以考虑一个椭球主要轴线的变化是如何影响该流体相对于轴线的运动的. 在以这种方式处理问题时, 我们通常是建立在 Dirichlet 的讨论的基础上的. 为了避免混淆, 我们注意符号会发生改变.

1

我们用 a, b, c 来表示椭球体在时刻 t 时的主轴, 再用 x, y, z 表示流体的一个基元在时刻 t 时的坐标, 而这些量在初始时刻的值用附加下标 0 来表示, 并假设在初始时刻椭球体的主轴与坐标轴相重合.

众所周知, Dirichlet 研究的出发点源于这个发现: 如果我们令坐标 x, y, z 为其初始值的线性表达式, 式中系数仅是时间的函数, 那么它们就满足流体运动的

微分方程. 我们把这些式子写成如下的形式:

$$\begin{aligned}x &= l\frac{x_0}{a_0} + m\frac{y_0}{b_0} + n\frac{z_0}{c_0},\\ y &= l'\frac{x_0}{a_0} + m'\frac{y_0}{b_0} + n'\frac{z_0}{c_0},\\ z &= l''\frac{x_0}{a_0} + m''\frac{y_0}{b_0} + n''\frac{z_0}{c_0}.\end{aligned} \tag{1}$$

我们用 ξ, η, ζ 来表示点 (x, y, z) 相对于活动标架下的坐标, 这个活动标架的轴在每一瞬时都与椭球的主轴重合, 则 ξ, η, ζ 可以用 x, y, z 线性表出, 即:

$$\begin{aligned}\xi &= \alpha x + \beta y + \gamma z,\\ \eta &= \alpha' x + \beta' y + \gamma' z,\\ \zeta &= \alpha'' x + \beta'' y + \gamma'' z,\end{aligned} \tag{2}$$

其中系数为一组坐标轴与另一组坐标轴之间夹角的余弦: $\alpha = \cos\xi x, \beta = \cos\xi y$, etc., 在这些系数之间存在着六个条件方程, 由此可以导出, 即在将它们代入该式后得到

$$\xi^2 + \eta^2 + \zeta^2 = x^2 + y^2 + z^2.$$

由于表面总是由相同的液体粒子组成, 所以必定有

$$\frac{\xi^2}{a^2} + \frac{\eta^2}{b^2} + \frac{\zeta^2}{c^2} = \frac{x_0^2}{a_0^2} + \frac{y_0^2}{b_0^2} + \frac{z_0^2}{c_0^2};$$

现在令

$$\begin{aligned}\frac{\xi}{a} &= \alpha_{\prime}\frac{x_0}{a_0} + \beta_{\prime}\frac{y_0}{b_0} + \gamma_{\prime}\frac{z_0}{c_0},\\ \frac{\eta}{b} &= \alpha'_{\prime}\frac{x_0}{a_0} + \beta'_{\prime}\frac{y_0}{b_0} + \gamma'_{\prime}\frac{z_0}{c_0},\\ \frac{\zeta}{c} &= \alpha''_{\prime}\frac{x_0}{a_0} + \beta''_{\prime}\frac{y_0}{b_0} + \gamma''_{\prime}\frac{z_0}{c_0},\end{aligned} \tag{3}$$

即我们用 $\frac{x_0}{a_0}, \frac{y_0}{b_0}, \frac{z_0}{c_0}$ 来表示 $\frac{\xi}{a}, \frac{\eta}{b}, \frac{\zeta}{c}$, 这里 (3) 式是通过将 (1) 式代入 (2) 式而得到的, 其中 $\alpha_{\prime}, \beta_{\prime}, \cdots, \gamma''_{\prime}$ 表示系数, 由此可知 $\alpha_{\prime}, \beta_{\prime}, \cdots, \gamma''_{\prime}$ 是一个正交坐标变换的系数: 它们可以看成是 $\xi_{\prime}, \eta_{\prime}, \zeta_{\prime}$ 的活动标架与 x, y, z 的坐标系的夹角余弦. 通

过方程 (2) 和 (3) 用 $\frac{x_0}{a_0}, \frac{y_0}{b_0}, \frac{z_0}{c_0}$ 将 x, y, z 表示出来, 即

$$
\begin{aligned}
l &= a\alpha\alpha_{,} + b\alpha'\alpha'_{,} + c\alpha''\alpha''_{,},\\
m &= a\alpha\beta_{,} + b\alpha'\beta'_{,} + c\alpha''\beta''_{,},\\
n &= a\alpha\gamma_{,} + b\alpha'\gamma'_{,} + c\alpha''\gamma''_{,},\\
l' &= a\beta\alpha_{,} + b\beta'\alpha'_{,} + c\beta''\alpha''_{,},\\
m' &= a\beta\beta_{,} + b\beta'\beta'_{,} + c\beta''\beta''_{,},\\
n' &= a\beta\gamma_{,} + b\beta'\gamma'_{,} + c\beta''\gamma''_{,},\\
l'' &= a\gamma\alpha_{,} + b\gamma'\alpha'_{,} + c\gamma''\alpha''_{,},\\
m'' &= a\gamma\beta_{,} + b\gamma'\beta'_{,} + c\gamma''\beta''_{,},\\
n'' &= a\gamma\gamma_{,} + b\gamma'\gamma'_{,} + c\gamma''\gamma''_{,}.
\end{aligned}
\tag{4}
$$

因此, 在时刻 t 时液体粒子的位置或 $l, m, \cdots, n''$ 的数值可以看成是量 a, b, c 和两个运动坐标系的位置的函数, 并且同时还可以看出, 在量 l, m, n 中通过交换这两个坐标系将水平系列与垂直系列互换, 因而 l, m, n 保持不变, 而 m 与 l', n 与 l'', 以及 n' 与 m'' 等分别互换. 我们接下来要做的事情就是, 利用在 Dirichlet 论文中 (§1, 1) 所给出的液体粒子运动的基本方程导出主轴变化和这两个坐标系的运动的微分方程[2].

2

显然在那个方程中可以将对量 x, y, z 的初始值 (这些值是用 a, b, c 来表示的) 的微分换成对量 ξ, η, ζ 的微分; 因为由此所形成的方程组可以在总体上描述了那一组, 反之亦然. 由此如果我们用它们的值来作为 $\frac{\partial x}{\partial \xi}, \frac{\partial y}{\partial \eta}, \cdots, \frac{\partial z}{\partial \zeta}$ 的值代入, 就可得到

$$
\begin{aligned}
&\frac{\partial^2 x}{\partial t^2}\alpha + \frac{\partial^2 y}{\partial t^2}\beta + \frac{\partial^2 z}{\partial t^2}\gamma = \varepsilon\frac{\partial V}{\partial \xi} - \frac{\partial P}{\partial \xi},\\
&\frac{\partial^2 x}{\partial t^2}\alpha' + \frac{\partial^2 y}{\partial t^2}\beta' + \frac{\partial^2 z}{\partial t^2}\gamma' = \varepsilon\frac{\partial V}{\partial \eta} - \frac{\partial P}{\partial \eta},\\
&\frac{\partial^2 x}{\partial t^2}\alpha'' + \frac{\partial^2 y}{\partial t^2}\beta'' + \frac{\partial^2 z}{\partial t^2}\gamma'' = \varepsilon\frac{\partial V}{\partial \zeta} - \frac{\partial P}{\partial \zeta},
\end{aligned}
\tag{1}
$$

其中 V 和 P 分别表示 t 时刻在点 x, y, z 处的势函数和压强, 常数 ε 表示两个单位质量在单位距离下的引力.

现在首先要处理的就是, 将等式左边的量写成量 ξ, η, ζ 的线性函数的形式, 为此要做一些准备工作.

为了简便, 我们令

$$\begin{aligned}&\frac{\partial x}{\partial t}\alpha+\frac{\partial y}{\partial t}\beta+\frac{\partial z}{\partial t}\gamma=\xi',\\&\frac{\partial x}{\partial t}\alpha'+\frac{\partial y}{\partial t}\beta'+\frac{\partial z}{\partial t}\gamma'=\eta',\\&\frac{\partial x}{\partial t}\alpha''+\frac{\partial y}{\partial t}\beta''+\frac{\partial z}{\partial t}\gamma''=\xi',\end{aligned}\tag{2}$$

那么通过对 (2) 式进行微分我们就得到

$$\begin{aligned}\frac{\partial\xi}{\partial t}&=\frac{d\alpha}{dt}x+\frac{d\beta}{dt}y+\frac{d\gamma}{dt}z+\xi',\\\frac{\partial\eta}{\partial t}&=\frac{d\alpha'}{dt}x+\frac{d\beta'}{dt}y+\frac{d\gamma'}{dt}z+\eta',\\\frac{\partial\zeta}{\partial t}&=\frac{d\alpha''}{dt}x+\frac{d\beta''}{dt}y+\frac{d\gamma''}{dt}z+\zeta',\end{aligned}$$

如果我们现在将 x,y,z 用 ξ,η,ζ 来表示, 又有

$$\begin{aligned}\frac{\partial\xi}{\partial t}=&\left(\frac{d\alpha}{dt}\alpha+\frac{d\beta}{dt}\beta+\frac{d\gamma}{dt}\gamma\right)\xi+\left(\frac{d\alpha}{dt}\alpha'+\frac{d\beta}{dt}\beta'+\frac{d\gamma}{dt}\gamma'\right)\eta\\&+\left(\frac{d\alpha}{dt}\alpha''+\frac{d\beta}{dt}\beta''+\frac{d\gamma}{dt}\gamma''\right)\zeta+\xi',\\\frac{\partial\eta}{\partial t}=&\left(\frac{d\alpha'}{dt}\alpha+\frac{d\beta'}{dt}\beta+\frac{d\gamma'}{dt}\gamma\right)\xi+\left(\frac{d\alpha'}{dt}\alpha'+\frac{d\beta'}{dt}\beta'+\frac{d\gamma'}{dt}\gamma'\right)\eta\\&+\left(\frac{d\alpha'}{dt}\alpha''+\frac{d\beta'}{dt}\beta''+\frac{d\gamma'}{dt}\gamma''\right)\zeta+\eta',\\\frac{\partial\zeta}{\partial t}=&\left(\frac{d\alpha''}{dt}\alpha+\frac{d\beta''}{dt}\beta+\frac{d\gamma''}{dt}\gamma\right)\xi+\left(\frac{d\alpha''}{dt}\alpha'+\frac{d\beta''}{dt}\beta'+\frac{d\gamma''}{dt}\gamma'\right)\eta\\&+\left(\frac{d\alpha''}{dt}\alpha''+\frac{d\beta''}{dt}\beta''+\frac{d\gamma''}{dt}\gamma''\right)\zeta+\zeta'.\end{aligned}$$

对下面的

$$\alpha^2+\beta^2+\gamma^2=1,\quad \alpha\alpha'+\beta\beta'+\gamma\gamma'=0$$

等已知方程进行微分, 得出

$$\begin{gathered}\alpha\frac{d\alpha}{dt}+\beta\frac{d\beta}{dt}+\gamma\frac{d\gamma}{dt}=0,\quad \alpha'\frac{d\alpha'}{dt}+\beta'\frac{d\beta'}{dt}+\gamma'\frac{d\gamma'}{dt}=0,\\\alpha''\frac{d\alpha''}{dt}+\beta''\frac{d\beta''}{dt}+\gamma''\frac{d\gamma''}{dt}=0,\\\frac{d\alpha'}{dt}\alpha''+\frac{d\beta'}{dt}\beta''+\frac{d\gamma'}{dt}\gamma''=-\left(\frac{d\alpha''}{dt}\alpha'+\frac{d\beta''}{dt}\beta'+\frac{d\gamma''}{dt}\gamma'\right),\\\frac{d\alpha''}{dt}\alpha+\frac{d\beta''}{dt}\beta+\frac{d\gamma''}{dt}\gamma=-\left(\frac{d\alpha}{dt}\alpha''+\frac{d\beta}{dt}\beta''+\frac{d\gamma}{dt}\gamma''\right),\\\frac{d\alpha}{dt}\alpha'+\frac{d\beta}{dt}\beta'+\frac{d\gamma}{dt}\gamma'=-\left(\frac{d\alpha'}{dt}\alpha+\frac{d\beta'}{dt}\beta+\frac{d\gamma'}{dt}\gamma\right),\end{gathered}\tag{3}$$

如果我们把最后三个量用 p, q, r 表示, 就导出

$$
\begin{aligned}
\xi' &= \frac{\partial \xi}{\partial t} - r\eta + q\zeta, \\
\eta' &= r\xi + \frac{\partial \eta}{\partial t} - p\zeta, \\
\zeta' &= -q\xi + p\eta + \frac{\partial \zeta}{\partial t}.
\end{aligned} \tag{4}
$$

用一个完全类似的过程我们从方程 (2) 将会得出

$$
\begin{aligned}
&\frac{\partial^2 x}{\partial t^2}\alpha + \frac{\partial^2 y}{\partial t^2}\beta + \frac{\partial^2 z}{\partial t^2}\gamma = \frac{\partial \xi'}{\partial t} - r\eta' + q\zeta', \\
&\frac{\partial^2 x}{\partial t^2}\alpha' + \frac{\partial^2 y}{\partial t^2}\beta' + \frac{\partial^2 z}{\partial t^2}\gamma' = r\xi' + \frac{\partial \eta'}{dt} - p\zeta', \\
&\frac{\partial^2 x}{\partial t^2}\alpha'' + \frac{\partial^2 y}{\partial t^2}\beta'' + \frac{\partial^2 z}{\partial t^2}\gamma'' = -q\xi' + p\eta' + \frac{\partial \zeta'}{\partial t},
\end{aligned} \tag{5}
$$

而且如果用 $p_{\prime}, q_{\prime}, r_{\prime}$ 表示这样一些量, 它们对 $\alpha_{\prime}, \beta_{\prime}, \cdots, \gamma_{\prime}''$ 的依赖关系就好像 p, q, r 对 $\alpha, \beta, \cdots, \gamma''$ 的依赖关系一样, 那么由第 1 节的方程 (3) 就得到

$$
\begin{aligned}
\frac{\partial \frac{\xi}{a}}{\partial t} &= r_{\prime}\frac{\eta}{b} - q_{\prime}\frac{\zeta}{c}, \\
\frac{\partial \frac{\eta}{b}}{\partial t} &= p_{\prime}\frac{\zeta}{c} - r_{\prime}\frac{\xi}{a}, \\
\frac{\partial \frac{\zeta}{c}}{\partial t} &= q_{\prime}\frac{\xi}{a} - p_{\prime}\frac{\eta}{b}.
\end{aligned} \tag{6}
$$

将 (6) 式得出的 $\frac{\partial \xi}{\partial t}, \frac{\partial \eta}{\partial t}, \frac{\partial \zeta}{\partial t}$ 值代入 (4) 式, 我们有

$$
\begin{aligned}
\xi' &= \frac{da}{dt}\frac{\xi}{a} + (ar_{\prime} - br)\frac{\eta}{b} + (cq - aq_{\prime})\frac{\zeta}{c}, \\
\eta' &= (ar - br_{\prime})\frac{\xi}{a} + \frac{db}{dt}\frac{\eta}{b} + (bp_{\prime} - cp)\frac{\zeta}{c}, \\
\zeta' &= (cq_{\prime} - aq)\frac{\xi}{a} + (bp - cp_{\prime})\frac{\eta}{b} + \frac{dc}{dt}\frac{\zeta}{c}.
\end{aligned} \tag{7}
$$

根据这些量的几何意义容易看出, ξ', η', ζ' 为在点 x, y, z 处的液体质量平行于 ξ, η, ζ 轴的速度分量; $\frac{\partial \xi}{\partial t}, \frac{\partial \eta}{\partial t}, \frac{\partial \zeta}{\partial t}$ 同样是相对速度对坐标系 ξ, η, ζ 的分量; 还有方程 (1) 左边的量以及右边的量分别为加速度和加速度力平行于这些轴的分量; 最后 p, q, r 为坐标系 ξ, η, ζ 绕其轴的瞬时转动, 而 p_1, q_1, r_1 与 ξ_1, η_1, ζ_1 意义相同.

3

如果我们将 (7) 中量 ξ', η', ζ' 的值代入方程组 (5), 并借助方程组 (6) 将 $\frac{\xi}{a}, \frac{\eta}{b}, \frac{\zeta}{c}$ 的导数再次用 ξ, η, ζ 表出, 那么方程组 (1) 左侧的量就会用 ξ, η, ζ 线性表出. 右侧的量 V 具有形式

$$H - A\xi^2 - B\eta^2 - C\zeta^2,$$

其中 H, A, B, C 依赖于量 a, b, c; 因此, 如果表面上的压强具有常数值 Q, 我们能够满足这个方程, 通过令

$$P = Q + \sigma\left(1 - \frac{\xi^2}{a^2} - \frac{\eta^2}{b^2} - \frac{\zeta^2}{c^2}\right),$$

并这样来确定 $a, b, c; p, q, r; p_\prime, q_\prime, r_\prime$ 以及 σ 这十个函数, 使得在等式两边量 ξ, η, ζ 的九个系数互相相等, 而且满足由不可压缩性条件得到的等式 $abc = a_0b_0c_0$, 那么它们就可以得到满足. 通过将第一个方程中 $\frac{\xi}{a}, \frac{\eta}{b}$ 的系数以及第二个方程中 $\frac{\xi}{a}$ 的系数相对比, 就得出

$$\begin{aligned}
&\frac{d^2a}{dt^2} + 2brr_\prime + 2cqq_\prime - a(r^2 + r_\prime^2 + q^2 + q_\prime^2) = 2\frac{\sigma}{a} - 2\varepsilon aA,\\
&a\frac{dr}{dt} - b\frac{dr_\prime}{dt} + 2\frac{da}{dt}r - 2\frac{db}{dt}r_\prime + apq + bp_\prime q_\prime - 2cpq_\prime = 0,\\
&a\frac{dr_\prime}{dt} - b\frac{dr}{dt} + 2\frac{da}{dt}r_\prime - 2\frac{db}{dt}r + ap_\prime q_\prime + bpq - 2cp_\prime q = 0.
\end{aligned}$$

通过诸轴的循环置换我们可由此方程组得到其余六个, 或者也可以通过任意两根轴的互换, 只不过这时要注意到, 在交换两轴时, 不仅是交换与之对应的量, 还同时要改变 $p, q, \cdots, r_\prime$ 这六个量的符号.

令

$$\begin{aligned}
u &= \frac{p + p_\prime}{2}, \quad v = \frac{q + q_\prime}{2}, \quad w = \frac{r + r_\prime}{2},\\
u' &= \frac{p - p_\prime}{2}, \quad v' = \frac{q - q_\prime}{2}, \quad w' = \frac{r - r_\prime}{2}
\end{aligned}$$

作为未知函数引入, 我们还可以得出更简便的形式.

这样一来那十个未知的时间的函数必须满足的方程组就将为

$$\left\{\begin{aligned}
&(a-c)v^2+(a+c)v'^2+(a-b)w^2+(a+b)w'^2-\frac{1}{2}\frac{d^2a}{dt^2}=\varepsilon aA-\frac{\sigma}{a},\\
&(b-a)w^2+(b+a)w'^2+(b-c)u^2+(b+c)u'^2-\frac{1}{2}\frac{d^2b}{dt^2}=\varepsilon bB-\frac{\sigma}{b},\\
&(c-b)u^2+(c+b)u'^2+(c-a)v^2+(c+a)v'^2-\frac{1}{2}\frac{d^2c}{dt^2}=\varepsilon cC-\frac{\sigma}{c},\\
&(b-c)\frac{du}{dt}+2\frac{d(b-c)}{dt}u+(b+c-2a)vw+(b+c+2a)v'w'=0,\\
&(b+c)\frac{du'}{dt}+2\frac{d(b+c)}{dt}u'+(b-c+2a)vw'+(b-c-2a)v'w=0,\\
&(c-a)\frac{dv}{dt}+2\frac{d(c-a)}{dt}v+(c+a-2b)wu+(c+a+2b)w'u'=0,\\
&(c+a)\frac{dv'}{dt}+2\frac{d(c+a)}{dt}v'+(c-a+2b)wu'+(c-a-2b)w'u=0,\\
&(a-b)\frac{dw}{dt}+2\frac{d(a-b)}{dt}w+(a+b-2c)uv+(a+b+2c)u'v'=0,\\
&(a+b)\frac{dw'}{dt}+2\frac{d(a+b)}{dt}w'+(a-b+2c)uv'+(a-b-2c)u'v=0,\\
&abc=a_0b_0c_0.
\end{aligned}\right. \tag{α}$$

A,B,C 的值由下述关于 V 的表达式得出:

$$V=H-A\xi^2-B\eta^2-c\zeta^2=\pi\int_0^\infty\frac{ds}{\triangle}\left(1-\frac{\xi^2}{a^2+s}-\frac{\eta^2}{b^2+s}-\frac{\zeta^2}{c^2+s}\right),$$

其中

$$\triangle=\sqrt{\left(1+\frac{s}{a^2}\right)\left(1+\frac{s}{b^2}\right)\left(1+\frac{s}{c^2}\right)}.$$

在完成了这些微分方程的积分之后, 为了确定函数 $\alpha,\beta,\cdots,\gamma''$, 我们还需要求微分方程组

$$\frac{d\theta}{dt}=r\theta'-q\theta'',\quad \frac{d\theta'}{dt}=-r\theta+p\theta'',\quad \frac{d\theta''}{dt}=q\theta-p\theta' \tag{β}$$

的通解 θ,θ',θ'', —— 通过第 2 节的 (3) 式得, $\alpha,\alpha',\alpha'';\beta,\beta',\beta'';\gamma,\gamma',\gamma''$ 就是方程的三个特解, 它们在 $t=0$ 时所取的值分别为 1, 0, 0; 0, 1, 0; 0, 0, 1, —— 而为了确定函数 $\alpha_{\prime},\beta_{\prime},\cdots,\gamma_{\prime}''$, 还需要求下述微分方程组的通解:

$$\frac{d\theta_{\prime}}{dt}=r_{\prime}\theta_{\prime}'-q_{\prime}\theta_{\prime}''\quad \frac{d\theta_{\prime}'}{dt}=-r_{\prime}\theta_{\prime}+p_{\prime}\theta_{\prime}'',\quad \frac{d\theta_{\prime}''}{dt}=q_{\prime}\theta_{\prime}-p_{\prime}\theta_{\prime}'. \tag{γ}$$

4

现在要问, Dirichlet 给出了函数 $l, m, \cdots, n''$ 该满足的微分方程组的七个一阶积分 (§1. (a))[3], 我们从中能够汲取何种有用的方法来积分那些由流体力学的一般原理所得出的微分方程组 $(\alpha), (\beta), (\gamma)$ 呢? 那些由它们所得出的方程可以很容易地从已给出的关于 ξ', η', ζ' 的表达式导出.

面积守恒定理给出

$$
\begin{aligned}
(b-c)^2u+(b+c)^2u' &= g = \alpha g^0+\beta h^0+\gamma k^0,\\
(c-a)^2v+(c+a)^2v' &= h = \alpha' g^0+\beta' h^0+\gamma' k^0,\\
(a-b)^2w+(a+b)^2w' &= k = \alpha'' g^0+\beta'' h^0+\gamma'' k^0,
\end{aligned} \tag{1}
$$

其中 g^0, h^0, k^0 为常数, 它们是 g, h, k 的初始值, 和 Dirichlet 论文中的常数 $\mathfrak{N}, \mathfrak{N}'$, $\mathfrak{N}''$ 是一致的. 因此它就给出那个很容易由方程组 (α) 中最后六个方程来证实的结果, 即, $\theta = g, \theta' = h, \theta'' = k$ 是方程组 (β) 的一个解.

由 Helmholtz 的转动 [角动量] 守恒原理可以导出方程组

$$
\begin{aligned}
(b-c)^2u-(b+c)^2u' &= g_{\prime} = \alpha_{\prime} g_{\prime}^0+\beta_{\prime} h_{\prime}^0+\gamma_{\prime} k_{\prime}^0,\\
(c-a)^2v-(c+a)^2v' &= h_{\prime} = \alpha_{\prime}' g_{\prime}^0+\beta_{\prime}' h_{\prime}^0+\gamma_{\prime}' k_{\prime}^0,\\
(a-b)^2w-(a+b)^2w' &= k_{\prime} = \alpha_{\prime}'' g_{\prime}^0+\beta_{\prime}'' h_{\prime}^0+\gamma_{\prime}'' k_{\prime}^0,
\end{aligned} \tag{2}
$$

其中常数 $g_{\prime}^0, h_{\prime}^0, k_{\prime}^0$ 等于上述论文中的量 $BC\mathfrak{A}, CA\mathfrak{B}, AB\mathfrak{C}$.

最后,活力 [即现在所谓的能量] 守恒定律给出方程组 (α) 的一次积分

$$
\left.\begin{cases}
\dfrac{1}{2}\left(\left(\dfrac{da}{dt}\right)^2+\left(\dfrac{db}{dt}\right)^2+\left(\dfrac{dc}{dt}\right)^2\right)\\
+(b-c)^2u^2+(c-a)^2v^2+(a-b)^2w^2\\
+(b+c)^2u'^2+(c+a)^2v'^2+(a+b)^2w'^2
\end{cases}\right\} = 2\varepsilon H+\text{const.} \tag{I}
$$

由方程组 (1) 和 (2) 还会导出方程组 (α) 的两个积分

$$
g^2+h^2+k^2 = \text{const.} = \omega^2, \tag{II}
$$

$$
g_{\prime}^2+h_{\prime}^2+k_{\prime}^2 = \text{const.} = \omega_{\prime}^2. \tag{III}
$$

进一步由方程组 (β) 还可以给出两个积分方程

$$
\theta^2+\theta'^2+\theta''^2 = \text{const.}, \tag{IV}
$$

$$\theta g + \theta' h + \theta'' k = \text{const.}, \tag{V}$$

对它们进行求积分一般来说会归结到一个积分 (Quadratur). 因为它们是线性齐次的, 为了构造出它们的通解还需要再寻求两个异于 g, h, k 的特解; 为此我们可以这样来选取这两个积分方程中的任意常数, 以使计算得到简化. 如果我们取这两个值均为零, 那么我们就有

$$\theta' h + \theta'' k = -g\theta, \tag{3}$$

将方程两边平方, 并将方程

$$-\theta'^2 - \theta''^2 = \theta^2$$

乘以 $h^2 + k^2$ 后再加上

$$-(\theta' k - \theta'' h)^2 = \omega^2\theta^2,$$

由此得到

$$\theta' k - \theta'' h = \omega i \theta. \tag{4}$$

通过求解这两个线性方程 (3) 和 (4) [指把它们看成 θ' 和 θ'' 的线性代数方程组] 就得到

$$\theta' = \frac{-gh + k\omega i}{h^2 + k^2}\theta, \tag{5}$$

$$\theta'' = \frac{-gk - h\omega i}{h^2 + k^2}\theta, \tag{6}$$

再将这些值代入方程组 (β) 中的第一个方程就得到

$$\frac{1}{\theta}\frac{d\theta}{dt} = \frac{-g\dfrac{dg}{dt}}{h^2 + k^2} + \frac{rk + qh}{h^2 + k^2}\omega i,$$

$$\log\theta = \frac{1}{2}\log(h^2 + k^2) + \omega i \int \frac{qh + rk}{h^2 + k^2} dt + \text{const.} \tag{7}$$

从 (5), (6) 和 (7) 中所包含着的微分方程组 (β) 的这两个解我们还可以得到第三个解, 办法就是, 用 $-\sqrt{-1}$ 替换 $\sqrt{-1}$, 于是就很容易地从已经求得的三个特解构造出函数 $\alpha, \beta, \cdots, \gamma''$ 来.

微分方程组 (β) 的每一个实数解的几何意义就在于, 在它们乘了一个适当的常数因子后, 它们表达的就是在 t 时刻 ξ, η, ζ 轴与一固定直线的夹角的余弦. 对上面求得的三个解中的第一个来说, 这条直线由整个运动物质的不变平面的法线构成, 而对其余两个解的 (一个为实的、一个为虚的) 组成部分来说, 则由包含在此平面内的两条互相垂直的直线构成. 于是坐标轴与该法线之间夹角的余弦就是 $\frac{g}{\omega}, \frac{h}{\omega}, \frac{k}{\omega}$; 因此坐标轴相对于此法线的位置在求得方程组 (α) 的解之后不

用再做进一步的积分就可得出, 而为了完全确定它们的位置秩序再作一个积分, 例如积分 $\omega\int_0^t \frac{qh+rk}{h^2+k^2}dt$, 它给出绕通过法线和 ξ 轴的平面的法线转过的角度.

对方程组 (γ) 也有完全类似的结果. 我们可以用相同的方法从积分

$$\theta_{\prime}^2+\theta_{\prime}'^2+\theta_{\prime}''^2=\text{const.},\tag{VI}$$

$$\theta_{\prime}g_{\prime}+\theta_{\prime}'h_{\prime}+\theta_{\prime}''k_{\prime}=\text{const.}\tag{VII}$$

导出它的通解, 从而由此也可以得到量 $\alpha_{\prime},\beta_{\prime},\cdots,\gamma_{\prime}''$ 在时刻 t 的值, 而这只还需要做一个积分. 最后, 任意流体粒子在时刻 t 的位置可通过第 1 节 (1) 式和 (4) 式中的量 x,y,z 和函数 $l,m,\cdots,n''$ 的表达式给出.

5

现在我们打算来对关于将在函数 $l,m,\cdots,n''$ 之间的微分方程组 (即在 Dirichlet 一文 §1 中的微分方程组 (a)) 归结到我们为了积分而得到的微分方程组的任务作一说明. 微分方程组 (a) 是一个十六阶的方程组, 我们已经知道了它的七个一次积分, 通过它我们可以把这个方程组归结为九阶的. 方程组 (α) 只是十阶的, 而我们还知道了它的三个一次积分. 因此通过对该微分方程的变换还会使此尚待求积的微分方程组的阶次再降低两个单位, 最终只需作两次积分. 因此我们变换的作用相当于求两个一次积分.

然而我们要强调, 利用我们这里的微分方程组的形式只对积分和实际确定运动还有优点可言. 另一方面, 对于此类运动的一般研究, 微分方程组的这一形式就不太合适了, 不只是因为其求导太困难, 而且还因为需要特别考虑有两条轴相等这种情况. 在两条轴相等时就会出现靠液体的形状无法完全确定它们的位置这样的特殊情况; 这时一般来说它还与瞬时的运动有关, 而且只有此运动继续保持这两条轴相等时, 它的位置才能保持为任意. 这种情况的研究总是很简单, 用不着更多的讨论, 但是在某些特殊的情况下可能再次取特殊的形式, 一般的研究, 比如其运动的可能性的一般证明 (Dirichlet 文中的 §2), 会由于要处理的特殊情况之众多而变得极为复杂.

在我们着手处理微分方程组 (α) 可以被积分的特殊情形之前, 最好还是先指出, 这个微分方程组的一个解, 像直接由此方程组的形式得出的解, 允许改变每一个函数 $u,v,\cdots,w'$ 的符号, 只要这时 $uvw,uv'w',u'vw',u'v'w$ 不会改变. 因此: 第一, 同时改变函数 u',v',w' 的符号, 在这种情况下导致量 $\alpha,\beta,\cdots,\gamma''$ 与量 $\alpha_{\prime},\beta_{\prime},\cdots,\gamma_{\prime}''$ 的互换, 从而也就在量组 $l,m,\cdots,n''$ 中将水平系列换成垂直系列. 第二, 可以赋予量对 $u,u';v,v';w,w'$ 中两对以相反的符号, 而这一改变可以归结为坐标系的某一个坐标轴的方向的改变, 在这种改变过程中运动转化为与之对称的运动. 在这个说明中包含了由 Dedekind 所发现的对偶性定理.

6

现在我们来研究在量对 $u, u'; v, v'; w, w'$ 中有一对始终保持为零的情况, 比如, $u = u' = 0$; 这个假设的几何意义是这样的, 主轴始终位于整个运动物质的不变平面内, 而瞬时转动轴则与此主轴垂直.

由 (α) 的最后的六个方程立即导出, 下述各量

$$(c-a)^2 v, (c+a)^2 v', (a-b)^2 w, (a+b)^2 w' \tag{μ}$$

为常数, 并有下述方程成立:

$$\begin{aligned} &(b+c-2a)vw + (b+c+2a)v'w' = 0, \\ &(b-c+2a)vw' + (b-c-2a)v'w = 0. \end{aligned} \tag{ν}$$

在进一步的研究中还必须区别, 在那三对量中是否还有第二对量为零, 通常, 由于方程 (μ), 量 $h, k, h_\prime, k_\prime$ 为常数, 从而主轴与整个运动物质的不变平面之间的夹角也是常量, 更进一步由方程 (β) 和 (γ) 还可推出下述比例式:

$$g : h : k = p : q : r,$$

$$g_\prime : h_\prime : k_\prime = p_\prime : q_\prime : r_\prime,$$

方程的求解由此得到简化.

第一种情形　这三对量 $u, u'; v, v'; w, w'$ 中只有一对为零.

如果 v 和 v' 不同时为零, 又有 w 和 w' 同时不为零, 则由方程 (μ) 和 (ν) 推出

$$\begin{aligned} \frac{v'^2}{v^2} &= \frac{(2a-b-c)(2a+b-c)}{(2a+b+c)(2a-b+c)} = \left(\frac{a-c}{a+c}\right)^4 \text{const.}, \\ \frac{w'^2}{w^2} &= \frac{(2a-b-c)(2a-b+c)}{(2a+b+c)(2a+b-c)} = \left(\frac{a-b}{a+b}\right)^4 \text{const.}, \end{aligned} \tag{1}$$

由此再借助于

$$abc = \text{const.},$$

我们看出 a, b, c 是常数, 从而 v, v', w, w' 是常数.

现在令

$$\frac{v^2}{(2a+b+c)(2a-b+c)} = \frac{v'^2}{(2a-b-c)(2a+b-c)} = S,$$
$$\frac{w^2}{(2a+b+c)(2a+b-c)} = \frac{w'^2}{(2a-b-c)(2a-b+c)} = T, \tag{2}$$

那么从 (α) 中的前三个微分方程得出下述三个方程:

$$(4a^2-b^2-3c^2)S + (4a^2-3b^2-c^2)T = \frac{\varepsilon A}{2} - \frac{\sigma}{2a^2}, \tag{3}$$

$$\begin{cases} (b^2-c^2)T = \dfrac{\varepsilon B}{2} - \dfrac{\sigma}{2b^2}, \\ (c^2-b^2)S = \dfrac{\varepsilon C}{2} - \dfrac{\sigma}{2c^2}. \end{cases} \tag{4}$$

为了导出 S, T 和 σ 的值, 我们从方程 (4) 构造出下述两个方程:

$$b^2T + c^2S = \frac{\varepsilon\pi}{2}\int_0^\infty \frac{sds}{\triangle(b^2+s)(c^2+s)},$$
$$T + S = \frac{\sigma}{2b^2c^2} - \frac{\varepsilon\pi}{2}\int_0^\infty \frac{ds}{\triangle(b^2+s)(c^2+s)},$$

并将这些值代入方程 (3)

$$(4a^2-b^2-c^2)(T+S) - 2(b^2T+c^2S) = \frac{\varepsilon A}{2} - \frac{\sigma}{2a^2},$$

由此, 为了简便, 我们记

$$4a^4 - a^2(b^2+c^2) + b^2c^2 = D, \tag{5}$$

就得到

$$\frac{D\sigma}{2a^2b^2c^2} = \frac{\varepsilon\pi}{2}\int_0^\infty \frac{ds}{\triangle}\left(\frac{2s+4a^2-b^2-c^2}{(b^2+s)(c^2+s)} + \frac{1}{a^2+s}\right). \tag{6}$$

这样一来通过将 σ 的值代入方程 (4) 我们就得到

$$\frac{b^2-c^2}{b^2-a^2}DS = \frac{\varepsilon\pi}{2}\int_0^\infty \frac{sds}{\triangle(b^2+s)}\left(\frac{4a^2-c^2+b^2}{c^2+s} - \frac{b^2}{a^2+s}\right), \tag{7}$$

$$\frac{c^2-b^2}{c^2-a^2}DT = \frac{\varepsilon\pi}{2}\int_0^\infty \frac{sds}{\triangle(c^2+s)}\left(\frac{4a^2-b^2+c^2}{b^2+s} - \frac{c^2}{a^2+s}\right). \tag{8}$$

现在留下了的就是还要研究, a, b, c 应该满足什么条件才能使得由方程 (7) 和 (8) 以及方程 (2) 得到的 v, v', w, w' 的值为实数.

为使 $\left(\dfrac{v'}{v}\right)^2$ 和 $\left(\dfrac{w'}{w}\right)^2$ 非负, 充要条件是:

$$(4a^2-(b+c)^2)(4a^2-(b-c)^2) \geqslant 0.$$

因此要么 $a^2 \geqslant \left(\frac{b+c}{2}\right)^2$, 要么 $a^2 \leqslant \left(\frac{b-c}{2}\right)^2$.

如果 $a \geqslant \frac{b+c}{2}$, 那么为使方程 (2) 得出的 v, v', w, w' 的值为实数, 量 S 和 T 二者都必须 $\geqslant 0$. 但是我们可以很容易地证明, 如果 $a \geqslant \frac{b+c}{2}$, 那么 D 和方程 (7) 和 (8) 右侧的两个积分就都为正. 为此我们将 D 写成形式

$$a^2(4a^2-(b+c)^2)+bc(2a^2+bc)$$

并将 (7) 式中的积分写成形式

$$\frac{\varepsilon\pi}{2a^2b^2c^2}\int_0^\infty \frac{sds}{\triangle^3}((4a^2-c^2)s+a^2(4a^2+b^2-c^2)-b^2c^2),$$

则, 由 $a \geqslant \frac{b+c}{2}$ 可推出: $4a^2-(b+c)^2 \geqslant 0, 4a^2-c^2>0$, 此外还有

$$4a^2+b^2-c^2 \geqslant (b+c)^2+b^2-c^2=2b(b+c),$$

从而得到

$$a^2(4a^2+b^2-c^2) \geqslant 2b(b+c)a^2 \geqslant \frac{1}{2}b(b+c)^3 > b^2c^2.$$

由这些不等式推知, 不论是 D, 还是所研究的积分, 它们的项都是正的, 通过交换 b 和 c, 对于 (8) 式右侧的积分也有相同性质. 现在我们来让 a 从 $\frac{b+c}{2}$ 变到 ∞, 那么, 如果 $b>c$, T 就会一直保持为正, 但是 S 只有在 $a<b$ 时才会有这个结果. 这样一来我们这种情形所需的条件, 记 b 为 b 和 c 轴中较大的一个, 就是

$$\frac{b+a}{2} \leqslant a \leqslant b. \tag{I}$$

为了研究第二种情形, 如果 $a^2 \leqslant \left(\frac{b-c}{2}\right)^2$, 我们要假设以 b 为那两根轴 b 和 c 中较大的一个, 以使有 $a \leqslant \frac{b-c}{2}$. 于是为了使 v, v', w, w' 的值为实数, 必须有 $S \leqslant 0, T \geqslant 0$. 因为由不等式

$$b^2 \geqslant (2a+c)^2 > 4a^2+c^2$$

可以得出, 在这种情形下方程 (8) 右侧的积分始终为负, 因此后面那个条件 $T \geqslant 0$ 只有在 $D(c^2-a^2) \geqslant 0$ 时成立, 因而要么 $c^2 < \frac{a^2(b^2-4a^2)}{b^2-a^2}$, 要么 $c^2 \geqslant a^2$. 因此这种情形又分成两种情形, 由于 $\frac{a^2(b^2-4a^2)}{b^2-a^2} < a^2$, 这二者之间被一段有限的中间地带隔开, 以致无法从一种情形连续过渡到另一种情形. 因为方程 (7) 中的积

分, 只要有 $c^2 \leqslant a^2$, 由于 $c^2+s \leqslant a^2+s$, $4a^2-c^2+b^2>b^2$, 只能为正, 所以在这两种情形中的第一种要满足的条件就归结为 $a \leqslant \frac{b-c}{2}$, 或者

$$c \leqslant b-2a \quad 且 \quad c^2 < \frac{a^2(b^2-4a^2)}{b^2-a^2}, \tag{Ⅱ}$$

而在第二种情形中, 条件是

$$a \leqslant \frac{b-c}{2} \quad 且 \quad \int_0^\infty \frac{sds}{\triangle(b^2+s)}\left(\frac{4a^2-c^2+b^2}{c^2+s}-\frac{b^2}{a^2+s}\right) \leqslant 0. \tag{Ⅲ}$$

不难看出, 在 a 从 0 变到 c 的过程中, 只要在 $a \leqslant \frac{c}{2}$ 的范围内, 后面那个不等式左侧的积分就保持为负, 而在 $a=c$ 时会取一个正值; 但是想准确地确定能保持这个不等式成立的界限, 大家可以看到, 需要解一个超越方程.

至于 σ 的符号, 这有赖于, 在没有外部压力的时候运动是否可能, 我们可以指出, 可以将上面求得的量写成如下形式:

$$\frac{\varepsilon\pi}{D}\int_0^\infty \frac{3s^2+6a^2s+D}{\triangle^3}ds,$$

因此在情形 (Ⅰ) 和 (Ⅲ), 当 $D>0$ 时, 无论如何都为正, 但是对一个负的 D 来说, 至少在其绝对值取值在某一临界值之下时为负.

7

第二种情形　量对 $u, u'; v, v'; w, w'$ 中有两对等于零.

我们现在研究这种情形, 其中在量对 $u, u'; v, v'; w, w'$ 中有两对一直为零, 因而只会出现绕一条主轴的转动.

如果除了 u 和 u' 之外, 还有 v 和 v' 一直保持为零, 那么方程 (μ) 和 (ν) 就可化为

$$(a-b)^2w = \text{const.} = \tau, \quad (a+b)^2w' = \text{const.} = \tau',$$

从而由 (α) 的前三个方程得出方程

$$\begin{aligned}\frac{\tau^2}{(a-b)^3}+\frac{\tau'^2}{(a+b)^3}-\frac{1}{2}\frac{d^2a}{dt^2} &= \varepsilon aA-\frac{\sigma}{a},\\ \frac{\tau^2}{(b-a)^3}+\frac{\tau'^2}{(b+a)^3}-\frac{1}{2}\frac{d^2b}{dt^2} &= \varepsilon bB-\frac{\sigma}{b},\\ -\frac{1}{2}\frac{d^2c}{dt^2} &= \varepsilon cC-\frac{\sigma}{c},\end{aligned} \tag{1}$$

它们随同

$$abc = a_0 b_0 c_0$$

一起来确定与时间有关的函数的 a, b, c 以及 σ. 通过活力 [能量] 守恒原理, 得出这些微分方程的首次积分

$$\frac{1}{2}\left(\left(\frac{da}{dt}\right)^2 + \left(\frac{db}{dt}\right)^2 + \left(\frac{dc}{dt}\right)^2\right) + \frac{\tau^2}{(a-b)^2} + \frac{\tau'^2}{(a+b)^2} = 2\varepsilon H + \text{const.}, \qquad (2)$$

由此直接得知, 如果 τ 不等于零, 那么主轴 a 和 b 不相等.

从已经由 MacLaurin 和 Dirichlet 研究过的、$a = b$ 的情形, 还有另一种情形, 即当 a, b, c 都为常数时的情形, 可以彻底地确定其运动. 在这种情形下我们可以消除 (1) 中的 σ 得到以下两个方程:

$$\begin{aligned}
\frac{\tau'^2}{(b+a)^3} + \frac{\tau^2}{(b-a)^3} &= \frac{\varepsilon\pi}{b}\int_0^\infty \frac{ds}{\triangle}\frac{(b^2-c^2)s}{(b^2+s)(c^2+s)} = K, \\
\frac{\tau'^2}{(b+a)^3} - \frac{\tau^2}{(b-a)^3} &= \frac{\varepsilon\pi}{a}\int_0^\infty \frac{ds}{\triangle}\frac{(a^2-c^2)s}{(a^2+s)(c^2+s)} = L,
\end{aligned} \qquad (3)$$

其中等式右侧的两个积分可以分别用 K 及 L 表示; 它们也可以写成以下的形式:

$$w'^2 = \frac{\tau'^2}{(b+a)^4} = \frac{\varepsilon\pi}{2}\int_0^\infty \frac{ds}{\triangle}\left(\frac{s+ab}{(a^2+s)(b^2+s)} - \frac{c^2}{ab(c^2+s)}\right), \qquad (4)$$

$$w^2 = \frac{\tau^2}{(b-a)^4} = \frac{\varepsilon\pi}{2}\int_0^\infty \frac{ds}{\triangle}\left(\frac{s-ab}{(a^2+s)(b^2+s)} + \frac{c^2}{ab(c^2+s)}\right). \qquad (5)$$

和之前情形的假设相同, 在 a 与 b 这两根轴中, b 是较大的那根, 当且仅当, 后面两个方程在 K 为正, 且在忽略其符号时的值 [即指绝对值] 大于 L 时, 给出的 τ^2 与 τ'^2 才是正的; 显然, 只要 $c < b$, 第一个条件就可以得到满足, 至于第二个条件, 如果 $c = a$, 因而也就是在 $L = 0$ 时, 将得到满足, 而且由于 K 和 L 随 c 连续改变, 从而也就在此值两侧的一个区域内能得到满足. 但这个区域不会延伸到 b 和 0; 因为对于 $c = b$, τ'^2 会变为负, 而对于一个无限小的 c, τ^2 又会成为负值, 又因为

$$\frac{K}{c} = \varepsilon\pi\int_0^\infty \frac{ds}{s^{\frac{1}{2}}(1+s)^{\frac{3}{2}}\left(1+\frac{b^2}{a^2}s\right)^{\frac{1}{2}}}, \quad \frac{L}{c} = \varepsilon\pi\int_0^\infty \frac{ds}{s^{\frac{1}{2}}(1+s)^{\frac{3}{2}}\left(1+\frac{a^2}{b^2}s\right)^{\frac{1}{2}}},$$

于是会使得 $L > K$. 如果 b 无限地增大, 而在此过程中 a 与 c 保持为有限, 那么 L 只有在 $a^2 - c^2$ 无限地减小时才能保持小于 K, 因此 c 的这两个极限与 a 只有无限小之差. 相反, 如果 b 无限接近它的下限 a, 那么 c 的上限, 在该处 $\tau'^2 = 0$,

将收敛到 a, 但其下限将收敛到一个值, 对该值 (5) 式右侧的积分变为零. 为了确定这个值, 我们令 $\dfrac{c}{a}=\sin\psi$, 我们就得到方程

$$(-5+2\cos 2\psi+\cos 4\psi)(\pi-2\psi)+10\sin 2\psi+2\sin 4\psi=0,$$

而这个方程在 $\psi=0$ 与 $\psi=\dfrac{\pi}{2}$ 之间只有一个根, 即

$$\frac{c}{a}=0.303327\cdots.$$

在 $b=a$ 时, c 显然可以取到 0 与 b 之间所有值, 这样一来由于 [分母上的] 因子 $b-a,\tau^2$ 变为零. 于是我们就得到了由 Maclaurin 所研究过的情况, 它在 $w^2=w'^2$ 时就给出由 Jacobi 与 Dedekind 所发现的两种情况.

对于 $b=a$, 该情形与上一节情形 (I) 的讨论一致, 而在

$$\frac{w^2}{(b+c+2a)(b-c+2a)}=\frac{w'^2}{(b+c-2a)(b-c-2a)}$$

时则与其情形 (Ⅲ) 一致. 这样一来, 在这迄今所求得的、流体椭球体在运动中不会改变其形状的四种情形中, 这三种连续地相互联系, 而情形 (Ⅱ) 则保持独立在外.

8

除了这四种情形之外, 是否还有其他情形也能在运动过程中保持主轴不动, 对这个问题的研究将出现极其复杂的计算, 由于它们只能得出负面的结果, 我们只打算简单地提一下.

由 a,b,c 为常数这个假设可以很容易地导出, σ 也是常数, 为此我们只要将 (α) 的头三个方程分别乘以 a,b,c, 然后相加, 再利用第 4 节值的积分等式, 即活力 [能量] 守恒定律.

对这三个方程进行微分, 再将由 (α) 的后六个微分方程得出的 $\dfrac{du}{dt},\dfrac{du'}{dt},\cdots,\dfrac{dw'}{dt}$ 代入, 我们就会得到下述三个等式:

$$\begin{aligned}&(b-c)u(vw-v'w')+(b+c)u'(v'w-vw')=0,\\&(c-a)v(wu-w'u')+(c+a)v'(w'u-wu')=0,\\&(a-b)w(uv-u'v')+(a+b)w'(u'v-uv')=0,\end{aligned}\tag{1}$$

其中每一个都可由其余两个推出.

I. 假如 $u, u', \cdots, w'$ 均不为零, 那么由上面的方程就可得到三组量对之间的等式, 我们将这三对量分别记为 $2a', 2b', 2c'$:

$$(a-c)\frac{v}{v'}+(a+c)\frac{v'}{v}=(a-b)\frac{w}{w'}+(a+b)\frac{w'}{w}=2a',$$
$$(b-a)\frac{w}{w'}+(b+a)\frac{w'}{w}=(b-c)\frac{u}{u'}+(b+c)\frac{u'}{u}=2b',$$
$$(c-b)\frac{u}{u'}+(c+b)\frac{u'}{u}=(c-a)\frac{v}{v'}+(c+a)\frac{v'}{v}=2c'.$$

由此就有 $a'^2-b'^2=a^2-b^2, b'^2-c'^2=b^2-c^2$, 这样我们就可以令

$$aa-a'a'=bb-b'b'=cc-c'c'=\theta,$$

如果我们将 $vv'+ww', ww'+uu', uu'+vv'$ 简记为 π, χ, ρ, 那么由方程组 (α) 的前三个微分方程就可推得

$$2\pi a'=\text{const.},\quad 2\chi b'=\text{const.},\quad 2\rho c'=\text{const.},$$

由这些等式, 以及积分式 (Ⅱ) 和 (Ⅲ) 得出的

$$(a^2-b^2)(a^2-c^2)\pi+(b^2-a^2)(b^2-c^2)\chi+(c^2-a^2)(c^2-b^2)\rho$$
$$=\frac{1}{4}(\omega^2-\omega_l^2)$$

可以推知, 除去 $a=b=c$ 时, θ, 从而还有 $u, u', \cdots, w'$, 一定为常数. 于是就很容易得, 方程组 (α) 的后六个微分方程不能得到满足; 也就证明了, 如果三个轴不互相相等, 那么就不可能假设 $u, u', \cdots, w'$ 全都不等于零.

假设 $a=b=c$ 即得到 [我们的液体椭球为] 一个静止球的情形, 这时 u', v', w' 全都等于 0, 但这时 u, v, w 是任意的, 这是由于轴的位置在任一瞬间都可以随意改变.

Ⅱ. 接下来只要讨论假设在 $u, u', \cdots, w'$ 中只有一个等于零的情况, 总是可以得到我们之前假设的情形, 即 $u, u'; v, v'; w, w'$ 这三对量中有一对量等于零.

1. 如果在量 u', v', w' 中有一个等于零, 例如 $u'=0$, 那么由 (1) 可导出方程

$$(b-c)uvw=0,\quad (b-c)uv'w'=0,$$

由此我们能得到以下假设之一: 第一, 前面已经研究过的假设, 第二, $b=c$, 第三, $v=0$ 和 $w'=0$, 或者, $v'=0$ 和 $w=0$, 而这二者并没有什么本质的区别.

如果 $b=c$, 那么 u 就可以取任意值, 因此也就可以令它等于 0, 这样一来就会出现前面出现过的情况.

如果 $v=0$ 和 $w'=0$, 那么我们可从微分方程组 (α) 得到

$$(b-c-2a)uv'w=0,\quad (c+a-2b)uv'w=0,\quad (a-b+2c)uv'w=0,$$

而如果我们将这组方程中的第一个与第二个相加, 就有

$$-(a+b)uv'w=0;$$

这样一来, 除了量 u',v,w' 外, 还有 u,v',w 也为零, 于是又再次回到了之前研究过的情形.

2. 最后, 如果量 u,v,w 中有一个等于零, 例如, $u=0$, 那么由方程 (1) 有

$$u'v'w=0,\quad u'vw'=0,$$

而这两个方程要么得到我们先前的假设, 要么导致 $u=v'=w'=0$, 它与我们上面研究过的 $u'=v=w'=0$ 的情形没有本质的区别, 或者还可能导致 $u=v=w=0$ 的假设. 但是在这个假设下微分方程组 (α) 将给出 $v'w'=w'u'=u'v'=0$, 由此可见在量 u',v',w' 中必定还有两个量等于零, 这再次得出了我们以前处理过的情形.

于是得到, 形状的恒定就必定是与运动状态的恒定相联系着的, 也就是说, 无论如何, 只要液体始终形成同样的物体, 这个物体的各个部分之间的相对运动也保持一致. 在这种情况下绝对运动可以设想是由两种简单的运动合成的, 这就是首先设想赋予液体一个内部的运动, 在这一运动中液体的粒子都在垂直于一主截面 (Hauptschnitte)、相互平行的椭圆上做类似的运动, 然后再令整个系统围绕一位于此主截面内的轴线作均匀的转动. 如果像上面那样, 我们假设这主截面垂直于主轴 a, 那么转动轴与各主轴之间夹角的余弦就等于 $0,\dfrac{h}{\omega},\dfrac{k}{\omega}$, 而旋转周期 (Umdrehungszeit) 则为 $\dfrac{2\pi}{\sqrt{q^2+r^2}}$. 再者瞬时转轴的端点相对于主轴的坐标值为 $0,b\dfrac{h_\prime}{\omega_\prime},c\dfrac{k_\prime}{\omega_\prime}$, 而在内部运动中液体粒子的椭圆轨道平行于椭圆体在这点的切平面, 所以这个椭圆体的中心就位于这个转轴上. 液体粒子在轨道上是这样运动的, 即从它引向中心的向量在相同的时间内划过相同的面积, 且在时间 $\dfrac{2\pi}{\sqrt{q_\prime^2+r_\prime^2}}$ 内转过一整圈.

9

现在我们再回过头来考察这种情形的液体运动, 其中 $u,u';v,v'$ 一直为零, 因而只会出现绕一根主轴的转动, 并且我们还注意到第 7 节的方程 (1), 在这种情

形下主轴就是按照这个方程变化的, 还可以给它另一个直观的力学意义. 即, 我们可以把它看成是一个质量为 1 的质点 (a, b, c) 的运动方程, 这个质点被限制在由 $abc = \text{const.}$ 所确定的平面内, 所受推力的势函数在数值上等于

$$\frac{\tau^2}{(a-b)^2} + \frac{\tau'^2}{(a+b)^2} - 2\varepsilon H,$$

但符号与之相反.

如果我们将这个量记为 G, 那么这两种意义下的运动方程就可写为如下的形式:

$$\frac{d^2 a}{dt^2}\delta a + \frac{d^2 b}{dt^2}\delta b + \frac{d^2 c}{dt^2}\delta c + \delta G = 0, \tag{1}$$

其中无限小量 $\delta a, \delta b, \delta c$ 要满足条件 $abc = \text{const.}$; 而活力 [能量] 守恒定理给出

$$\frac{1}{2}\left(\left(\frac{da}{dt}\right)^2 + \left(\frac{db}{dt}\right)^2 + \left(\frac{dc}{dt}\right)^2\right) + G = \text{const.},$$

由此可知与液体形状改变无关的那部分能量等于 G.

为了使得 a, b, c, 从而也就是使得液体椭球的形状和运动状态, 保持不变, 如果想要 $\frac{da}{dt}, \frac{db}{dt}, \frac{dc}{dt}$ 等于零, 显然, 充要条件是, 函数 G 在满足 $abc = \text{const.}$ 的条件下, 对量 a, b, c 的一次变分等于零, 而这就导致第 7 节中的方程组 (3) 或方程组 (4) 和 (5). 但是如果函数 $[G]$ 的这个值不是极小, 运动状态的这一恒定性就只能是不稳定的; 这时液体的状态常常是, 一个任意小的改变就会引起整个状态的改变.

在函数 G 一次变分为零的情形下直接研究二次变分十分复杂, 不过整个函数在这种情况下是否有极小的这个问题还可以用以下的方式来判定.

首先可以很容易地证明, 不论这个函数的 τ^2, τ'^2 和 a, b, c 取何值, 它必定对独立变量的某一组值取到极小; 显然这可以由三种情况得出, 其中第一种是, 函数 G 在轴变为无限小或无限大的极限情况下趋于一个非负的极限值, 第二种是, 总可以给 a, b, c 这样的值, 使得 G 为负, 第三种是, G 绝不会取到无限大的负值. 但是函数 G 的这三种性质可以由函数 H 的已知性质得到. 函数 H 在液体取球状时取到其最大值, 即取值 $2\pi\rho^2$, 其中 ρ 为这个球的半径, 即为 $\sqrt[3]{abc}$; 此外, 如果有一轴为无限大的话, 从而至少就会有另一轴为无限小, 那么 H 就会变为无限小. 可是如果 b 增大到无限大, 那么 bH 就不可能变为无限小, 从而函数 G 中的负的部分, 如果 a 并不同时增加到无限, 最终必将超过正值.

如果 τ^2 不等于零, 那么在已经满足 $b > a$ 的数组 a, b, c 中必含有一组, 使得函数在这一组值上取极小; 这是因为上述存在极小的三个条件已经为这个值域所满足, 因为 G 即使在 $a = b$ 的极限下也不为负.

现在我们来进一步研究, 第 7 节的方程组 (3) 有几个解, 它是由一次变分为零所得出的. 如果我们将由此方程所得出的关于 τ^2 和 τ'^2 的表达式也用于量 a, b, c 的复数值, 那么这个研究也就不难进行了. 然而我们不打算在本文章进行这一研究, 只限于给出其结果, 这些结果是我们在下面所需要的.

如果 τ^2 不等于零, 那么方程组 (3) 在 $b = a$ 的两侧只会有一个解; 因而这个方程的每一侧的一次变分只会对一组值为零, 而且函数 G 对这组值必定取极小, 我们把它记为 G^*.

如果 τ^2 等于零, 那么对 $b = a$ 一次变分总是会等于零, 并且对一个这样的 c 值, 它在 $\tau'^2 = 0$ 时等于 a 并随 τ'^2 的增长而持续减小, 也会等于零. 对这些数组的二次变分, 可以写成由 $(\delta a + \delta b)^2$ 和 $(\delta a - \delta b)^2$ 的组合形式, 组合中 $(\delta a + \delta b)^2$ 前的系数为正, 这是因为, 正如我们在前面的研究中已经得知的, 在它当 $b = a$ 时可以取的所有值之下, 这个函数在这时取的值最小.

但是 $(\delta a - \delta b)^2$ 的系数为

$$\frac{\varepsilon\pi}{2}\int_0^\infty \frac{ds}{\triangle}\left(\frac{s - ab}{(a^2+s)(b^2+s)} + \frac{c^2}{ab(c^2+s)}\right),$$

因而只有当 $\dfrac{c}{a} > 0.303327\cdots$ 时, 也就是当 $\tau'^2 < \varepsilon\pi\rho^4 \cdot 8.64004\cdots$ 时才会是正的, 但当 $\dfrac{c}{a}$ 超过此值后, 就会是负的.

因此函数 G 对这组数只有在第一种情况下取到极小 (G^*), 而对方程组 (3) 的研究表明, 一次变分只会对这组数值才会为零; 但是在后一种情况下它有一鞍点值 (Sattelwerth); 这样一来它一定对两组数值具有极小值 (G^*), 而且从对方程组 (3) 的研究可推知, 一次变分只对两组值为零, 这两组值可以通过对换 b 和 a 相互得到.

因此由这个研究得知, 由 Maclaurin 而得到的一个被压扁了的旋转椭球绕其较短轴转动的恒定运动状态, 只有此较短轴与另一轴之比小于 $0.303327\cdots$ 时, 才是稳定的; 在这种情况下另外两根轴长度的很小的差异也会引起液体的形状和运动状态的完全改变, 围绕着这个状态的持续来回地振荡就会出现, 这是与函数 G 的极小相对应的. 这种情形会出现在一个非等轴椭球体绕其最短轴的均匀转动中, 联系着一方向与之相同的内部运动, 其时液体粒子沿着一些垂直于转轴的相似的椭圆轨道运动. 这时 [在椭圆上] 转过一周的时间等于转动周期, 因为每一个液体粒子在椭球体转过半圈后又回到了它们的起始位置.

10

系统的机械能

$$\frac{1}{2}\left(\left(\frac{da}{dt}\right)_0^2+\left(\frac{db}{dt}\right)_0^2+\left(\frac{dc}{dt}\right)_0^2\right)+G_0=\Omega,$$

它显然不会小于 G^*, 如果为负, 那么椭球体的形状只能在一个由不等式 $G\leqslant\Omega$ 所限定的区域内持续地振动.

对于 $\Omega-G^*$ 可以看成是无限小的这种情况, 我们可以很容易地来研究这种振动.

将 $abc=a_0b_0c_0$ 得出的 c 代入函数 G 中, 那么上一节的方程 (1) 就会给出

$$\frac{d^2a}{dt^2}-\frac{c}{a}\frac{d^2c}{dt^2}+\frac{\partial G}{\partial a}=0,\quad \frac{d^2b}{dt^2}-\frac{c}{b}\frac{d^2c}{dt^2}+\frac{\partial G}{\partial b}=0.$$

这时 a,b,c 的值就基本等于使 G 取极小的那组值, 而如果我们用 $\delta a,\delta b,\delta c$ 来表示在时刻 t 时的这些差值, 并略去高阶项, 我们就会得到这些差值之间的方程组

$$\begin{aligned}&\frac{\delta a}{a}+\frac{\delta b}{b}+\frac{\delta c}{c}=0,\\&\frac{d^2\delta a}{dt^2}-\frac{c}{a}\frac{d^2\delta c}{dt^2}+\frac{\partial^2G}{\partial a^2}\delta a+\frac{\partial^2G}{\partial a\partial b}\delta b=0,\\&\frac{d^2\delta b}{dt^2}-\frac{c}{b}\frac{d^2\delta c}{dt^2}+\frac{\partial^2G}{\partial b^2}\delta b+\frac{\partial^2G}{\partial a\partial b}\delta a=0,\end{aligned}\tag{1}$$

众所周知, 如果我们将 $\frac{d^2\delta a}{dt^2}=-\mu\mu\delta a, \frac{d^2\delta b}{dt^2}=-\mu\mu\delta b, \frac{d^2\delta c}{dt^2}=-\mu\mu\delta c$ 代入, 然后这样来选定常数 $\mu\mu$, 使得 [方程 (1) 中的] 一个式子是其余的推论, 后面这个对 $\mu\mu$ 的条件就完全等价于要求它们能使下述 δa 与 δb 的二次式

$$2\delta^2G-\mu\mu(\delta a^2+\delta b^2+\delta c^2)$$

形成一个由这些量组成的线性表达式的平方, 而由于 δ^2G 和 $\delta a^2+\delta b^2+\delta c^2$ 基本上都是正的, 所以这个要求总是能被两个正值的 $\mu\mu$ 所满足, 如果在 δ^2G 和 $\delta a^2+\delta b^2+\delta c^2$ 之间只差一个常数因子, 那么这两个 $\mu\mu$ 就会相等. $\mu\mu$ 的这两个值给出方程组 (1) 的两个解, 在这两个解中, $\delta a,\delta b,\delta c$ 都是时间 t 的周期函数, 它们以与 $\sin(\mu t+\text{const.})$ 成比例的形式变化, 由它们就可组合成通解.

每一个解都会给液体的形状和运动状态提供一个无限小的周期性的振荡. 由此能得出这样的结论, 即只有两类振动, 它们越小就越接近周期性运动. 从下面的考虑可以看出还存在有限的周期振动.

如果 Ω 为负, 那么显然 a 就会多次取到同一个值, 而如果我们来考察从某一瞬间开始的这样一个运动, 其中 a 第一次取到这样的一个值, 那么这个运动就可以由 $\frac{da}{dt}, \frac{db}{dt}$ 和 b 的初始值完全确定下来; 因此这些量在 a 后来再次取此值时所取的值, 就是这些初值的函数. 我们将把这些函数合在一起记为 χ. 如果它们 [χ] 的值等于初始值, 运动就会是周期性的. 但是由于方程 $abc = \text{const.}$ 以及活力 [能量] 守恒定理, 在 b 和 $\frac{da}{dt}$ 再次取初始值时, $c, \frac{db}{dt}$ 和 $\frac{dc}{dt}$ 也会再次等于它们的初始值. 于是在这里只需满足两个条件; 而且, 通过对在无限小振动的情况下作函数 χ 的导数, 就可以证明, 只需条件方程之间没有矛盾, 并在有限区域内有实数根.

在周期振动的情形下, 量 a, b, c 可以用 Fourier 级数来表达, 除了由 Dirichlet 研究过的情形外, 所有的常数只能近似地确定. 这件事 [这些常数的计算], 例如可以这样来完成, 就是将我们在上面对无限小振动的情形所作的展开延伸到高阶.

把这种运动, 为了简单起见首先是那种在液体的形状和运动状态维持不变的运动, 至少作表面上的研究, 看来费些力气也是值得的. 现在我们要把在上一节研究过的、只绕一根轴转动的情形, 推广到满足 Dirichlet 假设的所有运动上去.

11

为了这个目的我们把方程组 (α) 纳入到一个更为直观的形式, 为此我们引进 $g, h, \cdots, k_\prime$ 来替代 $u, v, \cdots, w'$, 并将 G 的意义加以推广, 我们由此就会得到下述表达式:

$$\frac{1}{4}\left\{\begin{array}{l}\left(\dfrac{g+g_\prime}{b-c}\right)^2+\left(\dfrac{h+h_\prime}{c-a}\right)^2+\left(\dfrac{k+k_\prime}{a-b}\right)^2+\\ \left(\dfrac{g-g_\prime}{b+c}\right)^2+\left(\dfrac{h-h_\prime}{c+a}\right)^2+\left(\dfrac{k-k_\prime}{a+b}\right)^2\end{array}\right\}$$
$$-2\varepsilon\pi\int_0^\infty \frac{a_0 b_0 c_0 ds}{\sqrt{(a^2+s)(b^2+s)(c^2+s)}},$$

因而它也恰好就是与液体形状的改变无关的那部分机械能.

于是这时就有

$$p = \frac{\partial G}{\partial g}, \quad q = \frac{\partial G}{\partial h}, \quad r = \frac{\partial G}{\partial k},$$
$$p_\prime = \frac{\partial G}{\partial g_\prime}, \quad q_\prime = \frac{\partial G}{\partial h_\prime}, \quad r_\prime = \frac{\partial G}{\partial k_\prime},$$

这样一来, 方程组 (α) 中后面的六个方程就可以写成如下的形式:

$$\begin{aligned}
\frac{dg}{dt} &= h\frac{\partial G}{\partial k} - k\frac{\partial G}{\partial h}, & \frac{dg'}{dt} &= h'\frac{\partial G}{\partial k'} - k'\frac{\partial G}{\partial h'},\\
\frac{dh}{dt} &= k\frac{\partial G}{\partial g} - g\frac{\partial G}{\partial k}, & \frac{dh'}{dt} &= k'\frac{\partial G}{\partial g'} - g'\frac{\partial G}{\partial k'},\\
\frac{dk}{dt} &= g\frac{\partial G}{\partial h} - h\frac{\partial G}{\partial g}, & \frac{dk'}{dt} &= g'\frac{\partial G}{\partial h'} - h'\frac{\partial G}{\partial g'},
\end{aligned} \tag{1}$$

而前面三个方程则变为

$$\frac{d^2a}{dt^2} + \frac{\partial G}{\partial a} - 2\frac{\sigma}{a} = 0, \quad \frac{d^2b}{dt^2} + \frac{\partial G}{\partial b} - 2\frac{\sigma}{b} = 0, \quad \frac{d^2c}{dt^2} + \frac{\partial G}{\partial c} - 2\frac{\sigma}{c} = 0. \tag{2}$$

同时我们还注意到, 由积分等式 (Ⅱ), 如果 $\omega = 0$, 可得出 $g = 0, h = 0, k = 0$, 也就是说, 如果这些量开始时为零, 那么它们就会始终保持为零. 这样的结论自然对量 g', h', k' 也成立.

现在从方程组 (1) 和 (2) 容易看出, 在新变量 $a, b, \cdots, k'$ 之间存在以下的约束条件:

$$abc = \text{const.}, \quad g^2 + h^2 + k^2 = \omega^2, \quad g'^2 + h'^2 + k'^2 = \omega'^2,$$

而要在 $\frac{da}{dt}, \frac{db}{dt}$ 和 $\frac{dc}{dt}$ 都等于零的情况下想使

$$\frac{d^2a}{dt^2}, \frac{d^2b}{dt^2}, \frac{d^2c}{dt^2}, \frac{dg}{dt}, \cdots, \frac{dk'}{dt}$$

为零, 从而可以保持液体椭球的形状和运动状态都保持不变, 必要和充分的条件是, 这些新变量的函数 G 的一次变分应等于零.

这些能够出现的情况我们在前面已经全部都讲到过了. 然而, 我们可以很容易地看到, 至少当函数 G 是独立变量的一组值时, 必定会取到极小值, 因为在轴为无限大或无限小的这种特殊的极限时, 它所趋向的极限非负, 而正如我们已经看到的, 它总会在独立变量的某种值下变成负的, 而不会变成负的无限大. 对于那种对应于这一极小的恒定的运动状态, 由活力守恒定理可以推知, 所有满足 Dirichlet 假设的只有无限小的差异只会引起无限小的振动, 而在所有其他的情况下, 形状和运动状态的恒定性只能是不稳定的. 寻求与 G 的一个极小相对应的运动状态不仅对确定一有重液体可能的稳定运动形式非常重要, 而且是构成用无穷级数来积分我们的微分方程组的基础; 所以我们现在要来研究, 何时函数 G 的变分等于零能得到它的一个极小. 从我们先前已经找到的、椭球能保持其形状的那些情形中, 通过轴的对换和改变 $g, h, \cdots, k'$ 的符号, 我们甚至还能得到 $a, b, \cdots, k'$ 更多的数组能导致函数 G 的一次变分等于零; 但是这一点我们可以这样来概括, 这是因为在所有情况下 G 的值都是一样的, 而且对我们要研究的问题来说可以同样地来处理.

在我们对个别情形进行研究之前, 我们还要指出, 如果 ω 或者 $\omega_{\prime}$ 等于零, 那么我们的研究还可以取一种特别简单的形式, 即这时的 g, h, k 或 $g_{\prime}, h_{\prime}, k_{\prime}$ 全都是从函数 G 导出来的. 先前对恒定运动状态的研究只会给出两种本质上不同的情形, 即其中这两个量有一个等于零, 在第 6 节所研究的情形中, 只有当

$$\frac{w'^2}{w^2} = \frac{(2a-b-c)(2a-b+c)}{(2a+b+c)(2a+b-c)} = \left(\frac{a-b}{a+b}\right)^4,$$

因而还有表达式

$$b^2c^2 + a^2b^2 + a^2c^2 - 3a^4 \tag{3}$$

等于零时才会出现这种情况; 于是这实际上就是有了 ω 或者 $\omega_{\prime}$ 等于零. 今后 (3) 式我们将记为 E. 但是由方程 $E=0$ 解 a 只能得到一个正根, 它位于 $\frac{b+c}{2}$ 与 b 之间, 因此只能在情形 (1) 中得到满足. 如果 $\tau^2 = \tau'^2$, 那么除了这种情形之外, 在第 7 节研究过的情形中还会有 ω 或者 $\omega_{\prime}$ 等于零.

现在首先来证明, 在情形 (I), (II), (III) 中, 函数 G 不可能有极小, 这是因为, 当 a, b, c 为常数时, 量 $g, h, \cdots, k_{\prime}$ 总是这样变化, 使得函数的值总是减小. 因为 g 和 $g_{\prime}$ 等于零, 而在假设 $E=0$ 的情形下 $h, h_{\prime}, k, k_{\prime}$ 不等于零, 所以在这些量的变分之间存在着下述条件:

$$\delta g^2 + 2h\delta h + 2k\delta k = 0, \quad \delta g_{\prime}^2 + 2h_{\prime}\delta h_{\prime} + 2k_{\prime}\delta k_{\prime} = 0,$$

而且 G 的变分将为

$$\frac{1}{4}\left(\left(\frac{\delta g + \delta g_{\prime}}{b-c}\right)^2 + \left(\frac{\delta g - \delta g_{\prime}}{b+c}\right)^2\right) + \frac{\partial G}{\partial h}\delta h + \frac{\partial G}{\partial k}\delta k + \frac{\partial G}{\partial h_{\prime}}\delta h_{\prime} + \frac{\partial G}{\partial k_{\prime}}\delta k_{\prime}$$

或者, 因为

$$\frac{\partial G}{\partial h} : \frac{\partial G}{\partial k} = h : k, \quad \frac{\partial G}{\partial h_{\prime}} : \frac{\partial G}{\partial k_{\prime}} = h_{\prime} : k_{\prime},$$

也就有

$$\delta G = \frac{1}{4}\left(\left(\frac{\delta g + \delta g_{\prime}}{b-c}\right)^2 + \left(\frac{\delta g - \delta g_{\prime}}{b+c}\right)^2\right) - \frac{1}{2h}\frac{\partial G}{\partial h}\delta g^2 - \frac{1}{2h_{\prime}}\frac{\partial G}{\partial h_{\prime}}\delta g_{\prime}^2. \tag{4}$$

如果我们构造这个表达式相对于 δg 和 $\delta g_{\prime}$ 的二阶行列式, 并将由第 6 节 (1) 式得到的下述值

$$\begin{aligned} \frac{2h}{q} &= b^2 + c^2 - 2a^2 \pm \sqrt{(4a^2-(b+c)^2)(4a^2-(b-c)^2)}, \\ \frac{2h_{\prime}}{q_{\prime}} &= b^2 + c^2 - 2a^2 \mp \sqrt{(4a^2-(b+c)^2)(4a^2-(b-c)^2)} \end{aligned} \tag{5}$$

代入, 得 $\dfrac{hh_{\prime}}{qq_{\prime}} = E$, 于是求得这个行列式等于

$$\frac{3(a^2-b^2)(a^2-c^2)}{4E(b^2-c^2)^2}.$$

因此在情形 (I) 中, 如果 $E<0$, 以及在情形 (Ⅲ) 中, 它为正, 但是在情形 (I) 中, 如果 $E=0$, 则情形 (Ⅱ) 中, 它就为负. 因此前面两种情形中, 表达式 (4) 既可取正值, 又可取负值, 但是在后两种情形中, 要么只能取正值, 要么只能取负值. 对于 $\delta g_1 = -\delta g, \delta G$ 有值

$$\delta g^2\left(\frac{1}{(b+c)^2}-\frac{b^2+c^2-2a^2}{2E}\right),$$

正如人们看到的, 如果我们把它写成形式

$$-\frac{(b^2+c^2-2a^2)(b^2+4bc+c^2+2a^2)+(4a^2-(b+c)^2)(4a^2-(b-c)^2)}{4(b+c)^2E}\delta g^2$$

并且注意到, 如果 $E \geqslant 0$, 则 $b^2+c^2-2a^2$ 总是为正, 那么在这种情形有效的假设下总是负的.

如果在 ω 和 $\omega_{\prime}$ 这两个量中有一个等于零, 例如 $\omega_{\prime}=0$, 那么在 $\delta g_{\prime}, \delta h_{\prime}, \delta k_{\prime}$ 之间的条件方程就是

$$\delta g_{\prime}^2+\delta h_{\prime}^2+\delta k_{\prime}^2=0;$$

从而 G 的变分就简化为

$$\delta G=\frac{1}{2}\left(\frac{b^2+c^2}{(b^2-c^2)^2}-\frac{q}{h}\right)\delta g^2,$$

而由于 $\dfrac{2h_{\prime}}{q_{\prime}}=0$, 我们由 (5) 式得

$$\frac{h}{q}=b^2+c^2-2a^2.$$

将此值代入就得出

$$\delta G=-\frac{(b^2+c^2)(4a^2-(b+c)^2)+(b-c)^2(b^2+4bc+c^2)}{4(b^2-c^2)^2(b^2+c^2-2a^2)}\delta g^2,$$

而因为在这种情形中 $b^2+c^2-2a^2$ 和 $4a^2-(b+c)^2$ 均为正, 因而它是负的.

因此在所有这些情形中, 函数 G 都没有极小, 所以我们现在只需要研究第 7 节中的情形, 这时我们可以把那种 $b=a$, 而且 $\tau'^2>\varepsilon\pi\rho^4\cdot 8.64004\cdots$ 的特异情形排除在外. 如果 ω^2 或 $\omega_{\prime}^2$ 中有一个量为零, 那么这种情形中另一个量的每一

个值只会是一个恒定的运动状态, 对它有 $\tau^2=\tau'^2$, 于是函数 G 必定对这个态有极小值. 但是对给定的 ω^2 和 $\omega_{\prime}^2$ 的两个值都异于零的情形, 液体就会有两个恒定的运动状态, 它们通过交换 τ^2 和 τ'^2 来相互转换. 因为为了从 ω^2 和 $\omega_{\prime}^2$ 来确定 τ^2 和 τ'^2, 我们可以令

$$\tau=\frac{\omega+\omega_{\prime}}{2},\quad \tau'=\frac{\omega-\omega_{\prime}}{2},$$

而且这时 ω 和 $\omega_{\prime}$ 的符号可以任意选.

但是我们可以很容易地证明, 当 ω 和 $\omega_{\prime}$ 有相同符号时, 也就是 τ^2 的值较大的这一情形中, G 不存在极小值. 这时量 $g,h,\cdots,k_{\prime}$ 的变分所受到的约束条件就是

$$\delta g^2+\delta h^2+2k\delta k=0,\quad \delta g_{\prime}^2+\delta h_{\prime}^2+2k_{\prime}\delta k_{\prime}=0,$$

因此 G 的变分就将为

$$\frac{1}{4}\left\{\begin{matrix}\left(\dfrac{\delta g+\delta g_{\prime}}{b-c}\right)^2+\left(\dfrac{\delta h+\delta h_{\prime}}{c-a}\right)^2+\\ \left(\dfrac{\delta g-\delta g_{\prime}}{b+c}\right)^2+\left(\dfrac{\delta h-\delta h_{\prime}}{c+a}\right)^2\end{matrix}\right\}-\frac{1}{4}\left\{\begin{matrix}\left(\dfrac{1+\frac{\omega_{\prime}}{\omega}}{(a-b)^2}+\dfrac{1-\frac{\omega_{\prime}}{\omega}}{(a+b)^2}\right)(\delta g^2+\delta h^2)+\\ \left(\dfrac{1+\frac{\omega}{\omega_{\prime}}}{(a-b)^2}+\dfrac{1-\frac{\omega}{\omega_{\prime}}}{(a+b)^2}\right)(\delta g_{\prime}^2+\delta h_{\prime}^2)\end{matrix}\right\}.$$

但是如果 ω 和 $\omega_{\prime}$ 有相同符号, 而且 $\delta h=\delta h_{\prime}=0$, $\delta g_{\prime}=-\delta g$, 它就会取到负的值; 因为它会给出

$$\delta G=\left\{\frac{1}{(b+c)^2}-\frac{1}{(b+a)^2}+\left(\frac{1}{(b+a)^2}-\frac{1}{(b-a)^2}\right)\frac{(\omega+\omega_{\prime})^2}{4\omega\omega_{\prime}}\right\}\delta g^2,$$

而且其中有 $\dfrac{1}{(b+a)^2}<\dfrac{1}{(b-a)^2}$, 并且还有 $\dfrac{1}{(b+c)^2}<\dfrac{1}{(b+a)^2}$, 又因为根据第 7 节 (3) 式, 对 $c\leqslant a$ 有 $\dfrac{\tau'^2}{(b+a)^3}\geqslant\dfrac{\tau^2}{(b-a)^3}$, 从而有 $\tau'^2>\tau^2$, 因此同样地也有, 当 $c>a$ 时, τ^2 只能是大于 τ'^2.

因此在这种情形下这个函数也没有极小, 于是必定只能是在余下来的情形中有极小.

这样一来, 如果有 $\tau^2\leqslant\tau'^2$, 对于在第 7 节中所讨论过的运动 (上面提到过的那种特异情形除外) 来说所发生的就是如此; 因此在这种情况下液体的形状和运动状态在每一个满足 Dirichlet 假设的无限小的扰动下, 只会引起无限小的振动, 而在所有其他情况下运动状态和形状的恒定性都是不稳定的. 自然也不能由此就说液体的状态是稳定的. 对于在何种条件下才会是这样, 因为由此导致线性微分方程, 所以可以用已知的方法来很好地进行研究. 可是在本文中我们只能把

这个问题的处理放到一边, Dirichlet 就是用这一美妙的思想给他一生的科学事业带上了美丽的花环, 对它的研究只能有待来日了.

(感谢桂贵龙教授对本篇文章的译文提出的细致的修改建议.)

XI 论 ϑ 函数的零点

(选自 Borchardt's Journal für reine und angewandte Mathematik, Bd. 65, 1865)

我发表在数学杂志第 54 卷[1] 上的 Abel 函数理论的第二部分包含了有关 ϑ 函数零点定理的一个证明, 我马上又要来作这个证明, 在这里我假设读者已经熟悉了我在那里采用的记号. 在文中还包含了对有关这个定理应用的简短提示, 这里我们所用到的方法是以通过函数的间断和变成无限大 [的点或曲线的位置] 来确定函数为基础的, 正如人们很容易看到的, 它们必定构成 Abel 函数理论的基础. 然而在这个定理本身表述及其证明中有一个情况至今没有得到应有的注意, 这就是, 通过代入一个代数函数的积分可以使 ϑ 函数对某个变量恒等于零, 即对这个变量的每一个值均为零. 下面这篇小小的论文目的就是想填补这个空白.

在描述对 [自] 变量个数不定的 ϑ 函数的研究时, 对于像

$$v_1, v_2, \cdots, v_m$$

这样的序列, 一旦含 v_ν 的表达式因 ν 而变得复杂起来时, 就有必要提出一种简短的记号. 我们可以使得这种记号完全类似于加法和乘法的符号; 但是这种记号要占用太多的空间, 把这种记号放到函数记号里面不适宜于印刷; 因此我宁愿用

$$\begin{pmatrix} m \\ \nu\ (v_\nu) \\ 1 \end{pmatrix} \quad \text{来记} \quad v_1, v_2, \cdots, v_m,$$

从而也就用

$$\vartheta\begin{pmatrix} p \\ \nu\,(v_\nu) \\ 1 \end{pmatrix} \quad 来记 \quad \vartheta(v_1, v_2, \cdots, v_p).$$

1

如果我们在函数 $\vartheta(v_1, v_2, \cdots, v_p)$ 中将 p 个变量代之以 p 个 z 的代数函数的积分 $u_1 - e_1, u_2 - e_2, \cdots, u_p - e_p$, 这些函数具有像曲面 T 一样的分支, 那么我们就会得到这样一个 z 的函数, 它在除了曲线 b 以外的整个曲面 T 上连续地变化, 在从曲线 b_ν 的负侧越过到正侧时会得到一个因子 $e^{-u_\nu^+ - u_\nu^- + 2e_\nu}$. 正如在 §22 [指本文集第 VI 篇] 所证明的, 如果整个函数不是恒为零, 那么在曲面 T 上能成为一阶无限小的点只能有 p 个. 以后我们就用 $\eta_1, \eta_2, \cdots, \eta_p$ 来记这些点, 而函数 u_ν 在点 η_μ 处的值用 $\alpha_\nu^{(\mu)}$ 来表示. 于是它按照 ϑ 函数的 $2p$ 模给出下述同余式:

$$(e_1, e_2, \cdots, e_p) \equiv \left(\sum_1^p \alpha_1^{(\mu)} + K_1, \sum_1^p \alpha_2^{(\mu)} + K_2, \cdots, \sum_1^p \alpha_p^{(\mu)} + K_p\right), \qquad (1)$$

其中量 K 与至今在 u 函数中尚未确定的任意可加常数有关, 但是与量 e 和点 η 无关.

实施在那里所给出的计算, 我们就得到

$$2K_\nu = \sum \frac{1}{\pi i}\int (u_\nu^+ + u_\nu^-)du_{\nu'} - \varepsilon_\nu \pi i - \sum_{\mu=1}^{p} \varepsilon'_\mu a_{\mu,\nu}. \qquad (2)$$

在这个表达式中积分 $\int (u_\nu^+ + u_\nu^-)du_{\nu'}$ 是沿着曲线 $b_{\nu'}$ 的正向求积, 而对 ν' 的求和则规定从 1 加到 p, 其中 ν 除外; $\varepsilon_\nu = \pm 1$, 这要看曲线 l_ν 的端点是在割线 a_ν 的正侧还是负侧而定, 同样 $\varepsilon'_\nu = \pm 1$, 也是要看这些端点是在割线 b_ν 的正侧还是负侧而定. 再说, 符号的确定也只有在那种情况下, 这就是当想要根据 §22 所给出的方程由 $\log\vartheta$ 的间断性来完全确定量 e 之时, 才有必要; 至于上述同余式, 则不论怎么选择符号, 都是有效的.

首先我们保留在那里所作的简化假设, 认为在函数 u 中的那些可加常数可以这样来确定, 使得所有量 K 全都为零. 为了使这样得到的结果最终不受这个局限性假设的限制, 显然我们只要在 ϑ 函数中处处引入自变量 $-K_1, -K_2, \cdots, -K_p$.

因此如果函数 $\vartheta(u_1 - e_1, u_2 - e_2, \cdots, u_p - e_p)$ 在 $\eta_1, \eta_2, \cdots, \eta_p$ 这 p 个点上变为零, 但不是对 z 的所有值恒等于零, 那么就有

$$(e_1, e_2, \cdots, e_p) \equiv \left(\sum_1^p \alpha_1^{(\mu)}, \sum_1^p \alpha_2^{(\mu)}, \cdots, \sum_1^p \alpha_p^{(\mu)}\right).$$

这个定理对量 e 的完全任意的值均成立, 而且由此在令点 (s,z) 为点 η_p 后就得到

$$\vartheta\left(-\sum_1^{p-1}\alpha_1^{(\mu)},-\sum_1^{p-1}\alpha_2^{(\mu)},\cdots,-\sum_1^{p-1}\alpha_p^{(\mu)}\right)=0,$$

或者, 由于 ϑ 函数是偶函数, 也就有

$$\vartheta\left(\sum_1^{p-1}\alpha_1^{(\mu)},\sum_1^{p-1}\alpha_2^{(\mu)},\cdots,\sum_1^{p-1}\alpha_p^{(\mu)}\right)=0,$$

这时不论点 $\eta_1,\eta_2,\cdots,\eta_{p-1}$ 为何.

2

可是定理的这个证明还需要加以完善, 这是因为可能出现函数

$$\vartheta(u_1-e_1,u_2-e_2,\cdots,u_p-e_p)$$

恒等于零的情况 (这种情况实际上在每一个有相同分支的代数函数系中在量 e 取某些值的时候就可能出现).

由于这个情况, 我们必须满足于首先来证明, 这个定理在这些点 η 位于一定的范围内互相独立地变化时仍保持正确. 这样一来, 根据一个复变量的函数如果不恒等于零就不可能在一个有限区域内等于零这个原理, 就可由此推出这个定理的普遍正确性.

如果 z 已给定, 那么总是可以这样来选择 $e_1,e_2,\cdots,e_p$, 使得函数

$$\vartheta(u_1-e_1,u_2-e_2,\cdots,u_p-e_p)$$

对这些 z 的值等于零; 因为否则的话函数 $\vartheta(v_1,v_2,\cdots,v_p)$ 就会对量 v 的每一个值为零, 从而在它对 $e^{2v_1},e^{2v_2},\cdots,e^{2v_p}$ 的整数幂的展开中全部系数都会等于零, 而实际上这是不可能的. 于是量 e 可以互不相关地在一个有限的量域内变化而不会使函数

$$\vartheta(u_1-e_1,u_2-e_2,\cdots,u_p-e_p)$$

对 z 的这些值为零. 或者换句话说: 我们总是可以给出量 e 的这样一个 $2p$ 维的区域 E, 使得量组 e 在其中运动时而不会让函数

$$\vartheta(u_1-e_1,u_2-e_2,\cdots,u_p-e_p)$$

对这些 z 的值等于零. 因此它只对 (s,z) 的 p 个位置会成为一阶无限小, 而如果我们将这 p 个点记为 $\eta_1,\eta_2,\cdots,\eta_p$, 那么有下述同余式

$$(e_1,e_2,\cdots,e_p)\equiv\left(\sum_1^p\alpha_1^{(\mu)},\sum_1^p\alpha_2^{(\mu)},\cdots,\sum_1^p\alpha_p^{(\mu)}\right). \tag{1}$$

于是 E 中量系 e 的每一种确定方式就对应于点 η 的一种确定方式, 其全体构成与量域 E 对应的量域 H. 但是由于方程 (1), 对 H 的每一个点也只有 E 的一个点与之对应; 这就意味着, 如果 H 的维数为 $2p-1$, 甚或更小, 那么 E 就不可能有 $2p$ 维. 因此 H 的维数为 $2p$. 于是这个支撑我们的定理的结论可应用于位于有限区域内点 η 的任何位置, 而且方程

$$\vartheta\left(-\sum_1^{p-1}\alpha_1^{(\mu)},-\sum_1^{p-1}\alpha_2^{(\mu)},\cdots,-\sum_1^{p-1}\alpha_p^{(\mu)}\right)=0$$

也对点 $\eta_1,\eta_2,\cdots,\eta_{p-1}$ 在有限区间内的任何位置成立, 从而也就普遍成立.

3

因此推知, 我们总能, 也只能以一种方式令量组 $(e_1,e_2,\cdots,e_p)$ 与一个形如 $\begin{pmatrix}p\\ \nu\left(\sum_1^p\alpha_\nu^{(\mu)}\right)\\ 1\end{pmatrix}$ 的表达式同余, 条件是要 $\vartheta\begin{pmatrix}p\\ \nu\,(u_\nu-e_\nu)\\ 1\end{pmatrix}$ 不会对所有的 z 都等于零; 因为如果我们有多种方式可以这样来确定点 $\eta_1,\eta_2,\cdots,\eta_p$, 使同余式

$$\begin{pmatrix}p\\ \nu\,(e_\nu)\\ 1\end{pmatrix}\equiv\begin{pmatrix}p\\ \nu\left(\sum_1^p\alpha_\nu^{(\mu)}\right)\\ 1\end{pmatrix}$$

得到满足, 那么根据上面所证明的定理, 函数 $\vartheta\begin{pmatrix}p\\ \nu\,(u_\nu-e_\nu)\\ 1\end{pmatrix}$ 既不恒等于零, 又在多于 p 个的点上等于零, 这是不可能的.

如果 $\vartheta\begin{pmatrix}p\\ \nu\,(u_\nu-e_\nu)\\ 1\end{pmatrix}$ 恒等于零, 为了将 $\begin{pmatrix}p\\ \nu\,(e_\nu)\\ 1\end{pmatrix}$ 纳入上面的形式, 我们必须来考察

$$\vartheta\begin{pmatrix}p\\ \nu\,(u_\nu+\alpha_\nu^{(1)}-u_\nu^{(1)}-e_\nu)\\ 1\end{pmatrix},$$

而如果这个函数对 z, ζ_1, z_1 的任意值都恒等于零, 那么就要考察函数

$$\vartheta\left(\begin{matrix} p \\ \nu \\ 1 \end{matrix}\left(u_\nu + \sum_1^2 \alpha_\nu^{(\mu)} - \sum_1^2 u_\nu^{(\mu)} - e_\nu\right)\right).$$

$$\begin{cases} \text{我们假设} \\ \vartheta\left(\begin{matrix} p \\ \nu \\ 1 \end{matrix}\left(\sum_1^m \alpha_\nu^{(p+2-\mu)} - \sum_1^{m-1} u_\nu^{(p-\mu)} - e_\nu\right)\right) \\ \text{恒等于零, 而} \\ \vartheta\left(\begin{matrix} p \\ \nu \\ 1 \end{matrix}\left(\sum_1^{m+1} \alpha_\nu^{(p+2-\mu)} - \sum_1^{m} u_\nu^{(p-\mu)} - e_\nu\right)\right) \\ \text{则不恒等于零.} \end{cases} \tag{1}$$

于是这后一函数, 看成是 ζ_{p+1} 的函数时, 对 $\varepsilon_{p-1}, \varepsilon_{p-2}, \cdots, \varepsilon_{p-m}$ 变为零, 因而除此之外还对 $p-m$ 个点变为零, 如果我们将这些点记为 $\eta_1, \eta_2, \cdots, \eta_{p-m}$, 那么就有下述同余式:

$$\left(\begin{matrix} p \\ \nu \\ 1 \end{matrix}\left(-\sum_{p-m+1}^{p} \alpha_\nu^{(\mu)} + e_\nu\right)\right) \equiv \left(\begin{matrix} p \\ \nu \\ 1 \end{matrix}\left(\sum_1^{p-m} \alpha_\nu^{(\mu)}\right)\right),$$

而且这些点 $\eta_1, \eta_2, \cdots, \eta_{p-m}$ 只有一种确定方式才能使得这个同余式得到满足, 因为否则的话这个函数就会在多于 p 个的点上变为零. 这同一个函数当看成是 z_{p-1} 的函数时, 除了对

$$\eta_{p+1}, \eta_p, \cdots, \eta_{p-m+1}$$

这些点之外, 还会对 $p-m-1$ 个点变为零, 如果我们把这些点记为

$$\varepsilon_1, \varepsilon_2, \cdots, \varepsilon_{p-m-1},$$

那么就有

$$\left(\begin{matrix} p \\ \nu \\ 1 \end{matrix}\left(-\sum_{p-m}^{p-2} u_\nu^{(\mu)} - e_\nu\right)\right) \equiv \left(\begin{matrix} p \\ \nu \\ 1 \end{matrix}\left(\sum_1^{p-m-1} u_\nu^{(\mu)}\right)\right),$$

而且 $\varepsilon_1, \varepsilon_2, \cdots, \varepsilon_{p-m-1}$ 这些点由此同余式完全确定.

因此在已作假设 (1) 之下, 为了满足同余式

$$\begin{pmatrix} p \\ \nu\,(e_\nu) \\ 1 \end{pmatrix} \equiv \begin{pmatrix} p \\ \nu \left(\sum_1^p \alpha_\nu^{(\mu)}\right) \\ 1 \end{pmatrix} \tag{2}$$

以及

$$\begin{pmatrix} p \\ \nu\,(-e_\nu) \\ 1 \end{pmatrix} \equiv \begin{pmatrix} p \\ \nu \left(\sum_1^{p-2} u_\nu^{(\mu)}\right) \\ 1 \end{pmatrix}, \tag{3}$$

点 η 中有 m 个点, 以及点 ε 中有 $m-1$ 个点, 可以任意选定, 但是其余的点就由此而确定了. 显然这个定理的逆定理也成立, 就是说, 如果这些条件中有一个满足了, 这个函数就会等于零. 因此如果同余式 (2) 有多种方式可解, 那么同余式 (3) 也就可解, 而且如果点 η 中有 m 个, 但不会有更多的点可以任意选定, 那么 ε 点中就会有 $m-1$ 个可以任意选定, 而且其余的点也就因此确定了, 反之亦然.

以完全相同的方式可以得到, 在

$$\vartheta \begin{pmatrix} p \\ \nu\,(r_\nu) \\ 1 \end{pmatrix} = 0$$

时, 下面的同余方程

$$\begin{pmatrix} p \\ \nu\,(r_\nu) \\ 1 \end{pmatrix} \equiv \begin{pmatrix} p \\ \nu \left(\sum_1^{p-1} \alpha_\nu^{(\mu)}\right) \\ 1 \end{pmatrix}, \tag{4}$$

$$\begin{pmatrix} p \\ \nu\,(-r_\nu) \\ 1 \end{pmatrix} \equiv \begin{pmatrix} p \\ \nu \left(\sum_1^{p-1} u_\nu^{(\mu)}\right) \\ 1 \end{pmatrix} \tag{5}$$

总是可解的; 而且更进一步, 不仅点 η 有 m 个可以任意选定, 而且点 ε 也有 m 个可以任意选定, 而且如果

$$\vartheta \begin{pmatrix} p \\ \nu \left(\sum_1^m u_\nu^{(\mu)} - \sum_1^m \alpha_\nu^{(\mu)} + r_\nu\right) \\ 1 \end{pmatrix}$$

恒等于零, 但是

$$\vartheta\begin{pmatrix} p \\ \nu\left(\sum_{1}^{m+1} u_\nu^{(\mu)}-\sum_{1}^{m+1}\alpha_\nu^{(\mu)}+r_\nu\right) \\ 1\end{pmatrix}$$

却不是恒等于零, 那么其余 $p-1-m$ 个也由此确定下来了, 在这里不排除有 $m=0$ 的情况. 这个定理也有其逆定理. 由此如果点 η 中有 m 个, 且不多于 m 个可以任意选定, 那么这个假设就可得到满足; 并由此可知在点 ε 中有 m 个, 但不多于 m 个, 可以任意选定.

4

$$\begin{cases}\text{我们将函数}\\ \vartheta(v_1,v_2,\cdots,v_p)\\ \text{对 } v_\nu \text{ 的导数记为 } \vartheta'_\nu,\text{ 对 } v_\mu \text{ 的二阶导数记为 } \vartheta''_{\nu,\mu},\text{ 等等,}\end{cases} \tag{1}$$

那么, 如果

$$\vartheta\begin{pmatrix} p \\ \nu\,(u_\nu^{(1)}-\alpha_\nu^{(1)}+r_\nu) \\ 1\end{pmatrix}$$

对 z_1 和 ζ_1 的所有值均为零, 则所有的函数 $\vartheta'\begin{pmatrix} p \\ \nu\,(r_\nu) \\ 1\end{pmatrix}$ 全都等于零. 实际上, 在 s_1 和 z_1 与 σ_1 和 ζ_1 相差无限小时, 方程

$$\vartheta\begin{pmatrix} p \\ \nu\,(u_\nu^{(1)}-\alpha_\nu^{(1)}+r_\nu) \\ 1\end{pmatrix}=0$$

就过渡为方程

$$\sum_{1}^{p}\vartheta'_\mu\begin{pmatrix} p \\ \nu\,(r_\nu) \\ 1\end{pmatrix}d\alpha_\mu^{(1)}=0.$$

如果我们令

$$du_\mu=\frac{\varphi_\mu(s,z)dz}{\dfrac{\partial F}{\partial s}},$$

那么这个方程在略去因子 $\dfrac{d\zeta_1}{\dfrac{\partial F(\sigma_1,\zeta_1)}{\partial\sigma_1}}$ 后就转化为

$$\sum_1^p \vartheta'_\mu \left(\begin{matrix} p \\ \nu\,(r_\nu) \\ 1 \end{matrix}\right) \varphi_\mu(\sigma_1,\zeta_1) = 0;$$

而在各个 φ 函数之间不存在带常系数的线性方程, 因此推知 $\vartheta(v_1, v_2, \cdots, v_p)$ 对 $\overset{p}{\underset{1}{\nu}}\ (v_\nu = r_\nu)$ 的全部一阶导数都等于零.

为了证明其逆定理, 我们设 $\overset{p}{\underset{1}{\nu}}\ (v_\nu = r_\nu)$ 和 $\overset{p}{\underset{1}{\nu}}\ (v_\nu = t_\nu)$ 为两组使函数 ϑ 为零的数值, 但函数 ϑ 不会对 $\overset{p}{\underset{1}{\nu}}\ (v_\nu = u_\nu^{(1)} - \alpha_\nu^{(1)} + r_\nu)$ 以及对 $\overset{p}{\underset{1}{\nu}}\ (v_\nu = u_\nu^{(1)} - \alpha_\nu^{(1)} + t_\nu)$ 恒为零, 同时再作表达式

$$\frac{\vartheta\left(\begin{matrix} p \\ \nu\,(u_\nu^{(1)} - \alpha_\nu^{(1)} + r_\nu) \\ 1 \end{matrix}\right) \vartheta\left(\begin{matrix} p \\ \nu\,(\alpha_\nu^{(1)} - u_\nu^{(1)} + r_\nu) \\ 1 \end{matrix}\right)}{\vartheta\left(\begin{matrix} p \\ \nu\,(u_\nu^{(1)} - \alpha_\nu^{(1)} + t_\nu) \\ 1 \end{matrix}\right) \vartheta\left(\begin{matrix} p \\ \nu\,(\alpha_\nu^{(1)} - u_\nu^{(1)} + t_\nu) \\ 1 \end{matrix}\right)}. \tag{2}$$

如果我们把这个表达式看成是 z_1 的函数, 那么就有, 它是 z_1 的一个代数函数, 而且甚至还是 s_1 和 z_1 的有理函数, 这是因为分母和分子在 T'' 内连续, 并且在割线上具有相同的因子. 分母与分子在 $z_1 = \zeta_1$ 和 $s_1 = \sigma_1$ 处变为二阶无限小的方式使得函数保持为有限; 但是其余那些会使分母或分子等于零的值, 正如在上面已经证明了的, 则可由量 r 和量 t 的值完全确定, 因此与 ζ_1 完全无关. 由于代数函数完全由它的零点及变为无限大的那些自变量的值决定到只差一个常数因子未定, 所以这个表达式等于一个与 ζ_1 无关的、s_1 与 z_1 的函数 $\chi(s_1, z_1)$, 再乘以一个常数, 一个与 z_1 无关的量. 这个表达式对量组 (s_1, z_1) 和 (σ_1, ζ_1) 为对称, 所以这个常数等于 $\chi(\sigma_1, \zeta_1)$ 乘以一个也与 ζ_1 无关的量 A. 如果现在我们令

$$\sqrt{A}\chi(s, z) = \rho(s, z),$$

那么我们就得到表达式 (2) 以下的值

$$\rho(s_1, z_1)\rho(\sigma_1, \zeta_1), \tag{3}$$

其中 $\rho(s, z)$ 是 s 和 z 的一个有理函数.

为了确定这个函数, 我们只需令 $\zeta_1 = z_1$ 和 $\sigma_1 = s_1$ 就可以了, 于是我们就得到

$$(\rho(s_1, z_1))^2 = \left\{\frac{\sum\limits_\mu \vartheta'_\mu \begin{pmatrix} p \\ \nu\,(r_\nu) \\ 1 \end{pmatrix} du_\mu^{(1)}}{\sum\limits_\mu \vartheta'_\mu \begin{pmatrix} p \\ \nu\,(t_\nu) \\ 1 \end{pmatrix} d\mu_\mu^{(1)}}\right\}^2$$

或者, 在经开方并拿掉因子 $\dfrac{dz_1}{\dfrac{\partial F(s_1, z_1)}{\partial s_1}}$ 后, 就是

$$\rho(s_1, z_1) = \pm \frac{\sum\limits_\mu \vartheta'_\mu \begin{pmatrix} p \\ \nu\,(r_\nu) \\ 1 \end{pmatrix} \varphi_\mu(s_1, z_1)}{\sum\limits_\mu \vartheta'_\mu \begin{pmatrix} p \\ \nu\,(t_\nu) \\ 1 \end{pmatrix} \varphi_\mu(s_1, z_1)}. \tag{4}$$

这样一来, 我们就由 (3) 和 (4) 式得到方程

$$\frac{\vartheta \begin{pmatrix} p \\ \nu\,(u_\nu^{(1)} - \alpha_\nu^{(1)} + r_\nu) \\ 1 \end{pmatrix} \vartheta \begin{pmatrix} p \\ \nu\,(\alpha_\nu^{(1)} - u_\nu^{(1)} + r_\nu) \\ 1 \end{pmatrix}}{\vartheta \begin{pmatrix} p \\ \nu\,(u_\nu^{(1)} - \alpha_\nu^{(1)} + t_\nu) \\ 1 \end{pmatrix} \vartheta \begin{pmatrix} p \\ \nu\,(\alpha_\nu^{(1)} - u_\nu^{(1)} + t_\nu) \\ 1 \end{pmatrix}}$$

$$= \frac{\sum\limits_\mu \vartheta'_\mu \begin{pmatrix} p \\ \nu\,(r_\nu) \\ 1 \end{pmatrix} \varphi_\mu(s_1, z_1) \quad \sum\limits_\mu \vartheta'_\mu \begin{pmatrix} p \\ \nu\,(r_\nu) \\ 1 \end{pmatrix} \varphi_\mu(\sigma_1, \zeta_1)}{\sum\limits_\mu \vartheta'_\mu \begin{pmatrix} p \\ \nu\,(t_\nu) \\ 1 \end{pmatrix} \varphi_\mu(s_1, z_1) \quad \sum\limits_\mu \vartheta'_\mu \begin{pmatrix} p \\ \nu\,(t_\nu) \\ 1 \end{pmatrix} \varphi_\mu(\sigma_1, \zeta_1)}. \tag{5}$$

由此方程可以推知, 如果函数 $\vartheta(v_1, v_2, \cdots, v_p)$ 的导数对 $\begin{array}{c} p \\ \nu \\ 1 \end{array} (v_\nu = r_\nu)$ 全都为零, 那么

$$\vartheta\left(\begin{array}{l} p \\ \nu\,(u_\nu^{(1)} - \alpha_\nu^{(1)} + r_\nu) \\ 1 \end{array}\right)$$

对 z_1 和 ζ_1 的每一个值就必定等于零.

5

如果

$$\vartheta\left(\begin{array}{c} p \\ \nu \\ 1 \end{array}\left(\sum_1^m \alpha_\nu^{(\mu)} - \sum_1^m u_\nu^{(\mu)} + r_\nu\right)\right) \tag{1}$$

恒等于零, 即, 它对 $\begin{array}{c} m \\ \mu(\sigma_\mu, \zeta_\mu) \\ 1 \end{array}$ 和 $\begin{array}{c} m \\ \mu(s_\mu, z_\mu) \\ 1 \end{array}$ 的每一个值都等于零, 那么我们首先用在上面给出的方法, 即令 $\zeta_m = z_m$, $\sigma_m = s_m$, 得知,

函数 $\vartheta(v_1, v_2, \cdots, v_p)$ 的一阶导数对 $\begin{array}{c} p \\ \nu \\ 1 \end{array}\left(v_\nu = \sum_1^{m-1} \alpha_\nu^{(\mu)} - \sum_1^{m-1} u_\nu^{(\mu)} - r_\nu\right)$ 全都为零, 于是, 在我们令 $\zeta_{m-1} - z_{m-1}, \sigma_{m-1} - s_{m-1}$ 为无限小时就会有二阶导数对

$$\begin{array}{c} p \\ \nu \\ 1 \end{array}\left(v_\nu = \sum_1^{m-2} \alpha_\nu^{(\mu)} - \sum_1^{m-2} u_\nu^{(\mu)} + r_\nu\right)$$

全都为零; 显然, 一般来说, n 阶导数对

$$\begin{array}{c} p \\ \nu \\ 1 \end{array}\left(v_\nu = \sum_1^{m-n} \alpha_\nu^{(\mu)} - \sum_1^{m-n} u_\nu^{(\mu)} + r_\nu\right)$$

全部都为零, 而不管量 z 和量 ζ 取何种值也都可以.

由此得出, 在当前的假设 (1) 下, 函数

$$\vartheta(v_1, v_2, \cdots, v_p)$$

的一阶至 m 阶导数对 $\overset{p}{\underset{1}{\nu}}(v_\nu = r_\nu)$ 全都为零.

为了证明这个定理的逆定理也成立, 我们首先来证明, 如果

$$\vartheta\left(\begin{matrix}p\\ \nu\\ 1\end{matrix}\left(\sum_1^{m-1}\alpha_\nu^{(\mu)}-\sum_1^{m-1}u_\nu^{(\mu)}+r_\nu\right)\right)$$

恒等于零, 而且量 $\vartheta^{(m)}\left(\begin{matrix}p\\ \nu\,(r_\nu)\\ 1\end{matrix}\right)$ 全都等于零, 那么

$$\vartheta\left(\begin{matrix}p\\ \nu\\ 1\end{matrix}\left(\sum_1^{m}\alpha_\nu^{(\mu)}-\sum_1^{m}u_\nu^{(\mu)}+r_\nu\right)\right)$$

也就必定恒等于零, 为此我们来推广 §4 中的方程 (5).

我们假设

$$\vartheta\left(\begin{matrix}p\\ \nu\\ 1\end{matrix}\left(\sum_1^{m-1}u_\nu^{(\mu)}-\sum_1^{m-1}\alpha_\nu^{(\mu)}+r_\nu\right)\right)$$

恒等于零, 但

$$\vartheta\left(\begin{matrix}p\\ \nu\\ 1\end{matrix}\left(\sum_1^{m}u_\nu^{(\mu)}-\sum_1^{m}\alpha_\nu^{(\mu)}+r_\nu\right)\right)$$

并不恒等于零, 保持先前关于 t 所作的假设, 来研究表达式

$$\frac{\vartheta\left(\begin{matrix}p\\ \nu\\ 1\end{matrix}\left(\sum_1^{m}u_\nu^{(\mu)}-\sum_1^{m}\alpha_\nu^{(\mu)}+r_\nu\right)\right)\vartheta\left(\begin{matrix}p\\ \nu\\ 1\end{matrix}\left(\sum_1^{m}\alpha_\nu^{(\mu)}-\sum_1^{m}u_\nu^{(\mu)}+r_\nu\right)\right)\cdot\prod_{\rho,\rho'}\vartheta\left(\begin{matrix}p\\ \nu\,(u_\nu^{(\rho)}-u_\nu^{(\rho')}+t_\nu)\\ 1\end{matrix}\right)\vartheta\left(\begin{matrix}p\\ \nu\,(\alpha_\nu^{(\rho)}-\alpha_\nu^{(\rho')}+t_\nu)\\ 1\end{matrix}\right)}{\left(\prod_1^m\right)^2\vartheta\left(\begin{matrix}p\\ \nu\,(u_\nu^{(\rho)}-\alpha_\nu^{(\rho')}+t_\nu)\\ 1\end{matrix}\right)\vartheta\left(\begin{matrix}p\\ \nu\,(\alpha_\nu^{(\rho)}-u_\nu^{(\rho')}+t_\nu)\\ 1\end{matrix}\right)}. \tag{2}$$

在这个表达式中, 在连乘积号下无论是 ρ 还是 ρ', 其取值都是从 1 到 m, 但是在分子中 $\rho = \rho'$ 的情形则加以摒弃.

如果把这个表达式看成是 z_1 的函数, 那么由此就有, 它会在所有割线上得到一个因子 1, 从而是一个代数函数. 它的分母和分子在 $z_1 = \zeta_\rho$ 和 $s_1 = \sigma_\rho$ 处这样地成为二阶无限小, 使得其分数保持为有限; 但是对其余在那些分母和分子为零处的值, 则正如在上面 §3 所证明的, 由量 $\overset{m}{\underset{2}{\mu}}\ (s_\mu, z_\mu)$, 量 r 以及量 t 等所完全确定, 因而也就与 ζ 完全无关. 因为这个表达式现在是 z 的一个对称函数, 所以它对任何一个 z_μ 也是一个这样的函数: 它是 z_μ 的一个代数函数, 而且使它成为无限大或无限小的那些 z_μ 的值也与量 ζ 无关. 因此它是一个与量 ζ 无关的、量 z 的代数函数, $\chi(z_1, z_2, \cdots, z_m)$, 乘以一个与量 z 无关的因子. 但是因为如果我们将量 z 与量 ζ 对调它保持不变, 所以这个因子等于 $\chi(\zeta_1, \zeta_2, \cdots, \zeta_m)$, 乘以一个与量 z 和量 ζ 都无关的常数 A; 因此如果我们令 $\sqrt{A}\chi(z_1, z_2, \cdots, z_m) = \psi(z_1, z_2, \cdots, z_m)$, 我们的表达式 (2) 就会有以下形式:

$$\psi(z_1, z_2, \cdots, z_m)\psi(\zeta_1, \zeta_2, \cdots, \zeta_m), \tag{3}$$

其中 $\psi(z_1, z_2, \cdots, z_m)$ 为一个与量 ζ 无关的、量 z 的代数函数, 它由于其分支方式可以用 $\overset{m}{\underset{1}{\mu}}\ (s_\mu, z_\mu)$ 有理地表出. 如果我们现在令 η 的各个点与 ε 的各个点相重合, 使得量 $\zeta_\mu - z_\mu$ 和量 $\sigma_\mu - s_\mu$ 表为无限小, 于是, 如果 $\vartheta(v_1, v_2, \cdots, v_p)$ 的导数我们仍采用上面 (§4, (1) 式) 的记号, 那么我们就将得到

$$\psi(z_1, z_2, \cdots, z_m) = \pm \frac{\left(\sum_1^p\right)^m \vartheta^{(m)}_{\nu_1, \nu_2, \cdots, \nu_m} \begin{pmatrix} p \\ \rho\,(r_\rho) \\ 1 \end{pmatrix} du^{(1)}_{\nu_1} du^{(2)}_{\nu_2} \cdots du^{(m)}_{\nu_m}}{\prod_{\mu=1}^{m} \sum_{\nu=1}^{p} \vartheta'_\nu \begin{pmatrix} p \\ \rho\,(r_\rho) \\ 1 \end{pmatrix} du^{(\mu)}_\nu}, \tag{4}$$

其中在分子中的求和是对 $\nu_1, \nu_2, \cdots, \nu_m$ 而言的. 几乎用不着讲的是, 分式前的正负号的选择无所谓, 因为它对 $\psi(z_1, z_2, \cdots, z_m)\psi(\zeta_1, \zeta_2, \cdots, \zeta_m)$ 的值没有影响, 而且也可以同时在分母和分子内引进与量 $du^{(\mu)}_1, du^{(\mu)}_2, \cdots, du^{(\mu)}_p$ 成正比的量 $\varphi_1(s_\mu, z_\mu), \varphi_2(s_\mu, z_\mu), \cdots, \varphi_p(s_\mu, z_\mu)$ 来代替它们.

从那些在

$$\vartheta\begin{pmatrix} p \\ \nu\left(\sum\limits_1^{m-1} u_\nu^{(\mu)} - \sum\limits_1^{m-1} \alpha_\nu^{(\mu)} + r_\nu\right) \\ 1 \end{pmatrix}$$

等于零而在

$$\vartheta\begin{pmatrix} p \\ \nu\left(\sum\limits_1^{m} u_\nu^{(\mu)} - \sum\limits_1^{m} \alpha_\nu^{(\mu)} + r_\nu\right) \\ 1 \end{pmatrix}$$

不等于零的情形下所证明的、包含在 (2)，(3)，(4) 中的方程推知, 如果函数 $\vartheta^{(m)}\begin{pmatrix} p \\ \nu\,(r_\nu) \\ 1 \end{pmatrix}$ 全都为零, 那么

$$\vartheta\begin{pmatrix} p \\ \nu\left(\sum\limits_1^{m} u_\nu^{(\mu)} - \sum\limits_1^{m} \alpha_\nu^{(\mu)} + r_\nu\right) \\ 1 \end{pmatrix}$$

不可能不等于零.

因此如果函数 $\vartheta^{(m+1)}\begin{pmatrix} p \\ \nu\,(r_\nu) \\ 1 \end{pmatrix}$ 全都为零, 那么由此得知, 由方程

$$\vartheta\begin{pmatrix} p \\ \nu\left(\sum\limits_1^{n} u_\nu^{(\mu)} - \sum\limits_1^{n} \alpha_\nu^{(\mu)} + r_\nu\right) \\ 1 \end{pmatrix} = 0$$

在 $n = m$ 时成立可推出它在 $n = m + 1$ 时也成立. 因此如果方程在 $n = 0$ 时成立, 或者说有 $\vartheta\begin{pmatrix} p \\ \nu\,(r_\nu) \\ 1 \end{pmatrix} = 0$, 而且函数 $\vartheta\begin{pmatrix} p \\ \nu\,(v_\nu) \\ 1 \end{pmatrix}$ 的一阶至 m 阶导数对 $\begin{matrix} p \\ \nu \\ 1 \end{matrix}\ (v_\nu = r_\nu)$ 全都为零, 但是 $m + 1$ 阶导数则否, 那么这个方程也对较大的 n, 直至 $n = m$ 时均成立, 但对 $n = m + 1$ 不成立. 正如我们已经得知, 由 $\vartheta\begin{pmatrix} p \\ \nu\left(\sum\limits_1^{m+1} u_\nu^{(\mu)} - \sum\limits_1^{m+1} \alpha_\nu^{(\mu)} + r_\nu\right) \\ 1 \end{pmatrix} = 0$ 可以推出全部 $\vartheta^{(m+1)}\begin{pmatrix} p \\ \nu\,(r_\nu) \\ 1 \end{pmatrix}$ 必定都

为零.

6

如果把刚才证明的结果与前面的结果结合起来, 我们就会得到下面的结论:

如果 $\vartheta(r_1, r_2, \cdots, r_p) = 0$, 那么 $\eta_1, \eta_2, \cdots, \eta_{p-1}$ 这 $p-1$ 个点可以这样来确定, 使得下述同余式

$$(r_1, r_2, \cdots, r_p) \equiv \left(\sum_1^{p-1} \alpha_1^{(\mu)}, \sum_1^{p-1} \alpha_2^{(\mu)}, \cdots, \sum_1^{p-1} \alpha_p^{(\mu)}\right)$$

成立, 而且, 反之亦然.

如果除了函数 $\vartheta(v_1, v_2, \cdots, v_p)$ 之外, 还有它的从一阶到 m 阶的导数对 $v_1 = r_1, v_2 = r_2, \cdots, v_p = r_p$ 全都为零, 但是第 $m+1$ 阶并不全等于零, 那么在 η 的这些点中, 有 m 个可以任意选定而不用去改变量 r, 并且其余 $p-1-m$ 就因此完全确定了.

同时, 反之:

如果在 η 的点中有 m 个, 不多也不少, 可以任意选定而不必让量 r 发生改变, 那么除了函数 $\vartheta(v_1, v_2, \cdots, v_p)$ 之外, 还有它的从一阶到 m 阶的导数对 $v_1 = r_1, v_2 = r_2, \cdots, v_p = r_p$ 全都为零, 但是第 $m+1$ 阶并不全等于零.

对可能出现的各种特殊情形进行全面的研究, 必要性不大, 因为在我们这些情形中出现的那种具有相同分支的代数函数系统是更为紧要的, 没有这个研究在定理的证明中就会出现漏洞, 而我们关于 ϑ 函数的零点的定理就是以此为基础的.

(感谢王耀东教授对本篇文章的译文提出的修改建议.)

第二部分

在 Riemann 去世后已经发表了的论文

XII 论函数的三角级数表示

(选自 Göttingen 王室科学协会文集第 13 卷)[①]

下面这篇论述三角级数的论文由实质上不同的两部分组成. 第一部分包含了对任意 (由图形给出的) 函数及其用三角级数表示的可能性的研究和观点的历史. 在内容的叙述上我遵循了这方面做过原始奠基性工作的若干著名的数学家的想法和提示. 在第二部分, 我将研究函数用三角级数表示的问题, 其中包括以前未解决的情形. 为此有必要对定积分概念及其有效范围作一简短的说明.

用三角级数表示任意函数问题的历史

1

被 Fourier 称为三角级数的、形式如下的级数

$$\begin{aligned}&a_1 \sin x + a_2 \sin 2x + a_3 \sin 3x + \cdots \\ +&\frac{1}{2}b_0 + b_1 \cos x + b_2 \cos 2x + b_3 \cos 3x + \cdots\end{aligned}$$

①本文是作者在 1854 年为他在 Götingen 大学哲学系的就职申请报告而准备的. 尽管看来作者并没有考虑将它发表, 可是我们在这里以未加任何改变的形式出版这篇论文, 这无论是从这个论题本身就极为有趣来说, 还是从在其中所奠定的对无穷小分析最重要的原理的处理方法来说, 都是有十分充分的理由的.

于 1867 年 7 月, Braunschweig. R. Dedekind.

在会遇到任意函数的那一部分数学中, 起着十分重要的作用; 事实上, 我们有理由认为, 这一在数学中对物理学是如此重要的部分, 其最具实质意义的进展是与对它的本质的深入理解相联系的. 在最早的对任意函数的数学研究中就已经提出了这样的问题: 一个任意函数是否能用上述级数来表示.

这个问题是 18 世纪中叶在研究弦的振动时提出来的, 当时一些最著名的数学家对这个问题进行了研究. 如果不深入到这个 [弦的振动] 问题中去, 就难以表述他们对我们要研究的这个课题的观点.

众所周知, 在一定的近似假设条件下, 一条在平面内张紧着的弦的振动, 其形状由下述偏微分方程所确定:

$$\frac{\partial^2 y}{\partial t^2} = \alpha\alpha \frac{\partial^2 y}{\partial x^2},$$

其中 x 为弦上任一点到原点的距离, y 是该点在 t 时刻离开静止时位置的距离, 此外, α 与 t 无关, 而且在弦的粗细处处均匀时也与 x 无关.

D'Alembert 是给出这个微分方程通解的第一人.

他证明了[①], 任何一个 x 和 t 的函数, 要作为 y 代入方程并使之成为恒等式, 必须是以下的形式:

$$f(x + \alpha t) + \varphi(x - \alpha t),$$

这是因为引进独立变量 $x + \alpha t$ 和 $x - \alpha t$ 来代替 x 和 t, 就使

$$\frac{\partial^2 y}{\partial x^2} - \frac{1}{\alpha\alpha}\frac{\partial^2 y}{\partial t^2} \text{ 转化为 } 4\frac{\partial \dfrac{\partial y}{\partial(x+\alpha t)}}{\partial(x-\alpha t)}.$$

除了由普遍运动规律得出的这个偏微分方程之外, 在弦固定点处 y 还必须满足等于 0 的条件, 因此, 如果一个固定点是 $x = 0$, 另一个是 $x = l$, 那么就有

$$f(\alpha t) = -\varphi(-\alpha t), \quad f(l + \alpha t) = -\varphi(l - \alpha t),$$

从而得到

$$f(z) = -\varphi(-z) = -\varphi(l - (l + z)) = f(2l + z),$$
$$y = f(\alpha t + x) - f(\alpha t - x).$$

在 d'Alembert 将这个式子作为通解使用之后, 他又在其论文的续篇[②]中研究了方程 $f(z) = f(z + 2l)$; 就是说, 他研究了这样的解析表达式, 它在 z 增加了 $2l$ 之后保持不变.

---

①Mémoires de l'académie de Berlin. 1747. p. 214.

②同上刊, 第 220 页.

给 d'Alembert 的这一成果以新的表述, 是 Euler 的一项重大的功绩, 他在下一年的柏林科学院的文集①中, 正确地认识到了函数 $f(z)$ 所应满足的条件的实质内涵. 他注意到, 根据问题的性质, 如果弦在某一时刻的形状以及每一点的速度 (因而也就是 y 和 $\frac{\partial y}{\partial t}$) 给定了, 那么弦的运动也就完全确定了. 他指出, 如果用两条任意画好的曲线来定义这两个函数, 那么通过简单的几何构作就可以求得 d'Alembert 函数 $f(z)$. 事实上, 如果假设

$$t=0, \quad y=g(x) \quad \text{以及} \quad \frac{\partial y}{\partial t}=h(x),$$

那么我们就得到, 对位于从 0 到 l 的 x, 有

$$f(x)-f(-x)=g(x), \quad f(x)+f(-x)=\frac{1}{\alpha}\int h(x)dx$$

并由此获得从 $-l$ 到 l 的 $f(z)$; 在其他点处的值要用下述方程来计算:

$$f(z)=f(2l+z).$$

这就是抽象地确定, 但它描述了现今也已是脍炙人口的、确定函数 $f(z)$ 的 Euler 方法.

可是对 Euler 对他方法的发展 d'Alembert 立即提出了不同的意见, 因为他的方法必须假设 y 本身能够用 t 和 x 解析地表达出来②.

在由此而引起 Euler 的答复之前, 对这个问题又出现了由 Daniel Bernoulli 提出的与这两种都不同的第三种处理方法③. Taylor 在 d'Alembert 之前就已经看出, 如果我们令 $y=\sin\frac{n\pi x}{l}\cos\frac{n\pi\alpha t}{l}$, 并令其中的 n 为一整数, 那么就可以使 $\frac{\partial^2 y}{\partial t^2}=\alpha\alpha\frac{\partial^2 y}{\partial x^2}$ 得到满足, 并且在 $x=0, x=l$ 处均为零④. 他由此解释了这样的物理现象, 即, 一条弦除了有其基音之外, 还有其长度等于这条弦的 $\frac{1}{2}, \frac{1}{3}, \frac{1}{4}, \cdots,$

①Mémoires de l'académie de Berlin. 1748. p. 69.

②Mémoires de l'académie de Berlin. 1750. p. 358. En effet on ne peut ce me semble exprimer y analytiquement d'une manière plus générale, qu'en la supposant une fonction de t et de x. Mais dans cette supposition on ne trouve la solution du problème que pour les cas où les différentes figures de la corde vibrante peuvent être renfermées dans une seule et méme équation.

这里 Riemann 引用了 d'Alembert 的法语原文, 现将其翻译如下: "实际上, 在我看来, 如果不假设 y 是 t 和 x 的函数 [在那个时代还没有一般函数的概念, 那时所谓的函数就是指可以用一个公式来表达的相依关系 —— 中译者注], 就不可能用一般的方式来解析地表达 y. 可是在这个假设中只有当振动弦的各种形状能够局限于一个独一无二的方程时, 才能得到这个问题的解."—— 中译者注

③Mémoires de l'académie de Berlin. 1753. p. 147.

④Taylor, De methodo incrementorum.

等等的基音 (其他的性质都相同), 而且他还认为他的这个特殊解适用于一般情况, 也就是说, 他相信弦的振动, 如果整数 n 根据音调的高度确定了, 弦的振动就一定能够, 至少是近似地, 用这个方程来表示. 观察到一条弦可以同时发出各种不同的音调, 使得 Bernoulli 认为, 弦 (根据理论) 也可以按下述方程振动:

$$y=\sum a_n \sin\frac{n\pi x}{l}\cos\frac{n\pi\alpha}{l}(t-\beta_n).$$

此外, 由于可用这个方程来解释已观察到的现象的改变, 所以他坚持认为, 它对一般情况都有效①. 为了支持这个观点, 他研究了一根无质量张紧的绳, 在其个别点上负载着有限质量的重物, 并且证明了它的振动总是可以分解为这种振动的和, 其个数等于这些载有重物的点的个数, 而每一个这种振动持续的时间都相同.

Bernoulli 的这些工作促发了 Euler 的一篇新的文章, 它紧接其后发表在柏林科学院的论文集上②. 他在文中表示了不同意 d'Alembert 的观点, 坚持认为③函数 $f(z)$ 可以是在从 $-l$ 到 l 之间的一个任意函数, 并且指出④, Bernoulli 的解 (先前只是作为特解构造出来的) 是通解, 当且仅当: 以 0 与 l 内的值 x 为横坐标时, 下述级数

$$\begin{aligned}&a_1\sin\frac{x\pi}{l}+a_2\sin\frac{2x\pi}{l}+\cdots\\+&\frac{1}{2}b_0+b_1\cos\frac{x\pi}{l}+b_2\cos\frac{2x\pi}{l}+\cdots\end{aligned}$$

能够表示任意曲线的纵坐标. 可是那时没有人怀疑, 以一个 (有限或无限形式的) 解析表达式所作的变换对变量的每一个值都有效, 或者也可能只在很特殊的情况下不能应用. 因此, 一条代数曲线或者更一般地, 一条解析地给出的非周期曲线不大可能用上述表达式 [指三角函数的级数] 来表示. Euler 由此相信必须解决这个问题以不同意于 Bernoulli 的观点.

然而 Euler 与 d'Alembert 还在争论的时候, 却促使一个年轻人, 当时还是一个不知名的数学家, Lagrange, 在研究这个问题的求解时走出了一条全新的道路, 这条道路使他得到了 Euler 的结论. 他研究了一条这样的无质量绳的振动⑤, 在这条绳上相隔相同距离的点上加载了数量不定的有限个质量相等的重物, 然后研究, 在重物的数量无限增长时的这个解如何改变. 虽然他在研究的第一部分花了那样大的力气, 应用了很多的解析技巧, 但从有限过渡到无限时, 却留下了许多

①l. c. p. 157. art. XIII.

②Mémoires de l'académie de Berlin. 1753. p. 196.

③l. c. p. 214.

④l. c. art. III—X.

⑤Miscellanea Taurinensia. Tom. I. Recherches sur la nature et la prepagation du son (对声音的本质及其传播的研究).

问题. 这就促使 d'Alembert 发表了一篇论文, 放在他的 opuscules mathématiques (数学小册子) 的最前面, 他在文中强调了他的解是最一般的解. 那时, 著名数学家之间的观点各不相同; 因为在以后的工作中他们实质上都坚持着自己的观点.

为了表达关于任意函数及其三角级数表示这两个问题的观点, Euler 首先在分析中引进了函数, 并依靠几何直观, 把无穷小分析应用进去. Lagrange①认为 Euler 的结果 (他对振动过程的几何构作) 是对的; 但是他不满足于 Euler 对这些函数的几何处理. 另一方面, d'Alembert② 则同意 Euler 得到微分方程的方法, 却怀疑其结果的正确性, 因为不知道一个任意函数的导函数是否仍为连续. 至于谈到 Bernoulli 的解, 他们三人都不认为是通解; 但是在 d'Alembert③ 为了能够说清 Bernoulli 的解不如他的更一般而必须认为即使是解析地给出的周期函数也不一定能用三角级数来表达之时, Lagrange④却认为, 这一可能性是可以得到证明的.

2

几乎 15 年过去了, 在有关任意函数的解析表示方面的问题没有取得任何实质性的进步. 这时 Fourier 的一篇注记给这个课题投入了新的曙光; 在数学的这一部分的发展中, 一个新的时代开始了, 这立即就以在数学物理中波澜壮阔的发展表现出来. Fourier 指出, 在下述三角级数

$$f(x)=\begin{cases} a_1\sin x+a_2\sin 2x+\cdots \\ +\frac{1}{2}b_0+b_1\cos x+b_2\cos 2x+\cdots \end{cases}$$

中的系数, 可以用公式

$$a_n=\frac{1}{\pi}\int_{-\pi}^{\pi}f(x)\sin nxdx,\quad b_n=\frac{1}{\pi}\int_{-\pi}^{\pi}f(x)\cos nxdx$$

来确定. 他说, 如果 $f(x)$ 是任意的, 这个方法也仍然好用; 他用了一个所谓的不连续函数 $f(x)$ (是一条折线对 x 轴的纵坐标), 并得到一个级数, 后者实际上肯定会给出该函数的值.

Fourier 向法兰西科学院提交的最初几篇论热的文章中⑤(1807 年 12 月 21 日), 首次宣告了一个任意 (用图形给出) 的函数可以用三角级数来表示的定理. 这个宣告让年迈的 Lagrange 感到如此意外, 以致他坚决反对. 此事当另有一份

①Miscellanea Taurinensia. Tom. II. Pars math. p. 18.

②Opuscules mathématiques p. d'Alembert. Tome premier. 1761. p. 16. art. VII–XX.

③Opuscules mathématiques. Tome I. p. 42. art. XXIV.

④Misc. Taur. Tom. III. Pars math. p. 221. art. XXV.

⑤Bulletin des sciences p. la soc. philomatique. Tome I. p. 112.

证词存入巴黎科学院的文档中.① 但是, Poisson 用三角级数表示任意函数时②, 他指出在 Lagrange 的关于弦振动的文章中, 就可以找到这种表示方法. 为了驳斥这个宣告 (后者只有从众所周知的 Fourier 与 Poisson 之间的竞争才能得到解释③), 我们有必要再次回到 Lagrange 的论文上来, 因为有关这个事件的情况在科学院的档案中没有任何记录.

实际上我们在 Poisson 所引用到的地方④发现有下述公式:

$$y = 2\int Y \sin X\pi dX \cdot \sin x\pi + 2\int Y \sin 2X\pi dX \cdot \sin 2x\pi$$
$$+2\int Y \sin 3X\pi dX \cdot \sin 3x\pi + \text{etc.} + 2\int Y \sin nX\pi dX \cdot \sin nx\pi,$$

所以在 $x = X$ 时我们有 $y = Y$, 这里 Y 为与横坐标 x 对应的纵坐标.

这个公式初看起来很像 Fourier 级数, 以致很容易把它们混淆; 但是此混淆之产生只是因为 Lagrange 使用的符号是 $\int dX$, 而我们今天所采用的却是 $\sum \Delta X$, 它 [这个公式] 给出了确定有限正弦级数

$$a_1 \sin x\pi + a_2 \sin 2x\pi + \cdots + a_n \sin nx\pi$$

问题之解, 使得当 x 等于

$$\frac{1}{n+1}, \frac{2}{n+1}, \cdots, \frac{n}{n+1}$$

时, 它等于相应的给定值. Lagrange 把变量记为 X. 要是 Lagrange 在这个公式中令 n 变为无穷大, 他就会得到 Fourier 的结果. 但是如果我们从头到尾仔细阅读他这篇论文, 就会知道, 他离开相信一个任意函数的确可以用无穷的正弦级数来表示还很遥远. 可是他宁愿这样来处理他这篇论文, 因为他认为任意函数无法用一个公式来表达, 至于三角级数, 他想, 它们能够用来表示解析地给出的任意周期函数. 自然, Lagrange 没有能够从他的求和公式得到 Fourier 级数几乎叫人难以置信; 但是这可以这样来解释, Euler 与 d'Alembert 之间的争论, 影响了他对问题的处理方法. 他认为, 质点个数不定的振动问题, 在对它们进行极限考察前必须先解决. 这就需要大大地扩充研究工作量⑤, 而如果熟悉 Fourier 级数, 就没有这个必要[1].

Fourier 认识三角级数的性质既完整又正确⑥; 从此以后在数学物理中就多次用它来表示任意函数, 而且在某些个别情形中都令人信服地表明, Fourier 级数

①根据他对 Dirichlet 教授先生的口头告知.

②除了别的以外, 特别有那广为人知的 Traité de mécanique (力学专论), No. 323, p. 638.

③在科学院通报上有关 Fourier 向科学院提交的论文的报告是由 Poisson 做的.

④Misc. Taur. Tom. III. Pars math. p. 261.

⑤Misc. Taur. Tom. III. Pars math. p. 251.

⑥Bulletin d. sc. Tom. I. p. 115. Les coefficients a, a', a'', $\cdots$, étant ainsi déterminés etc.

的确收敛到函数的值; 但是在这个重要的定理得到普遍证明前还等待了很长的时间.

Cauchy 于 1826 年 2 月 27 日在巴黎科学院宣读的论文①中给出的证明, 正如 Dirichlet 所指出的②, 是不充分的. Cauchy 假设, 如果在任意给定的周期函数 $f(x)$ 中, 将 x 换成复变量 $x+yi$, 那么这个函数对 y 的每一个值均为有限. 但这种情况只有当函数是一个常量时才会发生. 很容易看出, 这个假设对后面的结论并无必要. 如果有个函数 $\varphi(x+yi)$, 它对所有正的 y 有限, 而在 $y=0$ 时等于所给的周期函数, 这就足够了. 如果我们假设这个实际上是正确的定理③, 那么 Cauchy 的方法就达到了目的, 反过来, 这个定理可以由 Fourier 级数推导出来[2].

3

到了 1829 年 1 月才在 Crelle 的杂志④上出现了 Dirichlet 的论文, 该文首次对处处可积分、仅有有限个极大和极小的函数, 严格地解决了用三角级数来表示的问题.

使他认识到解决这个问题的有效方法是基于他洞悉到, 无穷级数可以根据我们把它变成正项级数之后是否收敛而分成两类. 在能保持收敛的第一类中, 级数中的各项可以随意换位, 相反在后一类中, 级数的值与各项的次序有关. 这是因为, 如果我们将第二类级数中的正项按下述次序

$$a_1, a_2, a_3, \cdots$$

排成一个数列, 把其中的负项排成

$$-b_1, -b_2, -b_3, \cdots,$$

那么就很清楚, 无论是 $\sum a$, 还是 $\sum b$, 都必定是无穷的; 因为如果这二者都有限, 则在令二者符号相同之后此级数就会收敛; 但是如果其中有一个为无穷, 那么这个级数就会是发散的. 此外, 第二类级数通过项的适当的重排可以得到任意给定的值 C. 因为如果我们交替地先取级数一些正项直至其和大于 C, 然后再取若干负项, 直至级数的值小于 C, 那么它与 C 的偏差绝不会超过最后一次变号前的那一项. 可是因为无论是量 a 还是量 b 都随其下标的增大最后会变为无穷小, 所以只要我们在级数中走得充分远, 对 C 的偏差也就会任意小, 就是说, 这个级数将收敛到 C.

①Mémoires de l'ac. d. sc. de Paris. Tom. VI. p. 603.

②Crelle Journal für die Mathematik. Bd. IV. p. 157 & 158.

③Der Beweis findet sich in der Inauguraldissertation des Verfassers. (证明见作者的就职论文.)

④Bd. IV. p. 157.

有限和的定律只能用到第一类级数; 只有它才可以看成是它的各项的总和, 第二类级数则否; 这一情况被 18 世纪的数学家们所忽视, 主要是由于, 那种按一个量的升幂排列的级数, 一般来说 (就是说, 这个量的个别值除外), 属于第一类.

可是 Fourier 级数显然不一定属于第一类; 所以它的收敛性根本不能根据项的递减的定律来证明, 就正如 Cauchy 曾经劳而无功地做过那样[①]. 我们要证明的倒是, 下面的有限级数

$$\frac{1}{\pi}\int_{-\pi}^{\pi} f(\alpha)\sin\alpha d\alpha\sin x+\frac{1}{\pi}\int_{-\pi}^{\pi} f(\alpha)\sin 2\alpha d\alpha\sin 2x+\cdots$$
$$+\frac{1}{\pi}\int_{-\pi}^{\pi} f(\alpha)\sin n\alpha d\alpha\sin nx$$
$$+\frac{1}{2\pi}\int_{-\pi}^{\pi} f(\alpha)d\alpha+\frac{1}{\pi}\int_{-\pi}^{\pi} f(\alpha)\cos\alpha d\alpha\cos x+\frac{1}{\pi}\int_{-\pi}^{\pi} f(\alpha)\cos 2\alpha d\alpha\cos 2x+\cdots$$
$$+\frac{1}{\pi}\int_{-\pi}^{\pi} f(\alpha)\cos n\alpha d\alpha\cos nx,$$

或等价地, 积分

$$\frac{1}{2\pi}\int_{-\pi}^{\pi} f(\alpha)\frac{\sin\dfrac{2n+1}{2}(x-\alpha)}{\sin\dfrac{x-\alpha}{2}}d\alpha$$

当 n 趋于无穷时趋于函数 $f(x)$.

Dirichlet 的证明是基于以下两个定理.

1) 如果 $0 < c \leqslant \frac{\pi}{2}$, 那么当 n 趋于无穷时, $\int_0^c \varphi(\beta)\frac{\sin(2n+1)\beta}{\sin\beta}d\beta$ 趋于 $\frac{\pi}{2}\varphi(0)$;

2) 如果 $0<b<c\leqslant\frac{\pi}{2}$, 当 n 趋于无穷时, $\int_0^c \varphi(\beta)\frac{\sin(2n+1)\beta}{\sin\beta}d\beta$ 趋于 0;

在此假设了函数 $\varphi(\beta)$ 在积分区间内, 要么为递增, 要么为递减.

如果函数 f 不是无穷多次地从递增变为递减, 或者从递减变为递增, 那么借助于这两个定理显然就可知下述积分

$$\frac{1}{2\pi}\int_{-\pi}^{\pi} f(\alpha)\frac{\sin\dfrac{2n+1}{2}(x-\alpha)}{\sin\dfrac{x-\alpha}{2}}d\alpha$$

①见 Dirichlet 在 Crelle 杂志, Bd. Ⅳ, p. 158 中所写: “Quoi qu'il en soit de cette première observation, $\cdots$ à mesure que n croît.” (“不论这个最初的看法如何, …… 随着 n 的增长.”)

可以分解为有限项, 当 n 趋向无穷时, 其中有一个①趋向 $\frac{1}{2}f(x+0)$, 有一个趋向 $\frac{1}{2}f(x-0)$, 其余的趋向 0.

因此推出, 以 2π 为周期的周期函数如果

1) 处处可积分,

2) 没有无穷多个极大和极小,

3) 在发生跃变的点上取两侧极限值的平均值,

那么可用三角级数来表示.

一个具有前两个性质、但不具有第三个性质的函数, 显然不能用三角级数来表示; 因为这个三角级数, 描述了除间断点之外的函数, 而在间断点处与函数有偏离. 但是一个不满足头两个条件的函数, 是否以及何时可以用三角级数来表示, 在 Dirichlet 的研究中仍未被解决.

Dirichlet 的工作给分析的研究以坚实的基础. 是他给在 Euler 弄错了的地方投下了一线光明, 解决了一个 70 多年来 (自从 1753 年以来) 有许多杰出的数学家研究过的问题. 实际上, 就大自然界的各种情形而言, 只有他所处理的情形是被完全解决的, 虽然我们对于物体位置和时间发生无穷小变化时, 相应的力和物体状态的变化一无所知, 但我们一定可以认为, Dirichlet 研究中未触及的那种函数, 在自然界没有出现.

但是, 这种 Dirichlet 未曾研究过的情形有双重的理由值得我们注意.

首先, 正如 Dirichlet 在他论文的结束时所指出的, 这个问题与无穷小计算原理 [即微积分学] 有密切的关系, 而且能够起到这样的作用, 即, 为这些原理带来更大的清晰和精确性. 就这一点来讲, 对这种情形的处理是有直接意义的.

其次, Fourier 级数的应用范围可不仅限于物理科学; 它们现在已成功地应用于纯粹数学和数论这个领域内. 而且就是在这里, 某些函数的三角级数表示问题未曾被 Dirichlet 研究过, 这就显得更为重要.

最后, Dirichlet 在他的论文中也的确许诺过, 他稍后会回到这种情形上来, 可是这个诺言至今仍未实现. 就是 Dirksen 和 Bessel 论余弦和正弦级数的工作也没有完成这个任务; 它们在严谨和普遍性上也许还赶不上 Dirichlet 的工作. Dirksen 的论文②与他 [Dirichlet] 的论文几乎是同时的, 显然它是在对后者不知情的情况下写就的, 虽然总体来说是对的, 但是还是有个别不准确的地方. 由于他忽略了在一些特许情形③中所得到的级数和的结果是错误的, 他在论述中以一个只有在

①不难证明, 一个没有无穷多个极大和极小的函数 f, 它的自变量的值既是递增地接近等于 x, 又是递减地接近等于 x, 它的值必定是, 要么逼近固定的值 $f(x+0)$ 以及 $f(x-0)$ (按照 Dirichlet 在《Repertorium der Physik》, Bd. I, p. 170) 要么变为无穷大. [(1)]

②Crelle 杂志, Bd. Ⅳ, p. 170.

③上引文献的公式 22.

特殊情况下才成立的级数展开① 为基础, 以致他的证明只对那种一阶导数处处有限的函数才是完美的. Bessel②想简化 Dirichlet 的证明, 但对证明的改变并没有带来实质上的简化, 最多只不过是用更熟悉的概念包装一下而已, 而其严格性和普遍性却遭受到了严重的损害.

因此函数用三角级数表示的问题, 至今只是在下述两个假设下得到了解决, 这就是: 函数处处可积, 且只有有限个极大和极小. 如果后面这个假设不满足, 那么 Dirichlet 为解决这个问题的两个定理也就不能成立; 但是如果放弃第一条, 那么确定 Fourier 系数的公式就不能用了. 下面我们将在不对函数性质作特别假设下来研究这个问题, 为此所采用的方法, 正如大家将看到的, 就由这些事物所制约. 事物的本性确定了, 像 Dirichlet 那样直接的研究途径是不可能的.

关于定积分的概念及其适用范围

4

由于对定积分学的基本点上还比较模糊, 我先叙述定积分的概念及其适用的范围.

首先要问: 如何理解 $\int_a^b f(x)dx$?[3]

为了解答这个问题, 我们在 a 与 b 之间按序取一列值 $x_1, x_2, \cdots, x_{n-1}$, 为简单起见, 将 $x_1 - a$ 记为 δ_1, 将 $x_2 - x_1$ 记为 $\delta_2, \cdots\cdots$, 将 $b - x_{n-1}$ 记为 δ_n, 而用 ε 来表示位于 0 与 1 之间的数. 于是下述和

$$\begin{aligned}S = &\delta_1 f(a+\varepsilon_1\delta_1) + \delta_2 f(x_1+\varepsilon_2\delta_2) + \delta_3 f(x_2+\varepsilon_3\delta_3) + \cdots \\ &+\delta_n f(x_{n-1}+\varepsilon_n\delta_n)\end{aligned}$$

的值依赖于区间 δ 和量 ε 的选择. 如果它有这样的性质, 即, 不论 δ 和量 ε 如何选择, 只要所有的 δ 变成无穷小, 它就会无限接近一个确定的极限 A, 那么此极限 A 就记为 $\int_a^b f(x)dx$.

如果它没有这个性质, 记号 $\int_a^b f(x)dx$ 就没有定义. 然而在这种情形, 人们对某些特殊情形, 仍可对这个记号, 赋予推广意义下的定义. 下面的一种就是现在所有数学家都认可的. 这就是, 如果函数 $f(x)$ 在其自变量逼近于区间 (a, b) 内

①上引文献的第 3 节.

②Schumacher. Astronomische Nachrichten. Nro. 374 (Bd. 16. p. 229).

的某个单独的值 c 时变为无穷大, 那么显然, 不论令 δ 如何小, 和 S 可以取到任何值; 因此它不会有极限值, 所以 $\int_a^b f(x)dx$ 就没有意义. 但是如果下式

$$\int_a^{c-\alpha_1} f(x)dx + \int_{c+\alpha_2}^b f(x)dx$$

在 α_1 与 α_2 为无穷小时逼近一个确定的极限, 那么我们就将 $\int_a^b f(x)dx$ 理解为这个极限.

Cauchy 在那种对基本概念没有什么意义的情形下对定积分概念所作的假设, 可能适用于某些个别的研究; 它们不是普遍地引入的, 由于任意性太大, 而难以适用.

5

现在我们来研究这个概念的适用范围, 问题: 在什么情况下一个函数可以积分, 什么情况下不可以?

我们首先研究狭义意义下的积分, 就是说, 我们假设, 和 S 在所有的 δ 都变为无穷小时收敛. 因此如果我们用 D_1 表示函数在从 a 到 x_1 之间的最大的波动, 也就是它在这个区间上的最大值与最小值之差, 用 D_2 表示在 x_1 与 x_2 之间的这个差, ……, 用 D_n 表示在 x_{n-1} 与 b 之间的这个差, 那么

$$\delta_1 D_1 + \delta_2 D_2 + \cdots + \delta_n D_n$$

必定会随所有 δ 一起变为无穷小. 我们再进一步假设, 只要所有的 δ 小于 d, 我们所能得到的这个和的最大值为 Δ; 这样 Δ 是 d 的一个函数, 它随着 d 的减小而减小, 并且随着这个量一起变为无穷小. 而如果那些波动大于 σ 的区间总长度等于 s, 那么这些区间对和 $\delta_1 D_1 + \delta_2 D_2 + \cdots + \delta_n D_n$ 的贡献显然会大于等于 σs. 所以我们有

$$\sigma s \leqslant \delta_1 D_1 + \delta_2 D_2 + \cdots + \delta_n D_n \leqslant \Delta, \quad 因此\ s \leqslant \frac{\Delta}{\sigma}.$$

而如果 σ 已给定, 则 $\frac{\Delta}{\sigma}$ 就可以通过适当地选取 d 做到任意小; 因此也可以让 s 做到这样, 于是我们就有以下结论:

为使和 S 在所有的 δ 变为无穷小时能收敛, 除了要求函数为有限之外, 还要求那些波动大于给定的 σ 的区间, 其长度的总和可以通过适当选取 d 做到任意小.

这个定理的逆定理也是对的:

如果函数 $f(x)$ 有限, 而且在所有的 δ 变为无穷小时, 函数 $f(x)$ 的波动大于给定值 σ 的区间总长度也变为无穷小, 那么和 S 在所有的 δ 都变为无穷小时必定收敛.

因为那些波动大于 σ 的区间对和 $\delta_1D_1+\delta_2D_2+\cdots+\delta_nD_n$ 的贡献, 小于 s 乘以这个函数在 a 与 b 之间的最大波动, 它 (根据前述) 是有限的; 其余的区间的贡献小于 $\sigma(b-a)$. 显然现在我们就可以首先取 σ 任意小, 然后总可以 (根据前述) 这样来规定这些区间的长度, 使得 s 任意小, 从而使得所给的和 $\delta_1D_1+\delta_2D_2+\cdots+\delta_nD_n$ 也任意小, 于是和 S 的值就会包含在任意狭窄的界限内.

这样我们已经找到了, 和 S 在 δ 无限减小的过程中收敛的充分和必要条件, 或等价地, 在狭义意义下, $f(x)$ 在 (a,b) 上积分存在的充分和必要条件. [(2)][4]

要想将积分的概念像上面那样加以推广, 显然, 上面得到的两个条件中后面的那个还是必需的; 但是函数必须有限这个条件可以换成这样的条件, 就是函数只能在自变量逼近孤立的值[5] 时变为无穷大, 并且积分限无限逼近这种值时会得到确定的极限.

6

上面研究了一般可积性的条件, 即对要积分的函数无需加以特殊的假设. 这项研究还可以应用于某些特殊情形. 首先我们来考虑不连续点在任意两点间都为无限的函数.

由于这种函数以前未被研究过, 所以我们从一个例子出发. 为了简单起见, 我们用 (x) 表示 x 对它的最近整数的超量 (Ueberschuss), 如果它恰好是两个整数的中间值, 那么这个规定就会有歧义, 这时我们就规定它为这两个值 $\frac{1}{2}$ 和 $-\frac{1}{2}$ 的平均值, 因而也就是规定它为零, 此外, 再用 n 表示整数, 用 p 表示奇数, 然后构造下述级数

$$f(x)=\frac{(x)}{1}+\frac{(2x)}{4}+\frac{(3x)}{9}+\cdots=\sum_{n=1}^{\infty}\frac{(nx)}{nn};$$

显然, 这个级数对 x 的每一个值都收敛; 无论自变量连续地递减、还是连续地递增到 x, 它的值都会逼近一个固定的值, 更具体讲, 如果 $x=\frac{p}{2n}$ (其中 n,p 互素),

则有

$$f(x+0)=f(x)-\frac{1}{2nn}\left(1+\frac{1}{9}+\frac{1}{25}+\cdots\right)=f(x)-\frac{\pi\pi}{16nn},$$
$$f(x-0)=f(x)+\frac{1}{2nn}\left(1+\frac{1}{9}+\frac{1}{25}+\cdots\right)=f(x)+\frac{\pi\pi}{16nn},$$

而在其他情况下就处处有 $f(x+0)=f(x), f(x-0)=f(x)$.

因此这个函数对 x 的每一个表示为以偶数作分母的不可约分数的有理数,都是不连续的, 因而在即使是很窄的范围内都会有无限多个不连续点出现, 可是跃变量 (Sprünge) 超过一给定值的不连续点的个数则总是有限的. 它在任何一个区间内都可积分. 实际上它除了满足有限性之外, 它还具有两个性质, 一是, 它对 x 的每一个值两侧都有极限值 $f(x+0)$ 和 $f(x-0)$, 另一个是, 跃变量超过一个给定值 σ 的个数总是有限的. 因此如果将我们上面研究的结论应用于此, 那么显然由于这两个条件我们总可以将 d 选得如此小, 使得其中不包含这样大的跃变全部区间, 其中的波动都会小于 σ, 而包含这种跃变的区间的总长度将可变得任意小.

值得指出的是, 那些没有无穷多个极大和极小的函数 (顺便说一下, 上面说说的就不是这种函数), 在它不是无穷大的地方总是具有这两个性质, 因此在它不是无穷大处就可积分, 而这也是很容易直接证明的.(3)

现在研究被积函数在某单个点上变为无穷大时的情形, 我们假设这种情形就发生在 $x=0$ 的地方, 使得正值的 x 在减小的过程中函数的值最后会增长到超过任意给定的值.

不难证明, 当 x 从某一有限值 a 开始减小时, $xf(x)$ 不可能始终保持大于一个有限值 c. 因为如果这样, 将有

$$\int_x^a f(x)dx > c\int_x^a \frac{dx}{x},$$

因而也就大于 $c\left(\log\frac{1}{x}-\log\frac{1}{a}\right)$, 这个量会随着 x 的减小而增大, 最后变成无穷大. 因此如果 $xf(x)$ 在 $x=0$ 的邻域内没有无穷多个极大和极小, 且是可积的, 那么当 x 变为无穷小时, $xf(x)$ 也必须是无穷小. 另一方面, 假如函数

$$f(x)x^\alpha=\frac{f(x)dx(1-\alpha)}{d(x^{1-\alpha})}$$

(其中的 $\alpha<1$) 随着 x 的减小而变为无穷小, 那么显然, 当积分下限趋于 0 时, 积分收敛.

同样地, 假若下面这些其积分也收敛的函数

$$f(x)x\log\frac{1}{x}=\frac{f(x)dx}{-d\log\log\frac{1}{x}},\quad f(x)x\log\frac{1}{x}\log\log\frac{1}{x}=\frac{f(x)dx}{-d\log\log\log\frac{1}{x}}\cdots,$$

$$f(x)x\log\frac{1}{x}\log\log\frac{1}{x}\cdots\log^{n-1}\frac{1}{x}\log^{n}\frac{1}{x}=\frac{f(x)dx}{-d\log^{1+n}\frac{1}{x}},$$

当 x 从某个有限值开始减小时, 它们不能一直保持大于一有限值. 因此, 如果它们没有无穷多个极大和极小, 必定随着 x 的趋于 0 而变为无穷小. 另一方面, 假如

$$f(x)x\log\frac{1}{x}\cdots\log^{n-1}\frac{1}{x}\left(\log^{n}\frac{1}{x}\right)^{\alpha}=\frac{f(x)dx(1-\alpha)}{-d\left(\log^{n}\frac{1}{x}\right)^{1-\alpha}}$$

在 $\alpha>1$ 时随着 x 的趋于 0 而变为无穷小, 则积分 $\int f(x)dx$ 在下限趋于 0 时收敛.[6]

但是如果函数 $f(x)$ 有无穷多个极大和极小, 那么我们无法确定它变为无穷大的阶. 给定函数 f 的绝对值, 也就给定了 f 在 0 处无穷大的阶, 那么可以通过适当地选取 [函数的] 符号使积分 $\int f(x)dx$ 在积分下限趋于 0 时收敛. 下面的函数

$$\frac{d\left(x\cos e^{\frac{1}{x}}\right)}{dx}=\cos e^{\frac{1}{x}}+\frac{1}{x}e^{\frac{1}{x}}\sin e^{\frac{1}{x}}$$

就是一个例子, 它的无穷大的阶 (取 $\frac{1}{x}$ 作为一阶无穷大) 是无穷大.

以上讨论的实质上是属于另一领域内的课题; 现在还是回到我们本身的问题, 即函数用三角级数表示的一般性研究.

在函数性质不作特殊假设下对其三角级数表示的可能性研究

7

迄今为止这个课题的目的是, 为在自然界中遇到的函数, 证明它们可以展成 Fourier 级数; 因此证明可以先对任意的函数开始, 然后为了达到目的, 再对函数作出一些限制. 这些限制就是使函数能用三角级数表示的必要条件. 因此我们必须首先寻找可用三角级数表示的必要条件, 然后再从其中选出充分条件. 而迄

今为止的工作只是告诉我们: 一个函数如果具有这样或那样的性质时就可以用 Fourier 级数来表示; 我们则必须从反面的问题出发: 假如一个函数能用三角级数来表示, 那么在其自变量连续变化下它的数值该如何变化? 就是说, 它的性质如何?

为此我们来研究下面的级数

$$\begin{aligned} & a_1 \sin x + a_2 \sin 2x + \cdots \\ & + \frac{1}{2} b_0 + b_1 \cos x + b_2 \cos 2x + \cdots, \end{aligned}$$

或者, 为了简单起见, 令

$$\frac{1}{2} b_0 = A_0, \quad a_1 \sin x + b_1 \cos x = A_1, \quad a_2 \sin 2x + b_2 \cos 2x = A_2, \cdots,$$

于是级数就成为

$$A_0 + A_1 + A_2 + \cdots.$$

我们用 Ω 来记这个表达式, 并将其值记为 $f(x)$, 所以这个函数只有对在级数收敛的那些 x 才存在.

一个级数收敛, 它的项必须变为无穷小. 如果系数 a_n, b_n 随着 n 的增大无限地减小, 那么级数 Ω 的项对 x 的每一个值将变为无穷小; 否则的话收敛只可能对个别的 x 发生. 这两种情况必须分开来处理.

8

我们首先假设级数 Ω 的项对 x 的每一个值最终将变为无穷小.

在这个假设下, 下面的级数对 x 的每一个值收敛:

$$C + C'x + A_0 \frac{xx}{2} - A_1 - \frac{A_2}{4} - \frac{A_3}{9} \cdots = F(x),$$

这个级数是将 Ω 的每一项对 x 积分两次得到的. 它的值 $F(x)$ 随 x 的连续变化而连续变化, 因此这个 x 的函数处处可以积分.

为了深入探究这二者 —— 级数的收敛性和函数 $F(x)$ 的连续性, 我们将从第一项加到项 $-\dfrac{A_n}{nn}$ 的和记为 N, 而把级数的其余的项, 即级数

$$-\frac{A_{n+1}}{(n+1)^2} - \frac{A_{n+2}}{(n+2)^2} - \cdots$$

记为 R, 把 $m > n$ 时的 A_m 中的最大的值记为 ε. 于是 R 的 [绝对] 值, 不论我们将级数延伸到多远, 显然都不会超过

$$\varepsilon \left(\frac{1}{(n+1)^2} + \frac{1}{(n+2)^2} + \cdots \right) < \frac{\varepsilon}{n},$$

因而只要将 n 取得充分大, 它就必定会局限在任意小的范围内; 于是级数收敛. 此外, 函数 $F(x)$ 还是连续的; 就是说, 我们可以让它的改变小于任意给定的值, 只要我们将相应的 x 的改变规定得充分小. 这是因为 $F(x)$ 的改变是由 R 的改变和 N 的改变组合而成的, 显然我们可以首先让 n 这样大, 使得 R 还有 R 的改变, 对 x 不论为何值时的任意改变为任意小, 然后再取 x 的改变这样小, 使得 N 的改变为任意小.[7]

关于 $F(x)$ 的几个结果, 在这里讲一下比较合适, 否则它们的证明会打断我们的思路.

定理 1　如果级数 Ω 收敛, 而且 α 和 β 是这样的无限小, 使得它们的比值仍为有限, 那么下式

$$\frac{F(x+\alpha+\beta)-F(x+\alpha-\beta)-F(x-\alpha+\beta)+F(x-\alpha-\beta)}{4\alpha\beta}$$

就会收敛到和这个级数一样的值.

事实上, 我们有

$$\begin{aligned}&\frac{F(x+\alpha+\beta)-F(x+\alpha-\beta)-F(x-\alpha+\beta)+F(x-\alpha-\beta)}{4\alpha\beta}\\&=A_0+A_1\frac{\sin\alpha}{\alpha}\frac{\sin\beta}{\beta}+A_2\frac{\sin 2\alpha}{2\alpha}\frac{\sin 2\beta}{2\beta}+A_3\frac{\sin 3\alpha}{3\alpha}\frac{\sin 3\beta}{3\beta}+\cdots.\end{aligned}$$

为了先解决简单的情形 $\beta=\alpha$, 则有

$$\frac{F(x+2\alpha)-2F(x)+F(x-2\alpha)}{4\alpha\alpha}=A_0+A_1\left(\frac{\sin\alpha}{\alpha}\right)^2+A_2\left(\frac{\sin 2\alpha}{2\alpha}\right)^2+\cdots.$$

假如无穷级数收敛,

$$A_0+A_1+A_2+\cdots=f(x),$$

写成

$$A_0+A_1+\cdots+A_{n-1}=f(x)+\varepsilon_n,$$

那么对一个任意给定的 δ, 一定可以找到一个整数 m, 使得在 $n>m$ 时有 $\varepsilon_n<\delta$. 现在取 α 这样小, 使得 $m\alpha<\pi$, 再通过置换

$$A_n=\varepsilon_{n+1}-\varepsilon_n,$$

把 $\displaystyle\sum_{n=0}^{\infty}\left(\frac{\sin n\alpha}{n\alpha}\right)^2A_n$ 变成以下的形式:

$$f(x)+\sum_{n=1}^{\infty}\varepsilon_n\left\{\left(\frac{\sin(n-1)\alpha}{(n-1)\alpha}\right)^2-\left(\frac{\sin n\alpha}{n\alpha}\right)^2\right\},$$

并把后面的无穷级数分成三部分, 即分成

1) 下标从 1 到 m 的项的全部,

2) 下标从 $m+1$ 到小于 $\frac{\pi}{\alpha}$ 的最大整数 s,

3) 下标从 $s+1$ 到无穷大.

所以第一部分是由有限项连续变化的项组成, 因此如果 α 变得无穷小, 就可以任意接近其极限值 0; 至于第二部分, 由于因子 ε_n 始终为正, 显然有 [其绝对值]

$$< \delta\left\{\left(\frac{\sin m\alpha}{m\alpha}\right)^2 - \left(\frac{\sin s\alpha}{s\alpha}\right)^2\right\};$$

为了证明第三部分有界, 我们把一般项分成

$$\varepsilon_n\left\{\left(\frac{\sin(n-1)\alpha}{(n-1)\alpha}\right) - \left(\frac{\sin(n-1)\alpha}{n\alpha}\right)^2\right\}$$

和

$$\varepsilon_n\left\{\left(\frac{\sin(n-1)\alpha}{n\alpha}\right)^2 - \left(\frac{\sin n\alpha}{n\alpha}\right)^2\right\} = -\varepsilon_n\frac{\sin(2n-1)\alpha\sin\alpha}{(n\alpha)^2};$$

于是显然有

$$< \delta\left\{\frac{1}{(n-1)^2\alpha\alpha} - \frac{1}{nn\alpha\alpha}\right\} + \delta\frac{1}{nn\alpha},$$

从而其和当 $n=s+1$ 到 $n=\infty$ 时就会

$$< \delta\left\{\frac{1}{(s\alpha)^2} + \frac{1}{s\alpha}\right\},$$

当 α 为无穷小时, 其值为

$$\delta\left\{\frac{1}{\pi\pi} + \frac{1}{\pi}\right\}.$$

因此级数

$$\sum \varepsilon_n\left\{\left(\frac{\sin(n-1)\alpha}{(n-1)\alpha}\right)^2 - \left(\frac{\sin n\alpha}{n\alpha}\right)^2\right\}$$

随着 α 的减小所接近的极限不可能大于

$$\delta\left\{1 + \frac{1}{\pi} + \frac{1}{\pi\pi}\right\},$$

因而必定为零, 这样一来表示式

$$\frac{F(x+2\alpha) - 2F(x) + F(x-2\alpha)}{4\alpha\alpha},$$

它等于

$$f(x)+\sum\varepsilon_n\left\{\left(\frac{\sin(n-1)\alpha}{(n-1)\alpha}\right)^2-\left(\frac{\sin n\alpha}{n\alpha}\right)^2\right\},$$

随着 α 的无限减小收敛到 $f(x)$[8], 我们的定理在 $\beta=\alpha$ 的情形下就由此得到了证明.

为了证明它在一般情形时也成立, 我们设

$$\begin{aligned}&F(x+\alpha+\beta)-2F(x)+F(x-\alpha-\beta)=(\alpha+\beta)^2(f(x)+\delta_1),\\&F(x+\alpha-\beta)-2F(x)+F(x-\alpha+\beta)=(\alpha-\beta)^2(f(x)+\delta_2),\end{aligned}$$

由此得到

$$\begin{aligned}&F(x+\alpha+\beta)-F(x+\alpha-\beta)-F(x-\alpha+\beta)+F(x-\alpha-\beta)\\=&4\alpha\beta f(x)+(\alpha+\beta)^2\delta_1-(\alpha-\beta)^2\delta_2.\end{aligned}$$

根据上面结果的推论, 只要 α 和 β 变为无穷小, δ_1 和 δ_2 也会变为无穷小; 于是

$$\frac{(\alpha+\beta)^2}{4\alpha\beta}\delta_1-\frac{(\alpha-\beta)^2}{4\alpha\beta}\delta_2$$

也就会变为无穷小, 只要 δ_1 和 δ_2 的系数不变为无穷大, 但后者不会发生, 因为 $\dfrac{\beta}{\alpha}$ 保持有限; 这样一来,

$$\frac{F(x+\alpha+\beta)-F(x+\alpha-\beta)-F(x-\alpha+\beta)+F(x-\alpha-\beta)}{4\alpha\beta}$$

就收敛到 $f(x)$, 这就是所要证明的.

定理 2 对一切 x,

$$\frac{F(x+2\alpha)+F(x-2\alpha)-2F(x)}{2\alpha}$$

随着 α 趋于 0 而趋于 0.

为了证明这个定理, 我们把级数

$$\sum A_n\left(\frac{\sin n\alpha}{n\alpha}\right)^2$$

分成三部分, 其中第一部分包括所有那些下标不超过某个确定值 m 的项, 这些项的 A_n 都小于 ε, 第二部分是接下去的所有那些项, 它们的 $n\alpha$ 小于等于一个固定的量 c, 第三部分包括级数的其余各项. 那么很容易看出, 如果 α 无穷减小,

第一部分有限项的和保持为有限, 就是说, 小于一个固定的量 Q; 第二部分小于 $\varepsilon\frac{c}{\alpha}$, 第三部分小于

$$\varepsilon\sum_{c<n\alpha}\frac{1}{nn\alpha\alpha}<\frac{\varepsilon}{\alpha c}.$$

从而有

$$\frac{F(x+2\alpha)+F(x-2\alpha)-2F(x)}{2\alpha}\quad\left(\text{它等于 }2\alpha\sum A_n\left(\frac{\sin n\alpha}{n\alpha}\right)^2\right)$$
$$<2\left(Q\alpha+\varepsilon\left(c+\frac{1}{c}\right)\right),$$

由此得到了这个定理的证明. [9]

定理 3 如果我们用 b 和 c 表示两个任意常量, 用 c 表示较大的那个, 并且用 $\lambda(x)$ 表示这样一个连续函数, 它在 b 与 c 之间的一阶导数也连续, 在边界上等于零, 而且它的二阶导数没有无穷多个极大和极小, 那么积分

$$\mu\mu\int_b^c F(x)\cos\mu(x-a)\lambda(x)dx$$

当 μ 无限增大时将小于任何给定的数.

如果将函数 $F(x)$ 表示成级数, 那么就得到积分

$$\mu\mu\int_b^c F(x)\cos\mu(x-a)\lambda(x)dx$$

的一个级数表达式 (Φ):

$$\mu\mu\int_b^c\left(C+C'x+A_0\frac{xx}{2}\right)\cos\mu(x-a)\lambda(x)dx$$
$$-\sum_1^\infty\frac{\mu\mu}{nn}\int_b^c A_n\cos\mu(x-a)\lambda(x)dx.$$

显然我们可将 $A_n\cos\mu(x-a)$ 由

$$\cos(\mu+n)(x-a),\sin(\mu+n)(x-a),\cos(\mu-n)(x-a),\sin(\mu-n)(x-a)$$

的 [线性] 组合来表示, 并将所得表示成两项之和, 其中第一项记为 $B_{\mu+n}$, 第二项记为 $B_{\mu-n}$, 则我们有 $A_n\cos\mu(x-a)=B_{\mu+n}+B_{\mu-n}$, 以及

$$\frac{d^2B_{\mu+n}}{dx^2}=-(\mu+n)^2B_{\mu+n},\quad\frac{d^2B_{\mu-n}}{dx^2}=-(\mu-n)^2B_{\mu-n},$$

而且, 不论 x 如何, $B_{\mu+n}$ 与 $B_{\mu-n}$ 都会随 n 的增大最终变为无穷小.

因此级数 (Φ) 的一般项

$$-\frac{\mu\mu}{nn}\int_b^c A_n\cos\mu(x-a)\lambda(x)dx$$

等于

$$\frac{\mu^2}{n^2(\mu+n)^2}\int_b^c\frac{d^2B_{\mu+n}}{dx^2}\lambda(x)dx+\frac{\mu^2}{n^2(\mu-n)^2}\int_b^c\frac{d^2B_{\mu-n}}{dx^2}\lambda(x)dx.$$

通过二次分部积分, 在作第一次分部积分时把 $\lambda(x)$ 当作常量, 在第二次分部积分时把 $\lambda'(x)$ 当作常量[10], 就得到

$$\frac{\mu^2}{n^2(\mu+n)^2}\int_b^c B_{\mu+n}\lambda''(x)dx+\frac{\mu^2}{n^2(\mu-n)^2}\int_b^c B_{\mu-n}\lambda''(x)dx,$$

这是因为 $\lambda(x)$ 和 $\lambda'(x)$, 从而也就有在积分号外出现的项, 在边界上等于零.

我们很容易确信, 不论 n 如何, 只要 μ 变成无穷大, 积分 $\int_b^c B_{\mu\pm n}\lambda''(x)dx$ 将变成无穷小; 这是因为这个表达式是下述积分的 [线性] 组合:

$$\int_b^c\cos(\mu\pm n)(x-a)\lambda''(x)dx,\quad \int_b^c\sin(\mu\pm n)(x-a)\lambda''(x)dx,$$

而当 $\mu\pm n$ 无限增大时, 这些积分就会趋于 0. 但是若 $\mu\pm n$ 不变为无穷大, 因为 n 是无穷大, 那么它们在这个表达式中的系数就会变为无穷小.

因此显然, 为了证明我们的定理, 只要保证能做到以下就足够了, 这就是, 在进行对

$$\sum\frac{\mu^2}{(\mu-n)^2n^2}$$

的求和, 在所涉及的整数 n 满足下述条件: $n<-c', c''<n<\mu-c''', \mu+c^{IV}<n$, 其中的 c 为任意的正数时, 可以证明, 当 μ 无限增大时这个和保持为有限. 因为那些满足条件 $-c'<n<c'', \mu-c'''<n<\mu+c^{IV}$ 的项数是有限的, 而且会变为无限小, 级数 (Φ) 在略去这些项之后显然仍小于这个和, 乘以积分 $\int_b^c B_{\mu\pm n}\lambda''(x)dx$ 中的最大值, 而 [上面刚刚证明了的] 它将成为无穷小.

但是如果 $c>1$, 则上述三个范围的和

$$\sum\frac{\mu^2}{(\mu-n)^2n^2}=\frac{1}{\mu}\sum\frac{\frac{1}{\mu}}{\left(1-\frac{n}{\mu}\right)^2\left(\frac{n}{\mu}\right)^2}$$

分别小于积分

$$\frac{1}{\mu}\int\frac{dx}{(1-x)^2x^2}$$

从 $-\infty$ 积到 $-\frac{c'-1}{\mu}$, 从 $\frac{c''-1}{\mu}$ 积到 $1-\frac{c'''-1}{\mu}$, 从 $1+\frac{c^{IV}-1}{\mu}$ 积到 ∞ 的值; 这是因为如果我们将从 $-\infty$ 到 ∞ 的整个区间, 从零开始分割为一些长度为 $\frac{1}{\mu}$ 的区间, 并把积分号下的函数在每一个区间内全部换成在该区间内函数的最小值, 由于这个函数在积分限内没有一个地方有极大, 所以我们得到的正好就是这个级数的全部项.

计算出这个积分, 我们就得到

$$\frac{1}{\mu}\int\frac{dx}{x^2(1-x)^2}=\frac{1}{\mu}\left(-\frac{1}{x}+\frac{1}{1-x}+2\log x-2\log(1-x)\right)+\text{const.},$$

于是在上述积分限内的积分值不会随 μ 的增大而无限增大.(4)

9

借助于这几个定理我们可以对函数用三角级数 (它的项对自变量每一个值都趋于 0) 表示的问题作出以下结论:

I. 以 2π 为周期的周期函数 $f(x)$, 如果可以用三角级数 (它的一般项对所有 x 都是无穷小) 表示, 那么一定存在一个连续函数 $F(x)$, 当 α 和 β 都趋于 0, 但其比值保持有限时, 下式

$$\frac{F(x+\alpha+\beta)-F(x+\alpha-\beta)-F(x-\alpha+\beta)+F(x-\alpha-\beta)}{4\alpha\beta}$$

收敛到 $f(x)$.

此外, 下述积分

$$\mu\mu\int_b^c F(x)\cos\mu(x-a)\lambda(x)dx,$$

如果 $\lambda(x)$ 和 $\lambda'(x)$ 在积分的上下限处等于零, 在它们之间连续, 而且 $\lambda''(x)$ 没有无穷多个极大和极小, 则当 μ 趋于无穷时, 它必趋于 0.

II. 反过来, 如果这些条件都满足, 那么必存在一个三角级数, 它的系数为无穷小, 而且如果收敛, 则收敛到它所描述的函数.

这是因为如果我们这样来确定量 C', A_0, 使得

$$F(x)-C'x-A_0\frac{xx}{2}$$

成为以 2π 为周期的周期函数[11], 并将此函数按 Fourier 方法展开成三角级数

$$C-\frac{A_1}{1}-\frac{A_2}{4}-\frac{A_3}{9}-\cdots,$$

其中

$$\frac{1}{2\pi}\int_{-\pi}^{\pi}\left(F(t)-C't-A_0\frac{tt}{2}\right)dt=C,$$
$$\frac{1}{\pi}\int_{-\pi}^{\pi}\left(F(t)-C't-A_0\frac{tt}{2}\right)\cos n(x-t)dt=-\frac{A_n}{nn},$$

于是 [12]

$$A_n=-\frac{nn}{\pi}\int_{-\pi}^{\pi}\left(F(t)-C't-A_0\frac{tt}{2}\right)\cos n(x-t)dt$$

随着 n 的增长变为无穷小; 因此根据上一节的定理 1, 级数

$$A_0+A_1+A_2+\cdots$$

如果收敛, 则收敛到 $f(x)$.(5)

Ⅲ. 设 $b<x<c$, 并令 $\rho(t)$ 为这样一个函数, 使得 $\rho(t)$ 和 $\rho'(t)$ 在 $t=b$ 和 $t=c$ 处取值为 0, 而在这两个值之间连续, $\rho''(t)$ 在其中没有无穷多个极大和极小, 此外对 $t=x$ 有: $\rho(t)=1,\rho'(t)=0,\rho''(t)=0$, 但 $\rho'''(t)$ 和 $\rho^{IV}(t)$ 为有限和连续; 那么级数

$$A_0+A_1+\cdots+A_n$$

和积分

$$\frac{1}{2\pi}\int_{b}^{c}F(t)\frac{dd\dfrac{\sin\dfrac{2n+1}{2}(x-t)}{\sin\dfrac{(x-t)}{2}}}{dt^2}\rho(t)dt$$

之差随着 n 的增长会变为无穷小. 这样一来, 级数

$$A_0+A_1+A_2+\cdots$$

是否收敛, 取决于积分

$$\frac{1}{2\pi}\int_{b}^{c}F(t)\frac{dd\dfrac{\sin\dfrac{2n+1}{2}(x-t)}{\sin\dfrac{(x-t)}{2}}}{dt^2}\rho(t)dt$$

随着 n 的增长是否趋于一个固定的极限.

事实上, 我们有

$$A_1+A_2+\cdots+A_n=\frac{1}{\pi}\int_{-\pi}^{\pi}\left(F(t)-C't-A_0\frac{tt}{2}\right)\sum_{1}^{n}-kk\cos k(x-t)dt,$$

由于

$$2\sum_{1}^{n} -kk\cos k(x-t)$$

$$=2\sum_{1}^{n}\frac{d^2\cos k(x-t)}{dt^2}=\frac{dd\dfrac{\sin\dfrac{2n+1}{2}(x-t)}{\sin\dfrac{x-t}{2}}}{dt^2}$$

$$=\frac{1}{2\pi}\int_{-\pi}^{\pi}\left(F(t)-C't-A_0\frac{tt}{2}\right)\frac{dd\dfrac{\sin\dfrac{2n+1}{2}(x-t)}{\sin\dfrac{x-t}{2}}}{dt^2}dt.$$

可是根据上一节, 如果 $\lambda(t)$ 及其一阶导数均连续, $\lambda''(t)$ 没有无穷多个极大和极小, 而且对 $t=x$ 有: $\lambda(t)=0,\lambda'(t)=0,\lambda''(t)=0$, 但 $\lambda'''(t)$ 和 $\lambda^{IV}(t)$ 为有限和连续, 那么下式

$$\frac{1}{2\pi}\int_{-\pi}^{\pi}\left(F(t)-C't-A_0\frac{tt}{2}\right)\frac{dd\dfrac{\sin\dfrac{2n+1}{2}(x-t)}{\sin\dfrac{x-t}{2}}}{dt^2}\lambda(t)dt$$

当 n 无限增长时趋于 0.(6)[13]

现在令其中的 $\lambda(t)$ 在积分的上下限 b 和 c 处等于 1, 而在此上下限之间 $=1-\rho(t)$, 这样做显然是可以的, 于是就可以推知, 级数 $A_1+\cdots+A_n$ 与积分

$$\frac{1}{2\pi}\int_{b}^{c}\left(F(t)-C't-A_0\frac{tt}{2}\right)\frac{dd\dfrac{\sin\dfrac{2n+1}{2}(x-t)}{\sin\dfrac{x-t}{2}}}{dt^2}\rho(t)dt$$

之差随着 n 的增长而趋于 0. 再通过分部积分我们很容易确信, 在 n 无限增大时, 积分

$$\frac{1}{2\pi}\int_{b}^{c}\left(C't+A_0\frac{tt}{2}\right)\frac{dd\dfrac{\sin\dfrac{2n+1}{2}(x-t)}{\sin\dfrac{x-t}{2}}}{dt^2}\rho(t)dt$$

收敛到 A_0, 因此我们就得到了上述定理.

10

于是由此研究得知, 如果级数 Ω 的系数趋于 0, 那么级数在 x 的一个确定值的收敛性仅决定于函数 $f(x)$ 在这个值的邻域内的性质.

至于级数的系数是否最终会变为无穷小, 在很多情况下不是靠它们的定积分的表达式来判断, 而是必须用其他的方法来确定. 在这方面有一种情形值得提出来, 即只要函数 $f(x)$ 处处有限并且可积, 就可以直接判断这一点.

在此情形我们把 $-\pi$ 到 π 的整个区间分割成长度依次为

$$\delta_1, \delta_2, \delta_3, \cdots$$

的小段, 用 D_1 记这个函数在第一小段中的最大波动, 用 D_2 记这个函数在第二小段中的最大波动, 如此等等, 于是, 当所有的 δ 都为无穷小时,

$$\delta_1 D_1 + \delta_2 D_2 + \delta_3 D_3 + \cdots$$

也会变成无穷小.

考虑积分 $\displaystyle\int_{-\pi}^{\pi} f(x) \sin n(x-a) dx$, 后者乘以因子 $\dfrac{1}{\pi}$ 后就是级数的系数, 此积分也等于 $\displaystyle\int_{a}^{a+2\pi} f(x) \sin n(x-a) dx$. 我们把它的积分区间从 $x=a$ 开始等分成长为 $\dfrac{2\pi}{n}$ 的小区间. 于是每一个小区间上的积分对总和的贡献小于 $\dfrac{2}{n}$ 乘以在相应区间内的最大波动, 因此它们的和会小于一个量, 这个量, 如前所述, 必定会随着 $\dfrac{2\pi}{n}$ 一起变为无限小.

事实上, 在这些区间段上的积分形式为

$$\int_{a+\frac{s}{n}2\pi}^{a+\frac{s+1}{n}2\pi} f(x) \sin n(x-a) dx.$$

正弦函数在它的前半个周期内为正, 在后半个周期内为负. 因此如果我们将 $f(x)$ 在这个积分区间内的最大值记为 M, 将最小值记为 m, 那么显然, 如果在前半个周期内用 M 代替 $f(x)$, 而在后半个周期内则用 m 来代替 $f(x)$, 这个积分就会变大, 但是如果在前半个周期内用 m 代替 $f(x)$, 而在后半个周期内则用 M 来代替, 这个积分就会变小. 在前一种情况下我们得到的值为 $\dfrac{2}{n}(M-m)$, 在后一种情况下则为 $\dfrac{2}{n}(m-M)$. 因此这个积分的绝对值小于 $\dfrac{2}{n}(M-m)$, 并且如果我们将 $f(x)$ 在第 s 段区间内的最大值记为 M_s, 其最小值记为 m_s, 那么积分

$$\int_{a}^{a+2\pi} f(x) \sin n(x-a) dx$$

就会小于

$$\frac{2}{n}(M_1 - m_1) + \frac{2}{n}(M_2 - m_2) + \frac{2}{n}(M_3 - m_3) + \cdots,$$

但是如果 $f(x)$ 可积, 当 n 趋于无穷大时, 区间长度 $\frac{2\pi}{n}$ 趋于无穷小, 这和也就成为无穷小.

因此在所设的情形中级数的系数会成为无穷小.

11

现在留下来还要研究的一种情形就是, 这时级数的各个项对 x 的某个值成为无穷小, 但不是对自变量的每一个值都如此. 这种情形可以归结到上面那种情形.

即将级数分别在自变量为 $x+t$ 和 $x-t$ 时在相同位置的项相加, 就得到级数

$$2A_0 + 2A_1 \cos t + 2A_2 \cos 2t + \cdots,$$

其中的项对 t 的每一个值都趋于 0, 因此前面的研究可以应用于此.

为此将级数

$$C + C'x + A_0\frac{xx}{2} + A_0\frac{tt}{2} - A_1\frac{\cos t}{1} - A_2\frac{\cos 2t}{4} - A_3\frac{\cos 3t}{9} - \cdots$$

记为 $G(t)$, 那么 $\frac{F(x+t)+F(x-t)}{2}$ 就会在级数 $F(x+t)$ 和级数 $F(x-t)$ 收敛的地方处处等于 $G(t)$, 于是我们有下述结论:

I. 如果级数 Ω 的项对自变量的某个值 x 是无穷小, 那么当 μ 趋于无穷时,

$$\mu\mu\int_b^c G(t)\cos\mu(t-a)\lambda(t)dt$$

是无穷小, 其中 λ 是 §9 中的一个函数. 只要两个表达式

$$\mu\mu\int_b^c \frac{F(x+t)}{2}\cos\mu(t-a)\lambda(t)dt \quad 和 \quad \mu\mu\int_b^c \frac{F(x-t)}{2}\cos\mu(t-a)\lambda(t)dt$$

有意义, 这个积分就由这两部分组成. 因此这个积分之所以会趋于 0, 就是由函数 F 在位于 x 两侧对称位置处的性质所引起的. 但是应当指出的是, 在此必定存在这样的位置, 在那里这两部分本身都不是无穷小; 因为否则的话级数的项对自变量的每一个值都是无穷小了. 所以对称地位于 x 两侧的贡献就必须互相抵消, 以使它们的和对无穷大的 μ 为无穷小. 因此推知, 级数 Ω 只对这样的量 x 才可能收敛, 是使得下述积分

$$\mu\mu\int_b^c F(x)\cos\mu(x-a)\lambda(x)dx$$

对无穷大的 μ 不为无穷小的点的中点. 因此显然只有这种点的个数为无穷多时, 一个具有系数不变成无穷小的三角级数才可能对无穷多个自变量值收敛.

反之,

$$A_n = -nn\frac{2}{\pi}\int_0^\pi \left(G(t) - A_0\frac{tt}{2}\right)\cos ntdt,$$

若 μ 趋于无穷时,

$$\mu\mu\int_b^c G(t)\cos\mu(t-a)\lambda(t)dt$$

趋于 0, 那么随着 n 趋于无穷, A_n 趋于 0.

Ⅱ. 如果级数 Ω 的项对自变量的某个 x 是无穷小, 那么这个级数在 x 点是否收敛, 取决于 $G(t)$ 在 t 任意小的邻域内的性质.

事实上, 级数

$$A_0 + A_1 + \cdots + A_n$$

与积分

$$\frac{1}{\pi}\int_0^b G(t)\frac{dd\dfrac{\sin\frac{2n+1}{2}t}{\sin\frac{t}{2}}}{dt^2}\rho(t)dt$$

之差随着 n 趋于无穷而趋于 0, 其中 b 为正常数, 位于 0 与 π 之间, 可以任意小; $\rho(t)$ 为这样一个函数, 使得 $\rho(t)$ 和 $\rho'(t)$ 恒为连续, 在 $t=b$ 处取值为 $0, \rho''(t)$ 没有无穷多个极大和极小, 此外对 $t=0$ 有 $\rho(t)=1, \rho'(t)=0, \rho''(t)=0$, 但 $\rho'''(t)$ 和 $\rho^{IV}(t)$ 为有限和连续.

12

一个函数可以用三角级数来表示的条件当然还可以加以限制, 并从而使得我们的研究不必对函数作特别的假设, 还可以作进一步的探讨. 这样, 例如在最后那个定理中所含的条件, 即假设有 $\rho''(0)=0$, 如果我们在积分

$$\frac{1}{\pi}\int_0^b G(t)\frac{dd\dfrac{\sin\frac{2n+1}{2}t}{\sin\frac{t}{2}}}{dt^2}\rho(t)dt$$

中把 $G(t)$ 换成 $G(t)-G(0)$, 就可以去掉这个条件. 但是这没有什么意义.

因此我们转向研究特殊情形. 首先考察没有无穷多个极大和极小的函数, 对这种情形, 我们试图给出完全解, 由 Dirichlet 的工作, 这是可能的.

上面提到过, 这种函数在它不变为无穷大的地方处处可积, 而使函数变为无穷大的自变量值只能有有限个. Dirichlet 证明了, 在级数的第 n 项以及头 n 项的和的积分表达式中, 所有区间, 除了有点使 f 成为无穷大, 以及与级数的自变量无限接近之外, 它们的贡献, 当 n 趋于无穷时趋于 0. 另外, 由 Dirichlet 的证明, 积分

$$\int_x^{x+b} f(t)\frac{\sin\dfrac{2n+1}{2}(x-t)}{\sin\dfrac{x-t}{2}}dt$$

在 $0<b<\pi$ 而且 $f(t)$ 在积分限内不会变为无穷大的情况下, 当 n 趋于无穷大时收敛到 $\pi f(x+0)$, 事实上, 如果去掉函数连续这不必要的假设, 其他也不要什么. 因此对此积分, 只需研究, 在何种情形下使得函数变为无穷大的地点的贡献会随着 n 的增大而成为无穷小. 这一研究仍未完成; 但 Dirichlet 只是顺便指出过, 表示的函数可积时, 这种情形必发生. 但这假设不是必要的.

我们在上面已经看到, 如果级数 Ω 的项对 x 的每一个值都是无穷小, 那么函数 $F(x)$, 它的二阶导数为 $f(x)$, 就必定为有限和连续, 并且

$$\frac{F(x+\alpha)-2F(x)+F(x-\alpha)}{\alpha}$$

必定会随着 α 一起变为无穷小. 现在如果 $F'(x+t)-F'(x-t)$ 没有无穷多个极大和极小, 那么当 t 趋于零时就必定会收敛到一个固定的值 L, 或者变为无穷大. 类似地,

$$\frac{1}{\alpha}\int_0^{\alpha}(F'(x+t)-F'(x-t))dt=\frac{F(x+\alpha)-2F(x)+F(x-\alpha)}{\alpha}$$

也必定收敛到 L 或无穷大, 因此只有在 $F'(x+t)-F'(x-t)$ 收敛到零时才可能变成无穷小. 所以即使 $f(x)$ 在 $x=a$ 处为无穷大, $f(a+t)+f(a-t)$ 一直到 $t=0$ 仍然必定可积. 这就足以使得

$$\left(\int_b^{a-\varepsilon}+\int_{a+\varepsilon}^{c}\right)dx(f(x)\cos n(x-a))$$

随着 ε 的减小而收敛, 并且随着 n 的增大而趋于 0. 再者, 由于函数 $F(x)$ 有限且连续, 那么 $F'(x)$ 就必定直到 $x=a$ 都可积, 而且 $(x-a)F'(x)$ 会随着 $(x-a)$ 一道变为无穷小, 如果它还没有无穷多个极大和极小, 因此推知有

$$\frac{d(x-a)F'(x)}{dx}=(x-a)f(x)+F'(x),$$

而且因此得知, $(x-a)f(x)$ 也直到 $x=a$ 都可积. 所以积分 $\int f(x)\sin n(x-a)dx$

也直到 $x=a$ 都可积, 而且为了级数的系数最后变为无穷小, 显然这只需要积分

$$\int_b^c f(x)\sin n(x-a)dx, \quad \text{其中 } b<a<c$$

随着 n 的增大而趋于 0. 如果我们令

$$f(x)(x-a)=\varphi(x),$$

并且如果这个函数没有无穷多个极大和极小, 那么, 正如 Dirichlet 所证明的, 在 n 趋向无穷大时就有

$$\int_b^c f(x)\sin n(x-a)dx=\int_b^c \frac{\varphi(x)}{x-a}\sin n(x-a)dx=\pi\frac{\varphi(a+0)+\varphi(a-0)}{2}.$$

因此

$$\varphi(a+t)+\varphi(a-t)=f(a+t)t-f(a-t)t$$

必定会随着 t 一起变为无穷小, 而且由于

$$f(a+t)+f(a-t)$$

直到 $t=0$ 可积, 因此

$$f(a+t)t+f(a-t)t$$

也会随着 t 一起变为无穷小, 所以, $f(a+t)t$, 以及 $f(a-t)t$, 必定会随着 t 的减小而变为无穷小. 因此, 除了有无穷多个极大和极小函数, 函数 $f(x)$ 能够用带无穷小系数的三角级数来表示, 其充分和必要的条件是, 假如在 $x=a$ 处, f 变为无穷大, 那么 $f(a+t)t$ 和 $f(a-t)t$ 会随着 t 的减小而变为无穷小, 而且 $f(a+t)+f(a-t)$ 直到 $t=0$ 可积.

没有无穷多个极大极小的函数, 只能在 x 的有限个值上, 用系数不是无穷小的三角级数来表示. 因为当 μ 趋于无穷时, 只可能对有限个值,

$$\mu\mu\int_b^c F(x)\cos\mu(x-a)\lambda(x)dx$$

成为无穷小. 为此不必再考虑.

13

至于谈到有无穷多个极大和极小的函数, 那么指出下面这一点并非多余, 即, 一个有无穷多个极大和极小的函数, 可以处处可积, 却不能用 Fourier 级数来表示.(7)[14] 如果在 0 到 2π 区间内,

$$f(x)=\frac{d\left(x^\nu\cos\frac{1}{x}\right)}{dx}, \quad \text{且 } 0<\nu<\frac{1}{2}$$

就是一个这样的例子. 因为在积分 $\int_0^{2\pi} f(x)\cos n(x-a)dx$ 在那些接近 x 等于 $\sqrt{\frac{1}{n}}$ 的地方的贡献, 一般来说, 随着 n 的增大成为无穷大, 以致这个积分与

$$\frac{1}{2}\sin\left(2\sqrt{n}-na+\frac{\pi}{4}\right)\sqrt{\pi}n^{\frac{1-2\nu}{4}}$$

之比将收敛到 1, 这可以用刚刚讲过的方法来得到. 为了使这个例子更一般化, 也使它的本质更为突出, 我们令

$$\int f(x)dx = \varphi(x)\cos\psi(x),$$

并假设对无穷小的 $x, \varphi(x)$ 是无穷小, 而 $\psi(x)$ 是无穷大, 而在其他地方, 假设这些函数及其导数为连续, 没有无穷多个极大和极小. 于是

$$f(x) = \varphi'(x)\cos\psi(x) - \varphi(x)\psi'(x)\sin\psi(x),$$

且

$$\int f(x)\cos n(x-a)dx$$

等于下面四个积分的和:

$$\frac{1}{2}\int \varphi'(x)\cos(\psi(x)\pm n(x-a))dx,$$
$$-\frac{1}{2}\int \varphi(x)\psi'(x)\sin(\psi(x)\pm n(x-a))dx.$$

假设 $\psi(x)$ 为正, 我们考虑积分

$$-\frac{1}{2}\int \varphi(x)\psi'(x)\sin(\psi(x)+n(x-a))dx,$$

研究在其中什么位置正弦的符号改变得最慢. 如果我们令

$$\psi(x)+n(x-a)=y,$$

那么这种地方就发生在 $\frac{dy}{dx}=0$ 处, 现在令 $x=\alpha$ 使

$$\psi'(\alpha)+n=0,$$

因此来研究积分

$$-\frac{1}{2}\int_{\alpha-\varepsilon}^{\alpha+\varepsilon} \varphi(x)\psi'(x)\sin y dx$$

的性态, 其中 n 趋于无穷, y 是变量, ε 是无穷小.[15] 如果我们令

$$\psi(\alpha)+n(\alpha-a)=\beta,$$

那么对于充分小的 ε 就有

$$y=\beta+\psi''(\alpha)\frac{(x-\alpha)^2}{2}+\cdots,$$

但是, 当 x 趋于 0 时, $\psi(x)$ 趋于 $+\infty$, 故 $\psi''(\alpha)>0$; 此外

$$\frac{dy}{dx}=\psi''(\alpha)(x-\alpha)=\pm\sqrt{2\psi''(\alpha)(y-\beta)},$$

其中正负号的选择根据 $x-\alpha\gtrless 0$ 而定, 以及

$$\begin{aligned}&-\frac{1}{2}\int_{\alpha-\varepsilon}^{\alpha+\varepsilon}\varphi(x)\psi'(x)\sin y dx\\&=\frac{1}{2}\left(\int_{\beta+\psi''(\alpha)\frac{\varepsilon\varepsilon}{2}}^{\beta}-\int_{\beta}^{\beta+\psi''(\alpha)\frac{\varepsilon\varepsilon}{2}}\right)\left(\sin y\frac{dy}{\sqrt{y-\beta}}\right)\frac{\varphi(\alpha)\psi'(\alpha)}{\sqrt{2\psi''(\alpha)}}\\&=-\int_0^{\psi''(\alpha)\frac{\varepsilon\varepsilon}{2}}\sin(y+\beta)\frac{dy}{\sqrt{y}}\frac{\varphi(\alpha)\psi'(\alpha)}{\sqrt{2\psi''(\alpha)}}.\end{aligned}$$

现在令 ε 随着 n 的增大而减小, 使得 $\psi''(\alpha)\varepsilon\varepsilon$ 成为无穷大, 那么, 大家知道积分

$$\int_0^{\infty}\sin(y+\beta)\frac{dy}{\sqrt{y}}$$

等于 $\sin\left(\beta+\frac{\pi}{4}\right)\sqrt{\pi}$, 假如它不等于零, 略去高阶项, 我们就得到

$$-\frac{1}{2}\int_{\alpha-\varepsilon}^{\alpha+\varepsilon}\varphi(x)\psi'(x)\sin(\psi(x)+n(x-a))dx=-\sin\left(\beta+\frac{\pi}{4}\right)\frac{\sqrt{\pi}\varphi(\alpha)\psi'(\alpha)}{\sqrt{2\psi''(\alpha)}}.$$

因此如果最后这个量不是无穷小, 那么它与积分

$$\int_0^{2\pi}f(x)\cos n(x-a)dx$$

之比, 当 n 趋于无穷时趋于 1, 因为其余部分都是无穷小.

假设当 $x\to 0$ 时 $\varphi(x)$ 和 $\psi'(x)$ 与 x 的某一幂次有相同的阶, 具体地说, $\varphi(x)$ 的阶与 x^{ν} 相同, $\varphi'(x)$ 的阶与 $x^{-\mu-1}$ 相同, 其中 $\nu>0$ 和 $\mu\geqslant 0$ 是必需的, 那么

$$\frac{\varphi(\alpha)\psi'(\alpha)}{\sqrt{2\psi''(\alpha)}}$$

对无穷大的 n, 其阶与 $\alpha^{\nu-\frac{\mu}{2}}$ 的阶相等, 因此如果 $\mu\geqslant 2\nu$, 就不是无穷小. 但是一

般来说, 如果 $x\psi'(x)$, 或者一样地也可以说, 如果 $\frac{\psi(x)}{\log x}$ 对无穷小的 x 成为无穷大, 那么可以假设当 x 为无穷小时 $\varphi(x)$ 为无穷小, 且

$$\varphi(x)\frac{\psi'(x)}{\sqrt{2\psi''(x)}}=\frac{\varphi(x)}{\sqrt{-2\frac{d}{dx}\frac{1}{\psi'(x)}}}=\frac{\varphi(x)}{\sqrt{-2\lim\frac{1}{x\psi'(x)}}}$$

是无穷大. 因此, 积分 $\int_x f(x)dx$ 可以延伸到 $x=0$, 而当 $n\to\infty$ 时, 积分

$$\int_0^{2\pi} f(x)\cos n(x-a)dx$$

不是无穷小. 我们见到, 当 $x\to 0$ 时, 由于函数 $f(x)$ 的符号的激烈变化, 导致积分增量的相互抵消, 尽管函数变差之增长远大于 x 的变化. 然而这里因子 $\cos n(x-a)$ 的引入使得增量成为可积.

正如上面提出的这个函数, 虽然它可积, 可是它的 Fourier 级数却不收敛, 甚至它的项还是无穷大. 此外, 也有函数 $f(x)$ 不可积, 但在两个任意近的数之间总有无穷多个 x, 使级数 Ω 收敛.

由下述级数

$$\sum_{n=1}^{\infty}\frac{(nx)}{n}$$

给出的函数就是这样的一个例子, 上式中的 (nx) 的定义和在上面 (第 6 节) 的一样, 它对于 x 的每一个有理数, 可以用下述三角级数[16]

$$\sum_{n=1}^{\infty}\frac{\Sigma^{\theta}-(-1)^{\theta}}{n\pi}\sin 2nx\pi^{(8)}$$

来表示, 其中 θ 要用 n 的所有因子代入, 但是 [这个级数的和] 不管在多么小的区间内都不是有界的, 从而无处可积.

另一个例子可以这样来得到, 在下面的级数

$$\sum_{n=0}^{\infty}c_n\cos nnx,\quad \sum_{n=1}^{\infty}c_n\sin nnx$$

中, 令其中的 $c_0, c_1, c_2, \cdots$ 为正数, 单调下降, 且为无穷小, 而 $\sum_{s=1}^{n}c_s$ 随着 n 的增大而成为无穷大. 因为如果 x 与 2π 之比为有理数并用最简分数形式表示为分母为 m 的分数, 那么显然这个级数收敛, 还是趋于无穷大, 决定于

$$\sum_{n=0}^{m-1}\cos nnx,\quad \sum_{n=0}^{m-1}\sin nnx$$

是否为零. 但是根据一个熟知的圆周分割定理①, 这两种情形都可以在任意接近的两个数内的无穷多个数 x 上发生.

级数 Ω 的收敛范围还可以这样大, 它无须逐项积分 Ω 得到的级数

$$C' + A_0 x - \sum \frac{1}{nn}\frac{dA_n}{dx}$$

的值, 后者在任意小区间上均可积.

例如, 按 q 的升幂我们展开表达式

$$\sum_{n=1}^{\infty} \frac{1}{n^3}(1-q^n)\log\left(\frac{-\log(1-q^n)}{q^n}\right),$$

其中的对数对 $q=0$ 时定义为零, 并令其中的 $q=e^{xi}$, 那么其虚部构成一个三角级数, 它对 x 的二阶导数在不论多么小的区间内在无穷多个点上收敛, 而其一阶导数却有无穷多个点它在其上变为无穷大.

系数不趋于 0 的三角级数, 也可以在任意靠近的两个数之间, 对自变量的无穷多个值收敛. 无穷级数 $\sum\limits_{n=1}^{\infty}\sin(n!x\pi)$, 就是一个简单的例子, 其中 $n!$ 和通常一样等于

$$1\cdot 2\cdot 3\cdot\cdots\cdot n,$$

它不仅对 x 的每一个有理数收敛, 这时它变成了有限项的和, 而且对无穷多个无理数也收敛, 这些无理数中, 例如有 $\sin 1, \cos 1, \frac{2}{e}$ 及其倍数, 以及 $e, \frac{e-\frac{e}{e}}{4}$ 的奇数倍, 等等.(9)[17]

目 录

用三角级数表示任意函数问题的历史.

§1. 从 Euler 到 Fourier.

问题起源于在 1753 年 d' Alembert 和 Bernoulli 对弦振动问题的解的争论. Euler, d'Alembert, Lagrange 的观点.

§2. 从 Fourier 到 Dirichlet.

Fourier 的正确观点, Lagrange (1807 年) 的抵制. Cauchy (1826 年).

§3. Dirichlet 之后.

Dirichlet 对在自然界出现的函数问题的解决 (1829 年) . Dirksen. Bessel (1839 年).

①Disquis. ar. p. 636 art. 356. (Gauss Werke Bd. I. p. 442.)

注 释

(1) 如果我们假设函数 $f(x)$ 在从 x 到 $x_1 > x$ 的区间 Δ 内为非递增函数, 而且我们用 g 表示函数 $f(x+\xi)$ 在 $0<\xi<\Delta$ 区间内的上确界, 即这样一个值, 它不会被任何一个函数值超过, 但有函数值能无限逼近它, 那么 $g-f(x+\xi)$ 随 ξ 的增大绝不会减小, 可是它却还可以是任意小, 就是说有 $\lim\limits_{\xi=0}(g-f(x+\xi))=0, g=f(x+0)$. 有一个定理是说, 一个由实数组成的集合 $\mathfrak{S}$, 其中有有限或无穷多个数 s 不超过某个有限的数值, 就会有一个上确界, 它最早是由 Weierstrass 准确地表述和证明的 (参见 O. Biermann, Theorie der analytischen Functionen (解析函数理论), §16, Leipzig, Teubner, 1884). 非常简单的证明是以 Dedekind 的无理数的理论为基础的 (Stetigkeit und irrationale Zahlen (连续性与无理数), Braunschweig, Vieweg, 1872). 这就是, 如果我们把一个实数系列分割成这样的两部分 A 与 B, 使得在 A 中的每一个数 a 都超过集合 $\mathfrak{S}$ 中的数, 而 B 中的每一个数 b 都不超过集合 $\mathfrak{S}$ 中的数, 那么必定存在这样一个数 g, 它显然就具有集合 $\mathfrak{S}$ 的上确界的特征.

(2) 在此有 Riemann 手写的一份不完整的注释, 我们想将其重建如下, 因为它对于完善证明下述结论是必需的, 即, Δ 随 d 一起变为零也是收敛的充分条件. 初看起来似乎可能会有这样的情况, 如果在两个不同的分割, 其中区间 δ', δ''

小于 d, 从而和 S (它在此两种分割下分别记为 S' 和 S'') 的最大值和最小值 (上确界和下确界) 之间的差值也会小于一个给定的量 ε, 可是 S' 和 S'' 这两个和的本身却可能相隔一段有限的距离. 为了能看出不可能有这种情况, 我们来作第三个、与和 S 相对应的分割 δ, 这就是同时作 δ' 和 δ''. 由于 δ' 的每一个元素都是由 δ 中的一个整数构成, 所以, 如果取 S 中的任何一个值来看, S 中与 δ 中的这些元素相对应的项之和会处于 S' 中与 δ' 中的元素相对应的项中的最大值与最小值之间, 从而整个 S 的和也就会在 S' 的最大值与最小值之间, 同样也就会在 S'' 的最大值与最小值之间; 因此 S, S', S'' 相互之间的差也就不可能超过 ε.

(3) 我们说, 每一个在 a 与 b 之间的非递增的有限函数 $f(x)$, 以及因此每一个没有无穷多的极大极小的函数, 都可积, 这一点可以这样来证明.

设

$$a = x_1 < x_2 < x_3 < \cdots < x_n = b,$$
$$\delta_1 = x_2 - x_1, \delta_2 = x_3 - x_2, \cdots, \delta_{n-1} = x_n - x_{n-1},$$
$$D_1 = f(x_1) - f(x_2), D_2 = f(x_2) - f(x_3), \cdots, D_{n-1} = f(x_{n-1}) - f(x_n),$$
$$D_1 + D_2 + \cdots + D_{n-1} = f(a) - f(b).$$

因为根据假设函数 $f(x)$ 非递增, 所以量 $D_1, D_2, \cdots, D_{n-1}$ 就是在区间 $\delta_1, \delta_2, \cdots, \delta_{n-1}$ 最大的波动, 并且全为正, 或者, 至少没有一个是负的. 如果 m 为那些在其中有 $D > \sigma$ 的区间的数目, 那么就会有 $m\sigma < f(a) - f(b)$, 或即

$$m < \frac{f(a) - f(b)}{\sigma}.$$

因此如果所有区间的 δ 都小于 d, 那些在其中有 $D > \sigma$ 的区间的总长度就会小于 $\dfrac{f(a) - f(b)}{\sigma}d$, 因此由于 d 为无穷小, 这就是所要证明的.

(4) 这里用到的 $B_{\mu\pm n}$ 有以下表达式:

$$\begin{aligned} B_{\mu+n} = & \frac{1}{2}\cos(\mu+n)(x-a)(a_n \sin na + b_n \cos na) \\ & + \frac{1}{2}\sin(\mu+n)(x-a)(a_n \cos na - b_n \sin na), \\ B_{\mu-n} = & \frac{1}{2}\cos(\mu-n)(x-a)(a_n \sin na + b_n \cos na) \\ & - \frac{1}{2}\sin(\mu-n)(x-a)(a_n \cos na - b_n \sin na). \end{aligned}$$

为完整起见, 还需要证明

$$\mu\mu \int_b^c \left(C + C'x + A_0 \frac{xx}{2}\right) \cos\mu(x-a)\lambda(x)dx$$

也以 0 为极限. 达到这一点的最简单的办法就是, 令

$$\left(C+C'x+A_0\frac{xx}{2}\right)\cos\mu(x-a)=-\frac{1}{\mu\mu}\frac{d^2B}{dx^2},$$

$$B=\left(C-\frac{3A_0}{\mu\mu}+C'x+A_0\frac{xx}{2}\right)\cos\mu(x-a)-2\left(C'+A_0x\right)\frac{\sin\mu(x-a)}{\mu},$$

并进行两次部分积分. 像下面这样的积分

$$\int_b^c\cos\mu(x-a)\lambda''(x)dx,\quad \int_b^c\sin\mu(x-a)\lambda''(x)dx$$

会随着 μ 的无限增大而变为零, 这可以或者采用 Dirichlet 方法, 或者更简单一些还可以借助于 du Bois-Reymond 的中值定理, 来证明. 照此, 如果 $\varphi(x)$ 在积分限 b 与 c 之间不是递增函数, 或者不是递减函数, 则存在位于 b 与 c 之间的一个值 ξ, 使

$$\int_b^c f(x)\varphi(x)dx=\varphi(b)\int_b^\xi f(x)dx+\varphi(c)\int_\xi^c f(x)dx.$$

(5) 在 II 中所提出的几个定理可以这样解释:

由于函数 $f(x)$ 是以 2π 为周期的周期函数, 所以

$$F(x+2\pi)-F(x)=\varphi(x)$$

必定具有这样的性质, 即

$$\frac{\varphi(x+\alpha+\beta)-\varphi(x+\alpha-\beta)-\varphi(x-\alpha+\beta)+\varphi(x-\alpha-\beta)}{4\alpha\beta}$$

在正文所作的假设下会随着 α 和 β 一起逼近极限 0. 因此 $\varphi(x)$ 是一个 x 的线性函数, 于是可以确定常数 C', A_0, 使得

$$\Phi(x)=F(x)-C'x-A_0\frac{xx}{2}$$

为 x 的一个以 2π 为周期的周期函数.

如果现在进一步假设函数 $F(x)$ 对任意的积分限, 下述积分

$$\mu\mu\int_b^c F(x)\cos\mu(x-a)\lambda(x)dx$$

在 $\lambda(x)$ 满足在正文中所给的条件时, 随着 μ 的无限增大而逼近极限 0, 由此推知, 在相同的假设下, 积分

$$\mu\mu\int_b^c \Phi(x)\cos\mu(x-a)\lambda(x)dx$$

逼近极限 0.

现在可设 $b<-\pi, c>\pi$, 并且设 $\lambda(x)$ 在从 $-\pi$ 到 $+\pi$ 的区间内等于 1, 那么可知积分

$$\mu\mu\int_b^{-\pi}\Phi(x)\cos\mu(x-a)\lambda(x)dx+\mu\mu\int_\pi^c\Phi(x)\cos\mu(x-a)\lambda(x)dx$$
$$+\mu\mu\int_{-\pi}^{+\pi}\Phi(x)\cos\mu(x-a)dx$$

也以零为极限. 如果 μ 是一个整数 n, 考虑到 $\Phi(x)$ 的周期性, 我们可以将上式写成

$$nn\int_{b+2\pi}^c\Phi(x)\cos n(x-a)\lambda_1(x)dx+nn\int_{-\pi}^{+\pi}\Phi(x)\cos n(x-a)dx,$$

其中在从 $b+2\pi$ 到 π 的区间内有 $\lambda_1(x)=\lambda(x-2\pi)$, 在从 π 到 c 的区间内有 $\lambda_1(x)=\lambda(x)$, 那么 $\lambda_1(x)$ 在从 $b+2\pi$ 到 c 的区间内就满足对 $\lambda(x)$ 所作的假设. 这样一来, 上述和式中的第一项就会以 0 作为其极限值, 从而下述积分

$$\mu\mu\int_{-\pi}^{+\pi}\Phi(x)\cos\mu(x-a)dx$$

的极限值也等于零.

(6) 在此看来对函数 $\lambda(x)$ 还必须补充加上它是以 2π 为周期的周期函数这个条件 (这与以后要作的假设是相容的). 实际上, 例如, 如果令 $F(t)-C't-A_0\dfrac{tt}{2}=$ const. 以及 $\lambda(t)=(x-t)^3$, 那么所说的积分就不会逼近极限 0. 相反, 在有 $\lambda(x)$ 的周期性的假设下, 就可通过进行下面的微分

$$\frac{dd\dfrac{\sin\dfrac{2n+1}{2}(x-t)}{\sin\dfrac{x-t}{2}}}{dt^2},$$

并利用第 8 节定理 3 和类似于在附注 (5) 中的方法很容易证明, 这个积分会等于零.

针对附注 (5) (6), 在本全集的第一版的附注编号是 (1) (2), Ascoli 在一篇论三角级数的论文中 (Accademia dei Lincei 1880) 提出了许多不同的想法. 它们可以不加改变地保留在此, 只不过是要作下述补充.

确认那在附注 (5) 中记为 $\varphi(x)$ 的函数必定是线性的这个定理 (关于这个我向读者推荐 G. Cantor 发表在 Crelle's Journal, Bd. 72, S. 141 上的一篇论文), 当然要假设, 函数的每一个 x 都存在 (因而也是有限的). 不过在我看来, 假设了这一点, 那在第 9 节的第 I, II 小节, 只有当我们像 Ascoli 所作的那样, 要求

通过加上表达式 $-C'x - A_0\dfrac{xx}{2}$ 后变成一个周期函数, 并随着函数 $F(x)$ 一起增大的条件下, 才可以完全理解. 如果我们放弃 $f(x)$ 处处存在的假设, 那么就可能存在无穷多种不同的函数 $F(x)$, 它们之间相差不只是一个线性表达式. 如果并没有假设 $f(x)$ 的处处存在, 但是像在第 8 节中的 $F(x)$ 那样通过一个级数 $C - \dfrac{A_1}{1} - \dfrac{A_2}{4} - \dfrac{A_3}{9} - \cdots$ 来定义的, 那么这时第 9 节 III 当然仍有其意义.

由于在正文的公式中函数 $\lambda(t)$ 只出现在从 $-\pi$ 到 $+\pi$ 的区间内, 在附注 (6) 中认可, 不必假设有 $\lambda(t)$ 和 $\lambda'(t)$ 的周期性, 只需级数有式子 $\lambda(\pi) = \lambda(-\pi)$, $\lambda'(\pi) = \lambda'(-\pi)$ 就足矣, 因此也就是说, 不必要周期性本身, 而只需能作连续周期性延拓就够了. 但是由于函数 $F(t) - C't - \dfrac{A_0}{2}t^2$ 是通过级数 $C - \dfrac{A_1}{1} - \dfrac{A_2}{4} - \dfrac{A_3}{9} - \cdots$ 定义的, 而不是像在 Ascoli 那里那样用 $-\dfrac{A_1}{1} - \dfrac{A_2}{4} - \dfrac{A_3}{9} - \cdots$ 来定义的, 所以在例中假设 $F(t) - C't - \dfrac{A_0}{2}t^2$ 为一异于零的常数, 就完全是可以接受的.

还有, 我为了证明积分

$$\frac{1}{2\pi}\int_{-\pi}^{+\pi} \Phi(t)\frac{dd\dfrac{\sin\dfrac{2n+1}{2}(x-t)}{\sin\dfrac{x-t}{2}}}{dt^2}\lambda(t)dt$$

等于零而采用的类似于在注释 (5) 中所用的方法, 我必须在此稍微详细一点地讲述一下.

如果我们在积分号下进行微分, 就会得到一个多项式, 其中有一项将为

$$-\mu^2\int_{-\pi}^{+\pi} \Phi(t)\frac{\lambda(t)}{\sin\dfrac{x-t}{2}}\sin\mu(x-t)dt,$$

其中 $\mu = \dfrac{2n+1}{2}$, 再令 $\lambda(t) = \lambda_1(t)\sin\dfrac{x-t}{2}$ 以及 $x = a+\pi$, 即得

$$(-1)^n\mu^2\int_{-\pi}^{+\pi} \Phi(t)\lambda_1(t)\cos\mu(a-t)dt.$$

现在选 b, c, 使得从 b 到 c 的区间包含从 $-\pi$ 到 $+\pi$ 的区间, 并在头一个区间内这样来确定函数 $\lambda(t)$, 使得在 $-\pi$ 到 $+\pi$ 之间有 $\lambda(t) = \lambda_1(t)$, 但在边界上 $\lambda(t)$ 和 $\lambda'(t)$ 都等于零, 再在从 $b+2\pi$ 到 c 的区间内定义一个这样的函数 $\lambda_2(t)$, 使得它在 $b+2\pi$ 到 π 之间为 $\lambda_2(t) = -\lambda(t-2\pi)$, 而在 π 到 c 之间为 $\lambda_2(t) = \lambda(t)$, 因

此也就假设了 $\lambda_2(\pi) = -\lambda_1(-\pi), \lambda_2'(\pi) = \lambda_1'(-\pi)$. 于是和在附注 (5) 中一样, 有

$$\mu^2 \int_{-\pi}^{+\pi} \Phi(t)\lambda_1(t)\cos\mu(a-t)dt = \mu^2 \int_b^c \Phi(t)\lambda(t)\cos\mu(a-t)dt$$
$$-\mu^2 \int_{b+2\pi}^c \Phi(t)\lambda_2(t)\cos\mu(a-t)dt,$$

在其右侧的两部分, 根据第 8 节的定理 3, 会随着 μ 的无限增大趋于零. 对上述积分的其余部分也可以照此办理.

(7) 我们要在这里提一下 P. du Bois-Reymond 的工作, 它在 Riemann 之后对三角级数理论做出了重要贡献. 就是在该文中通过例子证实了, 的确有这样的函数, 这种函数处处有限和连续, 具有无穷多个极大和极小, 它不能用三角级数来表示.

(8) 这里要把记号 $\Sigma^\theta - (-1)^\theta$ 理解为这样一些正单位和负单位之和, 使得对 n 的每一个偶约数对应一个负项, 而对每一个奇约数对应一个正项. 如果我们将 (x) 用众所周知的公式

$$-\sum_{m=1}^{\infty}(-1)^m \frac{\sin 2m\pi x}{m\pi}$$

来表示, 将它代入和式 $\sum \frac{(nx)}{n}$, 再对换求和顺序, 就能得到这个展开 (尽管这个方法并不是完全无可厚非的).

(9) 数值 $x = \frac{1}{4}\left(e - \frac{1}{e}\right)$, 正如 Genochi 在涉及这种例子的一篇文章 (Intorno ad alcune serie, Torino, 1875) 中指出的, 不能使级数 $\sum_{n=1}^{\infty} \sin(n!x\pi)$ 收敛. 但是, 正如 Genochi 所确定的, 级数对 $x = \frac{1}{2}\left(e - \frac{1}{e}\right)$ 也不收敛.

(感谢王斯雷教授对本篇文章的译文进行的全面、细致的修订.)

XIII 论奠定几何学基础的假设

(选自 Göttingen 王室科学协会文集第 13 卷)①

研究计划

众所周知, 几何学把空间的概念以及在空间中作图的基本规则这二者都预设为某种给定了的东西. 它给出它们的定义只是名义上的, 而其实质的规定则是以公理的形式出现. 从而这些预设 (Voraussetzung)②的关系仍然处于黑暗之中; 人们既看不清楚, 它们的联系是否和在何种程度上是必需的, 也不能先验地知道它们是否可能.

即使是从 Euclid 到 Legendre, 把现代那些最有名的几何革新家们都算上, 无论是数学家们, 还是投身于此的哲学家们, 都未能使这一黑暗得到澄清. 其原因很可能就在于, 多维量 (mehrfach ausgedehnter Grössen③) 的一般概念, 空间量 (Raumgrössen) 就包含于其中, 仍然还没有研究出来. 因此我给自己首先就提出这样的任务, 从一般数量的概念来构造多维量的概念. 由此得出, 多维量可以有不同种类的度量关系, 因而空间只不过是三维量的一个特殊情形. 但是由此就有一个必然的结论, 这就是, 几何学的命题不可能由一般量的概念推导出来, 相

①本文曾由 Riemann 于 1854 年 7 月 10 日在 Göttingen 大学哲学系专门为他的就职而安排的报告会上宣读过. 这就说明了它的表述形式, 在其中解析的研究只能是点到即止; 人们可以在他的应征巴黎悬赏问题的论文中找到一些关于这方面的论述和若干相关注释.

②Voraussetzung 一般译为假设, 此处为了与 Hypothese 区别起见, 译为预设. —— 中译者注

③德语直译为 "多重延伸量", 这里按现代通用术语作了修改, 以便读者理解. 下文中的 "多维流形" 等情况类似. —— 编者注

反, 那些把空间与其他可以想象得到的三维量区分开来的性质只能从经验中来获得. 于是就引出了这样一个问题, 寻求那种足以规定空间度量关系的最简单的事实 —— 根据这组事情的本质, 这是一个不能完全确定的问题; 因为允许有多组简单事实, 它们都足以用来规定空间的度量关系; 对当下的目的来说最重要的就是由 Euclid 所奠定基础的那一组. 这组事实, 和其他事实一样, 不是必然的, 但从经验上是得到了肯定的, 它们是假设 (Hypothesen); 因此对其可信性人们是可以研究的, 虽然在观察的范围内这一可信性是很大的, 并进而由此探索将它们扩展到观察的范围之外, 既向无限大的方面扩展, 又向无限小的方面扩展的许可性.

I n 维量的概念

当我现在来探讨这些问题中的第一个、建立多维量的概念的问题之时, 我想应该允许我要求批评有更多一些的宽容, 因为我在哲学性质的一类研究工作做得很少, 其中的困难更多地是在概念上, 而不是在构造上, 而且除了从枢密顾问 Gauss 先生在他的第二篇论双二次余式的论文, 在 Göttingenschen gelehrten Anzeigen (Göttingen 学术通报), 以及在他的五十周岁纪念册得到就此所作的一些非常简短的提示, 再就是从 Herbart 的一些哲学研究得到点提示之外, 我再无其他前期工作可资利用.

1

量的概念, 只有此前存在更一般的概念并且许可有不同的具体确定方式 (Bestimmungsweise)① 时, 才有可能来谈[1]. 按照在这些具体确定方式从其中一个到另一个的过渡是连续或否, 它们形成连续流形或离散流形; 在前一种情况下这些个别的确定方式就叫作点, 在后一种情况下就叫作流形的元素. 其具体的确定方式形成离散流形的概念是如此司空见惯, 以致对任何给定的事物总可以找到, 至少在开化了的语言中可以找到, 一个能够把它包括于其中的概念 (而且因此数学家在离散量的学说中, 就可以毫不犹豫地以所给事物都是同一类的这个要求作为研究的出发点), 相反, 导致构造其确定方式形成一连续流形的量的概

①一般的量的概念与其 (具体) 确定方式之间的关系就正如点的概念与一个一个的具体的点之间的关系一样, 相当于一个概念的内涵与外延之间的关系, 这从下文立即可以看出作者所谓的 "Bestimmungsweise" 是什么意思, 为了与原文更贴近, 故直译为 "确定方式", 虽然从中文的表达习惯来看, 单独从这个词还不易看出作者的这个意思, 所以在阅读下文时要请读者特别记住. 这里英译为 "specialization"(特别指定), 而俄文译本更意译为 "состояний"(状态), 意思是说, 一个个具体的点是 "点" 这个 "概念" 的不同 "状态", 可能都有助于读者理解. —— 中译者注

念起因, 在日常生活中是如此稀少, 以致可感知客体的位置和颜色很可能就是那几个少数的概念, 它们的确定方式形成一多维流形. 导致这些概念的生成和成长的更经常的起因, 首先要到高等数学中去找.

通过一种标记或边界从流形中区分出的一个一个的确定的部分称为量子 (Quanta)[①]. 在数量 (Quantität) 上来对它们进行比较, 在离散量的情况下是通过计数来实现, 在连续量的情况下则是通过测量来完成. 测量就在于将要比较的量中的一个放到另一个的上面; 因此为了测量就得有一个办法把一个量取作另一个的测量标尺. 如果不能做到这一点, 则人们只能在一个是另一个一部分时做到比较这两个量, 而且这时只能判断是大或是小, 而不能判断是多少. 在这种情况下对它们所能从事的研究, 形成量理论学的一个一般来说与度量 [规定] (Massbestimmung) 无关的部分, 其中量不是作为与位置无关而存在的, 也不是作为可用一个单位来表达的, 而是被看成是一流形中的区域. 这种研究对数学的许多部分, 特别是对多值解析函数的处理, 是必不可少的, 而这一研究的短缺很可能就是那著名的 Abel 定理和 Lagrange, Pfaff, Jacobi 在微分方程的一般理论中所取得的成就长期未能开花结果的主要原因. 对当下的目标来说, 从这个多维量学说的一般部分, 在这部分中除了在概念本身中所包含的内容之外, 再未作任何更多的预设, 我们只要突出两点就足够了, 其中第一点就是生成一个多维流形, 第二点涉及将给定流形中位置确定归结为数量确定 (Quantitätsbestimmungen) 并由此来阐明 n 维量的本质特征.

2

设有一概念, 它的确定方式形成一连续流形, 人们以一种确定的手术 (bestimmte Art) 从其中一个确定方式过渡到另一个, 则经此手术得出的一系列确定方式形成一个单重延伸的流形, 其本质的特征是, 在其中从一个点出发的连续进程只能向两个方向, 或是向前, 或是向后, 发展. 设想这个流形又变成另一个完全不同的流形, 确切地说也是以一种确定的手术 (bestimmte Art), 也是这样地使它的每一个点都变成流形中的另一个确定的点, 从而这样得到的全部确定方式形成一个二维的流形. 类似地, 如果将一个二维流形以确定的手术变到另一个完全不同的流形, 我们就会得到一个三维的流形, 而且易见, 人们可以如何将这种构作继续作下去. 如果我们把概念看作可确定的 (bestimmbar), 换成其对象看成是

[①]这里 “量子” 的概念这句话已经讲得很清楚了, 它与物理学中的量子的概念是两回事. ——中译者注

变量①, 那么这种构作就可认为是, 将一维的簇 (Veränderlichkeit)②与一 n 维的簇组合成一 $n+1$ 维的簇[2].

3

现在我要来证明, 人们如何能反过来将一个其区域给定了的簇分解成一个一维簇与一个较低维簇. 为此设想在一个一维流形中的一可变段 —— 从一固定点算起, 以便其值可以互相比较, 它对所给流形的每一点具有一个随该点连续改变的值, 或者换言之, 人们在所给流形中取一个位置的连续函数, 而且还是这样的函数, 它在沿此流形一部分上不会是常量.[3] 于是每一组这样的点, 这个函数在其上取常数值的, 就形成一个维数低于所给流形维数的连续流形. 当改变这个函数值时这些流形就会相互转换; 于是人们就可以认定, 从其中一个流形可以得出其余的来, 而且一般来说可以是这样得出的, 它的每一个点变到另一个流形中的一个确定的点; 例外的情形, 对它们的研究也很重要, 在此可以暂且不论. 这样一来在给定流形中的位置确定就归结到一个量的确定 (Grössenbestimmung) 和在一个维数较低的流形中的位置的确定. 现在容易证明, 如果所给流形是 n 维的, 那么这个流形就有 $n-1$ 维. 通过 n 次重复这个手术, 在一 n 维流形中的位置确定因此就归结为 n 个量的确定, 而在一给定流形中的位置确定, 如果这是可能的, 也因此归结为一组有限个量的确定. 可是还有这样的流形, 其中的位置不是能用一组有限个量来确定的, 而是要求用一无限序列的量来确定, 或者是要求用到一连续集合的量来确定. 这种流形的例子有, 例如, 一给定区域上的所有可能的函数所确定的流形, 立体图形所有可能的形状构成的流形, 等等.[4]

II 在假设线具有与位置无关的长度, 因而每一条线都可以通过另一条来测量的前提下, 一 n 维流形所能具有的度量关系

在建立了 n 维流形的概念, 并且找到了它的基本特征就是, 在其中位置的确定要归结到 n 个量的确定之后, 现在接下来讨论作为上面提出的第二个问题、即对这种流形能拥有的度量关系的研究, 以及讨论能够足以确定这种度量关系的条件. 这种度量关系只能在抽象的量的概念中来研究, 其内在联系只能用公式来

①作者在这里的意思也许可以这样来理解, 这里强调的不是概念与其确定方式之间的关系, 而是指将形成流形的确定手术看成可变的对象. —— 中译者注

②这里 Veränderlichkeit 为 "可变动性", 也许可以译为 "变动范围", 但在其英译中用的是 "variety (簇)", 而在其俄译中用的是 "изменяемости", 都不是译成 "变动范围". —— 中译者注

表述; 然而在一定的预设下它们可以分解成那样一些关系, 取其单个时可以作几何的描述, 从而就有可能将计算的结果几何地来表达. 这样一来, 为了得到牢固的基础, 我们的确就不可避免地要用公式来作抽象的研究, 但是这样用公式得出来的结果能用几何的外衣包装起来. 这二者的基础都包含在枢密顾问 Gauss 先生那篇著名的论曲面的著作中[5].

1

度量规定 (Massbestimmungen) 要求量与位置无关, 这可以以多种方式出现; 首先提出的假定, 这也是我在此要追随采用的, 很可能就是, 设曲线的长度与其位置无关, 从而每一条曲线都可以用另一条曲线来测量. 如果将位置确定归结到量的确定, 因而在一给定的 n 维流形中点的位置就可用 n 个变量 x_1, x_2, x_3, 由此下去直至 x_n 来表示, 于是由此可以得出一条曲线就可以用给出这些量 x 作为单个变量的函数来确定. 于是我们的任务就是要为曲线的长度建立一个数学表达式, 为达此目的就必须把诸量 x 看成是能用单位来表达的. 我只想在一定的限制下来处理这个问题, 而且首先我想只限于这样一种曲线, 其上诸量 dx —— 诸量 x 的相关改变 —— 之间的比例连续地改变; 于是人们可以设想将曲线分解成小单元, 在这些小单元之内诸量 dx 的比例可以看成是常数, 从而我们的问题就归结为, 对每一点建立一个从该点发出的线元 ds 的一般表达式, 因而式中将会包含诸量 x 和量 dx. 现在我来假定第二点, 即在忽略第二阶小量时, 这个线元的长度在它上面的所有点的位置作相同的无限小的改变下, 不会改变, 而这同时也就意味着, 当全部量 dx 按相同的比例增大时, 线元本身也会以相同的比例改变. 在这个假定下线元将可以是量 dx 的任何一个一次齐次函数, 它在所有量 dx 改变其符号时不会改变, 而这就表明那些常数都是量 x 的连续函数.[6] 为了找到最简单的这种情形, 我首先来对那些处处都是与这个线元起点等距的 $n-1$ 维流形来求一表达式, 即, 我要找寻一个位置的连续函数[7], 它的值能将它们相互加以区别. 那么这个函数从这个线元的起点出发向各个方向的值的变化必定要么总是减小, 要么总是增大; 我将假定它向各个方向增大, 因而在该点取极小. 这样一来, 如果它的一阶和二阶微商均为有限, 它的一阶微分就必定会等于零, 而且二阶微分也绝不可能为负; 我假定它始终保持为正. 这样一来这个二阶微分表达式在 ds 保持为常数时, 也保持为常数, 而当各个量 dx 以及从而 ds 也全都以同一个比例改变时, 它就会以平方的比例增大; 因而它就等于常数乘以 ds^2, 从而有 ds 等于诸量 dx 的一个恒正的二次整齐次函数的平方根, 其中的系数是诸量 x 连续函数. 对于空间, 如果用直角坐标来表示点的位置, 则有 $ds = \sqrt{\sum (dx)^2}$; 因而空间就包含在这种最简单的情况之下①. 接下来的简单例子很可能就是包括这样一些流形, 它们的线元可由一个四次微分表达式的四次方根来表达. 这种更一般类型的流形的研究并不需要什么本质上不同的原理, 但是却十分费时, 而对空间的学说相对地来说也不会增添多少新的说明, 尤其是其结果无法作几何解释; 因此我只限于那种流形, 它们的线元是可以用一个二次微分式的平方根来表示的. 人们可以将这样的表达式变换成另一个相似的表达式, 办法就是用 n 个新的独立变量的函数来代替原来的 n 个独立变量. 但是用这种方法并不能将任一表达式变换到任一其他的表达式; 因为表达式含有 $n\cdot\dfrac{n+1}{2}$ 个系数, 它们都是独立变量的任意函数; 但是通过引进新的变量只能满足 n 个关系, 因而做到使 n 个系数等于给定的量. 这样一来剩下的 $n\cdot\dfrac{n-1}{2}$ 个系数要由我们所描述的流形的性质来完全确定, 因此确定其度量关系就需要 $n\cdot\dfrac{n-1}{2}$ 个位置的函数. 因此那种流形, 线元在其中能和在平面与空间中一样表示为 $\sqrt{\sum dx^2}$ 的, 只不过是我们在这里要研究的流形的一种特殊情况; 它理应有一个自己的专门名字, 因此我想把这种线元的平方在其中能表示为独立微分平方之和的流形称为平坦的流形. 为了能够看出可以表述为预定形式的全部流形的真正的差异性, 就必须排除由表述方式的不同所导致的差异, 而这可通过按照一个确定的原则选择变量来达到.

2

为了这个目的, 人们设想从任一点构造一个由该点发出的最短线 [短程线]② 的系统; 于是一个任意点的位置就可以通过它所处的那条最短线的方向以及通过它在该线上离开起点的距离来确定, 从而能由诸量 dx 在此最短线的起点处的诸值 dx^0 的比例及其长度 s 表出. 现在我们来引进由 dx^0 形成这样一种线性表达式 $d\alpha$ 来代替 dx^0, 使得线元的平方在起点处的值等于这些表达式 $d\alpha$ 的平方和, 这样一来独立变量就是诸量 $d\alpha$ 的比值和量 s; 最后再用与 $d\alpha$ 诸量成比例的这样一些 $x_1, x_2, \cdots, x_n$ 来代替 $d\alpha$, 使得其平方和等于 s^2. 如果引进了这些量, 那么线元的平方对于 x 的这些无穷小值就等于 $\sum dx^2$, 但是它的下一阶次的项等于 $n\cdot\dfrac{n-1}{2}$ 个量 $(x_1dx_2-x_2dx_1), (x_1dx_3-x_3dx_1), \cdots$ 的一个二次齐次式, 因而是一个四阶的无穷小量, 所以当我们把它除以一个其顶点的变量值分别为 $(0,0,0,\cdots), (x_1,x_2,x_3,\cdots), (dx_1,dx_2,dx_3,\cdots)$ 的无穷小三角形 [的面积] 的平

①Riemann 在此所说的 “Raum (空间)”, 是专指通常的经验空间 (或者说, 物理的空间) 而言. —— 中译者注

②也称测地线. —— 中译者注

方时, 我们就会得到一个有限的量. 只要 x 和 dx 还包含在同一个二元线性形式中, 或者说只要从值为 0 到值为 x 的最短线和从值为 0 到值为 dx 的最短线这二者位于同一面元上, 这个量就会保持为相同的值, 因而也就只与位置和方向有关. 所以显然在所描述的流形为平坦的时候, 即在线元的平方能化为 $\sum dx^2$ 的时候会等于 0, 因而可以看成是在这一点沿曲面方向所呈现的偏离平坦程度的一个度量. 将它乘以 $-\frac{3}{4}$ 就会等于枢密顾问 Gauss 先生称之为曲面的曲率的那个量. 为了确定在可以以预定形式来描述的 n 维流形中的度量关系, 我们发现需要前面提到的 $n\cdot\frac{n-1}{2}$ 个位置函数; 因此如果在每一点上曲率沿 $n\cdot\frac{n-1}{2}$ 个曲面方向都已给定, 只要这些值之间不存在恒等关系, 一般说来实际上这种情况不大会有, 则由此就可以将度量关系确定下来. 这种其线元由一个二阶微分式的二次方根来表示的流形, 其度量关系可以用与变量选择无关的方式来表达. 对那种其线元要用不那么简单的表达式来表示的流形, 例如要用一个四次微分表达式的四次方根的那种, 也可以用完全相同的方法来达到这个目的. 在这种情况下的线元一般来说就不再能化成由微分表达式的二次和的平方根的形式, 而且其线元的平方的表达式在度量对平坦程度偏离时因此也就不会是一个二阶无穷小, 对这种流形这一偏离将会是四阶的无穷小量. 这种流形的这一性质因而看来可以称为在极小部分的平坦性. 但是对当下的目的来说这种流形最重要的性质, 我们在这里就是为了来研究它们, 就是能用曲面来几何地描述二维流形的这种关系, 而多维流形的这种关系可以归结为在其中所包含的曲面上的这种关系, 不过对此我们还要作一些简短的讨论.

3

在曲面的概念中除了内在的度量关系, 在其中只考虑了在曲面上的路径的长度, 还要经常考虑到它对处于它之外的点的相对位置的关系. 但是我们可以将这种外部关系剥离出去, 办法就是让它接受这样的变形, 在这种变形下它里面的曲线的长度不会改变, 即设想它承受任意的弯曲 —— 不加伸长, 并把可以如此相互生成的曲面看成是同一个曲面. 因此, 例如, 任意的柱面或锥面都是等同于一个平面, 因为通过纯粹的弯曲就可把它们变成平面, 这个过程中内部的度量关系保持不变, 平面上的全部定理 —— 因而也就是整个平面度量学 —— 保持有效; 相反它被看成是与球有本质的不同, 后者不经过拉伸就不能变成平面. 根据前面的研究, 如一个二维实体 (Grösse) 的线元能由一个二次微分形式的平方根来表示, 如平面这种情况, 则其中每一点上的内在的度量关系由总曲率来表征. 这个量在曲面的情况下有直观的意义, 就是说, 它等于曲面在该点处的两个曲率的乘积, 或者也可以这样说, 在它乘以在该处由短程线构成的一个无穷小的三角形的面积之后, 就等于这个三角形的三个内角和超出两个直角和的部分的一半与半径之比 [球面角盈]. 第一个定义假设了有两曲率半径之积在曲面的纯弯曲下不变的定理存在, 而第二种说法则假设了在同一地点一无穷小三角形的内角和超出两直角的余量与其面积成正比. 为了对一 n 维流形在一给定点并沿该点一给定曲面方向的全曲率给出一个可以理解的意义, 我们必须从这样的事实出发, 即从一点发出的短程线, 在它的起始方向给定后就完全确定了. 根据这一点可知, 如果从该给定点出发并按在该给定面元上的所有起始方向沿短程线向前延伸, 我们将得到一个确定的曲面, 这个曲面就会在该给定点有一个确定的曲率, 它同时也就是这个 n 维流形在该给定点及沿该给定面元方向的曲率.

4

在应用于空间之前还有必要对平坦流形, 即那种其线元平方可以用全微分的平方和来表示的流形, 作几点一般性的考察.

在一个平坦的 n 维流形中, 在任一点沿任一方向的曲率均为零; 可是根据前面的研究得知, 为了确定度量关系只要知道在任一点沿 $n\cdot\dfrac{n-1}{2}$ 个曲面方向, 它的曲率彼此无关地等于零就足够了. 曲率处处等于 0 的流形可以看成是那种曲率处处为常数的流形的特殊情况. 这种曲率为常数的流形的共同特征也可以这样来表述, 即图形在其中运动不会伸长. 因为如果在任一点沿各个方向的曲率不是同一个值, 显然图形在其中就不能随意移动和转动. 但是另一方面, 流形的度量关系由曲率完全确定; 因此围绕一点沿各个方向的度量关系就和围绕另一点的完全一样, 这样就可以用它作出相同的结构来, 从而在这种常曲率的流形中就可以给图形以任意的位置. 这种流形的度量关系只与曲率的值有关, 关于其解析表示可以指出, 在用 α 来表示这个值时, 线元的表达式可以用以下形式给出:

$$\frac{1}{1+\dfrac{\alpha}{4}\sum x^2}\sqrt{\sum dx^2}.$$

5

对常曲率曲面的考察可以用来作几何的诠释的材料. 不难看出, 曲率为正的曲面可以包到一个球上去, 这个球的半径等于 1 除以曲率的平方根; 为了综观这种曲面的全体, 我们设其中一个具有球的形状, 其余的则具有与赤道相切的旋转曲面的形状. 于是曲率大于这个球的曲面就会从内部与球相切, 其形状则取一环面离轴部分的外表面的形状; 它可以卷到一半径较小一些的球的球带上, 但是要卷不止一次. 正曲率较小的曲面可以这样来得到: 从一个半径较大的球面上切出去一块由两个大半圆所围成的月牙体, 再把切割线缝合起来. 曲率等于零的曲面就将是一立于赤道上的柱面; 但是曲率为负的曲面将从外部与此柱面相切, 其形状就好像一环面朝向轴的这一表面的形状, 把这种曲面设想为曲面块在其中运动的场所, 就好像空间是物体运动的场所一样, 那么曲面块在所有这些曲面上运动起来都不会伸长. 正曲率曲面总是可以这样来生成, 即曲面块在其中随意运动还不会弯曲, 即成为球形曲面, 而负曲率的曲面则不然. 除了这种曲面块与位置的无关性外, 在零曲率的曲面的情况中我们还发现有方向与位置的无关性, 而这是其他曲面所没有的.

III 在空间上的应用

1

在对 n 维流形的度量关系如何确定作了这些研究之后, 在预设线长与位置无关以及线元可用一个二次微分表达式的平方根来表达的前提下, 因而也就是假设极其小的部分为平坦的前提下, 现在可以来给出为确定空间度量关系所需的必要而又充分的条件了.

首先可以这样来表述, 即在任一点处三个曲面方向的曲率等于 0, 从而也就是说, 在三角形的三内角之和处处等于两个直角时, 空间的度量关系也就确定下来了.

其次如果我们像 Euclid 那样, 不仅假设有线, 而且还假设物体的存在也与位置无关, 那么就可以得出, 曲率处处为常数, 并且如果有一个三角形的内角和确定了, 所有三角形的内角和也就都确定了.

最后, 代替假设线长度与位置和方向无关, 我们还可以假设它的长度和方向均与位置无关. 根据这个观点, 位置的变化和位置的差异都是可以用三个独立的单位来表示的复合量.

2

在至此的研究过程中我们首先是把伸缩关系 (Ausdehnungsverhältnisse) 或区域关系 (Gebietsverhältnisse)[①] 与度量关系分开来讲, 并且发现在同一伸缩关系下允许设想有不同的度量关系; 接下来就是设法寻求一种简单的度量规定系

①英译本将这种关系直接译为 "拓扑关系". —— 中译者注

统, 可以用它来完全确定空间的度量关系, 而且所有关于它们的定理都是这个系统的必然结果; 现在剩下来的就是讨论这个问题: 这些假设如何以及在何种程度上和在多大的范围内得到了经验保证. 在这方面存在着纯粹的伸缩关系与度量关系之间的实质性的区别, 就前者而言, 这里各种可能的情形形成一离散流形, 经验告诉我们的东西的确还不十分确定, 但还不是不准确, 而在后者, 在那里可能情形形成一连续流形, 由经验所作的每一个断言总是保持不够准确 —— 尽管它接近正确的可能性是如此之大. 这一情况在将这些经验确定下来的结论推广到大到不可测和小到不可测的观察限度之外时将会是重要的; 因为后者显然在观察限度之外会越来越不精确, 而前者则否.

在将空间的构作推广到大到不可测的境地时, 要区分无界 (Unbegrenztheit, unboundedness) 和无尽 (Unendlichkeit, infinite extent) 这两种情况; 前者属于伸缩关系, 后者属于度量关系. 说空间是一个无界的三维流形这一点是一个假设, 它在对外部世界的每一个观点上得到了应用, 时时刻刻用它来补充完善实际感觉的领域, 构造出所寻求对象的可能位置, 在这种应用中不断地得到确认. 这样一来空间的无界性就得到了比任何一种外部经验 (Erfahrung) 更大的经验上的确定性 (empirische Gewissheit). 但是由此就推不出 [空间] 会有无限 [延伸] 性; [相反] 如果我们假设物体有对位置的无关性, 因而要赋予 [空间] 一个常曲率, 那么空间就反而必定是有限的, 只要这个曲率还有一个不管多么小的正值. 如果人们从一面元上的所有初始方向沿一短程线延伸出去, 就会得到一个具有正常数曲率的无界曲面, 也就是得到一个这样的曲面, 它在一平坦的三维流形中将取球面的形状, 从而是有限的.

3

关于大到不可测的问题对于解释自然来说是多余的问题. 但是关于小到不可测的问题则是另一回事. 我们对无限小领域内现象的因果关系的认识在极大程度上有赖于我们对它们研究的精确程度. 近百年来对机械自然的认识 [即指力学] 的进步几乎全部都有赖于 [模型] 构造的精确性, 而这是依靠无穷小分析的发现以及由 Archimedes, Galileo 和 Newton 等人所发现的、它们正服务于今天的物理学的简单的基本原理, 才有可能的. 但是在自然科学中至今还缺乏作这种 [模型] 构造的简单基本原理, 为了认识这种因果关系, 人们只能深入到显微镜所能达到的空间大小的程度. 因此关于在小到不可测的范围内的空间度量关系就不是属于多余的.

如果假设存在与位置无关的物体, 则曲率会处处为常数, 于是由天文测量得出, 它不可能异于零; 或者说无论如何它的倒数是这样大的一个面积的值, 我们的望远镜所能达到的范围与它相比肯定可以忽略不计. 可是如果物体与位置的这种无关性不成立, 则由大范围内的度量关系就得不出无限小的范围内的度量关系来; 于是只要在每一可测的空间部分中总曲率不是明显异于零, 则在每一点在三个方向的曲率就可以取任意值; 如果线元可用一个二次微分式的平方根来表示的假设不成立, 更为复杂的关系就可能出现. 但是现在看来确立空间度量基础的经验的概念, 即刚体和光线的概念, 在无穷小的范围内已经失效; 因此可以设想, 在无穷小的范围内空间的度量关系与几何学的假设并不相符, 实际上人们应该这样设想, 只要通过这样的设想能用更简单的方式来解释现象就可以了.

关于几何学的假设在无限小的范围内是否有效的问题与寻求空间度量关系的内在基础密切相关. 就后面这个问题而言, 它仍然可以说是关于空间学说的问题, 在上面关于应用的评述中就提到过, 在离散流形的情况下, 度量关系的原则就已经包括在这个流形的概念之中了, 而在连续流形的情况下这个原则就必须从外面另外加上去. 因而这就必定是, 要么作为空间基础的实体 (Wirkliche) 必定形成一个离散流形, 要么这一度量关系的基础就要到外部去寻找, 到作用于其上 (指这个实体 —— 中译者注) 的结合力上去找.

这个问题的解决只能这样来寻求, 这就是从今天所有的经过经验考验、并且是由 Newton 为之奠定了基础的、对现象的理解出发, 然后再在它不能解释的事实的推动下逐渐加以改造; 这种像我们在这里所做的从一般的概念出发的研究只能做到, 不让这一研究工作受到概念局限性的阻碍, 使我们对事物之间联系的认识上的进步不会因传统的偏见而受到束缚.

这就把问题引导到了另一个科学领域, 物理学的领域, 正是由于今天这个会的性质不允许我来谈它.

概　览

研究计划

I. n 维量的概念①.

§1. 连续流形和离散流形. 流形的确定部分叫作量子. 将连续量的理论分成两部分:

1) 关于纯粹区域关系的连续量理论, 在其中未假设量与位置无关.

2) 关于度量关系的连续量理论, 其中必须假设量与位置无关.

§2. 一维, 二维, ······ , n 维流形概念的创建.

§3. 将一流形中的位置确定归结到数量确定. 一 n 维流形的本质特征.

①第 I 节同时也是位置分析 (analysis situs) 一文的前期准备工作.

Ⅱ. 在假设线具有与位置无关的长度, 因而每一条线都可以通过另一条线来测量的前提下, 一 n 维流形所能具有的度量关系①.

§1. 线元的表达式. 线元在其中可以用一全微分平方和的平方根来表示的流形可以看成是平坦流形.

§2. 其线元可以用一个二次微分式的平方根来表示的 n 维流形的研究. 在一点沿一给定曲面方向偏离平面度的度量 (曲率). 为 (在一定的限制下) 规定度量关系的许可和充分条件是, 曲率可以在任一点的 $n\cdot\dfrac{n-1}{2}$ 个方向任意规定.

§3. 几何解释.

§4. 平坦流形 (其中曲率处处等于 0) 可以看成是曲率为常数的流形的特例. 这种流形也可以这样来定义, 即在其中 n 维实体 [物体] 与位置无关 (即在其中运动起来不会伸缩) 能够成立.

§5. 常曲率曲面.

Ⅲ. 在空间上的应用.

§1. 足以规定空间度量关系的一组事实, 例如几何学所假设的.

§2. 在将观察引向大到不可测的方向的极限过程中, 这些经验规定的有效性能走多远?

§3. 在向无限小的极限过渡中又能走多远? 这个问题与解释自然之间的关系②.

(感谢沈一兵教授对本篇文章的译文提出的修改建议.)

①对一 n 维流形可能有的度量规定这里所做的研究是很不完整的, 可是对当前的目的来说已经足够了.

②第 Ⅲ 部分的 §3 还需要进一步补充和改写. (以上注释为 Riemann 本人所作.)

XIV 对电动力学的一个贡献

(选自 Poggendorff 物理化学年鉴, 第 131 卷)

请允许我就将电学和磁学的理论与光和辐射热的理论紧密地结合在一起向王室科学学会作一评述. 我发现, 如果我们假定一个带电物质对另一个带电物质的作用不是瞬时发生的, 那么动电电流的电动作用就能得到解释. 更确切地说, 带电物质间的作用是以一个恒定速度传播的 (在观察的误差范围内, 它等于光的速度). 有了这个假设, 电力传播的微分方程就与光和辐射热传播的微分方程一样了.

设 S 和 S' 是两个没有相对运动的导体, 在其中流过恒定的动力电流. 设 ε 是导体 S 中一个带电粒子的电量, 它在时刻 t 时位于 (x, y, z); ε' 是导体 S' 中一个带电粒子的电量, 它在时刻 t' 时位于 (x', y', z'). 现在, 在导体的每一块小体积中, 以对正电荷和负电荷有相反的效应来考虑带电粒子的运动. 我假定, 在任意给定时刻这些带电粒子的运动是这样分布的, 以至于对导体中所有粒子求和的下列和式

$$\sum \varepsilon f(x, y, z), \quad \sum \varepsilon' f(x', y', z')$$

与对正电粒子或负电粒子求出的相应之和相比是可忽略不计的, 假若 f 及其各偏导数是连续的这一条件成立.

这个假设可以以很多方式得到满足. 例如, 我们假设导体在最小的那些部分中是晶状的. 相对于这些部分, 电荷的分布以一定的距离周期性地重复出现, 这一距离与导体的尺度相比是无限小. 若用 β 来标记这一周期的长度, 那么每一个和会变成无限小: 像 $c\beta^n$ 一样, 若 f 以及其直至 $n-1$ 阶的各偏导数都是连续

的; 像 $e^{-\frac{c}{\beta}}$ 一样, 若所有这些导数都是连续的.[1]

电动作用的经验规律

如果将时刻 t 在点 (x, y, z) 处、平行于三根轴的每单位质量的比电流强度记为 u, v, w, 点 (x', y', z') 处的这三个量记为 u', v', w', 且将这两点之间的距离记为 r, 而 c 为由 Kohlrausch 和 Weber 所确定的常数, 那么由经验得出 S 对 S' 的作用力势为

$$-\frac{2}{c^2}\iint \frac{uu'+vv'+ww'}{r}dSdS',$$

其中积分是对导体 S 和 S' 的所有元 dS 和 dS' 求积的. 如果我们引入速度与比电荷密度的乘积来代替比电流密度, 然后再取它们与体积元所包含的质量的乘积, 那么上述表达式可变成

$$\sum\sum \frac{\varepsilon\varepsilon'}{c^2}\frac{1}{r}\frac{dd'(r^2)}{dtdt},$$

其中 d 表示 r^2 在 dt 时间内由 ε 的运动而引起的改变, 而用 d' 表示由 ε' 的运动而引起的 r^2 的改变.

由于

$$\frac{d\sum\sum \frac{\varepsilon\varepsilon'}{c^2}\frac{1}{r}\frac{d'(r^2)}{dt}}{dt}$$

在对 ε 求和后为零, 因此在弃去此项后, 前述表达式变成

$$-\sum\sum \frac{\varepsilon\varepsilon'}{c^2}\frac{d\left(\frac{1}{r}\right)}{dt}\frac{d'(r^2)}{dt},$$

然后再加上对 ε' 求和后会得出零的项

$$\frac{d'\sum\sum \frac{\varepsilon\varepsilon'}{c^2}r^2\frac{d\left(\frac{1}{r}\right)}{dt}}{dt},$$

这就有

$$\sum\sum \varepsilon\varepsilon'\frac{r^2}{c^2}\frac{dd'\left(\frac{1}{r}\right)}{dtdt}.$$

从新的理论导出这个规律

根据对静电作用的一些先前的假设,设把任意电荷分布在点 (x, y, z) 处给出的电荷密度记为 ρ,那么由这一电荷分布所产生的势函数 U 由下列方程所确定:

$$\frac{\partial^2 U}{\partial x^2}+\frac{\partial^2 U}{\partial y^2}+\frac{\partial^2 U}{\partial z^2}-4\pi\rho=0,$$

对于 U 我们进而还有它是连续的,且在离电荷作用的无限远处应为常值的这些条件. 方程

$$\frac{\partial^2 U}{\partial x^2}+\frac{\partial^2 U}{\partial y^2}+\frac{\partial^2 U}{\partial z^2}=0$$

的一个特解是

$$\frac{f(t)}{r}$$

它除了在点 (x', y', z') 外处处连续. 这个函数构成了由时刻 t 位于点 (x', y', z') 处的电量 $-f(t)$ 所产生的势函数.

代替这种处理方式,我采用势函数 U 由方程

$$\frac{\partial^2 U}{\partial t^2}-\alpha^2\left(\frac{\partial^2 U}{\partial x^2}+\frac{\partial^2 U}{\partial y^2}+\frac{\partial^2 U}{\partial z^2}\right)+\alpha^2\cdot 4\pi\rho=0$$

所确定. 所以,如果在时刻 t 时在 (x', y', z') 处的电量为 $-f(t)$,那么由它产生的势函数为

$$\frac{f\left(t-\dfrac{r}{\alpha}\right)}{r}.$$

我们把电量 ε 在时刻 t 时的坐标记为 x_t, y_t, z_t,而电量 ε' 在时刻 t' 时的坐标记为 $x'_{t'}, y'_{t'}, z'_{t'}$. 为了简便起见,令

$$((x_t-x'_{t'})^2+(y_t-y'_{t'})^2+(z_t-z'_{t'})^2)^{-\frac{1}{2}}=\frac{1}{r(t,t')}=F(t,t'),$$

有了这个前提,ε 在时刻 t 对 ε 的作用的势就是

$$-\varepsilon\varepsilon' F\left(t-\frac{r}{\alpha}, t\right).$$

这样一来,从时刻 0 到时刻 t 由导体 S 的电量 ε 作用在导体 S' 的电量 ε' 上的全部力的势就是

$$P=-\int_0^t \sum\sum \varepsilon\varepsilon' F\left(t-\frac{r}{\alpha}, \tau\right) d\tau,$$

其中两个求和是分别对 S 和 S' 求的,各遍及其中每一个导体的全部电量.

在导体的每一个小部分中, 相反电荷的运动是相反的. 因此, 函数 $F(t,t')$ 关于 t 的导数有这样的特性: 随 ε 的符号改变而改变符号; 关于 t' 的导数会随 ε' 的符号改变而改变符号. 根据我们对电荷分布的假定, 对遍及全部电荷求和得出的量 $\sum\sum\varepsilon\varepsilon' F_{n'}^{(n)}(\tau,\tau)$, 与对一种类型的电荷相应作出的求和相比会是无限小, 如果 n 和 n' 都是奇数. 这里我们用上撇标号表示关于 t 的求导, 而用下撇标号表示关于 t' 的求导.

我们现在假设, 在力从一个导体传播到另一个导体的期间里, 电荷只移动了很小的一段距离. 在一段时间间隔里考虑该作用, 而与这段时间间隔相比传播时间可看成是零. 由于 $\sum\sum\varepsilon\varepsilon' F(\tau,\tau)$ 可以忽略不计, 我们在 P 的表达式中, 首先将

$$F\left(\tau-\frac{r}{\alpha},\tau\right)$$

用

$$F\left(\tau-\frac{r}{\alpha},\tau\right)-F(\tau,\tau)=-\int_0^{\frac{r}{\alpha}}F'(\tau-\sigma,\tau)d\sigma$$

来代替. 我们因此得到

$$P=\int_0^t d\tau\sum\sum\varepsilon\varepsilon'\int_0^{\frac{r}{\alpha}}F'(\tau-\sigma,\tau)d\sigma,$$

现在如果我们交换积分的顺序, 并用 $\tau+\sigma$ 来代替 τ, 那么就得到

$$P=\sum\sum\varepsilon\varepsilon'\int_0^{\frac{r}{\alpha}}d\sigma\int_{-\sigma}^{t-\sigma}d\tau F'(\tau,\tau+\sigma).$$

如果我们把内部的那个积分的积分限换成从 0 到 t, 那么对于上限要加上下列表达式

$$H(t)=\sum\sum\varepsilon\varepsilon'\int_0^{\frac{r}{\alpha}}d\sigma\int_{-\sigma}^{0}d\tau F'(t+\tau,t+\tau+\sigma),$$

对于下限要减去此表达式在 $t=0$ 时的值. 由此得到

$$P=\int_0^t d\tau\sum\sum\varepsilon\varepsilon'\int_0^{\frac{r}{\alpha}}d\sigma F'(\tau,\tau+\sigma)-H(t)+H(0).$$

由于

$$\sum\sum\varepsilon\varepsilon'\frac{r}{\alpha}F'(\tau,\tau)$$

可以忽略不计, 所以在上式中可以将 $F'(\tau,\tau+\sigma)$ 换成 $F'(\tau,\tau+\sigma)-F'(\tau,\tau)$. 这样我们就得到了作为 $\varepsilon\varepsilon'$ 的因子的一个表达式, 它既会随 ε, 又会随 ε' 改变其符

号, 以致使得这些项在求和时彼此不会抵消, 而单个项的无限小部分都可以略去. 如果我们现在通过将

$$F'(\tau,\tau+\sigma)-F'(\tau,\tau) \quad \text{换成}\ \sigma\frac{dd'\left(\dfrac{1}{r}\right)}{d\tau d\tau}$$

且对 σ 积分, 则在略去一个无限小的部分后, 我们就得到

$$P=\int_0^t\sum\sum\varepsilon\varepsilon'\frac{r^2}{2\alpha^2}\frac{dd'\left(\dfrac{1}{r}\right)}{d\tau d\tau}d\tau-H(t)+H(0).$$

容易看出, 量 $H(t)$ 和 $H(0)$ 都可以略去, 这是因为

$$F'(t+\tau,t+\tau+\sigma)=\frac{d\left(\dfrac{1}{r}\right)}{dt}+\frac{d^2\left(\dfrac{1}{r}\right)}{dt^2}\tau+\frac{dd'\left(\dfrac{1}{r}\right)}{dtdt}(\tau+\sigma)+\cdots,$$

从而有

$$H(t)=\sum\sum\varepsilon\varepsilon'\left(\frac{r^2}{2\alpha^2}\frac{d\left(\dfrac{1}{r}\right)}{dt}-\frac{r^3}{6\alpha^3}\frac{d^2\left(\dfrac{1}{r}\right)}{dt^2}+\frac{r^3}{6\alpha^3}\frac{dd'\left(\dfrac{1}{r}\right)}{dtdt}+\cdots\right).$$

然而, 在此表达式中只有含 $\varepsilon\varepsilon'$ 因子的第一项与 P 中的第一项具有相同的数量级, 进而由于它对 ε' 的求和, 只会给出一个同样可略去的量.

如果取 $\alpha^2=\dfrac{1}{2}c^2$, 那么从我们的理论得出的 P 的值, 就与从经验得出的量

$$P=\int_0^t\sum\sum\varepsilon\varepsilon'\frac{r^2}{c^2}\frac{dd'\left(\dfrac{1}{r}\right)}{d\tau d\tau}d\tau,$$

一致了.

根据 Weber 和 Kohlrausch 的测定, 有

$$c=439450\cdot 10^6\ \text{mm/s},$$

由此推知, α 等于 41949 海里/秒, 而由 Busch 从 Bradley 的光行差观测得出的光速为 41994 英里/秒, 而由 Fizeau 通过直接测量得到的光速值则为 41882 英里/秒.

这篇论文, 正如当时 Göttingen 王室科学协会的秘书在该文稿的标题上的附注所指出的, 是 Riemann 在 1858 年 2 月 10 日向该协会投递的, 但是不久后又撤回了. 本文在 Riemann

去世后发表, 之后 Clausius (在 Poggendorff 年鉴, 第 CXXXV 卷, 606 页) 对它提出了一个批评, 他的主要反对意见可叙述如下:

根据假设下述总和

$$P = -\int_0^t \sum\sum \varepsilon\varepsilon' F\left(\tau - \frac{r}{\alpha}, \tau\right) d\tau$$

会有小到等于零的值. 有可能后来对此又得一个异于零的小值, 因此运算中必定包含着错误之处. Clausius 在原论文的论述中发现了在积分顺序上有不合理的交换.

这个反对意见我认为是有道理的, 因此我同意 Clausius 的看法, 认为 Riemann 本人自己已经发现了这一点, 因而将该论文在出版之前撤了回来.

尽管 Riemann 在上述重要内容的推导中有错误, 不过我仍然果断地决定将这篇论文收入本文集予以出版, 因为我还不能就此判定, 在这个极度令人感兴趣的问题之中, 是否就不会孕育着导致另外一些富有成果思想的萌芽.

W.

(感谢冯承天教授对本篇文章的译文进行的全面、细致的修订.)

XV 定理 “n 个变量的单值函数不可能有超过 $2n$ 重周期” 的证明

(摘自 Riemann 致 Weierstrass 的信)
(选自 Borchardt 纯粹与应用数学杂志, Bd. 71)

…… 您最近认为 n 个变量的单值函数不可能有超过 $2n$ 重周期, 我似乎在我们的交谈中没有完全讲清楚, 只讲到了基本思想; 因此我在这里再次向您报告一下.

设 f 为一 n 个变量 $x_1, x_2, \cdots, x_n$ 的、有 $2n$ 重周期的函数①, 并且 —— 请允许采用我的术语, 这也是您所知道的 —— 将 x_ν 的第 μ 个周期模记为 a_μ^ν. 那么可以将量 x 写成如下形式②:

$$x_\nu = \sum_{\mu=1}^{2n} a_\mu^\nu \xi_\mu, \quad \nu = 1, 2, \cdots, n,$$

其中 ξ 为实数. 如果我们让 ξ 在从 0 到 1, 除去这两个边界值之一的中间变动, 那么由此形成的 $2n$ 重扩张的量域③就会有这样的性质: 每一个 n 个变量的值组会与这个区域中的点, 也只有一个点按上述 $2n$ 个模系同余④. 为了以后表达简短起见, 我将把这种域称为 “$2n$ 周期域”.

①即有 $2n$ 个实线性无关个周期的复 $2n$ 维函数. —— 中译者注

②这并不是总能如此, 而只有当确定 ξ 的 $2n$ 个方程相互独立时才能是这样的; 但是例外的情况也很容易处理.

③即 $2n$ 维域, “维” 的概念在 Riemann 时代还没有通用. —— 中译者注

④即 $(a_\mu^1, a_\mu^2, \cdots, a_\mu^n)$ 为第 μ 个周期向量, 这里 $\mu = 1, \cdots, 2n$. —— 中译者注

设这个函数还有第 $2n+1$ 个模系, 它不能由前面那 $2n$ 个模系组合而成. 则关于这 $2n+1$ 个模系同余的每个点可以关于前面的 $2n$ 个模系同余表示为上述周期域中的一点. 如果有两个关于这第 $2n+1$ 个模系同余的点关于前 $2n$ 个模系不同余, 则关于这 $2n+1$ 个模系在 $2n$ 周期域中有无数多个同余点. 在这种情况下在此 $2n+1$ 个模系中满足下述形式的 n 个方程

$$\sum_{\mu=1}^{2n+1} a_\mu^\nu m_\mu = 0,$$

其中量 m 为整数. 从而, 正如我们稍后会证明的, 这 $2n+1$ 个模系可以由此 $2n$ 个模系组合而成.

现在我们来对每一个量 ξ 将从 0 到 1 的线段分成 q 等份, 从而使上述 $2n$ 周期域分解为 q^{2n} 个区域, 在其中每一个量 ξ 只改变 $\frac{1}{q}$. 于是显然在 $2n$ 周期域中多于 q^{2n} 个的、按这 $2n+1$ 个模系同余的模系中必定有两个在同一子区域 (Theilgebiet) 中, 它们对应的每个 ξ 的差异都不会超过 $\frac{1}{q}$. 因此在量 ξ 中没有一个的改变会超过 $\frac{1}{q}$ 的情况下, 函数也就会保持不变, 而由于 q 可选为任意大, 所以如果它还连续的话, 就会是少于 n 个、量 x 的线性表达式的函数.

现在还需要证明的就是, 当上述 $2n+1$ 个模系满足方程

$$\sum_{\mu=1}^{2n+1} a_\mu^\nu m_\mu = 0$$

时, 就可以由 $2n$ 个模系组合而成.

首先我们可以很容易地证明, 对任何一个模系

$$\sum_{\mu=1}^{2n} a_\mu^\nu m_\mu = b_1^\nu,$$

其中量 m 为一些没有公共因子的整数, 我们总可以找到另外 $2n-1$ 个这样的模系 $b_2, b_3, \cdots, b_{2n}$, 使得对模系 a 的同余与对模系 b 的同余是一样的. 设 θ_1 为 m_1 与 m_2 的最大公因子, α 与 β 为满足下述方程的两个整数:

$$\beta m_1 - \alpha m_2 = \theta_1.$$

然后再令

$$a_1^\nu m_1 + a_2^\nu m_2 = c_1^\nu \theta_1$$

以及

$$\alpha a_1^\nu + \beta a_2^\nu = b_{2n}^\nu,$$

于是我们有

$$a_1^\nu = \beta c_1^\nu - \frac{m_2}{\theta_1} b_{2n}^\nu, \quad a_2^\nu = -\alpha c_1^\nu + \frac{m_1}{\theta_1} b_{2n}^\nu.$$

反过来, 模系 a_1 和 a_2 也可以由模系 b_{2n} 和 c_1 组合而成, 因此对那一个模系的同余和对这一个模系的同余意义是一样的. 于是模系 a_1 和 a_2 就可以用模系 c_1 和 b_{2n} 来代替. 用同样的方式, 在 θ_2 为 θ_1 和 m_2 的最大公因子时, 我们就可以将 c_1 和 a_3 的模系用模系

$$\frac{1}{\theta_2}(\theta_1 c_1^{\nu} + m_3 a_3^{\nu}) = c_2^{\nu}$$

以及模系 b_{2n-1} 来代替. 通过继续不断地实施这个方法显然我们就会得到所要证明的定理. 对这个新的模系 b 来说周期区域的体积和对旧模系来说是一样的.

借助于这个定理, 我们可以在 n 个方程

$$\sum_{\mu=1}^{2n+1} a_{\mu}^{\nu} m_{\mu} = 0$$

中将其中的头 $2n$ 个模系换成 $2n$ 个新的 $b_1, b_2, \cdots, b_{2n}$, 使得这个方程取下述形式:

$$pb_1^{\nu} - qa_{2n+1}^{\nu} = 0,$$

其中 p 和 q 是没有公共因子的整数. 如果这里的 γ, δ 是两个满足方程

$$p\delta + q\gamma = 1$$

的整数, 那么显然 b_1 和 a_{2n+1} 这两个模系就可以用一个模系

$$\gamma b_1^{\nu} + \delta a_{2n+1}^{\nu} = \frac{a_{2n+1}^{\nu}}{p} = \frac{b_1^{\nu}}{q}$$

来代替. 因此由模系 $a_1, a_2, \cdots, a_{2n+1}$ 组成的全部模系也都可以由 $\frac{b_1}{q}, b_2, b_3, \cdots,$ b_{2n} 这 $2n$ 个模系组成, 反之亦然. 对此 $2n$ 个模系作周期性重复的区域的体积只有对前面那 $2n$ 个模系 a 的体积的 $\frac{1}{q}$. 如果这个函数除了这个模系外, 还有一个通过类似的整数个方程与它联系在一起的模系, 那么又可以再找到 $2n$ 个新的模系, 所有这些模系都可以由它组成, 并且作周期性重复的区域的体积又会缩小到原来的一个可约分数部分. 如果这个区域为无限小, 那么这个函数就会是一个小于 n 个的自变量的线性表达式组成的函数, 更具体地讲, 是由 $n-1$ 个, 或 $n-2$ 个, 或 $n-m$ 个线性表达式组成的函数, 就看这个无限小的量域是一维的, 还是二维的, 或者还是 m 维的而定. 但是如果不出现这种情况, 那么这种操作最后就必定会终止, 因此我们就会得到 $2n$ 模系, 函数的所有模系都可以由它组成.

Göttingen, 1859 年 10 月 26 日

(感谢张广远教授对本篇文章的译文提出的详尽的修改建议.)

XVI 摘自一封 1864 年用意大利文写就的致 Enrico Betti 教授的信

(Annali di Matematica , Ser. 1, T. VII)

亲爱的朋友

…… 为了求出任意均匀的直椭圆柱体的引力, 我们引进直角坐标 x, y, z, 考察由不等式

$$1-\frac{x^2}{a^2}-\frac{y^2}{b^2}>0$$

所确定的无限长的柱体, 其中充满了密度恒定的质量, 在 $z<0$ 处密度为 $+1$, 在 $z>0$ 处密度为 -1. 然后, 像通常所采用的, 以 V 表示在点 x, y, z 处的势, 并令

$$\frac{\partial V}{\partial x}=X, \quad \frac{\partial V}{\partial y}=Y, \quad \frac{\partial V}{\partial z}=Z,$$

同时假设在 $z=0$ 处有 $V=0, X=0, Y=0$.

Z 等于密度为 2 的椭圆面 $1-\frac{x^2}{a^2}-\frac{y^2}{b^2}>0$ 的势, 如果以 σ 表示方程

$$1-\frac{x^2}{a^2+s}-\frac{y^2}{b^2+s}-\frac{z^2}{s}=F=0$$

的最大的根, 并用 D 来表示

$$\sqrt{\left(1+\frac{s}{a^2}\right)\left(1+\frac{s}{b^2}\right)s},$$

那么用 Dirichlet 的方法我们就可以求得 Z 等于

$$4\int_{\sigma}^{\infty}\frac{\sqrt{F}ds}{D}.$$

量 X 和 Y 就可以由方程

$$\frac{\partial X}{\partial z}=\frac{\partial Z}{\partial x},\quad \frac{\partial Y}{\partial z}=\frac{\partial Z}{\partial y}$$

以及在 $z=0$ 时有

$$X=0,\quad Y=0$$

的条件来决定.

为了做到这一点, 我们把在平面 s 上的围道积分 $4\int_{\sigma}^{\infty}$ 换成积分 $2\int_{\infty}^{\infty}$, 围道包围了值 σ, 但不包围积分号下函数的任何其他支点或间断点. 将 $F=0$ 的根记为 σ,σ',σ'', 它们全都是实数, 并将下面这些量

$$\sigma, 0, \sigma', -b^2, \sigma'', -a^2$$

按大小排列成

$$\sigma>0>\sigma'>-b^2>\sigma''>-a^2.$$

令

$$F=t-\frac{z^2}{s},$$

于是我们有

$$Z=2\int_{\infty}^{\infty}\frac{\sqrt{ts-z^2}}{D\sqrt{s}}ds,$$

$$\frac{\partial X}{\partial z}=\frac{\partial Z}{\partial x}=\int_{\infty}^{\infty}\frac{s\dfrac{\partial t}{\partial x}(ts-z^2)^{-\frac{1}{2}}}{D\sqrt{s}}ds;$$

由于有

$$\int_0^z(ts-z^2)^{-\frac{1}{2}}dz=\int_0^{\frac{z}{\sqrt{ts}}}(1-\xi^2)^{-\frac{1}{2}}d\xi=\int_0^{\frac{z}{\sqrt{ts}}}\left(\frac{1}{\xi^2}-1\right)^{-\frac{1}{2}}d\log\xi,$$

以及

$$\frac{s\dfrac{\partial t}{\partial x}ds}{D\sqrt{s}}=-2abx(a^2+s)^{-\frac{3}{2}}(b^2+s)^{-\frac{1}{2}}ds=\frac{4abx}{b^2-a^2}d\sqrt{\frac{b^2+s}{a^2+s}},$$

所以在经过部分积分后就得到

$$X=\frac{2abxz}{b^2-a^2}\int_{\infty}^{\infty}\sqrt{\frac{b^2+s}{a^2+s}}(ts-z^2)^{-\frac{1}{2}}d\log ts.$$

如果将其中的积分路径选得和在 Z 的表达式中的一样, 那么这个积分的值就会满足条件

$$\frac{\partial X}{\partial z}=\frac{\partial Z}{\partial x};$$

可是积分号下的函数在 $t=0$ 时也有间断, 所以积分的值就可能差一个以 x 和 y 为变量的函数. 由此引出了下述积分路径的选择.

在表达式 $\dfrac{\partial X}{\partial z}=\dfrac{\partial Z}{\partial x}$ 中积分号下的函数在 $s=0$ 时连续; 因此在积分围道内, 除了 $s=\sigma$ 外, 可以包含, 也可以不包含 $s=0$, 但是不能再包含任何上面指出的那些数值. 在 X 的表达式中的积分围道该这样来选, 使得在 $z=0$ 时有 $X=0$; 为此, 它除了包含了 $s=\sigma$ 外, 还应该包含 $ts=0$ 的最大的根 (如果 $1-\dfrac{x^2}{a^2}-\dfrac{y^2}{b^2}<0$, 也就是 $t=0$ 的最大的根, 而如果 $1-\dfrac{x^2}{a^2}-\dfrac{y^2}{b^2}>0$, 就等于零), 并且不包含这个方程的任何其他的根. 因此在 $z=0$ 时 $F=0$ 的根与 $ts=0$ 的根一致, 而如果积分路径从两个间断点之间经过, 这两个间断点在 $z=0$ 时重合, 那么在 $z=0$ 时它就必定通过这个相互重合的点: 这样一来 X 的表达式中的积分就会变成无限大, 而 X 的值, 不论因子 z 如何, 将为有限.

您的忠诚的朋友 Riemann

XVII 论在给定边界下面积最小的曲面①

1

一个曲面用解析几何的观点可以这样来描绘, 办法就是, 将其上任意动点的直角坐标 x, y, z 作为两个独立变量 p 与 q 的函数来给出. 这样一来如果 p 和 q 各取了一个确定的值, 那么这个组合总是只会与曲面上的一个唯一的点相对应. 独立变量 p 和 q 有多种多样的选择方式. 对一个单连通的曲面这种选择有一个比较方便的方式如下. 设想沿曲面的整个边界从曲面上取一条带, 其宽度处处具有相同量级的无限小. 通过不断重复这个操作, 曲面将不断地缩小, 直至缩到一个点. 由此所出现的一系列的边界曲线都是一些互不相交的闭曲线. 我们可以这样来区分这些曲线, 就是赋予每一条曲线的变量 p 一个特定的常值, 这个值随着从一条曲线转移到邻近一条时会有一个无限小的增大或减小, 这要看它是移到包围着它的曲线, 还是移到被它包围的曲线而定. 这样函数 p 就会在曲面的边界上有一个恒定的极大值, 而在曲面内部一个点上取极小值, 逐渐缩小的曲面最后就是缩到这一点. 从逐渐缩小的曲面的边界过渡到邻近的一条可以这样来完成, 即设想从曲线 (p) 上的一点过渡到曲线 $(p+dp)$ 上无限接近它的一点. 这样这个

① 本文是以 Riemann 的一篇文稿为基础的, 它是根据作者本人在 1860 年和 1861 年的发表的意见写成的. 这篇文稿极为简短, 只有公式而没有文本, Riemann 在 1866 年 4 月间嘱咐我对它进行加工. 本文就是这样生成的, 完成后我于 1867 年 1 月 6 日提交给 Göttingen 王室科学协会, 随后就发表在学会的文集的第 13 卷上. 本文在此为了第二次出版又作了精心的再加工.

K. Hattendorff.

单个点路径又构成了第二组曲线, 它们从 p 值最小的点以放射性向着曲面的边界跑去. 给每一条这种曲线的变量 q 配上一个特定的常值, 这个值在任意选为初始曲线时取为最小, 并且如果我们在一条曲线 (p) 上沿确定方向, 从这第二组曲线的一条过渡到其中的另一条, 这时 [配给第二组曲线的] 这个值 q 将作连续的改变. 在从其中最后一条 (q) 过渡到初始那条时这个值会发生一个有限的跃变.

为了对多重连通的曲面也能同样地来处理, 我们可以提前通过割线把它分割成单连通的曲面.

从此以后曲面上的任何一个点就可理解为曲线组 (p) 中的一条确定的曲线与曲线组 (q) 中的一条确定的曲线的交点. 那在点 (p,q) 处树立的法线, 在曲面上向两个不同的方向, 正向和负向, 伸出. 为了区分二者, 我们要把法线正增长方向两侧位置的约定与 p 值及 q 值增长方向的规定关联起来. 如果没有别的规定, 那么 [通常 x, y, z 的方向] 可以这样来规定, 从对着 x 轴的正方向看去, 将 y 轴的正向经最短路径转到 z 轴是从左到右转过去的. 而法线的正增长方向与 p 值及 q 值增长方向之间的关系就正如 x 轴的正方向与 y 轴的正方向及 z 轴的正方向之间的关系一样. 曲面上正法线所在的一侧称为曲面的正侧.

2

设我们要在曲面的一个区域上进行积分, 其积分元等于 $dpdq$ 乘以函数行列式, 因而为

$$\iint \left(\frac{\partial f}{\partial p}\frac{\partial g}{\partial q} - \frac{\partial f}{\partial q}\frac{\partial g}{\partial p}\right) dpdq,$$

为了简短起见我们把它写成

$$\iint (df dg).$$

如果设想把 f 和 g 看成是两个独立变量, 那么这个积分就转变为 $\iint df dg$, 于是积分就可以对 f, 或者对 g 来进行但是真正把 f 和 g 当作独立变量来用会造成困难, 或者至少是在有同一对 f 与 g 的组合出现在曲面的许多点上或者一条曲线上时就会花很大的力气来加以区分. 如果 f 和 g 为复数, 这就完全不可能.

因此要想分别对 f 和 g 来进行积分, 最好还是采用 Jacobi 的方法 (Crelle's Journal, Bd. 27, p. 208), 这时仍然保持 p 和 q 为独立变量. 为了相对于 f 进行积分, 要把函数行列式写成

$$\frac{\partial\left(f\dfrac{\partial g}{\partial q}\right)}{\partial p} - \frac{\partial\left(f\dfrac{\partial g}{\partial p}\right)}{\partial q},$$

而由于积分路径是一条往返的 [闭合] 曲线, 所以首先就有

$$\int \frac{\partial\left(f\dfrac{\partial g}{\partial p}\right)}{\partial q}dq = 0.$$

相反, 积分

$$\int \frac{\partial\left(f\dfrac{\partial g}{\partial q}\right)}{\partial p}dp$$

则是沿着 p 增加的方向进行的, 就是说从内部的极小点出发, 沿着 (q) 曲线抵达边界. 我们就得到 $f\dfrac{\partial g}{\partial q}$, 更确切地说就是这个表达式在边界上取的值, 因为在积分的下限 $\dfrac{\partial g}{\partial q}=0$. 从而有

$$\iint (df\,dg) = \int f\frac{\partial g}{\partial q}dq = \int f dg,$$

而且其中等式右侧的单重积分是沿边界曲线向着 q 增大的方向进行. 另一方面, 根据我们引进的记号有 $(df\,dg)=-(dg df)$, 从而有

$$\iint (df\,dg) = -\iint (dg df) = -\int g df,$$

其中等式右侧的单重积分同样是沿边界曲线向着 q 增大的方向进行.

3

有一曲面, 它的点是由曲线族 (p), (q) 来确定的, 现在我们要用以下方式把它映射到一半径为 1 的球面上去. 曲面上的一个点 (p,q), 它的直角坐标为 x,y,z, 我们在该处作曲面的正法线, 并通过这个球的中心作一条与该法线平行的直线. 这条平行线与此球面的交点就规定为 (x,y,z) 这个点的像. 如果这个点在此连续地弯曲的曲面上沿弧线行进, 那么这条曲线在球面上的像也会是一条球面上的弧线. 以同样的方式我们得到曲面上一小块的像也是球面上的一小块, 而此整个曲面的像就将一次地或多次地覆盖着整个球面或这个球面的一部分.

选球面上那给出正 x 轴的方向的点作极点, 并取通过与正 y 轴相对应的点的经线作起始经线. 于是点 (x,y,z) 的像点由极距 r [到极点的距离] 和通过它的经线与起始经线的夹角 φ 来确定. 至于 φ 的符号这样来规定, 使得与正 z 轴对应的点的坐标为 $r=\dfrac{\pi}{2},\varphi=+\dfrac{\pi}{2}$.

4

这样一来我们就得到了这个曲面的微分方程为

$$\cos r dx + \sin r \cos\varphi dy + \sin r \sin\varphi dz = 0. \tag{1}$$

如果取 y 和 z 作独立变量, 那么 r 和 φ 的方程即为

$$\cos r = \frac{1}{\pm\sqrt{1+\left(\frac{\partial x}{\partial y}\right)^2+\left(\frac{\partial x}{\partial z}\right)^2}},$$

$$\sin r\cos\varphi = \frac{\frac{\partial x}{\partial y}}{\mp\sqrt{1+\left(\frac{\partial x}{\partial y}\right)^2+\left(\frac{\partial x}{\partial z}\right)^2}},$$

$$\sin r\sin\varphi = \frac{\frac{\partial x}{\partial z}}{\mp\sqrt{1+\left(\frac{\partial x}{\partial y}\right)^2+\left(\frac{\partial x}{\partial z}\right)^2}},$$

其中的正负号要么同时取上面的, 要么同时取下面的.

曲面的正侧上由曲线 (p) 和 $(p+dp)$, (q) 和 $(q+dq)$ 所围成的平行四边形, 投影到 yz 平面上所成的面积元, 其面积等于 $(dydz)$ 的绝对值. 这个函数行列式的符号的正负要看在点 (p,q) 处所矗立的正法线与正 x 轴之间的夹角是锐角还是钝角而定. 在第一种情况下 dp 与 dq 在 yz 平面上的投影相互之间的关系就和正 y 轴与正 z 轴之间的关系一样, 在第二种情况下则相反. 因此在第一种情况下函数行列式为正, 在第二种情况下则为负. 而表达式

$$\frac{1}{\cos r}(dydz)$$

则始终为正. 它给出了曲面上的无限小平行四边形的面积. 因此为了得到曲面本身的面积就必须求下述在整个曲面上的二重积分:

$$S = \iint \frac{1}{\cos r}(dydz).$$

如果要想这个面积为极小, 那么就要令整个二重积分的一阶变分等于 0. 由此得到

$$\iint \frac{\frac{\partial x}{\partial y}\frac{\partial \delta x}{\partial y}+\frac{\partial x}{\partial z}\frac{\partial \delta x}{\partial z}}{\pm\sqrt{1+\left(\frac{\partial x}{\partial y}\right)^2+\left(\frac{\partial x}{\partial z}\right)^2}}(dydz) = 0,$$

其中根式前是取上面的还是取下面的符号, 这要看 $(dydz)$ 是正或是负而定. 等式左侧可以写成

$$\begin{aligned}&\iint \frac{\partial}{\partial y}(-\sin r\cos\varphi\delta x)(dydz)\\&+\iint \frac{\partial}{\partial z}(-\sin r\sin\varphi\delta x)(dydz)\\&-\iint \delta x\frac{\partial}{\partial y}(-\sin r\cos\varphi)(dydz)\\&-\iint \delta x\frac{\partial}{\partial z}(-\sin r\sin\varphi)(dydz).\end{aligned}$$

前面两个积分可以约化为单重积分, 其积分路径为按 q 的增长的方向沿曲面的边界一周, 即

$$\int \delta x(-\sin r\cos\varphi dz+\sin r\sin\varphi dy).$$

由于在边界上 $\delta x=0$, 所以这个积分的值等于 0. 因此积分为极小的条件成为

$$\iint \delta x\left(\frac{\partial(\sin r\cos\varphi)}{\partial y}+\frac{\partial(\sin r\sin\varphi)}{\partial z}\right)(dydz)=0.$$

如果

$$-\sin r\sin\varphi dy+\sin r\cos\varphi dz=d\mathfrak{x} \tag{2}$$

为全微分, 那么上述条件成立.

5

球面上的坐标 r 和 φ 可以用一个复量 $\eta=\tan\frac{r}{2}e^{\varphi i}$ 来代替, 其几何意义很容易认知. 这就是, 如果我们在球面的极点处作一切平面, 它的正面与球面相反, 再从对径点的极点作一条直线通过点 (r,φ), 那么这条直线就会与此切平面相遇于由复变量 2η 来表示的一点. 极点对应于 $\eta=0$, 而对径点的极点对应于 $\eta=\infty$. 对于给出正 y 轴和正 z 轴的点, 其 η 值分别为 $=+1$ 和 $=+i$.

如果我们再引进下述复变量

$$\eta'=\tan\frac{r}{2}e^{-\varphi i},\quad s=y+zi,\quad s'=y-zi,$$

那么方程 (1) 和 (2) 就变为

$$(1-\eta\eta')dx+\eta'ds+\eta ds'=0, \tag{1*}$$

$$(1+\eta\eta')d\mathfrak{x}i-\eta'ds+\eta ds'=0. \tag{2*}$$

将它们通过加和减结合起来. 如果这时我们令

$$x + \mathfrak{x}i = 2X, \quad x - \mathfrak{x}i = 2X',$$

那么反过来我们有 $x = X + X'$. 这样我们就将该问题的解析表达式写成下述两个方程

$$ds - \eta dX + \frac{1}{\eta'}dX' = 0, \tag{3}$$

$$ds' + \frac{1}{\eta}dX - \eta' dX' = 0. \tag{4}$$

如果我们将 X 和 X' 看成是两个独立变量, 并用它们来表达 ds 和 ds' 为全微分这个条件, 我们就会得到

$$\frac{\partial \eta}{\partial X'} = 0, \quad \frac{\partial \eta'}{\partial X} = 0,$$

就是说, η 只是 X 的函数, η' 只是 X' 的函数, 从而反过来也就是说, X 只是 η 的函数, X' 只是 η' 的函数.

这样一来, 问题就归结为, 这样来确定 η 作为复变量 X 的函数, 或者反过来, 确定 X 作为 η 的函数, 同时使得边界条件得到满足. 如果将 η 作为 X 的函数, 那么只要在其表达式中将每一个复数换成它的共轭复数, 就可以得到 η'. 这样一来, 要想获得 s 和 s' 的表达式只需积分方程 (3) 和 (4) 就可以了. 最后再由此通过消去 $\mathfrak{x}$ 就得到 x, y, z 之间的一个方程, 就是极小曲面的方程.

6

如果积分了方程 (3) 和 (4), 那么也就很容易给出这个极小曲面的面积, 即

$$S = \iint \frac{1}{\cos r}(dydz) = \iint \frac{1 + \eta\eta'}{1 - \eta\eta'}(dydz).$$

以下述方式变换函数行列式 $(dydz)$:

$$\begin{aligned}(dydz) &= \left(\frac{\partial y}{\partial s}\frac{\partial z}{\partial s'} - \frac{\partial y}{\partial s'}\frac{\partial z}{\partial s}\right)(dsds') \\ &= \frac{i}{2}(dsds') \\ &= \frac{i}{2}\left(\eta\eta' - \frac{1}{\eta\eta'}\right)\frac{\partial x}{\partial \eta}\frac{\partial x}{\partial \eta'}(d\eta d\eta').\end{aligned}$$

因此得到

$$\begin{aligned}2iS &= \iint\left(2+\eta\eta'+\frac{1}{\eta\eta'}\right)\frac{\partial x}{\partial\eta}\frac{\partial x}{\partial\eta'}(d\eta d\eta')\\&= \iint\left(2\frac{\partial x}{\partial\eta}\frac{\partial x}{\partial\eta'}+\frac{\partial s}{\partial\eta}\frac{\partial s'}{\partial\eta'}+\frac{\partial s}{\partial\eta'}\frac{\partial s'}{\partial\eta}\right)(d\eta d\eta')\\&= 2\iint\left(\frac{\partial x}{\partial\eta}\frac{\partial x}{\partial\eta'}+\frac{\partial y}{\partial\eta}\frac{\partial y}{\partial\eta'}+\frac{\partial z}{\partial\eta}\frac{\partial z}{\partial\eta'}\right)(d\eta d\eta').\end{aligned}$$

为了再一次变换这个表达式, 可以将 y 用 Y 和 Y' 的组合来表示, 将 z 用 Z 和 Z' 的组合来表示, 就像将 x 用 X 和 X' 的组合来表示一样. 从而有下述方程

$$\begin{aligned}&X=\int\frac{\partial x}{\partial\eta}d\eta,\quad X'=\int\frac{\partial x}{\partial\eta'}d\eta',\\&Y=\int\frac{\partial y}{\partial\eta}d\eta,\quad Y'=\int\frac{\partial y}{\partial\eta'}d\eta',\\&Z=\int\frac{\partial z}{\partial\eta}d\eta,\quad Z'=\int\frac{\partial z}{\partial\eta'}d\eta'.\\&x=X+X',\quad \mathfrak{x}i=X-X',\\&y=Y+Y',\quad \mathfrak{y}i=Y-Y',\\&z=Z+Z',\quad \mathfrak{z}i=Z-Z'.\end{aligned}$$ (1)[1]

于是我们最后得到

$$\begin{aligned}S&=-i\iint[(dXdX')+(dYdY')+(dZdZ')]\\&=\frac{1}{2}\iint[(dxd\mathfrak{x})+(dyd\mathfrak{y})+(dzd\mathfrak{z})].\end{aligned}\tag{5}$$

7

极小曲面及其在球面以及在平面上的映像, 它们的点分别用 η, X, Y, Z 来代表, 在无限小部分上都是相似的. 如果我们将这些曲面上的线元的平方表示出来就可以认识到这一点. 它们

在球面上是 $\sin r^2 d\log\eta d\log\eta'$,

在 η 平面是 $d\eta d\eta'$,

在 X 平面是 $\dfrac{\partial x}{\partial\eta}\dfrac{\partial x}{\partial\eta'}d\eta d\eta'$,

在 Y 平面是 $\dfrac{\partial y}{\partial\eta}\dfrac{\partial y}{\partial\eta'}d\eta d\eta'$,

在 Z 平面是 $\dfrac{\partial z}{\partial\eta}\dfrac{\partial z}{\partial\eta'}d\eta d\eta'$,

在极小曲面内则为

$$\begin{aligned} dx^2+dy^2+dz^2 &= (dX+dX')^2+(dY+dY')^2+(dZ+dZ')^2 \\ &= 2(dXdX'+dYdY'+dZdZ') \\ &= 2\left(\frac{\partial x}{\partial \eta}\frac{\partial x}{\partial \eta'}+\frac{\partial y}{\partial \eta}\frac{\partial y}{\partial \eta'}+\frac{\partial z}{\partial \eta}\frac{\partial z}{\partial \eta'}\right)d\eta d\eta'. \end{aligned}$$

于是根据方程 (3) 和 (4), 如果我们把其中的 η 和 η' 看成为独立变量, 就有:

$$\begin{aligned} \eta\frac{dX}{d\eta} &= \frac{\partial s}{\partial \eta} = -\eta^2\frac{\partial s'}{\partial \eta}, \\ \eta'\frac{dX'}{d\eta'} &= \frac{\partial s'}{\partial \eta'} = -\eta'^2\frac{\partial s}{\partial \eta'}, \end{aligned}$$

因此有

$$\begin{aligned} dX^2+dY^2+dZ^2 &= 0, \\ dX'^2+dY'^2+dZ'^2 &= 0. \end{aligned}$$

上述任何两个线元的平方之比都与 $d\eta$ 和 $d\eta'$ 无关, 即与线元的方向无关, 无限小部分的映像相似这一点的根据就在于此. 由于在此映射下, 任一点处向各个方向的线性放大都是一样的, 所以面积放大就等于线性放大的平方. 但是在极小曲面上线元的平方等于在平面 X, 平面 Y, 以及平面 Z 上对应的线元平方之和的二倍[2] [请注意此处俄译注]. 从而极小曲面的面积元也就等于在那些平面内对应的面积元之和的二倍. 对整个曲面与其在平面 X, Y, Z 的映像也有同样的关系.

8

如果我们以下述方式引进一个新的变量 η_1, 即, 将球面上的极点转移到任何其他一点 $(\eta=\alpha)$, 并任选一条经线作起始经线, 那么我们还可以从无限小部分的相似性这个定理得出一个重要的推论来. 如果我们令 η_1 对新坐标具有与 η 对老坐标所具有的一样的意义, 那么我们还可以将一个无限小的三角形不仅映射到 η 平面, 同样也映射到 η_1 平面. 于是这两个映像也互为映像, 也在无限小的部分相似. 在直接相似的情况下就立即推出, $\dfrac{d\eta_1}{d\eta}$ 与 η 位移的方向无关, 这意味着 η_1 是复变量 η 的函数. 而反演 (对称) 相似的情况可以归结到上面的情况, 办法就是, 用 η_1 的复共轭量来代替它. 为了将 η_1 表示成 η 的函数, 我们要注意到, $\eta_1=0$ 是球面上那个 $\eta=\alpha$ 的点, $\eta_1=\infty$ 则是与之对径的点, 即 $\eta=-\dfrac{1}{\alpha'}$. 这样一来我们就得到 $\eta_1=c\dfrac{\eta-\alpha}{1+\alpha'\eta}$. 为了确定常数 c 可以利用下面的提示: 如果

对应于 $\eta=0$ 的是 $\eta_1=\beta$, 那么就会发现对应于 $\eta=\infty$ 的是 $\eta_1=-\dfrac{1}{\beta'}$. 因此有 $\beta=-c\alpha$ 以及 $-\dfrac{1}{\beta'}=\dfrac{c}{\alpha'}$, 也即有 $\beta=-\dfrac{\alpha}{c'}$. 从而得到 $cc'=1$, 这就意味着, 对实数的 $\theta, c=e^{\theta i}$. 量 α 和 θ 可以取任意值: α 取决于新极点所在的位置, θ 取决于新的起始经线的位置. 球面上这个新的坐标系对应于一个新的直角坐标系的坐标轴的方向. 在新坐标系下我们用 x_1, s_1, s_1' 来表示那些 x, s, s' 在老坐标系所表示的量. 于是得到变换公式如下:

$$\begin{aligned}\eta_1&=\frac{\eta-\alpha}{1+\alpha'\eta}e^{\theta i},\\(1+\alpha\alpha')x_1&=(1-\alpha\alpha')x+\alpha's+\alpha s',\\(1+\alpha\alpha')s_1e^{-\theta i}&=-2\alpha x+s-\alpha^2s',\\(1+\alpha\alpha')s_1'e^{\theta i}&=-2\alpha'x-\alpha'^2s+s'.\end{aligned}\tag{6}$$

9

由变换公式 (6) 我们算得

$$\left(\frac{d\eta_1}{d\eta}\right)^2\frac{\partial x_1}{\partial\eta_1}=\frac{\eta_1}{\eta}\frac{\partial x}{\partial\eta}$$

或者

$$(d\log\eta_1)^2\frac{dx_1}{\partial\log\eta'}=(d\log\eta)^2\frac{\partial x}{\partial\log\eta}.$$

因此可见引入一个由下述方程

$$u=\int\sqrt{i\frac{\partial x}{\partial\log\eta}}d\log\eta\tag{7}$$

所定义、且与坐标系 (x,y,z) 的位置无关的新变量是很有用的. 这样如果求得了 u 作为 η 的函数式, 那么我们就会得到

$$x=-i\int\left(\frac{du}{d\log\eta}\right)^2d\log\eta+i\int\left(\frac{du'}{d\log\eta'}\right)^2d\log\eta'.\tag{8}$$

这里 x 是极小曲面上属于 η 的点到一个平面的距离, 这是一个通过坐标原点、且与 $\eta=0$ 的方向垂直的平面. 而如果我们想得到极小曲面上的点到一个位于通过坐标系的起始经度曲线、且与 $\eta=\alpha$ 的方向垂直的平面的距离, 只要在 (8) 中,

将 η 换成 $\dfrac{\eta-\alpha}{1+\alpha'\eta}e^{\theta i}$. 因此, 在 $\alpha=1$ 和 $\alpha=i$ 的特殊情况下有

$$\begin{aligned} y=&-\frac{i}{2}\int\left(\frac{du}{d\log\eta}\right)^2\left(\eta-\frac{1}{\eta}\right)d\log\eta\\ &+\frac{i}{2}\int\left(\frac{du'}{d\log\eta'}\right)^2\left(\eta'-\frac{1}{\eta'}\right)d\log\eta'. \end{aligned}\tag{9}$$

$$\begin{aligned} z=&-\frac{1}{2}\int\left(\frac{du}{d\log\eta}\right)^2\left(\eta+\frac{1}{\eta}\right)d\log\eta\\ &-\frac{1}{2}\int\left(\frac{du'}{d\log\eta'}\right)^2\left(\eta'+\frac{1}{\eta'}\right)d\log\eta'. \end{aligned}\tag{10}$$

10

我们要确定量 u 作为 η 的函数, 就是说作为那样一种曲面上的单值函数, 这个曲面是展布在 η 平面上的, 由将极小曲面以保持无限小部分相似的方式映射到 η 平面上所得. 因此首先遇到的就是在这个映射下的间断点和分支点的问题. 在研究这个问题时要将这个曲面上的内部的点和边界上的点分开来讨论.

如果要处理的是极小曲面的一个内点, 那么我们就选它作为坐标系 (x,y,z) 的原点, 选该处的正法线作正 x 轴, 从而 yz 平面就是该处的切平面. 于是在对 x 的展开式中就不会有自由项 [常数项], 也不会有乘以 y 和 z 的项 [即不含 y 和 z 的一次项]. 通过适当地选取 y 轴和 z 轴的方向也可以做到不含 yz 乘积的项. 在这样的假设下极小曲面的偏微分方程, 在 y 和 z 为无限小的范围内, 就约化为 $\dfrac{\partial^2 x}{\partial y^2}+\dfrac{\partial^2 x}{\partial z^2}=0$. 因此 Gauss 曲率为负, 而两个主曲率半径绝对值相等, 正负相反. 如果曲率半径不等于 ∞ 的话, 那么切平面就会把曲面分为四个象限. 这些象限交替位于切平面之上和之下. 如果对 x 的展开从第 n 阶项 $(n>2)$ 开始, 那么它的曲率半径会是 ∞, 这时切平面就会把曲面分为 $2n$ 个扇形区, 交替位于切平面的上下, 并被曲率线等分. (2)[3]

如果我们现在把 X 看成复变量 Y 的函数, 那么在四个扇形区的情况下, 就有[4]

$$\log X=2\log Y+\text{funct.cont.},$$

在 $2n$ 个扇区的情况下则有

$$\log X=n\log Y+\text{f.c.}$$

而且由于根据 (8) 和 (9) 有 $\dfrac{dX}{dY}=\dfrac{-2\eta}{1-\eta\eta}$, 所以对 η 的展开, 在第一种情况下从

Y 的一次幂开始, 在第二种情况下从 Y 的 $n-1$ 次幂开始. 因此反过来, 如果我们把 Y 看成 η 的函数, 那么在第一种情况下的展开将按 η 的整数幂, 而在第二种情况下, 则将按 $\eta^{\frac{1}{n-1}}$ 的整数幂. 就是说到 η 平面上的映射在所涉及的点或是没有支点, 或是有一个 $n-2$ 重的支点, 这要看在第一种情况, 还是在第二种情况而定.

至于谈到 u, 则有 $\dfrac{du}{d\log Y} = \dfrac{du}{d\log\eta}\dfrac{d\log\eta}{d\log Y}$, 因此借助于方程 (9) 就有

$$\left(\frac{du}{d\log Y}\right)^2 = -2i\frac{dY}{d\eta}\frac{\eta^2}{1-\eta^2}\left(\frac{d\eta}{dY}\right)^2\frac{Y^2}{\eta^2}.$$

根据这一点, 在映射到 η 平面有 $n-2$ 重支点的情况下就有

$$\log\frac{du}{d\log Y} = \frac{n}{2}\log Y + \text{f.c.}$$

或

$$\log\frac{du}{dY} = \left(\frac{n}{2}-1\right)\log Y + \text{f.c.}$$

11

进一步的研究首先将限于所给边界为由直线组成的情况. 这时边界到 η 平面上的映射就可以实际地做出来. 那些在边界直线的点上树立起来的法线位于相互平行的平面上, 因此它们在球面的映像就是最大圆上的一段弧线.

为了研究位于边界直线内部的一点, 和前面一样, 我们把坐标的原点放在它上面, 把正 x 轴放在正法线上. 于是整个边界直线就落在 yz 平面上. 这样一来在整个边界线上 X 的实部都等于 0. 因此如果我们经过极小曲面的内部绕坐标原点转一圈, 从前面的一个边界点到紧接其后的边界点, 那么在此过程中 X 的辐角就会改变 $n\pi, \pi$ 的一个整数倍. Y 的辐角同时改变一个 π. 因此, 和前面一样, 我们有

$$\log X = n\log Y + \text{f.c.},$$

$$\log\eta = (n-1)\log Y + \text{f.c.},$$

$$\log\frac{du}{dY} = \left(\frac{n}{2}-1\right)\log Y + \text{f.c.}$$

在到 η 平面的映射中与我们考查的边界点相对应的是一个 $n-2$ 重的支点. 在这个映射中, 在这点前后两段边界映像 [两条大圆弧] 的交角为 $(n-1)\pi$.

12

从一条边界线过渡到下一条边界线要区分两种不同的情况. 或者是它们在有限处具有交点, 或者是它们伸到无限远处 [在无限远处相交].

在第一种情况下设这两条边界线在极小曲面内的交角为 $\alpha\pi$. 将坐标原点放在这个我们要研究的交点上, 将正法线作为正 x 轴, 那么在这两条边界线上 X 的实部等于 0. 因此在从第一条边界线过渡到下一条边界线的过程中 X 的辐角将改变 $m\pi, Y$ 的辐角将改变 $\alpha\pi$. 于是我们就有

$$\frac{\alpha}{m}\log X = \log Y + \text{f.c.},$$
$$\left(1-\frac{\alpha}{m}\right)\log X = \log\eta + \text{f.c.},$$
$$\log\frac{du}{dY} = \left(\frac{m}{2\alpha}-1\right)\log Y + \text{f.c.}$$

如果将相互依次连着的两条边界线段之间的曲面无限延伸, 那么我们就令 x 轴正向和最短连接线共同平行于指向无限的正法线方向. 设这个最短连接线 (Verbindungslinie) 的长度为 A, 极小曲面在 yz 平面上的投影所占满的角度为 $\alpha\pi$. 于是 X 的实部及 $i\log\eta$ 在这种情况下在无限远处仍为连续并有限. 由此得出 (对 $y=\infty, z=\infty$)[5]

$$X = -\frac{Ai}{2\alpha\pi}\log\eta + \text{f.c.},$$
$$u = \sqrt{\frac{A}{2\alpha\pi}}\log\eta + \text{f.c.},$$
$$Y = -\frac{Ai}{4\alpha\pi}\frac{1}{\eta} + \text{f.c.}^{(3)}.$$

如果我们将某一坐标系的 x_1 轴置于一段边界直线上, 把另一个坐标系的 x_2 轴置于第二条边界直线段上, 如此等等, 那么, 因为法线与相关 x_1 的轴, x_2 的轴, 等等垂直, 所以 $\log\eta_1$ 在第一条直线上就为纯虚数, $\log\eta_2$ 在第二条直线上为纯虚数, 如此等等. 因此, $i\dfrac{\partial x_1}{\partial\log\eta_1}$ 在第一条边界线段内为实数, $i\dfrac{\partial x_2}{\partial\log\eta_2}$ 在第二条边界线段内为实数, 如此等等. 但是由于对一个任意坐标系 (x,y,z) 也总是有

$$\sqrt{i\frac{\partial x}{\partial\log\eta}}d\log\eta = \sqrt{i\frac{\partial x_1}{\partial\log\eta_1}}d\log\eta_1 = \sqrt{i\frac{\partial x_2}{\partial\log\eta_2}}d\log\eta_2\cdots,$$

所以在每一条边界直线上下式

$$du = \sqrt{i\frac{\partial x}{\partial\log\eta}}d\log\eta$$

所具有的要么是实数值, 要么是纯虚数值.

13

只要我们将量 u,η,X,Y,Z 中的一个用其余量中之一表达出来, 这个极小曲面就算确定了. 这一点可以在许多情况下做到. 其中 $\dfrac{\partial u}{\partial \log \eta}$ 是 η 的代数函数这类情况特别值得注意. 为做到这一点的充分和必要的条件是, 到球面上的映射及其对称性延拓和叠合延拓形成一个闭曲面, 它覆盖了整个球面一次或多次.

然而要直接将量 u,η,X,Y,Z 中的一个用其余量中之一表达出来一般来说会有困难. 但是我们也可以代之以将它们每一个都确定为一个适当选择的新的独立变量的函数. 我们来引进这样一个独立变量 t, 使得在 t 平面上的曲面的映像单重地覆盖半无限平面, 而且是对应 t 的虚部为正的那一半. 实际上我们总可以做到, 在曲面上这样来确定 t 作为 u (或者其余几个变量 η,X,Y,Z 中的任意一个) 的函数, 使得它在边界上等于 0, 并且使得它在一个任意的边界点 $(u=b)$ 上成为一阶无限大, 即有

$$t=\frac{\text{const.}}{u-b}+\text{f.c.}\quad (u=b).$$

$\dfrac{1}{u-b}$ 的因子的辐角由要求 t 的虚部在边界上等于 0, 在曲面的内部为正这两个条件来确定. 因此在 t 的表达式中只余下这个因子的模和一个可加常数是任意的.

设 $t=a_1,a_2,\cdots$ 为到 η 平面上在映像内部的分支点, $t=b_1,b_2,\cdots$ 为在边界上不是角点的分支点, $t=c_1,c_2,\cdots$ 为角点, $t=e_1,e_2,\cdots$ 为那些位于伸展到无限远处的扇形内的点. 为了简单起见我们假设所有量 a,b,c,e 都位于 t 平面的有限区域内.

于是我们分别有

$$\text{当 } t=a \text{ 时 } \log\frac{du}{dt}=\left(\frac{n}{2}-1\right)\log(t-a)+\text{f.c.},$$
$$\text{当 } t=b \text{ 时 } \log\frac{du}{dt}=\left(\frac{n}{2}-1\right)\log(t-b)+\text{f.c.},$$
$$\text{当 } t=c \text{ 时 } \log\frac{du}{dt}=\left(\frac{m}{2}-1\right)\log(t-c)+\text{f.c.},$$
$$\text{当 } t=e \text{ 时 } u=\sqrt{\frac{A\alpha}{2\pi}}\log(t-e)+\text{f.c.}$$

我们可以限于只讨论 $n=3$, $m=1$ 的情形, 即限于单分支点的情形, 而一般的情形可以从这种情形推导出来, 因为我们可以让它相当于多个单分支点的情形.

为了构造 $\frac{du}{dt}$ 的表达式, 我们要注意到, 沿边界 dt 为实数, 而 du 或是为实数, 或是为纯虚数. 这样一来, 如果 t 为实数, 那么 $\left(\frac{du}{dt}\right)^2$ 也是实数. 如果我们规定对变量 t 及 t' 的共轭值, 函数也取它们的共轭值, 就可把这个函数从在 t 为实数的曲线连续地延拓到这条曲线之外. 于是 $\left(\frac{du}{dt}\right)^2$ 就对整个 t 平面有了定义, 并且显示为单值.

设以 $a_1', a_2', \cdots$ 表示 $a_1, a_2, \cdots$ 的共轭值, 并用 $\Pi(t-a)$ 表示乘积 $(t-a_1)(t-a_2)\cdots$. 于是有

$$u = \text{const.} + \int \sqrt{\frac{\Pi(t-a)\Pi(t-a')\Pi(t-b)}{\Pi(t-c)}} \frac{\text{const.}dt}{\Pi(t-e)}. \tag{11}$$

常数 a, b, c 等应这样来确定, 使得下式

$$t = e, \quad u = \sqrt{\frac{A\alpha}{2\pi}} \log(t-e) + \text{f.c.}$$

能够成立. 为使 u 对于除 a, b, c, e 之外所有的 t 值保持连续并有限, 所讲的这些量的数值个数要满足一定的关系. 角点的数目与位于边界上的分支点的数目之差应比内部分支点的数目与伸展到无限远的扇区之差的二倍多 4. 为了简短起见令

$$\Pi(t-a)\Pi(t-a')\Pi(t-b) = \varphi(t),$$
$$\Pi(t-c)\Pi(t-e)^2 = \chi(t),$$

也就是

$$\frac{du}{dt} = \text{const.}\sqrt{\frac{\varphi(t)}{\chi(t)}},$$

如果 $\chi(t)$ 的阶次为 ν, 那么 $\varphi(t)$ 的阶次为 $\nu - 4$. 此处 ν 表示角点数加上伸展到无限远的扇区数的二倍的量.

14

现在还要把 η 表示成 t 的函数. 我们只能在最简单的情形下直接做到这一点. 一般来说可以如下来进行. 设 v 是一个还要更详细确定的函数, 它将假设为已知. 在方程 (8), (9), (10) 中 v 的出现主要是涉及 $\frac{du}{d\log\eta}$, 我们也可以把它写为

$\dfrac{du}{dv}\dfrac{dv}{d\log\eta}$, 后面那个因子可以看成是

$$k_1=\sqrt{\frac{dv}{d\eta}},\quad k_2=\eta\sqrt{\frac{dv}{d\eta}} \tag{12}$$

这两个因子的乘积, 它们满足下述一阶微分方程

$$k_1\frac{dk_2}{dv}-k_2\frac{dk_1}{dv}=1, \tag{13}$$

以及下述二阶微分方程

$$\frac{1}{k_1}\frac{d^2k_1}{dv^2}=\frac{1}{k_2}\frac{d^2k_2}{dv^2}. \tag{14}$$

因此如果我们能够做到将上一方程的一侧或另一侧表示成 t 的函数, 那么就构成了一个二阶齐次线性微分方程, k_1 与 k_2 为它的两个特解. 设 k 为其全积分. 我们将 $\dfrac{d^2k}{dv^2}$ 换成与之等价的

$$\frac{\dfrac{dv}{dt}\dfrac{d^2k}{dt^2}-\dfrac{dk}{dt}\dfrac{d^2v}{dt^2}}{\left(\dfrac{dv}{dt}\right)^3},$$

由此得到 k 的微分方程

$$\frac{dv}{dt}\frac{d^2k}{dt^2}-\frac{d^2v}{dt^2}\frac{dk}{dt}-\left(\frac{dv}{dt}\right)^3\left(\frac{1}{k_1}\frac{d^2k_1}{dv^2}\right)k=0. \tag{15}$$

设求得了方程 (15) 的两个相互独立的特解 K_1 与 K_2, 其比值 $K_2:K_1=H$ 提供了一个由大圆的弧所界限的正 t 半平面在球面上的映像. 每一个如下形式的表达式

$$\eta=e^{\theta i}\frac{H-\alpha}{1+\alpha' H}, \tag{16}$$

其中 θ 为常数, α 和 α' 为一对共轭复数, 也给出这样的映射.

函数 v 该这样来选择, 以使 $\dfrac{1}{k}\dfrac{d^2k}{dv^2}$ 对 t 的有限值, 除了 a,a',b,c,e 之外, 再没有别的间断点.

如果我们令

$$\frac{dv}{dt}=\frac{1}{\sqrt{\varphi(t)\chi(t)}}=\frac{1}{\sqrt{f(t)}},$$

那么函数 $\dfrac{1}{k}\dfrac{d^2k}{dv^2}$ 在平面的有限区域内只有在 a,a',b,c 这几点上间断, 而且每一

个都是一阶无限大. 就是说对 $t=c$ 我们有

$$v-v_c=\frac{2\sqrt{t-c}}{\sqrt{f'(c)}},$$
$$\eta-\eta_c=\text{const.}(t-c)^{\gamma}.$$

从而

$$k_1=\sqrt{\frac{dv}{d\eta}}=\text{const.}(v-v_c)^{\frac{1}{2}-\gamma}$$

并由此得到

$$\frac{1}{k}\frac{d^2k}{dv^2}=\frac{1}{4}\frac{\left(\gamma\gamma-\frac{1}{4}\right)f'(c)}{t-c}$$

对 $t=a,a',b$ 我们也有相应的表达式, 其中就是把上式中的 c 换成相应的 a,a',b, 并将其中的 γ 换成 2.

类似的研究告诉我们, 对于 $t=e$, 函数 $\frac{1}{k}\frac{d^2k}{dv^2}$ 仍保持为连续.

对于 $t=\infty$, 我们有

$$\frac{1}{k}\frac{d^2k}{dv^2}=\left(-\frac{\nu}{2}+2\right)\left(\frac{\nu}{2}-1\right)t^{2\nu-6}.$$

根据这一点, $\frac{1}{k}\frac{d^2k}{dv^2}$ 的表达式如下:

$$\frac{1}{k}\frac{d^2k}{dv^2}=\frac{1}{4}\sum\frac{\left(\gamma\gamma-\frac{1}{4}\right)f'(g)}{(t-g)}+F(t).$$

其中求和遍及所有 $g=a,a',b,c$ 这些点, 而且在 a,a',b 这几点时 γ 要用 2 来代入. $F(t)$ 是一个阶次为 $2\nu-6$ 的整函数, 在其中的头两个系数要按以下方式来确定. 将 dv 写成以下的形式:

$$dv=\frac{t^{-\nu+4}\frac{dt}{tt}}{\sqrt{f(t)t^{-2\nu+4}}}=t^{-\nu+4}dv_1$$

或者干脆写成 αdv_1.

于是通过微分就得到

$$\frac{d^2}{dv^2}\left[\left(\frac{d\eta}{dv}\right)^{-\frac{1}{2}}\right]=\alpha^{-\frac{3}{2}}\frac{d^2}{dv_1^2}\left[\left(\frac{d\eta}{dv_1}\right)^{-\frac{1}{2}}\right]+\left(\frac{d\eta}{dv_1}\right)^{-\frac{1}{2}}\frac{d^2(\alpha^{\frac{1}{2}})}{dv^2},$$

从而有

$$\left(\frac{d\eta}{dv}\right)^{\frac{1}{2}}\frac{d^2}{dv^2}\left[\left(\frac{d\eta}{dv}\right)^{-\frac{1}{2}}\right]=\alpha^{-2}\left(\frac{d\eta}{dv_1}\right)^{\frac{1}{2}}\frac{d^2}{dv_1^2}\left[\left(\frac{d\eta}{dv_1}\right)^{-\frac{1}{2}}\right]+\alpha^{-\frac{1}{2}}\frac{d^2(\alpha^{\frac{1}{2}})}{dv^2},$$

或者

$$\left(\frac{d\eta}{dv_1}\right)^{\frac{1}{2}}\frac{d^2}{dv_1^2}\left[\left(\frac{d\eta}{dv_1}\right)^{-\frac{1}{2}}\right]=t^{-2\nu+8}\frac{1}{k}\frac{d^2k}{dv^2}-\alpha^{\frac{3}{2}}\frac{d^2(\alpha^{\frac{1}{2}})}{dv^2},$$

或者

$$\left(\frac{d\eta}{dv_1}\right)^{\frac{1}{2}}\frac{d^2}{dv_1^2}\left[\left(\frac{d\eta}{dv_1}\right)^{-\frac{1}{2}}\right]=t^{-2\nu+8}\sum\frac{1}{4}\frac{\left(\gamma\gamma-\frac{1}{4}\right)f'(g)}{t-g}$$
$$+t^{-2\nu+8}F(t)-\alpha^{\frac{3}{2}}\frac{d^2(\alpha^{\frac{1}{2}})}{dv^2}.$$

等式左侧的函数在 $t=\infty$ 是有限的. 因此我们在将等式右侧的 $t^{-2\nu+8}F(t)$ 以及 $\alpha^{\frac{3}{2}}\frac{d^2(\alpha^{\frac{1}{2}})}{dv^2}$ 展开时, 要令 t^2 的系数与相应的 t 的系数相等. $\alpha^{\frac{3}{2}}\frac{d^2(\alpha^{\frac{1}{2}})}{dv^2}$ 的展开, 经简单计算后给出

$$\alpha^{\frac{3}{2}}\frac{d^2(\alpha^{\frac{1}{2}})}{dv^2}=\frac{1}{2}\left(-\frac{\nu}{2}+2\right)t^{-\nu+5}\frac{d(t^{-\nu+2}f(t))}{dt}.$$

这样一来在 $F(t)$ 中还只留下 $2\nu-7$ 个系数未定. 但是重要的是要指出, 这些系数必定是实数. 因为我们已经在 §12 中确定了, du 在极小曲面的所有边界直线上为实数或纯虚数, 从而在映像的边界的每一处也是如此. 由于方程 (17) 这一点对 dv 也成立. 由此就可证明, 函数 $\frac{1}{k}\frac{d^2k}{dv^2}$ 对 t 的实数值必然取实数值.

为了作出这个证明, 我们来考察到半径为 1 的球面上的映射, 并取边界上的一部分, 因而也就是大圆上的一段弧来考虑. 在这个大圆的极点处作一切平面, 并将其记为平面 η_1. 于是我们可以这样来确定常数 $\alpha_1,\alpha_1',\theta_1$, 使得有

$$\eta_1=e^{\theta_1 i}\frac{H-\alpha_1}{1+\alpha_1'H}$$

并且由此得到的两个函数 $k_1'=\sqrt{\frac{dv}{d\eta_1}}$ 和 $k_2'=\eta_1\sqrt{\frac{dv}{d\eta_1}}$ 都是微分方程 (15) 的特解. 从而我们就有

$$\frac{1}{k}\frac{d^2k}{dv^2}=\frac{1}{k_1}\frac{d^2k_1'}{dv^2}.$$

上面所考察的那部分边界通过方程

$$\eta_1=e^{\varphi_1 i}$$

映射到 η_1 平面, 而且如果我们把它引入 k_1', 那么我们容易认识到, 在所提到的边界部分内 $\frac{1}{k_1'}\frac{d^2k_1'}{dv^2}$ 为实数. 因此这对 $\frac{1}{k}\frac{d^2k}{dv^2}$ 也成立, 而由于我们可以对每一边界段作这种论证, 所以 $\frac{1}{k}\frac{d^2k}{dv^2}$ 在整个边界上均为实数.

但是如果我们令一般地有

$$\eta_1 = \rho_1 e^{\varphi_1 i},$$

并令 ρ_1 的模为常量, 那么对为实数或纯虚数的 dv, $\frac{1}{k_1'}\frac{d^2k_1'}{dv^2}$ 结果也为实数. 因此为使实数 t 的轴在半径为 1 的球上的确映射成一大圆, 边界的每一部分必须有 $\rho_1 = 1$. 这样所提出来的条件方程数目和所给出单条边界曲线的数目是一样的.

在这一研究中, 正如在前面几节中一样, 要假设 a, b, c, e 全都为有限. 如果不是这样, 那么我们的论述就要作稍稍的改变.

附注. 这个问题在这里是完整表述的. 在个别情形下实际上只牵涉到建立并求积微分方程 (15) . 此外, 指出下面这一点也不是不重要的, 就是, 在解中所出现的任意常数的个数和条件方程的数目是一样的, 这些条件是由于问题的本性和问题中的数据而必须满足的. 我们用 A, B, C, E 分别表示点 a, b, c, e 的个数, 并注意到有 $2A + B + 4 = C + 2E = \nu$. 在微分方程 (15) 中含有 $2A + B + 4C + 5E - 10$ 个任意实常数, 即: 角度 γ, 其数量为 C; 函数 $F(t)$ 的 $2\nu - 7$ 个常数; 三个实数量 b, c, e, 通过对 t 作一个带实系数的线性置换, 我们可以给它们三个任意值; 再就是量 a 的实部和虚部. 在积分时还要在这些任意常数上再加上 10 个, 这就是, 如果 $\eta = \frac{\alpha k_1 + \beta k_2}{\gamma k_1 + \delta k_2}$, 有三个复数比值 $\alpha : \beta : \gamma : \delta$, 这可算成六个实常数, du 的一个因子 (实数或纯虚数), 以及在 x, y, z 的每一个表达式中可加常数. 但是如果我们的式子的确描述的是一个极小曲面, 那么这些常数还要加上它们所必须满足的条件方程. 在这些附加的条件方程中 $2A + B$ 个对应于点 a, a', b, 是说, 微分方程 (15) 在这些点的邻域内的展开不含对数项 (参见附注 (4)), 还有 $C + E$ 个条件是说, 那实 t 轴位于个别点 c, e 之间的线段在向半径为 1 的球面映射时得到 $C + E$ 个大圆弧. 这样一来在解中剩下来未定的常数还有 $3C + 4E$ 个.

这个问题的数据由角点的坐标以及确定走向无限远处的边界线的方向角所组成. 这些数据表现为 $3C + 4E$ 个方程, 解这些方程就可以得到正确数目的待定常数.[(4)][6]

实 例

15

边界由两条不在同一平面内的无限直线组成. 它们之间的最短连线长度为 A, 曲面在与连线垂直的平面上的投影所张开的角度为 $\alpha\pi$.

如果取此最短连接线作 x 轴, 那么 x 在此两条边界直线内的值均为常数. φ 在这两条边界直线内的值也均为常数. 在无限远处正法线在一个扇区内与正 x 轴平行, 在另一个扇区内与负 x 轴平行. 边界映射到球面上成为两个分别通过 $\eta=0$ 的极点 0 和 $\eta=\infty$ 的极点的大圆, 它们之间的夹角为 $\alpha\pi$.

由此得到

$$\begin{aligned} X &= -\frac{iA}{2\alpha\pi}\log\eta, \\ s &= -\frac{iA}{2\alpha\pi}\left(\eta-\frac{1}{\eta'}\right), \\ s' &= -\frac{iA}{2\alpha\pi}\left(\frac{1}{\eta}-\eta'\right), \end{aligned}$$

从而有

$$\begin{aligned} x &= -i\frac{A}{2\alpha\pi}\log\left(\frac{\eta}{\eta'}\right) \\ &= -i\frac{A}{2\alpha\pi}\log\left(-\frac{s}{s'}\right), \end{aligned} \tag{a}$$

从中我们看出了它是一个螺旋面的方程.

16

设边界由三条直线组成, 其中两条相交, 第三条与由前两条直线组成的平面平行.

如果我们将坐标的原点置于头两条直线的交点, 将 x 轴置为负法线, 那么那个交点映射到曲面上就是 $\eta=\infty$ 的极点. 这头两条直线的映像则为两条从 $\eta=\infty$ 到 $\eta=0$ 的两个大半圆. 它们之间的夹角为 $\alpha\pi$. 第三条直线的映像为一大圆上的一段弧线, 它从 $\eta=0$ 出发, 走到某一点又返回, 最后回到 $\eta=0$ 的点. 这条弧线与头两个大半圆之间夹角分别为 $-\beta\pi$ 和 $\gamma\pi$, 使得作为绝对值的 β 和 γ 之和给出 $\beta+\gamma=\alpha$. 为了获得在半 t 平面内的映像, 我们设, $\eta=\infty$ 的极点的映像为点 $t=\infty$, 在第一条直线与第三条直线之间的扇区的映像为点 $t=b$, 在第二条直线与第三条直线之间的扇区的映像为点 $t=c$, 在第三条直线上法线返回点的映像为点 $t=a$. 这里的 a,b,c 均为实数, 且有 $c>a>b$. 这些设定相当于 $\eta=(t-b)^{\beta}(t-c)^{\gamma}$. a 的值与 b 和 c 有关. 这是因为, 我们有

$$\frac{d\log\eta}{dt}=\frac{\beta(t-c)+\gamma(t-b)}{(t-b)(t-c)},$$

而且对于返回点它必定为 0, 因此有 $a=\dfrac{c\beta+b\gamma}{\beta+\gamma}$. 此外依据第 12 节和第 13 节我们还有

$$du=\sqrt{\frac{A(c-b)(\beta+\gamma)}{2\pi}}\frac{(t-a)^{\frac{1}{2}}dt}{(t-b)(t-c)},$$

或者, 如果我们令 $c-b=\dfrac{2\pi}{A}$, 则有

$$\begin{aligned}du&=\sqrt{\beta+\gamma}\frac{(t-a)^{\frac{1}{2}}dt}{(t-b)(t-c)},\\ \frac{du}{d\log\eta}&=\frac{1}{\sqrt{(\beta+\gamma)(t-a)}},\\ \left(\frac{du}{d\log\eta}\right)^2 d\log\eta&=\frac{dt}{(t-b)(t-c)}.\end{aligned}$$

从而得

$$\begin{aligned}x&=-i\int\frac{dt}{(t-b)(t-c)}+i\int\frac{dt'}{(t'-b)(t'-c)},\\ y&=-\frac{i}{2}\int\frac{(t-b)^{\beta}(t-c)^{\gamma}-(t-b)^{-\beta}(t-c)^{-\gamma}}{(t-b)(t-c)}dt\\ &\quad+\frac{i}{2}\int\frac{(t'-b)^{\beta}(t'-c)^{\gamma}-(t'-c)^{-\beta}(t'-c)^{-\gamma}}{(t'-b)(t'-c)}dt',\\ z&=-\frac{1}{2}\int\frac{(t-b)^{\beta}(t-c)^{\gamma}+(t-b)^{-\beta}(t-c)^{-\gamma}}{(t-b)(t-c)}dt\\ &\quad-\frac{1}{2}\int\frac{(t'-b)^{\beta}(t'-c)^{\gamma}+(t'-b)^{-\beta}(t-c)^{-\gamma}}{(t'-b)(t'-c)}dt'.\end{aligned}\tag{b}$$

17

设边界由三条相互岔开的直线组成, 它们间的最短距离设为 A,B,C. 在每两条边界直线之间, 曲面伸展到无限远. 设第一、第二和第三扇区伸向无限远的边界直线间的夹角分别为 $\alpha\pi$, $\beta\pi$, $\gamma\pi$. 如果我们规定量 t 对这三个扇区的值分别等于 $0,\infty,1$, 那么我们就有

$$\frac{du}{dt}=\frac{\sqrt{\varphi(t)}}{t(1-t)}.$$

$\varphi(t)$ 是一个二阶整函数. 它的系数由以下条件来确定:

$$\text{当 } t=0 \text{ 时} \quad \frac{du}{d\log t}=\sqrt{\frac{A\alpha}{2\pi}},$$
$$\text{当 } t=\infty \text{ 时} \quad \frac{du}{d\log t}=\sqrt{\frac{B\beta}{2\pi}},$$
$$\text{当 } t=1 \text{ 时} \quad \frac{du}{d\log(1-t)}=\sqrt{\frac{C\gamma}{2\pi}}.$$

这样一来我们就得到

$$\varphi(t)=\frac{A\alpha}{2\pi}(1-t)+\frac{C\gamma}{2\pi}t-\frac{B\beta}{2\pi}t(1-t).$$

根据方程 $\varphi(t)=0$ 的根为虚数还是实数的不同情况, 到球面上的映像分别为在内部的一个分支点或为在边界上的法线上的两个返回点.

如果我们取 $\dfrac{dv}{d\eta}=\varphi(t)$, 那么函数 $k_1=\sqrt{\dfrac{dv}{d\eta}}$ 与 $k_2=\eta\sqrt{\dfrac{dv}{d\eta}}$ 就只能在对应于三个扇区的点上不连续, 更进一步说, k_1 的不连续性类型分别使得

$$\text{当 } t=0 \text{ 时} \quad t^{-\frac{1}{2}+\frac{\alpha}{2}}k_1,$$
$$\text{当 } t=\infty \text{ 时} \quad t^{-\frac{3}{2}-\frac{\beta}{2}}k_1,$$
$$\text{当 } t=1 \text{ 时} \quad (1-t)^{-\frac{1}{2}+\frac{\gamma}{2}}k_1$$

为单值, 并异于 0 和 ∞. k_1 与 k_2 是一个二阶齐次线性微分方程的特解, 这个微分方程是这样得出的, 除了 $\dfrac{1}{k}\dfrac{d^2k}{dv^2}$ 的间断点来将它表示成 t 的函数, 并以 t 替代 v 来作独立变量引入 $\dfrac{d^2k}{dv^2}$ 而得到的. 如果我们已经求得了 k_1, 那么 k_2 就可以由下述一阶微分方程得出:

$$k_1\frac{dk_2}{dt}-k_2\frac{dk_1}{dt}=\varphi(t). \tag{c}$$

我们把二阶齐次线性微分方程的全积分记为

$$k=Q\left\{\begin{matrix}\frac{1}{2}-\frac{\alpha}{2} & -\frac{3}{2}-\frac{\beta}{2} & \frac{1}{2}-\frac{\gamma}{2} & \\ & & & t\\ \frac{1}{2}+\frac{\alpha}{2} & -\frac{3}{2}+\frac{\beta}{2} & \frac{1}{2}+\frac{\gamma}{2} & \end{matrix}\right\}. \tag{d}$$

这个函数基本上满足了在论 Gauss 级数 $F(\alpha,\beta,\gamma,x)$ 一文中在定义 P 函数时所提出的那些条件①. 它不同于 P 函数的地方在于, 其指数之和为 -1, 而不是像在 P 函数那里那样等于 $+1$.

①《对可以用 Gauss 级数 $F(\alpha,\beta,\gamma,x)$ 来表达的函数理论的一个新贡献》(本文集第 IV 篇).

我们可以将 Q 函数用 P 函数和它的一阶导数表达出来. 首先就是有

$$k=t^{\frac{1}{2}-\frac{\alpha}{2}}(1-t)^{\frac{1}{2}-\frac{\gamma}{2}}Q\left\{\begin{matrix}0 & \dfrac{-\alpha-\beta-\gamma-1}{2} & 0 \\ \alpha & \dfrac{-\alpha+\beta-\gamma-1}{2} & \gamma\end{matrix}\ t\right\},$$

如果我们令

$$\sigma=P\left\{\begin{matrix}0 & \dfrac{-\alpha-\beta-\gamma+1}{2} & 0 \\ \alpha & \dfrac{-\alpha+\beta-\gamma+1}{2} & \gamma\end{matrix}\ t\right\},$$

那么我们可以这样来确定常数 a,b,c, 使得

$$k=t^{\frac{1}{2}-\frac{\alpha}{2}}(1-t)^{\frac{1}{2}-\frac{\gamma}{2}}\left((a+bt)\sigma+ct(1-t)\frac{d\sigma}{dt}\right). \tag{e}$$

的确是这样, 只要我们把此式代入到微分方程 (c) 中, 并注意到 σ 所满足的二阶微分方程, 就可以得到

$$\begin{aligned}\varphi(t)&=t^{1-\alpha}(1-t)^{1-\gamma}\left(\sigma_1\frac{d\sigma_2}{dt}-\sigma_2\frac{d\sigma_1}{dt}\right)F(t),\\ F(t)&=a(a+c\alpha)(1-t)+(a+b)(a+b-c\gamma)t\\ &\quad -t(1-t)\left(b-\frac{\alpha+\beta+\gamma-1}{2}c\right)\left(b-\frac{\alpha-\beta+\gamma-1}{2}c\right).\end{aligned}$$

借助于函数 σ 的性质可以令

$$t^{1-\alpha}(1-t)^{1-\gamma}\left(\sigma_1\frac{d\sigma_2}{dt}-\sigma_2\frac{d\sigma_1}{dt}\right)=1,$$

则有 $F(t)=\varphi(t)$. 由此我们可以得到关于 a,b,c 的三个方程, 如果我们令

$$a+\frac{\alpha}{2}c=p,\quad b-\frac{\alpha+\gamma-1}{2}c=q,\quad a+b-\frac{\gamma}{2}c=-r,$$

它们就会取很简单的形式. 于是这些条件方程就成为

$$\begin{aligned}pp-\alpha\alpha(p+q+r)^2&=\frac{A\alpha}{2\pi},\\ qq-\beta\beta(p+q+r)^2&=\frac{B\beta}{2\pi},\\ rr-\gamma\gamma(p+q+r)^2&=\frac{C\gamma}{2\pi}.\end{aligned}$$

借助于函数

$$\lambda=P\left\{\begin{matrix}-\dfrac{\alpha}{2} & -\dfrac{\beta}{2} & \dfrac{1}{2}-\dfrac{\gamma}{2} \\ \dfrac{\alpha}{2} & \dfrac{\beta}{2} & \dfrac{1}{2}+\dfrac{\gamma}{2}\end{matrix}\ t\right\},$$

它的分支 λ_1 与 λ_2 满足下述微分方程:

$$\lambda_1 \frac{d\lambda_2}{d\log t} - \lambda_2 \frac{d\lambda_1}{d\log t} = 1,$$

我们可以将 k 表示得还要更简单一些, 即

$$k = t^{\frac{1}{2}}\left((p+qt)\lambda + ct(1-t)\frac{d\lambda}{dt}\right). \tag{f}$$

把函数 k 的单个分支纳入定积分的形式并不难. 做到这一点的方法已经在论 P 函数的一文的第 7 节中指出过了.

在三条边界直线与坐标轴平行的特殊情况下, 我们有 $\alpha=\beta=\gamma=\frac{1}{2}$. 于是我们有

$$\lambda = P\begin{pmatrix} -\frac{1}{4} & -\frac{1}{4} & \frac{1}{4} & \\ & & & t \\ \frac{1}{4} & \frac{1}{4} & \frac{3}{4} & \end{pmatrix} = \left(\frac{t-1}{t}\right)^{\frac{1}{4}} P\begin{pmatrix} 0 & -\frac{1}{4} & 0 & \\ & & & t \\ \frac{1}{2} & \frac{1}{4} & \frac{1}{2} & \end{pmatrix}.$$

这个函数的 λ_1 分支为

$$\left(\frac{t-1}{t}\right)^{\frac{1}{4}} \sqrt{t^{\frac{1}{2}} + (t-1)^{\frac{1}{2}}}\,\text{const.},$$

由此我们就得到

$$\begin{aligned} k_1 &= \sqrt{2}t^{\frac{1}{4}}(t-1)^{\frac{1}{4}}\sqrt{t^{\frac{1}{2}}+(t-1)^{\frac{1}{2}}}\left\{p+qt-\frac{c}{4}-\frac{c}{4}\sqrt{t(t-1)}\right\}, \\ k_2 &= \sqrt{2}t^{\frac{1}{4}}(t-1)^{\frac{1}{4}}\sqrt{t^{\frac{1}{2}}-(t-1)^{\frac{1}{2}}}\left\{p+qt-\frac{c}{4}+\frac{c}{4}\sqrt{t(t-1)}\right\}. \end{aligned}$$

我们可以用这两个函数将 dX, dY 和 dZ 表示成如下的形式:

$$\begin{aligned} dX &= -ik_1k_2\frac{dt}{t^2(1-t)^2}, \\ dY &= -\frac{i}{2}(k_2^2-k_1^2)\frac{dt}{t^2(1-t)^2}, \\ dZ &= -\frac{1}{2}(k_2^2+k_1^2)\frac{dt}{t^2(1-t)^2}. \end{aligned}$$

$$\begin{aligned} iX = {} & (p+q-r)^2\sqrt{\frac{t}{t-1}} + (-p+q+r)^2\sqrt{\frac{t-1}{t}} \\ & + \frac{1}{2}(p+3q+r)(p-q+r)\log\frac{t^{\frac{1}{2}}+(t-1)^{\frac{1}{2}}}{t^{\frac{1}{2}}-(t-1)^{\frac{1}{2}}}, \end{aligned} \tag{g}$$

$$iY = -(p-q+r)^2 t^{\frac{1}{2}} - (-p+q+r)^2 t^{-\frac{1}{2}}$$
$$-\frac{1}{2}(p+q+3r)(p+q-r)\log\frac{1+t^{\frac{1}{2}}}{1-t^{\frac{1}{2}}},$$
$$iZ = (p-q+r)^2(1-t)^{\frac{1}{2}} + (p+q-r)^2(1-t)^{-\frac{1}{2}}$$
$$+\frac{1}{2}(3p+q+r)(-p+q+r)\log\frac{1+\sqrt{1-t}}{1-\sqrt{1-t}}.$$

如果 p, q, r 均为实数, 那么上述三个量的等式右边 i 的系数的二倍就给出曲面上一个点的直角坐标.

18

设边界由四条互相相交的直线组成, 它们是这样得到的, 在一四面体的六条棱边中除去两条不相交的直线. 它在球面上的映像是一个球面四边形, 它的四个角设为 $\alpha\pi, \beta\pi, \gamma\pi, \delta\pi$. 如果我们把这个四边形的四个顶点在 t 平面上的映像的四个 t 的实数值记为 $t = a, b, c, d$, 那么我们就有

$$du = \frac{Cdt}{\sqrt{(t-a)(t-b)(t-c)(t-d)}} = \frac{Cdt}{\sqrt{\Delta(t)}}.$$

如果把我们在第 14 节所发展的方法应用于来确定 η, 那么在我们这里特别有 $\varphi(t) = 1, \chi(t) = \Delta(t)$; 从而有 $v = \dfrac{u}{c}$ 以及

$$k_1 = \sqrt{\frac{dv}{d\eta}}, \quad k_2 = \eta\sqrt{\frac{dv}{d\eta}}.$$

函数 k_1 与 k_2 满足微分方程

$$k_1\frac{dk_2}{dv} - k_2\frac{dk_1}{dv} = 1,$$

并且是下述二阶微分方程

$$\frac{4}{k}\frac{d^2k}{dv^2} = \frac{\left(\alpha\alpha - \frac{1}{4}\right)\Delta'(a)}{t-a} + \frac{\left(\beta\beta - \frac{1}{4}\right)\Delta'(b)}{t-b}$$
$$+\frac{\left(\gamma\gamma - \frac{1}{4}\right)\Delta'(c)}{t-c} + \frac{\left(\delta\delta - \frac{1}{4}\right)\Delta'(d)}{t-d} + h$$

的特解. 第 14 节中的函数 $F(t)$ 在这里是二阶的. 但是 t^2 和 t 的系数都等于零,

因此 h 为常数. 我们在上述方程左侧将 t 作为独立变量引入, 并得到

$$\frac{4}{k}\left(\Delta(t)\frac{d^2k}{dt^2}+\frac{1}{2}\Delta'(t)\frac{dk}{dt}\right)=\frac{\left(\alpha\alpha-\frac{1}{4}\right)\Delta'(a)}{t-a}+\frac{\left(\beta\beta-\frac{1}{4}\right)\Delta'(b)}{t-b}+\frac{\left(\gamma\gamma-\frac{1}{4}\right)\Delta'(c)}{t-c}+\frac{\left(\delta\delta-\frac{1}{4}\right)\Delta'(d)}{t-d}+h \tag{h}$$

作为 k 必须满足的二阶微分方程.

如果真的把 x,y,z 作为 t 的函数表达出来, 那么在解中就会出现 16 个未定的实常数, 即, 4 个量 a,b,c,d, 和上面一样其中有 3 个可以任意给定, 4 个量 α, β, γ, δ, 量 h, 再有就是, η 的表达式中的 6 个实常数, du 中的一个常数因子, 以及在 x,y,z 中的每一个都有一个可加常数. 有 16 个条件方程用来确定这 16 个常数, 这就是, 4 个表示在 η 平面中的 4 条边界线映射成球面上的大圆的条件方程, 12 个表示在 4 个角点上 x,y,z 取给定值的方程.

在正四面体的特例中, 在球面上映像为正四边形, 它的每一个角等于 $\frac{2}{3}\pi$. 其对角线互相等分, 并互相正交. 这 4 个顶点在球面上的对径点是一个与之全等的四边形的顶点. 在这两个四边形之间还有 4 个同样与原来的四边形全等的四边形, 其中有两个的顶点与原来那个四边形的顶点相同, 另两个与由其对径点形成的四边形的顶点相同. 这 6 个四边形将整个球面单重地覆盖一遍. 因此 $\frac{du}{d\log\eta}$ 是 η 的一个代数函数.

我们可以通过连续延拓来将要寻求的极小曲面延拓到边界之外, 这就是, 将每一条边界线作为转轴将曲面转过 180°. 那么沿这样一条边界线, 原来的曲面与延拓得到的曲面就会有共同的法线. 如果我们在新得到的曲面部分上重复这个操作, 那么我们就可以将初始的曲面延拓到任意远. 但是不论我们取从哪一条边界所作的延拓所得来看, 它在球面上都是映射成那 6 个全等四边形中的一个. 更有甚者, 两块曲面部分的映像可能具有公共边, 也可能处于互相对立的位置, 这要看这两块曲面部分本身原来是在一条边界线上相接触, 还是各位于一中间曲面部分的相对边线的一侧. 在后一种情况下这两块曲面部分可以通过平行移动使之重叠. 因此如果将 η 与 $-\frac{1}{\eta}$ 互换, $\left(\frac{du}{d\log\eta}\right)^2$ 不会改变.

如果我们将极点 ($\eta=0$) 挪到一四边形的中心, 令起始经线通过一条边的中点, 那么对这个四边形的顶点就有

$$\eta=\tan\frac{c}{2}e^{\pm\frac{\pi i}{4}},\quad \tan\frac{c}{2}c^{\pm\frac{3\pi i}{4}}$$

以及

$$\tan\frac{c}{2}=\frac{\sqrt{3}-1}{\sqrt{2}}.$$

那些它们对应的 η 值只是符号相反的点, 具有相同的 x 坐标. 因此在 η 与 $-\eta$ 的互换下, $\left(\frac{du}{d\log\eta}\right)^2$ 也必定会保持不变. 由此我们得到

$$\left(\frac{du}{d\log\eta}\right)^2=\frac{C_1}{\sqrt{\eta^4+\eta^{-4}+14}}.$$

为使 du^2 在边界上取实数值, 常量 C_1 必须为实数.

用以下的方法我们也会得到相同的结果. 置换

$$\left\{\frac{\eta^2+\eta^{-2}-2\sqrt{3}i}{\eta^2+\eta^{-2}+2\sqrt{3}i}\right\}^3=\left(\frac{t^2-1}{t^2+1}\right)^2$$

在 t 平面上所得到的映像被一条其曲率连续改变的封闭曲线所包围. 计算表明, $d\log t$ 在边界上为纯虚数. 由此边界在 t 平面上的映像就是一条以 $t=0$ 为中心的圆周. 圆周的半径是 1. 顶点

$$\eta=\pm\tan\frac{c}{2}e^{\frac{\pi i}{4}}$$

对应于 $t=\pm1$, 顶点

$$\eta=\pm\tan\frac{c}{2}e^{\frac{-\pi i}{4}}$$

对应于 $t=\pm i$. 如果 [在旋转过程中] 在这 4 个顶点之一处经极小曲面的内部从一条边界线转到下一条, dt 的辐角将改变一个 π. 因此我们在这里也可以和在 §13 中那样, 令

$$\frac{du}{dt}=\frac{C_2}{\sqrt{(t^2-1)(t^2+1)}},$$

而且为使 du^2 在边界上取实数值, C_2^2 必须为纯虚数. 由此求得 $C_1=3\sqrt{3}C_2^2i$.

这个表达式与前面为 $\left(\frac{du}{d\log\eta}\right)^2$ 所构造的始终是一致的. 为了进一步的简化, 我们令

$$\left(\frac{t^2-1}{t^2+1}\right)^2=\omega^3,\quad \eta^2+\eta^{-2}=2\lambda,$$

并注意到有

$$\left(\frac{du}{d\log\eta}\right)^2d\log\eta=\left(\frac{du}{d\lambda}\right)^2\frac{d\lambda}{d\log\eta}d\lambda.$$

于是一个非常简单的计算就给我们带来了

$$\begin{aligned}X&=-i\int\left(\frac{du}{d\log\eta}\right)^2 d\log\eta=C\int\frac{d\omega}{\sqrt{\omega(1-\rho\omega)(1-\rho^2\omega)}},\\Y&=-\frac{i}{2}\int\left(\frac{du}{d\log\eta}\right)^2\left(\eta-\frac{1}{\eta}\right)d\log\eta=C\rho^2\int\frac{d\omega}{\sqrt{\omega(1-\omega)(1-\rho^2\omega)}},\\Z&=-\frac{1}{2}\int\left(\frac{du}{d\log\eta}\right)^2\left(\eta+\frac{1}{\eta}\right)d\log\eta=C\rho\int\frac{d\omega}{\sqrt{\omega(1-\omega)(1-\rho\omega)}},\end{aligned}\qquad (i)$$

其中 $\rho=-\frac{1}{2}(1-i\sqrt{3})$ 为 1 的一个三次方根. 实常数 $C=\frac{1}{8}C_1$ 要由给定的四面体的棱边的长度来确定.

19

最小曲面问题最后还有一个情况要处理, 那就是, 边界由两个位于平行平面的任意圆周组成的情况. 这种情况下边界上的法线无法预先认定. 因此也就无法将它映射到球面上 [也就无法用球面映射的方法来解决这个问题]. 但是我们可以通过假定所有与边界圆线平面平行的平面对曲面的割线都是圆线来得到问题的解. 我们可以证明, 在这个假设下我们 [得到的曲面] 可以满足曲面为极小的条件.

如果我们令 x 轴垂直于边界圆周所在的平面, 那么在平行平面上的割线方程就是

$$F=y^2+z^2+2\alpha y+2\beta z+\gamma=0,\text{①}\qquad (k)$$

其中 α,β,γ 作为 x 的函数尚有待确定. 如果为了简短起见我们令

$$\sqrt{\left(\frac{\partial F}{\partial x}\right)^2+\left(\frac{\partial F}{\partial y}\right)^2+\left(\frac{\partial F}{\partial z}\right)^2}=\frac{1}{n},$$

那么就有

$$\cos r=n\frac{\partial F}{\partial x},\quad \sin r\cos\varphi=n\frac{\partial F}{\partial y},\quad \sin r\sin\varphi=n\frac{\partial F}{\partial z}.$$

于是极小条件就可以写成以下的形式:

$$\frac{\partial\left(n\frac{\partial F}{\partial x}\right)}{\partial x}+\frac{\partial\left(n\frac{\partial F}{\partial y}\right)}{\partial y}+\frac{\partial\left(n\frac{\partial F}{\partial z}\right)}{\partial z}=0,$$

① 原文在公式 (i) 之后即为公式 (k), 无 (j). —— 编者注

或者在经过一次微分之后有

$$
\begin{aligned}
&4\frac{\partial^2 F}{\partial x^2}(F+\alpha^2+\beta^2-\gamma)+4\frac{\partial F}{\partial x}\frac{\partial F}{\partial x}-4\frac{\partial F}{\partial x}\frac{\partial}{\partial x}(F+\alpha^2+\beta^2-\gamma)\\
&+4\cdot 2(F+\alpha^2+\beta^2-\gamma)=0.
\end{aligned}
$$

如果我们令 $\alpha^2+\beta^2-\gamma=q$, 并注意到有 $F=0$, 那么上述方程就可转化为

$$
q\frac{\partial^2 F}{\partial x^2}-\frac{\partial F}{\partial x}\frac{\partial q}{\partial x}+2q=0, \tag{l}
$$

在经过积分一次之后得

$$
\frac{1}{q}\frac{\partial F}{\partial x}+2\int\frac{dx}{q}+\text{const.}=0.
$$

积分常数不依赖于 x. 如果另一方面我们设 $\int\frac{dx}{q}$ 与 y 和 z 无关, 那么积分常数就会是 y 和 z 的一个线性函数, 因为 $\frac{1}{q}\frac{\partial F}{\partial x}$ 也是一个这样的函数. 因此我们有

$$
\frac{1}{q}\frac{\partial F}{\partial x}+2\int\frac{dx}{q}+2ay+2bz+\text{const.}=0.
$$

如果我们将此结果与直接微分所得到结果, 即

$$
\frac{\partial F}{\partial x}=2y\frac{d\alpha}{dx}+2z\frac{d\beta}{dx}+\frac{d\gamma}{dx}
$$

相比较, 那么就有

$$
\frac{d\alpha}{dx}=-aq,\quad \frac{d\beta}{dx}=-bq,
$$

而如果我们令 $\int q dx=m$, 那么就有

$$
\alpha=-am+d,\quad \beta=-bm+e.
$$

这样一来我们就得到

$$
\begin{aligned}
\frac{\partial F}{\partial x}&=-2aqy-2bqz+\frac{d\gamma}{dx},\\
\frac{\partial^2 F}{\partial x^2}&=-2ay\frac{dq}{dx}-2bz\frac{dq}{dx}+\frac{d^2\gamma}{dx^2},
\end{aligned}
$$

再把这些表达式代入方程 (l). 经过适当的整理后就得到

$$
q\frac{d^2\gamma}{dx^2}-\frac{dq}{dx}\frac{d\gamma}{dx}+2q=0,
$$

这是一个还可以进一步简化的方程, 如果我们注意到还有

$$\gamma = q + \alpha^2 + \beta^2 = q + f(m) = \frac{dm}{dx} + f(m),$$
$$f(m) = (a^2 + b^2)m^2 - 2(ad + be)m + d^2 + e^2$$

的话.

我们由此得到 $\frac{d\gamma}{dx}$ 和 $\frac{d^2\gamma}{dx^2}$, 所以那表示极小的微分方程就转化为

$$q\frac{d^2q}{dx^2} - \left(\frac{dq}{dx}\right)^2 + 2q + 2(a^2 + b^2)q^3 = 0. \tag{m}$$

为了完成积分, 我们令 $\frac{dq}{dx} = p$, 并把 q 看成是独立变量. 这样我们就得到 p^2 作为 q 的函数的一个一阶线性微分方程, 即

$$\frac{1}{2}q\frac{d(p^2)}{dq} - p^2 + 2q + 2(a^2 + b^2)q^3 = 0$$

或

$$\frac{q^2 d(p^2) - p^2 d(q^2)}{q^4} = -\left(\frac{4}{q^2} + 4(a^2 + b^2)\right) dq.$$

积分结果如下:

$$\frac{p^2}{q^2} = \frac{4}{q} - 4(a^2 + b^2)q + 8c. \tag{n}$$

其中的 p 仍用 $\frac{dq}{dx}$ 代入, 由此我们就得到

$$dx = \frac{dq}{2\sqrt{q + 2cq^2 - (a^2 + b^2)q^3}},$$
$$dm = \frac{qdq}{2\sqrt{q + 2cq^2 - (a^2 + b^2)q^3}}.$$

于是就有了

$$\begin{aligned} x &= \int \frac{dq}{2\sqrt{q + 2cq^2 - (a^2 + b^2)q^3}}, \\ m &= \int \frac{qdq}{2\sqrt{q + 2cq^2 - (a^2 + b^2)q^3}}, \\ y &= am - d + \sqrt{-q}\cos\psi, \\ z &= bm - e + \sqrt{-q}\sin\psi. \end{aligned} \tag{o}$$

这样一来我们就能将 x, y, z 表示成作为两个实变量 q 与 ψ 的函数. 如果略去一个代数项, 这个表达式就是一个以 q 为上限的椭圆积分. 按照上面所开发的普遍

方法我们可以将 x, y, z 表示成两个复变量的两个共轭函数之和. 这样一来就很容易猜想到, 借助于椭圆函数的加法定理把这种复数表达式组合成一个以 q 为变量的积分公式.

而这是很容易证实的. 我们可以同样地由法线的方向坐标 (Richtungscoordinaten [极坐标]) r 和 φ 得到

$$\frac{\eta}{\eta'} = e^{2\varphi i} = \frac{\dfrac{\partial F}{\partial y} + \dfrac{\partial F}{\partial z} i}{\dfrac{\partial F}{\partial y} - \dfrac{\partial F}{\partial z} i} = \frac{y + zi + \alpha + \beta i}{y - zi + \alpha - \beta i} = e^{2\psi i}.$$

如果我们就此将它与 q 的定义方程, 即

$$(y + zi + \alpha + \beta i)(y - zi + \alpha - \beta i) = -q$$

结合起来, 就得到

$$(y + zi) + (\alpha + \beta i) = (-q)^{\frac{1}{2}} \eta^{\frac{1}{2}} \eta'^{-\frac{1}{2}},$$
$$(y - zi) + (\alpha - \beta i) = (-q)^{\frac{1}{2}} \eta^{-\frac{1}{2}} \eta'^{\frac{1}{2}}.$$

此外还有

$$\cot r = \frac{\dfrac{\partial F}{\partial x}}{\sqrt{\left(\dfrac{\partial F}{\partial y}\right)^2 + \left(\dfrac{\partial F}{\partial z}\right)^2}} = \frac{1}{2\sqrt{-q}} \{p - 2aq(y + \alpha) - 2bq(z + \beta)\}$$

或

$$\frac{1}{\sqrt{\eta\eta'}} - \sqrt{\eta\eta'} = \frac{\cos\dfrac{r^2}{2} - \sin\dfrac{r^2}{2}}{\sin\dfrac{r}{2}\cos\dfrac{r}{2}} = \frac{1}{\sqrt{-q}} \{p - 2aq(y + \alpha) - 2bq(z + \beta)\}.$$

将等式右侧的 $(y+\alpha)$ 和 $(z+\beta)$ 用上面求得的 η 和 η' 的表示式代入. 由此这个方程就转化为

$$\frac{p}{q} = (-q)^{\frac{1}{2}} \left[(a + bi)\left(\frac{\eta'}{\eta}\right)^{\frac{1}{2}} + (a - bi)\left(\frac{\eta}{\eta'}\right)^{\frac{1}{2}}\right]$$
$$+ (-q)^{-\frac{1}{2}} \left(\sqrt{\eta\eta'} - \frac{1}{\sqrt{\eta\eta'}}\right).$$

将此方程的两侧平方, 并将 $\dfrac{p^2}{q^2}$ 用由公式 (n) 得到的值代入, 在作了适当的约化

后, 就得到

$$(-q)\left[(a+bi)\left(\frac{\eta'}{\eta}\right)^{\frac{1}{2}}-(a-bi)\left(\frac{\eta}{\eta'}\right)^{\frac{1}{2}}\right]^2+\frac{1}{(-q)}\left[\sqrt{\eta\eta'}+\frac{1}{\sqrt{\eta\eta'}}\right]^2$$
$$=8c-2(a+bi)\left(\eta'-\frac{1}{\eta}\right)-2(a-bi)\left(\eta-\frac{1}{\eta'}\right).\qquad(p)$$

这个如此得到的方程, 它给出了 q,η,η' 之间的关系, 可以看成是 η 与 η' 的一个微分方程的积分, 而把 q 理解为积分常数. 而这个微分方程本身可以通过直接微分得到如下式:

$$\begin{aligned}0=\frac{d\eta}{\eta}&\left[\frac{1}{\sqrt{-q}}\left(\sqrt{\eta\eta'}+\frac{1}{\sqrt{\eta\eta'}}\right)\right.\\&\left.-\sqrt{-q}\left((a+bi)\left(\frac{\eta'}{\eta}\right)^{\frac{1}{2}}-(a-bi)\left(\frac{\eta}{\eta'}\right)^{\frac{1}{2}}\right)\right]\\&+\frac{d\eta'}{\eta'}\left[\frac{1}{\sqrt{-q}}\left(\sqrt{\eta\eta'}+\frac{1}{\sqrt{\eta\eta'}}\right)\right.\\&\left.+\sqrt{-q}\left((a+bi)\left(\frac{\eta'}{\eta}\right)^{\frac{1}{2}}-(a-bi)\left(\frac{\eta}{\eta'}\right)^{\frac{1}{2}}\right)\right].\end{aligned}$$

但是利用初始方程 (p) 可以将 $\dfrac{d\eta}{\eta}$ 和 $\dfrac{d\eta'}{\eta'}$ 前的因子表示成另外的形式. 我们只需要将方程 (p) 的左侧用两种不同的方式配成完全平方, 这就是将其中所缺少的二倍乘积一次以正值补上, 一次以负值补上. 于是我们就得到

$$\begin{aligned}&\frac{1}{\sqrt{-q}}\left(\sqrt{\eta\eta'}+\frac{1}{\sqrt{\eta\eta'}}\right)+\sqrt{-q}\left((a+bi)\sqrt{\frac{\eta'}{\eta}}-(a-bi)\sqrt{\frac{\eta}{\eta'}}\right)\\&=\pm2\sqrt{\left[2c+(a+bi)\frac{1}{\eta}-(a-bi)\eta\right]},\\&\frac{1}{\sqrt{-q}}\left(\sqrt{\eta\eta'}+\frac{1}{\sqrt{\eta\eta'}}\right)-\sqrt{-q}\left((a+bi)\sqrt{\frac{\eta'}{\eta}}-(a-bi)\sqrt{\frac{\eta}{\eta'}}\right)\\&=\pm2\sqrt{\left[2c+(a-bi)\frac{1}{\eta'}-(a+bi)\eta'\right]}.\end{aligned}$$

如果我们在平方根前取相同的符号, 那么这个微分方程就变成

$$0=\frac{d\eta}{2\eta\sqrt{2c+(a+bi)\dfrac{1}{\eta}-(a-bi)\eta}}+\frac{d\eta'}{2\eta'\sqrt{2c+(a-bi)\dfrac{1}{\eta'}-(a+bi)\eta'}}. \tag{q}$$

它的代数形式的积分已经由方程 (p) 给出来了, 或者, 同样地由下述两个方程给出:

$$\begin{aligned}\frac{1}{\sqrt{-q}}(1+\eta\eta')&=\sqrt{\eta'[(a+bi)+2c\eta-(a-bi)\eta^2]}\\&\quad+\sqrt{\eta[(a-bi)+2c\eta'-(a+bi)\eta'^2]},\end{aligned} \tag{r}$$

$$\begin{aligned}\sqrt{-q}\,((a+bi)\eta'-(a-bi)\eta)&=\sqrt{\eta'[(a+bi)+2c\eta-(a-bi)\eta^2]}\\&\quad-\sqrt{\eta[(a-bi)+2c\eta'-(a+bi)\eta'^2]}.\end{aligned}$$

积分的超越形式则为

$$\begin{aligned}\text{const.}=&\int\frac{d\eta}{2\sqrt{\eta[(a+bi)+2c\eta-(a-bi)\eta^2]}}\\&+\int\frac{d\eta'}{2\sqrt{\eta'[(a-bi)+2c\eta'-(a+bi)\eta'^2]}},\end{aligned} \tag{s}$$

其积分常数可表示为

$$\text{const.}=\int\frac{dq}{2\sqrt{q[1+2cq-(a^2+b^2)q^2]}},$$

如果我们赋予 η 和 η' 以常数值, 甚至令其为零, 那么上式就很容易得到. 在这里我们认出来了, 它就是第一类椭圆积分的加法定理.

注　　释

最小面积曲面的论文第一次发表是经 Hattendorff 发表在 1867 年的 Göttingen 科学协会论文集上, 它开始有一段历史性的引言, 由于不是源于 Riemann 的, 经不幸在前些时已亡故的 Hattendorff 的同意, 在本文集的第一版就拿下来了. 它在第二版中也没有被采用. 但是要提出的是, 差不多与 Riemann 同时 Weierstrass 也启动了对极小面积曲面的研究, 他的研究结果最初发表在 1866 年的柏林科学院月报的 10 月和 12 月号上. Weierstrass 的工作推动了 Schwarz 去

作深入的研究, 他的第一篇报告发表在 1865 年的柏林科学院月报的 4 月号上. 详尽地发表其获奖论文 "Bestimmung einer speiellen Minimalfläche (一种特殊的极小曲面的确定)" 出现在 1871 年. 其中除了有别的例子之外还把在 Riemann 论文的第 18 节所讲过的、由正规的立体四边形作边界的极小曲面问题做了详尽的研究, 直至具体地将由 x, y, z 之间的关系所表示的曲面方程写了出来. 还要提到直接与 Riemann 有关的工作是 1867 年由 Göttingen 哲学系授予 Arthur Schondorff 的获奖论文 "Ueber die Minimalfläche, deren Begrenzung von einem doppeltgleichschenkligen räumlichen Viereck gebildet wird (论其边界为由双重等腰空间四边形构成的极小曲面)".

这里付印的 Riemann 论文是由已故 Hattendorff 所整理的, 只在少数地方做了必要的变动. 在下面的注释中我作了一些诠释和补充, 为此我要对 H. A. Schwarz 先生所传递的信息和指点表示衷心的谢意.

(1) 这里要注意的是, 根据 (3) 和 (4),

$$2\frac{dy}{d\eta} = \left(\eta - \frac{1}{\eta}\right)\frac{dX}{d\eta}, \quad 2i\frac{dz}{d\eta} = \left(\eta + \frac{1}{\eta}\right)\frac{dX}{d\eta}$$

只是 η 的函数, 因此 y 和 z 也可以看成只是 η 的函数. 于是共轭函数 Y' 和 Z' 也可以看成只是依赖于 η' 的函数.

(2) 对 η (因而也是对 r) 的无限小的值, 由 (1) 和 (2) 有

$$\frac{dx}{dy} = -\sin r\cos\varphi, \quad \frac{d\mathfrak{x}}{dy} = -\sin r\sin\varphi,$$
$$\frac{dx}{dz} = -\sin r\sin\varphi, \quad \frac{d\mathfrak{x}}{dz} = \sin r\cos\varphi,$$

因而也有

$$\frac{dx}{dy} = -\frac{d\mathfrak{x}}{dz}, \quad \frac{dx}{dz} = \frac{d\mathfrak{x}}{dy},$$
$$\frac{d^2x}{dy^2} + \frac{d^2x}{dz^2} = 0.$$

因此得出 $2X = x + i\mathfrak{x}$ 是 $y - iz$ 的一个函数, 因而 $2Y$ 也是 $y - iz$ 的一个函数. 由于现在 y 是 $2Y$ 的实部, 所以如果适当选定 Y 中的一个纯虚的可加常数, 对无限小的 η 就有

$$2Y = y - iz.$$

如果我们对 X 中的纯虚的可加常数也这样来确定, 使得 X 随 η 一起变为零, 那么就会得出后面要用到的展开.

(3) 如果夹角 $\alpha = 0$, 从而这两条边界直线就互相平行, 那么代替这个展开的将为如下:

$$Y = -\frac{iA}{2\pi}\log\eta + \text{f.c.},$$
$$\left(\frac{du}{d\eta}\right)^2 = -\frac{A}{\pi\eta} + \text{f.c.},$$
$$X = -\frac{iA}{\pi}\eta + \text{f.c.}$$

(4) 第 14 节的关键要到残篇 XXV 的展开中去找. 在确定 η 作为 t 的函数时它用的是一个将 η 平面上的圆弧映射到正 t 半平面上去的共形变换.

如果我们令

$$y_1 = \sqrt{\frac{dt}{d\eta}}, \quad y_2 = \eta\sqrt{\frac{dt}{d\eta}}, \tag{1}$$

那么根据刚才提到的残篇, 下述

$$\frac{1}{y_1}\frac{d^2y_1}{dt^2} = \frac{1}{y_2}\frac{d^2y_2}{dt^2} = \sigma$$

就是 t 的一个有理函数, 它对实数的 t 取实值, 而且 y_1 和 y_2 是下述线性微分方程的两个特解:

$$\frac{d^2y}{dt^2} = \sigma y; \tag{2}$$

η 是这个方程的两个特解的商. 这样一来我们可以这样来变换这个方程, 使得 y_1 和 y_2 乘以一个相同的因子, 用不着要它有这样的性质, 即它的两个特解的商给出函数 η. 如果首先我们把 f 理解为 t 的一个任意函数, 并令

$$k = yf^{-\frac{1}{4}}, \tag{3}$$

那么我们就得到 k 的微分方程为

$$f\frac{d^2k}{dt^2} + \frac{1}{2}f'(t)\frac{dk}{dt} = k\Phi(t), \tag{4}$$

其中

$$\Phi(t) = \sigma f - \frac{1}{16f}[4ff''(t) - 3f'(t)^2], \tag{5}$$

因此如果 f 是 t 的一个有理函数, 那么 $\Phi(t)$ 也同样是一个这样的函数.

如果我们把 $f(t)$ 理解为一个 $2\nu - 4$ 次整有理函数

$$f(t) = \Pi(t-a)\Pi(t-a')\Pi(t-b)\Pi(t-c)\Pi(t-e)^2,$$

我们就得到第 14 节的公式, 而且如果 $F(t)$ 是一个带实系数的 $2\nu-6$ 次整有理函数, 通过对间断性的研究给出

$$\Phi(t)=\frac{1}{4}\sum\frac{\left(\gamma\gamma-\frac{1}{4}\right)f'(g)}{t-g}+F(t). \tag{6}$$

为了以另一种不同于正文的方式求出函数 $F(t)$ 中的两个最高次幂项的系数, 我们要注意到, 如果 $t=\infty$ 是曲面的一个常点, $\frac{d\eta}{dt}$ 将按 t 的降幂从 t^{-2} 开始展开, 从而 k_1 就会从 $t^{-\frac{\nu}{2}+2}$ 开始展开.

因此微分方程 (4) 必须用一个如下形式的级数

$$k=\sum_{i=0}^{\infty}c_i t^{-\frac{\nu}{2}+2-i}$$

来求积, 将它代入 (4) 式, 以便通过递推公式来逐次计算系数 c_i. 如果令

$$\Phi(t)=\sum_i h_i t^{2\nu-6-i},$$
$$f(t)=\sum_i a_i t^{2\nu-4-i},$$

那么由 (4) 式我们就得到

$$\begin{aligned}&\sum a_i t^{-i}\sum c_i\left(2-\frac{\nu}{2}-i\right)\left(1-\frac{\nu}{2}-i\right)t^{-i}\\&+\frac{1}{2}\sum a_i(2\nu-4-i)t^{-i}\sum c_i\left(2-\frac{\nu}{2}-i\right)t^{-i}\\=&\sum c_i t^{-i}\sum h_i t^{-i}.\end{aligned}$$

令与 t 无关的项相等就得到

$$h_0=\left(2-\frac{\nu}{2}\right)\left(\frac{\nu}{2}-1\right),$$

而与项 t^{-1} 比较则得到

$$h_1=a_1\left(1-\frac{\nu}{4}\right)(\nu-3).$$

c_0 和 c_1 无法确定, 而比较高次项会给出 $c_2,c_3,\cdots$.

用完全相同的方式我们也可以得到在第 14 节的附注中所提到的与点 a,a',b 相对应的条件方程.

如果我们令 $\tau=t-a,t-a',t-b$, 那么微分方程 (4) 就必须用一个如下形式的级数

$$k=\sum_{s=0}^{\infty}c_s\tau^{-\frac{3}{4}+s}$$

来求积. 如果现在有

$$\Phi = \sum l_s \tau^{s-1}, \quad f = \sum a_s t^{s+1},$$

那么由微分方程 (4) 就得出

$$\sum a_s \tau^s \sum c_s \left(s - \frac{3}{4}\right)\left(s - \frac{7}{4}\right)\tau^s + \frac{1}{2}\sum a_s(s+1)\tau^s \sum c_s \left(s - \frac{3}{4}\right)\tau^s$$
$$= \sum c_s \tau^s \sum l_s \tau^s. \tag{7}$$

比较与 τ 无关的项给出与公式 (6) 一致的结果:

$$l_0 = \frac{15}{16}\alpha_0,$$

而紧接下来的 τ 的两个幂次给出

$$c_1\left(l_0 + \frac{7}{16}\alpha_0\right) + c_0\left(l_1 - \frac{9}{16}\alpha_1\right) = 0,$$
$$c_1\left(l_1 - \frac{1}{16}\alpha_1\right) + c_0\left(l_2 - \frac{3}{16}\alpha_2\right) = 0,$$

由此通过消去 c_0 和 c_1 就得到 l_0, l_1 和 l_2 之间的一个关系. c_2 无法由 (7) 式确定. 由高次项可以确定 $c_3, c_4, \cdots$.

(感谢许洪伟教授对本篇文章的译文提出的详尽的修改建议.)

XVIII 耳的力学机制

(选自 Henle 与 Pfeuffer 理性医学杂志, 第 3 系列, 第 29 卷)①

1 论应用于灵敏感觉器官生理学中的方法

对感觉器官的生理学来说, 除了普遍的自然规律之外, 还有两个基础是必不可少的, 一个是心理学, 它根据经验来确定器官的工作方式, 再一个就是解剖学, 它研究它的构造.

因此为了获得它的功能的知识就有两种途径. 或者我们从器官的构造出发, 并由此来探索它的各部分之间的相互作用, 以及研究如何确定外界影响的后果.

或者我们也可以从这种器官的功用出发, 试着对其作出解释.

沿第一种途径, 我们从给定的原因出发来得到关于其作用的结论, 而沿第二种途径我们要从给定的作用来寻求其原因.

①英年早逝从我们的大学和科学中夺走的这位伟大的数学家, 在他生命的最后岁月里, 在受到由 Helmholtz 所奠基的声觉学说的激励下, 从事了听觉器官理论的研究. 那些在他的论文中所发现并将在这里报道的内容, 虽然只涉及这个问题核心的一小部分, 但是由于它们的作者的重要性以及其中的金玉良言和在其中为了说明对问题的处理方法所采用的实例, 发表这些残篇无疑是有道理的. 对于论文的第一部分以及第二部分中的大部分作者都准备了誊清稿本; 至于第二部分的结尾部分, 从第 V 点的第 6 段起, 是由分散在各处的页面和句子组织起来的, Riemann 在他的初稿中经常是这样做的. 他在阐述 Helmholtz 的耳蜗运动理论的评论中, 通过他自己的论述使之易于理解, Riemann 在谈论中所表达的思想让我们感到, 他们两个人的观点的差别主要是在声音的振动是如何传播直至在耳蜗这个器官中出现这个问题上, 还有就是, Riemann 把要解决的数学问题看成是一个水力学问题.

Schering Henle.

我们跟随 Newton 和 Herbart, 把第一种方法称为综合的方法, 而把第二种方法称为分析的方法.

综合的方法

第一种方法最接近解剖学. 从事着对器官的各个组成部分的研究, 就会受到启发, 对每一个部分提出这样的问题, 它们对器官的工作到底有何影响. 这一方法也会在感觉器官的生理学中带来同样的结果, 正如在运动器官的生理学中对单个部分的物理性质的确定所带来的一样. 但是由观察来确定这些性质, 在观察的对象非常微小时总是会或多或少不确定, 而且无论如何, 是高度不准确的.

因此人们为了完善就必然求助于类比或者目的论 (Teleologie), 这里就不可避免会有很大的任意性, 由于这个原因在感觉器官的生理学中综合方法很难得到正确的结果, 而且无论如何不是可靠的结果.

分析的方法

在第二种方法中人们力图去解释器官的功用.

其任务分为三部分.

1. 寻求一个假设, 足以解释器官的功用.

2. 研究在多大的程度上它对于解释这些功用是必需的.

3. 与经验对比以便对它们进行证实或加以改进.

I. 我们必须设计以模仿器官的功用为目的的仪器 (Instrument), 把这种器官的创造看成是达到这个目的的手段. 但是这个目标不是猜测, 而是给出由经验得到的结果, 而且如果不管它的制造, 那么我们就可以让终极原因这种概念出局.

器官的实际功用要到它的结构中去寻求解释. 在寻求这种解释时我们首先要分析器官所承担的任务; 由此就会衍生出一系列的次级问题, 在确认要解决它们是绕不开的之后, 就要来研究解决它们的方式方法, 考虑如何由器官的构造得出问题的结论.

II. 但是在获得了某种能够解释器官功用的观念之后, 我们不可松懈, 要接着研究, 它们在解释器官的作用上, 在多大程度上是必需的. 我们应该谨慎地区分, 哪些假设是无条件的, 或者相反只不过是自然规律的推出的结论, 还很有可能用另一种形式的观念来代替, 但是要把那种随意的设想排除在外. 只有这样才能排除在探索解释的过程中由于利用类比带来的不利的后果, 而且也只有这样才能大大减轻用经验来检验所作的解释的 (提出一些要回答的问题) 任务.

III. 作为用经验来对所作解释的检验, 部分可以用它对器官的功用所推出的结果, 部分可以根据在解释中它对器官的组成部件的物理性质所作的假设. 至于涉及所谓的器官的功用, 那么与经验的真正比较极其困难, 因此对理论的检验在大多数情况下只得限于考问, 是否有试验或者某个观察的结果与这个理论相矛盾. 相反谈到结构部件物理性质所导致的结果, 那么这就可能有普遍的意义, 并且会给我们对自然规律的认识带来进步, 举个例子来说, 这就好像是 Euler 在探索解释人的眼睛的消色差能力时的情况一样.

把上面那两种相互对立的研究方式另行称为综合的方式和解析的方式, 那只是有条件的. 严格讲, 既不可能作纯粹的综合性研究, 也不可能作纯粹的解析性研究. 因为每一种综合都是要以先行的分析的结果为基础, 而每一种分析也要通过随后作综合时的经验来验证或校正. 那在第一种方法中所预设了的先行分析的结论就是由普遍的运动规律来承担.

因为第一种主要是综合的方法要应用于精密感觉器官的理论还太不完善, 但是通过类比与目的论来补充假设在这里又完全是随意的, 所以只能放弃.

在第二种主要是分析的方法中根本不需要目的论和类比法的帮助, 但是在应用它们时却完全可以避免任意性, 具体做法就是:

1) 将目的论只限于应用于用何种方法来完成器官功能的问题上, 但是不提出有关器官的单个组成部分的问题.

2) 尽管还没有完全放弃类比的应用, 这是 Newton 所想做的, 但是这样一来为了解释器官的作用所必须满足的条件就突出出来了, 而有些观念由于类比的应用导致不再是必要, 从此就被扬弃了.

根据这些原理, 为了达到我们的目的, 我们必须首先确定听觉器官的功能, 耳朵以何种锐度、精度和准确性感受声音, 感受它的响度与音调, 它的强度和方向, 这就必须通过观察和试验尽可能准确地加以确定.

我假定这些事实都是已知的了. 在 Helmholtz 所写的 “die Lehre von den Tonempfindungen als physiologische Grundlage für die Theorie der Musik (声音感觉的学说作为音乐理论的生理基础)” 一书中, 总结了在这方面的进展, 包含了在声音的感受上所遇到的如此极为困难的事实调查方面的最新动态, 有些甚至是 Helmholtz 本人卓越的工作.

由于我要经常提到 Helmholtz 通过研究和观察所获得的结果, 所以我想我应该立即在此说清, 他的研究对我们的课题起了巨大的作用. 但是按照我的观点, 它们还不是要到他的耳的运动的理论中去寻找, 而是要到这种运动理论的合乎经验的基础的改进中去寻找.

同样地我还要假设耳的构造也为已知, 并且请求亲爱的读者有一本带有图形的解剖学的书籍以备在需要帮助的时候使用. 有关耳和耳蜗结构最新研究的成果一般来说可以在不久前出版的两卷本的《Henle (亨氏) 人体解剖学》第三版中找到对它们的描述.

我在这里只是把心理物理学 (psychophysischen) 上的一些事实用这些解剖学的结果来加以解释作为我的任务.

在我们的研究中要考虑的耳的部件是中耳的耳鼓 (Paukenhöhle) 和内耳的迷路 (Labyrinth), 它们由耳的前庭 (Vorhofe)、内耳的半规管 (Bogengängen) 和耳蜗 (Schnecke) 组成. 现在我们这样来处理, 首先要从这些部件的构造确定其中的各个部分分别承担哪一种耳的功能, 但是然后再从每个部件所要完成的任务出发, 首先要来探索要想令人满意地解决实现其任务所需满足的条件.

2 中 耳 耳 鼓

人们早就认识到, 在中耳耳鼓中的机构所起的作用, 是将空气的压强传递到内耳的迷路中以增强其中液体的压强.

现在我们必须根据上面所确立的原则, 从所给器官功能的经验事实出发, 导出这种传递所必须满足的条件. 这主要是由耳朵所具有的感受音调 (Klang) 时的精度以及由耳朵, 特别是野兽和沙漠居住者 [如骆驼] 的那种还没有萎缩的耳朵所能承受的巨大的声音锐度来确定. 我们把音调理解为声音的这样一种性质, 它与声音的强度和方向都无关, 如果中耳耳鼓中的机构在每一瞬时都能将空气压强的变化以不变的比例放大后传到内耳迷路的液体中, 那么这个机构就会毫不失真地传达出音调的性质.

无疑我们可以把这看成是中耳耳鼓中的机构的任务, 只要我们就此能够毫不犹豫地同时从耳朵的功能来确定, 在多大程度上通过经验可以保证, 也可以说是迫使, 我们认定中耳耳鼓的这个任务的确得到了满足.

我们打算马上提前来为压强变化的特性建立一个数学表达式, 音调就是与这种特性密切相关的. 那种描述压强变化的速度随时间变化的函数关系的曲线, 完全确定了声波各个方面的性质, 因此也包括声波的强度和音调, 只差方向不能定. 如果我们不是取这个速度本身, 而是取这个速度的对数, 或者人们更愿意的话, 取速度平方的对数, 那么我们将得到的曲线, 其形状与声音的强度和方向均无关, 但能完全确定音调, 因此可以称之为 "音调曲线".

如果中耳耳鼓的机构将自己的任务完成得无可挑剔, 那么迷路液体中的音调曲线就会与空气中的音调曲线完全一致. 由于耳朵在感受音调上的精确性, 我们确认假定音调曲线在传播过程中改变很小是有道理的, 因而在声音保持非常接近为恒定时空气中的和迷路中的压强在同一时刻的改变之比也变化不大.

从而这一比值的缓慢变化也是非常协调和很有可能的. 这是由于耳朵在估计声音的强度时的不稳定性造成的, 设定估计时始终不需要对照经验. 如果音调曲线有明显的变化, 那么在听觉上的细微差别, 例如在感受口音上的极小差异时所表明的, 看来几乎是难以设想的. 直接判断音调感受上的细微差别, 以及特别是估计对应于音调曲线的差别 [所感觉到] 的音调的差别, 无疑仍然还是非常主观的.

但是我们还可以用音响的差别来估计声源的距离. 对这种音响的差别, 其力学原因是由于声源在空气中的传播过程中所发生的音响曲线的改变, 我们可以通过计算来确定.

因此我们可以在此不再对它作进一步的深究, 而只要求传播机构不会对音响有太大的影响, 尽管我们相信, 它的保真度比人们通常假设的大得多.

I. 中耳耳鼓中的机构 (在未受扭曲的状态下) 是一个灵敏度很高的机械装置, 它的灵敏度把我们所知道的一切机械装置的灵敏度都远远地抛到了后面.

事实上, 把那种小到连显微镜都观察不到的微小声运动通过它来毫不失真地传递, 也不是完全不可能的.

耳朵还能听得见的最微弱的声音的机械力当然是无法直接估计的; 但是我们可以借助于声音在空气中传播时强度减小的规律证明, 耳朵能够听得见的声音的强度要比通常声音的强度小百万倍.

在缺乏其他没有误差源的观察的情况下, 我依靠 Nicholson 所给出的结果, 根据他的结果, 从离 Portsmouth (朴次茅斯) 4 到 5 英里① 远的岗哨的一声呐喊, 在夜晚传到 Wight (威特) 岛上的跑马场都能清晰地听到. 如果人们思考, 为了观察声音在水中的传播, Colladon 需要怎样的设备, 那么人们就得承认, 想要声音在水中传播时显著地增大其强度谈都不要谈, 而且声音的机械力量会随距离的平方下降, 甚至还可能下降得更快. 因为 4 到 5 英里是 8 到 10 英尺距离的 2000 倍大, 所以声波敲击到此处耳鼓膜上的机械力量就会比离开岗哨 8 到 10 英尺处鼓膜所受到的力量小好几百万倍, 而 [鼓膜] 运动的幅度要小 2000 倍. 我们不得不承认我们根本不能用比例, 例如 1 比 1000000000 或 1 比 1000 这样的话来谈声音的感觉. 根据最新的研究, 对声音强度的心里估值与声音强度的物理的或力学的度量之比, 对上面所得到的结果至今还没有任何不同的意见. 很可能这种比例关系简直就像我们在估计恒星的光强或大小与由它们发出的光线传给我们机械力量 (mechanische Kraft) [能量] 之比一样. 这里我们已知由星球亮度等级表得出结论, 如果恒星的大小按算术级数增大, 那么它的光线的机械力量将以几何级数的比例下降. 如果我们把声音作类似的分级, 把声音从普通的强度到还

①"英里" 和下文中的 "英尺" 为英制长度单位, 1 英里=1609.344 米, 1 英尺=0.3048 米. ——译者注

能听得见的强度分成从第一级到第八级, 那么第二级声音的机械力就会是第一级的 1/10, 第三级就会是第一级的 1/100, ⋯⋯, 第八级则会是 1/10000000, 就是说和第一级声音力度的一千万分之一一样大. 而运动的幅度则对第一级, 第三级, 第五级, 第七级之比为 1:1/10:1/100:1/1000.

我在上面研究进入耳内的声波时, 假设了声波就止于耳鼓膜之前, 因为有些人认为声音的强度会有衰减 (由于鼓膜的张力?). 可是我必须承认, 我的这些意见只能看成是还很不确定的猜测. 然而当一声巨大的爆炸有使迷路中的膜受到伤害的危险之时, 很可能有保护装置会起作用; 但是在听觉的性质中根本没有发现类似于眼睛情况下的视场照度的分级, 而且根本不知道, 该如何事先不断地改变耳鼓鼓膜张力 (M. tensor tympani) 的反射活动, 才能有益于准确地聆听一首乐曲. 按我的观点, 我们根本没有理由对在离哨所 10 英尺远的声音, 在耳鼓鼓膜前空气的运动与耳鼓镫骨板的运动之间另外假设一个与在 20000 英尺之外的声音这二者之间不同的比例; 但是即使我们假设耳鼓鼓膜的张力有很大的可变性, 也不会因此对我们的结论有多大的妨碍. 如果离开岗哨 10 英尺远的耳鼓镫骨板的运动有可能属于上面那种可以用肉眼看得见的运动, 那么在 20000 英尺以外的运动放大 2000 倍之后同样是看得见的.

Ⅱ. 既然耳鼓机构能够精确地传递如此小的运动, 这一点实际经验已经表明了, 所以构成它们的固体在它们相互作用的地方就会非常紧密地靠在一起; 因为只要一个物体离开另一个物体的距离大于运动的幅度, 它们之间就不可能传递运动.

此外声音运动的机械能量只有一小部分通过其他方式的做功, 例如关节囊和鼓膜中的张力所做功的方式可以损失在内耳的迷路中.

这样一种损失由于前庭窗薄膜的自由边界极其狭窄而得以避免. 如果这个边界比较宽, 那么镫骨板的振动就会被这个边界的振动差不多完全抵消, 而且对耳蜗和耳蜗窗的薄膜只会产生很小的作用.

这种边界薄膜在声音运动的过程中, 由于边界宽度很小, 对不同的长度的镫骨板作用也是各不相同的. 因此, 如果它不会使声音受到畸变, 我们就必须认为薄膜的弹性非常小, 而且镫骨板所受的力不是由它传过来的, 而是由别的地方的平衡位置处的力传过来的.

Ⅲ. 既然耳鼓的机构部件为了使耳朵尽可能达到与实际一致的精度, 必须不断地以高于微观精度互相传播, 所以由于热而引起物体的膨胀和收缩, 看来校正装置不可或缺. 耳鼓内部的温度变化可能只会是很小, 但是它们会发生变化则是毋庸置疑的. 如果外部温度在一个充分长的时间内保持不变, 在人体内的温度分布接近遵守这样的定律, 即人体内任意一个地方的温度与大脑温度的差距正比于外部温度与大脑温度的差距. 这个定律源自 Newton [的冷却定律] 以及假设在所考察的范围内热导系数和比热均为常数, 这看来是一个很接近真实情况的假设. 我们可以通过这个规律从中耳鼓室的温度与大脑温度的差距来得出温度变化的结论来. 如果现在中耳鼓室与大脑之间的温度差尚不能确定, 那么我们还有很多根据, 由通过外耳道与蜗管和外部空气的沟通, 还可以由耳鼓鼓室供血的方式方法, 以极大的可能性作出有相当大的温度差发生的结论.

相反, 角锥骨由于它含有 Can. caroticus, 它的温度可能很接近大脑的温度, 因此我们必须假设, 耳鼓鼓室的内壁衬衣是极其不良的导热体和不良辐射体.

对鼓室周围其余的骨骼, 我们当然不能说它们也具有和大脑及角锥骨那样高的温度. 但是它们在血管中, 在大动脉和静脉中, 包含着热源, 而且像角锥骨一样, 能依靠黏膜和骨膜来防止热量辐射到鼓室中去. 因此我们可以认为它们的温度明显地高于鼓室中的温度.

如果外部的温度下降了, 那么体内处处与大脑的温差按上述定律就会按比例 (以二倍) 上升, 这样一来中耳鼓室的温度就会显著地下降, 周围的骨质则下降得很小, 而且听小骨就会明显地收缩起来, 而这时鼓室壁几乎保持不变.

和这种情况非常相似的是, 听小骨在外部温度下降时会比鼓室室壁冷却和收缩得都更严重得多, 在我们对鼓室机构各个部件的热性质都完全不知情的情况下, 我们无法确定温度对它的影响.

IV. 现在我首先来研究确定, 在外部温度下降时位于听小骨处所发生的变化应如何, 才能使得机构中的各个相互接触的部分继续能保持密切的接触. 听小骨系统中与鼓室室壁紧密相接而最不易变化的部件是砧骨 – 耳鼓关节 (Ambos-Paukengelenk). 在冷却下固体中的所有距离都会变小, 因此砧骨 – 镫骨关节 (Ambos-Steigbügelgelenk) 与关节表面之间的距离也会缩小. 中耳锤骨中把柄上端部分可能是移动最小的部分, 至少是在平行鼓膜环的方向上移动最小. 由于在冷却时鼓室关节砧骨离开的距离中耳锤骨中把柄上端部分最难得移动的点的距离接近保持不变, 但是这二者离开锤骨关节的砧骨 (Ambos-Hammergelenk) 会缩小, 所以在锤骨关节的砧骨处与这两点连线的夹角就会稍稍变宽一点.

在听小骨处的这两种变化会使得锤骨沿前 – 中 – 后的方向做少许的转动, 并且同时 (为了保持砧骨的关节小头在其应有的高度) 使得它沿前 – 上 – 后的方向只有很小的转动. 如果锤骨的长突出要保持相对于锤柄与锤头的同样的位置, 它就要沿骨缝向上和向中移动. 但是在冷却的作用下它会强烈地弯曲, 并向锤骨柄靠近, 使得它在温度变化期间慢慢地又可能从骨缝里跑出来一点点.

V. 在上面我们已经确立了听小骨的位置所应满足的条件, 以便使得它们能够持续地保持相互接触, 而且这时既不会在前庭膜的边界上, 也不会在中耳耳鼓的鼓膜上产生显著的不均匀张力. 现在我们要问有什么方法能使听小骨时时刻刻都稳稳地处于所给正确的位置上. (通常这是通过互相相反的力来做到, 这种力使听小骨在正确的位置时保持平衡, 一旦离开了这个位置又会把它们拉回去.)

显然这要到能调节听小骨位置的两块肌肉中去找, 到关节薄膜、韧带中去找, 到黏膜褶中以及到与听小骨长到一起的两块薄膜中去找. 在这种寻求对听小骨某种作用的来源的过程中, 也就是在我们还考虑到黏膜褶之时, 还会得知, 导致相互拉近的作用常常有多种是可能的. 为了在各种不同的可能性中找出最可能的那种, 首先必须通过对新鲜制备的标本的解剖学的研究得出有关韧带、皮层等的弹性和张力的大致判断, 这我不可能做到. 但是我们还可以希望通过细心地推导各种不同假设得出的结果, 在遇到不大可能符合实际的错误时, 就把它们剔除出去.

对于我们目前的研究来说最好是将适宜于准确听觉的倾听着的耳朵和不是倾听着的耳朵区分开来, 而且对某些问题最好是把新生儿的耳朵和成人的耳朵区分开来. 当镫骨板在耳鼓鼓膜张力的拉力下会对迷路液体有一定的压力作用, 以致迷路液体受到的压力会比中耳耳鼓中的空气所受到的压力大一些的时候, 这就是在对实施倾听的耳朵和非倾听耳朵作出区分; 这时为了保证固体部件可靠地相接触, 相互之间要有一定的压力. 那么我们可以对那些不大可能持续地保持这种张力的机构 (中耳鼓膜除外) 假定, 在温度的变化下, 通过附着韧带 (Haftbänder) 和关节韧带的作用以及肌肉收缩的慢慢的改变, 听小骨会改变其位置, 用不着相互挤压, 因为我们已经发现, 只有这样机构的各个部件才能牢靠地紧紧地相互抓住.

于是现在还要让我们的研究结果也能适用于倾听着的、为准确地听到而有意地准备着的耳朵, 而同时还要求有这种可能性, 使监听者的耳朵即使在声音响度较小时也能适应.

听小骨机构由两个部件 (锤骨和砧骨) 所复合、可以绕轴转动的组合体和一个与此组合体相连接、对前庭窗中的水分施压的踏板 (镫骨) 所组成. 这根转轴的一端, 即砧骨的短突出, 借助于砧骨 – 耳鼓关节固定在鼓室的后壁上, 而另一端, 即锤骨的长突出, 只是被软组织包围着, 矗立在耳鼓鼓皮环的前上端与颞骨的锥形部分之间的狭缝里面, 位于这鼓皮环的一条褶皱之中 (至少新生儿的耳朵是如此).

用 Henle 的方法来确定听小骨相对于耳鼓鼓室的位置非常简单, 这就是设想这样来转动鼓室, 使得转轴水平地从前向后, 而前窗处于垂直位置.

如果锤骨的把柄由于作用在和它长在一起的鼓膜上的空气压力的增加而压向内, 那么镫骨的基底就会压向 (卵形) 前庭窗的膜, 迷路中液体的压力就会增加, 从而导致 (圆形的) 耳蜗窗模向外鼓起.

为了机构能够将非常小的空气压力时时刻刻以相同的比例放大传到迷路中的液体, 首先必须做到, 使镫骨板的压力时时刻刻以相同的方式作用于迷路中的

液体. 为此必须做到

1) 基底的压力始终都作用在同一曲面上, 运动方向保持不变;

2) 不允许镫骨别住前庭窗窗壁的事发生, 至少不要对它们的位置和运动产生任何明显的影响;

3) 镫骨决不可停止对前庭窗的薄膜施加压力.

我们只要稍加思考就可以就很容易发现, 一旦这些条件有一个被违反了, 空气的压力变化要么完全不会, 要么按照完全改变的规律, 对迷路液体发生作用.

为了保证这三个条件得到满足, 必须通过把锤骨把柄往回拉的骨膜张力, 将作用在前庭窗的薄膜上的压力保持在这样一个高度, 使得它大大地超过听觉所期待的压力变化. 很可能在耳蜗窗或前庭窗受到这种压力的作用, 表现为以薄膜的张力或弯曲 (拉伸或变形) 的形式被感受到, 并且通过骨膜张力产生最适宜于准确听觉所需的压力.

这个压力只与锤骨把柄的位置有关, 为了达到对此把柄所需的调整, 肌肉的拉力必须如此之强, 以使在作此调整时它能保持在鼓室鼓皮张力作用下的平衡. 至于鼓室鼓皮张力这时是增大还是减小, 对此没有任何关系; 它们只需, 正如我们就要来证明的, 保持这样大, 使得传入耳内的机械力在鼓室内部的空气中只会损失很小一部分.

如果声波传到一块张开在空气中的薄膜上, 那么就会引起薄膜的振动, 并产生一反射空气波和一继续向前传播的空气波 (折射波). 声波的机械力如何在这三种作用之间分配, 取决于薄膜的张力. 如果这一张力非常小, 那么头两种作用就会很弱, 声波向前的进行就几乎不会改变. 如果相反, 薄膜绷得这样紧, 以至于它的运动相对于射到它上面的声波中的空气粒子的振动只是非常小, 那么它传给其身后的空气的运动也只能是很小. 从而它 [后面] 的压力也只会有很小的改变, 而且作用于前侧的全部压力改变都被用于薄膜张力的改变. 但是除此之外, 如果薄膜张在自由的空气中, 还会产生反射波.

因此豆状骨 (Linsenbein) 相对于前庭窗的位置就不可能保持不变, 但是通过砧骨对其固定点 (耳鼓关节) 的转动可以起到使豆状骨移动到只与前庭窗的长轴相平行的作用, 因而也只是在这个方向才需要镫骨绕砧骨关节曲面的中心作转动, 以便使砧骨板能保留在它原来的位置. 因为只有对这个方向才有一种装置 (M. stapedius), 能使镫骨绕砧骨关节把手做任意的转动, 但不能作垂直于它的转动, 这就使得人们很可能去猜想, 上述那种装置因此也是多余的, 只要砧骨关节把手始终能保持在那个高度.

VI. 骨膜张力中的肌腱的拉力部分通过锤骨把柄在鼓皮中的固定以及鼓皮在 Sulcus tympanicus 的固定所平衡. 但是鼓皮在锤骨把柄上别住的位置 (根据 Tröltsch 与 Gerlach) 只比肌腱插入点稍稍高一点, 而它的端点则远高于 Sulcus tympanicus 的终点.

因此显然单靠在 S. t. [指 Sulcus tympanicus] 中的固定还不足以保持平衡. 其实要保持锤骨的平衡所需要的是, 在位于插入点上部的部分作用一个和在下面部分的把柄上所作用的大小相同、但方向相反的转矩. 我们可以从以下几个方面来探求为达到平衡所需的力:

1) 或是在耳鼓鼓皮与外耳道表皮的上皮层的连接处,

2) 或是在后部鼓皮袋 (Paukenfelltasche) 的作用中,

3) 或是在下述来自两方面作用的合作用中, 一方面是锤骨头部通过砧骨别住在听鼓壁上的作用, 另一方面是通过 Lig. superius Arnoldi 别住在听鼓壁上的作用. 这一别住形成一个夹角, 指向正对着短前突的尖顶. 而且如果它们是张紧了的, 这一尖顶会压向鼓室鼓皮.

附　　录

附录 I 法译本序言

C. Hermite

Bernhard Riemann 全集是他那个时代分析学中最卓越和最伟大的著作: 它赢得了一致认可的赞美, 在科学中留下了不可磨灭的足迹. 现代几何学家们从他的研究工作中汲取灵感, 它们每天都显示出其发现的重要性和丰富多样性. 它表明几何学家已经在分析学中好像打开了一个新的纪元, 带着他的天才的印记. 他以一篇著名的学位论文绽放出耀眼的光芒, 这篇论文的题目就是: *单复变量函数一般理论基础*. Riemann 以他这一级别的论文成为 Cauchy 的后继人; 他超越过了他们, 但是分析的知识是与函数理论的第一批作者的研究工作紧密相连的, 他们筚路蓝缕, 克服了长期未能克服的障碍, 在科学史上留下了自己的足迹. Riemann 的原理有着惊人的原创性; 作为分析的工具, 它们给出了这样一种曲面, 这种曲面是以其发明者的名字命名的, 它既是一种新的表示, 同时又是一种新的力量; 它们通过类与属的深刻概念阐明了代数函数的内在本质, 这些直到那时还是不为人知的; 它们还导致了那些在模中隐藏得很深的数, 或者说那些实质上是属于每一类的常数; 它们在极其一般的意义下定义了第一类、第二类和第三类积分. 然后是那光辉的发现: 在利用广义 ϑ 函数求解这几种积分的反函数的一般问题上, 这个问题在这之先只解决了几个特殊情形, 而后在花了更大的努力下由 Göpel 和 Rosenhain 解决了第一类超椭圆积分的问题, 由 Weierstrass 解决了任意阶次的超椭圆积分的问题. 从来没有哪份数学刊物对创造发明的天才的赞扬能够比对如此漂亮地征服了数学分析中这样困难的问题的赞扬更为有力. 这些发现对科学推动的影响力是前所未有的; 靠着这个极好的机会, 这是 Cauchy 所缺乏的, 我们当代的这些极为出色的几何学家们争先恐后地去发展 Riemann

的原理, 寻求其结果以及应用其方法. 在更加简单而又更容易的方式下的沿一条曲线的积分的概念以及与之相应的大量显示其重要性的应用都在 Cauchy 的 1825 年的一篇论文中得到了阐述, 这篇论文的标题就是: *论取在两个虚数之间的定积分*; 但是它只停留在这个著名的作者手中; 既不为 Jacobi 所知, 又不为 Eisenstein 所知, 现在人们认识到它被大家错过是一件多么可惜的事; 要等过了 25 年, 等到 Puiseux 以及 Briot 和 Bouquet 的工作出来, 它才在分析中得到了发展和发出了自己的光芒. Riemann 曲面这个难于理解的深刻概念, 立即就被引入科学并很快就取得了主导地位, 这是前所未有的. 我一度被*学位论文*和 *Abel 函数理论*所吸引, 这是足以使其作者不朽的论文; 况且在他短暂的一生中还做了那么多的其他课题, 还具有作为一个伟大几何学家的天才. 在*对可以用 Gauss 级数 $F(\alpha, \beta, \gamma, x)$ 来表达的函数理论的一个新贡献*的论文中, 他第一次表达了, 当变量画出一条含有一个不连续点的闭曲线时的二阶线性微分方程的解是怎样的, 并且由此作为其结果, 还得出了这种方程的群的概念. 论文*论小于给定数值的素数个数*以一个完全不同而又十分有趣的观点讨论了一个十分著名的、曾经由 Legendre 和 Dirichlet 研究过的问题. 将一个只在有限区域内存在的量开拓到整个平面上去这个思想, 是一个崭新的思想, 这在以前的研究中是从来没有过的; 它是作为基础的原理, 在素数的算术研究中起着主要的作用. Riemann 应用了一个 Euler 很久以前就研究过的级数, 它要在一定的条件下才能收敛. 这个级数应该是单值函数之源, 由它得出一个超越函数, 在某些方面很像伽马函数. 这好比是在分析理论中增加了一个新的篇章, Hadamard 先生和 Mangoldt 先生在这里发现了他们的漂亮研究的源泉. 论文*论有限振幅平面空气波的传播*, 所涉及的问题是由 von Helmholtz 在研究声学时的发现所引起的, 这个问题艰难而又微妙. 这个伟大的几何学家也是一个物理学家, 他知道最新的试验方法, 也知道这门科学最近的进展. 可是他却这样谦虚地说, 他那种能处处看到有涉及偏微分方程的计算问题, 是他的性格使然. 关于这方面我们可以指出那些到处都具有重要意义的结果, 求线性二阶方程在一条给定的曲线上具有给定的平面切线的条件下的积分, 接着还有就是伴随方程的概念, 它在许多有趣的方程中都起着重要的作用.

我真想把我的评论延伸到下面的论文: *论 ϑ 函数的零点*, *论在给定边界下面积最小的曲面*, *论函数的三角级数表示*; 阐述这些发现的伟大与美丽, 表明它们的意义与影响, 讲述它们所引出的许许多多的工作, 这要花很长的时间, 我不得不一带而过. 我还是忍不住要用赞美的语言谈起他的工作*论奠定几何学基础的假设*.

作者根本不去管那个花了几个世纪也没有解决的 Euclid 公理问题, 这个问题后来还是在 Lobatschefskij 和 Bolyai 的研究中得到了解决, 这之后人们又从 Stäckel 先生发表的极有趣的文章中才知道, Gauss 在他的一生中都在思考这个问题. Riemann 开始研究空间, 或者说维数为任意数值的簇时, 为它确立了一个重要的性质, 即与其中的点的位置由相同个数的变量来确定相一致, 这样就使得研究这个空间的度量有了可能. 这完全是一个同时使哲学家和几何学家感兴趣的未知世界, 是令人惊叹的发明者以非常人所有的抽象力创造的成果. 我们在其中找到了能够与现实在其存在上非常接近的区域, 这个意思是说, 在其中移动它们时不会改变其尺寸, 从而把证明建立在叠合方法的基础上. 就是它还同时为我们提供了一种不同于 Lobatschefskij 和 Bolyai 的几何, 在二维的情况下, 在前者中的三角形的三内角之和小于两个直角, 而在 Riemann 几何的情形下则大于两个直角.

在为丰富的经典宝藏安排法语读物时我就注意到了这部著作, 并决定将它列为目标. 它的出版得到了 Riemann 夫人和德国 M. B.-G. Teubner 出版社的授权. 它的出版好像是对 Riemann 夫人致以永恒的纪念, 是最高敬意的见证, 和最深刻的同情.

Gauthier-Villars 出版社把它列入它的数学丛书, 以细心认真的态度承担了印刷出版的任务, Goursat 先生以及其认真负责的态度承担了审稿和校对的工作.

这位伟大的几何学家的著名的门生, Klein 先生、Weber 和 Dedekind 先生、Minkowski 先生给了我们很大的鼓励, 给译者 Laugel 先生很多好的建议. 请他们接受我们的衷心感谢, 衷心祝愿 Riemann 全集的出版会对传播大师的荣誉、促使科学在前进道路上的进步, 起着越来越大的作用!

C. Hermite

附录 II 俄译本序言

В. Л. Гончаров

谈到要出版 Riemann 的学术性著作, 那么首要的任务就是, 对要再现的那些保存在他的遗著, 或者即使是由他的朋友或学生之手所写的著作中的东西, 作批判性的研究, 弄清楚究竟哪些可以认为是真正属于他的, 可以说成是 Riemann 的纪念碑式的著作, 而这件极为重要的事情, 至今在我们这里尚未完成, 但是, 这无论如何是出版 Riemann 著作的先决条件. 还有可能是同样重要而又有现实意义的问题就是 —— 追踪 Riemann 的思想从产生直到今天的发展历程: 将所有 Riemann 的创造分解为各个组成部分, 除掉少许早就已经过时的 (没有起多大历史作用的) 部分, 将其余部分构成一个一般体系的基础, 其中反映着, 并系统地总结了几代数学家们的原创成就与之有联系的内容. 着手这样一件工作最好是由一群强有力作者来通力合作, 而 Riemann 的创造 —— 即使是为了他的巨大的荣誉 —— 就将扩展成为一部现代数学的百科全书.

我给自己提出一个有限的目标: 把那些 Riemann 著作的真正文本呈现给读者, 这些著作是完全经过他本人编辑, 或者部分经过本人, 但是可能经过他通读过后的文本. 在作评述和注释时, 我有意纳入一些能够反映其创造所经历的各个阶段, 并且, 在最后引入一些必要的历史远景色调. 与此同时, 在许可的条件下我也将尽可能地做到去减轻读者, 用 K. Neumann 在描述读 Riemann 的著作时的话来说, 有“沿着陡峭向上而且经常改变方向的道路上艰难地前行” 读下去的困难; 为此我们在许多情况下指出原始文献, 以便作为读者在阅读 Riemann 时的注释.

Riemann 全集的第一版在 1872 年就由 Riemann 的朋友们开始筹划, 其中首先应该提到的就是 R. Dedekind. 出版的领导工作最初是由 Clebsch 担任, 在他去世后于 1874 年转到 H. Weber 的手中, 后者和 Dedekind 一道, 在 1876 年出版了单卷本的 Riemann 全集, 书名是《Bernhard Riemann's gesammelte mathematische Werke und wissenschaftlicher Nachlass (伯恩哈德 · 黎曼数学著作与科学遗著全集)》(Leipzig, Teubner) . 其中包括: 1) 由 Riemann 本人所发表的研究论文; 2) 在他去世后已经发表过的著作; 3) 第一次发表的科学遗著 (Nachlass) 以及一篇附录, 标题是 "哲学内容断篇" (在当前的新版中改为 "关于形而上学和心理学" 的断篇) , 以及由 Dedekind 所撰写的传记. 在这三部分之间则安排了它们发表时的年表. 随后在 1892 年出版了该书的第二版, 增加了少量遗著中的东西. 此外, 还出版了 Riemann 的讲义:《Partielle Differentialgleichungen der Physik (物理中的偏微分方程)》(由 Hattendorff 编辑加工, 1869 年) ;《Schwere, Elektrizität und Magnetismus (重力, 电与磁)》(由 Hattendorff 编辑加工, 1875 年) ;《Elliptische Funktionen (椭圆函数)》(由 Stahl 编辑加工, 1899 年) . 最后, 在 1902 年由 Teubner 出版社出版了 Riemann 全集的补遗《Bernhard Riemann's gesammelte mathematische Werke, Nachträge》(M. Nöther 和 W. Wirtinger 编辑出版) , 其中包含了有详细注释的, Riemann 在 1861—1862 年间所作 Abel 函数理论的讲义, 还有微分方程讲课的一些片断, 以及还有从遗稿中选出的一些内容.

在 Riemann 全集材料的选取上, 基本上采用那本单卷本的全集, 而且一般来说是不会把讲义纳入, 从补遗中只选取了讲义中篇幅不大的几个片断, 是涉及线性微分方程以及联系到超几何级数论文的. 至于 Abel 函数的讲义, 由于它的片断性, 而且篇幅又很大, 我们决定不加选入. 从单卷本中我们没有选断篇《Zur Theorie der Abelschen Funktionen (Abel 函数理论)》(它也是从那个讲义中选出的) 以及《Fragmente über die Grenzfälle der elliptischen Modulfunktionen (论椭圆模函数的极限情形残篇)》.

本 Riemann 文集以单行本发行, 分成两部分, 其中第一部分包括在分析、函数理论和数论方面的著作, 第二部分包括在几何、力学和数学物理方面的著作. 这样划分有点人为的性质, 因为 Riemann 的创作完全是以一个共同的指导原则为基础的; 此外, Riemann 在解决具有几何内容或物理内容的问题时使用与分析和函数理论一样的工具, 有时甚至还有这样的思想, 就是用几何问题或者物理问题本身作为发展这些工具的依托. 但是这样的划分对我们来说还是有一定的用处, 因此我们没有采用编年的顺序, 认为按目标划分的原理来安排, 更便于读者的阅读.

在翻译 Riemann 的文本时我们力求做到尽可能准确地表达作者的思想, 力求所说既不比作者说得少, 也不比作者说得多. 还有就是众所周知的想避免使用我们今天的数学术语的困难, 特别是在使用它们时就意味着将不适当的现代化

强加给作者的思想, 而它们在那个时代还没有完全成型. 我们来举几个 Riemann 用词上的特殊之处的例子, 这是我们认为在翻译时必须保持的例子. 在 Riemann 那里没有模 (绝对值) 的符号: 当我们写 $|A| \leqslant |B|$ 时, 他用描述性的语言来说 "与 A 的符号无关等于或者小于 B". 当 Riemann 使用术语 "级数" 时, 不仅是在 "无限级数" 的意义下, 也在 "有限和" 意义下, 有时甚至是在 "序列" 的意义下. 他说 "级数等于 S" 或 "级数趋向 S" 时, 我们却要说 "级数具有的和为 S". "函数成为 k 阶无限小或无限大" 的意思是: "函数具有 k 阶零点或极点". 特别重要的是, 在 Riemann 那里找不到我们所习惯了的 "点集" 的概念 —— 关于这些会在谈 Riemann 的科学研究工作一文更详细地来谈.

文中方括号 [ ] 中的数字是指置于书末编者所作注释的编号, 而且是对 Riemann 的每一篇文章单独编号的. 在俄译本中 Riemann 本人的注释用罗马字母标记, 与德文原版中的编号不尽相同; 与德文第二版的编号的对应关系可在注释中找到.

В. Гончаров (乌 · 冈察洛夫)

附录 III 《论代数函数及其积分的 Riemann 理论》一书序言

F. Klein

我在这里呈现给公众的这本小册子是由我几年前所作的讲座扩展而成①，其中，除了别的内容之外，我还考虑了讲述代数函数及其积分的 Riemann 理论②. 讲授高等数学会遇到特别的困难；讲授者带着最好的愿望，最后只能完成一个不太大的目标. 通常他们都试图对要讲的题目给出一个*系统的*陈述，结果不是只限于讲一些基础的内容，就是陷于细枝末节之中. 我想在这种情况下，和我在别的情况下一样，最好还是反其道而行之. 我假定，读者对那些通常在论述 Riemann 理论基础的教科书中讲过的知识都已经知道了；而且对有些需要更充分讨论的特殊之处，我还会只指出基本的参考文献. 但是作为对这样做的补偿，我会尽心讲述*真正的思想之链*，并且努力使读者对这些方法的广度和效能得到一个*总的观念*. 我相信，用这种讲述方法我常常能获得很好的结果，当然，这是对一些有才干的听众来说的；基于这个同样的原则上的这本小册子，是否同样有效，经验将会给以证明.

---

①Theory of Functions Treated Geometrically. Part I, Winter-semester 1880—1881, Part II, Summer-semester 1881.

②我这里指的是 Riemann 在其 "Abel 函数理论" 一文的第一部分中所研究的内容. 至于在该文中第二部分所展开讨论的 Θ 函数的理论，首先我们知道它在性质上是完全不同的内容，从而在下面的讲述中没有纳入，这和我在讲课中也是一样的.

这种陈述的意图必定是一种主观愿望, 在讲 Riemann 理论的情况下则更是如此, 因为为此所需的材料在已有的 Riemann 的文章中能够找到的只是不多的. 要不是多年前 (1874 年) 我有一次与 Herr Prym 先生谈话的幸运机会, 我真不敢说我是否能对整个课题能有一个确切的概念, 在那次谈话中之所获, 在我思考这个论题时间越长对我就显得越重要, 他告诉我, *Riemann 曲面原本不一定必须是覆盖在平面上的多层曲面, 相反, 而是那样一种可以在任意给定的曲面上进行研究, 就完全像是在覆盖在平面上的曲面上一样地来研究的, 位置的复变量函数*. 下面的讲述将会充分证明, 这一提示对我是何等地有意义. 与此自然有关的是, 近来从各种不同观点提出了一些物理的考量, 尽管还只是一些比较简单的情形.[①]我毫不犹豫地采用了这些物理观念作为我讲述的起点. 我们知道, Riemann 在其著作中在要用之处都用了 Dirichlet 原理. 但是我相信, 他的出发点正是这些物理问题, 然后, 为了给出这些物理上显然的结论以数学推理的支撑, 在随后再引入 Dirichlet 原理. 任何了解 Riemann 在 Göttingen 工作环境的人, 任何追随过 Riemann 传递给我们的、部分只是片断[②]的思想的人, 我想, 一定会同意我们的看法. 尽管如此, 对我的目的来说物理的方法还是对的. 因为大家都知道, Dirichlet 原理还不足以构成我们要确立的诸定理的基础. 除此之外, 还有启发性的元素, 这在我看来是十分重要的, 用物理的方法引出则比其他方法要优越得多. 因此经常讲一些直观的想法, 这样在用分析作证明时就可能不致太难, 而可能会容易一些, 也因此对一些普遍的结果经常用例子和图像作反复的说明.

联系到这一点我必须提到我在下面所坚持的一个重要的限制. 我们大家都知道, 至少我们准备在本书要讨论的部分的属于 Riemann 的定理, 近年来已经得到了可靠的证明[③], 而其证明之迂回和艰难也是众所周知的. 这些艰难迂回的方法我在下面完全略去了, 因此也就对要阐明的定理, 只采用以直观为基础的方法. 事实上这种证明决不能与我力图坚持的思路相混淆; 否则的话结果所得到的表述无论从哪种观点来看都是不能令人满意的. 但是它们肯定是应该追随的. 我希望, 如果有机会的话, 我能按这个观点来完善这本小册子.

至于我的讲述的其余部分, 它的范围和限度还是让它本身来说吧. 频繁地使用我的朋友的著作和我自己在类似课题上所写的东西, 由于个人的原因对我来说具有很重要的第二位的目的, 我希望给我的听众一个向导, 帮助他们为自己找

---

①参见 C. Neumann, Math. Ann., t. X., pp. 569–571. Kirchhoff, Berl. Monatsber., 1875, pp. 487–497. Töpler, Pogg. Ann., t. CLX., pp. 375–388.

②Ges. Werke, pp. 494 及其以后.

③特别请参考 C. Neumann 和 Schwarz 在这个论坛上的研究. 闭曲面的一般情形 (这对我们下面的讨论是最重要的), 实际上尚未得到完全明显的处理. Schwarz 先生只满足于对这种曲面做了一点提示 (Berl. Monatsber., 1870, pp. 767 及以后) , 而 C. Neumann 先生则只考虑了那种情形, 其中函数是要由它们在边界上的已知值来确定的.

到这些论文之间的相互联系, 以及它们相对于在这些论文中所提出的一般概念来说的地位. 至于新问题, 那是随时都会出现许多的, 我只能允许自己讨论与这本小册子一般目标相一致那些问题. 我喜欢把注意力放到任意曲面的共形表示的定理之上, 这一点我已经在最后一部分中这样做了; 我随之就很快导出来 Riemann 在他的学位论文结束时对此论题所作的一个非常出色的结论.

在结束时我还要指出一点, 以免我在上面所说的话引起误解. 尽管我已经尽力做到, 在讲述代数函数及其积分时, 我是遵循我自认为是 Riemann 的原始的思路, 而绝没有打算把他在函数理论中的全部意图都包括进来. 所说的函数对他来说只不过是一个例子而已, 不错, 他在处理它时特别幸运. 由于当他想把所有复变量函数都包括进来的时候, 他脑子里想到的确定函数的方法比我们在下面所采用的要更加普遍得多; 在确定方法中认为物理类比有足够基础的那种, 让我们感到失望. 在这方面请比较他的学位论文的 §19, 并且比较他在超几何级数方面的著作. —— 关于这一点我必须说清楚, 我不想用讲述一个本身是完整的特殊部分来避开这个更为一般的想法. 相反, 我内心深处确信, 这些想法注定会在现代函数理论的发展中扮演一个重要而又卓越的角色.

Borkum, 1881 年 10 月 7 日

(感谢朱熹平教授对本篇文章的译文提出的修改建议.)

附录 IV 论 Riemann 的科学研究工作

В. Л. Гончаров

Riemann 的数学创造是多方面的, 内容丰富多彩而又独特. 复变函数理论的基础, 多维延伸量的构造 —— 它们的位置和它们的度量, 椭圆函数和 Abel 函数, 素数的分布, 空气波的理论, 极小曲面, 三角级数, 热传导, 超几何函数, 耳与眼的构造, 分析的基本概念 —— 积分和导数, 光, 磁, 电, 综合自然哲学理论 —— 这些就是他的兴趣指向的领域清单的例子. 如果注意到 Riemann 的创造高峰时期持续不到十五年, 那么经他的手所写出的全部论文放在一卷本的全集德文版中, 其篇幅接近五百页, 再与他成就的数量与质量相对照, 那么我们就必须得出结论说, 他的创造生涯的强度和他的数学思想的密集度已经达到了一个极高的水平. 而且, 不论 Riemann 所对付的问题是那种至今很少被提到过的 (这种情况很少), 还是转向他的前辈已经研究过的问题 (这种情况很多), 他总是独辟蹊径, 采用新的方法, 并获得累累硕果. 在他那少有的强大创新中, 一点也不张扬, 甚至不是立刻让人觉察到 —— 这是他极为独特的个性. 可以这样说, Riemann 在更大程度上比 Gauss 更是站在数学中的两个时代的交接点上, 把这对立的二者结合在一起: 他坚持保持与经典数学家, 特别是保持与 Gauss 的牢固联系, 在论题意义上的接近 (尽管在内在性质和创造性的气质上相反), 可是他仍然保持着与接下来的一代人的紧密联结. “没有任何其他人能比 Riemann 对现代数学有更大的决定性的影响”, 这是 F. Klein 说的话, 这些话, 应该这样认为, 在今天仍然没有失去它的意义.

分析, 函数论, 数论

至于谈到 Riemann 在函数理论上的作为, 那么我们不用谈论他在这方面的全部工作, 因为它们都是从一粒种子长出来的. 这粒种子就是他与众不同的函数的概念. 在经典数学家 (在 Euler) 那里, 函数是由公式给出的, 而且与公式是不分的, 函数只存在于由公式所指出的运算能够实施之处, 在公式没有意义的地方就终止其存在了. 众所周知, 这种对函数的理解被 Fourier 级数的发现所摧毁和消灭. 在自己的老师 Lejeune Dirichlet 的支持下, Riemann 坚决地接受了函数新的定义, 这个定义的基础是变量数值之间的单值对应的概念. 现在函数的概念已经从解析表达式中分离出来了: 看来, 同一个函数可以用不同的公式来表达, 同一个公式也可以 (在不同的区域内) 表达不同的 (在 Euler 意义下的) 函数.

然而函数的本质是单值对应, 而公式只是它的非必然的属性. 因此 (Riemann 的思想即在此) 函数应该不是用公式来给定或定义, 而是用另一种方式, 利用它内部所固有的性质, 同时, 正如在数学中所认定的, 要求用以确定函数的一组性质必须是这样的, 它们在唯一地确定函数上是充分而又必要的; 换言之, 不应该有多于一个的函数具有所述的性质, 所给的性质也没有一个是多余的. 在应用于最一般的函数类 (按 Dirichlet 的意义) 时, 这个原理显得有点儿空洞: 实际上这种函数在每一点取什么样的值与另一点无关, 而且不给出函数在所有点上的值就不可能用尽所有的性质. 不过 Riemann 所考虑的函数自然是更狭窄的一类, 即那种我们今天称之为解析函数的那一类.

解析函数具有一系列优越的性质, 其中的每一个都可以取来作为这类函数的定义. Riemann 的出发点所采用的性质与采用何种公式来表达函数没有直接的关系; 他要求作为变量 $z = x + iy$ 的函数 $w = u + iv$ 在其存在区域内满足偏微分方程组

$$\frac{\partial u}{\partial x} = \frac{\partial v}{\partial y}, \quad \frac{\partial u}{\partial y} = -\frac{\partial v}{\partial x}.$$

极为重要的是, 他立即就发现这些关系式的几何实质 (这一点 d'Alembert 就已经知道了) 就是, 在将平面 z 映射到平面 w 时的共形条件. 在这里他追随 Gauss 的道路; 不同之处仅在于, Gauss, 至少看来是这样, 是为了解决制图问题才开始使用复变函数做工具的①, 而 Riemann 则应用映射的上述 "制图" 性质来生成复变量函数, 以此作为定义, 在其上建立起全部后续的理论.

①C. F. Gauss, Auflösung der Aufgabe die Theile einer gegebenen Fläche auf einer gegebenen Fläche so abzubilden, dass die Abbildung dem Abgebildeten in den kleinsten Theilen ähnlich wird (将一给定曲面的一部分如此映射到一给定曲面, 使得像与被影射部分在极小部分相似) (1825).

按照 Riemann 的观点, 为了确定在某个区域内的复变量的函数, 必须给出它的哪些性质? 迄今为止我们假设给定的区域是由某一封闭曲线所围成的、单连通区域, 或者用 Riemann 的话来说, 在独立变量的平面上 "展布" 一块只有一条 "边界曲线" 的 "曲面" (见图 1, a) . 由 Riemann 基本微分方程可以推知, 函数的实部和虚部都满足下述微分方程

$$\frac{\partial^2 u}{\partial x^2}+\frac{\partial^2 u}{\partial y^2}=0,\quad \frac{\partial^2 v}{\partial x^2}+\frac{\partial^2 v}{\partial y^2}=0$$

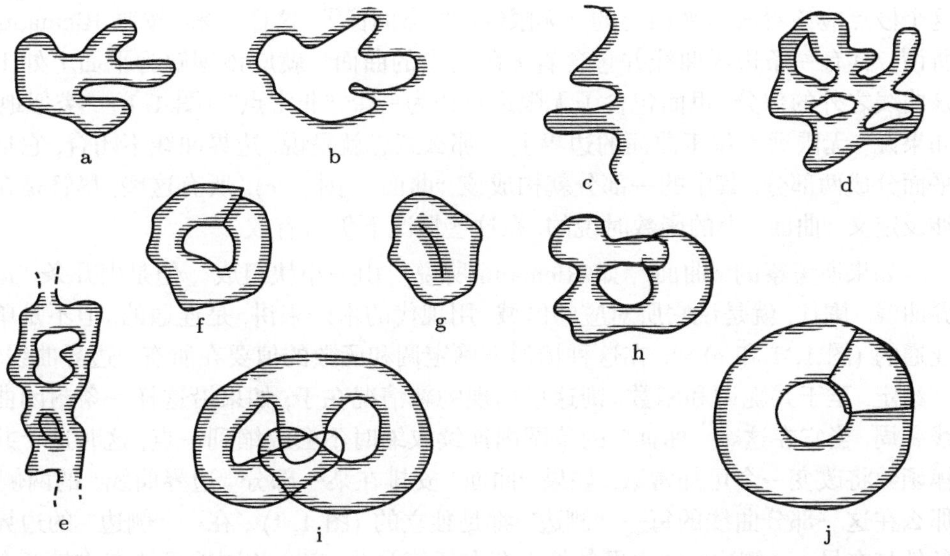

a b c d e f g h i j

图 1

(现在这一微分方程通常称为 "Laplace 方程", 而满足它的函数称为 "调和函数"), 而且, 如果函数 u 已知, 则 "共轭"[①] 函数 v 确定到只差一个可加常数待定. 至于谈到任意的调和函数, 那么对 Riemann 来说在物理上显然有 (在这种情况下与实验科学家 William Weber 的紧密接触有很大的影响), 要想唯一地确定它们在区域内的值, 只需给出它们在这个区域边界上的值就足够了 (Dirichlet 原理) . 这样一来, 在由单条闭曲线所围成的有限区域的情况下, 为了确定复变量 $z=x+iy$ 的函数 $w=u+iv$, 只要, 例如, 确定它的实部 u 在该区域边界上的值, 以及, 除此之外, 还有其虚部 v 在该区域内某一点处的值, 就足够了. 当然, 也可以只给出 v 在边界上的值以及 u 在区域内某一点处的值, 或者 (Riemann 总是勇敢地沿着尽可能一般道路前进)[②], 可以这样来改变 "边界条件" 的形式, 使得在边界

[①] 函数 u 和 v 通过 Cauchy-Riemann 方程而 "相共轭".

[②] 见学位论文 "单复变量函数一般理论基础" 的 §19.

曲线的每一点上建立起一个联系 u 与 v 的函数关系, 或者甚至还可以把边界曲线上的点分成一对一对的, 对每一对点按两种关系给出 u 与 v 在这些点上的联系, 如此等等.

我们还要指出, Riemann 在构造所谓平面上的无限远点上引进了和所有其他的点一样的点. 这里没有什么特别的新东西; 但是值得称道的是 Riemann 通过将 z 平面共形映射到球面上来引进上面提到的 (现在已是众所周知的) 无限远点的几何观念. 令球与平面相切于一点 (这点就叫作 "极点") , 平面上和球面上位于通过球面的另一个极点的同一条直线上的两个点, 被认为是相互对应的; 就是这个极点应该看成是平面上的 "无限远的" 点的像①. 这样一来, 按照 Riemann, 所谓 "具有一条边界曲线并包含着无限远点的曲面" 就应该理解为平面上处于该曲线之外的部分, 里面包含了无限远点作为一个 "非常点" (图 1, b) . 类似地, 如果说 "无限远点位于曲面的边界上", 那么意思就是说, 边界曲线不闭合, 它把平面分成两部分, 其中的一部分就构成该 "曲面" (图 1, c). 所有这些, 尽管是在涉及定义 "曲面" 上的函数时说的, 在这些情况下仍然有效.

如果所考察的 "曲面", 如 Riemann 所说, "由一小块组成", 但是由几条 "边界曲线" 围住, 就是说它所对应的区域, 用现代的术语来讲, 是连通的, 但不是单连通的 (图 1, d 和 e) ②: 在这种情形下确定调和函数的值要在所有 "边界曲线" 上给定, 至于共轭调和函数, 则这里出现的新情况在于, 如果沿这样一条封闭曲线一周, 当它在这个 "曲面" 的范围内连续收缩时不会收缩到一点, 这时这个共轭函数将改变一个可加常数. 如果 "曲面" 安排在某一部分 "边界曲线" 的两侧, 那么在这一部分曲线的每一 "侧边" 都是独立的 (图 1, f) , 在一 "侧边" 的边界条件与在另一 "侧边" 的边界条件不存在任何关系. 完全相同地可能有连接两个点的不闭合的 "边界" 曲线 (图 1, g) : 必须把它解释成两次 (沿相反方向) 通过的闭曲线, 在它的两 "侧边" 可以给以完全不同的边界条件.

Riemann 接着还走出了极为重要的决定性的一步. 他断定他的结论在那种有部分叠合的 "曲面" 也成立; 换言之, 允许 "边界曲线" 自我相交. 这样一来, "Riemann 曲面" (这个称呼已经牢固地和他连接在一起) 就应该设想为由几片非常薄的塑性物质 (糨糊或蜡) 的薄层作成; 它们可以 "надтачиваться (化开来)" 并根据需要向各个方向延伸开来, 分布在平面 (或 Riemann 球面) 上, 而且可以覆盖起好几 "叶", 此时 Riemann 曲面上的点, 虽然位于平面上同一点之 "上", 但属于不同叶, 必须看成是不同的点 (图 1, h 和 i) .

①Riemann 是在他讲超几何级数的讲义中谈到这个映射的, 在读他的著作时必须始终注意到上述几何观念.

②由几个 "小块" 组成的 "曲面", 即非连通的曲面, 从所建立的观点看来没有多大意思, 因为每一个 "小块" 可以单独来考虑.

与此同时 —— 还要向前一步 —— 必须认为上述塑性材料具有一个特殊的性质: 这就是, 由它们作成的 "曲面" 可以交叉而不会相交, 就是说不会立即产生同时属于两相交叶面的公共点.

我们用这样一个例子来说明这一点. 设曲面由在极坐标 (ρ, θ) 下的不等式确定如下:

$$r < \rho < R, \quad 0 < \theta < t,$$

其中 $0 < r < R < \infty$, 即为一个张角为 t 的扇形. 令 t 逐渐增大; 在 $t < 2\pi$ 时, 整个曲面还是单叶的, 可是在 $2\pi < t < 4\pi$ 时 (图 1, j), 曲面就已经是部分双叶的了. 假设 "надтачиваться (化开来)" 继续下去, 达到数值 $t = 2m\pi$, 这里 m 为一整数; 这时曲面就有 m 叶了, 而由关系 $\theta = 0, r < \rho < R$, 以及 $\theta = 2m\pi, r < \rho < R$ 所确定的线段就组成边界曲线的一部分. 将坐标为 $(\rho, 0)$ 的各点与坐标为 $(\rho, 2m\pi)$ 的各点看成为一些相同的点, 即, 设想把这两线段黏在一起 (当然真的这样做而不割断是不可能的) 这样得到的新 Riemann 曲面有 m 叶, 边界曲线有两条, 即分别为 m 次经过 $\rho = r$ 和 $\rho = R$ 的圆.

具有互相交叉叶面的多叶曲面也是 Riemann 研究的对象, 而且在这种曲面上函数的定义也是用前面那种类型的边界条件.

但是, 在将自己的问题做了一系列推广之后, Riemann 决定放弃其他一些对它来说意义不太大的问题. 在他关于代数函数的工作中, 他假定曲面也就只是由有限片叶面组成, 包围着它的边界也只是由有限条曲线组成. 与之同时也未对曲线的概念作任何精确化.

现在我们来提出这样的问题: 是否允许 "边界曲线" 中有某一条变成一个点? 得到的结论是, 在 "个别" 点 (如果它不是人为的 "可去" 奇点) 的邻域内, 所研究的函数不可能保持为 "有限" (有界), Riemann 也在这种点上对极限做了可能的推广, 允许 "在这种点上无限大的阶次为有限" (他的学位论文 §13). 这样一来, 用现代的语言来讲, Riemann 将本性奇点排除在视线之外, 只保留了极点. 在所讨论的情形下, 他在下述意义下推广了他的问题 (这一点已经包含在 §18 的一个普遍定理中), 即间断点 (也就是奇点) 必须是刚刚指出的那种, 其间断特性是, 函数的 Laurent 展开的主部, 按 Riemann 的要求, 其形式应该是有限项的和①.

Riemann 在研究代数函数时所遇到的毫无例外都是封闭曲面, 即遇到的都是根本没有 "边界曲线" 的曲面. 如果这种曲面是单叶的, 那么它就能展开铺满

①我们遗憾地指出, 引进本性奇点作为 Riemann 构造原理的基础受到过人们的诟病. 实际上, 例如, 我们想要在整个复变平面上定义一个整超越函数, 那么根据 Riemann 原理, 我们就要给出在它的唯一的奇点 (即无限远点) 的邻域内展开的主部, 而这就意味着要给出它的 Taylor 展开, 即, 同时是超越的表达式.

整个平面, 包括无限远点在内 (铺满 Riemann 球面). 如果它是由 m 叶组成的连通曲面, 那么在它上面必定有分支点.

为了说明这种分支点是 $m-1$ 重的, 我们转向上面提到过的 m 叶的 "环状曲面". 我们假设将这个曲面这样 "надтачиваться (化开来) " 延展到使小圆的半径趋于零: 边界曲线在极限下变成一个点, 这个点要么是函数的 "可去" 奇点 (如果沿任一叶逼近它时函数趋向同一个有限的极限值), 要么根据 Riemann 所作的假设, 甚至可能是有限阶的间断点 (极点). 这个点在任何情况下就立即可认为是属于曲面的所有 m 叶, 并称为 "分支点". 类似地可以令大圆半径 R 无限地增大, 我们又会得到另一个位于无限远处的分支点, 而且经过这种极限过程后所得到的曲面仍然是没有边界的, 即为封闭的, 而且是有 m 叶的连通曲面.

所构造的曲面还只是 m 叶闭曲面的个别的例子: Riemann 在其学位论文中, 在研究一般的 m 叶曲面, 封闭的或者甚至是有有限条边界曲线的有界曲面时, 他假设 (§5), 不论是边界曲线, 还是分支点 (有限个) 的位置均已给定; 但是 Riemann 指出, 在一般情形下为了确定曲面给出这些还不够, 还必须给出将曲面的各个叶面连接起来的方法.

把连通曲面作为一般的拓扑学特点来研究, Riemann 不限于只研究 "展布在平面上的曲面" 这种情形, 还考虑了 "没有折痕和撕裂的" 一般二维流形. 他得出了这样的结论, 就是通过一定数量的 (对给定曲面这个数是一个不变的数) "割线" 可以将多连通曲面 T 转变成单连通的曲面 T'. 如果曲面是闭合的, 那么这个割线数一定是偶数, Riemann 将它表示为 $2p$. 后来这个数 p 就得到了曲面的类型数这个名称 (Geschlecht[①]). 在图 2 中画出了这个类型数 [亏格] 分别为 0, 1, 2, 3 的闭曲面, 并画出了相应的割线. 一般来说, 任何类型数 (亏格) 为 p 的闭曲面 T, 通过拉伸或压缩, 但要保证不撕破, 不折叠, 即 "拓扑地" 展布到平面 (球面) 上, 都可以变成与这种类型相似的曲面, 可是有 p 个 "洞".

如果知道了类型为 p 的闭 Riemann 曲面的叶面数 m 以及分支点的个数 (及其重数), 那么它就可以很容易构造出来. 对那种所有分支点都是简单 (单重) 分支点, 而且其个数为 w 时的情况, Riemann 在 "Abel 函数理论" 一文 §7 中得到了以下公式:

$$p=\frac{w}{2}-m+1.$$

在上述论文中那事先给定的 m 叶闭 Riemann 曲面 T 成了复变函数的载体, 根据一般原则应该由它的最少量性质来确定. 在他的学位论文 (§18) 中, Riemann 就已经是这样推广和表述了 Dirichlet 原理, 使得它便于应用到在给定的 Riemann 曲面 T 上构建函数, 或者, 说得更准确些, 应用于证明在这种曲面上存在指定性

[①] Geschlecht 在中文数学文献中常译为 "亏格". —— 中译者注

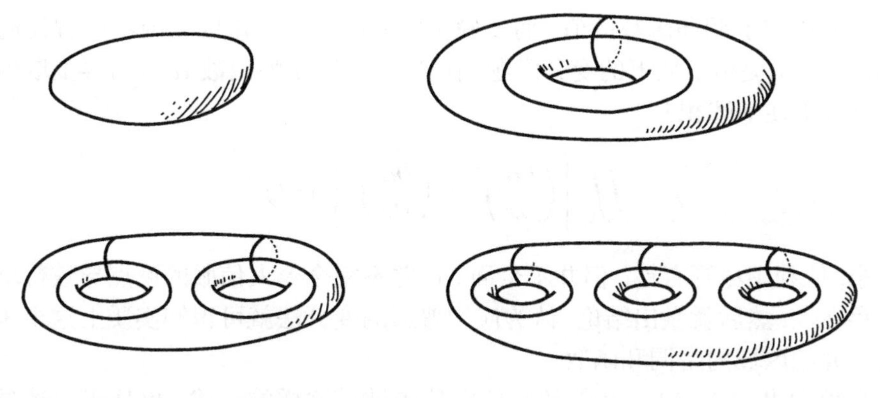

图 2

质的函数. 看来, 根据广义的 Dirichlet 原理, 曲面 T 上的函数, 如果给定了它的全部奇点 (极点, 个数为有限, 以及相应展开中的主部), 以及那些 "跃变" 的实部 (周期模), 这些跃变是在通过那 $2p$ 条 "割线" 的每一条时所产生的. 除了极点之外, 我们还假设可以有对数性奇点; 不过这时在构造函数时要在曲面 T 上作补充的割线. 在割线上的跃变显然与在该割线上点的选择无关; 所以所构造函数的导数已经有了全部等于零的跃变, 即它们在整个曲面 T 上是单值的.

在构造了在整个曲面 T 上的单值函数之后, Riemann 很容易作出这样的结论, 即, 对称函数的单个 "分支" 在平面 z 上是单值的, 从而 (因为极点的个数为有限) 为有理函数; 这样这些函数也就是代数函数, 即满足系数为有理数的、相对于 z 的次数为 m 的方程. 由此得出, 那些前些时所构造的函数是代数函数的积分, 即为 "代数积分".

我们在这里复述了 Riemann 思路的一般特征, 为的是说明, 由他所引进的原理使得我们能够由给定的曲面 T 和给定的函数奇点, 就可以把整个函数构造出来.

如果像一些晚近作者那样使用在更大程度上所习惯采用的任何一种更简单的反向的研究方法, 那么就必须从定义代数函数的公式出发, 即, 从代数方程出发, 然后来构造函数在其上是单值的 Riemann 曲面. 然而这时就会出来一个问题, 这个问题很快就被 Riemann 彻底解决了, 这就是: 是否可以这样来选择代数方程, 使得由它所定义的函数在事先给定的 Riemann 曲面上为单值?

现在我们转向 Riemann 理论的基础如何这个问题. 它的最致命之处就在于使用了 "Dirichlet 原理". Riemann 自己是这样来证明 Dirichlet 原理的[①].

我们只限于那种最简单的情形, 这时在单连通、单叶区域 ——"曲面"T ——

[①]学位论文 §16: 我们令 $\beta \equiv 0$.

的边界上给定了调和函数的值，而要确定的调和函数在该区域内不应有任何奇点. Riemann 提出了如下的变分问题：在变量 x 和 y 的函数 α 在边界上取给定值的条件下使下述积分

$$\iint_T \left[\left(\frac{\partial \alpha}{\partial x}\right)^2 + \left(\frac{\partial \alpha}{\partial y}\right)^2\right] dxdy$$

取极小，他利用尽管有趣、但并不全面、也并不完全令人信服的论点导致待求函数的存在性，然后就做出结论，认为应用普通的变分法就可得知实质上这个函数在所研究的区域内是调和函数.

必须指出，Dirichlet 在他的文集中从未做过这样的论述，也从未表述过这个结论，而如果 Riemann 把这个结论称为 "Dirichlet 原理"，那么很可能是在他的讲课中采用过类似的思路；但是应用极值问题来证明存在性，无疑并不属于 Dirichlet，因为我们在 Gauss 那里就遇到过 (最小二乘法).

Weierstrass 在其短文 "Über das sogenannte Dirichletsche Prinzip (论所谓 Dirichlet 原理)"①中给出了没有任何解存在的变分问题的例子. 出现这种现象的原因在于，有限维点空间中的极值问题与在函数 "空间" 中的极值问题是不一样的：有限维空间中的点的序列必定有极限点，而在 "函数空间" 中从函数序列中不一定能提取到一个序列，它能收敛到某个极限函数. Weierstrass 的批评 (经 F. Klein 的传达) Riemann 是知道的；他承认他的批评的正确性，但是他仍然毫不动摇地相信，他的基本定理是正确的.

无论如何，在当代大多数数学家的眼中，对 Riemann 在应用 Dirichlet 原理的基础上所获得的全部结果的这一讨论是对 Riemann 的荣誉有损的. "挽救" 它们的两个人，一个是 Riemann 的学生 Neumann，一个是 Weierstrass 的学生 Schwarz，他们用不同的方法，避开变分问题，做到了证明 Dirichlet 原理②.

可是变分方法的胜利的时刻终于来到：在 1904 年，Hilbert 回过头来研究 Dirichlet 原理，完成了 Riemann 的证明，确立了使这个积分为极小的函数的存在③. Courant 和 Weyl 以更一般的形式研究了这个问题④.

在 Riemann 那里还有其他不清晰的地方，这就是他的构造的拓扑前提，也就是他为使曲面为单连通必须在其上所做割线的数目与割线系统的选择无关的

---

①发表于 Riemann 已经去世后的 1869 年 (见全集，第二卷，第 49 页).

②C. Neumann, Vorlesungen ueber Riemann's Theorie der algebraischen Funktionen, 2-te Auflage, 1884.

H. A. Schwarz, Züricher Vierteljahrsschrift, 1869—1870; Berliner Monatsberichte, 1870.

③D. Hilbert, Ueber das Dirichletsche Prinzip (论 Dirichlet 原理) (Mathem. Ann. 59).

④见 Courant, Geometrische Funktionentheorie (几何函数理论) (1929) (有俄译本, ОНТИ, М.-Л., 1934)，以及 H. Weyl, Die Idee der Riemannschen Fläche (Riemann 曲面的概念) (1913, 1923)，还有 H. Lebesgue 的文章，载 Rendiconti dei Circolo Matematico di Palermo 24 (1907).

证明. 在 "Abel 函数理论" 一文中他给出了一个不同于他在学位论文中所作的证明; 看来他觉得第一个证明还不能完全令人信服. 但是这两个证明都需要进一步的基础. 因为 Riemann 工作的拓扑部分完全是直接建立在直观的基础之上的, 同时直观的几何概念又显得有足够的说服力, 所以 19 世纪大多数作者都没有在上述方向提出什么特别的批评. 在近代的作者中我们要指出 Weyl, 他在上面所引用的书中实现了将 Riemann 的连通性理论与现代数学的严格要求协调起来的意图.

尽管 Riemann 学位论文的拓扑部分是针对任意曲面的, 但是在后面他只限于展布在闭的复变量 z 的平面上的曲面; 此外在学位论文后面的 §22 他还给出了这样的提示, "站在几何观点的立场上来看, 我们自然会走向问题的极大的推广. 就是说, 我们将不再受到只讨论平面曲面这种严厉的限制; 相反, 可以对任意的曲面提出并求出在无限小范围内保持相似性的映射的问题". 换言之, 可以研究在任意二维流形上的复变函数. 在 "一般 Riemann 曲面" 上的这种函数后来得到了 Beltrami 和 Klein 的研究.

关于这一点我们来引一段 Weyl 的有趣的议论①: "经常会遇到这样的意见, 认为 Riemann 曲面好像不过就是为了多值函数的直观表示作为解释用的 (再加上 —— 非常有价值和有用的) 形象工具而已②. Riemann 曲面是这个理论的不可或缺的、重要的组成部分, 是它的真正的基础. 它也绝不是那种多多少少是人为地事后从解析函数中提取出来的, 而应看成是一开始就给出了的, 好像是土壤, 函数在它上面生长, 开花结果."

我们来简短地盘点一下 Riemann 在其复变函数理论的基础工作方面所取得的重要成果.

作为他的普遍定理的一个例示, Riemann 在其学位论文的 §21 证明了一个命题, 现在这个命题占据着共形映射理论的中心地位: 如果给定两个单连通的区域 ("曲面") , 那么存在一个, 且只有一个这样的共形映射, 它能满足这样的附加条件, 使得在区域内部的两个给定的点以及在围道 (边界曲线) 上的两个给定点相互对应. 大家都知道, 今天这个定理已作为用来确定新的函数的有力的工具: 根据 Riemann 原理, 为了确定函数, 我们不必用公式, 只要给定两个区域, 实现它们之间的共形映射就确定一个函数. 著名的模函数就可以用作这种例子, 这种函数 Gauss 就已经知道了, 但是只是在 Riemann 的讲义③中才得到了广泛的传播. 至于关于共形映射的 Riemann 定理的精确化, 其必要性导致现代集合论, 则

①引自他的上述书中的序言.

②许多作者, 特别是法国的数学家, 在 Riemann 时代之前, 在未引入 Riemann 观念的情况下, 也已经应用了绕临界点的 "环带 (lacets) " 来研究由代数方程所给出的函数的分支的排列.

③见一般标题为 "论由微分方程所生成的函数" 中的第 9 段.

由 Caratheodory 作了阐述①.

除了证明在给定曲面 T 上 Abel 函数的存在性之外, Riemann 还对它们进行了分类: 那些在整个曲面上都没有奇点的属于第一类积分, 那些只有极点的属于第二类积分, 那些还有对数临界点的为第三类积分. *曲面上线性无关的第一类积分的个数等于曲面的类型数 (亏格)*. 引进 (§6 以及还有 "Abel 函数理论") 定义在该曲面上的代数方程 $F(s, z) = 0$, Riemann 也指出了用定义在曲面 T 上的有理函数的积分来表示由这个方程所确定的函数的一般方法. 为了理解这些结果的价值和意义, 我们只要指出, 在 Riemann 之前, 唯有② Abel 本人研究过这些问题, 其时他也只限于超椭圆的情形, 这时的代数方程的形式为 $s^2 - P(z) = 0$, 其中 $P(z)$ 为 $2n-1$ 次或 $2n$ 次的多项式, 而曲面 T 为具有 $2n$ 个分支点的双叶曲面.

Riemann 在研究能够通过保形映射联系起来的封闭曲面 T 时 (文献同上, §11—§13), 把所有能够通过所谓双有理变换相互转换的不可约代数方程归为一类. 他给自己提出了确定这些代数方程的类所依赖的任意常数 (模数) 的个数问题, 这个数看来在 $p = 0$ 时等于零, 在 $p = 1$ 时等于 1, 而在 $p \geqslant 2$ 时为 $3p - 3$. 另一方面, 按照 Klein, 可以说, 在所有情形下这个模数都等于 $3p - 3 + r$, 其中 r 是将曲面变到自身的变换所依赖的任意参数的个数. 这个结论在研究多连通区域的共形映射时具有巨大的意义③.

"Abel 函数理论" 的下半部分是来讨论用 θ 函数来求解 Jacobi 逆问题. 我们来简单地谈一下问题的实质和历史. 积分

$$w = \int_a^z \frac{dz}{\sqrt{P_4(z)}}$$

(其中我们用 $P(z)$ 表示多项式, 用下标表示其次数) 为解析, 类型 $p = 1$. 它具有模数 $2p = 2$ 的周期性, 因此反函数 $z = z(w)$, 在整个平面上单值和亚纯的函数, 就是双重周期的, 也即, 椭圆函数. Jacobi, 众所周知, 是椭圆函数理论的创始人之一, 用所谓 "Jacobi 椭圆 θ 函数"④来表示这种函数, 而所谓 "Jacobi 椭圆 θ 函数" 就是指这样的级数, 它的一般项的对数对独立变量来说是一次多项式, 对求和指标来说是二次多项式. Jacobi 再向前一步⑤, 给自己提出了求下述积分

①我们在这里指出他的书籍《共形映射》, 有俄译本, (ОНТИ, М.-Л., 1934).

②如果不算天才的 Galois 在给 Chevalley 的信中所作的预言的话 (见 Galois 全集, 俄译本, ОНТИ, М.-Л., 1936).

③见, 例如, G, Julia, Leçons sur la représentation conforme des aires multiplement connexes (多连通区域的共形映射讲义), 1934.

④θ 函数最早不是出现在 Jacobi 那里, 而是出现在 Fourier 论热传导理论的书 (Théorie de la chaleur, 1822) 中.

⑤Journal de Crelle 13, 1835.

$$\int_a^z \frac{dz}{\sqrt{P_6(z)}} \quad 和 \quad \int_a^z \frac{zdz}{\sqrt{P_6(z)}}$$

反函数的问题; 因为对应的超椭圆方程 $s^2 - P_6(z) = 0$ 的类型是 $p = 2$, 所以这种积分的每一个的模数为 4, 以致它们的反函数有 4 个周期. Jacobi 正确地认为周期个数大于 2 的单值函数不可能归结为常数, 但是他没有注意到他所感兴趣的函数不可能是单值的, 从而宣称他研究的这个问题是 "荒谬的". 尽管如此, 他还是试图寻求第一类椭圆积分的广义逆问题在超椭圆情形下的解, 并且沿著名的 Abel 定理所指引的道路, 他得到了一个想法, 引进两个变量 z_1 和 z_2 的函数 w_1 和 w_2:

$$w_1 = \int_{a_1}^{z_1} \frac{dz}{\sqrt{P_6(z)}} + \int_{a_2}^{z_2} \frac{dz}{\sqrt{P_6(z)}},$$
$$w_2 = \int_{a_1}^{z_1} \frac{zdz}{\sqrt{P_6(z)}} + \int_{a_2}^{z_2} \frac{zdz}{\sqrt{P_6(z)}},$$

并将逆问题解释为相对于 z_1 和 z_2 来解这两个方程; 并且提出了这样的论点, 认为这个问题可以借助于用双重和表示的广义 θ 级数来求解. 事实上这样提出的问题随后很快得到了解决, 是由 Göpel①完成的, 稍后又由 Jacobi 的学生 Rosenhain②做了更详细地求解.

进一步自然就会产生 Abel 积分在 $p > 2$ 的情形下的求逆问题. 设 $u_1(z), u_2(z), \cdots, u_p(z)$ 为在 Riemann 曲面 T 上没有奇点的、类型为 p 的 p 个 Abel 积分的线性无关组; 要求对变量 z_k 求解下述方程组

$$w_i = \sum_{k=1}^{p} u_i(z_k) \quad (i = 1, 2, \cdots, p).$$

Hermite 在 1844 年就已经对任意 p 研究了这个问题③, 但是它的结果不够完整.

最后的成功落到了 Riemann 的身上. 我们首先指出, 他在 "Abel 函数理论" 的 §12 中 (在定义模数时) 顺便消除了在有关在 $p > 1$ 时的处处有限的 Abel 积分的求逆上 Jacobi 的不足, 阐述了由这种积分所提供的共形映射的性质, 同时还说明了反函数的非单值性. 在 §17 中, 令读者感到有点意外的是, 他在其研究中引进了 p 重 θ 级数的一般形式

$$\theta((v)) = \left(\sum_{-\infty}^{+\infty}\right)^p e^{\left(\sum\limits_1^p\right)^2 a_{\mu,\mu'} m_\mu m_{\mu'} + 2\sum\limits_1^p v_\mu m_\mu}, ④$$

①Journal de Crelle 35, 1847.

②Mémoires présentés par divers Savants 11, 1851.

③Journal de Math. pures et appl. 9.

④这里 $\theta((v))$ 是 $\theta(v_1, v_2, \cdots, v_p)$ 缩写.

并 (第一个) 指出了它的收敛条件①. 如果取线性无关而又适当地归一化了的积分 $u_1(z), u_2(z), \cdots, u_p(z)$ 的周期模数作 $a_{\mu,\mu'}$, 那么这些条件看来能够得到满足; 至于作为那些变量 v 的, Riemann 就用这些积分代入, 于是就得到 "Riemann θ 函数"

$$\theta((u(z))) = \theta(u_1(z), u_2(z), \cdots, u_p(z)).$$

可是差 $u_1(z) - e_1, u_2(z) - e_2, \cdots, u_p(z) - e_p$, 其中 $e_1, e_2, \cdots, e_p$ 为常数, 形成具有相同性质的一组积分; Riemann 引进依赖 p 个参数 e_1, $e_2, \cdots, e_p$ 的 θ 函数

$$\theta((u(z) - e)) = \theta(u_1(z) - e_1, u_2(z) - e_2, \cdots, u_p(z) - e_p),$$

并证明了 (§23),

1) 这个函数在经过作割线后的曲面 T' 上有 p 个零点 $\eta_1, \eta_2, \cdots, \eta_p$, 而且

2) 适当选定在积分 $u_1(z), u_2(z), \cdots, u_p(z)$ 中的可加常数, 则有下述 (同余) 关系能成立:

$$e_i \equiv \sum_{k=1}^{p} u_i(\eta_k),$$

而且这个关系必须按这样的意义来理解, 即等式左侧与右侧之差是对应积分的周期模数的带整系数的线性组合. 在此结果中如果把量 $\eta_1, \eta_2, \cdots, \eta_p$ 看成是量 $e_1, e_2, \cdots, e_p$ 的函数, 它实质上就包含了逆问题的解.

Riemann 论文的最后两节 (§26 及 §27) 讨论的是这样的代数函数, 它们在所给曲面 T 上越过割线时会得到常数因子 ——1 的根; 这种函数后来得到了一个名称 Wurzelfunktion (根函数) .

那些由解 Jacobi 逆问题得到的 p 个变量的 p 个函数具有这样的性质, 即由它们组成的所有对称函数都是 p 个基础独立变量的单值函数, 因而也就有 $2p$ 个周期; 后来这种函数就叫作 (在特殊意义上的) "Abel 函数"; 这种函数也是 Riemann 研究的对象. Riemann 在 1859 年给 Weierstrass 的信中证明了, 一个 p 个变量的单值函数, 如果不能归结为常数, 就不可能有多于 $2p$ 个的周期.

Riemann 在代数函数及 "Abel 积分" 领域内所获得的最后的结果构成了他在 1861—1862 年讲课的内容. 接连不断的致命的疾病, 使得他无法完成将所集聚的丰富材料编辑成可供印刷发表, 而 Riemann 的这一反映了他的创造顶峰的课程, 保存在他的听讲者 Prym, Roch 和 Minnigerode 等人的听课笔记中②.

---

①收敛条件是二次形式 $\sum a_{\mu,\mu'} m_\mu m_{\mu'}$ 的负定性. Riemann 没有在文中给出证明, 但在他的讲义中写出来了.

②后来它们收集在 1902 年由 M. Nöther 和 W. Wirtinger 所编辑的《Riemann 全集》的补遗篇中, 并做了补充和注释.

此外这里还包含了更一般的 θ 函数理论的纲要和构造在最简单情形下 (超椭圆方程和类型 $p=3$ 时) "Abel" 函数的表达式. 仔细地加工这份遗产的任务落到了后来的作者的肩上, 其中有些直接就是 Riemann 的学生. 在这方面我们要提到 Neumann①, Prym, W. Weber 和 Clebsch②. Weierstrass 以及一些与之接近的作者也独立于 Riemann 研究了代数函数及其积分. 属于 Riemann 思想范畴的最新的理论见 Stahl 的书以及在德文的数学百科全书中的 Krazer 和 Wirtinger 的论文③.

最后, 我们要指出, 以 Riemann 的思想精神写成的复变函数的一般理论的教材, 而且是属于两个作者的, 其中第一个作者可说是 Riemann 的朋友, 我这里指的是 Casorati 和 Durège④.

现在我们转向 Riemann 另一系列的工作, 这些工作使得我们可以把他看成是微分方程解析理论的奠基人之一.

Riemann 在他研究超几何函数和满足带代数系数的线性微分方程的函数时, 认为他在其学位论文中置于基础的那些原理仍然有效. 他定义所研究的函数不是靠公式, 也不是靠起这种公式作用的微分方程, 或者以定积分或幂级数来表示的这种微分方程的解, 而是靠细数属于所研究函数的所必需的内在性质. 但是必须指出的是, 第一, 这里谈的性质不是指单个函数, 而是指一整个函数族, 即, 线性地依赖于 n 个任意常数的函数集合

$$y=\sum_{i=1}^{n} C_i y_i;$$

第二, 这次研究的函数不一定是代数函数. 问题归结为: 函数 y_i $(i=1,2,\cdots,n)$ 在复变量 x 的整个平面 (也即在整个 Riemann 球面) ⑤上, 除了有限个点 $a,b,\cdots,g$ 之外, 为正则的; 至于谈到后面这有限的几个点, 我们则假设, 在围绕它们之中

①他的教材已在前文提到了; 该书准确地遵循与 Riemann 完全一样的思路, 应该看成是 Riemann 著作的注释, 而且还补充了一些有助于理解的问题.

②F. Prym, Neue Theorie der ultraelliptischen Funktionen. Wiener Denkschr., 24, 1865; Zur Theorie der Funktionen in einer zweiblättrigen Fläche, 1866; Untersuchungen über die Riemannsche Thetaformel, 1882 И др.

H. Weber, Theorie der Abelschen Funktionen vom Geschlecht 3, 1876.

Clebsch u. Gordan, Theorie der Abelschen Funktionen, 1866.

③H. Stahl, Theorie der Abelschen Funktionen, 1896.

A. Krazer u. W. Wirtinger, Abelsche Funktionen u. allgemeine Thetafunktionen, 1920.

④F. Casorati, Teoria delle funzioni di variabili complesse, 1868.

H. Durège, Elemente der Theorie der Funktionen einer komplexen Veränderlichen, mit besonderer Berücksichtigung der Schöpfungen Riemann's, 1864.

⑤Riemann 考虑过提出更广一些的问题, 即任意的 Riemann 曲面 T, 但是他仔细研究过的只是平面.

的任何一个转过一圈后, 函数 y_i 中的每一个都变成 $y_1, y_2, \cdots, y_n$ 线性组合, 以致整个函数组 $y_1, y_2, \cdots, y_n$ 承受了一个线性变换, 它们在 $a, b, \cdots, g$ 的每一个点上认为是已给定的. 函数组 $y_1, y_2, \cdots, y_n$ 在围绕所有各种可能的、未经过点 $a, b, \cdots, g$ 的闭曲线一圈后所承受的线性变换的全体组成一个群, 就是这族函数的所谓的 "单值群". 从给定的单值变换群出发, Riemann 在他未完成的、在他去世 10 年后才发表的工作①中试图得出关于所考察的函数族的进一步的性质, 特别是构造出这族中的所有函数都是它的积分的微分方程. 他确立了, 在上述奇点的邻域, 例如在点 a 的一个邻域, 这种函数是 n 个幂级数的线性组合, 其中的每一个都是 $x-a$ 的某一 (一般来说是分数的) 幂次乘以一个由 $x-a$ 的正或负的整数幂组成的级数, 即乘以一个由在点 a 的邻域内单值函数所展成的 Laurent 级数②. 假设 "所研究的函数无处以高于无限大的阶次趋向无限", 即假设在所有这种级数中的指数只沿正方向趋于无限, Riemann 在这种情形下得到结论, 即这时他所感兴趣的微分方程以独立变量 x 的整有理函数作系数.

Riemann 未能最终得以确定这个微分方程的形式. 然而关键的问题, 这是 Riemann 没有提出的, 就是 Riemann 工作中所要求的那种函数组 $y_1, y_2, \cdots, y_n$ 的存在性的问题. 由此所产生的 "Riemann 问题" 只是在过了很久以后才被 David Hilbert③用积分方程所解决. 必须指出的是, 一个不同于 Riemann 的思想, 即出发点是微分方程本身, 而不是单值群. Weierstrass 的学生 L. Fuchs, 在从 Riemann 去世到他的未完成工作在其全集发表之间的几十年间 (因而是独立于 Riemann 的) 发展了方程的普遍理论, 这些就被安上了 "Fuchs" 的名字, 而看来 Riemann 也已经研究过它们.

在 Riemann 健在时只发表过一篇有关这方面的论文, 这就是: "对可以用 Gauss 级数 $F(\alpha, \beta, \gamma, x)$ 来表达的函数理论的一个新贡献"; 他研究了得到仔细研究的理论的特殊情形, 即只有三个临界点 a, b, c 的情形. 看来, 为了导出 "Riemann 函数"

$$P\left\{\begin{matrix} a & b & c & \\ \alpha & \beta & \gamma & x \\ \alpha' & \beta' & \gamma' & \end{matrix}\right\}$$

的微分方程, 我们只需给出所研究的两函数组在点 a, b, c 附近的行为 (即相应幂级数的最小指数 $\alpha, \alpha'; \beta, \beta'; \gamma, \gamma'$). 如果 $a=0, b=\infty, c=1$, 那么这个方程就是超几何方程; Gauss 在 1812 年以 "Gauss 型" 级数的形式研究了它的一个特积分,

① "关于带代数函数系数的线性微分方程的两个一般定理", 时间在 1857 年.

② Riemann 也考虑了这样的例外情形, 这时与 $x-a$ 的分数幂一起出现的还有 $x-a$ 的对数: 见补遗篇 "二阶线性微分方程在分支点处的积分".

③ D. Hilbert, Grundzüge der Theorie der linearen Integralgleichungen, Ch. X, 1912, 1924.

它按四个自变量的幂展开, 其中前三个自变量与 Riemann 指数 $\alpha, \alpha', \beta, \beta', \gamma, \gamma'$ 有非常简单的联系. 顺便提一下, 我们在 Euler 那里就已经遇到过超几何函数.

从 Riemann 引进的定义出发, 我们可以很快得到超几何函数的各种不同的性质, 并导出它们的许多变换. Riemann 在超几何级数上的讲义也是很令人感兴趣的: 我们在这一版的全集中编入的断篇表明, Riemann 也研究了有两个二阶微分方程的特积分之比所实现的共形映射, 并且同时为自守函数理论铺平了道路. 特别是, 对超几何方程的研究把 Riemann 带到了多边形群和椭圆模函数①.

后来这个方向上的思想在 Schwarz 以及特别是在 Klein 的著作中得到了更加全面的发展②.

与 Riemann 在函数理论领域内一般研究计划联系不那么密切地, 他还有两个十分出色的工作, 我们来把对它们的考察作为本文第一部分的收篇. 其中第一篇 ——"论小于给定数值的素数个数"—— 属于他晚期 (1859 年) 研究, 这时他在数学上的功绩已经得到了大家的公认; 他把它送到柏林科学院, 于是被选为它的院士. 第二篇 —— "论函数的三角级数表示" —— 这是他在 6 年前为了获得教师资格向 Göttingen 大学提交的就职论文 (Habilitationsschrift); 在 Riemann 全集于 1876 年出版前它在长时间内不大为人们所知晓.

论素数的著名的论文, 其内容与其说是讲数论的, 不如说是讲函数理论的. 在该文中 Riemann 引进了复变量的函数

$$\zeta(s) = \frac{1}{1^s} + \frac{1}{2^s} + \frac{1}{3^s} + \cdots + \frac{1}{n^s} + \cdots,$$

如今它被广泛地称为 "Riemann ζ 函数"; 确立了它的一系列非常深刻的性质, 但并不总是作出详细的证明. 从该文的文本本身看不出来, 哪些结论是 Riemann 经过严格论证过的, 哪些只是猜测: 在完全相信他所说的是正确的情况下, Riemann 常常是不在那些细枝末节和证明的形式上过多逗留, 而径直向前 (我们不妨回想一下 "Dirichlet 原理"). 重建 Riemann 论文中的所有证明就构成了下一个世纪的课题: 在这些研究工作的过程中就产生并发展出一个新的数学理论; 在里面就包含了 Hadamard 在整函数的现代理论中所作的贡献. 尽管花费了巨大的气力, 函数 $\zeta(s)$ 直到今天仍然是个谜, 因为 Riemann 的 "假设" (很遗憾我们只能这样来称呼) 既没有得到证明, 也没有得到反证.

①我们要指出, Riemann 在研究圆柱形导体上的电平衡时也有机会触及一般自守函数 (见本版全集的第 XXIV 篇), 而在阅读 Jacobi 的《Fondamenta》遇到椭圆模函数, 其时他正在寻找处处间断的函数 (见未编入俄译本全集的断篇 "Fragmente über die Grenzfälle der elliptischen Modulfunktionen (关于椭圆模函数的极限情形的断篇)", B. Riemann's Gesammelte Mathematische Werke, 第二版, 第 XXVIII 篇.

②H. A. Schwarz, Journ. de Crelle 75; Gesamm. Abh. II, 211, 353–355, 363.

F. Klein, Vorlesungen ueber die hypergeometrische Funktion, 1933.

F. Klein u. R. Fricke, Vorlesungen ueber Modulfunktionen und ueber automorphe Funktionen.

论整数这篇文章的起源要到 Legendre 的《Théorie des nombres (数的理论)》这本书中去找, 这是 Riemann 还没有进大学前就读过的书, 其次要到 Dirichlet 的工作中去找, 他是第一个把分析工具应用到数论中去, 并在应用中引入了形式为 $\sum \frac{a_n}{n^s}$ 的级数, Dedekind 就把这个级数称为 "Dirichlet 级数", 而这就是最简单的 ζ 函数的最简单的例子. 另一方面, 我们今天知道, 素数分布的问题是 Gauss 花过很大的精力研究过的问题, 而且他获得了 (或者指出过) 许多重要的定理, 这些定理他自己都没有发表, 而且在这个领域内他还做过广泛的 "经验性的" 研究. 在数论问题上 Riemann 与 Gauss 有多大程度的接触, 我们只能猜想了①.

Riemann 在研究在整个复平面上的函数 $\zeta(s)$ 的性质时开辟了数论的一个新的方向的起点, 这个新的方向现在称为 "解析" 数论.

将函数 $\zeta(s)$ 表示为沿某一无限路径的积分, 这一路径包含了被积函数的奇点 (Schleifenintegral (回道积分)), 然后通过两种不同的方法导出了函数 $\zeta(s)$ 的函数方程, 用现代的写法它的形式为

$$\zeta(1-s) = 2\cdot(2\pi)^{-s}\cos\frac{\pi s}{2}\Gamma(s)\zeta(s),$$

Riemann 确立了, 函数 $\zeta(s)$ 只有一个唯一的极点 $s=1$, 以及所谓的 "微不足道的" 零点 $s=-2n$ $(n=1,2,\cdots)$, 除此之外还有位于条带区域 $0<\Re s<1$ 内的零点; 然后未加证明地提出了这些 (非 "微不足道的") 零点数值的渐近公式; 并提出了一个命题 (这就是至今仍未证明的 Riemann 假设), 认为所有这些零点都在直线 $\Re s=\frac{1}{2}$ 上. 最后, 也是未加证明, 他把函数 $\zeta(s)$ 表示成无限乘积的形式, 它在上述极点不算在内的整个平面上收敛.

这些结果有以下数论方面的应用. Riemann 以 $F(x)$ 表示小于 x 的素数的个数, 然后借助于 Euler 公式

$$\zeta(s) = \prod \frac{1}{1-\frac{1}{p^s}}$$

导出下述关系:

$$\frac{\lg\zeta(s)}{s} = \int_1^{\infty} f(x)x^{-s-1}dx,$$

其中的函数 $f(x)$ 用 $F(x)$ 来表示为

$$f(x) = \sum_{n=1}^{\infty}\frac{1}{n}F(x^{\frac{1}{n}});$$

①同时 Riemann 还很有可能也知道 Чебышев (切比雪夫) 的工作, 因为它们在 [19 世纪] 50 年代初就都已经发表了.

然后利用反变换 (现在称之为 Laplace-Mellin 变换) 可以用 $\zeta(s)$ 来表示 $f(x)$:

$$f(x) = \frac{1}{2\pi i}\int_{a-\infty i}^{a+\infty i} \frac{\lg \zeta(s)}{s} x^s ds,$$

其中积分沿平行于虚轴的直线 $\Re s = a$. 然后再将函数 $\zeta(s)$ 的无限乘积的形式代入, Riemann 发现有对函数 $f(x)$ 作估值的可能, 而由于 $F(x)$ 反过来也可以用 $f(x)$ 来表示, 由此又可以得出对 $F(x)$ 的一个估值. 对应于 Gauss 的假设, Riemann 获得了以对数积分函数

$$Li(x) = \int^x \frac{dx}{\lg x}$$

来作为 $F(x)$ 展开的主项.

以符合一切所必需的精确性证明上述结果只是到了 1896 年才同时分别由 Hadamard① 和 Vallee Poussin② 所完成.

如果说这篇论素数的论文以高度的计算技巧获得了深刻而又精确的结果, 那么论三角级数的那篇论文的历史意义主要就在于, 它以新的方式照亮了整个分析的基础. Riemann 决不是想要提出批判这个基础的任务; 他是由于所研究问题的性质, 不得不这样做. 显然从总体上他并没有打算对像 "数"、"变量"、"函数关系" 这样一些概念作批判性的审视, 可是他的同时代人 (Weierstrass, Dedekind, 最后还有 Cantor) 就已经决定性地走上了重建 ("算术化") 分析的道路. 同时特别是在涉及三角级数的研究方面, 除了 Riemann 的工作, 从时间上来看, 在他之前有 Dirichlet 的工作, 在他之后有 Lipschitz, Cantor, du Bois-Reymond 等人的工作, 都在这方面起着促进的作用. 其实第一个最初的推动当然是来自 Fourier 的发现, 他彻底消除了过去那种把函数看成是对内容不确定的 "量" 作形式运算这样的想法. 作为对这一发现作出的响应, Dirichlet 将函数定义为把 "一个变量的数值" 映射为 "另一个数值". 但是分析应该如何理解 "变量的数值", Dirichlet 并没有研究, Riemann 也没有研究, 只是在很后才结晶出把 "实变量的数值区间" 看成是 "点的集合"、"线性连续体" 的观念.

众所周知, Cantor 和 Weierstrass 提到过使用过集合论方法或建立过这种思想的先行者: 比如提到过 Bolzano 的 Paradoxien des Unendlichen (无限大的悖论); Riemann 不在其中.

Riemann 并不特别具有集合论的思想, 他既未曾把曲线 (一维连续体) 看成点的集合, 也未曾把曲面和空间 (二维和三维连续体) 看成点的集合; 尤其是, 在他

①Bulletin Soc. Math. France, 24.

②Ann. Soc. Scient. Bruxelles, 20_2.

的讨论中从未出现过结构更加复杂的点集①. 顺便说一下, 必须指出, 在 Riemann 那里用集合论概念的表述几乎一点也没有, 会使在这些概念下培养起来的现代读者在正确理解 Riemann 的论述和构造时感到困难. 例如 Riemann 思路有这样的特点, 就是在我们看来不太连贯: 有些情况 —— 为了确定起见假设要谈某个函数变为零 —— 总是会在该平面上的某一个点, 如果它不是发生在这个平面的某一 "部分" 上 (应该理解为不是在某一二维连续体上), 那么它发生在 "个别曲线上", 而如果由于某种原因这种情况也被排除了, 那么这个现象就会发生在 "个别点上", 如此等等. 而且有时要这样理解, 所谓 "个别的点" 和 "个别曲线" 指的不过就是有限个的意思; 完全类似地不讲自明认为, 两条 "个别曲线" 可以相交也就不过是有限个点. Riemann 似乎在有个地方说明了类似这种论述的意义, 其不完整性对它的怀疑者来说可能觉得不存在: 这就是 (在学位论文的 §19) 给他所研究的函数加上某些限制, 它们可能显得有点多余, 他在附注中解释道, "作更为深远的限制是为了避免使得研究细致深入的程度不必要地过分" (um unnötige Weitläufigkeiten zu vermeiden). 我们知道, 对他来说用准确而又简洁的叙述风格来讲述他的工作实是不易, 这样来说, 我们应该得出结论, Riemann 经常在他的证明中保持有一些没有磨平之处 (незаглаженные щвы), 力图使自己不要陷入问题的细枝末节之中去, 这些在他看来都是第二位. 如果我们进一步发挥 Riemann 的上述实质上是带反叛性的思想, 那么在数学中所创造的东西有多少可以算作不必要地过分详尽 (unnötige Weitläufigkeiten)!②

现在我们回过头来谈那些我们感兴趣的工作, 那些独立于前面提到的各位作者的篇章, 它们很快由于分歧 (растущей) 数学思想的自然发展, 使两个不同概念之间发生了冲突. 如果说在二十年后这个冲突在 G. Cantor 那里导致了剧烈的爆炸性事件 —— 一般集合理论的创立, 那么 Riemann 仍然把它当成是一个尚未解决的问题, 带着灵活性很高深的造诣避免谈到点的集合, 因为, 即使是他的这个思想已经产生了, 但是想说的话可还没有说出来.

他在该文中 (§3) 指出, 和 Riemann 一道, 还特别提到 Dirichlet, 他所研究的问题 "与无限小计算的基本原理有密切的联系, 可以说是把这些原理带进到了一个更加清晰和确定的状态".

Riemann 工作的第一部分是用来谈将任意函数展成三角级数的历史的. 这

①另一方面我们非常有趣地注意到, 在他的学位论文的 §16 中在谈到 Dirichlet 原理的证明时有下面的句子 "函数 λ 的全体构成一个自身封闭的连通区域······" ("Die Gesammtheit der Funktionen λ bildet ein zusammenhängendes in sich abgeschlossenes Gebiet ···").

②我们必须做这样的保留, 就是 Riemann 在对待数学基础概念上的立场只能从他早年 —— 1851 年以前 —— 的工作来判断, 包括在本文集中的三篇学位论文; 从此以后他就 (是故意的吗?) 避开与它们的接触了.

样一来在其中也相同程度地讲述了弦的振动方程

$$\frac{\partial^2 y}{\partial t^2}=\alpha^2\frac{\partial^2 y}{\partial x^2}$$

的积分方法的发展以及实变量的函数概念从 D'Alembert 和 Euler 到 Dirichlet 的发展. 在这一历史性的引言中, 特别是在对前人 Dirichlet 的成就的评价中, Riemann 在讲到 Dirichlet 对他在这一方面研究工作的影响时也决不亚于对他在其他方面研究的影响, 年轻的 Riemann 有机会利用到他的忠告和指导, 并且以适当的方式指出他在三角级数上所取得的成就.

在此引言部分的结尾处 Riemann 非常有趣地说出了, 他相信 "Dirichlet 能够对大自然提出的所有问题进行解答", 而 "Dirichlet 没有涉及的那些函数在大自然中也不会遇到". 但是他预见到了, 他的研究, 包括那些未曾被 Dirichlet 研究过的, 必定会 "在纯数学中的一个领域, 即数论中" 发挥众所周知的作用. 这个思想是不是就是那由 F. Klein 所提出的更广泛的 "近似计算数学" 与 "精确计算数学" (Approximationsmathematik 和 Präzisionsmathematik) 之间对立的基础呢?

Riemann 研究的目的, 按照他自己的话说 (§7), 就是 "要建立为了使函数能够表示成三角级数时实际上必须加到函数的行为上去的条件"; 因此必须 "找出可以表示的必要条件, 然后再从其中选出那些也是充分的条件". 于是 Riemann 给自己提出的第一个问题就是确立收敛三角级数 (它不一定是某个函数的 Fourier 级数) 的性质, 在这之后才有可能确立能够展成三角级数的函数类的全部特征.

Riemann 在前期分析中看到了必要性之所在, 将定积分的概念加以精确化. 在 Riemann 之前积分理论的状态是这样的, 认为连续函数在有限区间内的可积性是毋庸置疑的; 可是对积分和的极限与积分区间分割为子区间的方式无关这一点却没有严格正式的证明; 对于有有限个间断点的函数, 如果在这种点的附近函数 "许可积分", 就是说它的原函数在趋向间断点时趋向有限值, 也认为是可以对它们进行积分. 因为结构更加复杂的函数, 简单地说, 不一定能遇到, 有关可积函数类的准确规模的问题还谈不上.

在论三角级数的那篇论文中 Riemann 引进了 (§4) 现在以他的名字命名的积分过程, 它广为人知, 在所有分析的教材中都有叙述. 在 "Riemann 积分" 的定义本身中就包含了被积函数是否可积的完全精确的说明; 与此同时, 通过对这个可积性条件的转换, Riemann 还得到了一个必要和充分的判据, 用以判断函数在间断点处邻域内的行为是否为可积. 在这里还第一次给出了一个具有处处稠密的间断点集、然而却仍然可积的函数的例子. 我们还要指出, Riemann 先于 Weierstrass 认为, 一致收敛的连续函数项级数之和也是一个连续函数这个结论, 是需要证明的, 而且也给出了证明. 此外在这一研究工作中他还表述并证明了一个有关实数项非绝对收敛级数, 其和的不确定性的定理 (§3).

在寻求可以表示为收敛的三角级数的函数的性质时, Riemann 从假设下述三角级数

$$\frac{1}{2}b_0+\sum_{n=1}^{\infty}(a_n\sin nx+b_n\cos nx)$$

中的系数 a_n 和 b_n 趋于零出发, 得到了最完整的结果. 在做了上述假设之后, 在研究中 Riemann 引进了这样一个函数 $F(x)$, 它由对一个 (当然是一致收敛的) 级数作二次逐项积分而得, 然后再确立该级数和的两个性质, 在此我们只来讲第一个: 极限

$$\lim_{\alpha\to 0}\frac{F(x+2\alpha)-2F(x)+F(x-2\alpha)}{4\alpha^2}$$

[函数 $F(x)$ 的 "二阶广义 Riemann 导数"] 必定存在, 而且等于该级数之和. 这样一来, 如果有某个函数可以表示为上述类型的三角级数, 则存在一个连续函数, 它的二阶广义导数等于该函数. 这个二阶广义导数后来 (在 1872 年) 还被 G. Cantor①用来证明, 如果三角级数的和恒等于零, 那么它的所有系数就都等于零.

我们注意到, Riemann 对三角级数的那些把它们与幂级数截然划分开来的性质, 给予了特殊的注意: 函数是否能够展成三角级数, 特别地依赖于函数在该点邻域内的性质.

最后, 我们暂且不论 Riemann 在其对三角级数的研究中所得到的一些其他重要和有趣的结果, 我们指出, 在这里还聚集了特别丰富的材料, 保证了实变函数理论作为一门独立的数学学科的诞生和发展.

至于谈到 Riemann 所直接研究到的问题, 其进一步的进展和现状, 那么可以提到许多著作, 例如, 在不久前出版的 Zygmund 的专著《三角级数》的第 11 章②.

几何, 力学, 数学物理

在本书 Riemann 文集的第二部分收入的是那些收集在由 Weber 编辑出版的德文单卷本的《Bernhard Riemann's gesammelte Werke und wissenschaftlicher Nachlass》(1876 年版和 1892 年版) 中不属于分析和函数论的部分, 至于由 Nöther 和 Wirtinger 所编辑出版的《Nachträge (补遗篇)》, 没有包含我们在这里感兴趣的内容. 确立哪些是属于分析和函数论的内容自然也只能是有条件的; 特别是在 Riemann 这里更是如此, 对他来说, 复变函数的概念是他的数学创造的基本推动力, 而物理内容的问题往往只不过是作为发展函数理论思想用的跳板.

①Math. Annalen, Bd. 5.

②有俄译本: ГОНТИ, М.-Л., 1939.

由于这一点, 在将 Riemann 的著作分类的时候有的地方就会出现困难, 这时我们在编辑时就有可能越出 Riemann 全集原著各篇的顺序 (各篇的篇名也不全是 Riemann 原来的篇名).

我们意识到收入本部分中的材料在科学上和文献意义上不是完全等同的: 除了那些有巨大历史意义的, 其中有的在严格意义上可以说是 "划时代" 的, 其中也有某些看来是偏离了科学发展的主流, 未曾受到人们的注意而与时代擦肩而过; 除了那些是由作者本人编辑并在其生前就出版了的论文之外, 还有并不打算发表的手稿, 草图, 只包含了很少文字, 或者有一些著作, 其中的公式是 Riemann 的, 而文字是别人写的. 毕竟我们觉得把这些著作包括进来不太合适, 因为只有在很少几个情况下 (未必会超过几页) 它们会有达到纯传记性的水平. "哲学内容断篇" 地位有点特别; 可是如果完全或部分把它排除在外, 那就意味着从 Riemann 的科学探索中排除了最富自己特点的阶段之一, 看来这个阶段还可能是他的创造道路上的转折点.

现在我们转来概述 Riemann 在所提到几个领域内的工作, 并从他在几何方面的工作讲起, 很自然地我们要首先指出, 他在关于这方面的工作数量不多, 篇幅极为有限, 但是所包含的内容和结果却极为丰富. 这方面的工作必须提到的有: 1) 著名的就职试讲 (Probevorlesung) "论奠定几何学基础的假设" 以及属于它的第二部分的关于热传导的工作 (所谓 "巴黎征奖论文"), 2) 拓扑学初步论述, 3) 关于极小曲面方面的研究.

在上述第一方面的工作包含了以极简短 (而且是纯文字) 的形式论述了多维度量延伸量或流形, 或者用现在更常用的说法 —— 论述了 Riemann 空间.

在 Riemann 时代多维几何的概念还没有成型, 等待结晶出来. 这在 Gauss 的工作中几乎还从未有过, 尽管无疑他拥有与之相关的思想; 另一方面也独立地出现了其他人的工作, 例如, Grassmann 的《Ausdehnungslehre (延伸量学)》(1844 年), 以及 Hamilton 的《Lectures on quaternions (四元数讲义)》(1853 年).

Riemann 在其论文的第一部分中所引进的 "n 维流形" 的概念实质上完全相当于现代的 "n 维空间中的一个区域" 的概念: 只要设想某个适当的系统, 它的各种不同的 "状态" (或者说 "点") 由 n 个独立参数, 或者说坐标, 在预先给定的范围变化的数值的全体所确定, 那么所有这些 "状态" 的全体就已经构成一个 n 维流形. 与此同时必须注意到在用词上的极为重要的差异: 在今天 (例如, 在泛函分析中), 很自由地使用 "空间" 这个词, 任何一种元素集合, 如果在其中建立了某种次序关系, 或者某种极限关系, 就可以叫作空间; 可是在 Riemann 这里, "空间" 是在真正物理意义上来理解的: 这就是那个三维的流形, 其中放置着我们观察到的外部世界中的对象. 任何一个系统, 它的状态由一个在给定范围变化的单一的参数来确定, 就可以作为最简单的流形 —— 单重延伸的流形的最简单的例子.

在定义多维延伸体及其维数时, Riemann 可是站在极大的原则性的高度上: 他从流形的拓扑学的, 也就是与任何度量无关的, 特征出发, 从而避免了在定义中马上引起谈及参数及其数值. 他必须采用 "递推的" 定义: 首先利用从其中一点过渡到另一点只能依靠 "一种确定的方式" 这一性质, 来定义一重延伸流形, 然后再将 $n+1$ 维延伸量定义成, 通过对 n 维延伸量作一连串连续的变换后之所得. 这是 Riemann 的典型的思想方法, 它常常会导致对象的内在的、不变的性质, 而不是它的偶然的属性: 要知道用坐标来 "解析地" 表示延伸量确定的方式不唯一, 两个延伸量, 如果在确定它们的坐标值的数组之间能够建立相互一对一 (而且是连续的) 对应, 那么它们就可以认为是拓扑等价的. 在 Riemann 的所有构作中都有一个明确的思想为基础, 即量的 "测量" 就是指将另一个作为单位的量 ("标准器具", "固体") 沿这个量移动; 如果移动的方法没有指明 (例如在测量质量或温度时), 那么测量的标尺就仍然是任意的, 这时我们可以谈是 "较大", 还是 "较小", 但是不能谈是 "多少". 换言之, 构造度量几何的可能性有赖于一个可以移动的、不变的标准器具的存在.

Riemann 有意地将他的工作中的第二部分, 度量几何部分, 明显地与其第一部分, 拓扑部分, 区分开来. 在这里他假设了有测量流形中点之间的距离的可能性. 不过这里讲的并不完全确切, 因为随后 Riemann 是站在无限小的观点上来讲的. 我们必须这样来设想, 因为他要为研究者提供为测量所必需的标准器具, 可却是尺寸为无限小的标准器具 (我们的米尺与宇宙的尺度比也是小得可以忽略不计的): 这种标准器具使得我们有可能测量 "线元" ds, 即连接一点到其无限邻近一点无限小线段的长度. 在数学上 Riemann 把线元长度的平方表示成坐标微分的 "基本的" 正定的二次形式, 而且形式的系数是该点坐标的函数. Riemann 给出了有利于选择这个公式的理由. Gauss 给出过通常曲面上的这个公式, 如果给定这个曲面的参数组为 (u,v) (按 Riemann 的观点这就是二维流形的特例), 那么就有

$$ds^2 = Edu^2 + 2Fdudv + Gdv^2 \quad (EG - F^2 > 0),$$

容易看出, Riemann 给出的就是这个公式的推广. 在引进了线元长度 ds 之后, 我们就有可能计算流形中两点 A 与 B 之间沿连接它们的曲线 (C) 的距离 —— 这就是积分 $\int_{(C)} ds$. 这样一来, 为了在流形上引进度量的定义, 只要给出线元的形式, 也就是给出相应的二次形式的系数作为坐标的函数就足够了: 线元决定流形的 "度量".

根据在流形上坐标 (参数) 系的选择不同, 基本二次形式所取的形式也可能不一样, 但是流形的度量, 显而易见, 应该与坐标的选择无关. 另一方面, 可能出

现这样的情况, 两个 (维数相同的) 流形具有相同的 —— 只差符号不一样 —— 基本二次形式, 从 Riemann 理论的观点来看, 就可以说是同一个流形. 在这个意义上, 例如, 在任一可展曲面上的任一部分与它所展开成的平面上的那一部分是等同的: 在这两个曲面上 "统治着的同一种几何". 一般来讲, 对应于每一类正定二次微分形式, 即对应于可以通过变量变换就将其中一个变成另一个的正定二次微分形式, 有某一个确定的 Riemann 流形, 带着某种 "统治于其上" 的几何, 与之相对应.

在由相互等价的二次形式类所确定的流形上, Riemann 追随着 Gauss 的思想发展轨迹, 还进一步发现了与坐标的特定选择无关的对象和关系. 这种对象, 首先就是测地线, 或者, 如 Riemann 所称呼的, "最短" 曲线.

如果我们跟随 Riemann 一起, 认为沿连接点 A 与 B 的任一曲线 (C) 的积分 $\int_{(C)} ds$ 显然会在某一条确定的曲线 (C) 上达到最小的值, 那么这条曲线也就是在点 A 与 B 之间距离最短的曲线. 对应于变分问题的极值曲线 ——"测地线" —— 受到通过流形上给点 O 这个条件限制的, 将形成一从 O 点出发通向各个方向 (对应于坐标微分的各种比值) 的曲线束. 从这束测地曲线出发可以构造一测地曲面 (二维流形), 与在 O 点的任一 "平面元" 相切. 以确定的方式选择一组坐标系 ("Riemann 正则坐标系") 就有可能从基本的二次形式出发构造一个表达式, 它在实质上与测地曲面在 O 点的 Gauss 曲率没有什么区别. 至于谈到位于三维空间中的 Gauss 曲率, 那么 Gauss 本人就知道了, 这种曲率可以用基本形式的系数来表示, 因而就存在理论上的可能性, 用不着走到外包空间中去, 只要取曲面本身上的度量就可以算出曲面的曲率 (Theorema egregium (绝妙定理)). 这样说来, Riemann 曲率的概念包括了 Gauss 曲率概念作为其特例.

在所考察的流形中, 刚体 (刚性图形) 能在其中无限地移动的条件是, 当且仅当流形的曲率既与点的位置无关, 又与通过该点处面元的取向无关, 在确定了这一点之后, Riemann 特别注意了常曲率流形, 还指出了这种流形的线元的基本形式总是能够化成的正则形式. 一个流形, 如果它的曲率处处都等于零, 他就把它称为*平坦流形*: 任意维数的欧氏空间以及与之等价的任何流形都属于这种. 例如, 所有可展曲面就是这种 "平坦的" 二维流形.

如果曲率为常量且异于零, 那么就可能出现两种情况: 要么为正, 要么为负. 在这两种情况下只要适当选择尺度总可以把它们化成曲率为 $+1$ 或者为 -1 的流形. 这样一来, 实质上不同的 "非欧" 几何只有两种, 今天它们通常称为椭圆几何和双曲几何. 双曲几何 —— 又别称为 Лобачевский (罗巴切夫斯基) 几何 —— Gauss 就已经知道了, 这从他的信件和档案中可以得到证实; 在一般意义下的椭圆几何 ("在局部" 可以在欧氏球面上实现), 看来第一次是由 Riemann 在他的

"Probevorlesung (就职试讲)" (有 Gauss 在场) 中提出的, 由此获得了 "Riemann 几何" 的称呼, 一直保留到今天.

正如在上面已经指出的, Riemann 在著作 "Ueber die Hypothesen" 只是以文字的形式总结了他的结果; 相应的数学工具稍后部分地在他论热传导的论文的第二部分有所展开论述. 读者可以在 H. Weyl 所写的注释中找到所必需的数学计算, 这一注释我们也收入了本文集 (见中译本附录 VI).

Riemann 这篇文章的第三部分是谈应用的, 他在这里以极其谨慎的方式提出了一些对现实物理空间的论点. 他以物体在现实空间中可以用任何想象得到的方式移动这种情况为依据 (其原因我不打算在此深究), 他这样论断说, *如果事情是这样*, —— *如果* "物体在空间中的存在与它所在的位置无关", 那么空间的曲率必定为常量, 而且其值可以通过测量一个三角形的内角之和充分精确地算出来. 可以想象 Riemann 是知道 Gauss 为了这个目的所作的测量, 也知道测量的结果是负的 (三内角之和与 180° 的偏差不超过观察误差允许的极限). 所以他就放弃了判断空间的曲率是等于零还是异于零的这种做法, 而是引向能消除表观矛盾的论点, 这就是最后的假设所引向的论点. 特别的是, Riemann 这篇文章的最后一段意味深长, 其中包含了有关空间度量关系产生的内在原因的暗示: 一方面他引进了多维流形的概念以及与之相联系的数学工具, 另一方面, 那些含义不清的句子贯穿着对度量与 "作用在实体上的联系力" 之间的相互关联的猜测, 使 Riemann 差不多要接近到现代相对论的创始人 ——Minkowski 和 Einstein. Weyl 这样写道①, "Riemann 的论述已经超越了数学领域的范围, 它以惊人的清晰性指出了 (其中有些 ······) 从 Riemann 关于空间的学说导出其物理结论的途径, 这些论述的进一步发展就成了 Einstein 的引力理论."

《Raum, Zeit, Materie (空间, 时间, 物质)》一书的作者以这样的语言来评价 Riemann 的 "Probevorlesung (就职试讲)" 的普遍意义: "Riemann 在这里以崭新和真正普遍的观点展开对空间问题的讨论. 他在几何学的领域内, 由于扬弃了超距作用原理, 完成了与 Faraday 和 Maxwell 在物理学中, 特别是在关于电的学说中, 所完成的相同一步: 在研究世界时我们应从无限小内的相互关系出发 ······".

对 "Ueber die Hypothesen" 发表的直接响应就是 Helmholtz②, Christoffel③ 和 Beltrami④ 等人的工作的出现 (这已经是在 Riemann 去世之后了). 至于反

①摘自 Weyl 编辑出版的《Ueber die Hypothesen》单行本的序言.

②H. Helmholtz, Ueber die Tatsachen, die der Geometrie zu Grunde liegen (Gott. Nachr. 1868).

③E. B. Christoffel, Ueber die Transformation des homogenen Differentialausdrucke zweiten Grades, Journ. fur reine u ang. Math. 70, 1869.

④E. Beltrami, Teoria fondamentale degli spazi di curvatura constante, Ann di Mat. (2), 2, 1868.

映有关 Riemann 延伸理论进一步的发展的文献, 那么我只想在这里提出有助于促进普及 Riemann 思想的 Klein① 的讲义和 Poincaré②的著名的文集; 然后我要提到 Ricci③在 "绝对 (建立在不变量基础之上的) 微分学" 的方法上面的研究工作; 最后则是 Cartan④在 Riemann 空间上的专著以及 Weyl⑤的著作, 其中讲到了 Riemann 思想的现代面貌.

现在我们来谈 Riemann 关于拓扑学方面的一些断篇: 它们很可能是文章原始初稿, 其对象应该就是 "没有定量特征或定量区别的流形". 可以想象得到, Riemann 的思想对位置分析 —— 这当时在数学范围内还是一个神秘的领域 —— 会有怎样的推动. 我们现在知道, Gauss 对拓扑学的问题有强烈的兴趣; 有可能他与周围的人分享过某些思想; 在 1847 年 (Riemann 做大学生的第一年) 出版了 Listing 在这个领域内的第一本书《Vorstudien zur Topologie》; 把这一点与那种情况对比, 用 Klein 的话来说, "当时的 Göttingen 的气氛弥漫着对几何的兴趣, 对天才而又敏感的 Riemann 有着觉察不到、但是非常强大的影响". Riemann 是在其学位论文中研究建立复变函数理论的基本概念时, 以及后来在写论文 "Abel 函数理论" 时被引导到拓扑概念上来的 —— 当然只是对二维延伸体; 然而从另一方面来看, 他勇敢地越过欧式空间的界限, 并且与构建奠定 "Ueber die Hypothesen" 一文的思想相联系, 不可避免地会遇上拓扑学的问题和困难. 仔细阅读 "Probevorlesung" 就会发现, 他在这里力图绕开这些问题, 把它放到一边, 指望在别的地方再回到它上面来: 实际上, 在给出 n 维流形的定义时, 看来他只考虑了单连通的延伸体, "n 维单形" (即与 n 维立方体或 n 维球同胚的区域). 进一步的问题 —— 由这种元素构建更为复杂的结构, 就类似于用砖块来构造大厦, 又好比是用一片片的平面块来作 "Riemann 曲面". 在 "断篇" 的头几行, 我们看到, 两条以同一对点为端点的 "一维单形" (简单 Jordan 曲线) 合在一起就组成 "连通的、没有端点的二维单形" (闭合 Jordan 曲线).

Riemann 的注意力所集中之点, 可以用 n 维流形的连通性来表征, 换言之就是把在学位论文中对 $n=2$ 时的那些结果转移到 $n>2$ 时的情形中去. 他马上就看到必须引进不同程度连通性的阶次, 或者引进不同维度的连通性, 这要看在该流形上所做 "切割" 的维度而定.

①F. Klein, Vorlesungen über die Entwicklung der Mathematik im 19. Jahrhundert, Vorlesungen über Nicht-Euklidische Geometrie, Vorlesungen über höhere Geometrie, 均有俄文译本.

②H. Poincaré, La science et l'hypothèse (1907), Science et méthode (1908), Dernières pensées (1913).

③G. Ricci, Méthodes de calcul différentiel absolu et leurs application, Math. Ann. 54, 1901; T. Levi-Civitá Lezioni di calcolo differenziale absoluto (1925); J. A. Schouten, Der Ricci-kalkül (1924).

④É. Cartan, Leçons sur la géomérie des espaces de Riemann (1918).

⑤H. Weyl, Raum, Zeit, Materie (1918).

由 Riemann 所拟定的连通性的数字特征, 相当于我们今天所谓的 “Betti 数”.

可以发现 Riemann 在极小曲面方面的研究与他在 “Ueber die Hypothesen” 一文中所表达的思想方面之间的若干联系. 实际上, 从测地线, 即从连接两个给定点并具有最小长度的一维延伸体, 会自然地过渡到极小曲面, 解决所谓的 “Plateau 问题”: 通过给定的周线 (闭曲线) 作一曲面, 即二维延伸体, 使之具有最小的面积. 这样的问题可以放到任意的 Riemann 空间中来研究, 所求曲面也可以推广到大于二维的延伸体, 从而导致 “极小 n 维流形”. 但是, 在准备学位论文的 6—7 年的时间中, 他分出一部分精力所作的研究是沿着具体化的路子走的: 他只限于在欧式空间中所提出的经典的极小曲面问题, 并集中于那种特殊情形, 即在空间中所给定的周线是由最简单的方程来确定的. 方程形式为 $z = f(x, y)$ 的极小曲面所必须满足的偏微分方程已经被 Lagrange (1760—1761 年间) 推导出来了; 用 Monge 的记号来表示, 为

$$(1 + q^2)r - 2pqs + (1 + p^2)t = 0.$$

在 Riemann 之前研究极小曲面的有 Meusnier, Monge, Legendre 和 Ampère. 对我们感兴趣的 Riemann 的论文, G. Darboux 是这样评论的①:

“这篇漂亮的论文完全有权成为这位著名作者的一系列最出色的作品之一, 它包含了 Riemann 在分析中引进的那些新颖而又深刻的思想的十分有趣的应用”. Riemann 应用了极小曲面的 Gauss 球映射, 同时还确立这个映射的共形性质, 表述了关于在映射下受到扭曲的曲面面积的定理. 他利用 O. Bonnet② 的思想, 引进复坐标来确定曲面上点的位置, 并在解决他所提出的问题时系统地应用共形映射. 论文的第二部分是用来研究 Plateau 问题的特殊情况的. 如果说大自然自身能够不费力气用肥皂膜解决这个边值问题, 那么在相同周线的条件下, 它的数学解却要必须动用到高级的数学工具: 因为如果所求曲面要求通过三对互不相交直线, 那么 Riemann 在求解它的方程时就用到了 P 函数, 这是他在论 Gauss 级数以及 Gauss 函数的论文中引进的.

Riemann 在其对极小曲面的研究中 (也正如他在对 Abel 积分的研究中一样), 与 Weierstrass 相遇, 在后者于 1866 年向柏林科学院提交其研究结果的几乎同时, 经 Hattendorff 整理后的 Riemann 的论文提交到了 Göttengen 科学家协会. Weierstrass 的学生 Schwarz 延续了 Riemann 在 Plateau 问题上的工作, 并求得了在周线为任意多边形时的解③.

在转向 Riemann 在力学以及数学物理方面的工作时, 我们必须主要谈他的两篇重要的论文, 它们属于他的创造生命成熟期时的工作 —— 其中一篇目的是

---

①G. Darboux, Théorie des surfaces, T. 1, Ch. 4.

②O. Bonnet, Journal des math. pures et appl. (2) 5, 1860.

③H. A. Schwarz, Werke, Bd, 1.

研究液体椭圆体的运动, 另一篇则是研究气体的动力学的. 关于液体椭圆体的运动及其稳定性的问题, 不难理解, 这是与宇宙学理论以及天体形状的研究有关的. 关于这方面最初的结果是属于 Maclaurin 的, 他把这个结果提交给评选委员会, 于 1738 年公布. 巴黎科学院确立了, 任意的连续分布的旋转椭球体都可能是均匀的有质的旋转液体平衡时所取的形状: 后来这些椭球体的运动在 Laplace 的《天体力学》(1799 年) 中得到了仔细的研究. 稍后 (1834 年) Jacobi 证明了, 还存在三轴椭球体的一个 "系列", 它们也具有这样的性质. 不论是 Maclaurin 的情形, 还是 Jacobi 的情形, 椭球体都以一个整体 (如同一个刚体) 绕其自身的最短轴转动. 在 Dirichlet 的最后一篇, 经 Dedekind 补充后发表于 1860 年的论文中, 问题提得更加广泛 (假设运动粒子的坐标, 是它的初始值的线性齐次函数, 是时间的任意函数), 但是计算只在某些特定的假设下才算到了底. Riemann 在自己的论文中通过选取变量成功地化简了 Dirichlet 所得到的微分方程, 从而得到了问题的解, 包括先前已经知道的全部特殊情况. 而且看来运动要想保持不变, 只有在瞬时转动轴始终保持位于椭圆体的主平面之一之内才有可能. 我们不再耽于清点 Riemann 在有关他所研究的运动的稳定性上所获得的结果, 只限于指出, 他在这方面的后继者是 H. Poincaré[①]和 A. Ляпунов[②].

Riemann 在 1860 年的论述气体动力学的论文在以下两点假设下阐述了气体动力学的一般方程: 1) 在这些方程中的速度的投影, 还有它们和压强对时间以及对空间坐标的偏导数, 都不能认为是无限小, 以致它们的导数也不能忽略不计, 以及 2) 认为压强是事先给定的气体密度的任意 (递增的) 函数. 在这两点假设下流体动力学的方程不再归结为平常的线性的波动方程; 它的积分看来是一个非常复杂的问题, 但是 Riemann 通过假设三个速度投影中只有一个不恒等于零, 即只限于讨论粒子的运动平行于一确定的方向的情况, 这样来将问题简化. 至于对压强与密度之间的相互依赖关系的特点, Riemann 则未做任何限定, 只是在研究结束时保留了有物理实际意义的两种假设 —— 一种是假设满足 Boyle-Mariotte 定律, 另一种是假设满足 Poisson 绝热过程定律.

很难有把握地说, 这就是 Riemann 研究 "有限振幅空气波" 的直接原因: 而这可能是 Helmholtz 对声音在管中传播的实验. 正如 Riemann 本人指出的, 他的工作不应当从实验方面来看, 而应当看成是对非线性偏微分方程理论的一个贡献. 同时很重要的是要指出, Riemann 利用它来寻找一个特殊的线性双曲型二阶偏微分方程在下述条件下的解, 这个条件就是: 在一条不同于特征方程的曲线上给定了所求函数及其法向偏导数的值, 这就是所谓的 "Cauchy 问题". Riemann

---

①H. Poincaré (Acta. Mathem. 7, 1885).

②"Об устойчивости зллипсоидальных фигур равновесия вращающейся жидкости (论选择液体平衡时椭圆球体形状的稳定性)", (硕士学位论文, 1884 年) 以及随后的论文.

找到了所提问题的一般解, 把它表示成某个 “共轭” 偏微分方程, 满足在两条特征曲线上所给条件的特殊积分, 这样一来, 就诞生了可用于求任何双曲型方程解的 “Riemann 方法”.

在 Riemann 的这篇文章中还包含了另一个重要的结果, 涉及第一次在这里指出的气体流动中的间断性现象 (Stosswellen—— “冲击波”). 看来即使在初始条件为连续时, 间断也可能出现. 如果说 Riemann 在研究这个现象时还只是限于一维的情况, 那么后来 Christoffel① 就把 Riemann 的结果进一步推广到空间的情况. 最一般形式的间断理论是由 Hugoniot② 独立于 Riemann 发展起来的. 关于这个问题的完整的叙述可在 Hadamard 的《Leçons sur la propagation des ondes (波的传播讲义)》(1903 年) 一书中找到③.

Riemann 在数学物理方面的其他的一些工作重要性较小. 在多数情况下这些都是一些注记, 速写, 草稿, 是作为将来写文章时备用的; 其中少数在 Riemann 生前就发表了. 它们的论题和用途多多少少都各不相同: 其中有的给出了理论解释和实验基础 (用 Leiden 瓶作的 Kohlrausch 实验, 牛顿环); 有的物理问题只是为了引进某种解析结构的借口 (例如, 在从圆柱体上的电荷平衡问题出发, 事先建立了自守函数的理论); 有时目的明显地就是为了加工适用于先前没有考虑过的情况 (环面上的 Dirichlet 问题, 椭球体形区域内热传导问题, 椭圆柱体的势, 等等) 的辅助数学工具. 还必须指出, Riemann 喜欢去响应那些在竞赛中宣布的特殊问题: 这方面最明显的例子就是求一条等温曲线的巴黎应征论文.

从上所述我们切勿得出这样的结论, 认为 Riemann 在数学物理领域内的所作就其重要性来讲不如他在其他领域内所达到的成就大. 相反, 更正确地应该这样来看, 一方面, 像复变函数理论这样一些 “纯粹” 分析的领域, 以及另一方面, 正好就是数学物理方程, 它们, 如果可以这样来表述, 对 Riemann 来说, 相当于两级, 在它们上面最大限度地集中了他的创造; 在这两级之间存在着相互作用的关系, 这也正是 Riemann 的典型特点所在. 事情是这样, Riemann 的大量科学研究工作都是与他的教学生涯 (部分还甚至与实验讲习班) 分不开的: 而且必须认为, 特别是在涉及数学物理方面, Riemann 科学功绩的重心, 也许应该这样说, 是在于他的讲义, 而不是在那些收进了他的全集的, 主要是断篇的材料. 类似的贡献在我们这个时代可能已算不上是学术荣誉, 在 Riemann 的时代, 对待 “教学重任” 的产品的态度可是另一个样子.

数学在 18 世纪的蓬勃成长, 完善技术取得的成就, 还有就是法兰西革命以及由之而带来的震动 —— 把科学从安静的斗室中赶了出来, 那种斗室是天才的

① Christoffel, Annali di Matem. 8, 1877.

② Hugoniot, Journ. Ec. Polyt. 39, 1887, 以及 Journ. de Math. Ser. 4, T. 3, 1887.

③ 也可见 G. Zemplén 在德文版的数学百科全书中的条目 (IV, 19); Webster 和 Szegö (数学物理微分方程, 俄译本, ОНТИ, М.-Л., 1934, 第 6 章) 也谈了一些有关这方面的东西.

个体完成惊人发现的地方, 我们是通过私人信件, 或是由学术出版物、口头的鼓励以及荣誉的追逐的事件知道它们. 拿破仑战争之后, 大学和专门的研究机构到处林立, 在这些地方青年们逐渐簇拥过来, 以便能获得职业和工资. 在有的情况下, 就经常会发生阅读讲义的问题, 不仅困难和有责, 而且同时又是有荣誉和需要创造能力的事: 必须创造这样一种学习高等数学的系统, 能制定出这样一种教育传统, 使得能够成功地把思想传递给那些没有特别出色才能的人. 设想有些青年, 坐在教室里的板凳上, 充满着对科学的渴望, 具有高度的认真精神和工作能力, 拥有一切所必需的清晰和健康的思想, 可是, 想要牢固和清晰地学会, 却半句话也把握不住: 他们需要解释, 他们需要说服. 在那种地方没有足够的直观以便于学会, 必须靠逻辑来帮助, 而且它的形式结构消除了理解不完全的疏漏: 这样就产生了通过它们的"算术化"来加固数学基础的必要性, 这样在对它们的叙述中就创造了新的"形式化的"风格, 这是在经典的世纪完全闻所未闻的. 这个完全自然的 (而且也是由内部的原因引起的), 过程是很漫长的, 而且正式的阶段在很后才来到: 需要几十年的时间, 要等到学校和大学的数学都改变了自己的面貌, 而且这一点自身又反映到纯科学创造的领域内 —— 反映到了数学刊物的页面上.

在德国 19 世纪的中叶, 在新的原则的基础上改造数学科学的事业, 主要归功于 Jacobi 和 Dirichlet, 后来在更大程度上要归功于 Weierstrass, 他是"形式主义"方向旗帜最鲜明的倡导者. 这样他的生涯主要是在中心大学 —— 柏林大学①度过的这一点就不是偶然的了, 因为在那里所集中的人才远比在地方大学里所集中的要重要得多.

现在回过来谈 Riemann, 必须指出, 当他在 Göttingen 大学做学生时的年代, 这个世纪的趋向还没有 —— 至少可以说在涉及数学的这一部分 —— 找到自己的反映. 那里整个地被巨人般的人物 Gauss 的光辉所笼罩, 这是一个属于上个经典世纪的人物, 如果不是说他自己全部深刻的创造是这样, 那么至少他的学术传统是这样. 我们知道, Göttingen 大学的环境并不能使年轻的 Riemann 得到满足: 后来他到柏林大学去学习, 跟随 Dirichlet, 后来还成了他的亲密的朋友. 应该认为, Riemann 靠着坚实广泛的基础, 创立学派, 而且就是在数学物理和偏微分方程的积分方面, 可以说是 Dirichlet 事业的接班人. 后来当 Riemann 成了正式教授之后, Göttingen 大学与他紧密联系并把他吸引过来; 显然那里有更广大的舞台在等着他; 不排除在柏林大学获得教授职位也将会是他的更广阔的职业生涯的开始. 早年的疾病和过早的去世使得这种可能的发展结局未能实现.

Riemann 在数学物理方面的讲义经听他课的 Hattendorff 整理后出版了; 它

① Jacobi 只是从 1844 到 1851 年在柏林大学, 早些时候他是在 Könisberg; Dirichlet 在柏林大学的时间是从 1829 到 1855 年, 后来一直到 1859 年是在 Göttingen 大学; Weierstrass 是从 1854 到 1897 年在柏林大学.

的准确的书名是《Partielle Differentialgleichungen der Physik (物理学中的偏微分方程)》(1869 年) [①]. 该书经 H. Weber 补充和修订后多次印行而广为人知; 这本篇幅不大的 "Riemann-Weber" 在半个多世纪里是每一个兴趣指向应用方面的数学家案头必备之书, 也是其兴趣不仅限于实验的物理学家的案头必备之书; 在 1925 年出版了替代它的、内容更为丰富的两卷本的版本, 由一系列作者合作修订, 书名《Die Differential-und Integralgleichungen der Mechanik und Physik; Herausgegeben von Ph. Frank und R. v. Mises (力学和物理中的偏微分方程和积分方程; Ph. Frank 与 R. v. Mises 编辑)》. 第一版的 Riemann 讲义相当充分完整地描绘了带 "边界条件" 的数学物理方程在上个世纪中叶[②]所达到的水平, 并且见证了它的作者在系统收集和整理材料上做出了何等有价值的贡献.

由于《Partielle Differentialgleichungen der Physik (物理学中的偏微分方程)》不是本 Riemann 全集俄译本的一个组成部分[③], 我们在这里还没有条件对该书作更仔细的分析. 我们只是总的指出, Riemann 在数学物理领域内的研究, 照例是以求得在当下的实验中所提出的具体问题的解为目的, 而所采用方法的 "精确表述", "批判性地奠基" 在他这里则尚付阙如: 我们既找不到解的存在性和唯一性的严格证明, 往往缺少对有关过程的收敛性的考察, 等等, 此外, "Dirichlet 原理" 的例子表明, Riemann 甚至在纯分析的领域都倾向于靠物理直觉来代替数学证明. 这种情况的原因很明显: 客观上作为数学较为年轻的分支, 建立其形式基础在 Riemann 时代还没有开始, 另一方面, 独创的想象、充沛的精力和丰富的思想, 不断地吸引着 Riemann 向前. 关于这方面我们最好是来听听 Courant[④]对接近我们这个时代所流行的, 与 Riemann 的探索精神对立的, 形式上无可挑剔, 可是贫乏与局限的数学思想所作的议论, 看来不无益处: "我们放弃许多向前推进的阵地, 为的是保留与后面的交通, 我们用坚固的墙壁保护起来, 心甘情愿地局限于一块不大的领地, 为的是防卫批评的攻击. 许多, 甚至是出色的, 数学家是这样牢固地接受了 "严格性" 的概念, 以致不能想象基于翱翔的幻想之上的 "不严格性" 的结构可能性和必要性. —— 这样虽然摆脱了被讥讽为衰败、贫乏, 却偏离了 Riemann 所开辟的发展道路, 从 Riemann 发出的发展的生命线马上就会停滞 ……".

[①] 这里我们还必须添加《Schwere, Elektrizität, Magnetismus (引力, 电和磁)》(Hattendorff, 1875). 为了将至今为止已出版了的 Riemann 讲义遗著都提到, 除了有限断篇之外, 还要指出涉及 Abel 函数的内容 (《Nachträge》, Nöther u. Wirtinger), 还有《Elliptische Funktionen》, 由 Stahl 于 1899 年编辑出版.

[②] 本文写于 20 世纪, 所以这里的 "上一个世纪" 是指 19 世纪. —— 中译者注

[③] 但是十分期待本书能得到翻译出版.

[④] R. Courant, Bernhard Riemann und die Mathematik der letzten 100 Jahre. (这是在 Riemann 诞辰 100 周年纪念会上的讲话, 载《Naturwissenschaften》, 1926 年, 第 36 期和第 52 期.)

最后来谈一谈编入 Riemann 全集的取名为 "哲学内容断篇" 的手稿. 它的科学历史意义在于其中包含了那些 Riemann 思考过但尚未成文的物理综合性的内容的草稿. 关于这个意图有以下的证据. 在 1850 年 11 月提交给 Göttingen 教师讲习班的文摘中[①], 顺便说一下, 24 岁的 Riemann 报告了有关 "从个别粒子间的相互作用的基本定律出发, 建立涵盖在包围着我们的物理的连续空间中进行着的一切过程, 不论是引力的, 电的, 磁的, 还是热平衡的过程, 全面完美的数学理论的可能性". 关于这个问题更加确切的叙述是在 1853 年, 这时他正以这样的热情投入到自然哲学的学习中, 甚至即使当时正在准备他的就职论文 (论三角级数) 也决不吝惜时间; 在这年 12 月 28 日给弟弟[②] 的信中他不无带着神秘的口吻报道: "我又重新着手研究电、电流、光和引力之间的联系, 已经进展到这样的程度, 我可以无条件地把它们送到编辑部去发表. 顺便说一下, 我已得到证实, Gauss 也已经研究过这些问题多年, 并且现在把这件事告诉了他的几个朋友, 其中就有 Weber, 但是要求他们承担保密的责任. 我希望就在不久之后能够肯定, 我所发现的一切都是独立于 Gauss 的. —— 给你讲这些不会有你会责备我有不合时宜的自大的危险吧!" 我们在他给妹妹的信中也读到了某种十分类似的话, 不过要晚得多 (1858 年):

"我把在有关电与光之间的发现提交给了这里的 (即 Göttingen 的) 科学协会. 按许多到我这里来的人所说的判断, 必定会得出结论说, Gauss 建立了这种联系, 与我的不同, 而且已经告诉了与他接近的知己. 但是我毫不动摇地相信, 我的理论是正确的, 用不了很多年大家都会承认是这样". Riemann 在这里提到的是指标题为 "Ein Beitrag zur Elektrodynamik (对电动力学的一个贡献)" 的这篇短文 (见本文集的第 XIV 篇), 它很快就被 Riemann 取回并在他去世后第一次发表在 Poggendorff 的年鉴上, 而且引起了反对和争论.

应该指出, 1854 年, 就是他在实验自然科学家大会上作报告的那年, 从这年开始 Riemann 对综合理论的兴趣明显地下降了; 不知道是由于内心兴趣的增长, 还是由于受他周围人的影响 —— 他的注意力指向了更加具体的问题. 在这方面特别能说明问题的是他在为气体动力学的论文所写的摘要中的一段话, 也可以从所有大约从这个时期开始的科学著作的方向上看出.

要想对 Riemann 的哲学观点作出准确的论述还必须对此作特别的研究. 这种研究至今尚未完成.

在他的两篇哲学残篇 ("引力与光" 以及 "自然哲学的新的数学原理"), 或者就从其中一篇, 就可以想象得出 Riemann 在上面提到的 1853 年的信中讲的是什

---

① 文摘的标题 ——"论在文科中学的自然科学教育的规模、顺序和方法".

② Wilhelm Riemann 是在 Bremen (不来梅) 的监护人; 在父亲去世后成为家庭的 опорой.

么. F. Klein①在这里看到了 "对 Maxwell 理论的预期 (предвосхищение)", 将 Riemann 的公式与类似的 MacCullagh②的公式作了对比, 并这样总结道: "这个公式的来源我不清楚, 从现代的理论的观点来看也很难说里面是否还仍然是对的".

至于其他的 "断篇", 那么它们可以说是各式各样的; 可以同意 H. Weber 的意见, 认为 "保留下来的这些速写足以在总的方面表征 Riemann 在对待心理学上的和自然哲学上的秩序的立场", 也许我们还可以加上说, 所有在 "断篇" 中的材料都是 Riemann 本人思想的写照. 不过这一点还有可以存疑之处. 在标题为 "关于心理学与形而上学" 的大量摘录中包含了 Herbart 的一系列引语以及有关 Fechner 的思想的相关叙述③.

Riemann 在这段摘录中所提到的 Fechner 的论文的名称分别是 "Nanna oder über das Leben der Pflanzen"④ (Nanna 或论植物的生命) , 1848 年, 以及 "Zend-Avesta oder über die Dinge des Himmels und des Jenseits" (Zend-Avesta 或天上的事物和彼岸的事物), 1851 年. Nanna 是古代德国仙女 (богини) 颜色的名称, Zend-Avesta 是袄教 (Зороастра) 的圣书. 我们在其中读到的就是一些有利于说地球、天体和植物的都有灵气的论点. 这些来自半失去理智的 Fechner 的论点在一本天才的数学全集的页面中产生了极其古怪的印象. 我们设想最有可能是因为, 年轻的、才能多面、兴趣广泛、令人印象深刻的 Riemann 在这里给我们留下了几本刚出版的、使他感兴趣的书籍的读书笔记.

其他材料, 标题为 "关于认识论领域", 看来没有受 Fechner 的影响: 初看之下我们得到这样的印象, 摆在我们面前的是一系列为自己使用的笔记, 日记, 记事本, 里面写了一些他喜欢的引语, 完成了的表述, 等等. 比如关于概率论以及关于假设方面的一些有趣的思想.

一般来说, 容易想象, 当 Riemann 在一个青年到了认为必须将自己的科学世界观 (миросозерцание) 整理清楚的年龄的时候, 在各种不同的哲学思想上, 选择何种接受其影响, 还不是很严格的; 其中某种就有可能促使他建立 (尽管是在有点类比的基础上) 他的物理 – 综合理论; 无论如何, 按 "哲学内容断篇" 来判断 Riemann 在自然哲学上的立场只能极其谨慎. 把这些判断外推到 Riemann 最后几年的生活还没有多大的根据.

(感谢王耀东教授对本篇文章的译文提出的修改建议.)

①《数学在 19 世纪的发展讲义》, 俄译本第 293 页.

②James MacCullagh (1809—1847), 爱尔兰数学家. —— 中译者注

③按照上面所提到的想法, 这些摘录在此从略.

④这里所引文章的名称有误, 准确讲应为 "Nanna oder über das Seelenleben der Pflanzen" (Nanna 或论植物生命的灵魂). —— 中译者注

附录 V 《论奠定几何学基础的假设》单行本序言

H. Weyl

Riemann 的就职试讲“论奠定几何学基础的假设”是他为了取得教师任职资格在 1854 年 7 月 10 日在 Göttingen 大学哲学系全体教工前所作的演讲, 在他去世后才首次发表在 Göttingen 科学协会论文集第 13 卷上. 继 Lobatschefskij 和 Bolyai 之后, Riemann 在这篇演讲中并没有在原则上越过 Euclid, 倒反而是紧紧地以 Euclid 的《原本 (Elemente) 》为榜样, 发展了一种逻辑上前后一致的几何学, 它不是以采纳、而是以否决平行公理的假设为基础, 从一种全新的、真正普适的观点出发来研究空间问题. 对几何学来说就此迈出了与 Faraday 与 Maxwell 在物理学中, 特别是在电学中, 通过从超距作用过渡到近距作用所迈出的相同的一步: 这就是成功地实现了从世界的无限小的部分来认识世界的原理. 最近 Riemann 在解析函数理论领域所完成的巨著以及还有在物理方面的思考都是源于同一认识论的动机. 这样在 Riemann 毕生所从事的各个不同领域内研究工作上所直接表现出来的统一性都是以此为基础的.

但是这个伟大的数学家在这篇新发表的演讲中所展开的思想不仅对几何学有深远的意义, 而且它在今天还具有特别的现实意义, 因为由它为广义相对论奠定了其概念基础; 它的创始人 Einstein 也是这样少有地直接和有意识地接受到 Riemann 的影响. 诚然, 在其最后一段超出数学之外的阐述极其惊人地清楚表明 —— 人们常常试图直接把这说成是它预言了 ——Riemann 空间学说的物理后果在方向上和 Einstein 的引力理论所指出的是一样的. 毕竟 Riemann 并不知道与引力之间的这种关系这一点是肯定的; 因为他本人的研究是要去确立 "光、电、磁与引力之间的相互联系" 的基础, 这一研究正好在时间上与就职试讲重合, 实际上与这也没有任何联系. (参见 Riemann 数学著作全集附录中哲学内容断篇 (第二版, Leipzig 1892, 526–538 页). —— 在申请任职资格期间 Riemann 给他的弟弟这样写道: "因此我再次研究了物理学的基本定律之间的关系并如此深陷其中, 以致我再也不能摆脱, 因为我这时正在准备就职试讲的论题." 这两件那时在他头脑中互相干扰的事情, 现在却紧密地互相成长到一起了.)

自从由 R. Dedekind 和 H. Weber 所操持的 Riemann 全集出版之后, 他那具有深刻思想的申请就职资格的讲演已能广泛得到. 尽管如此我还是高兴地答应了出版社的提议出一本它的单行本; 因为在我看来, 考虑到这个文本还是一件令人赞叹不已的大师手笔, 让尽可能多的人拥有, 实际上是会受到欢迎的; 今天所有那些对相对论感兴趣的人肯定都会去阅读它. 我补充了一个附注, 在其中, 1. 详细叙述了 Riemann 只点到的解析计算, 2. 指出了后续一些关于这一论题的最重要的文献, 3. 架设了通向在相对论名义下正在进行中的现代发展的桥梁. 为了读起来方便起见对注释我们选择了和对正文所选取的同样大的印刷字体; 为此我请求不要把这看成是编者的僭越. 对那些只想了解那些重大原理而不想仔细研究这个问题的人, 我们迫切地建议, 别被那些充满了公式的叙述干扰了对讲义的享受. 随讲演一道给出的内容概览及脚注均源自 Riemann 本人.

把文本带入当前这种形式, 正如它已经大量出版, 今后也还会这样, 都会起着对这一概念生命的促进作用.

Zürich, 1919 年 5 月

H. Weyl

利用第二版及第三版的机会我对注释只作了不重要的改动.

Zürich, 1923 年 3 月

H. Weyl

附录 VI 《论奠定几何学基础的假设》单行本注释

H. Weyl

---

1 (对第 I 部分) 新近以来试图通过精确的公理来确定, 一般来说应该赋予一连续流形以何种性质才能使这一概念为数学分析提供坚实的基础. 参见 Weyl, Die Idee der Riemannschen Fläche (Riemann 面的概念), Leipzig, 1913, 第 I 章, §4; 同一作者, Das Kontinuum (论连续体), Leipzig, 1918, 第 II 章, §8; Hausdorff, Grundzüge der Mengenlehre (集合论基础), Leipzig 1914, 第 VII 章和第 VIII 章; 对于发生学的构作来说, 连续体通过不断地分割不再是由一些单个分立的原子式的单元组成的系统: Brouwer, Math. Ann. Bd. 71, 1912, S. 97; Weyl, Über die neue Grundlagenkrise der Mathematik (论新的数学基础危机), Mathem. Zeitschr. Bd. 10, S. 77. 这时作为 n 维流形的特征, 人们最简单地是要求它 (或要求在它的充分小的一块上) 能够连续地、可逆 - 单值地映射到 n 个坐标值系统 x_i (流形内的位置的连续函数) 上. 只有流形联系上这样一种坐标系, 那么与流形相联系着的一切量才有可能通过给定数来表征. 坐标系的任意性是通过建立一种 "不变量理论的" 计算而拥有的, 更确切地讲由此得到的不变性是对所考虑的变换为可逆 - 单值的、连续变换来说的. 首先必须证明维数本身就是这样一种不变量, 因为否则维数的概念也就悬空了. 这个证明是由 Brouwer 给出的 (Math. Ann. Bd. 70, 1911, S. 161–165; 还可参见 Math. Ann. Bd. 72, 1912, S. 55–56). 对于 Riemann 在度量确定上的进一步的研究来说自然预先假设了由流形内部的本性会给出这样一种坐标系的概念, 在任意两坐标系之间通过函数互相联系, 而且这

些函数不仅是连续的, 而且还是连续可微分的、在两组坐标系的坐标微分之间可以引入可逆 - 单值的线性关系; 要不然就根本不能谈线元了. 在这种情况下维数的不变性就是自明的; 坐标变换的函数行列式 $\neq 0$.

一种类似于 Riemann 的、对维数的递推性的解释, 已由 H. Poincaré 提出来了 (Revue de métaphysique et de morale (形而上学评论与道德评论), 1912, S. 486, 487), 它紧扣直观, 把坐标数目当作维数的 "算术性的" 定义; Brouwer 研究了这种 (以适当方式精确化后的) "自然的" 维数概念与算术的维数概念之间的关系 (Journal f. d. reine u. angew. Mathematik, Bd. 142, S. 146–152).

2 (对第 Ⅱ 部分, 第 1 节) 将 ds^2 设定为二次微分形式的假设显然源自于认为 Pythagoras 定理在无限小的情况下仍成立. 就是这个假设, 它不仅是可能类型中最简单的, 而且也是在所有其他类型中以极为特别的方式所挑选出的. 遵循 Riemann 我们从可测线元的假设开始, 即流形以下述方式获得在点 P 处的度量: 给每一在点 P 处的线元 (其分量为 dx_i) 配给一个测量值

$$ds = f_P(dx_1, dx_2, \cdots, dx_n). \tag{1}$$

假设 f_P 是一个一阶齐次函数, 就是说将所有变元 dx_i 乘以一个共同的实的比例因子 ρ 之后, 函数 f_P 将乘以 $|\rho|$. 自然还要进一步假设, 在流形的不同点并不会相对于在其上所确立的度量而有所不同; 这可以这样来解析地表述, 即那些对应于不同点 P 上的函数 f_P 统统都可以通过变量的线性变化得出. 当在任一点处的 f_P^2 都具有正定形式

$$f = \sqrt{(dx_1)^2 + (dx_2)^2 + \cdots + (dx_n)^2} \tag{2}$$

时就是这种情况; 但是如果 f_P 是一个四阶形式的四次方根, 具有随位置改变的系数时, 一般来说就不是这样. 因此也许用下述形式来表述空间问题就更好些: 我把所有那些由一个函数, f, 通过变量的线性变换得出的函数算作一类 (f). 每一个这种一阶齐次函数类 (f) 就对应于一种特殊的几何: 在 (f) 类的度量空间中, 在每一点 P 处按 (1) 式来确定线元度量值的函数 f_P 就属于函数类 (f). 这个规定与坐标 x_i 选择无关. 在这些空间类型中对应于函数 (2) 的 Pythagoras-Riemann 空间是一个独一无二的特殊类. 我们要问, 它的这个优越的地位是建立在什么样的内在性质的基础之上的.

Helmholtz 和 Lie (Helmholtz, Über die Tatsachen, welche der Geometrie zugrunde liegen (奠定几何基础的事实), Nachr. d. Ges. d. Wissensch. zu Göttingen. 1868, S. 193–221; Lie, Über die Grundlagen der Geometrie (论几何学之基础), Verh. d. Sächs. Ges. d. Wissensch. zu Leipzig, Bd. 42, 1890, S. 284–321) 的研究给出了这个问题第一个令人满意的回答. 一个 n 维流形具有无

穷小的可移动性, 这个意思是说, 在其中包含了 O 点的一块无穷小的体元可以作这样一种自由转动, 在这种转动下度量在一阶下保持不变, 并且通过这种转动能够将在 O 点一线元带到任意方向, 将通过同一点的面元带到包含此线元方向的任一面元方向, 如此等等, 直至 $n-1$ 维的体积元; 但是如果在 O 点与这样一个系统相关的从 1 直至 $n-1$ 维的方向元都确定了, 那么物体就不再能绕 O 转动. 这些转动将构成一个确定的微分 dx_i 齐次线性变换群. 而现在我们知道, 这个群必定由所有那些把正定的形式 ds^2 变换成仍为正定的形式的线性变换组成. 因此对无穷小可移动性有以下要求: 1. 导致在同一处测得的线元可以互相比较这一事实的结果, 以及 2. 所测得的数值满足 Pythagoras 定理.

新近由相对论所产生的形势而引起的对空间问题一个完全不同的见解是由 Weyl 提出的. 关于这方面请参阅报告: "Das Raumproblem (空间问题)", Jahresbericht der Dtsch. Math.-Vereinig. (德国数学家协会年鉴), 1923, 还有: Mathem. Zeitschr. (数学杂志) , Bd. 12 (1922) , S. 114, 以及不久即将由 Julius Springer (Berlin) 出版的 "Mathematische Analyse des Raumproblems (空间问题的数学分析)".

对在每一点具有一个按方程 (1) 意义下的任意度量的空间中的几何研究, 新近由 P. Finsler 提出来了 (Über Kurven und Flächen in allgemeinen Räumen (一般空间中的曲线与曲面), Göttinger Dissertation, 1918).

3 (对第 II 部分, 第 2 节) 如果线元具有以下形式①

$$ds^2 = g_{ik}dx_i dx_k \quad (g_{ik} = g_{ki}), \tag{3}$$

那么经典变分法就给出了, 作为一条连接流形中两个给定点 A 和 B 的曲线 $x_i = x_i(s)$ 与所有与它充分靠近的、也是从 A 连到 B 的曲线相比具有最短的, 或者具有稳定的长度的条件是下述方程 (一阶变分为零)

$$\frac{d}{ds}\left(g_{ij}\frac{dx_j}{ds}\right) = \frac{1}{2}\frac{\partial g_{\alpha\beta}}{\partial x_i}\frac{dx_\alpha}{ds}\frac{dx_\beta}{ds}. \tag{4}$$

这里假设了我们取曲线从某一初始点起算的弧长, 或者还可以取与它成正比的量, 作参数 s; 因此沿该曲线就有 (顺便提一下, 这可由 (4) 推得)

$$g_{ik}\frac{dx_i}{ds}\frac{dx_k}{ds} \text{ 为常量.} \tag{5}$$

(4) 式的左边等于

$$\frac{\partial g_{i\alpha}}{\partial x_\beta}\frac{dx_\alpha}{ds}\frac{dx_\beta}{ds} + g_{ij}\frac{d^2x_j}{ds^2}.$$

①对在公式的一项中出现两次的指标, 例如这里的 i 和 k, 要对它进行求和; 这一约定使得我们能省去书写许多求和号.

将其中第一项挪到等式的右边, 并且为简短起见引入 "Christoffel 三指标符号", 即下述量:

$$\frac{1}{2}\left(\frac{\partial g_{i\alpha}}{\partial x_\beta}+\frac{\partial g_{i\beta}}{\partial x_\alpha}-\frac{\partial g_{\alpha\beta}}{\partial x_i}\right)=\Gamma_{i,\alpha\beta}$$

以及 $\Gamma^i_{\alpha\beta}$, 它由 $\Gamma_{i,\alpha\beta}$ 用下述方程唯一地得出:

$$\Gamma_{i,\alpha\beta}=g_{ij}\Gamma^j_{\alpha\beta}.$$

这样一来就得出了对 "测地线" 的下述特征方程:

$$\frac{d^2x_i}{ds^2}+\Gamma^i_{\alpha\beta}\frac{dx_\alpha}{ds}\frac{dx_\beta}{ds}=0. \tag{6}$$

Riemann 对一任意点 O 引入一个 "中心坐标 (Zentralkoordinaten)", 他把它记为 $x_1,x_2,\cdots,x_n$, 可以如下分析地得出. 首先设 z_i 为一任意在 O 点为零的坐标. 因为每一个正定的二次形式都可以通过线性变换化为单元形式 (Einheitsform), 其系数为

$$\delta_{ik}=\begin{cases}1 & (i=k),\\ 0 & (i\neq k),\end{cases}$$

所以可以事先假设线元 (3) 的系数 g_{ik} 在 O 点取值为 δ_{ik}, 从而在该处有 $ds^2=\sum dz_i^2$. 一条以 O 为起点 (对 $s=0$ 有 $z_i=0$) 的、满足方程 (6) 的测地线由其导数的初始值

$$\left(\frac{dz_i}{ds}\right)_0=\xi^i$$

唯一地决定; 它的参数表达式为

$$z_i=\psi_i(s;\xi^1,\xi^2,\cdots,\xi^n).$$

我们立即认识到函数 ψ_i 只依赖于 $s\xi^1,s\xi^2,\cdots,s\xi^n$ 的积:

$$z_i=\varphi_i(s\xi^1,s\xi^2,\cdots,s\xi^n).$$

于是中心坐标 x_i 就由原来的坐标 z_i 通过变换

$$z_i=\varphi_i(x_1,x_2,\cdots,x_n)$$

来得到.

它们的特点是, 对它们应用 s 的函数

$$x_i=\xi^i s, \tag{7}$$

其中 ξ^i 为任意常数, 就可以满足方程 (5) 和 (6) . 对于它在 O 点也有: $ds^2 = \sum dx_i^2$. 因此如果我们对常数 ξ^i 一劳永逸地加上条件 $\sum(\xi^i)^2 = 1$, 通过置换 (7) 就有

$$g_{ik}\xi^i\xi^k$$

与 s 无关, 就好像是代入数值 $s = 0$ 得出的一样; 此外还有

$$\Gamma^i_{\alpha\beta}\xi^\alpha\xi^\beta = 0. \tag{8}$$

从而对 x 恒有下述等式成立

$$g_{ik}x_ix_k = x_i^2, \tag{9}$$

$$\Gamma^i_{\alpha\beta}x_\alpha x_\beta = 0, \tag{8'}$$

我们首先来从它们导出一些推论.

我们可以将方程 (8′) 写成

$$\Gamma_{i,\alpha\beta}x_\alpha x_\beta = 0$$

或

$$\left(\frac{\partial g_{i\beta}}{\partial x_\alpha} - \frac{1}{2}\frac{\partial g_{\alpha\beta}}{\partial x_i}\right)x_\alpha x_\beta = 0. \tag{10}$$

现在如果令

$$x_i' = g_{ij}x_j$$

则有

$$\frac{\partial g_{i\beta}}{\partial x_\alpha}\cdot x_\beta = \frac{\partial x_i'}{\partial x_\alpha} - g_{i\alpha},$$

从而在 (10) 式的左侧就

$$\begin{aligned}&= \left(\frac{\partial x_i'}{\partial x_\alpha}x_\alpha - x_i'\right) - \frac{1}{2}\left(\frac{\partial x_\alpha'}{\partial x_i}x_\alpha - x_i'\right)\\ &= \frac{\partial x_i'}{\partial x_\alpha}x_\alpha - \frac{1}{2}\left(\frac{\partial x_\alpha'}{\partial x_i}x_\alpha + x_i'\right) = \frac{\partial x_i'}{\partial x_\alpha}x_\alpha - \frac{1}{2}\frac{\partial(x_\alpha' x_\alpha)}{\partial x_i}.\end{aligned}$$

但是根据 (9) 式有 $x_\alpha' x_\alpha = x_\alpha^2$, 于是最后得到

$$\frac{\partial x_i'}{\partial x_\alpha}x_\alpha - x_i = \frac{\partial(x_i' - x_i)}{\partial x_\alpha}x_\alpha = 0.$$

利用置换 (7) 就给出

$$\frac{d(x_i' - x_i)}{ds} = 0,$$

而且因为差 $x_i' - x_i$ 对 $s=0$ 变为零, 我们就达到一个简单的结论, 即, 对 x 必定恒等地有

$$x_i' = g_{i\alpha} x_\alpha = x_i. \tag{11}$$

通过对 x_k 的微分我们还进一步有

$$\frac{\partial g_{i\alpha}}{\partial x_k} \cdot x_\alpha = \delta_{ik} - g_{ik}. \tag{12}$$

根据这一点其左侧对 i 和 k 对称:

$$\frac{\partial g_{i\alpha}}{\partial x_k} \cdot x_\alpha = \frac{\partial g_{k\alpha}}{\partial x_i} \cdot x_\alpha. \tag{13}$$

将 (12) 乘以 x_k 或 x_i, 并对 k 或相应地对 i 求和, 在再一次应用 (11) 式下得:

$$\frac{\partial g_{i\alpha}}{\partial x_\beta} x_\alpha x_\beta = 0, \tag{14}$$

$$\frac{\partial g_{\alpha\beta}}{\partial x_i} x_\alpha x_\beta = 0. \tag{14$'$}$$

原来的方程 (10) 就这样地分解为两部分.

现在我们来研究线元的系数在 O 点的邻域内的级数展开:

$$g_{ik} = \delta_{ik} + c_{ik,\alpha} x_\alpha + c_{ik,\alpha\beta} x_\alpha x_\beta + \cdots .$$

其中 $c_{ik,\alpha}$ 是一阶导数 $\dfrac{\partial g_{ik}}{\partial x_\alpha}$ 在 O 点的值, $2c_{ik,\alpha\beta}$ 是二阶导数 $\dfrac{\partial^2 g_{ik}}{\partial x_\alpha \partial x_\beta}$ 在 O 点的值. Riemann 首先认为, 这里的线性项为零. 于是由 (14$'$) 有: 如果我们在其中令 $x = \xi^i s$, 并消去 s^2 的因子, 那么我们就会得到 s 的一个恒等式

$$\frac{\partial g_{\alpha\beta}}{\partial x_i} \xi^\alpha \xi^\beta = 0.$$

它在 $s=0$ 给出所想要的结果, 即 $\dfrac{\partial g_{\alpha\beta}}{\partial x_i}$ 在 O 点为零, 因为其中的 ξ 可以为任意值. 但是如果我们首先将那个方程对 s 微分, 然后令 $s=0$, 那么我们就得到进一步的关系式 $s=0$,

$$c_{\beta\gamma,\alpha i} + c_{\gamma\alpha,\beta i} + c_{\alpha\beta,\gamma i} = 0.$$

通过对 (14) 作同样的处理得出

$$c_{i\alpha,\beta\gamma} + c_{i\beta,\gamma\alpha} + c_{i\gamma,\alpha\beta} = 0. \tag{15}$$

将最后这个方程的 i 与 γ 互换, 再减去上式, 我们最终还会得到对称性条件

$$c_{ik,\alpha\beta} = c_{\alpha\beta,ik}. \tag{16}$$

在 ds^2 的级数展开中, 其 0 阶项为

$$[\mathbf{0}] = \sum dx_i^2;$$

它没有一阶项, 但是其二阶项合在一起成为下式:

$$[\mathbf{2}] = c_{ik,\alpha\beta} x_\alpha x_\beta dx_i dx_k. \tag{17}$$

Riemann 进一步认为, $[\mathbf{2}]$ 是量 $x_i dx_k - x_k dx_i$ 的一个二次形式. 如果为了一致起见, 对无限小的 x_i 采用记号 δx_i, 那么下述量

$$\delta x_i dx_k - dx_i \delta x_k = \Delta x_{ik} \tag{18}$$

就是分别以 δx_i 和 dx_i 为分量的两个线元在 O 点所张成 (平行四边形) 的面积. 一个由这种面积变量所形成的二次形式只能写成以下一种形式:

$$\Delta\sigma^2 = \frac{1}{4} R_{\alpha\beta,\gamma\delta} \Delta x_{\alpha\beta} \Delta x_{\gamma\delta}, \tag{19}$$

对其中的系数还要加上辅助条件:

$$\begin{cases} R_{\beta\alpha,\gamma\delta} = -R_{\alpha\beta,\gamma\delta}, \quad R_{\alpha\beta,\gamma\delta} = -R_{\alpha\beta,\gamma\delta}; \\ R_{\gamma\delta,\alpha\beta} = R_{\alpha\beta,\gamma\delta}; \\ R_{i\alpha,\beta\gamma} + R_{i\beta,\gamma\alpha} + R_{i\gamma,\alpha\beta} = 0. \end{cases} \tag{20}$$

将 $[\mathbf{2}]$ 代入上面的条件, 即有 (15), (16) 所需的关系, 我们就可以对 $c_{ik,\alpha\beta}$ 来应用下式

$$\left.\begin{matrix} \frac{2}{3} c_{ik,\alpha\beta} \\ +\frac{1}{3} c_{ik,\alpha\beta} \end{matrix}\right\} = \left\{\begin{matrix} \frac{1}{3}(c_{ik,\alpha\beta} + c_{\alpha\beta,ik}) \\ -\frac{1}{3}(c_{i\alpha,\beta k} + c_{i\beta,k\alpha}). \end{matrix}\right.$$

如果我们将系数 $c_{ik,\alpha\beta}$ 的这些值代入 (17) 式, 那么我们还可以在第三项 $c_{i\alpha,k\beta}$ 中交换下标 i 和 k. 因此如果我们按照 (19) 式用下述系数

$$R_{\alpha\beta,\gamma\delta} = c_{\alpha\gamma,\beta\delta} + c_{\beta\delta,\alpha\gamma} - c_{\alpha\delta,\beta\gamma} - c_{\beta\gamma,\alpha\delta} \tag{21}$$

来构造 $\Delta\sigma^2$, (21) 是满足 (20) 中的全部条件的, 那么就会得出

$$[\mathbf{2}] = -\frac{1}{3}\Delta\sigma^2.$$

最近对 Riemann 曲率得出了一个十分自然而又直观的诠释, 它利用了向量在 Riemann 流形中的平行移动. 一个在 O 点处的向量体 (Vektorkörper) 所经历

的无限小转动, 在经历过绕在 O 点的一个平面元的平行移动之后 —— 在此过程中分量为 ξ^i 的向量 $\mathfrak{x}$ 会得到一个增量 $\Delta\mathfrak{x}(\Delta\xi^i)$ —— 可以用下述公式表达出来:

$$\Delta\xi^i = -\Delta r^i_k \cdot \xi^k;$$

Δr^i_k 与向量 $\mathfrak{x}$ 无关, 但是线性地依赖于所环绕的面元:

$$\Delta r^i_k = \frac{1}{2} R^i_{k,\alpha\beta} \Delta x_{\alpha\beta}$$

的分量 Δx_{ik}. 这一诠释导致下述方程

$$R^\alpha_{\beta,\gamma\delta} = \left(\frac{\partial \Gamma^\alpha_{\beta\delta}}{\partial x_\gamma} - \frac{\partial \Gamma^\alpha_{\beta\gamma}}{\partial x_\delta}\right) + (\Gamma^\alpha_{\rho\delta}\Gamma^\rho_{\beta\gamma} - \Gamma^\alpha_{\rho\gamma}\Gamma^\rho_{\beta\delta}), \tag{22}$$

因此具有系数

$$R_{\alpha\beta,\gamma\delta} = g_{\alpha\rho} R^\rho_{\beta,\gamma\delta} \tag{22$'$}$$

的 $\Delta\sigma^2$ 的形式就是一个不变量. 在中心坐标中 g_{ik} 的一阶导数在所考察点 O 等于零, 由于它的系数 R 在应用这个坐标时变为 (21) 式, 它就与 Riemann 曲率形式一致. 由 δ 和 d 这两个向量所张成的无限小平行四边形 (Riemann 用的是三角形, 而不是平行四边形) 的面积的平方 Δf^2 同样由变量 (18) 的二次形式来给出, 更具体讲, 在任意坐标系中为

$$\Delta f^2 = \frac{1}{4}(g_{\alpha\gamma}g_{\beta\delta} - g_{\alpha\delta}g_{\beta\gamma})\Delta x_{\alpha\beta}\Delta x_{\gamma\delta}.$$

那只与 Δx_{ik} [的分量] 的比值有关的比值 $\dfrac{\Delta\sigma^2}{\Delta f^2}$ 就是我们跟随 Riemann 称之为流形的一个面元的曲率的那个数, 这个面元所取的曲面方向是以 Δx_{ik} 为分量的.

首先对 Riemann 曲率理论作深入研究的是 Christoffel 和 Lipschitz (在 Journal f. d. reine u. angew. Mathematik (纯粹与应用数学杂志), Bd. 70, 71, 72, 82 上的多篇论文). Riemann 本人也在一篇提交巴黎科学院的应征论文中阐述了相应的计算, 但是并未获奖, 因而是一篇没有发表的论文; 它是通过 Dedekind 和 Weber 发表在全集中, 并且附加了一篇出色的评注. Ricci 和 Levi-Civita 特别发展了一套度量流形中的不变量理论 (参阅 Méthodes de calcul différential absolu (绝对微分计算方法), Math. Annalen, Bd. 54, 1901, S. 125–201) . 最近在 Einstein 的相对论的影响下, 这一研究又被重新提起; 特别是它导致建立了无限小平行移动的基本概念. 关于这方面, 请见 Levi-Civita, Nozione di parallelismo in una varietà qualunque... (在一任意流形中的平行移动的概念), Rend. d. Circ. Matem. di Palermo, Bd. 42 (1917); Hessenberg, Vektorielle Begründung der Differentialgeometrie (微分几何的向量基础), Math. Annalen, Bd. 78 (1917); Weyl, Raum,

Zeit, Materie (空间, 时间, 物质), 第 5 版 (Berlin 1923), S. 88ff; J. A. Schouten, Die direkte Analysis zur neueren Relativitätstheorie (对新近相对论的一个直接分析), Verhand. d. K. Akad. v. Wetensch. te Amsterdam, XII, Nr. 6 (1919).

4 (对第 II 部分, 第 3 节) 一个度量流形, 如果它的度量是以一正定二次形式 ds^2 为基础, 就称之为 Riemann 流形. 它与平常的曲面理论, 比如像由 Gauss 所建立的那种, 之间的关系是这样的, 即三维欧氏空间中每一个曲面在一定的意义上就是一个 (二维的) Riemann 流形. 但是这唯一的理由, 只是因为欧式空间本身也是那样一种流形: 一般来讲一个 n 维 Riemann 流形都会把它的度量以这样一种方式传递给位于其中的 m 维流形 ($m=1$, 或 $2, \cdots\cdots$, 或 $n-1$), 使得后者也具有一个 Riemann 度量. n 维 "空间" 中的点可以用 n 个坐标 x_i 来标记, m 维 "曲面" 的点则可用 m 个坐标 u_k 来标记. 这个曲面可以用参数表示

$$x_i = x_i(u_1 u_2 \cdots u_m) \quad (i = 1, 2, \cdots, n)$$

来描述, 它给出曲面上每一个点 u 落在空间中的哪个点上. 如果我们将由此得出的微分

$$dx_i = \frac{\partial x_i}{\partial u_1} du_1 + \frac{\partial x_i}{\partial u_2} du_2 + \cdots + \frac{\partial x_i}{\partial u_m} du_m$$

代入空间的度量基本形式 ds^2, 那么我们就会得到一个 du_k 的确定的二次形式来作为这个曲面的度量基本形式 (即 "线元"). 因此在 Euclid 对空间先验地假设了许多不同于在其中的可能曲面的特殊性质, 即作为平坦的性质的情况之际, Riemann 流形的概念就正好给出了为完全排除这种差异所必需的那种程度的普遍性.

按照 Gauss, 我们对在具有笛卡儿坐标 xyz 的三维欧式空间中的曲面

$$x = x(u_1 u_2), \quad y = y(u_1 u_2), \quad z = z(u_1 u_2),$$

以下述两个微分形式:

$$\begin{aligned} ds^2 = dx^2 + dy^2 + dz^2 &= \sum_{i,k=1}^{2} g_{ik} du_i du_k, \\ -(dx dX + dy dY + dz dZ) &= \sum_{i,k} G_{ik} du_i du_k \end{aligned} \tag{23}$$

作为其理论的基础. 其中 X, Y, Z 为曲面法线的方向余弦. 如果我们从空间的一个固定点作对一无限小曲面元 do 的所有法线的平行线, 那么这些平行线就会填满一个一定的空间角 $d\omega$. 比值 $\frac{d\omega}{do}$ 当 do 缩小到一点时的极限就是曲面在该点的 Gauss 曲率. 解析上它由那两个基本形式的行列式之比给出:

$$K = \frac{G_{11} G_{22} - G_{12}^2}{g_{11} g_{22} - g_{12}^2}.$$

所谓 Gauss 曲率只与曲面的几何有关. 而与它在空间中嵌入方式无关这一点, 更准确地讲是: K 与 Riemann 所谓的曲率那个量是一致的, 这指的是由线元 (23) 所确定的二维流形所具有的、并由公式 (22) 来计算的曲率. 这是在每一本曲面理论的教科书中都证明了的 (参见, 例如, W. Blaschke, Vorlesungen über Differentialgeometrie I (微分几何讲义第 I 卷), Julius Springer, 1921, S. 59, S. 96).

一个二维流形的 Riemann 曲率的直观意义可以用一个测地线组成的三角形来说明, 最好是用以向量的无限小位移为基础的那种特殊三角形. 如果我们将从二维流形中的一点 P 指向 ∞^1 个方向的 "罗盘 [指针]" 沿着流形上一条从罗盘中心经过的封闭曲线 $\mathfrak{C}$ 平行移动, 那么方向罗盘就不会回到开始时的方向, 而会转过一定的角度; 这个角度, 正如我们从先前所述曲率的自然定义中所直接得出的一样, 等于曲率在此曲线所包围的区域上的积分. 如果我们取一个测地线三角形作为曲线 $\mathfrak{C}$, 并且注意到, 测地线是以保持其方向不变的性质作为其特征的, 由此导致在正文中所给出的, 归结到 Gauss 的意义.

至于说一个二维测地曲面是由那样一些测地线所构成, 它们全都从一点 O 以一个确定的曲面方向 Δ 发出, 在点 O 具有在曲面方向 Δ 的空间曲率, 这个结论最简单可以这样来证明. 设 x_i 为空间属于这个点 O 的中心坐标, 那么那个测地曲面可以这样来表征, 就是它上面的点的坐标, 除了 x_1, x_2 之外全都为零. 由于 g_{ik} 的导数, 以及从而也有量 $\Gamma^i_{\alpha\beta}$, 在点 O 为零, 但是 g_{ik} 取特殊的值 δ_{ik}, 人们就立即由公式 (22) 认识到, 空间曲率 $R_{12,12}$ 本身仅与 g_{11}, g_{12}, g_{22} (的二阶导数) 有关, 可是其余的 g_{ik} 不在它的表达式中出现.

5 (对第 II 部分, 第 4 节) 我们说, 一个流形具有一个中心 O, 就是说, 如果它能借助于某个在点 O 变为零的坐标 x_i 映射到这样一个具有以下度量

$$ds_0^2 = dx_1^2 + dx_2^2 + \cdots + dx_n^2$$

的笛卡儿像空间上, 使得线性放大比例 $\dfrac{ds}{ds_0}$, 即一个线元的长度 ds 与在笛卡儿像空间中的相应线元的长度 ds_0 之比, 具有一固定的值: 1) 对所有在像空间在沿径向配置的线元 ds_0, 它们位于离开零点相同的距离 r 处,

$$(r^2 = x_1^2 + x_2^2 + \cdots + x_n^2)$$

以及 2) 对所有在此距离上的切向, 即与径向配置的线元相垂直的 ds_0. 因此从分析得知, ds^2 是下述两个正交 [变换下] 不变的微分形式

$$dx_1^2 + dx_2^2 + \cdots + dx_n^2 \quad \text{和} \quad (x_1 dx_1 + x_2 dx_2 + \cdots + x_n dx_n)^2$$

的线性组合:

$$ds^2 = \lambda^2 \sum_i dx_i^2 + l \left(\sum_i x_i dx_i \right)^2;$$

其中的系数 λ 和 l 只与 r 有关. 这里 λ 是切向放大比例系数, 径向 h 由 $h^2 = \lambda^2 + lr^2$ 来确定. 可以这样来调整径向尺度 r, 以使 $\lambda = 1$, 从而有:

$$ds^2 = \sum_i dx_i^2 + l\left(\sum_i x_i dx_i\right)^2. \tag{24}$$

坐标 x_i 是在点 O 处下述意义上的 "修正中心坐标 (modifizierte Zentralkoordinaten)": 每一条射线

$$x_i = \xi^i r$$

(这里 ξ^i 为其平方和等于 1 的常向量, r 为可变参数) 为一条测地线; 但是 r 不是在其上测得的弧长, 而是这样的, 即 s 与 r 之间有如下的关系:

$$\left(\frac{ds}{dr}\right)^2 = 1 + lr^2 = h^2. \tag{24'}$$

在备有笛卡儿坐标 $x_0, x_1, \cdots, x_n$ 的 $n+1$ 维空间中的一个 n 维球上有

$$\begin{aligned} &x_0^2 + x_1^2 + \cdots + x_n^2 = a^2, \\ &ds^2 = dx_0^2 + dx_1^2 + \cdots + dx_n^2. \end{aligned} \tag{25}$$

因此如果我们用 $x_1, \cdots, x_n$ 作球上的坐标, 那么, 由于在其上有

$$\begin{aligned} x_0 dx_0 &= -(x_1 dx_1 + \cdots + x_n dx_n), \\ dx_0^2 &= \frac{(x_1 dx_1 + \cdots + x_n dx_n)^2}{a^2 - r^2}, \end{aligned}$$

所以对它上面的 ds^2 就有 (14) 式并附带以

$$l = \frac{1}{a^2 - r^2} = \frac{\alpha}{1 - \alpha r^2} \quad \left(\alpha = \frac{1}{a^2}\right).$$

由此可见, 一个具有形如 (24) 的线元的流形, 其中 l 表示上述函数 $\frac{\alpha}{1-\alpha r^2}$, 会具有一个与 [面元] 位置和曲面 [面元] 方向均无关的常曲率; 这个结论无论 α 是正还是负, 都是同样正确的. 此外即将作的详细计算还会证明, 这个曲率的值就是 α. 在这个 ds^2 的标准形式 (Normalform) 下, 球的正交投影对应于 "赤道" $x_0 = 0$, Riemann 用的不是这种形式的 ds^2, 而是用通过球极平面投影所得到的形式. 我们可以通过对上面给出的坐标作下述变换

$$x_i = \frac{x_i^*}{1 + \dfrac{\alpha}{4} r^{*2}} \quad \left(r^{*2} = \sum_i (x_i^*)^2, i = 1, 2, \cdots, n\right)$$

过渡到新坐标 x_i^*, 就能得到这个形式.

为了证明其逆①, 我们在一任意的流形上引进一个在点 O 的 "修正中心坐标" x_i, 以它作为定义 r 的函数 l 的基础. 它可以由在附注 3 中所构造的 "固有的" 中心坐标得出, 这只要我们在从 O 发出的测地线上将自然的尺度 s 换成由 (24′) 给出的修正尺度 r 就可以了. 正如我们在附注 3 中对相应于选 $l = 0$ 的 "固有的" 中心坐标求得公式 (8) , (13) , (11) 一样, 我们可以用相同的方式求得

$$\Gamma^i_{\alpha\beta}\xi^\alpha\xi^\beta = \frac{h'}{h}\xi^i \tag{26}$$

(其中一撇表示对 r 的求导; 总是以 $x_i = \xi^i r$ 代入, 这里 ξ^i 是一个其平方和等于 1 的任意常向量);

$$\frac{\partial g_{i\alpha}}{\partial x_k}\xi^\alpha = \frac{\partial g_{k\alpha}}{\partial x_i}\xi^\alpha, \tag{27}$$

$$\xi_i, \text{ 亦即 } g_{i\alpha}\xi^\alpha = h^2\xi^i. \tag{28}$$

我们要问: 何时点 O 能成为这个流形的中心, 更准确地说, 何时下述方程能成立:

$$g_{ik} = \delta_{ik} + l x_i x_k? \tag{29}$$

其必要和充分的条件就是

$$\frac{d}{dr}(g_{ik} - l x_i x_k) = 0,$$

或者

$$\frac{\partial g_{ik}}{\partial x_\alpha}\xi^\alpha = \frac{d}{dr}(lr^2)\cdot\xi^i\xi^k; \tag{30}$$

因为如果差 $g_{ik} - l x_i x_k$ 不依赖于 r, 那么立即就可以知道它们在 $r = 0$ 时的值就必定等于 δ_{ik}. 由于 (27) 与 (28), 下述方程等价于条件方程 (30):

$$\Gamma_{i,k\alpha}\xi^\alpha = hh'\cdot\xi^i\xi^k,$$

同样还有

$$\Gamma^i_{k\alpha}\xi^\alpha = \frac{h'}{h}\xi^i\xi^k.$$

这样一来, 如果我们令

$$\varphi^i_k = \Gamma^i_{k\alpha}\xi^\alpha - \frac{h'}{h}\xi^i\xi^k, \tag{31}$$

① Vgl. dazu Lipschitz, Journal für die reine und angewandte Mathematik, Bd. 72; F. Schur, Math. Annalen, Bd. 27, S. 537–567. H. Weyl, Nachr. d. Ges. d. Wissensch. zu Göttingen, 1921, S. 109.

那么这个量 φ_k^i 的为零就是我们所要求的 (29) 能成立的条件.

为了将这个问题与曲率联系起来, 我们把它再对 r 微分; 由此得到

$$\frac{d\varphi_k^i}{dr}=\frac{\partial\Gamma^i_{k\alpha}}{\partial x_\beta}\xi^\alpha\xi^\beta-(\lg h)''\xi^i\xi^k. \tag{32}$$

右边第一项有一个组成部分为

$$R^i_{\alpha k\beta}\xi^\alpha\xi^\beta, \tag{33}$$

就如同要取 R 的 (22) 一样. 为了计算 (33) , 我们要依次作出

$$\frac{\partial\Gamma^i_{\alpha k}}{\partial x_\beta}\xi^\alpha\xi^\beta,\quad \frac{\partial\Gamma^i_{\alpha\beta}}{\partial x_k}\xi^\alpha\xi^\beta$$

以及

$$(\Gamma^i_{\rho\beta}\Gamma^\rho_{\alpha k}-\Gamma^i_{\rho k}\Gamma^\rho_{\alpha\beta})\xi^\alpha\xi^\beta. \tag{34}$$

第一项根据 (32)

$$=\frac{d\varphi_k^i}{dr}+(\lg h)''\xi^i\xi^k.$$

为了得到第二项, 我们将 (26):

$$\Gamma^i_{\alpha\beta}x_\alpha x_\beta=\frac{rh'}{h}x_i$$

对 x_k 微分, 得

$$\frac{\partial\Gamma^i_{\alpha\beta}}{\partial x_k}x_\alpha x_\beta+2\Gamma^i_{\alpha k}x_\alpha=\frac{x_ix_k}{r}\frac{h'}{h}+x_ix_k(\lg h)''+\frac{rh'}{h}\delta_{ik}.$$

如果我们再按 (31) 将 $\Gamma^i_{\alpha k}\xi^\alpha$ 用 φ_k^i 表出, 那么我们就会由此得到

$$\frac{\partial\Gamma^i_{\alpha\beta}}{\partial x_k}\xi^\alpha\xi^\beta=\xi^i\xi^k(\lg h)''+\frac{h'}{rh}(\delta_{ik}-\xi^i\xi^k)-\frac{2}{r}\varphi_k^i,$$

$$\left(\frac{\partial\Gamma^i_{\alpha k}}{\partial x_\beta}-\frac{\partial\Gamma^i_{\alpha\beta}}{\partial x_k}\right)\xi^\alpha\xi^\beta=\left(\frac{d\varphi_k^i}{dr}+\frac{2}{r}\varphi_k^i\right)+\frac{h'}{rh}(\xi^i\xi^k-\delta_{ik}).$$

但是对第三项我们可以作以下变换:

$$\begin{aligned}&(\Gamma^i_{\rho\beta}\xi^\beta)(\Gamma^\rho_{\alpha k}\xi^\alpha)-\Gamma^i_{k\rho}(\Gamma^\rho_{\alpha\beta}\xi^\alpha\xi^\beta)\\&=\Gamma^i_{\rho\beta}\xi^\beta\left(\varphi_k^\rho+\frac{h'}{h}\xi^\rho\xi^k\right)-\Gamma^i_{k\rho}\cdot\frac{h'}{h}\xi^\rho\\&=\Gamma^i_{\rho\beta}\xi^\beta\varphi_k^\rho+\frac{h'}{h}\xi^k(\Gamma^i_{\rho\beta}\xi^\rho\xi^\beta)-\frac{h'}{h}\left(\varphi_k^i+\frac{h'}{h}\xi^i\xi^k\right)\\&=\Gamma^i_{\beta\rho}\xi^\beta\varphi_k^\rho-\frac{h'}{h}\varphi_k^i.\end{aligned}$$

这样一来, 如果我们再引进

$$\frac{r^2\varphi_k^i}{h} = \psi_k^i,$$

那么最终的公式就将是

$$-R^i_{\alpha k\beta}\xi^\alpha\xi^\beta = \frac{h}{r^2}\left(\frac{d\psi_k^i}{dr} + \Gamma^i_{\alpha\beta}\xi^\alpha\psi_k^\beta\right) + \frac{h'}{rh}(\xi^i\xi^k - \delta_{ik}). \tag{35}$$

另一方面又有

$$(\delta_{ik}g_{\alpha\beta} - \delta_{i\beta}g_{\alpha k})\xi^\alpha\xi^\beta = \delta_{ik}h^2 - \xi^i\xi_k = h^2(\delta_{ik} - \xi^i\xi^k). \tag{36}$$

如果 O 是中心: $\psi_k' = 0$, 则由此推知: 在流形上的任一点 P 处的任一包含测地射线 OP 的面元方向上的曲率只与 r 有关, 就是为

$$\frac{h'}{rh} : h^2 = -\frac{1}{2r}\frac{d}{dr}\left(\frac{1}{h^2}\right). \tag{37}$$

这个条件也是 O 为中心的充分条件; 因为根据 (35) 和 (36) , 它与方程

$$\frac{d\psi_k^i}{dr} + \Gamma^i_{\alpha\beta}\xi^\alpha\psi_k^\beta = 0 \tag{38}$$

是一致的, 而由它能得出 $\psi_k^i = 0$. 实际上, 假设 C 和 Γ 是这样一种常数, 使得例如, 对 $0 \leqslant r \leqslant 1$ 下述不等式能成立:

$$|\Gamma^i_{\alpha\beta}| \leqslant \frac{\Gamma}{n^2}, \quad |\psi_k^i| \leqslant C, \tag{39}$$

$$|\psi_k^i| \leqslant C \cdot \frac{(\Gamma r)^m}{m!}. \tag{40}$$

证明可以用完全归纳法. 按照 (39) 式这个结论在 $m = 0$ 时成立; 但是从结论对 m 成立推导到对 $m+1$ 也成立可以通过下述估计式得到:

$$|\psi_k^i| = \left|\int_0^r \Gamma^i_{\alpha\beta}\xi^\alpha\psi_k^\beta dr\right| \leqslant \frac{C\Gamma^{m+1}}{m!}\int_0^r r^m dr = C\frac{(\Gamma r)^{m+1}}{(m+1)!}.$$

如果我们让 (40) 式中的整数 m 无限地增大, 那么就会得到 $\psi_k^i = 0$.

我们来把我们的结论应用到流形的曲率为常数 α 时这种特殊情形. 我们选

$$l = \frac{\alpha}{1 - \alpha r^2}, \quad h^2 = 1 + lr^2 = \frac{1}{1 - \alpha r^2};$$

于是由 (37) 就得到常数值 α. 根据这一点如果我们在流形的任意点 O 处引进与所选的这个函数 l 相关联的中心坐标, 那么方程 (38) 就会得到满足, 由此得出 $\psi_k^i = 0$, 并最后导致

$$g_{ik} - lx_ix_k = \delta_{ik}.$$

这样我们的目的就达到了: 常曲率流形的线元在所选的坐标中必定具有如下的形式:

$$ds^2 = \sum_i dx_i^2 + \frac{\alpha}{1-\alpha r^2}\left(\sum_i x_i dx_i\right)^2.$$

由于这里这个中心 O 可以安置在流形中的任一点, 而且在保持点 O 不动的情况下标准形式也不会经过坐标 x_i 的任意线性正交变换受到破坏, 这就表明一个常曲率流形具有 Riemann 所认定的可移动性. 因此它肯定是均匀的 (homogen), 这里均匀的意思是指, 不仅它的所有的点是等价的, 而且在每一点处所有面元的方向也是等价的. 反之, 每一个具有这种均匀性性质的流形显然必定具有常数曲率. 除了这早就为人们所知的 $\alpha = 0$ 的欧氏空间的情形外, 接着我们取 $\alpha = \pm 1$. 对于第一种 $(\alpha = +1)$ 的情形, 如果我们将在前面公式 (25) 中所采用的坐标的比值

$$x_0 : x_1 : \cdots : x_n$$

引进作为在流形中的齐次坐标, 那么我们就可以不必采用像 (25) 那样的范式来写下线元

$$ds^2 = \frac{\Omega(x,x)\Omega(dx,dx) - \Omega^2(x,dx)}{\Omega^2(x,x)}, \tag{41}$$

其中 $\Omega(x,y)$ 表示下述对称双线性形式:

$$x_0 y_0 + x_1 y_1 + \cdots + x_n y_n$$

(相应的二次形式 $\Omega(x,x)$ 等于

$$x_0^2 + x_1^2 + \cdots + x_n^2,$$

是正定的, 其惯性下标为 0). 这个 ds^2 实际上只与无限靠近的两个点的坐标 x 之间的比值有关. 流形到自身的运动现在就可以简单地用齐次坐标 x 的那种线性变换来给出, 它是把齐次方程 $\Omega(x,x) = 0$ 变到自身的变换. 对于曲率为 -1 的流形也有类似的结论; 只是在 ds^2 的公式 (41) 中 ds^2 要换成 $-ds^2$, 并将其中的 $\Omega(x,x)$ 理解为下述惯性指数为 n 的二次形式:

$$x_0^2 - (x_1^2 + \cdots + x_n^2).$$

还有我们还必须将变量限制到能使 $\Omega > 0$ 的范围内. 更一般的情况下我们可以取 Ω 为一任意的、惯性指数为 0 或 n 的非退化二次形式 (因为这种二次形式可以线性变换到作为此处基础的两种标准形式之一; 只有惯性指数等于 0 或 n 才有可能, 因为 ds^2 必须为正定). 测地线 (直线) 用我们的齐次坐标间的线性方程来

表示. 因此, 我们打交道的是射影几何的 n 维空间, 其中以一个装备了确定的度量 (Cayley 度量) 的 "圆锥曲线" $\Omega(x,x)=0$ 为基础. 关于这方面请参阅: Cayley, Sixth Memoir upon Quantics (论代数齐式第 6 篇), Philosophical Transactions, t. 149 (1859); F. Klein, Über die sogenannte Nicht-Euklidische Geometrie (论所谓非欧几何), Math. Annalen, Bd. 4 (1871), 以及 Klein 发表在 Math. Annalen, Bd. 6 及 37 上的后续论文. Klein 把 $\alpha=+1$ 和 $\alpha=-1$ 的情形分别称为 "椭圆" 几何和 "双曲" 几何, 欧氏几何, 作为一种过渡和退化的情形, 插在它们之间. 双曲几何就是最早 (大约在 1830 年) 由 Lobatschefskij 与 Bolyai 所系统建立的 "非欧几何". 椭圆几何则局限于一个很窄的范围, 正如我们将看到的, 就是实现在 $n+1$ 维欧式空间中 n 维球上的球面几何. 但是总的来说, 作为其基础的 "椭圆空间" 具有一种是球所没有的连通性质; 它是我们将所有两个对径点理想地粘合成一个点而成, 或者也可以这样来看, 作为构造单元的不再是用球的点, 而是用过球心的直线. 关于具有各种不同度量的空间的拓扑性质, 可参阅, 特别是 Klein, Math. Annalen, Bd. 37 (1890), S. 544; Killing, Math. Annalen, Bd. 39 (1891), S. 257, 以及 Einführung in die Grundlagen der Geometrie (几何基础导引), Paderborn 1893; 还有 Koebe, Annali di Matematica, Ser. Ⅲ, 21, pag. 57, 以及 Weyl, Math. Annalen, Bd. 77 , S. 349.

6 (对第 Ⅲ 部分, 第 3 节) 对 Riemann 有关空间度量关系的内在基础方面的最后的提示, 只有通过 Einstein 的广义相对论才能得到完全的理解. 如果放下第一种可能性, 即那种 "作为空间基础的现实构成一个离散的流形" 的可能性不谈 (尽管在其中可能一度曾包含着对空间问题的最终答案), 那么 Riemann 在这里与所有到那时为止的数学家和哲学家所首肯的、认为空间度量的确定与在其中进行的物理过程无关、而且实体在这个度量空间中就好像搬进了一座建好了的廉租屋一样这样的意见正好相反; 他认为, 空间很可能本身只是一个像他在他的讲演的第一部分所讲的那种没有形状的三维流形, 而是充满其中的物质性的蕴藏才使之成型, 并确定其度量. 那 "度量场" 的本质原则上就像电磁场一样. —— 因为空间仅就其作为现象的形式 (Form der Erscheinungen) 而言, 是均匀的①, 似乎由此必然得出 (而且从老的观点来看, 这个结论是不可避免的), 它是一个完全特别的 Riemann 流形, 即, 它必定是一个常曲率流形. 由在注释 2 中所引用的 Helmholtz 以及 Lie 的论文可以确定, 只有在这样的一个空间一个物体才能在保持不改变其度量关系的情况下具有那样一种可运动性, 不论运动到哪个地点, 也不论转到哪个方向都是可能的. 都是一旦设想度量的确定与物质的分布有关, 这个结论于是就不能成立了. 因为如果一个物体在其运动中将它所产生的度量场带着一起走, 那么它就有可能重新获得在一个任意的 Riemann 流形中

①这里所讲的形式是哲学上的概念, 是指与内容相对立的面. —— 中译者注

移动它的位置而不改流形的变度量; 这完全和一有质体在它自己产生力场的作用 (影响) 下取得一个平衡的形状一样, 如果我们固定力场而把这个有质体移到另一个地方, 它就必定会变形, 但是实际上却保持了自己的形状, 这是因为它把自己产生的力场带着一起走了.

在物理世界中还要把时间作为第四坐标加到三个空间坐标上, 狭义相对论 (Einstein, Minkowski) 导致这样的观点, 即, 这一空间 – 时间点的四维流形是一个欧氏流形, 其中的空间和时间不是不可以随意相互分离开来的; 但是这个欧氏性现在还要做点修正, 即, 作为度量基础的二次形式 ds^2 不再是正定的, 而是其惯性指数等于 1. 在广义相对论中发生了从 Euclid 到 Riemann 的转变: [物理] 世界是一个四维连续体, 在其中由一个与物质的状态、分布和运动都有关的度量场起着主导作用, 这个场可以由一个惯性指数为 1 的二次微分形式 ds^2 来描述. 特别的是, 引力的现象就是源自这个度量场. 所以 Riemann 想把横亘在几何与物理之间的这堵隔离墙拆除的思想, 终于被 Einstein 的光辉成就实现了. 关于这方面的文献编者推荐 “Raum, Zeit, Materie (空间, 时间, 物质), 第 5 版 (Berlin 1923)” 一书.

(感谢李海中教授和关志达老师对本篇文章的译文提出的修改建议.)

附录 VII　俄译本对本卷部分论文的注释

В. Л. Гончаров

I

Riemann 的学位论文 (Inauguraldissertation) "Grundlagen für eine allgemeine Theorie der Funktionen einer veränderlichen complexen Grösse (单复变量函数一般理论基础)" 是他的全集中最重要的论文之一: 它标志着他此后全部研究工作的基本方向. 同时在其中还包含了整个在解析函数领域内的研究大纲, 指明了这个理论在长达一个世纪、直至我们今天的发展道路之一. Riemann 在他的论文中为解析函数这个概念奠定了牢固的基础 (他与 Cauchy 分享在这方面的荣誉), 同时还在复变函数理论中创造了一个新的 "几何的" 方向.

Riemann 的学位论文曾于 1851 年, 就是他进行论文答辩的那一年, 在 Göttingen 印行, 随后在 1867 年又在那里出了它的第二版. 解析函数会生成从平面到平面的共形映射这一点, Gauss 就已经指出来了. 微分方程 $u'_x = v'_y, u'_y = -v'_x$, 今天被大家叫作 Cauchy-Riemann 方程; 我们第一次是在 D'Alembert 那里见到它们的 (Essai d'une nouvelle théorie de la résistance des fluides, 1752); 它们立即被 Cauchy 采用, 但是他并不理解它们在原则高度上的意义, 也没能阐述它们的几何意义. Riemann 在何时开始又在何种程度上知道 Cauchy 的工作很难讲, 而在他本人的工作中没有对这一点的直接指示.

在他于 1847 年去 Berlin 前, Riemann 未必有可能与 Gauss 谈论过复变函数; 很有可能他也没有和 Dirichlet 和 Jacobi 深入地交谈过; 相反, Dedekind 谈起过, “更接近 Riemann 的是 Eisenstein, 他听了后者讲的椭圆函数理论 …… 他们在一起讨论过在函数理论中引进复变量的问题, 可是在该以什么样的原理为基础方面意见仍完全不同: Eisenstein 是一个形式计算的倡导者, 而 Riemann 却把复变函数的定义与偏微分方程联系起来. 很可能就是在 1847 年他就基本上想到了这个概念, 在极大的程度上决定了他此后的生活道路”……

[1] Riemann 在定义 “连续函数” 的概念时利用了 “变量的连续改变” 的概念. 但是后面这个概念他并没有定义; 也许在他看来, 不解释什么是 “自变量的连续改变”, 要解释什么是 “因变量的连续改变” 就是不合适的.

在 Riemann 全集德文版的注释中, 关于这一点 Weber 有以下说明: (略, 见本书该文章的附注 (1).)

由此可见, Riemann 实际上是将 “在区间上均匀连续的函数” 取作在区间上连续函数的定义.

[2] 在多大程度上这个命题在 Riemann 时代是被证明了的还不清楚. 具有有界变差性质的函数可以用三角级数来表示这一点是由 Dirichlet 在 1829 年确定的; 至于一般的情形只是到了 1885 年才由 Weierstrass 证明了, 任意的连续函数可以展开为有理多项式的级数 (K. Weierstrass, “Ueber die empirische Darstellbarkeit sogenannter willkürlicher Funktionen reeller Argumente (论所谓的实变量任意函数的经验可表示性)”, Werke, T. III).

[3] 任意具有与方向无关的导数的复变函数可以表示成公式 —— 即可以展成幂级数, 这一点是 Cauchy 在 1831 年证明的. 这个结果发表在 Turin (都灵) 杂志上, 这与 Cauchy 当时被迫处于意大利有关, 很后才在法国出版, 在 Riemann 写他的博士学位论文时还不知道 (见论文 §20 末尾).

[4] 因此 Riemann 所谓的 “复变量函数” 就是我们现在所谓的复变量的 “解析函数”. 如果 Riemann 还进一步说到 “连续的复变量函数”, 那么考虑到 §10 的定理, 加上这个修饰词就意味着他讲的是正则函数, 即在这个区域内没有奇点的函数. 正确地理解这些术语在阅读本文时是非常重要的.

另一方面必须注意到, 在 Riemann 的表述中不带局域的性质: 众所周知, 在一点 z 处的下述极限

$$\frac{dw}{dz} = \lim_{\Delta z \to 0} \frac{\Delta w}{\Delta z}$$

与方向的无关性并不意味着函数 w 在该点 z 处的正则性.

[5] 把这作为 “分支点” 排除在外, 可以进一步这样讲, 因为不再是正则的函数 w 在这种点 z 处的导数等于零: 在这种点处映射不再是共形的了, 也不是一一对应的.

[6] Riemann 所引 Gauss 的著作包含在他的全集第四卷, 第 189 页.

[7] 这里谈的是拓扑性质的问题, Riemann 的叙述往往是取朴素直观的方式, 可是同时又是非常准确, 语言简洁而又清楚明白. 在当前的情况中, Riemann 给某些不一定是他所研究的曲面所具有的性质命名, 力图唤起读者相应的几何想象.

对 Riemann 曲面不熟悉的读者, 可以这样来设想, 例如在以下的情形中, 得到 “撕开” 和 “折叠”, 如果我们沿垂直于所提到的 Riemann 曲线切割曲面, 就将有下面的形状

(只是要设想角 α 要趋于零!).

[8] 正如 Weber 所推测的, “从左到右” 可能应该是 “从右到左”. 此外, 如果把分支点看成是无限小的封闭边界线, 那么, 在通常的要求当沿边界运动时前面的内部保留在左边, 从而绕支点的转动就是从左到右.

[9] 最简单的例子: 设曲面 T_1 由三叶 1, 2, 3 组成, 有两个支点, 而且当绕这两个支点中任一个转动一周时这几叶按 1, 2, 3 的次序轮换; 再设曲面 T_2 也由类似的三叶组成, 也有两个分支点, 但是绕其中一个点转一周时, 这三叶的轮换次序为 1, 2, 3, 而绕另一个点转一周时轮换的次序则为 1, 3, 2. 曲面 T_1 和 T_2 是两个不同的曲面, 因为当包围着两个分支点转过一周后, 在曲面 T_1 的情况下, 各叶面的编号改变了, 而在曲面 T_2 的情况下, 叶面的编号不变.

A. Hurwitz 研究了有相同分支点的 Riemann 曲面的数目 (Mathematische Annalen, 39, 1891; 55, 1901).

[10] 在这个证明中 Riemann 似乎完全忽略了那种可能情况, 即两条曲线相交于无限多个点, 但并不彼此合二为一的情况.

[11] Riemann 在 §7 中所导出的 Green (Gauss) 公式的形式是与曲面 T 的边界取向选择无关的, 而涉及取向的条件是到了 §8 才引入的. 为了保持 §7 中的文本与 §8 中的文本不互相矛盾, 同时还保持下述要求得到满足 —— 当在边界上沿正向运动时曲面的内部保持在左侧, 必须设想, 是 X 轴指向上, 还是 Y 轴, 这没有区别.

[12] Riemann 在定理证明的条件中要求了函数 X 和 Y 为连续, 但是, 没有提到二重积分号下函数的一阶偏导数的存在和连续性.

[13] 为了解释这个地方, Weber 举了一个具有割线 ab 和 cd 的三重连通的曲面 T.

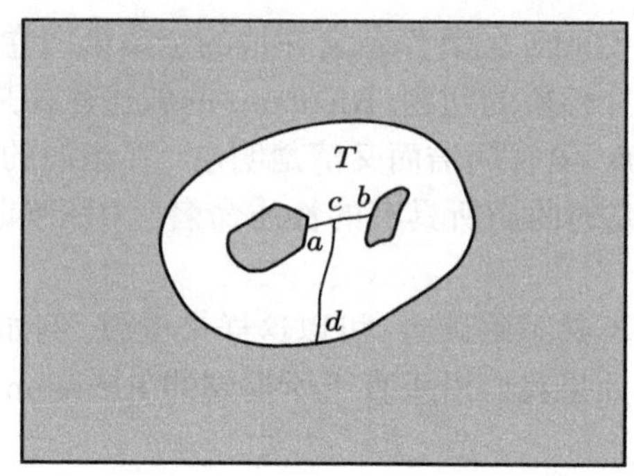

为了确定在 ab 段上的跳变, 只要指出在 cb 和 cd 段上的跳变就足够了.

[14] 为了得到这个等式, 只要在下式中令 $u'=1$ 就可以了:

$$\int\left(u\frac{\partial u'}{\partial p}-u'\frac{\partial u}{\partial p}\right)ds=0.$$

[15] 关于 Riemann 确立调和函数的无限可微性的先决条件, 必须指出, 1) 实质上要求, 方程 $\frac{\partial^2 u}{\partial x^2}+\frac{\partial^2 u}{\partial y^2}=0$ 的被打破的可能性不一定会破坏下面等式的成立:

$$\iint\left(\frac{\partial^2 u}{\partial x^2}+\frac{\partial^2 u}{\partial y^2}\right)dxdy=0,$$

其中二重积分是展布在所研究曲面 T 的一任意区域之上的, 而对于 2), 还可以讲得更准确些, 就是说, $u,\frac{\partial u}{\partial x},\frac{\partial u}{\partial y^2}$ 的间断点的集合在曲面 T 内没有凝聚点.

[16] 从集合论的观点来看, 这一论证不能令人完全信服.

[17] 由条件 $\frac{\partial u}{\partial x}=\frac{\partial v}{\partial y},\frac{\partial u}{\partial y}=-\frac{\partial v}{\partial x}$ 来证明这个等式在某个区域 (“平面是一部分”) 内成立, $w=u+iv$ 必须是复变量 $z=x+iy$ 的正则函数, Riemann 没有提出这一点, 因为这个论断对他来说在几何上是显然的 (见 §4). 对等式更深入的分析表明, 正式地证明这个结论要用到偏导数 $\frac{\partial u}{\partial x},\frac{\partial u}{\partial y},\frac{\partial v}{\partial x},\frac{\partial v}{\partial y}$ 的连续性. 另一方面, 不能同意说 Riemann 已经在 §12 中证明了 $\frac{\partial u}{\partial x}$ 和 $\frac{\partial u}{\partial y}$ 的连续性: 实际上在证明 Green 公式 (§7) 时, 为了能够对它们进行积分, “除了在个别的点或曲线上之外”, 必须假设有 $\frac{\partial X}{\partial x}$ 和 $\frac{\partial Y}{\partial y}$ 的连续性; 然后在这些公式中代入

$$X=u\frac{\partial u'}{\partial x}-u'\frac{\partial u}{\partial x},\quad Y=u\frac{\partial u'}{\partial y}-u'\frac{\partial u}{\partial y}$$

(§10) 就已经假设了导数 $\dfrac{\partial^2 u}{\partial x^2}$ 和 $\dfrac{\partial^2 u}{\partial y^2}$ 的连续性; 因为在 §12 中已经将 §10 中的定理应用于函数

$$\int_{O_0}^{O}\left(u\frac{\partial x}{\partial s}-v\frac{\partial y}{\partial s}\right)ds,$$

它对 x 和对 y 的二阶偏导数等于 $\dfrac{\partial u}{\partial x}$ 和 $-\dfrac{\partial v}{\partial y}=-\dfrac{\partial u}{\partial x}$, 由此可知, 在 §12 中 $\dfrac{\partial u}{\partial x}$ 的连续性是已经假定过了的. 这里指出的这个漏洞 (在 Cauchy 那里也有) 是后来由 Goursat 补上的 (E. Goursat, Acta Mathematica, 1884; 也可见他所著之 Cours d'analyse (分析教程), 第二卷).

[18] "自身封闭的连通区域"—— ein zusammenhängendes in sich abgeschlossenes Gebiet. 用现代的语言来表示, 可以这样来讲, 这里谈的是在某个泛函空间中的一个区域. 至于谈到趋向极限的运算, 我们倾向认为, Riemann 想的是一致收敛性. 要想准确地猜出在表述词语 "in sich abgeschlossen (自身封闭)" 中所包含的意思很难: 不排除这里含有 "紧性" 的意思.

[19] 用我们今天常用的术语来讲, 可以说 Riemann 在 §17 为自己设定的目标是要证明, 函数 λ 的 "极小化" 序列 (即这样一种序列, 我们所考察的积分趋向它的下界) 的极限为连续函数. 为了用反证法证明这一点, Riemann 作了一系列假设: 例如, 有某种 "间断曲线" 的极限函数, 以及 "在此曲线上的某一部分曲率的改变是连续的". 由于这些假设不能穷尽所设想的情形, §17 只有历史的意义.

Weber 在德文版《Riemann 全集》的注释中, 从 Riemann 的杂记中引用的摘录表明, Riemann 在有关这里的情况就考虑过别种特殊的假设.

[20] 有关 Dirichlet 问题边界条件研究的现状在 Sommerfeld 与 Lichtenstein 为德文版数学百科全书所写的条目中有叙述 (Enz. d. Math. Wies.: II A 7 c., A. Sommerfeld, "Randwertaufgaben in der Theorie der partiellen Differentialgleichungen (偏微分方程理论中的边值问题)", 1900; II C 12, L. Lichtenstein, "Neuere Entwicklung der Theorie der partiellen Differentialgleichungen zweiter Ordnung vom elliptischen Typus (二阶偏微分方程理论的最新发展)", 1924).

[21] 有关 Dirichlet 问题的边值条件的可能推广, 见 D. Hilbert,《Grundzüge der Theorie der linearen Integralgleichungen (线性积分方程理论基本要点)》, 第 10 章; 还有 Н. И. Мусхелишвили, Сингулярные интегральные уравнения (граничные задачи теории функций и некоторые их приложения к математической физике) (奇异积分方程 (函数理论的边值问题及其对数学物理的若干应用)), ОГИЗ, 1946.

[22] 有趣的是我们注意到 Riemann 在这里在 "量" 与 "数" 之间所作的原则上的对比: Riemann 在此把那样一种函数依赖关系 (这是由 Dirichlet 得到的) 排

除在考虑之外, 在这种函数关系中, 因变量的值是由这种还是那种公式或规则所确定, 这要看独立变量的值的是属于由数值性质所表征的数值集合中的哪一个, 是这一个还是那一个集合而定.

[23] 关于单连通区域的共形映射的著名的 Riemann 定理在当前的情况在 C. Caratheodory 的书籍《Komforme Abbildungen (共形映射)》(俄译本在 1934 年出版) 中有充分详细的阐述.

[24] 第一个研究在空间中的任意曲面上的复变量函数的是 Beltrami (1867 年), 他还把 Cauchy-Riemann 方程推广到了这种情况. 关于这个问题的有趣的讨论见 F. Klein 的著作 (Gesamm. Mathem. Abhandlungen, Bd. 3, S. 479).

Ⅱ

以下内容摘自他写给父亲的信, 可以使我们对他作这个报告的情况能有相当程度的了解:

"我的报告轮到在星期四, 由于我们这个分会没有预告有别的报告, 所以我在前一天晚上多准备了一些, 以便将通常会议时间稍稍多填满一些. 开始的时候我只简单地给出我准备要报告的定律, 但是后来我又把它应用到多种现象上去, 并且证明与经验是一致的. 当然我的报告在这最后一部分还不太流利, 但是我仍然相信, 通过增加这一部分还是在总体上获得了深刻的印象; 我一共讲了大约 5/4 小时. —— 在大会上做一次公开的演讲, 这件事又再次提高了我上课的勇气; 这还同时使我看到, 这两种情况之间的巨大差别: 是在以前早就在思想上想得很清楚了, 还是刚刚想出来的."

Ⅲ

本文是 Riemann 用来替代被他收回的文稿 "Neue Theorie des Rückstandes in elektrischen Bindungsapparaten (储电装置中剩余电量的一个新理论)" 的 (见后面关于此事的讲述). 关于 Nobili 环这篇文章 Riemann 曾在给他姐姐的信中这样写道: "这个题目之所以重要是因为, 由此可以安排非常精密的测量, 从而可以非常准确地验证电流流动的规律".

[1] 假设在周围 $z=0$ 处平板上的电压 (电势) 为恒定, Riemann 进一步假定 $u=0$. 换言之, 电流线与平板垂直.

[2] 方程

$$\frac{d^2y}{dr^2}+\frac{1}{r}\frac{dy}{dr}-\frac{n^2\pi^2}{4\beta^2}y=0$$

通过替换

$$i\frac{n\pi}{2\beta}r = x$$

归结为 0 阶 Bessel 方程

$$\frac{d^2y}{dx^2} + \frac{1}{x}\frac{dy}{dx} + y = 0.$$

[3] 这里引进了 Gauss 记号

$$\Pi(x) = \Gamma(x+1), \quad \Psi(x) = \frac{\Pi'(x)}{\Pi(x)};$$

在 x 为正整数 $(x = n)$ 时有

$$\Psi(n) = -C + \left(1 + \frac{1}{2} + \cdots + \frac{1}{n}\right)$$

(这里 C 为 Euler 常数).

[4] 这种级数 (在 $m \to \infty$ 时它的项不趋于 0) 的半收敛性只能这样来理解, 就是在 q 无限增大时, 等式右侧的表达式的极限等于左侧的表达式. 为了证明 Riemann 在这里所说的这个结论, Weber 引用了 (Riemann's Werke, 1892, S. 64–66) 在 Bessel 函数理论中所得到的一些结果, 即引用了 Hankel 的工作 (Math. Ann. 2) 以及他本人的工作 (Math. Ann. 37).

[5] Weber 在《Riemann's Werke (Riemann 全集)》的第 62 页上有对 Nobili 色环最新实验结果的若干叙述.

IV

[1] 作者在生前没有完成, 在去世后才发表的断篇, 收在本文集中的 “关于带代数函数系数的线性微分方程的两个一般定理” ①, 其基本内容可以看成是本文的继续, 从这一断篇的内容可以判断, 它的写作时间是直接接着论 Gauss 级数这篇文章的, 这就更加说明这种猜测有道理. 此外, 如果将开始与中间一段相比较: “在本文中我将研究 Gauss 超越函数 ······” 以及 “在本文发表在另一个地方的部分 ······”, 也使我们注意到, Riemann 为尚未发表的论文收集了大量的有关超几何函数的材料 (这也可以从这部分中的其他断篇中看出), 所以可以作出这样的结论, Riemann 还思考过一篇有关三个临界点的经典情形的论文, 只是没有来得及写成.

[2] “单叶性或单值性”——einändrig oder monodrom. 这里出现的术语困难在于, 如果是讲函数的话, 在某个区域内的单叶性通常是指它在该区域内只有一

①第 XXI 篇, 见中译本第二卷.—— 中译者注

个 "分支", 而在目前的情况下谈的是每一个 "分支" 在所考察点的邻域内的单叶性.

[3] 如果两个指数, 例如 α 和 α', 之差是整数, 那么一般来说, 对应的微分方程的积分中就会出现含 $\lg(x-a)$ 的项, Riemann 在这里引进的限制还没预见到, 在他所考虑的情形中一般积分的性质尚未知. 请参见断篇 "二阶线性微分方程在分支点处的积分"①.

[4] 在临界点个数为任意 (>3) 时的 "单值性问题"—— 即存在性证明的必要性 —— 在最后这一段中无疑也没有被 Riemann 解决.

[5] 在 Riemann 讲授超几何级数的讲义中的断篇揭示了在 §5 中所提出的若干变换的几何意义.

VI

本文包含作者在 1851 年到 1856 年期间所作研究的成果, 并在安排于 1855 年到 1856 年两个学期中的讲座中讲述过. 关于这一论文各个部分写作的详细时间, 作者自己在本文的引言的最后部分作了说明.

探讨代数函数及其积分的本文, 是 Riemann 创造的深思熟虑的产物. 在其中, 以 Dirichlet 原理为基础, 证明了在任意有限类闭 Riemann 曲面上具有预先给定奇点的函数的存在性, 然后构造出它们的用代数函数的积分表示的解析表达式. 此外, 在其中还给出了对适当类型 p 的 Abel 积分的 Jacobi 逆问题的解. 在 "论 Riemann 的科学研究工作"②一文中有对本文内容更详细的分析.

[1] 我们来回顾一些历史数据: 函数在其正则点 a 的邻域内可以展成 Taylor 幂级数是 Cauchy 在 1831 年就已经证明了的, 但是要等到 1837 年才发表在 Comptes Rendus 上; 关于在函数为单值的孤立奇点附近按 $x-a$ 的正幂和负幂的展开的 Laurent 定理也是在该刊上于 1843 年发表的. Riemann 在其博士学位论文 (1851 年) 中上述两个展开都没有用.

[2] Durch einander messbar—— 通过数值关系相联系; Orts-und Gebietsverhältnisse—— 相互位置和联系的空间关系.

[3] 现代读者必须注意到, 本节下面所述结论的不完全的证明不是以空间的集合论的概念为基础的, 而是直接依赖几何直观.

[4] Riemann 在此所作的表述受到了来自 Alberto Tonelli 方面的批评 (Atti Lincei, (2) 2, 1875), 他在其中补上了一些限制和加强了它的精确性.

[5] 我们在这里用了 "разрез (割线)" 这个术语来译 Riemann 用的术语 "Quer-

①见中译本第二卷中的补遗篇.—— 中译者注

②见本书附录 IV.—— 中译者注

schnitt (割线)", 现在我们来解释它的意思. 近年来的作者, 除了用 Querschnitt 之外, 还广泛使用 Rückkehrschnitt 这个词. 后者的意思是, 切割从曲面的内点起, 经过内点再回到原始的点, 中间一个边界点也不曾碰到. Riemann 没有用过 Rückkehrschnitt 这个术语: 我们在 §19 遇到他用 "in sich zurücklaufender Querschnitt (回到自身的割线)" 来替代它.

[6] 众所周知, 求平方和的最小值是 "最小二乘法" 的基础 (Gauss 的论文 "Theoria combinationis observationum erroribus minimis obnoxiae" 发表于 1821 年).

[7] 我们在 Klein 所著之《数学在 19 世纪的发展讲义》一书中读到: "当 Weierstrass 把自己在 Abel 函数理论的第一次修改稿于 1857 年提交给柏林科学院时, 正好这时在 Crelle 杂志 (第 54 卷) 上发表了 Riemann 在同一个题目上的论文, 其中包含了如此之多的全新的和从未发表过的思想, 以致 Weierstrass 立即收回了自己的论文, 并且在以后也从未再发表."

[8] 这里没有提到 "Riemann 球", 这是 Riemann 用来直观表示无限远点的, 并且用在了他的讲义中. 见 "论由某些这种微分方程生成的函数", 第 202, 203 页.

[9] 数 p 在今后起着头等重要的作用, 可是 Riemann 没有给它起一个专门的名字. 术语 Geschlecht (亏格) (这个词在俄语中译成 "род (类)" 或 "ранг (秩)") 还是后来由 Clebsch 引进的 (Crelle, 64, 1865).

[10] 为了在封闭 (即没有边界曲线的) 曲面上作第一条割线, 首先必须对它 "刺破一点", 即拿掉上面一个点, 这样就产生了边界.

[11] 如果在 Riemann 曲面 T 上有几个点与平面 z 上的某个点 ζ 重合, 那么这个点 ζ 也要相应地取几次. 这时进一步引进因子 $z-\zeta$ 就会消除在有限距离内的所有极点, 并在无限远处增加相同数量的极点, 使得所有的极点全都集中到无限远点, 其个数等于 ε 点的个数, 即 m.

[12] 将代数函数按 $z-\beta$ 的分数幂展开的级数, 这里 β 为分支点, 其可能性是由 Пюизё[①] 在 1850 年确立的 (Journal des Mathém. pures et appl.).

[13] 这里 a_0 (也和在 §5 中一样) 就是那个多项式, 它在平面 z 的有限处、所有 s 的极点上变为零: 假设它的幂次 ν 准确地等于 m. 在公式

$$F'(s) = a_0 s \cdot ns^{n-1} + a_1(n-1)s^{n-2} + \cdots$$

中析出因子 $a_0 s$ 后, 它在平面的有限部分上就不会有极点了, 这样一来要消除在有限距离内的极点只需在函数 $F'(s_1), \cdots, F'(s_n)$ 上乘以 a_0^{n-2} 就足够了.

①疑系指 Puiseux. —— 中译者注

计算多项式 $a_0^{n-2}\prod_i F'(s_i)$ 的幂次可如下进行: 每一个因子 $F'(s_i)$ 在无限远点的无限大阶次为 m, 由于每一个分支 s_i 在这一点的值为有限, 所以 $\prod_i F'(s_i)$ 的阶次为 mn; 再将它加上 $m(n-2)$ —— 多项式 a_0^{n-2} 的次数, 我们就得到: $m(n-2)+mn=2m(n-1)$. 在多项式 a_0 的幂次 ν 小于 m 的情况下, 以上讨论只需做不大的改变.

[14] 方程 $s^2-z^2-\lambda=0$, 这里 λ 为可变参数, 给出这里所描述现象的最简单的例子. 在 $\lambda\neq 0$ 时给出两个双叶 Riemann 曲面的简单分支点, 即, $s=\pm\sqrt{\lambda}, s=0$. 在 $\lambda=0$ 时, 就得到两个相互无关的分支点 $s=z$ 和 $s=-z$.

[15] 联系 Riemann 曲面的分叶数 n、它的简单分支点数 w 以及其亏格数 p 三者之间的关系式 $w-2n=2(p-1)$, 其 "拓扑学" 证明的思想如下面所述. 在 Riemann 球上作两条 "平行线", 并用子午线的线段将它们这样来连接起来, 使得在由此所得到的两 "平行线" 之间的条带内的每一个区域内各有一个分支点, 而在这个条带之外则一个分支点也没有. 然后沿所说的曲线切割这 n 个叶面. 这样一来总共会作出 $nw+1$ 条割线: 计入的有沿 "子午线" 的 nw 条割线, 以及在一叶面上沿 "平行线" 中的通过被刺破点的那一条割线. 总之, 曲面被分割成 $2n+w(n-1)$ 块单连通区块: 实际上, 在 "平行线" 之外的两个区域的每一个之中各有 n 块单连通区块, 而在两 "平行线" 之间的 w 个区域内, 每一个都有 $n-1$ 块单连通区块 (其中有一块是双叶的). 根据 Riemann 学位论文的 §6, 所作割线数与由这些割线切割后所生成的曲面上的单连通部分的数目之差是曲面的不变量. 另一方面, 又因为根据亏格数 p 的定义 (本文的 §3), 为了将一多连通闭曲面转变成单连通的, 必须作 $2p$ 条割线, 由此推得下述等式:

$$(nw+1)-[2n+w(n-1)]=2p-1,$$

由此得

$$w-2n=2(p-1)$$

(见 C. Neumann, Vorlesungen über die Riemannsche Theorie der Abelschen Integrale (Abel 积分的 Riemann 理论讲义), 1884, 或者 H. Stahl, Theorie der Abelschen Funktionen (Abel 函数理论), 1896).

这个证明 Riemann 未必不知道; 更有可能的是, 他之所以没有在本文中讲它是因为他还没有在其中确立所提到的曲面的不变性质.

[16] 在满足这里所提到的条件下 θ 级数的收敛性的 Riemann 证明, 见《Riemann 全集》第 XXX 篇.

[17] 如果 θ 作为变量 $V=e^{2v}$ 的函数, 对所有有限的 v 值是单值和正则的, 这就意味着它同时也是对所有有限的 V 值为变量 V 的单值和正则函数, 而且还

可能 $V=0$; 可是当它展成 Laurent 级数时, 它在 V 的全平面上收敛:

$$\theta=\sum_{-\infty}^{+\infty}A_mV^m=\sum_{-\infty}^{+\infty}A_me^{2vm}.$$

不难将此推广到有 p 个变量的情形.

[18] 和这里有关的有 Riemann 的论文 "论 θ 函数的零点."

[19] Weber 在这里引用了在 Riemann 的文章中一段有关的内容作为注释: (略, 见本文 Weber 所作的注释第 (4) 条.)

VII

Riemann 在被选为柏林科学院的通讯院士后不久很快就在 1859 年 10 月将本文 "Ueber die Anzahl der Primzahlen unter einer gegebenen Grösse" 提交给柏林科学院, 并随后于当年赴柏林访问; 本文发表在同一年, 1859 年的 Monatsberichte der Berliner Akademie (柏林科学院月刊) 上.

[1] 我们在这里顺便指出, 在 Gauss 的遗著中, 对小于 x 并有 k 个素因子的整数的个数得到下述公式:

$$\frac{x}{\lg x}\frac{(\lg\lg x)^{k-1}}{(k-1)!}.$$

第一个对任意整数 k 证明这个公式的是 E. Landau (Bull. Sc. Math., 28, 1900).

[2] 在 Riemann 这里有新意的地方就是, 他在 s 取所有复数值的条件下研究函数 $\zeta(s)$. 记号 $\zeta(s)$ 也是由他提出的.

[3] Gauss 记号 $\Pi(s)$ 的意义没有解释的必要, 众所周知,

$$\Pi(s)=\Gamma(s+1).$$

当 s 为正整数时 $\Pi(s)=s!$. 符号 Γ 是 Legendre 引进的.

[4] 必须注意到展开式

$$\frac{1}{e^x-1}=\frac{1}{x}-\frac{1}{2}+B_1\frac{x}{2!}-B_2\frac{x^3}{4!}+B_3\frac{x^5}{6!}-B_4\frac{x^7}{8!}+\cdots,$$

其中系数 $B_1,B_2,B_3,\cdots$ (Bernoulli 数) 异于零. 由此推知等式右侧的积分也是 s 的整函数, 在 $s=2,3,4,\cdots$ 以及 $s=-2,-4,-6,\cdots$ 时等于零; 但是在 $s=1$ 时不等于零.

[5] 正如 E. Landau 所指出的 (Bibl. Math. (3), 7, 1906), 与 Riemann 所得到的等价的函数方程

$$\zeta(1-s)=2(2\pi)^{-s}\cos\frac{\pi s}{2}\Gamma(s)\zeta(s)$$

在 Euler 的论文 “Remarques sur un beau rapport entre les séries des puissances tant directes que réciproques” 中就已经有了, 这篇论文写于 1749 年, 并在 1768 年再次发表在柏林科学院的 “Histoire de l'académie des sciences et belles lettres”.

H. Hamburger 指出 (Math. Zeitschrift, 10, 11, 13; Math. Ann., 85), 函数 $\zeta(s)$ 在附加条件“ 1) 它在全平面上是亚纯的, 并且只有有限个极点; 2) 它是有限类型的, 即它的对数的模在 $|s| \to \infty$ 时, 其增长的速度慢于 $|s|$ 的某个幂次; 3) 在 $\Re s > 1$ 时它能展成形式为 $\sum\limits_{n=1}^{\infty} \frac{a_n}{n^s}$ 的绝对收敛的幂级数” 之下, 由这些函数方程唯一地确定.

[6] 由最后这个公式可见, 整函数 $\xi(t)$ 是偶函数. 因为 $\xi(-t) = \xi(t)$ 等价于函数 $\zeta(s)$ 所满足的函数方程, 所以这里也就包含了这个函数方程的一个新的推导方法.

[7] 由 Riemann 所指出的计算由 H. v. Mangoldt 成功地实现了 (Math. Ann., 60, 1905). 如果我们把公式的余项记为 $R(t)$, 那么, 正如 Mangoldt 所证明的, 比例式 $\frac{R(t)}{\lg t}$ 为有限; 另一方面, H. Cramer (Math. Zeitschrift, 4, 1919) 证明了

$$\lim_{T \to \infty} \frac{1}{T} \int_0^t R(t) dt = \frac{7}{8}.$$

[8] 这里所说的, $\xi(t)$ 的所有零点均为实数, 或者说 $\zeta(s)$ 所有 “非平凡的” (即不等于 $-2, -4, -6, \cdots$ 的) 零点, 都位于直线 $\Re s = \frac{1}{2}$ 上, 就是著名的 “Riemann 假设”. 尽管人们为此花费了巨大的精力, 但是至今尚未解决. G. H. Hardy 在 1914 年 (Comptes Rendus, 158) 确立了, $\zeta(s)$ 在直线 $\Re s = \frac{1}{2}$ 上有无穷多个零点. R. Backlund 研究了 “临界带区” $0 < \Re s < 1$ 从 $T = 0$ 到 $T = 200$ 中的区域, 发现 $\zeta(s)$ 在其中有 79 个零点 (Riemann 公式 $\frac{T}{2\pi} \lg \frac{T}{2\pi} - \frac{T}{2\pi}$ 得出 $78.317\cdots$), 而且它们全都在直线 $\Re s = \frac{1}{2}$ 上.

[9] J. Hadamard 在发表于 1893 年的 Journal de Mathém. (4), 9 上的论文中, 从函数 $\xi(t)$ 的 Taylor 展开系数的估计出发, 并且以他在整函数理论所奠定的结论为基础, 确立了下面的公式:

$$\xi(t) = \xi(0) \prod \left(1 - \frac{t^2}{\alpha^2}\right).$$

[10] Weber 指出了 Riemann 在这里审定时的不准确之处: 两个等式的右侧经积分后应分别为

$$\pi y^{-a} \left(h(y) + h\left(\frac{1}{y}\right)\right) \quad 以及 \quad \pi y^{-a} \left(h(y) - h\left(\frac{1}{y}\right)\right),$$

而不是在每一种情形下都是 $\pi y^{-a}h(y)$.

[11] 在 x 为大于 1 的实数值时, 函数 (积分对数) $Li(x)$ 的定义如下:

$$Li(x)=\int_0^x \frac{dx}{\log x}\pm \pi i,$$

其中正负号的选取要看积分路径所在区域内的复变量的辐角是正还是负而定.

Weber 指出, 在 Riemann 所给出的 $\log\xi(0)$ 的公式中, 最后一项应换为 $\lg\frac{1}{2}$, 并认为这里有个印刷错误, 错用字母 ξ 代替了 ζ.

[12] Weber 指出, "尽管后来有一系列的研究 (Scheibner, Pilz, Stieltjes), 这一工作的不清楚的地方也没有完全消除" 并引用了保存在遗稿中写给 Weierstrass 的一封信中的片断.①

不久前出现了 C. L. Siegel 的论文 "Ueber Riemann's Nachlass zur analytischen Zahlentheorie (论 Riemann 在解析数论上的遗产)", (Quellen u. Studien zur Geschichte der Math., Astr. u. Phys. (数学、天文和物理学史的研究和史料), Bd. 2, 1932), 我们从其中适当地摘录于下:

在 1859 年给 Weierstrass 的信中, Riemann 提到了 $\zeta(s)$ 的一个新的展开式, 他还没有来得及充分简化, 以致不能放到他论素数分布的论文中. Weber 在其编辑的 Riemann 全集中发表了这封信的内容之后, 就有理由设想, 仔细检查保存在 Göttingen 大学图书馆中 Riemann 手稿, 有可能会发现在解析数论领域内至今仍未知的重要的公式.

可是实际上, 自从图书管理员 Diestel 在 Riemann 的故纸堆中找到函数 $\zeta(s)$ 上述表达式以来, 已经几十年过去了. 这个公式是一个半收敛的展开式, 利用它我们可以来判断 $\zeta(s)$ 在临界线 $\sigma=\frac{1}{2}$ 上的行为, 以及在 s 无限增大时它在带区 $\sigma_1\leqslant\sigma\leqslant\sigma_2$ 内的行为. 1920 年 Hardy 与 Littlewood 独立于 Riemann 发现了这个展开式的主项可以作为他们的 "近似函数方程" 的特殊解; 在证明中他们用了和 Riemann 所用的一样的工具, 这就是用 "鞍点" 法近似计算积分的方法. 但是在 Riemann 那里我们还发现了一种能够得到这个半收敛级数的其余项的方法, 这需要用到下述积分

$$\Phi(\tau,u)=\int\frac{e^{\pi i\tau x^2+2\pi iux}}{e^{2\pi ix}-1}dx$$

的有趣性质, 并且曾经被 Kronecker (在最近还有 Mordell) 用来导出 Gauss 和的极为漂亮的对易式.

1926 年 Bessel-Hagen 在反复审视 Riemann 的札记时还发现了 ζ 函数的一个至今不为人知的用定积分的表达式; 这个表达式也是他研究 $\Phi(\tau,u)$ 的性质时

①这一段引文请参阅原文注释. —— 中译者注

得到的.

如果不考虑他已经发表了的论文的话, 这里讲到的 ζ 函数的两个公式, 必须看成是 Riemann 在数论方面研究的重要成果. 在 Riemann 的手稿中没有找到任何所谓 "Riemann 假设" 证明的草稿, 或者甚至也没有找到即使是在临界直线上 ζ 函数有无限多个零点的证明. 关于在区间 $0<t<T$ 内有 $\zeta\left(\frac{1}{2}+ti\right)$ 的 $\sim \frac{T}{2\pi}\lg\frac{T}{2\pi}-\frac{T}{2\pi}$ 个实零点的结论, Riemann 显然是通过启发式地研究半收敛级数得到的; 可是即使到了今天我们仍不清楚, 如何能够证明或者反驳这个结论. Riemann 还用这同一个半收敛级数计算了 $\zeta\left(\frac{1}{2}+ti\right)$ 的好几个实零点.

在 Riemann 关于 ζ 函数的手稿中还没发现有写得足够完整的. 有的地方在同一张纸上的公式相互之间没有什么联系. 有时候只写下了等式的一部分, 甚至在一些最重要的情况下没有对余项进行估计以及对收敛性进行考察. 这就有必要对 Riemann 的遗留下来的断篇残章进行充分自主的研究, 这就是下面我们所要做的.

在 Klein 时代流行着这样的传说, 似乎 Riemann 数学研究的成果靠的不是形式上的分析工具, 而是靠 "卓越的普适的指导思想", 在今天这个传说流行的程度已经不像当年了. Riemann 有很高超的分析技巧, 他所完成的 ζ 函数的半收敛级数的推导以及随后对它的变换的研究就是再好不过的例证.

对那些想熟悉 Siegel 重建 Riemann 论述过程的尝试的读者, 我们建议他们去读上述所引原始论文, 在此我们只来介绍上面提到的函数 $\zeta(s)$ 的半收敛级数展开式和积分表达式.

其中第一个的形式如下:

$$\zeta(s)=\sum_{l=1}^{m}l^{-s}+\frac{(2\pi)^s}{2\Gamma(s)\cos\frac{\pi s}{2}}\sum_{l=1}^{m}l^{s-1}$$
$$+(-1)^{m-1}\frac{(2\pi)^{\frac{s+1}{2}}}{\Gamma(s)}t^{\frac{s-1}{2}}e^{\frac{\pi is}{e^2}-\frac{ti}{2}-\frac{\pi i}{8}}S,$$

这里我们规定了

$$s=\sigma+it,\quad S=\sum_{0\leqslant 2r\leqslant k\leqslant n-1}\frac{2^{-k}i^{r-k}k!}{r!(k-2r)!}a_kF^{(k-2r)}(\delta)+O\left(\left(\frac{3n}{t}\right)^{\frac{n}{6}}\right),$$

并且有

$$n \leqslant 2 \cdot 10^{-8} t, \quad m = \left[\sqrt{\frac{t}{2\pi}}\right],$$

$$\delta = \sqrt{t} - \left(m + \frac{1}{2}\right)\sqrt{2\pi}, \quad F(u) = \frac{\cos\left(u^2 + \dfrac{3\pi}{8}\right)}{\cos(\sqrt{2\pi}u)},$$

而 a_n 则由下面的展开式来确定:

$$w(z) = e^{(s-1)\lg\left(1+\frac{z}{\tau}\right) - i\tau z + \frac{i}{2}z^2} = \sum_0^\infty a_n z^n (\tau = +\sqrt{t}),$$

也就是由下面的递推公式来决定:

$$(n+1)\tau a_{n+1} = -(n+1-\sigma)a_n + ia_{n-2}, \quad a_{-2} = 0, \quad a_{-1} = 0.$$

函数 $\zeta(s)$ 的积分表达式为

$$\begin{aligned} &\pi^{-\frac{1-s}{2}}\Gamma\left(\frac{1-s}{2}\right)\zeta(1-s) \\ &\equiv \pi^{-\frac{s}{2}}\Gamma\left(\frac{s}{2}\right)\zeta(s) \\ &= \pi^{-\frac{s}{2}}\Gamma\left(\frac{s}{2}\right)\int_{0\swarrow 1}\frac{x^{-s}e^{\pi i x^2}}{e^{\pi i x} - e^{-\pi i x}}dx + \pi^{-\frac{1-s}{2}}\Gamma\left(\frac{1-s}{2}\right)\int_{0\searrow 1}\frac{x^{s-1}e^{-\pi i x^2}}{e^{\pi i x} - e^{-\pi i x}}dx, \end{aligned}$$

其中的积分路径为下述直线

$$\Re s - \Im s = \frac{1}{2}, \quad \Re s + \Im s = \frac{1}{2},$$

积分的方向则如式中箭头所示.

VIII

Riemann 的这篇论文刊于 1860 年的 Göttingen 王室科学协会文集第 8 卷. 在 Göttinger Nachrichten (1859 年, 第 19 期) 上有作者自己写的文摘: (略, 见本书第 IX 篇.)

[1] 这两个方程 Riemann 是从一般的流体动力学的 Euler 方程

$$\begin{cases} \dfrac{\partial u}{\partial t} + u\dfrac{\partial u}{\partial x} + v\dfrac{\partial u}{\partial y} + w\dfrac{\partial u}{\partial z} = -\dfrac{1}{\rho}\dfrac{\partial p}{\partial x}, \\ \dfrac{\partial v}{\partial t} + u\dfrac{\partial v}{\partial x} + v\dfrac{\partial v}{\partial y} + w\dfrac{\partial v}{\partial z} = -\dfrac{1}{\rho}\dfrac{\partial p}{\partial y}, \\ \dfrac{\partial w}{\partial t} + u\dfrac{\partial w}{\partial x} + v\dfrac{\partial w}{\partial y} + w\dfrac{\partial w}{\partial z} = -\dfrac{1}{\rho}\dfrac{\partial p}{\partial z}, \end{cases}$$

$$-\frac{\partial \rho}{\partial t}=\frac{\partial}{\partial x}(\rho u)+\frac{\partial}{\partial y}(\rho v)+\frac{\partial}{\partial z}(\rho w),$$

再令其中 $v=w=0, p=\varphi(\rho)$, 同时认为 u 和 ρ 与 y 和 z 无关, 而得到的. 实际上, 在这些假设下我们就有:

$$\begin{cases}\dfrac{\partial u}{\partial t}+u\dfrac{\partial u}{\partial x}=-\dfrac{\varphi'(\rho)}{\rho}\dfrac{\partial \rho}{\partial x},\\ -\dfrac{\partial \rho}{\partial t}=u\dfrac{\partial \rho}{\partial x}+\rho\dfrac{\partial u}{\partial x},\end{cases}$$

它等价于 Riemann 方程.

"压强的变化与压强本身相比为无限小" 的这种情况, 再按以下的方式引进来. 令 ρ_0 以及 $p_0=\varphi(\rho_0)$ 为密度和压强中只能作极微小改变的部分; 这样一来 $\varphi(\rho)$ 就可以代之以下述线性函数:

$$\varphi(\rho)=p_0+\varphi'(\rho_0)(\rho-\rho_0).$$

如果除此之外还认为 u 以及 u 和 ρ 的偏导数也很小, 那么在弃去高阶小量后我们就得到:

$$\begin{cases}\dfrac{\partial u}{\partial t}=-\dfrac{\varphi'(\rho_0)}{\rho}\dfrac{\partial \rho}{\partial x},\\ -\dfrac{\partial \rho}{\partial t}=\rho\dfrac{\partial u}{\partial x},\end{cases}$$

由此推知 u 和 $\lg\rho$ 都满足通常的波动方程:

$$\frac{\partial^2\theta}{\partial t^2}=a^2\frac{\partial^2\theta}{\partial x^2}\quad (a=\sqrt{\varphi'(\rho_0)}).$$

[2] "压缩波"=Verdichtungswellen, "稀疏波" = Verdünnungswellen,"冲击波" =Verdichtungsstoss (Stosswelle = onde de choc=bore).

[3] 这就是所谓的 "相容性" 条件.

[4] 在 §8 中所述之应用于特定方程

$$\frac{\partial^2 w}{\partial r\partial s}-m\left(\frac{\partial w}{\partial r}+\frac{\partial w}{\partial s}\right)=0$$

的 "Riemann 积分方法" 得到了进一步的发展 (见, 例如, Goursat, Cours d'analyse, T. 3, 第 26 章, 或 Darboux, Théorie des surfaces, T. 2).

[5] 在本文的德文版中有 Weber 所作的一般性解释的注释, 这里未作复述.

X

本文发表于 1861 年的 Göttingen 王室科学协会文集, 因此是属于 Riemann 学术生涯最辉煌的时期, 这时他的功绩已经得到了广泛的承认.

要想了解 Riemann 所研究的这个问题, 读者可参阅 Basset 的《Hydrodynamics (流体动力学)》一书.

[1] Dirichlet 的论文 "Untersuchungen über ein Problem der Hydrodynamik (对一个流体动力学问题的研究) (Gött. Abh., 1860 ≡ Journ. f. d. reine u. ang. Math. T. 58 ≡ Werke, T. 2, 1861)" 在他去世后由 R. Dedekind 编辑和仔细补充后出版.

[2] Dirichlet 是从均匀流体一般运动方程的 Lagrange 形式出发的, 这个方程是

$$\left(\frac{\partial^2 x}{\partial t^2}-X\right)\frac{\partial x}{\partial a}+\left(\frac{\partial^2 y}{\partial t^2}-Y\right)\frac{\partial y}{\partial a}+\left(\frac{\partial^2 z}{\partial t^2}-Z\right)\frac{\partial z}{\partial a}+\frac{\partial p}{\partial a}=0,$$
$$\left(\frac{\partial^2 x}{\partial t^2}-X\right)\frac{\partial x}{\partial b}+\left(\frac{\partial^2 y}{\partial t^2}-Y\right)\frac{\partial y}{\partial b}+\left(\frac{\partial^2 z}{\partial t^2}-Z\right)\frac{\partial z}{\partial b}+\frac{\partial p}{\partial b}=0,$$
$$\left(\frac{\partial^2 x}{\partial t^2}-X\right)\frac{\partial x}{\partial c}+\left(\frac{\partial^2 y}{\partial t^2}-Y\right)\frac{\partial y}{\partial c}+\left(\frac{\partial^2 z}{\partial t^2}-Z\right)\frac{\partial z}{\partial c}+\frac{\partial p}{\partial c}=0,$$
$$\frac{\partial(x,y,z)}{\partial(a,b,c)}=1,$$

其中 x,y,z 为运动粒子在时刻 t 时的坐标, a,b,c 为其初始坐标, X,Y,Z 为作用于其上的力分量, p 为压强. 假设有势函数 V:

$$X=\varepsilon\frac{\partial V}{\partial x},\quad Y=\varepsilon\frac{\partial V}{\partial y},\quad Z=\varepsilon\frac{\partial V}{\partial z}$$

(ε 为引力常数), Dirichlet 给出了第一组由三个方程组成的运动方程如下:

$$\begin{aligned}
&\frac{\partial^2 x}{\partial t^2}\frac{\partial x}{\partial a}+\frac{\partial^2 y}{\partial t^2}\frac{\partial y}{\partial a}+\frac{\partial^2 z}{\partial t^2}\frac{\partial z}{\partial a}-\varepsilon\frac{\partial V}{\partial a}+\frac{\partial p}{\partial a}=0,\\
&\frac{\partial^2 x}{\partial t^2}\frac{\partial x}{\partial b}+\frac{\partial^2 y}{\partial t^2}\frac{\partial y}{\partial b}+\frac{\partial^2 z}{\partial t^2}\frac{\partial z}{\partial b}-\varepsilon\frac{\partial V}{\partial b}+\frac{\partial p}{\partial b}=0,\\
&\frac{\partial^2 x}{\partial t^2}\frac{\partial x}{\partial c}+\frac{\partial^2 y}{\partial t^2}\frac{\partial y}{\partial c}+\frac{\partial^2 z}{\partial t^2}\frac{\partial z}{\partial c}-\varepsilon\frac{\partial V}{\partial c}+\frac{\partial p}{\partial c}=0.
\end{aligned}\tag{$*$}$$

这就是 Riemann 所引用的方程.

[3] Dirichlet 自己只限于研究这样一种 x,y,z 的函数, 它们满足方程 $(*)$, 同时为坐标初始值 a,b,c 的线性齐次函数:

$$\begin{aligned}
x&=la+mb+nc,\\
y&=l'a+m'b+n'c,\\
z&=l''a+m''b+n''c.
\end{aligned}$$

这里 $l, m, \cdots, n''$ 是时间 t 的函数, 相互间由形式关系相联系:

$$\begin{vmatrix} l & m & n \\ l' & m' & n' \\ l'' & m'' & n'' \end{vmatrix} = 1. \tag{**}$$

假设液体的运动质点具有椭圆体的形状, 并用 A, B, C 表示其短轴, 那么 Dirichlet 还进一步得到:

$$\begin{aligned} &V = H - La^2 - Mb^2 - Nc^2 - 2L'bc - 2M'ca - 2N'ab, \\ &p = P + \sigma\left(1 - \frac{a^2}{A^2} - \frac{b^2}{B^2} - \frac{c^2}{C^2}\right), \end{aligned}$$

其中 P 为一常量 (作用在表面上的压强), 而 σ 为一时间的函数. 将 x, y, z, V 和 p 代入方程 $(*)$ 中, 就会得出一个关于 a, b, c 的恒等式: 由此得到的由 9 个二阶微分方程组成的方程组, Dirichlet 将它记为 (a):

$$\begin{aligned} &l\frac{d^2l}{dt^2} + l'\frac{d^2l'}{dt^2} + l''\frac{d^2l''}{dt^2} = -2L\varepsilon + \frac{2\sigma}{A^2}, \\ &m\frac{d^2m}{dt^2} + m'\frac{d^2m'}{dt^2} + m''\frac{d^2m''}{dt^2} = -2M\varepsilon + \frac{2\sigma}{B^2}, \\ &n\frac{d^2n}{dt^2} + n'\frac{d^2n'}{dt^2} + n''\frac{d^2n''}{dt^2} = -2N\varepsilon + \frac{2\sigma}{C^2}, \\ &m\frac{d^2n}{dt^2} + m'\frac{d^2n'}{dt^2} + m''\frac{d^2n''}{dt^2} = -2L'\varepsilon, \\ &n\frac{d^2m}{dt^2} + n'\frac{d^2m'}{dt^2} + n''\frac{d^2m''}{dt^2} = -2L'\varepsilon, \\ &n\frac{d^2l}{dt^2} + n'\frac{d^2l'}{dt^2} + n''\frac{d^2l''}{dt^2} = -2M'\varepsilon, \\ &l\frac{d^2n}{dt^2} + l'\frac{d^2n'}{dt^2} + l''\frac{d^2n''}{dt^2} = -2M'\varepsilon, \\ &l\frac{d^2m}{dt^2} + l'\frac{d^2m'}{dt^2} + l''\frac{d^2m''}{dt^2} = -2N'\varepsilon, \\ &m\frac{d^2l}{dt^2} + m'\frac{d^2l'}{dt^2} + m''\frac{d^2l''}{dt^2} = -2N'\varepsilon. \end{aligned} \tag{a}$$

因为在此还必须加上最后一个方程 $(**)$, 所以总共有 10 个未知量的 10 个方程. 而方程组的阶次则应认为是 $18 - 2 = 16$.

Dirichlet 指出了这个方程组的 8 个积分, 即, 1) 将后面 6 个方程成对相减给出 3 个积分

$$\left(m\frac{dn}{dt} - n\frac{dm}{dt}\right) + \left(m'\frac{dn'}{dt} - n'\frac{dm'}{dt}\right) + \left(m''\frac{dn''}{dt} - n''\frac{dm''}{dt}\right) = \mathfrak{A},$$

$$\left(n\frac{dl}{dt}-l\frac{dn}{dt}\right)+\left(n'\frac{dl'}{dt}-l'\frac{dn'}{dt}\right)+\left(n''\frac{dl''}{dt}-l''\frac{dn''}{dt}\right)=\mathfrak{B},$$
$$\left(l\frac{dm}{dt}-m\frac{dl}{dt}\right)+\left(l'\frac{dm'}{dt}-m'\frac{dl'}{dt}\right)+\left(l''\frac{dm''}{dt}-m''\frac{dl''}{dt}\right)=\mathfrak{C},$$

2) 由面积原理①又得出 3 个积分

$$A^2\left(l'\frac{dl''}{dt}-l''\frac{dl'}{dt}\right)+B^2\left(m'\frac{dm''}{dt}-m''\frac{dm'}{dt}\right)+C^2\left(n'\frac{dn''}{dt}-n''\frac{dn'}{dt}\right)=\mathfrak{K},$$
$$A^2\left(l''\frac{dl}{dt}-l\frac{dl''}{dt}\right)+B^2\left(m''\frac{dm}{dt}-m\frac{dm''}{dt}\right)+C^2\left(n''\frac{dn}{dt}-n\frac{dn''}{dt}\right)=\mathfrak{L},$$
$$A^2\left(l\frac{dl'}{dt}-l'\frac{dl}{dt}\right)+B^2\left(m\frac{dm'}{dt}-m'\frac{dm}{dt}\right)+C^2\left(n\frac{dn'}{dt}-n'\frac{dn}{dt}\right)=\mathfrak{M},$$

3) 最后是活力积分②

$$A^2\left(\left(\frac{dl}{dt}\right)^2+\left(\frac{dl'}{dt}\right)^2+\left(\frac{dl''}{dt}\right)^2\right)+B^2\left(\left(\frac{dm}{dt}\right)^2+\left(\frac{dm'}{dt}\right)^2+\left(\frac{dm''}{dt}\right)^2\right)$$
$$+C^2\left(\left(\frac{dn}{dt}\right)^2+\left(\frac{dn'}{dt}\right)^2+\left(\frac{dn''}{dt}\right)^2\right)=\text{const.}+\int V\,d\tau,$$

其中在等式右边的积分遍布椭圆体的全部体积.

XI

本文发表于 Journal für reine und angewandte Mathematik (1865 年); 其内容是为了, 正如作者自己所言, 填补关于 Abel 函数的论文中留下的一个空白. Riemann 的这后一工作是在他生前就发表了的.

[1] Journal für reine und angewandte Mathematik, 1857 = 本书第 VI 篇.

XII

本文是 Riemann 作为其就职资格论文于 1853 年 12 月提交给 Göttingen 大学哲学系的; Riemann 在世时并没有发表, 很可能在 1867 年在 Göttingen 王室科学协会文集上发表后才为人们所知. 在发表这篇论文时 Dedekind 附加了一个注释, 赋予它极高的评价, 但是听起来不是那么完全深信不疑的: (略, 见本书第 XII 篇的第一个脚注.)

①即角动量守恒原理. —— 中译者注

②即能量积分. —— 中译者注

Riemann 的本文, 正如较后 R. Lipschitz 的论文 (Journal f. Mathem., Bd. 63, 1864) 一样, 是直接接着 Lejeune Dirichlet 于 1829 年发表于同一刊物上的第 4 卷上的著名论文的. 1852 年 Riemann 有可能直接接受到这个杰出数学家的当面的忠告和指示, 他比任何其他人都更可以将 Dirichlet 说成是自己的老师. 他在自己论文的一开始就提到了他从 Dirichlet 那里所获得的帮助.

在本世纪① 自从 H. Lebesgue 的著作发表以来, 人们对三角级数理论的兴趣增长到了很高的程度. 特别是, Riemann 的本文被 C. H. Бернштейн 译成了俄文, 连同 Dirichlet 和 Lipschitz 的论文一起组成以 "Разложение функций в тригонометричекие ряды (函数的三角级数展开)" 命名的文集 (Харьковская математическая библиотека, серия B., No. 2, 1914г) 出版.

[1] 要在这里追问是谁第一个提出 "任意给定的函数可以表示为三角级数" 这个结论的未必是适合的地方; 我们只是指出, 在这里对问题的历史所作的阐述以及对优先权的议论, 与其说是 Riemann 的, 不如说是 Dirichlet 的.

[2] 必须认为, Riemann 在这里考虑了他自己有关共形映射定理的应用 (见博士学位论文 §21).

[3] 在以后提到了在有限区间内的定积分的旧的、经典的定义. 函数 $f(x)$ 被认为是有限的这一点, 从行文中是自明的; 稍后 Riemann 讲到的 "有限性", 从其性质来看, 自然指的是现在所谓的 "有界性".

[4] 在德文版的附注中指出, 在 Riemann 的遗稿中发现了有对极限关系 $\lim\limits_{d\to 0}\Delta = 0$ 的仔细的证明的手稿. 在其中 Riemann 应用了一种工具, 是今天大家都知道的, 即, 两个中间系统的叠加.

[5] 这里术语 "个别的值" 可能应该理解为我们今天所谓的 "孤立点".

[6] 这里所说的应用于级数的收敛判据是早些时 Bertrand 告诉过 Riemann 的; 但是在这里 Riemann 可能是独立确立的.

[7] 在这里作者以 "口述的" 形式, 而且是在特殊的例子上: 1) 一函数级数如果在某一区间内有一个收敛的正项级数为其强级数, 则该级数在该区间内一致收敛; 2) 一致收敛的函数级数之和为连续函数.

[8] 极限

$$\lim_{\alpha\to 0}\frac{F(x+2\alpha)-2F(x)+F(x-2\alpha)}{4\alpha^2},$$

称为函数 $F(x)$ 的 "广义 Riemann 二阶导数", 它在二阶导数 (甚至一阶导数) 在通常意义下不存在时仍可存在. 因此在此的定理就可以用三角级数的求和方法来证明.

[9] 在定理 2 的条件中没有假设该三角级数收敛.

①本文写于 20 世纪. —— 中译者注

[10] 在中学方法上的暗示: 在公式

$$\int u'vdx = uv - \int uv'dx$$

中, uv 项写得好像是在左边的积分号下的 v “是一个常量”.

[11] 因为有 2π 周期, 差 $F(x+2\pi)-F(x)$ 的广义 Riemann 二阶导数恒等于零; 所以整个差函数本身是 x 的线性函数. 因此很容易推出对 C' 与 A_0 的可能选择.

[12] 这里 $\lambda(x)\equiv 1$, 要求 $\lambda(x)$ 在区间端点为零无法满足. 而且, 由于函数 $F(x)-C'x-A_0\dfrac{x^2}{2}$ 的周期性, 很容易证明, 定理 3 的结论仍保持成立.

[13] 在 Weber 对这个地方的注释中提出了一个假设, 这里缺了一个对 $\lambda(x)$ 的周期性的要求.

[14] 我们提醒读者, 即使函数 $f(x)$ 是连续的也不能保证它能表示成 Fourier 级数. 连续函数不能展成 Fourier 级数的第一个例子是 du Bois-Reymond 在 1876 年提出来的 (Math. Annalen, 10, 1876).

[15] 这里所应用的计算积分的渐近值的方法是由 Laplace 开始引进的. Darboux (Journ. de Mathém. (3) 4, 1878) 在叙述这个方法时谈的是 “大数函数”.

[16] 也许这里不太清楚的记号

$$\sum_{\theta} -(-1)^{\theta}$$

应该代之以

$$-\sum_{\theta}(-1)^{\theta} \quad \text{或} \quad \sum_{\theta}(-1)^{\theta+1}.$$

例如, 在 $n=12$ 时,

$$-\sum_{\theta}(-1)^{\theta} = -(-1)-(-1)^2-(-1)^3-(-1)^4-(-1)^6-(-1)^{12} = -2.$$

Riemann 所得出的三角级数是对由函数 $\dfrac{(nx)}{n}$ $(n=1,2,3,\cdots)$ 组成的 Fourier 级数逐项求和的结果, 自然, 对所表述的结论也免不了要作严格的证明.

[17] 正如 Weber 所指出的, Genocchi (Intorno ad alcune serie, Torino, 1875) 驳斥了这个级数在 $x=\dfrac{1}{4}\left(e-\dfrac{1}{e}\right)$ 时的收敛性.

XIII

本文是作者在 Göttingen 大学哲学系所作的就职试讲报告, 报告时 Gauss 在场, 这个题目就是他主张的. 在 Bernhard Riemann 的传记中我们注意到有关这件事情的一些情况, 并且在其中也指出了他之所以采取那种表述 (其中几乎没有多少数学符号) 的原因. Riemann 的发言包含了对他称之为 “多重延伸流形” (mehrfach ausgedehnte Mannigfaltigkeit) 的研究结果简短的陈述; 至于形式工具, 那么 Riemann 只在于 1861 年提交给巴黎科学院的征奖论文中做了部分的论述. 本文在 Riemann 已经去世后首次于 1868 年发表 (Gött. Abhandlungen, Bd. 13), 然后, 自然就编入了 Riemann 全集 (1876 年); 1919 年经 H. Weyl 重新编辑出版了它的单行本, 并在其后附加了详尽的注释, 叙述了 Riemann 概念的现代形式以及建立了它与最新的现代物理 – 几何理论, 特别是与相对论之间的联系. “Ueber die Hypothesen” 一文译成俄文这不是第一次: 它出现在由喀赞物理 – 数学协会于 1893 年出版的为纪念 Лобачевский (罗巴切夫斯基) 诞辰 100 周年的论几何基础的文集中 (译者 Д. М. Синцов).

[1] “Состояние (状态) ”——Bestimmungsweise (确定方式). Riemann 对流形的理解不仅是指几何上的延伸 (例如, 从这一段的末尾可以明显看出, 他在那里谈到了感觉和颜色). 由于没有更好的, 所以可以应用一般性的, 尽管不完全是几何概念的术语 “状态” 来标记流形中对应于参数 (坐标) 的一个确定的集合的元素. 在几何延伸的情况下, 这个状态就是 “点”.

[2] “Изменяемость (可变动性)”——Veränderlichkeit. Riemann 是把这个词当作流形来用的, 目的是为了正确地理解更容易一些.

[3] 必须提请注意, 在 Riemann 这里, “点” 不是 “曲线” 或 “曲面” 的一个部分, “曲线” 也不是 “曲面” 的一个部分, 等等. 一般来说, 所谓流形的一个部分是指属于它的有相同维数的流形.

[4] 可以说 Riemann 在这里考虑的是 “函数空间”: 说 “函数空间” 不方便, 因为在 Riemann 的时代 “空间” 的概念比我们今天要狭窄得多 (见 “研究大纲”).

[5] “Disquisitiones generales circa superficies curvas”, 1827 年 (Werke, T. 4).

[6] 这个思想可以这样来推广, 设想 Riemann 默默地假设了, 线性元的 “长度”, 即它的端点 A 和 B 之间的距离 ρ_{AB} 满足下述要求:

$$\rho_{AB} = \rho_{AC} + \rho_{CB}.$$

用 $F(x, dx)$ 表示点 x 与点 $x + dx$ 之间的距离; 那么根据所作的假设, 在略去高阶小量后, 显然有:

$$F(x + \delta x, dx) = F(x, dx).$$

由此在 n 为正整数时可推得

$$F(x, ndx) = \sum_{m=1}^{n} F(x + (m-1)dx, dx) = nF(x, dx),$$

进一步, 根据连续性, 对所有正的 λ 推得有

$$F(x, \lambda dx) = \lambda F(x, dx).$$

再进一步, 完全相同地, 由要求

$$\rho_{AB} = \rho_{BA}$$

可推得

$$F(x, -dx) = F(x - dx, dx) = F(x, dx).$$

[7] "连续性" 在这里 Riemann 是按 Euler 的意义来理解的, 而且从后面的叙述也可以判断出, 他所考察的函数可以展成幂级数. 这一点从他 (在稍稍上面一点) 提到展开系数也可以证实.

XIV

在 Riemann 全集的德文版中我们发现有 Weber 的一篇注释, 如下: (略, 见本文最后几段. 注释中提到了在本文发表后 Clausius 对本文的批评.)

可是另一方面 R. Reiff 与 A. Sommerfeld 在位于 Enzyklopädie d. Math. Wiss. (数学百科全书) (V. 12) 的论文中详细叙述了 Riemann 本文的内容, 并且, 在提到 Clausius 的批评时, 同时特别提到了那个情况, 就是, 如果令 $\alpha^2 = \frac{1}{2}c^2$, 其中 c 为 Weber-Kohlrausch 常数, 即, 如果令 α 等于光速, 那么 Riemann 势就与 Neumann 势一致. "Riemann 理论的意义在于 —— 这两位作者这样总结道 —— 第一, 这后一情况使得我们能够看到, Riemann 是先于 Maxwell 的, 第二, 现代电子理论在某种意义上又从新回到电磁势的 Riemann 形式上来了."

[1] 对这个不完全清楚的想法, 我们可以作下述形式上的解说. 在限于线性的情况下, 我们假设, 粒子位于点 $\nu\beta$ $(-\infty < \nu + \infty)$, 再设其质量为 $+1$ 或 -1, 视其 ν 为偶数还是奇数而定. 利用下述变换

$$\sum_{\nu=-\infty}^{+\infty} \sum_{\mu=0}^{n} A_{\mu,\nu} = \sum_{\nu=-\infty}^{+\infty} \sum_{\mu=0}^{n} A_{\mu,\nu+\mu},$$

再假设函 $f^{(n)}(x)$ 为连续 (且在无限区间内绝对可积) , 我们就得到:

$$\begin{aligned}\sum_{\nu=-\infty}^{+\infty} (-1)^\nu f(\nu\beta) &= \frac{1}{2^n} \sum_{\nu=-\infty}^{+\infty} \sum_{\mu=0}^{n} (-1)^\nu C_n^\mu f(\nu\beta) \\ &= \frac{1}{2^n} \sum_{\nu=-\infty}^{+\infty} \sum_{\mu=0}^{n} (-1)^{\nu+\mu} C_n^\mu f((\nu+\mu)\beta)\end{aligned}$$

$$= \frac{\beta^n}{2^n} \sum_{\nu=-\infty}^{+\infty} (-1)^\nu f^{(n)}(\xi_\nu) \quad (\nu\beta < \xi_\nu < (\nu+n)\beta),$$

$$\left| \sum_{\nu=-\infty}^{+\infty} (-1)^\nu f(\nu\beta) \right| < \frac{\beta^n}{2^n} \cdot \sum_{\nu=-\infty}^{+\infty} |f^{(n)}(\xi_\nu)| < \beta^n \cdot \text{const}.$$

XV

这里复现的文本是摘自 Riemann 于 1859 年 10 月 26 日给 Weierstrass 的信. 写信的原因显然是由于先前他被选为柏林科学院的通讯院士后不久于该年的 9 月到了柏林与 Weierstrass 谈过一次话. 信件在他去世后由 Weierstrass 发表在 Journal für reine und angewandte Mathematik, Bd. 71 上.

众所周知, 是 Jacobi 提出, 在全平面单值的单复变量函数 (不是常量时) 不可能具有多于两个的周期. 在 Jacobi 提出的 Abel 积分的反演问题中, 对任意类数 p 归结为研究具有 $2p$ 个周期的 p 个变量的单值函数. 这样我们就可以理解广义 Jacobi 定理的意义了, 它作为这两位数学家谈话内容, 第一次在他们之间建立了私人交往, 在 Abel 积分的领域内作出了头等重要的发现.

为了正确理解这份摘录的内容, 我们指出, 如果说, 变量 $x_1, x_2, \cdots, x_n$ 的函数 f 有 $2n$ 个周期, 那么必须这样来理解它的意义, 即存在着常数 a_μ^ν $(\mu = 1, 2, \cdots, 2n; \nu = 1, 2, \cdots, n)$, 它们满足下述恒等式

$$f(x_1 + a_\mu^1, x_2 + a_\mu^2, \cdots, x_n + a_\mu^n) = f(x_1, x_2, \cdots, x_n) \quad (\mu = 1, 2, \cdots, 2n).$$

a_μ^ν 是称为周期性的模数; 每一组形如

$$a_\mu^1, a_\mu^2, \cdots, a_\mu^n \quad (\mu = 1, 2, \cdots, 2n)$$

形成周期. 模系按 $2n$ 的同余关系式

$$(x_1, x_2, \cdots, x_n) \equiv (x_1', x_2', \cdots, x_n')$$

意味着存在如下的 n 个等式

$$x_\nu = x_\nu' + \sum_{\mu=1}^{2n} m_\mu a_\mu^\nu \quad (\nu = 1, 2, \cdots, n),$$

其中 m_μ 为整数 (见 “Abel 函数理论”, §15).

XVII

本文附有下述 Hattendorff 的一条附注: (略, 见本书该文章的脚注.)

所以本文的文本是属于 Hattendorff 的; 由他所写并交付给 Göttingen 王室科学协会文集的历史导言没有编入全集中.

关于 Riemann 对极小曲面以及 Plateau 问题的研究可参阅 Darboux 的书《Leçons sur la théorie des surfaces》, T. 1, Chap. 4; 还可参阅 M. Niewenglowski (Ann. Ec. Norm. Series 2, T. 9, 1880).

[1] 必须注意到, 根据表达式 (3) 和 (4)

$$2\frac{dy}{d\eta}=\left(\eta-\frac{1}{\eta}\right)\frac{dX}{d\eta},\quad 2i\frac{dz}{d\eta}=\left(\eta+\frac{1}{\eta}\right)\frac{dX}{d\eta}$$

为单个变量 η 的函数, 这样 Y 和 Z 也可以看成是单个变量 η 的函数. 而 Y' 和 Z' 则是 η' 的共轭函数.

[2] Riemann-Hattendorff 这里的错误是, 用了 "双倍和" 来代替 "一半和". 见 H. A. Schwarz, Werke, T. 1, 第 177, 178 页.

[3] 这里俄译者引用 Weber 的原著附注, 见本文中译本附注 (1).

[4] 这里及以下的 "functio continua" 是按 Euler 的意义. 相当于 "正则解析函数".

[5] 这里俄译者引用 Weber 的原著附注, 见本文中译本附注 (2).

[6] 正如 Weber 所指出的, 借助于 Riemann 的短文 "圆柱体上的电平衡" 的结果, 这里 §14 中的结论就变得好理解了. 实际上在这里决定作为 t 的函数的 η 时, 必须实现由圆所包围的区域到多叶 t 的正半平面上的平面 η 内的共形映射.

XVIII

本文发表在 Zeitschrift für rationelle Medicin, (3), Bd. 29 上时有下述编者所作的一个注释: (略, 见本书该文章的脚注.)

我要补充说的是, Riemann 不仅对听觉, 也对视觉感兴趣: 关于这一点在他的遗稿中发现了他本人手画的黄斑 (слепого пятна) 的图形.

译后记——作为物理学家的 Riemann

采得北方的花, 来完成南方的花束,
在迟暮的岁月里赶上早年的爱情.
——Elizabeth B. Browning

Riemann 离开我们已经一个半世纪了, 今年是他去世 150 周年. 我们不禁怀念起他在数学和物理中的许多光辉创造, 怀念起他艰难困苦的个人生涯和对人类做出的杰出贡献. Riemann 无疑是有史以来最杰出的数学家之一. 在他的全集英译本的序言中提到, 在由 J.-P. Pier 所编辑的文集 "Development of Mathematics 1900—1500" 中, Riemann 在索引中被提到的次数, 是 Gauss, Cauchy, Weierstrass 和 Dedekind 被提到的总和. 在 Nass-schmid 的数学词典 [1961, vol. 2, 510–524] 中, 与 Riemann 在函数理论方面有关的条目 (Riemann 映射定理, Riemann 微分方程, Riemann 曲面, Riemann-Roch 定理, Riemann θ 函数, Riemann 球面, Riemann ζ 函数), 其数量几乎与有关 Euler 或有关 Gauss 的全部工作的条目相当. 在《Riemann 全集》的中译本中收集了好几位重量级数学家, 包括像 Klein 和 Hermite 这样的数学家在内, 对 Riemann 贡献的评述. 中译本还特别邀请到当代著名数学家、Fields 奖和 Wolf 奖获得者丘成桐先生和其弟子季理真教授撰写了精彩的评介. 译者不惭谫陋, 专门就 Riemann 在物理方面所作的贡献略作补充.

第一次听说 Riemann, 不是从数学, 而是从物理, 从广义相对论. 等到上了大学, 学了复变函数理论才知道 Riemann 球, Riemann 面, …… 为他的奇思妙想而赞叹. 随着学习的深入慢慢知道了他是在数学上堪与 Gauss 比肩的人物. 记得在上学时期读到竹内端山的《函数论》的中译本 (老商务版), 书中有 Gauss, Riemann 和 Weierstrass 的整页篇幅的头像插页 (我们现在大学课本中似乎很少见到), 以后每次遇到以他们的名字命名的概念、定理时就会想起这些头像, 由于遇到 Riemann 的时候最多, 又是在年轻之时, 逐渐 Riemann 就成了自己心中的偶像. 但是那时还读不到 Riemann 的原著. 等到毕业后参加工作, 离开了学校, 来到工厂, 接触到外文图书的机会就更少了. 后来不久有了读到俄文图书和影印外文图书的机会, 这就成了生活在三线城市的青年能读到外文图书的主要渠道了. 我有幸得到一本《Riemann 全集》俄译版的影印本, 对其中相当数量的物理论文, 感到既好奇又惊讶, 不禁有先睹为快的冲动. 所以我知道 Riemann 是从物理始, 读《Riemann 全集》也是从他的物理论文始.

Riemann 与物理的关系有两个方面: 一个是 Riemann 在数学上的创造在物理上的应用, 另一个就是 Riemann 本人直接对物理的研究, 这才使得他在当时也被公认为是一位物理学家, 受到物理学家的邀请参与共同研究.

Riemann 被公认为纯粹数学家, 但他在数学领域内贡献了如此之多的重要的概念, 比如: Riemann 积分, Riemann 曲面, Riemann 流形, Riemann 曲率张量, Cauchy-Riemann 方程, Riemann-Roch 定理, Riemann ζ 函数, Riemann 猜想, 等等, 全都在物理中有着重要的应用或影响. 由 Riemann 参与创始的复变函数理论与由 Newton 等人所创始的微积分和 Fourier 级数理论一起, 已经成为应用于自然科学和工程技术的数学的三大支柱. 尤为突出的是他的流形上的几何理论在广义相对论上的应用, 而流形上的几何学现在也已经成为理论物理学家手中差不多与微积分一样的必备武器了. 他的多连通区域的概念给物理学家 J. Wheeler 构建空间的虫洞结构以灵感. 后来他为了将量子现象与引力相结合还提出空间的 Riemann 度量在 Plank 标度 (即在距离为 $L = hG/c \approx 10^{-33}$ cm 极小范围内) 不是确定性的而是有涨落的思想. 从这里我们明显地看到了 Riemann 论几何基础一文的影响. Riemann 在他的 "论奠定几何学基础的假设" 一文的最后这样写道: "*但是现在看来确立空间度量基础的经验的概念, 即刚体和光线的概念, 在无穷小的范围内已经失效; 因此可以设想, 在无穷小的范围内空间的度量关系与现在几何学的假设并不相符.*" 只是物理学经过一百多年的发展, 仅靠空间的度量性质已不足以概括所观察到的大到全宇宙、小到夸克和轻子了. 特别值得一提的是近年来所谓的 $f(R)$ 理论. 这是一个在 Einstein-Hilbert-Lagrange 理论附加上一个标量曲率 R 的函数来作修正的理论. 这是在广义相对论诞生一百多年后为了应对观察到的宇宙膨胀加速而提出的暗能量所做的修正. 特别令人感兴趣的是, 还有人利用 Riemann ζ 函数作为量子场论中的规则化 (regularization) 的工具, 包括用于量子真空涨落的计算, Casimir 效应, 以及关于宇宙常数的计算问题, 等等. 但是这些对物理问题的应用研究都不是 Riemann 本人所作出的, 而且相信随着时间的流逝还会有新的增长不断涌现出来. 近年来出现并在不断地完善着的弦理论, 也可以看成是 Riemann 思想在新形势下的发展.

我们在这里着重想谈的是第二个方面, 是他本人直接对物理的研究, 就是这些研究使得物理学家们把 Riemann 认作为他们的同行. Riemann 本人对他在这方面工作是十分重视的. 例如, 他在为就职试讲所准备的三个题目中, 前两个都是关于数学物理方面的, 结果是作为备用的第三个题目, 这就是我们大家都知道的关于几何基础的题目, 被 Gauss 选中. H. Freudenthal 在 "Dictionary of Scientific Biography" 第 11 卷的 Riemann 条目中曾经这样说道: "*作为历史上最渊博和最有想象力的数学家之一, 他有很强的哲学兴趣, 甚至, 是一个大哲学家. 如果他能生存和工作得更长一些, 哲学家们会承认他是他们中的一员.*" 可是 Riemann 在生前就已经被物理学家承认是他们中的一员了. 在 1849 年他还是在做学生的时候就在 Weber 的实验室和讨论班中担任过助教的职务. 他还应物理学家 Kohlrausch 之约研究过 Leyden 蓄电瓶中电荷的衰减规律. 在他正式发表的 15 篇论文中有 6 篇是属于物理方面的, 而在整个全集的 31 篇论文中也有 12 篇之多, 都超过了三分之一. 尤为令人感到意外的是, 他不仅是一个理论物理学家, 还是一个实验物理学家, 他曾经做过带电曲面的实验来验证某些 (涉及偏微分方程的边值问题) 的数学定理. 在他去世的 1866 年年初, 他被选为柏林科学院外地院士, 在由 Kronecker, Borchardt 和 Weierstrass 三人签署的聘任书中只提到了 Riemann 的三篇论文, 其中除了那篇 "论小于给定数值的素数个数" 的著名论文之外, 其余两篇都是有关物理的, 即 Riemann 全集中的第 8 篇和第 10 篇.

他的第 8 篇研究有限振幅平面波的传播的文章, 在数学和物理学史上写下了光辉的一页. 在其中引进了一系列重要的概念, 例如, Riemann 不变量, Riemann 函数, 跃变条件, 简单波, 冲击波, Riemann 初值问题, 等等, 它们至今仍是这个理论中的基本概念. 这是在历史上研究非线性偏微分方程最早的论文之一, 冲击波 (激波) 的概念就是第一次在这篇文中提出的. 与冲击波有关的一系列概念在空气动力学及其应用中, 例如在超声速飞行时遇到的音障以及原子弹爆炸中形成的激波中, 都有非常重要的意义; 由此激发了对双曲型微分方程一般解的研究, 从中产生了分布 (广义函数) 的理论. 可以这样说, 这篇文章已成为这个领域内的经典, 单凭这一篇文章就可奠定 Riemann 在物理学史中的地位.

全集第 10 篇也被认为是 Riemann 所作物理论文中最重要者之一. 文中讨论了不受外力作用的质点在相互引力作用下的构形, 在天体物理中有重要的意义, 例如可以用来讨论星系或星团这样一些天体的形状. 文中特别讨论了椭球体的主轴的演进及其各个分量之间的相对运动, 推进了前人, 包括 Dirichlet 和 Dedekind

在这个问题上所获得的结果. 这是一个受到过许多大数学家关注过的问题. 例如 Newton 曾研究过地球的形状, 得出过地球是一个扁平球体的结论, 长时期受到争议. 1742 年 Maclaurin 研究了一般的高速旋转的均匀流体在自身引力作用下的平衡位形, 证明其形状为扁平球体, 在随后的几乎一百年里被认为是完全的结论. 直至 1834 年才由 Jacobi 指出, 任意的椭球体也可能成为平衡体形. 但是这些体形并不总是稳定的, 在旋转速度达到一定的程度后就会解体. 于是 Dirichlet 提出了如下的问题: 确定具有引力的物体在其粒子的坐标为初值的线性坐标时能在任何时候保持具有椭球体的形状时的运动. Dirichlet 只考虑了球体的特殊情形. Dedekind 在 Dirichlet 去世后为其编辑全集时拓展了 Dirichlet 的工作. Riemann 接着研究这个问题, 才得到了这个问题的完全的解. Riemann 的研究后来还被美籍印度天体物理学家 S. Chandrasekhar (1910—1995) 应用于研究白矮星的稳定性.

但是 Riemann 在物理中所研究过的对象绝不只限于力学, 而是遍及物理在当时的各个部分. 仅以其在全集中收集的十二篇而言, 其中: 力学方面的三篇 (全集第 8、9、10 篇), 声学一篇 (全集第 18 篇), 热学两篇 (全集第 22、25 篇), 电学六篇 (第 2、3、14、20、24、26 篇). 由此可见 Riemann 对物理的兴趣和重视. 而且由 Riemann 预告要开的课程也有大约一半是讲数学物理的. 在 1854/1855 冬季学期就开了数学物理中的偏微分方程的课, 后来又多次重复开过弹性理论, 电学与磁学, 高等力学, 引力的数学理论. 从这些授课产生出好几本著作, 都在一个很长的时间中被广为采用, 并迭经后来的学者加以扩充. 比如有: Partielle Differentialgleichungen und deren Anwendung auf physikalische Fragen (偏微分方程及其对物理问题的应用); Bernhard Riemann 的讲义, K. Hattendorff 付印加工和编辑, 第三版, Vieweg, Braunschweig 1896. 后来的版本由 Heinrich Weber 作了修改和很大的扩充. 还有例如, Schwere, Elektricität und Magnetismus (引力, 电与磁); 由 Karl Hattendorff 根据 Bernhard Riemann 的讲课加工而成, Rümpler, Hannover, 1876.

Riemann 在对物理学的研究中对电磁学尤为重视, 收集在他的全集中 12 篇涉及物理的论文, 有一半是有关电磁学方面的. 这一方面是由于所处的环境, 他的老师 Gauss 和 Weber 都在做这方面的研究; 另一方面, 这是正值电磁学的研究蓬勃发展、走向完成的时期. 19 世纪的中叶正是经典物理走向顶峰的时期, 好比 20 世纪的前半叶是现代物理革命高涨的时期一样, 曾经有物理学家这样来描述当时获得研究成果的情景, 好比摇一棵苹果树, 摇啊摇, 苹果纷纷从树上落下. 我们从他在 1853 年 12 月 28 日给弟弟的信中也可以看到 Riemann 当时的兴奋的心情, 溢于言表. 他在信中这样写道: “我另一个有关电学、电磁学、光学和引力理论之间的关系方面的研究, 也在完成我的就职试讲稿后就立即再次启动, 而且已经达到了这样的程度，可以不用犹豫就以这种形式送去发表. 但是这方面我也知道，多年来 Gauss 也在这方面做过工作，而且有好几个朋友，其中有 Weber，在 Siegel 的保密下共同研究这些东西. —— 我希望，现在还不太迟能得到大家承认，这些东西完全是我独立发现的."

Riemann 在物理上的思想最重要的有两点，一个是对场的观念执着与运用，另一个是对统一场论的追求. 他在 1857 年的论文 "对电动力学的一个贡献" 一文中这样写道: "我发现，如果我们假定一个带电物质对另一个带电物质的作用不是瞬时发生的，那么动电电流的电动作用就能得到解释. 更确切地说，带电物质间的作用是以一个恒定速度传播的 (在观察的误差范围内，它等于光的速度). 有了这个假设，电力传播的微分方程就与光和辐射热传播的微分方程一样了." 我们知道 Faraday 早在这个世纪的 30 年代就已经提出了场的思想. 现在还没有资料表明 Riemann 的这个思想是否与 Faraday 的力线有关. 我们知道，当时在德国，甚至整个欧洲，特别是在 Coulomb 的工作出现之后，是 Weber 的超距作用的观点占统治地位，甚至得到了在英国的 W. Thomson 的认同，只是在 1887 年 Hertz 用实验证实电磁波的存在之后，才逐渐淡出历史舞台. 而 Riemann 正好在 Weber 的实验室中工作，而且长期与 Weber 共事，受到 Weber 父辈般的关照. 说明 Riemann 能坚持场观点是有很深厚的思想基础. 这我们可以从下面一件十分有趣的事看出. Klein 及 Weyl 都先后深刻地指出，Riemann 在其 "论奠定几何学基础的假设" 一文中迈出了像 Faraday 在电学中引进场的概念的一步. 而 Riemann 在准备他的 "就职试讲" 时的先后正在进行物理中这方面的研究 (见上引他在 1853 年 12 月 28 日给弟弟的信). 我们十分好奇的是，究竟是他在物理上的研究启发他引进空间度量的概念，还是后者启发了他的场论的思想? 但是这些东西，Riemann 当时还没有发表，对他来说是如此重要，以致为此把就职演说的文稿的准备都推迟到复活节之后. 在试讲之后他仍感其中还有流于含义不清的地方，对此 Riemann 是这样说的，还必须寻求 "在其中作用着连接力的" 空间的 "度量 (Massverhältnisse) 的基础". 从这里可以看到 Riemann 在这两方面研究之间的密切联系.

Riemann 在这篇论文中对电磁场理论的研究达到了怎样的高度，我们可以从该文得到的电磁场的标量势所满足的微分方程看出，这个方程是:

$$\frac{\partial^2 U}{\partial t^2}-\alpha^2\left(\frac{\partial^2 U}{\partial x^2}+\frac{\partial^2 U}{\partial y^2}+\frac{\partial^2 U}{\partial z^2}\right)+\alpha^2\cdot 4\pi\rho=0, \tag{1}$$

并由此得出推迟势的公式

$$\frac{f\left(t-\dfrac{r}{\alpha}\right)}{r}.$$

(1) 式正好就是后来由 Maxwell 方程组导得的标量势的公式 (例如参见 Л. Д.

Ландау (朗道), Е. М. Лифшиц (栗弗席兹) 的《场论》1948 年版的中译本第八章 §8–1, (8–6) 式), 难道我们不应该把它称为 Riemann 公式吗? 可惜的是, 该文没有给出矢量势的公式

$$\frac{\partial^2 \boldsymbol{A}}{\partial t^2}-\alpha^2\left(\frac{\partial^2 \boldsymbol{A}}{\partial x^2}+\frac{\partial^2 \boldsymbol{A}}{\partial y^2}+\frac{\partial^2 \boldsymbol{A}}{\partial z^2}\right)+\alpha\cdot 4\pi \boldsymbol{s}=0, \tag{2}$$

否则他就可以由它们得到 Maxwell 方程组. 因为后来他还在其讲义《Schwere, Elektricität, und Magnetismus (引力, 电与磁)》一书 (见该书第 330 页) 中指出了标量势 U 与矢量势 $\boldsymbol{A}$ 之间满足方程

$$\frac{\partial U}{\partial t}+\alpha \mathrm{div}\boldsymbol{A}=0. \tag{3}$$

再考虑到场强与势的关系有:

$$\boldsymbol{E}=\mathrm{grad}\boldsymbol{U}-\frac{1}{\alpha}\frac{\partial \boldsymbol{A}}{\partial t},\quad \boldsymbol{H}=\mathrm{curl}\boldsymbol{A}, \tag{4}$$

那么由 (4), (1), (3) 就可以得到

$$\mathrm{div}\boldsymbol{E}=4\pi\rho, \tag{5}$$

由 (4) 有

$$\mathrm{div}\boldsymbol{H}=0, \tag{6}$$

由 (4), (2), (3) 就可以得到

$$\mathrm{curl}\boldsymbol{H}=\frac{1}{\alpha}\frac{\partial \boldsymbol{E}}{\partial t}+\frac{1}{\alpha}\boldsymbol{s},\quad \mathrm{curl}\boldsymbol{E}=-\frac{1}{\alpha}\frac{\partial \boldsymbol{H}}{\partial t}, \tag{7}$$

(4), (5), (6), (7) 这正好就是 Maxwell 方程组. 可见 Riemann 离到达这里只差一步之遥了. Riemann 直到他去世前都在关心这方面的工作, 假如天假以年, Riemann 越过这一步不是不可能的. 走笔至此, 不仅想起杜甫悼念诸葛亮的诗篇: "出师未捷身先死, 长使英雄泪满襟", 嗟乎! 更为遗憾的是论文由于对理论没有什么太大影响的计算错误而未能及时发表. 它在 1867 年才得以刊行, 而 Maxwell 在 1865 年已经发表了他的第一篇更全面的工作: *A Dynamical Theory of the Electromagnetic Field* (电磁场的动力理论). Riemann 这一工作遂几近淹没, 连物理学史中都很少提到. 我们现在大概也只能从这本全集中读到它了.

Riemann 的观点在 19 世纪曾通过讲义教科书得到了持续的传播. 在 1904 年狭义相对论出现的前夕, 由 R. Reiff 和 A. Sommerfeld 为百科全书所撰写的条目有一节是讲*超距作用观点 · 基本规律*的发展史的. 在 60 页的篇幅里有整整 7 页是讲 Riemann 的. 在讲 Gauss 和 Riemann 的小节中是这样讲的: "当 Weber 坚持

不懈地捍卫超距作用的观点时, 与他有直接接触的周围这些人, 他的老师 Gauss, 他的学生 Riemann, 形成了一股逆流.” 这两位作者还提出, 所述 Riemann 的工作可以说是 Maxwell 工作的先导, 而且 “新电子论” 也可归结到由 Riemann 给出的 (推迟) 基本势. 这两位作者的话: “所述 Riemann 的工作可以说是 Maxwell 工作的先导”, 这可以说是对 Riemann 在物理学上这方面工作的历史定位.

Riemann 在数学物理方程上的创新与他在物理上的研究紧密相连也已成为数学上的丰厚遗产. 他在这方面开出的课程留下的讲义 (《偏微分方程及其对物理问题的应用》) 也影响深远, 直到 20 世纪的 50 年代还在不少文献中被引用 (先后由 Weber 和 Frank, von Mises 所补充), 与英国的 Thomson 与 Tait 的《Treatise on Natural Philosophy (自然哲学概论)》一书在这个领域内交相辉映. 但是 Riemann 的书更富于思想性, 我们不妨摘译该讲义的引言于下, 供读者来尝鼎一脔:

“这本讲义的对象是讲偏微分方程及其在物理问题中的应用. 因此我们先来谈一谈偏微分方程理论与物理学之间的关系是合适的.

我们大家都知道, 只有在发现了微积分之后, 才有了科学的物理学的存在. 只有认识了连续追踪自然的过程的方法之后, 试图以抽象的概念来建立现象中的关联才会得到结果. 这方面的成果有两方面: 一是用以构造理论的简单的基本概念, 二是获得了一种方法, 用以从这一涉及时间点与空间点的简单基本规律导出在有限时间间隔和有限距离内的规律, 而这才是可观察到的 (可以与经验相比较的).

当 Galilei 构造出物体在重力场的作用下在任意时刻自由下落的规律时, 他就在相关的基本概念上迈出了第一步; 是他发现了使物体加速的力的概念, 这就是使物体运动的原因的简单概念. 这就导致 Newton 迈出了第二步: 他发现了有一个引力中心的概念, 一个简单的力的起源. 今天的物理学仍然是以这两个基本概念, 一个是加速力的概念, 一个是吸引或排斥中心, 建造起来的. 即使在今天, Laplace, Poisson, Cauchy 的数学思想将会在引导他们的观察线索终止之处, 也只有通过努力把现象归结到这两个基本概念. 至于那些人们将其作为解释自然的物理学的基础概念, 我们今天还是以 Newton 的观点为立足点. 自从 Newton 以来还没有什么更新的进展; 所有试图超越这些基本概念深入到自然内部的尝试都没有获得成功; 后来那些对物理文献显示了影响的哲学系统也只有这样的效果, 只会对原来 Newton 的理解造成混乱, 在其中引起矛盾.

但是非常重要的完善是, 我们有了这样的方法, 通过它我们能够从只对时间点和空间点成立的简单的基本定律 —— 从微分方程 —— 过渡到对有限时空和广延物体能成立的定律. 在发现了微积分之后的最初时候, 人们只能处理一些理想的情形: 在研究自由落体时把物体的质量看成全都集中在重心上, 人们把天体看成是数学的点, 在研究摆的学问中, 一开始只处理数学摆, 就是把一根绕一点转动的刚性直杆看成是一个有重量的点, 从而使得我们能够把从无限小过渡到有限时只限于一个维度, 限于一个变量, 即时间. 但是一般来说, 为了从基元过程规律导出现象, 我们应该在多个维度, 而不只是从一个维度上来研究从无限小发展到有限的过程. 因为基元过程的规律涉及的是空间点和时间点, 而现象则涉及有广延度的物体. 这种问题, 一般来说 —— 在特殊情况下的问题有可能得到简化 —— 会导致偏微分方程. 在 Newton 的《原理》[①]一书出版的 70 年后才解决了第一个会导致偏微分方程的问题. 这就是由 d'Alembert 所解决的张紧弦的振动问题. 还要经过很长一段时间之后人们才找到了解决那些导致偏微分方程的物理问题的一般方法. 这一进步我们要感谢 Fourier, 是他在研究热在固体中的传导时最先采用了这种方法. 这件事发生在偏微分方程起源之后, 所花的时间差不多和后者到微积分基础建立时所花的时间相当. Newton 的原理是在 1687 年出版的, d'Alembert 所给出的振动弦的解是在 1747 年, 又要过了大约 60 年之后, 即 1807 年 12 月 21 日, Fourier 向巴黎科学院提交了他的论热的第一份报告.

从此以后偏微分方程就成为所有物理问题计算的特定的基础. 在对气体、液体和固体中的声振动研究的学科中, 在光学中, 处处都有由偏微分方程构成的特定的基本规律, 它们都可以接受经验的检验. 在表述这些理论时我们自然大多是从分子的假设出发, 它们之间受到了与距离有关的确定的吸引力或排斥力作用. 那么偏微分方程的系数就与分子的分布以及在相互分离之下它们之间相互作用所遵守的规律有关. 不过我们还远未能得知这些分子的分布和在它们之间所作用的吸引力或排斥力的规律; 但是不止一次地表明我们有可能假定这些分子的分布及其相互作用的规律是这样的, 使得偏微分方程中的系数取得与经验相一致的值. 因而在所有这些我们可以用分子假设来解释的现象的物理理论中, 偏微分方程已经构成了得到经验检验的实质的基础. 对那些我们可以用吸引力和排斥力与距离平方成反比的假设来解释的现象: 磁现象、电现象和引力的现象, 也都是这样, 只不过这里是与有一定广延度的物体打交道而已. 当 Laplace 在 1782 年从事天体形状研究之时, 是他第一个从 Newton 的引力定律导出了重力的大小和方向如何根据作用物质的分布随地点而改变的规律. 表述这个规律的偏微分方程就成了获得进一步结果的基础. 甚至地磁力的大小和方向随地点的不同而变化的理论, 其规律也是以它为基础, 这种规律与磁力的起源, 即磁流体, 或者说 Ampère 电流, 在地球内部的分布无关.

至于归纳出作为数学物理基础的偏微分方程所依据的事实也只是看成先验地给出的. 真正的基元定律只能以无限小的形式存在, 只能对空间点和时间点成立. 但是这种规律一般来说是偏微分方程, 而想要由它们导出对广延物体和时空

① 自然哲学的数学原理, London, 1687 年 4 月.

的规律, 就要对它们进行积分. 因此就需要有一些方法, 通过它们我们能从对无限小的规律导出在有限时间和有限范围内的规律来, 而且是要严格地推导, 不允许有忽略. 这样, 也只有这样, 才可以将它们放到经验中去检验."

从 Riemann 的著作中我们深切体会到, 在纯粹数学与应用数学之间不存在任何隔阂. 数学对象在人们研究客观世界的过程中被创造出来之后也是一种客观实在. 任何纯数学对象总是有可能与某一个客体发生联系, 增加并加深我们对客观世界的认识. 这就是我们今天读 Riemann 得到的一点启示.

值此 Riemann 离开我们 150 周年之际, 面对他的思想开出的灿烂花朵的景色, 他播下的种子结出的累累果实, 不禁想起了陀思妥耶夫斯基在其《卡拉马佐夫兄弟》书首所引圣经约翰福音中的一段话, 就用这段话来作我们对 Riemann 的纪念吧:

"Verily, verily, I say unto you, except a corn of wheat fall into the ground and die, it abideth alone; but if it die, it bringeth forth much fruit." ——Gospel of St. John ("是啊, 是啊, 我跟你们讲, 一颗麦粒, 除非落入泥土中死去, 它还只是一颗麦粒, 但是如果它死了, 它就会结出许多麦粒来. "——《约翰福音》)

致谢 译者在完成本书的翻译过程中得到过许多人的关心和支持. 首先要提到的是辽宁科技大学理学院何希勤教授的支持和帮助, 还有学校科技处和学校领导的鼓励和支持. 出版社的领导王丽萍女士和责任编辑李鹏先生自始至终关心和支持我的工作, 提供了许多我所需要的资料. 还要特别提到丘成桐先生, 从本书翻译列入选题计划到附录文章的推荐; 还有季理真先生, 为本书的翻译提供了许多难得的资料, 有些还是季先生亲自去 Göttingen 大学图书馆查阅, 并联系取得翻译和利用许可的. 他还与丘先生合作为本书中译本撰写了精彩的序言, 可以说, 这个译本也凝聚了季先生的一份心血. 这是不能用一声感谢就可以表达的.

退休后的十几年来, 不仅没有闲着, 比在职时尤甚, 站在身后的那位的家务负担也就比在职时尤甚了. 从未想到要表白一番, 心照不宣, 尽在不言中. 但是想到这次写后记也许是最后的机会了, 虽然人家不一定在乎, 我还是要像一个电视节目那样, "要大声说出来": "汤昌议同志, 谢谢了! ", 虽然钱锺书说过: "大不了是一本书", 何况这还只是一本译著.

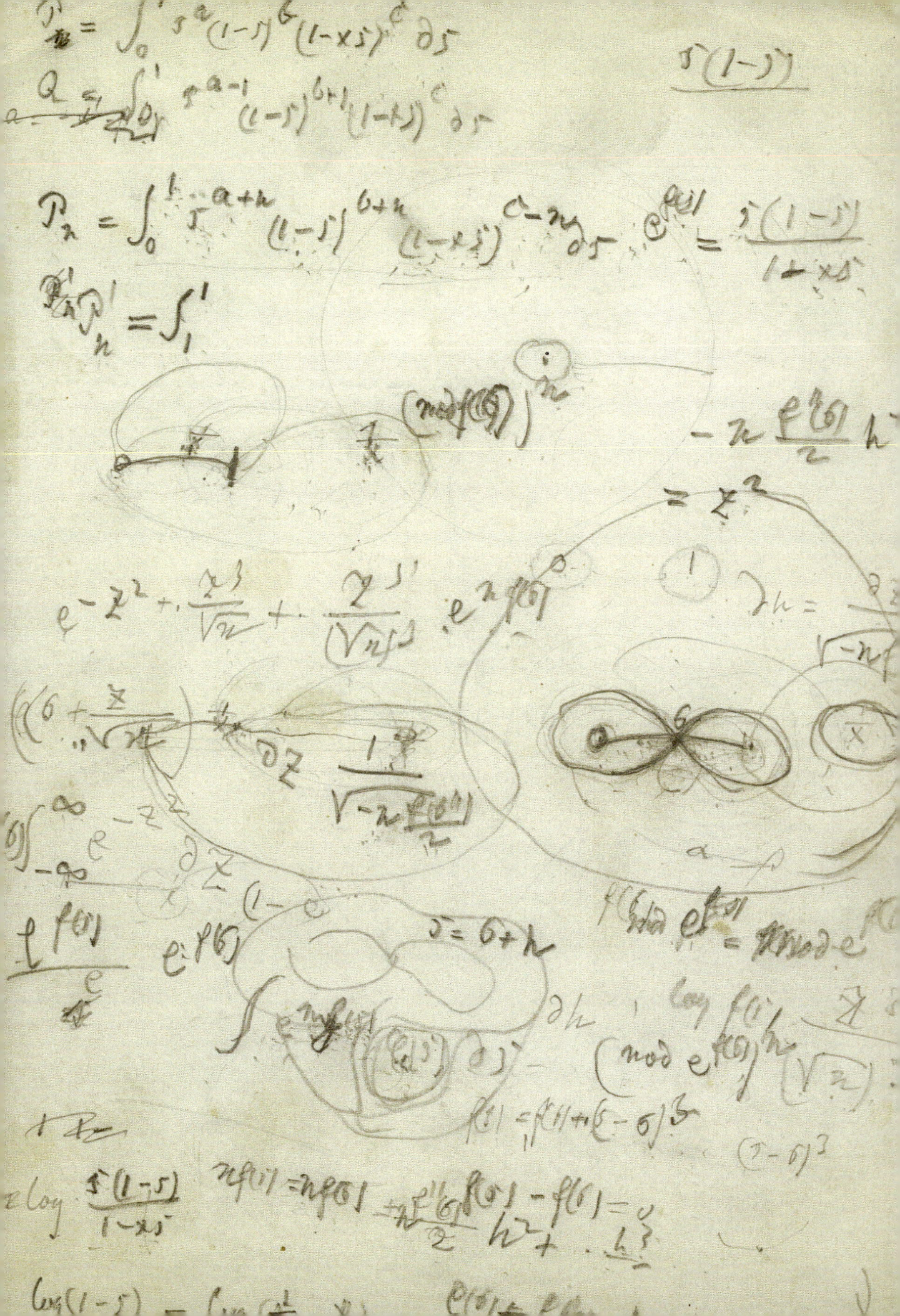